ゼンケ・ナイツェル／ハラルト・ヴェルツァー

兵士というもの

ドイツ兵捕虜盗聴記録に見る戦争の心理

小野寺拓也訳

みすず書房

SOLDATEN

Protokolle vom Kämpfen, Töten und Sterben

by

Sönke Neitzel and Harald Welzer

First published by S. Fischer Verlag GmbH, Frankfurt am Main, 2011

兵士というもの——ドイツ兵捕虜盗聴記録に見る戦争の心理　目次

第3章　戦う、殺す、そして死ぬ　71

プロローグ

プロローグ1　ゼンケ・ナイツェル

イギリスの一一月にはよくある一日だった。低く垂れ込めた雲。霧雨。気温八度。以前と同様に私は地下鉄ディストリクト線に乗り、ロンドン南西部にあるキュー・ガーデンズ駅まで行き、絵のように美しい駅で降りて、イギリス国立公文書館までの道のりを急いだ。古文書の中に埋もれるためだ。雨はいつも以上に不快で、自然と足が急《せ》いた。いつものように、入口のあたりにはかなりたくさんの警備員がおり、私の鞄の中をささっとかき回した。小さな書店を通り過ぎてクロークまで行き、閲覧室への階段を上がっていった。緑色がまぶしい絨毯を見て、前回ここに来たときと何も変わっていないことを確認した。

二〇〇一年秋、私はグラスゴー大学の客員講師として勤務しており、短期間のロンドン訪問が許可された。数週間前、大西洋の戦いにおける転換点となった一九四三年五月についてのマイケル・ギャノンの本〔秋山信雄訳『ドラムビート――Uボート米本土強襲作戦』光人社、二〇〇二年〕を読んでいたときに、私はある記述にぶつかった。Uボートのドイツ人乗組員の盗聴記録が、数ページにわたって転載されていたのである。私はそれに興味を持った。ドイツ兵捕虜の尋問記録が存在したことは知っていたが、秘密の盗聴報告書については聞いたことがなかった。この痕跡をなんとしてもたどってみたくなった。もっとも、それほど興奮するような記述が出てくるとは思っていなかった。どんなことが報告されているのだろうか。どこかで誰かが録音した、脈絡のない会話が数ページ程度といったところだろうか。新史料ではないかと希望を持ってみたものの結局は袋小路に行きづまったという経験は、過去に数え切れないほどあった。

しかし今回は違った。私の小さな仕事机の上には、一本の紐で結わえただけの、八〇〇ページはあろうかという書類の束が置かれていた。薄い紙の山はまだきれいで、互いにきちんと積み重ねられていた。私は、これを手にしたほぼ初めての人間に違いない。私の視線は、ドイツ海軍の将兵たち、多くはUボート乗組員たちの会話を一言一句書き留めた果てしない会話記録の上をすべっていった。一九四三年九月だけで八〇〇ページあった。九月の報告書があるなら、一九四三年一〇月や一一月のものもあるに違いない。他の年はあるだろうか。そして実際、他の月についても分厚い束があった。私は氷山の一角にぶちあたったのだということが、徐々にわかってきた。興奮した私は、次から次へと文書を請求した。Uボートの乗組員だけでなく、明らかに空軍や陸軍の兵士たちも盗聴されていた。私は彼らの会話を徹底的に読み込むなかで、私の眼前に広がる戦争の内なる世界へとまさに引き込まれていった。兵士たちの語りが文字通り聞こえ、その身振りや議論が見えたのである。とくに驚いたのが、戦闘や殺害、死について彼らが率直に語っていたことだった。興味深い箇所を少しばかりコピーし、鞄に詰め込んでグラスゴーへと戻った。次の日、歴史研究所で偶然ベルナルド・ワッサースタイン教授に出会い、私の発見したものについて説明した。まったく新しい史料だし、誰か学生に博士論文のテーマとして託してもいいんじゃないか、と私は言った。「他の誰かに託しちゃうのかい?」驚いて彼はこう尋ねた。この言葉が、私の頭の中でずっとこだましていた。いいや、彼は正しい。この宝は、私自身が掘り出さなくてはならない。

それから私は何度もロンドンに通って、私が遭遇したものがいったい何であるのか、理解することにした。イギリス軍は第二次世界大戦中に数千人のドイツ兵捕虜と数百人のイタリア兵捕虜を組織的に盗聴し、とくに興味深いと思われる会話の箇所は蠟管蓄音機で録音して、そこから記録を作成していた。すべての記録は戦後も保存され、一九九六年に公開された。しかしその後もこの史料の重要性を誰も認識しなかったため、閲覧されることのないまま文書館の書架に埋もれていた。

二〇〇三年に私は抜粋を初めて刊行し、二年後にはドイツ軍将校の盗聴記録をおよそ二〇〇ページの史料集として出版した。しかしそれでも、この史料の評価や解釈はその最初の一歩を踏み出したにすぎない。その後すぐにワシントンの国立公文書館で同様の史料に遭遇したが、一〇万ページ相当と、イギリスのものの二倍の分量があった。このような大量の文書を、私一人で分析することは不可能であった。

プロローグ2　ハラルト・ヴェルツァー

ゼンケ・ナイツェルが私に電話をかけてきて、彼が発見した史料について報告したとき、私は言葉を失った。暴力はどのように認識されてきたのか、他人を殺そうとする意志はどのように生じるのかを我々は今まで研究してきたが、その際、捜査記録、野戦郵便、目撃証言、回想録といった非常に問題含みの史料に依拠せざるをえなかった。これらすべての史料にはきわめて大きな問題点がある。そこでなされる発言や報告、描写はすべて、ある特定の人間に向けて意識的に行われている。たとえば検事、故郷の妻、あるいは公衆に向けて。人はさまざまな理由から、彼らにたいして自分のものの見方を伝えようとするのだ。しかし収容所における兵士たちの会話は、何らかの意図をもってなされるものではない。彼らが説明したり語ったりしたことがいつか「史料」になる、ましてや出版されるなどということは、誰一人考えもしなかったであろう。捜査記録や自叙伝、インタビューの場合、報告する語り手は、出来事の結末がどうであったかを知っており、彼らの体験や見方は、こうした後づけの知識によってすでに書き換えられてしまっている。それにたいしてナイツェルが発見した史料では、男たちは戦争について、そしてそれにどのような態度を取るかについて、同時代的に語っているのである。この史料こそ、国防軍だけでなく、おそらくは軍隊一般の心性史について じつに比類のない、新しい視座を切り開いてくれるのである。強い衝撃を受けた私は、すぐに彼と会う約束を取り付けた。はっきりとしていたのは、私が社会心理学者としてこの史料を分析する上で、国防軍にたいする深い知識が不可欠だということであった。逆に歴史的な観点だけでは、会話記録の中のコミュニケーション的、心理的な側面を解読することはできない。我々はともに、かつて「第三帝国」の時代について集中的に仕事をした経験があるが、捕虜たちの会話をまったく違った観点から見ていた。社会心理学と歴史学という我々の専門領域を結びつけることによってのみ、この比類ない心性史的な史料への入口をきちんと確保し、兵士たちの振る舞いへの新たな視点を得ることができる。ゲルダ・ヘンケル財団とフリッツ・テュッセン財団を説得し、自分たちの計画について、すぐに大規模な研究プロジェクトをスタートさせることを認めてもらった。こうして我々は、初回の会合のあと間もなく、見通しがきかないほど大量の文書へと一斉にとりかかるための研究グループ(1)の資金を調達したのである。イギリスの文書すべてとアメリカの文書の大部分はデジタル化し、内容分析ソフトによって分析を行った。三年以上にわたる集中的な、わくわくするような共同作業によって我々自身多くの新しいことを学んだし、今まで当たり前だと思ってきたことが、この史料によって覆されたことを認めざるをえないこともあった。本書は、こうした我々の最初の研究成果を提示するものである。

兵士たちは何を語ったか

シュミット「二人の一五歳の若僧についての話を聞いたことがある。奴らは軍服を着ていて、残りの奴らと一緒に撃ちまくってたんだ。だが、捕虜になった。[…]ロシア軍には青二才も入っているんだ。それどころか一二歳の幼いやつが軍楽隊にいて、軍服も着てるんだ。俺はそれを、この目で見た。俺たちの部隊にはかつて〔捕虜となった〕ロシア兵の軍楽隊がいて、いい演奏してくれたんだ。できすぎなくらいだった。彼らの音楽には、感情の深みとか切なさがあってねえ。ロシアの広大な情景が頭に思い浮かんださ。素晴らしかった。ものすごく楽しかった。それが軍楽隊だった。〔…〕とにかく二人の若者たちは、西に向かって歩いていかなきゃいけなかった。通り沿いに。次のカーブにさしかかったところで森へとさっと走り込もうと思った刹那、弾丸をくらった。通りから足をひきずりながら立ち去ろうとしていたとき、敵からは丸見えだったが、彼らは素早く姿を消した。彼らを捜索するための大部隊がすぐに編成され、探さなくちゃいけなくなった。〔…〕そして二人を捕まえた。二人ともいっぺんに。〔部隊の連中は〕落ち着いていて、その場で彼らを撲殺したりはしなかった。もう一度連隊長のところまで連れて行った。そしてそこで、彼らは死ぬことに決まった。彼らは自分たちの穴を掘らなきゃいけなかった。二つだ。そして一人が射殺された。一人は墓穴には落ちず、穴の前方に覆い被さった。もう一人は、射殺される前にそいつを穴の中に落とすよう命じられた。それを彼は笑顔でやってのけたんだよ！　一五歳の若僧がさ！　狂信なのか、理想主義なのか、とにかくたいしたものじゃないか！」(2)

シュミット曹長が一九四二年六月二〇日に語ったこの話は、盗聴記録における兵士の語りとして典型的なものである。日常会話が一般的にそうであるように、語り手は連想的に話題を変更する。会話の最中に、「音楽」というキーワードでロシア音楽がいかに好きだったかを思い出してこれを簡潔に述べ、それから本来の話をふたたび語り出す。はじめは他愛なかった会話が、最後には恐ろしいものとなる。二人の若いロシア兵が射殺されるのである。若者たちは単に射殺されただけではなく、殺される前に自分で穴を掘らなければいけなかったことが、語り手によって報告される。射殺にさいして面倒なことが起き、これによってこの話の最終的な教訓が語られることになる。殺されようとしていた若者は「狂信」的もしくは「理想主義」的であることが証明されたのである。そして軍曹はそれにたいする驚嘆の念を表明している。

戦争、敵の兵士、若者、音楽、ロシアの広大さ、戦争犯罪、驚嘆の念といった数多くのテーマがセンセーショナルなかたちで結びついているさまを、まずは読み取ることができる。すべては一見お互いに関係していないように見えるが、しかしひとつながりの話として一気に語られるのである。これがまず最初に確認できることである。つまり、ここで語られる話は我々が期待するものとはまったく違うということである。まとまりや一貫性、論理といった基準には従っていない。会話の相手の興奮を呼び覚まし、興味をもたせ、コメントをしたり自分の話を付け加えたりしてもらうための空間やきっかけを用意するための会話なのである。この点において、あらゆる日常会話同様、兵士たちの話も飛躍が多いが、それ自体が興味深いものだし、断絶にあふれているが、語りの導きの糸として新たな話題を結びつけることにもなる。何より会話は、コンセンサスと一致を目的としているのだ。人間が会話をするのは情報交換のためだけではない。関係を構築し、共通点をつくり出し、自分たちは同じ世界を共有しているのだということを確かめるためでもあるのだ。兵士たちの世界は戦争の世界であり、そのことが彼らの会話を非日常的なものとしているが、それが非日常的なのはあくまでこんにちの読者にとってのみのことである。兵士たち自身にとっては、まったくふつうの会話である。

戦争の残虐さや過酷さ、冷酷さはこうした会話において日常的な要素であるが、出来事から六〇年以上経過したあとで会話を読む我々にとって、そのことはつねに驚きをもたらす。思わず呆れたり、動揺したりしてしまうし、理解できずに当惑することも多い。しかし、自分の世界ではなく兵士たちの世界を理解しようとするのであれば、そうした道徳的反応は克服する必要がある。残虐さの日常性が示しているのは、要するに次の点に尽きる。殺害や極端な暴力は、語り手や聞き手の日常に属しており、並外れたことではなかった、ということだ。彼らは何時間でもそのことについて議論している。彼らはたとえば、航空機や爆弾、レーダー装置、都市、風景、女性といったことについても話をしている。

ミュラー　俺がハリコフにいたとき、都市の中心部はすべて破壊されていた。素晴らしい町だった。素晴らしい思い出だよ。みんな少しだけドイツ語が話せるんだ。学校で学んだらしい。タガンロークでも映画館は素晴らしかったし、海岸のカフェも見事だった。[…]ドン川とドネツ川が合流するあたり〔黒海北東部沿岸、ロストフ・ナ・ドヌーのあたりか〕で、何度も飛行したね。いろんなところに行った。風景も美しかった。トラックでいろんなところに行った。いたるところで、強制労働奉仕をしている女性も見たな。

ファウスト　おお、そりゃひどい。

ミュラー　彼女たちは道路を建設していたんだが、とんでもなくきれいな娘さんたちでね。俺たちがそこを車で通り過ぎたときに、彼女たちをトラックにちょいと引きずり込んで、ヤってから、もう一度ぽいっと外に放りだしたもんさ。彼女たちの罵りようといったら！(3)

男たちの会話はこのようなものであった。空軍の上等兵と軍曹の二人は、ロシア戦線の旅行としての側面について話をしている。「素晴らしい町」とか、「素晴らしい思い出」とか。突然話題は、強制労働をさせられていた女性にたいして率先して行った強姦へと切り変わる。上等兵はこの話を、ささやかなちょっとした逸話であるかのように口にしてから、自分の旅行についての描写へと移る。この例からは、盗聴されている会話において、何をどこまで言っても許されるのか、どのような発話が期待されているのかを読み取ることができる。ここで述べられている暴力のどれひとつとして、聞き手の期待に反するものはない。射殺、強姦、略奪に関する話は、戦争の語りにおいて日常的になされる一般的なものであった。そのようなテーマを耳にしたからといって、論争や道徳にもとづく抗議、ましてや喧嘩になるなどということはほとんどなかった。内容が暴力的なものであったとしても、会話自体はつねに和やかに行われた。兵士たちは互いを理解し、同じ世界を共有し、自分たちが関わっていた出来事や、目撃したり自ら行ったことについて情報を交換した。彼らはこうしたことを、一定の社会的、文化的、状況的枠組み、すなわち参照枠組みの中で説明し、解釈していた。

我々が本書で再構築し、描写しようとするのはこの参照枠組みである。兵士たちの世界はどのようなものであったか。彼らは自分自身や敵をどのように見ていたのか。アドルフ・ヒトラーやナチズムについて何を考えていたのか。戦争がすでに敗色濃厚であったときでさえも戦い続けたのはなぜか。こういったことを、参照枠組みを通じて理解したい。

さらに我々が調査したいのは、この参照枠組みのうち何が「ナチ的」だったのか、ということである。そのほとんどが親切で温厚であった捕虜収容所の男たちは、「絶滅戦争」において見境なく人種主義的犯罪を行い大量殺戮に手を染めるために戦争へと赴いた、「確固とした世界観にもとづく戦士」だったのだろうか。それは、一九九〇年代にダニエル・ゴールドハーゲンが描き出した「自発的な死刑執行人」というイメージ*、あるいはハンブルク社会科学研究所によるふたつのバージョンの「国防軍展」**や、国防軍犯罪に関する数多くの歴史研究が明らかにしてきたより緻密なイメージに、どの程度合致するものなのだろうか。現在支配的な見解は、国防軍兵士たちは巨大な絶滅機構の一部だったのであり、したがって未曾有の大量殺戮の死刑執行人ではなかったにせよ、それに関与したことは確かだというものである。民間人の射殺からユダヤ人男性、女性、子供の組織的な殺害に至るまで、ありとあらゆる犯罪に国防軍が荷担したことは、否定できない事実である。しかしそれによって、個々の兵士たちが犯罪に関わったのかどうか、とくに彼らがそれとどのような関係を持っていたのか、すなわち彼らはそうした犯罪に積極的に荷担したのか、嫌々ながら犯したのか、あるいはまったく行わなかったのか、ということまで明らかになるわけではない。我々の史料は、そうしたことについて詳細な情報を提供してくれる。しかもそれは、「国防軍」についての固定観念を揺るがす可能性をも秘めている。

その際注意する必要があるのは、人間は先入観や偏見をまったく抱かずに何かに出会うということは不可能であり、つねに特定のフィルターを通じて認識しているということである。あらゆる文化、あらゆる歴史事象、あらゆる経済の形態、要するにあらゆる存在が認識規範や解釈規範に影響を与え、それによって体験や出来事の認識や解釈が行われる。同時代史料である盗聴記録が示すのは、兵士たちは戦争をどのように見ていたのか、それについてどのように理解していたのかということである。我々が本書で示すのは、彼らの観察や会話は、一般的に想像されるものとは異なるということである。こんにちの我々とは違い、戦争の結末がどうなるか、「第三帝国」や「総統」がどのような経過をたどるのかということを彼らは知らないということ

＊（訳註）ダニエル・J・ゴールドハーゲン、望田幸男監訳『普通のドイツ人とホロコースト――ヒトラーの自発的死刑執行人たち』（ミネルヴァ書房、二〇〇七年）。ホロコーストに荷担した人々は「排除主義的反ユダヤ主義」の正しさを確信しており、ユダヤ人殺害を正当なものと考えていたからこそ、殺人を回避したり殺人機関から離脱するのではなく、殺害命令を実行したのだとゴールドハーゲンは主張した。こうした単一原因論的な議論は大きな反響や反発を呼び、「ゴールドハーゲン論争」とよばれる一連の論争が一九九〇年代後半に欧米で盛んに行われた。

＊＊（訳註）「国防軍展」（正式名称「絶滅戦争――国防軍の戦争犯罪　一九四一～一九四四」）は、一九九五年にハンブルクを皮切りにスタートし、以後四年間で独墺の三三都市を巡回した展示会で、ドイツ国防軍が第二次世界大戦中に東部戦線で犯した戦争犯罪をテーマとしていた。組織として国防軍が犯罪的な絶滅戦争に荷担したことを、写真、野戦郵便、証言などパーソナルな史料を数多く用いて明らかにした。戦争犯罪に加担したのは親衛隊であり、国防軍はあくまで戦争法規に則り「通常の」戦争を遂行したのだ、という社会にいまだ根強く残る「清潔な国防軍」神話を打破することが、この展示会の狙いであった。この写真のうち、国防軍ではなくNKVD（ソ連内務人民委員部）などによる残虐行為を写した写真が紛れ込んでいたため、展示会はいったん中止された。調査委員会による答申を受け（誤用が明らかな写真は、一四三三枚のうち二〇枚以下と判明）、写真ではなく文字中心の展示会が、装いを新たに二〇〇一年一一月にベルリンで再開された。

が、とくに大きい。彼らが夢見た、あるいは現実のものとなった未来は、我々にとってはすでに遠い過去となったが、しかし彼らにとっては依然として開かれた空間なのだ。イデオロギー、政治、世界秩序といったようなものに、彼らは概してほとんど興味がない。彼らが戦争で戦うのは何か確信があるからではなく、自分が兵士だからであり、戦うことが彼らにとっての仕事だからである。

確かに反ユダヤ主義者は多かったが、しかしそのことと「ナチ」であることとはイコールではない。他人を殺そうとする意志とも無関係である。確かにユダヤ人を憎んではいたものの、ユダヤ人の射殺を目の前にして憤った者も少なくない。断固たる反ナチでありながら、ナチ体制の反ユダヤ主義政策を明確に支持していた者もいた。数十万人のロシア兵捕虜が餓死するままに任されているのを見て動揺しながらも、彼らを監視し、輸送することが自分たちにとって厄介で危険なことだと見て取るや、彼らを射殺することに躊躇しなかった者もいる。ドイツ人があまりに「人道的」すぎることは問題だと不満を漏らし、ある村の住民全員を虐殺した様子を一気に語った者もいる。多くの語りにおいて、堂々と誇らしげに自慢する様子が見られるが、しかしそれはこんにちの男同士の会話においても一般的であるような、自分自身の能力や自分の車の性能の誇示にとどまらない。兵士同士の会話では、極端な暴力行為、強姦、敵機の撃墜、商船の撃沈といったことも語られる。これらの報告が事実ではなく、他人を驚かせるために言っているという事例もときおり確認できる。たとえば、子供を輸送している船を撃沈したなどと言って、印象づけようとするのである。このようにこの空間では、何をどこまで言ってよいか、何を語りうるかの境界線がこんにちとはまったく異なる。したがって、何によって他人の賞賛を受けるか、もしくは少なくともそれを期待できるのか、その基準もまったく異なる。暴力的であるということは、当時は明らかにそのカテゴリーの一部であった。また、ほとんどの語りの内容は、一見きわめて矛盾しているように見える。しかしそれは、彼らが何らかの「態度」にもとづいて行動しており、そうした態度はイデオロギーや理論、強い確信と結びついているというふうに考えるからこそ、矛盾しているように見えるのである。

本書で示すように実際の人間は、自分は他人からこのようなことを期待されているのではないかと考えながら行動している。それは抽象的な「世界観」よりも、きわめて具体的な場所、目的、機能、とりわけ自分が属している集団といったものと密接に関係している。

なぜドイツ兵は五年にわたって、未曾有の激しさをもって戦争を戦ったのか。五〇〇〇万人が犠牲となり、ヨーロッパ大陸全体を荒廃させた暴力の噴出になぜ荷担したのか。これを理解し説明するためには、彼ら自身が戦争を、彼らの戦争をどのように見ていたのかを知る必要がある。以下の章ではまず、兵士たちのものの見方の原因となり、これを規定していたいくつかの要素、すなわち参照枠組みについて詳しく考察する。「第三帝国」や軍隊の参照枠組みに興味はなく、暴力や技術、絶滅、女性や「総統」についての兵士の語りや対話に関心があるという読者は、第3章以降から読んでいただきたい。戦闘や殺害、死についての兵士たちの見方を詳しく見たあとで、国防軍の戦争を他の戦争と比較する。これは、この戦争の何が「ナチ的」で何が「ナチ的」ではなかったのかを明らかにするためである。この場で前もって言えることがあるとすれば、それは本書の結論がときとして予期しないようなものとなるだろうということだ。

第1章　戦争を兵士たちの視線から見る――参照枠組みの分析

「あの驚き。わかりますか。人間は他人に対してここまでのことができるのかという、最初の頃は感じていた驚き。それがいつの間にか、なくなってしまったんです。ええ、本当にそうでした。違いますか？　人間というのはそもそも、かなりの程度クールになれる生き物なんだと、私自身の変化を見ても気づきましたよ。まあ、今風にかっこよく言えば」。グーゼン強制収容所の元囚人

　人間はパブロフの犬ではない。あらかじめ決められた刺激に対して、条件反射をするわけではない。刺激を受けてから反応するまでの間には、人間特有のあるプロセスがあり、それこそが人間の意識を形づくり、人間と他の生き物との決定的な違いをなす。すなわち人間は知覚したことを解釈するのであり、この解釈にもとづいて人間は結論を導き出し、決断し、反応するのである。したがってマルクス主義理論が想定するように、人間は客観的条件にもとづいて行動するのでもないし、社会学者や経済学者が長いこと信じてきた「合理的選択」理論のように、費用便益計算のみを考慮して行動するのでもない。戦争は、つねに費用便益分析や客観的な情勢の帰結として起きるというわけでもない。物体は重力に従って落下し、それ以外の動きはありえないが、人間の行動はつねに異なるものとなりうる。心理構造が人間に影響を及ぼすことは間違いないが、「メンタリティ（心性）」という摩訶不思議な何かが、人間をある一定の方向へとつねに行動させるわけでもない。メンタリティは決断に先行するが、しかし決断を縛るわけではない。人間の認識や行動は社会的、文化的、ヒエラルキー的、生物学的、あるいは人類学的な諸条件と結びついているが、その解釈や行動には裁量の余地がつねに存在する。解釈し決断するためには、自分は今何をしようとしているのか、どのような決断はどのような帰結をもたらすのかということについての見通しや知識が、不可欠である。そしてこの見通しによって、秩序だった、組織的な解釈基準のマトリックス、すなわち参照枠組みが得られるのである。

　参照枠組みは、歴史的、文化的にきわめて多様なものである。たとえば性行動において何を道徳的とみなし、何を非難すべきものと考えるかの参照枠組みは、伝統的なムスリムと世俗的な西洋世界の住人とではまったく異なる。しかしどちらの集団の構成員も、枠組みから自由に物事を解釈しているわけではない。この枠組みは自ら選んだものでもなければ、探し求めたものでもないが、人々の認識や解釈を規定し、誘導し、かなりの程度操作する。もちろん、特定の状況において既存の参照枠組みにたいする侵犯が起きうるということは否定するつもりはない。新しいものの見方や考え方も、不可能ではない。しかしそれは比較的まれである。参照枠組みには、人々の行動を容易にするという機能があり、それによって日々起きる出来事のほとんどを既知のマトリックスの中に位置づけることができる。これは決定的に重要である。すべての行動をゼロから始めたり、新しい出来事について、「ここではいったい何が起きているんだ」などと、いちいち問いを投げかけたりする必要がなくなるからである。ほとんどの場合、この問いにたいする答えはあらかじめ決まっており、文化的な方向づけや知識の蓄えの中からいつでも引き出すことができる。これによって、日常生活における課題の大部分がルーチンや習慣、確実性へと変わり、人々の負担を大いに和らげるのである。

逆に言えば、人間の行動を説明するためには、その人間がどのような参照枠組みの中で行動しているのかを再構築しなければならない、ということでもある。その人間の認識を構造化し、結論を出すことを容易にするような参照枠組み。これを再構築するためには、客観的条件の分析だけではまったく不十分である。同様にメンタリティという概念も、なぜある人間が特定のことを行うのかを明らかにすることができない。同様の気質がみな同じプロセスを経て形成された集団の中で、人によってまったく異なる結論や決断が導き出される場合は、とくにそうである。これが、イデオロギー戦争や全体主義体制についての理論が持つ、根本的な限界である。つねに問題となるのは、次のことである。「世界観」や「イデオロギー」は、個々の人間の認識や解釈へとどのように移し替えられていくのか。それは、個々の人間の行動にどのような影響を与えるのか。これらを理解するために我々は認識枠組みを、特定の歴史的状況における人間、ここでは第二次世界大戦におけるドイツ兵の認識や解釈を再構築する手段として、分析したい。

人々は何を「目の当たり」にしたのか、すなわちどのような解釈規範やイメージ、関係の中で彼らはさまざまな状況を認識し、こうした認識をどのように解釈したのか。これらを再構築することなくして、人間の解釈や行動など理解できるはずがない。参照枠組みの分析へのこだわりは、こうした確信に由来している。参照枠組みを無視すれば、過去の行動にたいする学術的な分析はかならず規範的なものになってしまう。なぜなら〔過去を〕理解するプロセスの基礎として引き合いに出されるのは、現時点での価値基準になるからだ。したがって、戦争や暴力に関係する歴史的な出来事は「残酷」なこととして立ち現れる。残虐さは分析カテゴリーではなく、道徳的なものであるにもかかわらず。そしてだからこそ、暴力を行使する人間の行動は異常で病理的なものだという印象が、あらかじめ決まってしまっている。彼ら自身の視点から世界を再構築すれば、暴力を行使することが合理的で理解できることであるにもかかわらず。したがって我々は参照枠組みという概念を利用することで、第二次世界大戦において行使された暴力にたいして、非道徳的な、すなわち規範的ではない見方をすることになる。精神的にはまったくふつうの人間が特定の条件において、他の条件であったなら絶対に行わないであろうことを行った、その前提条件を理解するためである。

我々はそのさい、参照枠組みをいくつかの段階に分ける。

第一段階の参照枠組みは、人間がその時々において行動する上での社会的、政治的な背景である。ドイツ人が新聞を読むさいに、自分はキリスト教や西洋の文化圏に属しており、たとえばアフリカの政治家にたいする評価は、こうした文化圏の規範と結びついているなどということをいちいち釈明することがないように、そうした第一段階の枠組みはふつう、誰も意識することがない。第一段階の枠組みは、アルフレッド・シュッツが「仮説的外界」と呼んだもの、すなわち所与の世界において、そうであるに違いないと我々が当然視しているものである。そこには、何が「良い」ことで何が「悪い」ことか、何が「正しく」何が「間違っている」のか、何が食べられるのか、他人に話しかけるさいにはどの程度距離を取るべきか、何が礼儀正しくて何が無礼なのか、などといったことが含まれる。こうした「感じられる世界」は、自己内省するものというよりは、無意識や感情のレベルへと強く働きかけるものである。[1]

第二段階の参照枠組みは、歴史的、文化的、そしてしばしば地理的により具体的な形を取る。すなわちある社会的、歴史的空間を指すが、たいていの場合その境界は明確である。たとえばある体制による支配の期間、ある憲法が有効であった期間、あるいは「第三帝国」のような歴史的存在の持続期間である。

第三段階の参照枠組みは、さらに個別具体的なものである。すなわち、特定の個人が行動する上での具体的な社会的、歴史的な出来事の連関を指し、たとえば兵士たちにとっては自分たちが戦っている戦争がそれにあたる。

第四段階の参照枠組みは、特殊な性格、認識方法、解釈規範、自分が義務だと感じているものといった、ある個人がある状況にもたらした要因である。このレベルにおいては、心理状態、個人的な性格、個々の人間の意志決定などが問われる。

本書において我々が分析するのは、第二および第三段階の参照枠組みである。なぜなら、我々の史料はそうした段階の参照枠組みを考えるのにとりわけ適しているからである。

つまりここで考察の対象となるのは、国防軍兵士たちが生きていた「第三帝国」の世界であり、彼らの行動枠組みである戦争や軍隊という具体的な状況を分析することになる。それにたいして、個々の兵士の個性という第四段階の枠組みについて言えば、たとえばそれぞれの兵士たちが積極的に殺害に参加したり、あるいはそれへの嫌悪を示したのは、過去にどのような出来事があったせいなのか、どのような心理的要因が原因だったのかを明らかにするためには、我々の手元にはあまりにも情報が少ない。

しかし本格的な分析を始める前にまず、参照枠組みの様々な構成要素について説明しておきたい。

基礎的な方向づけ
――ここではいったい何が起きているのか

一九三八年一〇月三〇日、アメリカのラジオ局ＣＢＳが番組を中断して臨時ニュースを流した。火星でガス爆発が発生し、その結果水素雲が地球へと高速で接近しているという。レポーターがある天文学教授にたいして、差し迫る危険性について明確な情報を得ようとインタビューをしていると、そのさなかに次のニュースが割り込んできた。地震計が強い震度の揺れを観測した、隕石の衝突によるものではないか、というものであった。こうして臨時ニュースが次々と押し寄せた。野次馬が隕石の衝突した場所を訪れると、そこからはすぐに異星人が這い上がってきて、野次馬たちを攻撃する。地球上の他の場所にも攻撃が行われ、異星人の大群が人間を攻撃する。軍隊が動員されるが、ほとんど成功せず、異星人はニューヨークの方向へと移動する。軍隊は戦闘機を投入し、人々は危険地域からの脱出を開始する。パニックが起きた。

この中のある時点において、参照枠組みの変化が起きている。戦闘機のくだりまでは、Ｈ・Ｇ・ウェルズの小説『宇宙戦争』を原作としてオーソン・ウェルズが翻案したラジオドラマの筋書き通りにすぎない。しかしパニックは現実に起きたのである。この記憶に値する日にラジオを聴いていた六〇〇〇万人のアメリカ人のうち、二〇〇〇万人は異星人による攻撃を真に受けた。中には急いで持てるものをかばんに詰め込んで、道路へと走った者もいた。異星人がガス攻撃をしてくるのではと恐れ、逃げようとしたのだ。電話は数時間にわたって不通状態だった。攻撃はただのフィクションだということが広まるには、数時間を要した。(2) オーソン・ウェルズの名声を確立させたこの伝説的な出来事は、社会心理学者ウィリアム・Ｉ・トーマスが一九一七年に提示した次のテーゼが正しかったということを、きわめてはっきりと示していた。「人間がある状況を現実だと認識すると、その帰結において、その状況は現実となる」。何を現実と見るかという判断は正しいこともあれば、非合理的なこともあるが、そこから引き出された結論は、それ自体で新しい現実をつくり出すのである。

それが、『宇宙戦争』はラジオドラマだというアナウンスを聴くことなく、異星人による攻撃が現実のものだと判断した聴取者たちの身に起きたことであった。当時のコミュニケーション技術では、自分の耳にしたことが本当かどうかをすぐに判断するのは困難であったこと、そしてアパートから駆け下りた人々が路上で、まさに自分と同じような行動をしている他の多くの人々に遭遇したことを、想起する必要がある。そのような状況の中で、自分がもしかして錯覚しているのではないかという疑念を、どうやって持つことができるだろうか。人間は自らの現実認識や解釈を、他人のそれを観察することで正しいかどうか確かめようとする。とくに、予期せぬこと、恐ろしいことが起きて、見通しを得ることが非常に難しい状況においては、なおさらである。ここで起こっていることは何なのか。私は何をすべきなのか。

こうしてたとえば、かの有名な「傍観者効果」現象が生まれる。事故や喧嘩の目撃者がたくさんいる場合、ほとんど誰も助けに入らないのである。なぜなら、その瞬間において正しい反応とは何なのか、傍観者の誰一人として確信が持てないからである。だからこそ全員が、お互いの行動を観察しどのように行動すべきか方向性を見い出そうとする。そして誰も反応しないと見て取るや、全員が立ち止まり傍観するのである。ただし誰も助けに入らないのは、メディアがよく言うような「薄情さ」ゆえではない。方向性が見失われ、行動しないということをお互いに確認しあうという致命的なプロセスが進行したからである。居合わせた人たちは共通の参照枠組みをつくり上げ、彼らの決断はこの枠組みの中で下される。一人でいる人間が、助けなければいけないという状況に遭遇すると、あまり考えることなく行動を起こすことが多い。

『宇宙戦争』の事例は確かに目を見張るものではあるが、人間が方向づけを見い出そうとするさいの人間の行動のありようを端的に示したにすぎない。とくに近代社会は、多様な機能や役割、複雑な状況で満ちあふれており、その構成員は現実をつねに解釈することを求められる。ここで起きていることは何か。私にたいする期待にどうやったら応えることができるのか。こうした問いのほとんどは、無意識的なものである。なぜなら、つねに方向づけを求めるというこうした作業の大部分は、ルーチンや習慣、あらかじめ書かれたシナリオ、規則によって自動的に行われているからである。しかし物事が想定通りに機能しない場合、ちょっとしたアクシデントや誤解、手違いが生じた場合には、今目の前で起こっている出来事を解釈するという、我々が通常無意識的に行っている行為をやらなければいけないことが、はっきりと意識される。

もちろんこうした解釈作業は真空空間の中で行われるわけでも、毎回ゼロから始めなければいけないものでもない。解釈それ自体は「枠組み」、すなわち多くの構成要素から組み立てられたレンズと結びついており、このレンズを通じて、経験しつつある事柄に構造や組織を与えるのである。アーヴィング・ゴッフマンは、グレゴリー・ベイトソン(3)やアルフレッド・シュッツに依拠する形で、そうした枠組みやその特徴について多くの著述を残している。(4)そうした枠組みが浮き彫りにしたのは、そうした枠組みの数々が、我々の日常的な認識や方向づけをいかに全面的に組織しているかという点だけでなく、文脈にたいする知識や観察の立ち位置が異なることで、いかにまったく異なる解釈が生まれるかということであった。たとえばペテン師にとっての行動の枠組みは「人を欺く策略」だが、騙される人間にとっては策略が行われているなどとは思いもよらない。(5)もしくはカジミェシュ・サコヴィチが記しているように、「ドイツ人にとって三〇〇人のユダヤ人は人類の敵三〇〇人を意味しているが、リトアニア人にとっては三〇〇足の靴、三〇〇本のズボンを意味する」。(6)

我々の関連で言えば、ゴッフマンがとくに関心を示さなかったひとつの側面がとりわけ重要である。すなわち、ある状況の解釈を導き、操作し、組織化する参照枠組みはどのように形成されるのか、ということである。「戦争」は間違いなく、「平和」とは異なる参照枠組みである。通常とは異なる決断や根拠づけが適切なものとなり、何が正しく何が間違っているかの基準が変わる。兵士たちも、自分たちが遭遇する状況を認識し解釈するさいには、そのつど勝手な指示に従うわけではなく、個人にたいしてごく限られた範囲内での解釈のみを許容する規範に強く縛られており、その中で行動する。あらゆる人間は、文化的に植え付けられた一連の認識方法や解釈方法（「信念システム」）と結びついており、それは兵士だけのことではない。

とくに価値観が複数存在する社会においては、そのつど方向性が必要とされ、異なる枠組みが存在するという点がとりわけ特徴的である。近代的人間はつねに、さまざまな枠組みに応じた責任の中で次々と役割を変更し（たとえば外科医として、父として、トランプ遊びに加わっている一人として、スポーツマンとして、マンション管理組合の一員として、売春宿の客として、待合室にいる患者として等々）、あらゆる役割に応じて責任を果たさなければならない。そのさい、ある役割の枠組みの中で行ったことを、別の役割の視点から距離を置いて観察し、判断できなければならない。たとえば、感情を抑制し、職業的な冷徹さを持たなければいけない状況（手術のように）と、そうではない状況（子供との遊びのように）を区別できなければいけないのである。この「役割距離」[7]という能力を身につけることで、役割にそのつど埋没することも、他の社会的責任に応えられないということもなくなる。つまり、異なる参照枠組みの間を柔軟に行き来し、変化する社会的責任を正しく解釈し、この解釈に従って行動できるようになるのである。

文化的な拘束

スタンレー・ミルグラムがかつて述べたことによれば、彼が興味を持ったのは、なぜ火事に遭った人々はズボンを穿かないまま外へ逃げるよりも家の中で焼死することを選ぶのか、ということであった。客観的に見れば言うまでもなく非合理的な行動様式だが、主観的な次元で考えると、特定の文化においては恥という観念が命を救うという戦略を妨げることがあり、それを乗り越えるのは非常に難しい。第二次世界大戦において日本兵は、捕虜になるよりも自殺することを選んだ。サイパン島ではそれどころか数千人の民間人が、アメリカ軍の手に落ちるのを避けるため、断崖から飛び降りた。[8] 自らの生存がかかっているときであっても、文化的な拘束や義務は、自己保存の衝動よりも大きな役割を果たすことがある。だからこそたとえば、溺れている犬を助けようとして命を落とすとか、自爆テロの実行者として木っ端みじんになることを意義あることと考えるとかいうことが起きるのである（第3章「軍事的諸価値」の節参照）。

社会全体が失敗するといういくつかの事例からは、文化的な拘束がどれだけ広範囲に機能するかを見て取ることができる。たとえば一〇〇〇年頃にグリーンランドに入植したノルマン人のヴァイキングは、気候条件がまったく異なるにもかかわらず、ノルウェーから持ってきた建築や食事に関する慣習をやめることができなかった。たとえば彼らは豊富にあった魚を食べず、牧畜を試みたが、グリーンランドで牧畜に適した季節はあまりにも短かった。[9] にもかかわらずこのような自然条件のもとでの生存が可能だったということは、ヴァイキングの時期にすでに入植しており、現在も当地で暮らしているイヌイットが示している。文化的な義務によって社会が失敗したもっとも有名な例は、イースター島の住人である。豊富な資源を巨大石像の生産へと投資した結果、自分たちの生存の基盤を掘り崩し、没落していったのである。[10]

文化的な義務（その中にはもちろん宗教的な義務も含まれる）は、恥や名誉の感情、あるいは概念に表れる。そして一般的には、観察者の視点から見れば当然に見えるような「合理的」な解決をもたらすことができなくなる。ヴァイキングの場合で言えば、肉から魚へと切り替えなければならない、というようなことである。

文化的な重荷は、生き死にがかかっている場合ときとして重大な、場合によっては致命的な影響をもたらすことがある。別の言い方をすれば、こうした事例すべてにおいて問題として認識されているものは、個人の生存を脅かすものとしてではなく、地位や命令と結びついた象徴的、伝統的な行動規則を侵害する危機として受け取られるのである。こうした危険は当事者にはきわめて深刻なものとして受け止められるため、それを回避する他のいかなる可能性も見えなくなる。こうして人間は、自らの生存技術のとらわれの身となるのである。

慣習的な文化的拘束や、自明なものとしての文化的義務は、参照枠組みのうちのかなり多くの部分を占めるため、非常に影響力が大きく、強い強制力が働く。反省という次元に届くことがまったくないのである。特定の事柄を直視し、有害な習慣や無意味な戦略を変更するという選択肢を排除するのは明らかに、文化的な生活形態そのものである。外から見ればまったく非合理的に見えるものが、当事者の内側の視点からはきわめて理性的に見えるのは、それがごく自明のことだと考えられているからである。そのさいヴァイキングの例が示しているように、文化的拘束はある文化の構成員が知っているものの中だけではなく、とりわけ知らないものの中にも存在する。

知らないということ

フランスで隣人から密告され、アウシュヴィッツへと移送された一六歳のユダヤ人の若者、ポール・シュタインベルクによる証言は、知らないということがどのような影響を持ちうるのか、その一端を垣間見せてくれる。シュタインベルクはアウシュヴィッツで、自らの参照枠組みの致命的な欠陥に気づかされた。しかもシャワー室の中で。

「いったいどうしておまえがここに来たんだ？」「パリの」フォブール＝ポワソニエールから来たある毛皮職人が尋ねてきた。私は唖然として彼を見た。彼は私の股間を指さし、仲間を呼び寄せて叫んだ。「割礼してないじゃないか！」私は割礼についてもユダヤ教一般についてもよく知らなかった。私の父は、明らかにバカバカしい恥の感情から、この興味を引くテーマについて私に知らせることを避けたのだ。フランスとナバラから移送され、*割礼されないままアウシュヴィッツに到着したユダヤ人のうち、この切り札を出さなかったのは私だけだった。私のまわりの人だかりはいよいよ大きくなり、男たちは死ぬほど笑い転げた。最後にはそのうちの一人が私のことを、間抜け中の間抜けと呼んだものだよ！[11]

ポール・シュタインベルクは、潜伏するという選択があったにもかかわらず、その好機を、文化的な無知ゆえに利用することができなかった。他のほとんど大多数のユダヤ人男性にとって、割礼を受けているということはナチ時代においては死の兆候であり、この識別標識を隠すよう全員が細心の注意を払っていた。とくに占領地域においては、割礼を受けているかどうかで瞬時に識別された。こうしてシュタインベルクは、決定的な利点を生かすことができなかった。

これは、個人の無知が持つ致命的な性格の一例である。と同時にこの無知はこの場合、重要な参照枠組みや、それと結びついた解釈や行動の一部である。その限りにおいて人間の行動は、何を知りうるか、何を知りえないかということと密接に関係している。しかし、過去において人々が何を知っていたのかを研究することが難しい作業となるのは、それだけが原因ではない。なぜなら歴史は認識されるものではなく、起こるものだからである。しばらくたったあとに、出来事のリストの中から「歴史的に見て」重要であった出来事、つまり物事の経過にとって何らかの形で重要であった出来事を歴史家が確定させるのである。日常生活において社会的、物理的な環境の変化は少しずつ起きているが、たいていそれを気に留めることはない。なぜなら人間の認識は、環境の変化にあわせてつねに自らを修正させているからである。環境心理学者はこの現象を「シフティング・ベースライン」（基準推移）と呼んでいる。コミュニケーション習慣の変化から、ナチズムにおける急激な規範の変化に至るまで、こうした例が示しているのは、そうしたシフティング・ベースラインがいかに大きな影響を及ぼすか、ということである。根本的なところが変化しているにもかかわらず、全体としてはすべて元通りのままだ、という印象を人々は持つのである。

〔同時代においては〕ゆっくりとしたプロセスだと認識されていたものが、後づけで「文明の断絶」といった概念によって、急激な出来事へと凝縮されることがある。それは、そうした出来事の進展が極端な結末へと至ったことを知っているためである。最終的に破局へと突き進んでいったプロセスが始まったとき、人々はそれをどのように認識していたのかを解釈するというのはしたがって、きわめて厄介な試みである。なぜなら、当時人々は何を知っていたのかという問いを投げかける我々自身は、その結末がどうなったのかということを知った上で、これを問うているからである。もちろん当時の人々は、結末を知るよしもない。我々は終わりから始まりへと向かって歴史を眺めており、人々がその時期に何を知っていたのかを理解するためには、自分の歴史知識をいったん括弧に入れなければならない。ノルベルト・エリアスが、人々が知らなかったこと、知りえなかったことを再構築するということが社会科学にとってもっとも困難な作業だと指摘したのは、そのためである。(12) あるいはユルゲン・コッカの言葉を借りて、こうした作業を歴史の「流動化」、すなわち「事実性を可能性へと引き戻すこと」と呼ぶこともできるだろう。(13)

予期

一九一四年八月二日、ドイツがロシアに宣戦布告した翌日に、プラハにいたフランツ・カフカは日記に次のように記している。「ドイツがロシアに宣戦布告した。午後、水泳教室」。これは、のちの世界において歴史的な出来事だと評価されるようになったものが、その出来事が生じ、現れた同時代において同じような受け止め方をされていたことはきわめて稀であることを示す、とくに有名な一例である。たとえその出来事について知ったとしても、日常生活においては、それ以外にも数限りない出来事が起こっていて、それを認識し注意を払わなければいけないのであって、そうした日常生活の一部をなすにすぎない。だからこそ、並外れた知性を持つ同時代人ですら、戦争が勃発したことよりも、同じ日に水泳教室のコースを修了することの方を重要と考える、というようなことが起きるのである。

　歴史が生じるその瞬間に、人間は現在を体験する。歴史的な出来事の意味が理解できるのは、あとになってから、すなわちその最終的な結果がもたらされるか、アルノルト・ゲーレンの概念を用いれば、「結果を担う最初の偶発事 Konsequenzerstmaligkeiten」、すなわち先例のない出来事が、その後の出来事に重大な影響を与えたことがはっきりと示されてからである。したがって、そのような始まりつつある出来事について人々はそもそも何を認識し何を知っていたのか、もしくは何を認識し、知ることができたのかという問いを立てようとすると、方法論上の問題が生ずる

＊（訳註）ナバラはスペイン北部の州だが、フランコ政権下のスペインからユダヤ人が移送された事例は知られていない。

ことになる。なぜなら一回しかない出来事は通常、「まったく」新しい出来事であるがゆえに認識が不可能だからである。手元にある参照枠組みでその出来事を捉えようとしても、それは先例のない出来事なのであり、この出来事を踏まえてようやく、将来に似たような出来事が起きた場合の参照値を得ることができるのである。

たとえば歴史的な観点から見れば、絶滅戦争へと向かう転換点は、国防軍が一九四一年六月二二日にソ連を攻撃するはるか前にあったと言うことができる。ただ同時に、この日の早朝命令を受領した兵士たちが、自分たちがどのような戦争に向かおうとしているのか本当に理解していたかどうかは、疑わしい。彼らが予期していたのは、ポーランドやフランス、バルカン半島でそうだったような迅速な進撃であり、全戦線において未曾有の過酷さをもって戦われた絶滅戦争ではなかった。しかも、狭い意味での戦闘行為とは何の関係もない、特定の集団の人々の組織的な絶滅が、この戦争の枠組みの中で行われるなどとは、まったく予期していなかった。「戦争」という参照枠組みは、それまでそのようなことをまったく予定していなかったのである。

こうした理由から多くのユダヤ系ドイツ人は、彼らを犠牲者としていった排除プロセスの諸次元を認識することができなかった。ナチによる支配は短命だと考え、「しばらくの辛抱だとみなしたり、あるいは適応できる程度の躓き、最悪でも脅威であると考え、確かに窮屈にはなるけれど、亡命によって生じる危険に比べればまだ我慢できると思っていた」(14)。ユダヤ人の場合きわめて皮肉だったのは、彼らの参照枠組みは、それまでの苦難に満ちた歴史的経験にもとづいて、反ユダヤ主義、迫害、強奪といったことをたやすく想定することができたものの、今現実に起きていることはまったく別のこと、すなわち完全に命取りとなるようなものだということが、それによって彼らに見えなくなってしまったという点にある。

認識における時代特有の文脈

二〇一〇年六月二日、ゲッティンゲンで第二次世界大戦時の不発弾を処理していた、爆発物処理班の男性三人が亡くなった。この出来事はすべてのメディアが詳細に報道し、著しい動揺を引き起こした。しかし、爆弾が投下された一九四四年もしくは一九四五年に三人が亡くなったとしても、犠牲者の家族以外はほとんど注目すらしなかったであろう。この場合の同時代的文脈とは、戦争である。一九四五年一月や二月にも、ゲッティンゲンではおよそ一〇〇人が爆撃で亡くなっている(15)。

似たようなことは他の出来事の連関、たとえば戦争末期に進撃途上の赤軍兵士によって行われた大量の強姦についても言える。数年前に刊行された匿名女性による印象的な描写からは[16]、肉体的な暴力であっても、それを一人で孤立した形で経験したか、あるいは同じ苦しみを共有する人々が多数存在したかで、その認識やそれへの向き合い方がまったく変わってくることを見て取ることができる。女性たちは暴力について互いに語り合い、自分たちに加え、とくに若い娘たちを暴力から守るための戦略を編みだしていった。この匿名女性はあるロシア人将校と関係を持つことで、他のソ連兵の恣意的な性暴力から自分の身を守った。しかし、自分たちの苦しみやそれを逃れるための戦略について、情報を交換できるコミュニケーション空間が存在したこと自体が、そうした出来事を認識し解釈する上で大きな違いをもたらした。

暴力との関係でとくに注意する必要があるのは、どのように暴力が行使され、経験されるかは、時代によってまったく異なるということである。近代社会において極度に暴力が忌避され、公的空間において（より限定的ではあるが私的空間においても）暴力が抑制されるのは、国家権力を分立させ、国家が暴力を独占するという文明化によってもたらされた成果である。これによって、近代社会ではきわめて安全に生活することが可能になった。一方前近代では、直接的な肉体的暴力の犠牲者となる可能性がきわめて高かった[17]。刑罰や処刑という形での公的空間における暴力のプレゼンスは今日よりもはるかに大きかったのであり[18]、参照枠組みや暴力を振るったり振るわれたりする体験は、時代によってまったく異なるということが言える。

その「時代」において何が支配的だったのか。その出来事が起きたときにふつうだと思われていたことは何か。何がふつうで何が極端だと考えられたのか。これらは、参照枠組みの背景をなす重要な要因である。「危機の時代」においては、政治的にも「平時」とは異なる基準が正当化されるし、大災害の場合もまたそうであろう。そして戦争においては、有名な諺にもあるように「すべての手段が許される」。平時であれば厳しく処罰されるであろうことの多くが、である。

役割モデルと役割責任

すでに述べたように、役割はきわめて広範な社会領域を覆っており、複雑な機能分化が進んだ近代社会においてはとりわけそうである。そしてある役割を自分から選ぼうと、あるいはその役割を強制されようと、その人間には、役割に見合った一連の責任を果たすことが求められる。役割は、文化的拘束や義務と、集団に特有であったり個人的であったりする解釈や行動との中間の次元を占めている。役割の中には、明らかにその規範に従って行動しているにもかかわらず、そのことを自覚することなくこなしているような役割がある。これにはたとえば、ジェンダー、年齢、社会的出自、学歴に応じた役割といった、社会学者が社会を分類するさいに利用するすべての役割が含まれる。それらと結びついた一連の責任や規範を明示的に意識し、その根拠を問いかけることも可能ではあるが、そうしなければならないというものではないし、実際にそうすることもまれである。こうした自明のものとなっている生活世界における役割は、にもかかわらず認識や解釈、行動の選択を規定しており、とくにジェンダーや年齢の場合には、明らかに規範的な規則に縛られている。高齢の女性の振る舞いにたいする社会的な期待は、若者にたいするそれとは異なる。それに関する規則のカタログや、ましてや法律など存在しないにもかかわらず、である。全員が社会の構成員として、そのことを暗黙の了解として「知っている」のである。

意識的に選択された役割の場合には、状況が異なる。たとえば、我々がキャリアの途上で選び取った役割である。役割に応じた一連の責任を、新たに学ばなければならない。数学を学んでいた学生が保険会社に就職すれば、彼が果たすべき責任は劇的に変わる。服装の規範から、労働時間、コミュニケーションまで、重要なことも重要でないこともすべてである。父や母になり、あるいは職業生活を退いて年金生活者となるのも、重大な過渡期である。他にも、「全制的施設」[19]へと所属替えすることによる、急激な役割の変化もある。たとえば修道院、監獄、そして我々の関連でとくに重要なのが軍隊である。ここでは、国防軍や親衛隊のような施設（制度）が、個人を完全に管理している。同じ服装と髪型をしなければならず、それによって自らのアイデンティティ形成へのコントロールを失う。自分の時間を思うように使うことができず、教練、嫌がらせ、規則違反のさいの過酷な懲罰などあらゆる方法で外形的な強制を受ける。全制的施設が特殊な密閉世界として機能するのは、最終的な結果を出すことを目標としているからである。たとえば兵士たちは武器の取り扱いや戦場における行動だけでなく、ヒエラルキーの中に完全に埋め込まれ、いつでも命令に従って行動するという服従をも学ばなければならない。全制的施設が構築するのは特定の形の共同体化であり、そこでは集団的規範や強制の個人にたいする影響力が、一般社会よりもはるかに大きい。その理由は単純に、自分の所属する戦友集団は確かに自ら選んだ集団ではないが、にもかかわらず参照集団として他に選択の余地がないということによる。自分がそこに所属しているのは、そこに配属されたからにすぎない[20]。

特徴的なのは、全制的施設がとくにその養成期間において、被収容者からあらゆる面で自己コントロールを奪うことに血道をあげる一方で、それが終了すると階級に応じて自由や行動の余地が与えられるという点である。古参兵が若者にたいしてかなり屈辱的な経験を強要し、これが繰り返されることは、そうした制度における共同体化の形のひとつである。この恐怖は、何度も文学の題材となってきた[21]。これらすべてが平時においても影響を及ぼすが、戦時においてはなおさらである。戦闘行動はシミュレーションから日常的な現実へと変わり、自分が生き延びられるかどうかは、自軍の指導部が機能するかどうかにかかってくる。ここでは全制的施設から、全制的集団、全制的状況が生まれ[22]、階級と指揮命令系統に応じて厳密に決められた行動の余地しか、兵士には与えられない。戦争における一人の兵士の参照枠組みはしたがって、民間人としての生活における役割に比べると、ほとんど選択の余地のないものである。盗聴された兵士の一人は、戦友との会話で次のように述べている。「俺たちは一挺の機関銃のようなものさ。戦争するための、武器のひとつなんだよ[23]」。

兵士として何を、誰とともに、いつやるかということは、自らの認識や解釈、決断の及ぶところではない。命令を自らの評価や能力にもとづいて解釈できる空間は、たいていきわめて小さなものである。その意味で、参照枠組みの実際の役割は、状況によってまったく異なる。民間人の生活という複数の役割や選択肢が存在する状況においては、その重要性はごく小さいものだが、戦争という条件やその他の極端な状況においては、全面的に重要なものとなる。

そのさい、民間人としてのさまざまな役割の構成要素の中には、軍事的な文脈へ移し替えが可能なものもあるが、それは生をもたらすものにも、死を招くものにも、どちらにもなりうる。たとえば測量士としての能力は戦場で現在地を確認する上ではきわめて有用だが、逆に多くの民間人の仕事は、戦争や大規模な絶滅という文脈において、突如死をもたらすようなものになりうる。たとえばエアフルトの企業、トプフ・ウント・ゼーネ社のエンジニア、クルト・プリューファーについて考えてみよう。彼は、アウシュヴィッツの効率的な焼却炉を開発することに多大な労力を費やしたが、それによって、一日あたりの殺害者数を増加させることが可能になったのである[24]。役割の移し替えのもうひとつの事例については、速記タイピストとしてワルシャワの保安警察長官のもとで働いていたある女性の証言がある。「ワルシャワで一人、もしくは二人のドイツ人が射殺されると、保安警察長官ハーンは刑事審議官Kriminalratシュタムに、一定数のポーランド人を射殺するよう命じました。シュタムはそれから控えの間にいる女性たちに、それぞれの部局から適当な資料を持ってくるよう指示しました。そして控えの間には、大量の書類が積み上げられました。たとえば一〇〇枚の書類があって五〇名だけを射殺しなければいけないということになると、女性たちが自分の判断で〔殺害対象となるポーランド人の〕書類を選び出しました。男性の局員が、別の書類を加えるなんていうこともありました。「こいつとこいつは失せろ。汚れた者どもめ」。そういった発言がよくありました。誰が射殺されるかを決めるのは控えの間の女性たちだということを考えるだけで、一晩中寝られないということがよくありました。たとえばある女性が他の女性にこう言ったんです。「あらエリカ、こいつとこいつも道連れにしない？」」(25)

参照枠組みが変わると、無害な仕事が突然死をもたらすようなものへと変化する。ラウル・ヒルバーグは、仕事を分担して実行することの潜在性についてすでに指摘している。通常警察のメンバー*は誰でも、「ゲットーや鉄道輸送の監視役になりえた。国家保安本部の法律家はすべて、行動部隊の指導者にふさわしいとされた。経済管理本部に所属する財務の担当者は、絶滅収容所での任務にふさわしい選り抜きだとみなされた。言い換えれば、必要な措置はすべて、誰であれ、使える職員によって実行されたのである。たとえ積極的な関与から一線を画したいと望んでも、絶滅機構を構成していたのはごく平均的なドイツ人であった」(26)。これを戦争に置き換えれば、次のようなことが言える。すべての技術者は、死の積み荷によって数千人を殺害する爆撃機を修理することができた。すべての肉屋は、食糧調達事業の一環として、占領地域の略奪に関与することができた。ルフトハンザのパイロットは、Fw〔フォッケウルフ〕200を旅客輸送のためではなく、大西洋でイギリス商船を撃沈するための長距離飛行へと出撃させた。仕事それ自体が変わるわけではないため、道徳的に自省したり、ましてや自分の仕事を拒否したりするなどふつうは思いもよらない。基本的な仕事は以前と同じままなのである。

すでに述べたように、全制的施設では所与の参照枠組みにほとんど選択の余地はない。これは軍隊における兵士についても言えるし、とくに戦時下、さらには戦闘中の兵士についてあてはまる。そのさい考慮しなければいけないのは、第二次世界大戦のように長い間続き、全面的で、あらゆる面において前例のない戦争は、それ自体「きわめて複雑で、全体を見通すことが困難な出来事という性格を有している[27]」ことである。この出来事をいずれかの場所で経験した個々の人間にとって、適切な見通しを得ることは著しく困難であった。だからこそ、命令や集団が主観の上でも重要になってくる。なぜなら、それによって他では得られないような見通しが保証されるからである。見通しを得たいという個々の欲求にとって戦友集団は重要であるが、その重要性は、自分が置かれている状況が危機的になればなるほど高まる。集団が全制的集団になるのだ。

　なぜ人間は戦争において他人を殺すのか。あるいは、なぜ戦争犯罪に荷担するのか。役割に関する理論を理解した上で、なおもこうした問いを意味ある問いにしたいのであれば、それはまず道徳的な問いではなく、実証的な問いかけとなる。もし意味のある道徳的な問いかけが可能だとすればそれは、個々の人間には行動の可能性として別の選択肢があったにもかかわらず、その選択肢が選ばれなかった場合のみである。それが当てはまるのは、すでに知られているように、たとえばユダヤ人への殺害行動に参加することを拒否したもののその後法的に裁かれることはなかった事例や[28]、本書でもたびたび言及するような、暴力行為に喜んで参加したような数多くの事例である。しかし戦争におけるその他の数多くの出来事の連関においては、複数の役割が存在する一般社会の日常生活のような選択の余地や別の行動の可能性が存在しなかったことは、冷静に認めなければならない。

「戦争は戦争だ」という解釈規範

　あらゆる役割に付随する一連の責任には、特定の解釈規範が密接に結びついている。たとえば医者の病気にたいする考え方は患者のそれとは違うし、加害者と被害者では事件にたいする考え方が異なる。解釈規範は、具体的な状況の解釈を導き出す、ある意味でミクロな次元の参照枠組みである。無知についてはすでに述べたが、ある解釈規範を選ぶということは、当然それ以外の解釈に含まれる可能性をすべて排除するということなのでもあって、したがってつねに無知を意味するのである。これは、新しい状況に遭遇した場合には、芳しくないことになる。それと向き合う上で過去の経験は役に立たず、むしろ邪魔でしかない[29]。慣れ親しんだ文脈の場合なら、自分が何をすべきか、問題解

＊（訳註）ナチ体制において警察組織はふたつの部門に分けられていた。ラインハルト・ハイドリヒの指揮する保安警察は、体制の政治的敵対者と戦う秘密国家警察と、非政治的犯罪と戦うことを基本とする刑事警察からなっていた。クルト・ダリューゲの指揮する通常警察は、都市や町の防衛警察、地方警察、小さな町や村の自治体警察の管理も委ねられていた。

決のための正しい処方箋が何かについて、そのつど複雑なことを考えたりしなくてすむため非常に有効なのだが。今目の前で起きていることを整理するための類型化されルーチン化した枠組みとしての解釈規範は、我々の生活をきわめて強く規定している。ステレオタイプ（「ユダヤ人はそもそも……」）からコスモロジー〔宗教的、哲学的な世界観〕（「神がドイツの没落を黙って見過ごされることはないだろう」）に至るまで、時代や文化によってまったく異なる。第二次世界大戦のドイツ兵が自分の敵を類型化するさいの基準やメルクマールは、ヴェトナム戦争の兵士のものとは異なるが、しかし彼らが行う類型化という手続きやそれが果たす機能は同じである。

　兵士が体験したことが、そのまま彼の経験の一部になるわけではない。むしろこうした体験は、教育やメディア、小説などによって形成された手元にある解釈規範によってあらかじめ形づくられ、さらにフィルターにかけられるのである。* 驚きが生ずるのは、たとえば体験したことが予想と異なる場合である。ジョアンナ・バークが著作で引用するある兵士は、敵に弾が命中したさい、映画で見ていたように敵が叫び声を上げて倒れるということをせず、低い声でうめいてからくずおれるのを見て驚いたという。[30] しかしほとんどの場合、解釈規範は体験したことを整理し、消化し、確かな見通しを得る手助けとなる。

　兵士たちが第二次世界大戦をどのように体験したのかという問題を考える上でとくに重要な役割を果たすのが、「他者」、自らの使命、戦闘、「人種」、ヒトラー、ユダヤ人などをめぐる解釈規範である。それらは参照枠組みにたいして前もってある程度解釈を与えることによって、体験したことの整理を可能にするものである。さらに、異なる社会的文脈から戦争経験へと持ち込まれた規範もある。これがとくに明瞭に現れているのが、「仕事／労働としての戦争」という決まり文句である。これは兵士たちが自分の行為を解釈する上で、きわめて重要であった。これはたとえば、「汚れ仕事」とか、空軍が「容赦なく仕事をした」といった、兵士たちの会話に登場するフレーズに読み取れるというだけではない。セルビア軍政長官ハラルト・トゥルナーは、一九四一年一〇月一七日、親衛隊・警察上級指導者リヒャルト・ヒルデブラントにたいして次のように書き送っている。「ここ八日間で、二〇〇〇人のユダヤ人と二〇〇人のジプシーを射殺しました。残忍に殺戮されたドイツ兵一人にたいし一〇〇人の割合です。さらに二二〇〇人が、ほとんどはユダヤ人ですが、これから八日間のうちに射殺されることになっています。素晴らしい仕事ぶりではないでしょうか！」[31]「戦争の労働者」としての兵士というエルンスト・ユンガーの有名な描写からも、産業社会的な解釈規範が戦争を体験し整理する上で影響を及ぼしたことが見て取れる。ユンガーによれば戦争とは、「恐怖という感情からもロマンチシズムからも等しく遠ざかった合理的な労働プロセス」であり、「武器の使用は、作業台の上での慣れ親しんだ仕事の延長線上にある」(32)。

事実、会社における仕事と戦争という仕事は多くの点で共通している。どちらも分業によって成り立っており、技術的、専門的な習熟を必要とし、ヒエラルキー的な組織構造になっている。ほとんどの人間は最終生産物とはほとんど関わりを持たず、ただ命令を実行する。命令の意味について考える必要はない。責任は直接仕事に関わる特定の範囲に限られるか、もしくは完全に委譲されている。ルーチンが重要な役割を果たす。同じ操作を繰り返し、同じ指示に従う。爆撃機に乗っているパイロット、爆撃手、尾部銃手はみな異なる技能を有するが、最終生産物、すなわち前もって与えられた標的を破壊するという目標を達成するために協力して仕事をする。その標的は都市でも橋でも、あるいは平原に集結している部隊でもよい。いわゆるユダヤ人殺害行動のような大量射殺を行うのは、実際に銃を撃つ歩兵だけではない。トラックの運転手、料理人、武器を管理維持する人々、さらに「ガイド」や「運搬人」なども、これに加わっている。すなわち彼らが、犠牲者を墓場となる穴のところまで連れて行き、死体を積み重ねていくという作業を行うのだ。これは、徹底した分業体制によって行われる。

アルフ・リュトケは、産業労働と兵士としての仕事の類似性をいく度となく指摘している。彼が明らかにしたのは、まさに労働者階層の人々こそが、兵士あるいは予備警察官として別の役割を果たすさいにも、自分のしていることを「仕事／労働」とみなしていた、ということであった。そうした男性たちの自伝的な証言、たとえば第二次世界大戦の野戦郵便や日記には、戦争と労働の間の相似性が数多く記されている。たとえば規律、単調さもそうだし、次のよ

＊（訳註）ここでは、「体験」と「経験」が区別されている。桜井厚によれば「体験」とは、自己が外界と接する中で一方向的、不可逆的に進んでいくものであり、「単に生活しているときに」出会う絶え間なく流れていく「未分化に融けあった経験」であり、生きることによってしか把握することができない。それにたいし「経験」は「互いに区別されたすでに過ぎ去った過去の経験」であり、生きることによってでなく「注意作用」によって反省的にとらえられたもの、「有意味」な経験である（桜井厚「〈体験〉と〈経験〉の語り―沖縄戦のオーラル・ヒストリーから」『日本オーラル・ヒストリー研究』第五号、七三～九七頁）。単純化して言えば、「体験」にたいして意味や解釈を与えることで「経験」となる。したがって、体験に先行する解釈規範や参照枠組みが、「経験」を形づくる上で決定的に重要になる。

うな記述にも表れている。「ここでは軍事行動、つまり敵を撃退し殲滅すること、言い換えれば人間を殺害し物質を破壊することは良い仕事として評価される」。リュトケは次のように要約する。「暴力を動員し、暴力によって脅しをかけ、殺害し、あるいは痛みを与えることは仕事として認識され、したがって意義あること、少なくとも必要で避けがたいこととして経験された(33)」。

これらを踏まえれば、解釈規範には戦争に深い意味を与えるという機能があることが明らかになる。もし私が、たとえば人間を殺害することを「仕事／労働」として解釈するなら、それが「犯罪」というカテゴリーに位置づけられることはなく、出来事は正常なものとなる。解釈規範が戦争の参照枠組みにおいて果たす役割は、そうした例によって明白なものとなる。民間人としてふつうの日常生活を送っているときには逸脱として、説明や正当化が必要な出来事としてみなされることが、ここではふつうの、まわりに順応した行動として理解されるのである。解釈規範はある意味で、道徳的な自省のプロセスをオートメーション化し、罪の意識を覚えることから兵士たちを守るのである。

形式的義務

方向性を得るための参照枠組みの中には、きわめて単純なものもある。すなわち、ヒエラルキーの中での規則や地位である。これによって、どのような命令が個人にたいして与えられうるか、他人にたいしてどのような命令を出すことが可能なのかが規定される。民間人としての生活にも、全面的な従属から完全な自由まで大きな幅があり、それは自ら演じなければいけない役割によって大きく異なる。ある人は経営者として大きな行動の自由を有し、自分のビジネスを縛るものは法律以外存在しないかもしれないが、たとえば家庭内ではまったく事情が違うかもしれない。そこでは、支配的な父親や命令的な妻によって完全に規則を押しつけられ、そこからほとんど逃れられないということもありうる。

対照的に軍隊の状況ははっきりしている。ここでは個人の行動の余地の大きさは、階級や機能によって一義的に決められており、ヒエラルキーの下に行けば行くほど、他人の命令や決定に依存するようになる。しかし軍隊における訓練キャンプや収容所、精神病院のような全制的施設においてすら、個人の行動の余地は完全にゼロというわけではない。アーヴィング・ゴッフマン『アサイラム』の中には、全制的施設における規則がいかに悪用され、自分のために利用されるかについての印象的な描写がある。ゴッフマンによると、そうした組織の中にある台所や図書館での仕事を物資の「調達」や「密輸」のために利用するとき、人々は組織にたいする「第二次的調整」*を行っているという。彼らは規則に従うふりをして、実際には自分の利害を追求している。占領者たちには、第二次的調整を行うさまざまな可能性があった。たとえばペーレルト少尉は一九四四年六月、次のように語っている。「私はフランスからものすごい量のバターと豚を三ないし四頭、家族へと送った。バターはおそらく三ないし四ツェントナー〔一五〇ないし二〇〇キロ〕はあったろう」[34]。個人的に利得を得られるという戦争の一側面を、兵士たちは歓迎していた。しかし戦闘が起きると、第二次的調整を行う自由度は著しく低下した。そのような状況では、暴力に訴えなければ収奪できなかった。ともかく、状況が狭まり先鋭化すれば、参照枠組みの選択肢が少なくなることは避けられなかった。

社会的責務

全制的施設のような場において参照枠組みの選択肢が狭まると、選択の自由はほとんどなくなり、確かな方向性が得られるようになる。その一方で社会的な責務は、すでに存在する曖昧さのまったくない意思決定構造へと介入し、集団的な結びつきや指揮命令系統すら変更することができる。たとえば強制収容所所長エルヴィン・ドルトは、完全に規則に違反した形で「彼の」囚人のために食糧を調達し、生き延びるための条件を改善することに全力を挙げた。そのさい彼は、妻がこの行動を支持し、それどころか期待しているということを確信することができた[35]。社会的責務が影響を及ぼしたもうひとつの例としては、大量殺戮をしているさいに、殺している子供と自分の子供が似ていることに気づいて、突如道徳的なためらいを感じた兵士たちが挙げられる[36]。しかし、社会的責務の影響について過度にロマンティックなイメージを持つべきではない。精神的、あるいは物理的に妻がそばにいるということで、殺害が容易になった事例も数多く存在する。なぜなら加害者は、自分の行動が妻の願望や選択に沿ったものだと感じていたのである。

たとえば親衛隊・警察所在地であるモギリョフで管理官

＊（訳註）「第二次的調整とは、施設が個人にたいして自明としている役割や自己から彼が距離を置く際に用いる様々な手立てのことである」（アーヴィング・ゴッフマン、石黒毅訳『アサイラム——施設被収容者の日常世界』誠信書房、一九八四年、二〇一頁）。

を務めていた警察書記官ヴァルター・マットナーは、一九四一年一〇月五日、妻に次のように書き送っている。「まだ君に報告しなければならないことがある。僕は本当にその場にいたんだ。一昨日の大量死の現場に。一両目の車両のときは、撃ったときに手が少々震えた。しかし慣れた。一〇両目になると、静かに狙いを定めてたくさんの女性や子供、赤ん坊をきちんと撃った。僕にも故郷に残してきた幼子が二人いることはよくわかっている。この群れたちもそうだが、決して面倒を起こすような子たちじゃない。〔でも〕我々があの子たちに与えた死は、ゲーペーウーの牢獄での何千人もの地獄のような苦しみに比べれば、とても短い死だったよ」[37]。この記述から、明らかにマットナーは、自分の行為や理由づけに妻も賛成するだろうと考えていることがわかる。

さらに極端な事例は、ユリウス・ヴォーラウフ大尉の妻、ヴェラ・ヴォーラウフのものである。彼の夫は、数多くの「ユダヤ人殺害行動」[38]を実行した第一〇一警察予備大隊で、中隊長を務めていた。この時点ですでに妊娠していたヴォーラウフ夫人は、ユダヤ人のがさ入れや、移送のためのかき集め、射殺が気に入り、一日中現場にいて近くですべてを観察することにあくまで固執した。そのことは、大隊員の間で憤激を呼び起こした[39]。

ハインリヒ・エーバーバッハ装甲兵大将の会話からも社会的責務がはっきりと読み取れる。一九四四年一〇月、イギリスの捕虜収容所トレント・パークで、イギリス軍のプロパガンダに協力するかどうかについて語っている。

　私は装甲部隊の間では結構知られた存在だった〔…〕。だから私がそういう呼びかけをしたら、国民の中にはどこかでそれを聞いたり読んだりして、たとえば前線でばらまかれるビラとか、とにかく人々にある程度影響があるに違いないと、私は確信している。でもまず私は、そんなことは途方もなく卑劣なことだと相変わらず感じるだろうし、そんなことはできないという私の感情にはとにかく逆らえない。またそれとは別に、私には妻と子供がいる。だからそんなことができるはずがない。そんなことをしたら、妻の前で恥をかくことになる。私の妻は非常に愛国的だから、そんなことは絶対できない[40]。

社会的責務が心理的に大きな影響を及ぼすのは、人間は一般的に思われているように因果関係や合理的計算にもとづいて行動するわけではなく、社会的関係の中で行動していることがその原因である。人間が決断を下すさいに、社会的関係は決定的な要因となる。有名なスタンレー・ミルグラムの服従実験がシミュレートしたような、決断に重圧がかかる場合にはとりわけそうである。ここではとくに社会的布置関係が、被験者が権威にたいしてどの程度従順に振る舞うかどうかを決定的に左右する。[41]

感覚的な、あるいは実際の社会的な近しさと、それと結びついた責務は、参照枠組みにおいて中心的な要素をなす。歴史学においては、こうした要素が視野に入ることはまれである。なぜなら、誰かが何かをしたり、あるいは何かをしなかったときに、いったい誰にたいして責務を感じていたのかということが史料に表れることは、滅多にないからである。さらに問題を難しくしているのが、社会的責務はつねに明示的に意識されるものとは限らず、むしろあまりにも自明のものとして内面化されているため、当事者がそれを自覚することのないままに、当事者を方向づけていることが多いという点である。精神分析ではこの現象を「代理派遣 delegation」と呼んでいる。

軍隊という文脈における参照枠組みが一次元的なものであることや、兵士たちの社会的空間が戦友集団に限定されていることだけでなく、ここでは社会的責務がどのような役割を果たしているのかを考えたい。民間人としての生活では、家族や友人、同級生や学友など、決断を下すさいに参照点となる人物が数多く存在し、複数性がいたるところに見られるが、前線に行くと複数性は本質的に戦友集団へと収縮してしまう。彼らは同じ参照枠組みの中で軍事的な任務を果たし、生き延びるという同じ目標に向かってともに働いている。そのためには、戦闘状況における団結や協力が決定的に重要である。したがって集団が、戦闘において参照枠組みのもっとも強力な要因となる。生存に関わる重大な問題であるだけに、集団の規則はきわめて影響力が大きい。しかし戦闘が行われていないときでも、個々の兵士は著しく集団に依存している。あとどれくらい戦争が続くのか、次の休暇や転属はいつか、ようするに全制的集団から離れ、複数性のある集団にふたたび戻れるのはいつか。それがまったくわからない。戦友意識が逃れようのない強い影響力を持つことは、今まで何度も指摘されてきている。その社会的機能に加え、彼らは戦友集団の外部にたいしては、反社会的要素をあらわにする。集団内部の規範が行動の基準をつくるが、軍隊外の生活世界の基準は、副次的なもの、重要ではないものとみなされるのである。

戦友は、好むと好まざるとにかかわらず共同体化され自律性を奪われるが、しかしそれにたいする対価も受け取る。それが、共同体の中での安心感、信頼、支え、承認である。さらに戦友集団は、民間人としての生活で担っている通常の責任から人々を免除してくれるものでもある。まさにその点にこそ、のちに国外移住した断固たる反体制派であるセバスティアン・ハフナーは、心理面においてきわめて魅力的なものを感じていた。「戦友意識は［…］自己責任という感情を、完全に片づけてしまう。戦友意識の中で生きている人間は、生きていくためのあらゆる心配事、生存競争のあらゆる過酷さを免除されている。［…］彼は、いかなる小さな心配もする必要がない。彼はもはや、「自分のことは自分で」という過酷な法のもとにではなくて、寛大でやさしい「一人のために全員が」という法のもとにある。［…］死のパトスだけがこうした、人生における責任からの途方もない免除を許容し、耐えうるものとするのである[42]」。

「戦友意識」という共同体化の形を通じて重い負担をかけることと、軽減すること。この両者の関係をトーマス・キューネは、彼の包括的な分析において分析している。とくに、共同体や戦友意識のようなカテゴリーがナチズムにおいて与えられた役割は、集団をつねに高く評価し個人を軽んじるという方向へとつながっていった。「戦友意識においては今や恥の文化が支配的となった。そこでは、個人の生活や個人の責任というカテゴリーで考え、感じ、行動することは許されず、自集団の物理的な維持、社会的な生活や威信にとって有益なものだけが許されるというモラルが強制された[43]」。このように考えると、戦友意識とは、社会的責務を最大限利用するだけでなく、それ〔軍隊〕以外の世界にとって重要なことすべてから義務を免除するということをも意味している。それは兵士としての参照枠組みをきわめて強く規定しているだけでなく、とくに戦争における兵士としての社会的実践をも大きく規定している。ここでは戦友意識は、ときに人々に負担を課し、ときに負担から免除するような共同体化の形となるだけでなく、文字通り生き残りの単位となり、ふつうの共同体化の形では不可能なほど強い団結力が生まれるのである。この場合も、これはナチズムだけに特有のものではない。「アメリカ兵」に関するA・シルズとM・ジャノヴィッツの包括的研究が強調しているのは、戦争における主たる組織単位、解釈単位として、戦友集団がいかに決定的な役割を果たしたかということであった[44]。戦友集団は他のいかなる世界観やイデオロギーよりも、はるかに多くの方向性を提供するものであった。少なからぬ兵士たちにとっては、彼らの経験世界を共有せず、したがって彼らを理解することができない故郷の家族よりも、戦友集団の方が感情的な故郷であった。したがって戦友意識とは、兵士によって美化された神話では決してない。他のどの場所よりも重要な、社会的な場なのだ。だからこそ第二次世界大戦の兵士たちは、前線へと率先して戻っていった。「私は幸せだった」、そう若い国防軍兵士ヴィリー・ペーター・レーゼは、一九四四年初頭の休暇中に、一四〇ページにわたる『大戦争からの告白』の中で記している。「ロシアのただ中で、私はついにふたたび故郷に戻ってきたという気がした。ここが故郷だ。この世界は、恐ろしくて喜びも少ない世界だけれど、ここにいられるだけでいい[45]」。

さまざまな状況

一九七三年、プリンストン大学で注目すべき実験が行われた。神学生の集団が、善きサマリア人のたとえ*について短い報告をするという課題を与えられた。書き上げた文章は、各人に与えられる指示に従ってキャンパスの特定の場所において報告し、それはラジオ放送のために録音されることになっていた。各人がそれぞれの場所で報告の指示を待っていると、不意に人が現れて、こう言う。「おや、まだここにいたんですか？　もうとっくにあなたの順番ですよ。助手がまだ待っているだろうから……。急いでください！」その学生は急いで飛び出す。同じ頃、報告をすることになっている大学の建物の入り口の前に、明らかに途方に暮れている人間が配置される。目を閉じて咳をしたりうめいたりしながら、地面の上に横たわっている。明らかにきわめて困難な状況にあるこの人間を認識しないまま、建物の中に入ることは不可能である。神学生たちはこの状況にどう反応したのだろうか。結果は驚くべきものだった。明らかに途方に暮れている人間のために何かをしようとしたのは、四〇人の被験者のうちわずか一六人であり、残りは立ち止まることなく、自分の約束時間を守るために走り去ったのである。とりわけ当惑を招いたのは、実験のあとの彼らへのインタビューで、次のことが判明したことであった。すなわち、途方に暮れている人間を助けなかった者の多くが、「相手に実際にぶつかったにもかかわらず、彼が困っているということにまったく気づかなかった」のである[46]。

この実験がまず示しているのは、人間が何かをする前には、まずはその何かを認識しなければいけないということである。非常に集中して仕事をしていると、課題を成し遂げる上で関係がない多くのことが意識から遮断される。照準を合わせるというこの行為は、道徳的な問題とは何の関係もない。余計なものを避けることで行動のムダを省こう

＊（訳註）『ルカによる福音書』に記されているイエスのたとえ。強盗に襲われて半死半生の目に遭った旅人を、その同胞である祭司やレビ人が見捨てていったのにたいし、外国人であるサマリア人が手厚く助けたというものである。

という、必要不可欠かつ、ほぼつねに機能しているプロセスである。他の実験でも、誰が支えを必要としているかが、助けるかどうかの決断において決定的に重要であることがわかっている。魅力的な人間の方が、そうではない人間よりも助けられやすい。自分たちの集団と同じような外見的特徴を持つ人間の方が、異質な集団として分類された人間よりも助けられやすい。たとえば酔っ払いのように、苦境の原因を自らつくり出したように思われる人間は、何もしていないにもかかわらずひどい状況に陥った人間と比べると、助けられることが少ない(47)。

これらすべてが明らかにしていることは、思考と行動の間の因果関係は、我々がふだん思っているよりもはるかに緩やかだ、ということである。とくに、人間が自分について思っていること、たとえば自分のモラル、確信、態度の確かさと、実際にする行動との間には、天と地ほどの違いがある。決断と行動が要求される具体的な状況においては、倫理的な考慮や道徳的な確信とはひとまず何の関係もない要素の方が、決定的に重要である。ここで求められているのは目標への到達や課題の達成であり、この課題をできるだけ効率的に達成するには、目標にもっともよく到達するにはどうすればよいかという問題が、もっとも緊急の課題なのである。前述の神学生の場合、途方に暮れた人間を無視したとき、重要だったのは助けるという倫理ではなく、自分の課題を達成するという、守らなければならない約束のためのスピードであった。この実験を考案したアメリカ人心理学者ジョン・ダーレーとチャールズ・ダニエル・バトソンの言葉を借りれば、「急がない者は状況のもとで立ち止まり、他の人間を助けようとする。急ぐ者は、たとえそれが善きサマリア人のたとえについての報告であろうとも、さらに急ぐ(48)」。

したがって人間の行動においては、その人間をある状況へと巻き込ませた個人的な性格よりも状況の方が決定的に重要であるように思われる。この見解は、ユダヤ人を殺すためには反ユダヤ主義者である必要はなく、ユダヤ人を助けるためには利他的な性格の持ち主でなければならないということはない、という近年一般的となった知見によっても裏づけられる。どちらの場合においても、何らかの行動が要求されるような状況に身を置くというだけで、その行動を起こすには十分なのである。もっともひとたび決断が下され実行に移される場合、それ以降のすべては経路依存性*に従う。たとえば大量射殺に初めて参加すると、第二、第三の射殺に参加する蓋然性が高まる。逆に救助活動を決断すると、のちのちの状況においても救助を行う蓋然性が高まるのである。

個人的性格

もちろん、人間が認識し行うことのすべてが、外的枠組みへと帰せられるわけではない。ある状況に直面し、それを解読して行動を起こす上で、そのさいに持ち込まれる認識傾向や社会化された解釈規範、年齢特有の経験、特別な才能や弱点、好みが人によって千差万別であることは、言うまでもない。この意味で社会的状況はつねに機会の構造〔さまざまな行為を行う機会が個人にたいして社会的に提供されること〕Gelegenheitsstruktur をつくり出す。この構造は、自由度の違いこそあれ、これを利用し、拡張することが可能である。事実、多くのことは個人にかかっているのである。実際、強制収容所や大量射殺における極度に一方的な権力関係は、暴力的な傾向がある親衛隊員や予備警察官、国防軍兵士たちにたいして、自分たちのサディスティックな欲求や好奇心を満たす機会を提供する一方で、繊細で暴力を敬遠する人々の間では厭悪の念を呼び覚ます。つまり、どのような性格構造を有する誰がどのような状況に直面したかによって、大きな違いが生まれるのである。しかしこうした違いを過大に評価すべきではない。なぜなら、ホロコーストやナチによる絶滅戦争が示しているように、民間人や兵士、親衛隊員、警察官の大多数は、そうした行動が促され、求められていると思われる場合には排他的、暴力的、非人間的な振る舞いをした一方で、これに抵抗し、人を助けようとしたのはごく少数にすぎなかったからである。当時の基準に従えばこうした行動こそが逸脱的であるとみなされ、非人間的な振る舞いこそが順応的であった。したがって、「第三帝国」におけるすべての出来事の連関や、それが生み出した暴力は、壮大な実証実験であったと見ることができる。すなわち、精神的に正常で、自分のことを善い人間だと思っている人々が、自分の参照枠組みにおいて何かを適切で、意義深く、正しいことだとみなした場合、彼らはいったい何をすることができるのか、という実験である。暴力や差別、乱暴に走りやすい心理的な傾向がある人間は、ほぼいずれの社会条件においてもおよそ五ないし一〇％存在する。

心理学的に考えればナチ・ドイツの住人たちは、他のどの時代のどの社会とも同じくらいふつうの人々であった。そして加害者となった人々の構成も、ふつうの社会の構成とほぼ同じであった。「罰せられることのない非人間性」

＊（訳註）制度や仕組み、あるいは行動が、個人や集団が過去にたどってきた経路によって拘束を受けること。

（ギュンター・アンデルス）の誘惑に屈しなかった集団は、ひとつも存在しなかった。この実証実験によって、個人の性格の持つ意味がゼロになるわけではない。しかしそれが果たす役割はかなり小さいこと、それどころかほぼ無視できるくらいの重要性しかないことを、「第三帝国」という実験は示しているのである。

第2章　兵士の世界

「俺たちの自由という概念は、イギリス人やアメリカ人とは違うんだ。俺はドイツ人であることをとても誇りに思うし、彼らの自由など何とも思わん。ドイツの自由とは内面的な自由であり、あらゆる物質的なものからの自由、そして祖国のために尽くすことだ。おまえが故郷に戻ったら、他人の細々とした雑事に巻き込まれるだろう。クレシュケ夫人は小売り商人から何も買うことができないとか、某氏は車のためのガソリンが手に入らないとか、そういったことだ。軍人というのは、そういうのを超越した存在だ。責任を担うことができる自由、これは誰にでもできることじゃない。ユダヤ野郎みたいに喋ったり書いたりできれば、それが自由なのか？　アメリカや民主主義の言う自由なんて、好き勝手ということと変わりゃせんよ」(1)。

海軍中尉ハインリヒ・ルス、一九四二年三月二八日の会話より

「第三帝国」の参照枠組み

我々は第1章において、第一段階の参照枠組みは広範囲にわたる無意識的な社会的、歴史的背景構造をなすものであると定義した。それぞれの時代に生きる人間はその枠組みの中で行動するが、見通しを得ようとするすべての意識的な努力は、かなりの程度こうした枠組みによって縛られている。しかしそうした構造すべてを研究し描写することは不可能である。それにたいして第二段階の参照枠組みは、歴史的、文化的、そしてたいていは地理的に具体的なものであり、少なくともおおよその概略を素描することはできる。それは境界を明確に引くことができる、ある社会的、歴史的空間を指す。たとえばある体制による支配の期間、ある憲法が有効であった期間、あるいは「第三帝国」のような歴史的形態の持続期間といったものである。そうした要素はたいていの場合、意識することが可能である。そのことは、ドイツ的な自由に関する先の引用にも表れている。たとえば一九三五年であれば、ほとんどのドイツ人は「第三帝国」の社会の何が特殊なのかをすぐに指摘できただろうし、ヴァイマル共和国との違いも強調したであろう。たとえば、始まりつつある経済的な改善、安全と秩序が回復したという感情、ふたたび取り戻した国民としてのプライド、「総統」との一体感、その他もろもろである。こうした第二段階の参照枠組みは、それ以前の時代、すなわち「体制期」として誹謗された時代〔ヴァイマル共和国〕との違いがあまりにも急激なものであったために、非常にはっきりと認識された。インタビュー証言でも、「新し」く「素晴らしい」時代が到来し、ものごとが「ふたたび前進」し、「何かが為され」、「街頭でたむろしていた若者も消え」て、「共同体」を感じることができたという感情が、繰り返し登場する。一九三三年から一九四五年までの時期は、経験史的にはヴァイマル共和国や戦後東西ドイツよりも輪郭が明確であり、だからこそその参照枠組みは、たとえば一九七五年から一九八七年までの間のような比較的出来事が少なかった時期と比べると、容易に素描することができる。事実「第三帝国」は経験史的にはすさまじい密度を持つ時期であって、極端なまでの変化に富んでいる。約八年の短い時期には、急激に興奮状態となりそれが高揚していく経験があり、残りの四年間には、没落への不安や暴力、喪失、不安が強まっていく経験をした。ドイツ史においてこの時代がそのような重みや持続性をもって書かれてきたのは、この時代に引き起こされた犯罪や極端な大規模暴力だけが原因ではない。まったく新しい何か、巨大な何かに参加することができた、国民社会主義による共通のプロジェクトに関与することができたという濃密な経験も、その原因であった。一言で言えば、人々は「偉大な時代」の一部だと感じることができたのである。

「第三帝国」の社会史、文化史については十分な記録が残されており、定評のある文献をいくつも挙げることができる。(2)「第三帝国」において進展していった参照枠組みについては、兵士たちの認識にとって決定的に重要であったふたつの側面についてのみ、ここでは触れておきたい。ひとつ目は「ユダヤ人問題」とともに徐々に確立していった、人間はカテゴリー的に不平等だという観念である。ここで言うカテゴリーとは、自集団の構成員、たとえば「アーリア系」ドイツ人は、自分の努力や失敗によって他の集団、たとえば「ユダヤ系」ドイツ人へと移ることは不可能だという意味である。この不平等観念は決してユダヤ人だけでなく、「人種」間の上下の区別、たとえばゲルマン人とスラヴ人の間の区別にも適用されたが、その核心には人種理論があった。これは決してドイツによる発明でもなければドイツの学問に特有のできそこないでもなく、世界的に見られたものである。(3)しかしそれが政治的綱領の根幹となり、社会的な観念となったのはドイツだけである。この観念は、遅滞なく開始された反ユダヤ主義的実践において、感じられ信じられた現実へと移し替えられた。人間がカテゴリー的に不平等だという観念は、構成員と非構成員を徹底して区別する社会において、便利な明快さを与えるものであった。ふたつ目の側面は、ナチ的な日常から成り立っている。研究においては、社会的実践の象徴的形態、たとえば「イデオロギー」「世界観」「綱領」といったものを分析する一方で、日常生活の社会的実践の方が、内省的に顧みられることがないからこそ、社会を形成する上ではるかに大きな影響力があるということを無視する傾向が強い。しかしこの実践的なるものが持つ社会を形成する力こそ、第三帝国の参照枠組みの本質的な側面をなすものなのである。

「第三帝国」の社会史や心性史は通常、ホロコーストというプリズムを通して眺めることが多い。あたかも、矛盾を抱えたさまざまな部分的経過や経路依存性を有する、すさまじくダイナミックな社会的プロセスの終わりから、その始まりへと分析の光を当てることが可能であるかのように。ナチズムと絶滅戦争が引き起こした恐怖が、その歴史的代名詞となっていることを考えれば、これは理解できる。しかし方法論的にはまったく無意味である。ある人間の伝記を終わりからさかのぼって書くとか、ある制度の歴史を後ろから前にさかのぼって再構築しようなどという者はいない。それは単純に、ものごとの進展というのは未来に向かってのみオープンであり、過去にたいしてはそうではないからである。ものごとの進展に他の選択肢がなく不可避であるように見えるとすればそれは振り返ったときだけであり、社会的プロセスが進展しているときにはそこには数多くの可能性が含まれている。その中からごくわずかの可能性が実際に取り上げられ、それによって一定の経路依存性や固有のダイナミクスが形づくられるのである。

このように、「第三帝国」の参照枠組みにおける人間の構築を再構築しようとするのであれば、ナチ化のプロセスをたどり、「権力掌握」後にドイツの社会的実践へと新たに導入されたものと、一九三三年一月三〇日以降も変わらなかったものとがどのように混ざり合っていたのかを見ていかなければならない。「第三帝国」の社会的現実と、ゲッベルスの宣伝省で働く演出家や脚本家によってますます磨きがかけられていったプロパガンダ・イメージとを混同してはならないということは、今までもいく度となく指摘されてきた。「第三帝国」ではオリンピックや党大会、行進や情熱的な演説が絶え間なく行われ、金髪でお下げの民族同胞の女性がつねに目を輝かせながらそれに聴き入っていたわけではない。「第三帝国」はまずもって、他のどの社会においても人間生活を規定しているような日常的要素から、成り立っていたのである。子供は学校に、人々は仕事場もしくは労働局に行き、家賃を払い、買い物に出かけ、朝食や昼食を食べ、友人や親戚に会い、新聞や本を読み、スポーツや政治について議論した。こうした日常的次元すべてが、「第三帝国」が存続した一二年の間に徐々にイデオロギーや人種主義によって浸食されていったが、それらは依然として習慣やルーチンであり続けたし、「以前と変わらない」日常生活であった。

社会は、歴史家が何らかの形で史料として読み解くことができるものだけではなく、物質的、制度的、そして精神的なインフラによっても成り立っている。すなわち工場や道路、下水道システム、そして学校、役所、裁判所、しばしば見過ごされるが伝統や習慣、解釈規範といったものである。これら三種類のインフラが、自明だと思われている世界を形づくっている。これらは日常生活の根幹であり、固有の慣性を有する。すなわち、政治や経済において重大な変化が起こったとしても、これらにはあまり変化がないのである。なぜならこれらのインフラは、複雑な社会構造の中の部分的システムにすぎず、きわめて重要であることは間違いないけれども、社会全体をなすものではないからである。ナチズムにおいても、［「権力掌握」の翌日］一九三三年一月三一日の朝に市民が目覚めたとき、世界がまったく新しいものになっていたわけではない。世界は同じであり、新しいのは報じられるニュースだけである。セバスティアン・ハフナーは一月三〇日を革命としてではなく、政権の交代として描いている。そしてそのようなことはヴァイマル共和国においてごくありふれたことだった。ハフナーにとって「一月三〇日の体験は事実上、新聞記事の中にのみあった――そして、この記事が解き放った感情の中にのみあった」[4]。ドイツの新聞は、ヒトラーが首相として任命されたことがもたらしうる帰結やその重要性について論じていたが、それは他の政治記事も同様であった。ハフナーは父親との会話を記している。そもそも人口の何パーセントが「ナチ」なのだろうか、ヒトラーが首相になったことに外国はどう反応するだろうか、労働者はどう動くだろうか、そういったことについて議論した。言い換えれば二人が議論したのは、その結末がどうなるのかまったく見通せないものの、とにかく喜ばしくないことははっきりしている決定がなされた場合に、政治に関心のある市民が考慮することすべてであった。とにかくハフナーと父親は、次のような当然の結論にたどり着いた。この政府の基盤はきわめて弱く、長期的に持続する可能性は少ないだろう、だから結局のところ心配する必要はない、と。

何かを読んだり話したからといって、最初のうちものごとの経過には何も変化はなかった。「それはあくまで新聞報道であった」、そうハフナーは記している。「目と耳を使っても、近頃どのみち見慣れ聞き慣れていたことよりも他に、多くを見聞きすることはなかった。通りには褐色の制服や分列行進が見られ、万歳の叫びが聞かれたが――その他の点では、平常通りだった。プロイセンでの最高裁にあたる高等裁判所 Kammergericht では――私は当時そこで司法官試補として働いていたのだが――プロイセンの内務大臣［となったゲーリング］が同時に馬鹿げた命令を出したからといって、司法業務には何の変わりもなかった。新聞報道によれば、憲法はだめになる可能性があった。しかし民法典はすべての条文がそのまま有効だったし、これまでと同様にきわめて注意深く、曲解に曲解を重ねられていた。どこに［革命の］真の現実味があったのだろうか。首相は毎日公然と、ユダヤ人にたいするひどい侮辱の言葉を吐くことができた――しかし裁判所の私たちの部内では、依然として、ユダヤ人である高等裁判所判事が、きわめて理解力の鋭い、良心的な判決を下していた。この判決は有効であり、その執行に向けてすべての国家装置を動かしていた――たとえこの国家装置のトップが、判決の起草者を毎日のように「寄生虫」「下等人間」もしくは「ペスト」と呼びたがったとしても。そこにおいて笑いものになっていたのは、実際には誰だったのだろうか。こういう状態は、誰にたいして皮肉だったのだろうか」。(5)

言い換えれば、既存の参照枠組みのほとんどは依然として機能していた。「生活がそのまま続いている」ことは、ナチにたいする勝利として解釈することも可能であった。そもそも、まったく新しい現実の解釈が必要になっており、今起きていることは今までの基準では解釈することができないなどということに、人々はどうやって思い至ることができただろうか。たとえ誰かがこの感情を抱いていたとしても、この新しい現実を読み解けるような手立てを、どこから得られただろうか。

社会心理学で「後知恵バイアス」と言われる現象に関する研究蓄積は数多い。ある社会的プロセスの結果が固まると、人間はつねに、全体がどんな結果になるかは最初から知っていたと考えるのである。あとから振り返れば、すでにはるか前から破滅や大災害の予兆が数多く存在していたことを見つけることが可能である。したがって、当時を知る人々はインタビューにおいてみなこう語る。自分の父や祖父は一月三〇日に「これで戦争だ!」と即座に言い放った、と。(6) 後知恵バイアスによって、自分を慧眼で物知りな側に位置づけることが可能ではあるが、実際のところ歴史的な変化のプロセスのただ中にあって、そのプロセスがどちらの方向に向かって進んでいくのかはわからなかったのである。ジグムント・フロイトが言うように、錯覚を共有している人間には、それが錯覚であることがわからない。遠く離れた距離を取ることでようやく観察者としての視点を得ることができ、直接の関わりを持つアクターの誤解や誤りを認識することができる。さまざまな機能を有する社会構造がひとつ、ふたつ、もしくは三つの次元で変化したとしても、他のほとんどは以前と変わらず同じままである。パンは相変わらずパン屋で売られているし、路面電車は走っているし、大学で単位を得るためには勉強しなければならないし、病気の祖母の世話をしなければならない。

共同体化のプロセスは、新しい政治的兆候が現れたあとでも矛盾を抱えており、これはとりわけナチ化についてあてはまる。なぜなら、これ見よがしに民族至上主義が強調され、排除という政治的な実践が行われる傍らで、他の近代産業社会と同様の実践が、ナチ社会においても行われていたからである。技術的な要求や魅力、雇用や景気刺激といった政策、文化産業、スポーツ、余暇や公的生活など。ハンス・ディーター・シェーファーは、ほとんど注目されなかった一九八一年の研究『分裂した意識』の中で、「第

「第三帝国」というユーザーインターフェースBenutzeroberfläche において、すべてがいかに非ナチ的なまま変わらなかったのかを、事細かに描写している。その中には、コカコーラの売り上げが一気に伸びたこと、外国新聞が大都市のキオスクで売られていたこと、ハリウッド映画が映画館で上映されたこと、そして多くの民族同胞が近代消費社会の快適さに加わることを可能にした、借金によってまかなわれた景気刺激策などが含まれる。(7)

「第三帝国」の社会的部分領域のさまざまな、部分的には矛盾する進展は、その限りにおいて何ら特別なものではない。おそらくすべての近代社会において、共同体化の形は矛盾を抱えた進展を遂げる。それは、機能領域によってその機能の条件が異なるからである（すでに役割について述べたことと似ているが）。たとえば生物学の授業で優生学も教えるという指導計画ができたとしても、学校はその機能条件において学校のままである。ある工場で突撃隊の制服のベルトの留め金を生産することになったとしても、工場は依然として工場として機能し続ける。したがって新しいこと、まったく予期しないことが起こると、日常生活は正確な認識をする上で邪魔な存在となる。「私はなお、これまでのように高等裁判所に出勤していた。そこではなお判決が下されていた。［…］私の部の、ユダヤ人である高等裁判所判事も、なお煩わされることなく法衣を着て判事席に座っていた。［…］私はなおガールフレンドのチャーリーに電話をし、映画を見に行ったり、小さなワイン専門酒場に座ってキアンティ［イタリアの赤ワイン］を飲んだり、どこかでいっしょにダンスをしたりした。私はなお友人たちに会い、知人たちと議論をした。そして家族の誕生日を、いつものように祝った。［…］それにもかかわらず、この機械的で自動的に進行する日常生活も、否まさにそれこそが、恐ろしいものにたいする力強く激しい反応がどこかで生じるのを妨げる助けになったというのは、とても奇妙なことである」。(8)

ある社会のインフラの慣性、その生きられる日常生活は、分裂した意識のきわめて重要な一部をなす。分裂した意識には他方、変化するもの、とくに参照枠組みに変化を加えるものもある。そうした変化のひとつが体制による行動であり、プロパガンダや命令、法律、逮捕、暴力、テロルを通じて動くこともあれば、魅力的で一体化の願望を満たすような機会を提供することもある。もうひとつは、つねに積極的に参加しているというわけではないにせよ、関与しながら目の前の出来事を理解している人々の認識や態度が、それに対応する形で変化することである。一九三三年三月末から四月初頭にかけて起こったユダヤ人商店ボイコットのような反ユダヤ主義的措置にたいする人々の受け止め方は、よく知られているようにきわめて多様であったし、それはその後の反ユダヤ主義的措置についても同様であった。しかしまさにそのことこそが、一見逆説的に見えるかもしれないが、統合をもたらす要因となったのである。なぜならナチ社会においても、措置や行動にたいする賛成や反対について、似たような考え方の持ち主の間で議論できる程度の社会的空間や部分的な公共圏は、十分に存在したからである(9)。

　ナチズムが住民の統合をその同質化によって行ったなどと信じる者は、ナチズムのような近代的独裁の社会的な機能の仕方を見誤ることになる。むしろ事実はその逆なのである。すなわち、差違を維持することによって統合を行い、体制に反対する者、ユダヤ人政策に批判的な者、依然として社会民主党を支持している者でも社会的な場を持つことができ、そこでは意見を交換し、同じ考え方の持ち主を見つけることができたのである。この統合の仕方は、行動部隊や警察予備大隊のような、強制的同質化を受け無気力になった死刑執行人というわけではなく、むしろ自分でものを考え、自分たちがやっていることや、それがいいことなのか悪いことなのかについてお互いに議論できる人々からなっている部隊にも見られる(10)。あらゆる役所や企業、大学の社会的統合は同質化ではなく差違によって行われる。そこでは、自らと他者とを分かつサブ集団がいたるところに見られる。それは社会的集合体を破壊するのではなく、構築する。

　ナチ体制は出版の自由を反故にし、検閲を行い、きわめて近代的なマスメディアによるプロパガンダを通じて体制に順応的な公共圏をつくり出し、そのことはもちろん人々の態度に何らかの影響を与えずにはおかなかった。しかしそれでも、意見の複数性や議論がそれによって完全に不可能になったと考えるのは誤りである。ペーター・ロンゲリッヒは、次のように記している。

　二〇年以上にわたるナチ独裁の社会史、心性史、この時代の「民意」に関する研究から、我々は以下のことを知っている。すなわちドイツ帝国の住民は一九三三年から一九四五年の間、全面的な同質性という状態の中で生活していたのではなく、不満や逸脱した意見、多様な振る舞い方がかなりの程度存在した、ということを。しかしながら、そうした異議の表明がとくに私的、せいぜいが半公的な領域（つまり友人や同僚、シュタムティッシュ〔飲食店の常連客のテーブル〕、ごく近所といった範囲）の内部で行われるか、もしくはナチ民族共同体に反対する主張が可能な、伝統的な社会的ミリュー〔政治路線、経済的利害、世界観、生活文化などを共有する社会集団」の既存構造の内部、たとえば教会の教区、村落の近所づきあい、保守派エリートのサークル、市民層の社交サークル、まだ破壊されていない社会主義ミリューの残存構造の内部で行われたというのが、ナチ体制下のドイツ社会の大きな特徴であった。(11)

独裁体制においても日常生活では多くのことが変わることのないまま、社会的な機能のユーザーインターフェースが形づくられる一方で、政治的、文化的には重大な変化が起こっていた。一九三三年から一九四五年までの一二年の間に、ナチ社会では包摂される多数派と排除される少数派とを分かつ深刻な分断が生じたが、これは単に人種理論や権力政治によって根拠づけられた目標であっただけでなく、ある特殊な形の社会的統合を行うための手段でもあった。近年の歴史研究の多くは、「第三帝国」の歴史を社会的差異化の観点から見ている。ソール・フリートレンダーは、とくに反ユダヤ的な実践、迫害、絶滅に焦点を当て、(12)ミヒャエル・ヴィルトはとくに「第三帝国」初期における、共同体化の手段として行使された暴力に注目した。(13)ペーター・ロンゲリッヒは、ユダヤ人の排除や絶滅は決して付随的で、ナチの政策において本来無意味な構成要素であったのではなく、その中心的地位を占めていたことを浮き彫りにした。ドイツ社会（とヨーロッパの広範囲に及ぶ）「脱ユダヤ化」は、「個々の生活領域へと徐々に浸透していくための手段であった」という。(14)まさにそれが基盤となって、道徳的な基準の改造が進んでいった。人間とのつきあいにおいて何が「正常」で何が「異常」なことか、何が「善く」て何が「悪い」ことか、何が適切で何がけしからぬことか、その基準がはっきりと変わったのである。ナチ社会は非道徳的になったわけではなく、大量殺戮が起こったのも、広く考えられているような道徳的退廃ゆえではない。むしろ、「ナチ的道徳」が驚くほど急速かつ徹底的に確立されたからである。そこでは、道徳的な行動とは民族や民族共同体に資するものであるとされ、たとえば民主主義的な戦後社会で妥当するようなものとは異なる、社会的なるものの価値観や規範が確立した。(15)この道徳的基準に含まれていたのは平等ではなく不平等という価値観、個人ではなく生物学的に定義された「民族」という価値観、普遍的ではなく一部にのみ適用される連帯感であった。ナチ的道徳の一例を挙げれば、救助の不履行〔救助義務違反〕が刑法上の処罰対象になったのはナチ時代が初めてであるが、しかしその適用範囲はナチ民族共同体の内部だけであって、迫害されるユダヤ人にたいする救助の不履行には適用されなかった。(16)そのような一部にのみ適用される道徳こそが、ナチによるプロジェクトの特徴であり、夢想されたヨーロッパ秩序や、さらにはカギ十字のもとでの世界支配は、人種によって法的な扱いが異なるという徹底して不平等な世界を構想していた。

「第三帝国」は多くの点で二〇世紀の近代的社会であり、民族至上主義的な伝統へのこだわりも、全体を統合する上で中心的な役割を果たすというよりは後ろ向きのフォークロアにすぎなかったが、国民社会主義のプロジェクトはその政治的、心理社会的な貫通力を、人間の間には根源的で乗り越え不可能な不平等が存在しているという主張を社会的に実行に移すことによって得ていた。これは決してナチが発明したものではなく、一九世紀に生物学から政治の領域へと入り込み、二〇世紀には断種法や優生学、安楽死といったさまざまな局面で影響力を持つようになっていった。しかし人種理論が政治的綱領となったのはドイツだけであった。[17]共産主義とならんで唯一、学問的な裏づけを持つ政治的綱領であった。「ナチズムとは応用生物学に他ならない」とは、ルドルフ・ヘスの言である。[18]

「第三帝国」の社会的実践は当初から、ネガティヴなものとしては「ユダヤ人問題」を、ポジティヴなものとしては「民族共同体」を個々の行動を通じて主題とし、さらにこれらの主題を反ユダヤ主義的な措置、命令、法律、収奪、移送などによって絶えず行動の対象とすることにあった。ソール・フリートレンダーはナチによる社会形成の機能の仕組みを、「抑圧とイノベーション」という言葉で適切に表現している。しかし社会において多くのことが従来どおり変わらないままであったために、非ユダヤ系ドイツ人にとってイノベーションや抑圧は生活世界のごく一部でしかなく、たいていはそのもっとも重要な要素ですらなかったということは、銘記しておく必要がある。ナチズムは連続性、抑圧、イノベーションが混ざり合ったものだったのだ。

総じてナチによるプロジェクトは、一九三三年一月末に始まり、一九四五年五月の最終的な敗北をもって終わった、かなりの程度統合に成功した社会的プロジェクトであったと考える必要がある。そのさい、さまざまな強度をもって行われた〔民族共同体に〕帰属しない人々にたいする排除、追放、略奪が決定的な役割を果たした。なぜならそれによって、〔民族共同体に〕帰属する人々の象徴的、物質的な価値が非常にはっきりと高まったからであった。ナチによるプロジェクトはそれによって、心理社会的な魅力や説得力を得ることができた。

一九三三年一月三〇日以降すぐに、共産党員や社会民主党員、労働組合員、そしてとくにユダヤ人にたいする排除が一気に加速され、大多数の住民はそれにたいしてさしたる抵抗も行わなかった。多くの人々は「突撃隊やナチの不逞の輩」を軽蔑するか、矢継ぎ早に行われる反ユダヤ主義措置を不作法で不穏当、行きすぎもしくは単純に非人道的だと感じていたにもかかわらずである。さまざまな措置の中にはたとえば、ケルンのユダヤ人が、都市のスポーツ施設を使用することを禁止するもの（一九三三年三月）、すべてのユダヤ人ボクサーをドイツ・ボクサー連盟から除名し、アルファベット順に並べられた電話帳からユダヤ的な名前を除外するもの（一九三三年四月）、もしくは年の市の屋台をユダヤ人が借りることを禁じるもの（一九三三年五月）などがある。[19]

恣意的に選択したこれらの事例において注目すべきなのは、ひとつはアルファベット順の電話帳の例のように、「ユダヤ的なもの」のさまざまな側面を見つけ出すために発揮される創造性であり、もうひとつは協会幹部や市町村の官吏といった私人が、反ユダヤ主義的な排除措置を自発的に、しばしば先回りする形で行っていたことである。彼らにそうした措置をしなければいけない義務があったわけではなく、あくまで自分のイニシアティヴでこれを実行していた。これは、社会的公正とは正反対の欲望を新しい環境のもとで満たそうとする人々がいたことを示すだけでなく、そうした措置が協会や連盟、市町村の内部では、当事者ではない人々からは支持を受けていたか、少なくとも抗議、ましてや抵抗などまったく見られなかったことをも示している。

ナチズムの社会的な日常には、他者に〔のみ〕該当するが、当事者ではない人々も当然のこととして知っているそうした措置がありふれていた。新しい措置が講じられない日など、一日として存在しなかった。反ユダヤ主義的法律は規範を設定するという程度で、こうした排除という実践の氷山の一角を占めるにすぎないものだが、それでも一九三三年四月七日の「職業官吏再建法」は重要である。これはとくに「非アーリア系」のすべての官吏の退職を予定していた。この年のうちに一二〇〇人のユダヤ人大学教授と私講師が解雇された。それに抗議した学部はひとつとしてなかった。四月二二日には、非アーリア系の保険医が保険医の協会から排除された。[20]七月一四日には「遺伝病子孫予防法」が成立した。

個々の人間の抑圧であろうと、ユダヤ系ドイツ人全体の差別であろうと、これらすべてはさしたる反論が出されることもなく行われた。「ユダヤ人の同僚が解雇されたとき、公然と抗議したドイツ人の教授は一人もいなかった。ユダヤ人学生の数が一気に減らされたとき、大学の学内委員会や学部教授会で抵抗した者は一人もいなかった。全国で書籍が燃やされたとき、何らかの恥の感情をはっきりと表した者は、知識人であってもそれ以外の人々であっても、ドイツには一人もいなかった」[21]。

いつものようにさまざまな法律や措置は、個々の民族同胞によって「私的」に受け入れられた。この抑圧の初期段階は、当事者ではない人々にとっても、人間同士のつきあい方の形や公正さのイメージに関する価値観の著しい変化を意味する時期であったが、公然と不満を述べる者はいなかった。しかしそもそも、当事者でないというのはいったい何を意味しているのだろうか。排除や収奪、絶滅の過程を一連の関連する行為としてみなすならば、当事者ではないなどという言葉を使うことは、論理的に不可能である。なぜなら、ある集団がそのような急速かつ徹底的なやり方で、公然と、あるいは秘密のうちに道徳的な拘束力の世界から排除されるということは、逆に言えば、民族共同体に帰属しているということについて人々が認識し感じる価値が高まる、ということをも意味しているからである。

「運命とは、加害者と犠牲者の間の相互作用である」。ラウル・ヒルバーグはかつて簡潔に、そう述べたことがある。心理学的に言えば、支配人種の理論を実践へと移すことについて賛同を得ることがきわめて容易であるのは、驚くことではない。法律や措置の数々へと注入されたこの理論を背景に、どんなに社会的下層に位置する非熟練労働者であっても、ユダヤ人の作家や俳優、商人よりも優れていると観念の上では感じることができたし、社会的プロセスが進むにつれてユダヤ人の社会的、物質的な零落が現実の上でも起こるようになった場合には、なおさらであった。こうした方法を通じて個々の民族同胞が経験した、自分たちの価値の上昇は、社会的な危険が相対的に弱まったという感情にも表れていた。これは、排他的な民族共同体においてまったく新しい生活感情であった。民族共同体に帰属できる人間は、人種淘汰の学問的法則に従って決められていて永久に変わることがなく、同様にそれ以外の人間は永久に帰属することができないのである。

状況が悪化の一途をたどっていると一方が感じると、他方は状況がどんどん良くなっていると感じた。ナチによるプロジェクトは、輝かしく描き出された未来だけでなく、キャリア機会のような、確固たる現在の利益をも提供した。ナチズムの指導エリートはきわめて若かったし、若い民族同胞の少なからぬ人々も、個人的な大きな願望を「アーリア人種」の勝利と結びつけることができた[22]。個人的、集団的なエネルギーがすさまじく解き放たれるこの社会の特徴は、こうした背景をもとに理解する必要がある。「ナチ党は人種の不平等という教義に依拠すると同時に、ドイツ人にたいしてはさらなる機会均等を約束した。［…］体制の内側から見ると、人種闘争は階級闘争の終焉を示しつつあるように思われた。こうした見方に立てば、ナチ党は、一九世紀から続く社会革命・国民革命のユートピアを宣揚していたのである。［…］まさにそこから犯罪行為をも辞さないエネルギーを引き出すことができた。ヒトラーは「社会的に公正なみんなの国家の構築」という言葉を口にしたが、彼にとってそれは、ひとつの模範的な「社会国家」となり、「あらゆる（社会的）障壁が益々取り払われる」国家となるはずであった」。(23)

純粋なプロパガンダだけであったら、「第三帝国」において急速に進行した社会的変化は、それほど大きな影響を持つものとはならなかったであろう。ナチによるプロジェクトの主たる特徴は、イデオロギー的な要請を知覚可能な現実へと直接移し替えた点にある。それによって、世界が現実に変化するのである。覚醒という感情、「偉大な時代」、ゲッツ・アリーが述べたように「永続的な例外状態」の中に生きているという感情が、純粋な新聞記事とは別に、新しい参照枠組みを構築する。かつての民族同胞たちへのインタビューでは、こうした包摂と排除のプロセスが持っていた心理社会的な魅力や感情的な結合力についての証言が、こんにちに至るまでなされている。当時を経験した人々の間で、「第三帝国」は少なくともスターリングラードまでは「素晴らしい時代」だったという共通認識がこんにちに至るまで幅広く見られるのは、いわれのないことではない。(24)他者の排除、迫害、収奪は、そのようなカテゴリーとしては体験されなかった。なぜならこうした他者は、定義からしてもはやそこには帰属しない人々なのであり、道徳性や社会性が適用されるのは民族共同体内部だけである以上、彼らにたいする社会的公正に反する扱いは、道徳性や社会性とは何の関係もないのだ。

急進的な排除が徐々にふつうのものとなっていく、ナチ・ドイツにおける価値観の変化を再構築するためには、啞然とするほど短い間にいかにして人間集団が社会的拘束力の世界から排除されていったのかを、社会的日常のミクロの次元から記録した同時代文献にあたる必要がある。(25)この世界においては、公正さや同情、隣人愛といった規範はいまだ有効ではあったが、定義上共同体から排除された人間にはもはや適用されなかったのである。

ドイツ社会の深刻な分断は、アンケート調査のデータからも読み取ることができる。一九九〇年代に実施された、三〇〇〇人の人々に当時を振り返ってもらうアンケート調査では、一九二八年以前に生まれた回答者のうちほぼ四分の三が、政治的理由から国家権力ともめ事を起こして、その結果逮捕されたり尋問を受けた人間を誰も知らないと回答している。[26] さらに多くの割合の人々は、自分の身の危険を感じたことは一度もないと答えている。回答者の多くが、違法なラジオ放送を聞き、ヒトラーにたいする冗談やナチにたいする批判的な発言をしたと認めているにもかかわらずである。[27]

この調査の注目すべき結果は、数字は調査のたびに異なるが、回答者の三分の一から半分を超える人々が、ナチズムを当時信じていたこと、ヒトラーに尊敬の念を抱いていたこと、ナチの理想を共有していたことを、事後的に認めている点にある。[28] 同様の傾向は、一九八五年のアレンスバッハ世論調査にも見られる。一九四五年時点で一五歳以上だった人々を対象とした調査で、ここでは五八%がナチズムを信じていたこと、五〇%が自分の理想がナチズムに体現されていると考えていたこと、四一%が総統を尊敬していたことを認めている。[29]

そのさい示されているのは、ナチ体制への支持は教養の水準が上がるにつれて高くなるという傾向であり、教養によって非人間的な考え方から守られるという一般的な先入観に反する結果になっている。[30] 教養の程度が上がるにつれてヒトラーの世界への支持も拡大し、彼の政策で何を肯定的に評価するかという問いでは、この調査でも失業や犯罪の撲滅、アウトバーンの建設が挙げられている。回答者の四分の一が、「第三帝国」が終焉を迎えて半世紀経った今でもなお、当時支配的だった共同体感情を強調している。[31]

もちろんこの感情は民族共同体の構成員にのみ関係することであり、その共同体は、誰もがそれに帰属できるわけではないというまさにそのことによって強化される。身の危険は感じず、何ら抑圧は受けていないという、人々に広まっていた感情は、強い帰属感情にもとづくものであった。その対照的な存在が、そこに帰属していないということが毎日のように強調される他の集団、とくにユダヤ人であった。

体制への信頼、懐疑、雰囲気といった変化していく現象を、あとから測定するためのひとつの方法が、〔当時の人々の〕行動を突き止めるというやり方である。すなわち、民族同胞はいつまで貯金を国立銀行に預けていたのか、民間の金融機関に預けた方が安全だと思うようになったのはいつからなのかを再構築したり、あるいは〔息子を失って〕悲しみに暮れる家族の多くが、新聞の死亡広告において息子は「総統と民族、祖国のために」斃れたという書き方をいつからやめ、ただ簡単に祖国のためと書くか、もしくは一切の意味づけについて言及しないようになったかを見つけようとするのである。たとえばゲッツ・アリーは「アドルフ・カーブ」を用いて、一九三二年から一九四五年までの〔子供につける〕名前の人気度の変化や、教会脱退者の変化、貯蓄行動の変化や死亡広告における微妙な表現の違いの変化などを調べた。そのような調査の結果から、民族同胞の雰囲気が頂点に達したのは一九三七年から一九三九年の間であり、一九四一年以降は急速に低下し始めたことが、説得的に論証される。[32] 一九四〇年一一月まで、三〇万人の民族同胞が歓喜力行団車、*のちのフォルクスワーゲンを購入するために貯蓄に励んでいたことは、体制への信頼の一環としても理解することができる。[33]

こうした体制への賛同や信頼の理由は、社会心理学的に考えれば何ら不思議なことではない。一九三四年以降の景気上昇、ドイツで初めての（当時からすでにそう言われていたように）「経済の奇跡」は、確かに確固たる国民経済的な基盤にもとづくものではなく、借金や収奪によってまかなわれていたが、[34] 覚醒した雰囲気や勝ち誇った雰囲気を人々は感じていたし、そのことは当時を経験した人々によるインタビューで、今日でも語られることがある。さらにそれに、生活感情にまで届くような社会的イノベーションが加わる。一九三八年には三人に一人が歓喜力行団による休暇旅行に参加している。この時代、旅行とくに外国旅行は、富裕層の特権であった。ハンス・ディートリヒ・シェーファーは、次のように述べている。「長い間見過ごされてきたのは、第三帝国における社会的上昇は、決して象徴的次元にとどまるものではなかったということである。グルンベルガーによれば、ナチ体制の六年にわたる平和期における社会的上昇の流動性の規模は、ヴァイマル共和国の最後の六年間の二倍に相当するものであった。国家・官僚組織や私企業は一〇〇万人の労働者階層の人々を吸収した」。[35] 大量の失業者は一九三八年までにいなくなり、一九三九年には深刻な労働力不足から二〇万人の外国人労働者が募集された。[36] 言い換えれば、民族共同体に帰属する人々はナチズム以前よりも良い時代であると感じ、大量失業を撲滅するといった社会的な約束を実行に移したことで、ヴァイマル共和国の経済的にネガティヴな経験を背景に、人々は体制を深く信頼するようになった。

帰属しない人々を脱統合するのと同時に、物質的、心理社会的な統合をすすめていくというこうした形は、社会に

＊（訳註）一九三四年以降、ドイツ労働戦線は五〇〇〇万ライヒスマルクを投じて、この車の生産を支援した。前払い制の貯蓄システムによる車の購入が宣伝され、三三万六〇〇〇人がこれを注文したが、一九三九年以降国防軍のための軍用車両生産が中心となったため、この車を受けとれた人はいなかった。「歓喜力行団車の町」が戦後ヴォルフスブルクに改名され、フォルクスワーゲン生産の中心地となった。

おいて根本的な価値観の変化を引き起こした。一九三三年にはほとんどの市民にとって、数年後には自分たちも参加する形でユダヤ人が法的な権利や財産を奪われるだけでなく、殺害のために移送されるなどとは、およそ想像できないことであったであろう。それまでにどのような価値観の変化が起きたのかを明らかにするためには、一九三三年二月、いわゆる政権掌握直後に移送が行われていたらどうなっていただろうかという思考実験をしてみればよい。大多数の住民にとって正常の範囲で予期されることからの逸脱があまりに大きく、移送が支障なく行われうるなどということはおよそ考えられない。そもそも、排除、権利剝奪、収奪、移送（そして絶滅）という一連の流れがこの時点で考えられていたということはないし、おそらくはそれを想像すること自体不可能であっただろう。しかしわずか八年後にはこうした他者とのつきあい方が、予期しうるもの、したがって誰も特別なこととは感じないようなものの構成要素となっていた。ここからわかるのは、社会的な参照ラインが根本的に変化するためには、世代の交代や数十年にわたる状況の進展などまったく必要でないということである。数年間で十分なのだ。セバスティアン・ハフナー同様、一九三三年にはナチの「権力掌握」に懐疑的な反応を見せていたその市民が、一九四一年以降には、ベルリン・グリューネヴァルト駅から移送列車が出発していくのを眺め、そのうち少なくない人々は、その間に「アーリア化」された台所設備や居間の家具、芸術品を購入し、何人かはユダヤ人所有者から奪った会社を経営し、あるいは家屋に住んでいた。そしてこれらをまったくふつうのことだと考えていたのである。

しかし同時にこれらすべてが意味しているのは、社会的犯罪においては一方に犯罪を計画し準備し実行する加害者がおり、他方には多かれ少なかれこうした行為について「知っている」無関係の人々や傍観者がいる、というイメージから自由にならなければいけないということである。そのような人間のカテゴリー分けでは、最終的には戦争や大量死、絶滅へとつながっていく行動の連関を、適切に描写することはできない。すなわち、そのような連関において、傍観者とか無関係な人々というのは存在しないのである。存在するのは、自分なりのやり方で、人によっては集中的、積極的、あるいは懐疑的、無関心に、共通の社会的現実をつくり上げていく人間のみである。それが同時に「第三帝国」の参照枠組み、すなわち、この時代の非ユダヤ系ドイツ人が出来事を解釈するための、精神的な方向づけのシステムをつくり出したのである。

そのさい本質的に重要な位置を占めるのが、変化していく実践である。すでに述べたように、反ユダヤ主義政策にたいする公然たる抗議はどこにも見られなかったし、ユダヤ人の身に具体的に起きたことについて抗議する者もいなかった。しかしそこから導き出される結論は、反ユダヤ主義的な抑圧に多くの人々が賛同していたということではない。政治的に始まった抑圧を日常的実践へと移し替えたのは、人々が受動的であり、抑圧を容認し、批判的な言動を同じ考え方の持ち主の間でしか行わなかったからであった。実践される包摂と排除によって社会はナチ化した。ナチ社会の精神的な構造変化の原因を、体制によるプロパガンダや法律、〔ゲシュタポや親衛隊といった〕執行機関の影響力にのみ帰するとすれば、イデオロギーを過大評価し、民族共同体に帰属する人々の実践的な参加を軽視することになる。ナチによるプロジェクトが驚くほど短期間で人々の賛同を集めることが可能になったのは、政治的なイニシアティヴと個人による領有、そして現実に実行するということが相互に結びついていたからであった。これを〝参加による独裁〟と名付けることもできよう。人々はたとえ「ナチ」ではなくとも、民族共同体の構成員として積極的に自分なりの貢献をするのである。

このように見れば、変化する規範が上から下へと垂直的に貫徹するのではなく、実践の次元において、継続的に急進化していく形で人間同士の関係から連帯感が奪われ、新しい社会的「正常性」が打ち立てられていくという行動の連関が明瞭になる。この正常性においても、一九四一年の平均的な民族同胞もなお、ユダヤ人が問答無用で殺されることまでは考えられなかったかもしれないが、町の名標に、この町は「ユーデンフライ〔ユダヤ人お断り〕」であり、駐車場はユダヤ人使用禁止であると書かれていても、特段注目すべきこととは考えなかったであろうし、ユダヤ人市民が権利を剝奪され、財産を奪われても、特別なこととはみなさなかったであろう。

参加にもとづいて排除社会が形成されていくという以上のようなスケッチで、体制にたいする満足や賛同が一九四一年まで継続的に増加していったのはなぜかを説明するには十分であろう。人々のこうした賛同の理由としてもうひとつ挙げられるのが、外交上の「成功」とヒトラーの「経済の奇跡」である。これらは、たとえあらゆる点において危険な方法で実現されたとしても、自分たちに多くのものを与えてくれる社会で生活しているという感情を民族同胞に与えた。この「第三帝国」の参照枠組みの中で、戦争に赴いた兵士たちは自らの認識や解釈、推論を整理し、これを背景にして戦争目的を解釈し、敵をカテゴライズし、敗北や成功を解釈した。こうした参照枠組みが具体的な戦争経験を通じてその都度修正されたということは、戦争が長引き、成功がもたらされない中で、「ユートピア的なるものの実現」〔ハンス・モムゼン〕への自信が揺らいでいったということをも確かに示唆しているが、人間は不平等であり、自らの権利は血によって保証されており、アーリア人種は優れているなどといったイメージが、それによって自動的に無効になることはなかった。さらに第三段階の参照枠組み、すなわち軍事的な参照枠組みは、戦争の経過によって疑問視されることが少なかった。次の節では、その点について述べることになる。

戦争の参照枠組み

社会

一〇万人規模のライヒスヴェア〔ヴァイマル期国防軍〕がわずか六年のうちに二六〇万人を数えるヴェアマハト〔ナチ期国防軍〕へと変貌を遂げ、一九三九年に対ポーランド戦を開始したことは、物質的な軍備拡大だけが原因ではない。それは、軍事的なるものがその時代や国民の間で肯定的な意味合いを持つようになるという、参照枠組みの強化をも伴うものであった。政治・軍事指導部は、ドイツ人の参照枠組みに純軍事的な価値観を根づかせることを重視し、それによって民族を精神的に動員可能な状態とし、団結して積極的に国を守ろうとする「運命共同体」を形づくろうとしていた。彼らは運命をともにする存在であり、ドイツ社会を著しく軍事化することに成功した。(37) ドイツ国民の軍事化は数多くの党組織、とくにＨＪ〔ヒトラー・ユーゲント〕やＳＡ〔突撃隊〕、ＳＳといった組織、全国労働奉仕団、そして一九三五年に再導入された兵役義務によって、未曾有の規模で行われた。ドイツ人が一九三九年九月の開戦を、一九一四年のときのように歓呼をもって迎えたわけではないことは間違いない。むしろその逆であった。しかしそれ以上に重要なのは、大戦中に一七〇〇万人の男たちが国防軍へととくに問題もなく統合され、それによって戦闘を一九四五年まで継続することが可能になったという点である。ドイツ社会に国防精神が浸透したのは、すべての男たちが戦争を支持したからというわけでは必ずしもなく、むしろ新しい枠組みが形づくられ、それによって軍隊という価値システムを彼らが共有し、あるいは少なくともそれを疑問視しなくなったことによるものである。これはもちろん、ナチや国防軍指導部による大々的なプロパガンダだけで説明できるものではない。むしろ、すでに数十年前から軍事的なるものの急進化が起こっており、ナチはそれを土台とすることができたのである。

純軍事的な価値観をドイツ社会に深く植えつける上では、とくに一八六四年から一八七一年にかけての成功裏に終わった統一戦争が重要な役割を果たした。こうした価値観は、国家にたいして批判的な人々にも共有されていた[38]。軍事的な色彩が濃い知覚や行動が伝統となっていった原因として、ノルベルト・エリアスは、一八六六年と一八七一年の勝利が伝統的な貴族エリートによって達成された点を挙げる。これによって、市民的な道徳規範の理想から離脱し、伝統的な上流階級の名誉規範へと舵を切ることになった。これによって、ヒューマニズム的な理想や平等観念が規範としての力を弱められる結果を招いた。「名誉の問題の地位が高く、道徳問題の位置は低かった。人間性や人間の平等の問題は視野から消え失せ、大体において、以前の理想は社会的に身分の低い階層の弱点として否定的な評価がくだされた[39]」。エリアスが指摘するのは、一九世紀後半に起こったドイツ市民層における「形態変化 Gestaltwandel」である。名誉や人間の不平等、決闘する資格、国民や民族といった問題が、啓蒙やヒューマニズムの理想よりも次第に重要な意味を与えられるようになった。こうして確立する名誉規範には、厳格な「人間関係の序列化」と「命令と服従という明確な秩序」が含まれる一方、市民・中産階級の規範は「すべての人間に妥当することを求めるように見え、暗にすべての人間の平等の要請を告げて」いた[40]。

厳格に序列化された社会の新しい枠組みの中で、成長著しい市民層は急進的な軍国主義を強めていった。これは内政における貴族層の優位を掘り崩すのではなく、ドイツの世界強国としての地位への要求を貫徹するために、可能な限り大きな暴力のポテンシャルを外に向けて進展させようとするものであった。社会ダーウィニズムや人種主義、ナショナリズムにもとづいて、市民層右派は（他の多くの国々と同様に）生か死かという、決定的に反保守主義的な、急進的な国民戦争イメージを描いていた[41]。

一九一四年以前の数年間は、社会的ディスクールの中でのこうした雰囲気の広まりは部分的なものにとどまっており、第一次世界大戦の経過とともについに社会的な広がりを見せるようになった。その典型例が、新たな工業化された戦争における国民軍の中心的指導者へとエーリヒ・ルーデンドルフが上り詰めたことである[42]。暴力行為という社会的モデルと社会的な不平等がそれによってさらに広まり、勇敢さや勇気、服従、義務の履行といったものにより高い価値が与えられるようになった。自軍の陣地を最後の弾が尽きるまで守る兵士という英雄的な死の理想が、少なくとも将校たちの間ではふたたびよみがえった[43]。

これらすべてはドイツだけの現象ではなく、全ヨーロッパ的な動向の中に埋め込まれていた。テルモピュライの戦いにおけるレオニダスの死闘の神話や、最後の一弾まで戦い続けたというナポレオン戦争において成立した常套句を引き合いに出すことは、イギリスやフランスでも影響力があった。(44)

ヴァイマル共和国の平時においても、社会の広範な人々がナショナルな国防思想を宣伝し、国防国家こそがヴェルサイユ条約と国家の無力さにたいする応答であると唱えていた。(45) 一九一八年の敗戦から得た教訓は、彼らによれば明白であった。すなわち、民族と国家はすでに平時の段階から来たるべき総力戦、しかも決して生半可なものとはならないであろう総力戦に備えなければいけない、というものである。(46) そしてそれはヴァイマル共和国の枠組み条件においては、とくに精神的な準備を意味していた。青少年はドイツ「国防軍〔ヴェアマハト〕」(この概念はすでに一九一九年のヴァイマル憲法と一九二一年の国防法に登場していた)において「規律と男としての美徳」の教育を受けるべきこととされた。これは、一九一七年にルーデンドルフによって構想された「祖国教育」の延長線上にあるものであった。勇気や熱狂、いつでも犠牲を払う用意を促すことにより、戦争は精神的に準備されなければならないとされた。(47) エルンスト・ユンガーやエルンスト・フォン・ザロモンといった「兵士的ナショナリズム」の文学者たちは、数十万冊と売れたその著作によって形而上学的・抽象的な戦争崇拝を国民の間に広め、「鉄兜団」のような右派ナショナル団体の多くから支持を受けていた。一九一八年一二月に設立されたこの団体は、一九二〇年代半ばには四〇万ないし五〇万の会員を擁したが、彼らはみなかつての前線兵士であった。戦争と美化された前線兵士神話、そしてあらゆる「軟弱さ」や「臆病さ」にたいする戦いは、この団体における中心的な議論のテーマであった。(48)

もっとも、国防思想の支えとなっていたのは、ドイツ国家国民党を代表とする右派政党だけではない。この政党がとりわけ攻撃的かつ先鋭的にこの思想を唱えはしたが、軍隊や戦闘にたいする肯定的な評価は、重点の置き方の違いこそあれほとんどすべての社会集団に見られた。学生やプロテスタントは右派政党の軍国主義にきわめて近い態度を示す一方で、カトリックはこの点においてはっきりと抑制的であった。もっとも、社会において高まる軍国主義に対抗することは徐々に難しくなっていったが。自由主義左派は祖国防衛を意図した防衛的な国防思想を支持する一方、社会民主党内部では急進的平和主義を唱える流れが強かった。しかしヴァイマル共和国末期にはここでも、国防を唱えるナショナルな思想が地歩を固めていった。これはとくに「国旗団　黒・赤・金」に当てはまる。右派にたいする闘争組織であり、確かに侵略戦争は否定していたが、その軍事的な外見や、民兵を予備軍として創設するという構想を持っていたため、国防思想に背を向けることはできなかった。(49) 共産党も同様に、プロレタリアによる国防動員を構想していた。(50) その準軍事組織である赤色戦線戦士同盟は、武器まで所有していた。

国防思想が影響力を拡大するのは一九二〇年代末からであり、その頃には兵士的ナショナリズムの著作が飛ぶように売れ、(51) 大量の発行部数を記録した。エーリヒ・マリア・レマルクの反戦小説『西部戦線異状なし』の輝かしい成功は例外的であって、軍隊に批判的な他の著作がこの本のような成功を収めることはなかった。逆にレマルクの小説やその映画化は激しい反発を呼び起こした。このことは、社会の広範な人々が第一次世界大戦にたいする軍国主義的な、これを美化しようとする見解に賛同していたことを明白に示している。一九二〇年代末には、記念碑の建設にさいしては、第一次世界大戦で斃れた人々への悲しみを可視化するのではなく、強靭な前線兵士を神秘化するようになっていった。(52) 第一次世界大戦において勝利した戦場や、解放戦争、統一戦争における勝利が今や公共空間の至る所に見られるようになった。軍事的な過去の美化に抗う声や、平和主義的な立場から兵士や軍隊を否定的にとらえる見方は、社会における多数派に立ち向かうことはできなかった。

国防軍はこうした傾向から利益を得ていた。なぜなら自分たちの要求は今や、社会的に広範な共鳴と出会うことになったからである。すでに一九二四年の段階で、参謀局作戦課長ヨアヒム・フォン・シュテュルプナーゲル中佐は方針を示し、「戦争にたいする国民と軍隊の道徳的な準備」を要求した。「我々の国民の大多数」には「祖国のために戦い、そして死ぬという絶対的な義務」が浸透していないので、「学校や大学において我々の青年たちにナショナルな国防教育」を行い、「外敵にたいする憎悪を生み出し」、「インターナショナルや平和主義、すべての非ドイツ的なものにたいする戦い」を国家的に行うよう、呼びかけた。(53) 国防相ヴィルヘルム・グレーナーが一九三一年に内務相職をも兼任するようになると、ヴァイマル国防軍は青年の国防動員への影響力も確保する。(54)

したがって一九三三年には、ドイツ社会に国防思想を全面的に浸透させるための土台は、すでに完成されていた。だから、急速な軍備拡大が抵抗に遭わなかったこと、とくに一九三六年以降の「花戦争」（ラインラント進駐、オーストリア「合邦」、そしてズデーテン地方占領）で一発の銃撃も受けなかったこと、ヴェルサイユ条約の反故を保証するものとして国防軍が効果的な自己演出を行ったことは、驚くに値しない。

国防軍

一九三四年五月二五日、大統領パウル・フォン・ヒンデンブルクと国防相ヴェルナー・フォン・ブロンベルクは、ドイツ兵が果たすべき一連の義務を決定した。それによると、国防軍の根幹は栄光に満ちた過去にあり、軍人としての名誉は、命を犠牲にしてでも民族と祖国のために無条件に自分の身を捧げることにある。軍人としての最高の美徳は、戦士にふさわしい勇気である。不屈の精神、決然とした態度、服従が求められる。臆病は恥ずべきことであり、躊躇は軍人にふさわしくない。兵士を率いる上で必要なのは、喜んで責任を引き受け、卓越した能力を有し、つねに配慮を怠らないことであって、指揮官と部隊は、戦友たちによる揺らぐことのない戦闘共同体を形成しなければならない。軍人は率先して義務を果たすことで、民族にたいして男としての模範を示すべきである。[55]

こうした一連の要求が示しているのは、国防軍は確かに自らをドイツの軍事的伝統の中に位置づけると同時に、新しい力点を置こうともしているということである。「無条件に身を捧げる」「命を犠牲にする」「不屈の精神」を強調するといったことは、いかに戦闘というものが軍人の中心的要素として今や強調されるようになったかを示している。第一次世界大戦の前線兵士神話と結びついて、戦闘の試練に耐え抜くことが軍人としての最高の財産であると評価され、それ以外はすべて副次的なものとされた。[56]これらは決して内容の空疎な言葉ではなく、軍隊内の文書のやりとりにおいて日常的に使用されていた。陸軍総司令官ヴァルター・フォン・ブラウヒッチュ上級大将は、一九三八年一二月に次のように強調している。重要なのは将校を戦士として、すなわち「信頼厚く、潑剌とした鉄のように揺るぎない性格を有し、意志が強く、抵抗力のある、そうした確信的な行動型人間」として育てることである、と。[57]ゲーリングは一九三六年に新任の空軍将校たちにたいして、「服従、英雄的な勇気、犠牲心、戦友意識」を要求している。[58]

第二次世界大戦において、こうした一連の要求が本質的に変わったわけではない。たとえば海軍総司令官エーリヒ・レーダー元帥は一九四一年一一月に、理想的なドイツ的人間を次のように特徴づけている。「精神において戦士であり、武装し、過酷で十分かつ入念な訓練を受け、自らの信念と力強い意志を有し、力尽きるまでドイツのために働き戦う」。[59]

もちろん上層部によって印刷された書類くらいでは、兵士たちがそうした軍事的価値システムを、自身の参照枠組みにおいて受容したことの証拠にはならない。それを知る重要な手がかりは人事記録にある。すべての将校は定期的に上官の詳細な評価を受けなければならず、そのさいには彼らの個性や敵前での態度、勤務上の功績、精神的・肉体的状態が評価された。このあまり利用されることのない厖大な史料に目を通すと、少なくとも将校団の参照枠組みにおいては、上層部から求められる性格にいかにきちんと対応しようとしていたかがわかる。そこでは「きわめて戦士的な質」[60]を有する性格がイメージされている。たとえば、精力的かつ「意志の力が強く」[61]なければならず、「勇敢で自分自身にたいして厳しい」[62]。あるいは、「身体的に機敏、強靱かつ耐久力がある」[63]。すぐれた功績をあげたと証明され、昇進の推薦を受けるには、勇敢さ、活気、不屈さ、行動力、決断能力がなければならない。「活気に溢れた性格」[64]と「引き締まった軍人的な態度」[65]は賞賛に値するものとして強調される。また重要なのは、「危機にも動じない」と評価されることである。[66]「苦境とは無縁である」と、のちに中将となるエルヴィン・メニーの評価にはある。ハインリヒ・エーバーバッハ大将もキャリアの途上において、つねに上官からきわめて高い評価を受けている。彼は「大胆かつ慎重で、困難な状況にも対応することができる装甲部隊指揮官である」「我々の中でもっとも優れた者の一人である」とある。とくに肯定的な性格のメルクマールとして、「勇敢、忠実、確固としている」と記録されている。[67]ヨハネス・ブルーン少将も、何度もきわめて高い評価を受けている。「性格面でも軍人としてもとりわけ貴重な指揮官としての性格を有し、きわめて困難な状況でも信念を失わない。個人としても傑出した勇敢さを有し、六度の負傷」[68]。我々はこれらの人々に以下の章でふたたび出会うことになるだろう。空軍における評価も陸軍同様である。リュディガー・フォン・ハイキンクは「強靱で溌剌とした性格、指揮官向き。自らの師団を初日から完璧に統制している」[69]。

否定的な軍人イメージの属性とは、臆病さ、「活気のなさ」[70]、「気力」[71]の欠如、「意志の強さや危機にも動じない態度の不足」[72]であった。第一五八予備師団長であるアルビン・ナーケ少将については、一九四四年の評価にこうある。「オストマルク〔オーストリア〕的な性格であり、きわめて困難な状況下で師団を率いるだけの厳しさや決断力に欠ける」[73]。オットー・エルフェルトは、「麾下の指揮官たちにあまりにも多くの自律的な判断を委ねている」として批判される。[74]アレクサンダー・フォン・プフールシュタイン少将について、彼の上官は次のように評価する。「プフールシュタインは悲観主義者である。おそらく彼の体の状態が原因だろう。最後までやり切るだけの厳しさがない。国民社会主義の理念にたいする信頼に欠ける。こうした理由から彼は、自分の部隊の明白な失敗を弁解する傾向がある」[75]。この批判によってプフールシュタインは、師団長としての職を即座に解かれた。

ヘルムート・ローアバッハ大佐も、一九四一年一一月に連隊長を解任された。というのも「生まれつきの悲観主義によって、困難なことが起こるたびにものごとをあまりに深刻なものと感じ、それを精力的に乗り越えるために必要な活力に欠けた」からであった[76]。第七二六擲弾兵連隊長ヴァルター・コルフェス大佐にたいしてはそれどころか、一九四四年六月九日にイギリス軍の捕虜となったさいに名誉ある降伏をしたかどうかについての調査が行われた。なぜなら彼はつねに「原則を重んじる、懐疑的で批判的な人物」であるという評価をされてきたからであった[77]。

しかしながら国防軍将校の人事記録における評価を見れば、ナチズムによって軍事的な価値システムがイデオロギー的に変化したとしても、その影響は限定的なものであったと判断するのが妥当であるように思われる。興味深いことに「犠牲」や「狂信性」といった概念は、少なくとも陸軍の人事記録には（海軍の人事記録は大部分が消失している）現れない。今までのところ、SS将校の評価にさいしてのみこうした概念が現れていることがわかっている。たとえばクルト・マイヤーSS中佐については、一九四三年四月二九日に次のような評価をされている。「とてつもない成功は［…］ただひとえに、彼の狂信的な戦闘精神と慎重な指揮のたまもの［強調原文］」である[78]。自己犠牲の精神と狂信性は間違いなく、徐々にイデオロギー化していった価値システムの典型である。ナチ・プロパガンダによってしきりに喧伝された「政治的兵士」もまさに、勇敢で勇気があるだけでなく、とりわけ狂信的でいつでも犠牲を払う用意がある戦士でなければならなかった。確信的なナチである将校の場合には、こうしたキーワードが頻繁に見られた。その代表例の一人がカール・デーニッツ海軍元帥である。一九四三年一月三〇日に海軍総司令官の職を引き継いださい、彼が明確にしたのは、「容赦ない決断力と狂信的な献身、きわめて強固な勝利への意志」[79]をもって指揮を行うつもりだ、ということであった。そしてまさにこの献身を、彼は数多くの命令で兵士から求めたのである。もちろんそれは彼だけではない。戦争の後半には、「狂信的」という言葉は上層部における公的な文書のやりとりにおいてありふれた常套句となっていった。

しかしそれでも驚かされるのは、一九四二年秋に導入された「国民社会主義的な態度」という評価基準が、将校たちの人事記録において明らかに大きな価値を与えられていない点である。陸軍ではかなりの程度、こうした政治的カテゴリーは評価基準としては決定的なものではないという常識が存在していたように思われる。さらには「国民社会主義者」や「国民社会主義という土台を有し」といった評価がインフレ的に利用されており、それゆえに人事局長ルドルフ・シュムント中将は一九四三年六月に、こうした概念があまりにも形式的に運用されており、「それにもとづいた評価はほとんど不可能である」と苦言を呈している(80)。文書を一瞥して目につくのは、明らかにナチ体制にたいして拒否的な姿勢を見せていた将校にもナチ的な態度があると評価されていることである(81)。より強い表現があれば、その政治的姿勢をはっきりと知ることができる。たとえば、「確固とした信用のおける国民社会主義者であり、麾下の兵士たちにもそうした方向づけをしている（ルートヴィヒ・ハイルマン）」、あるいは「徹頭徹尾兵士かつ国民社会主義者であり、国民社会主義的思想の模範例や言葉を通じて、それを特筆すべきやり方によって伝えている（ゴットハルト・フランツ）などである(82)」。

ヒトラーは、「新しい」ナチ的兵士の創造にあたって政治的態度が重要な地位を与えられることを望んでいたが、現実にはそうはならなかった。部隊をナチズムに従って方向づけ、政治的・軍事的価値を融合させるべきことが呪文のように唱え続けられ、大戦末期にはこの傾向がより著しくなっていった。こうしたイメージは決して政治指導部だけのものではなかった。たとえば第五二九擲弾兵連隊長ルドルフ・ヒュプナー大佐は、次のように記している。「理想的な目標は、自分の血と名誉に誇りを持ち、不屈で、決断力があり、あらゆる軍事的規律のもとで最高の訓練を施された尖兵であり、真のゲルマン的忠誠をもって自らの指揮官と最高司令官を仰ぎ見、アドルフ・ヒトラーの世界で生き、内奥から感じるゲルマン的な犠牲心から、ゲルマン・ドイツ民族のために自らの存在の意味と最後の叱咤激励を引き出す、そういう存在である(83)」。

もちろんナチ・プロパガンダにおいては、英雄的なナチ戦士のイメージが強調されていた。「ここで動員されている兵士は自分自身の限界を乗り越え、総統が命じるままに戦うのだ。狂信的な献身によって、最後の一人まで(84)」と、たとえば『ドイツ一般新聞』は一九四二年一月一六日に記している。一〇カ月後には次のような記事もある。「前線にいる男は、自らの男としての美徳によってつねにぬきんでた兵士であるだけでなく、感情においても理性においても新しいヨーロッパにおける政治的戦士なのだ(85)」。そして戦争が長引けば長引くほど、政治的なるものが叫ばれるようになった。「ドイツ兵の世代の中で、兵士的なるものと政治的なるものが今日ほど融合した世代は、いまだかつてない」[86]。

それにたいして公式の国防軍発表は、これとは違う言葉遣いをしていた。一九四四年になっても兵士たちの功績の描写は、一九三四年のガイドラインのときと変わらなかった。「卓越した勇敢さ」「毅然とした態度」「模範的な不屈さ」「思い切った無鉄砲ぶり」「びくともしない戦闘への勇気」「大胆な攻撃」「激越きわまりない接近戦」「ほとんど絶望的な状況での頑強な防衛」[87]といったことが言われる。ヒトラーは戦争指導のための命令では、再三再四「勝利への狂信的な意志」、敵にたいする「神聖なる憎悪」、「容赦ない戦闘」を口にしているにもかかわらず[88]、国防軍発表にはこうした表現はほぼ皆無である。ここからは、ナチズムが断固として軍事的な参照枠組みを改造しようとしたにもかかわらず、それには限界があったことがおぼろげに伝わってくる。

軍事的規範の伝統的な美徳という方向性は、勲章文化においても明白である。ここでは、古くからの伝統とのつながりが見られる一方で、とりわけ勇敢さを強調することによって、新しい方向性も生み出されている。

第二帝政とは違い、「第三帝国」における将校と兵士は戦闘共同体として一体化すべきものとされた。このことは、すべての軍人がその階級に関係なく、同じ勲章と栄誉章を受章することができるという点によっても強調された。たとえば第一次世界大戦におけるプロイセン最高の勲章、プール・ル・メリット勲章は、将校だけが授章対象であり、実際には上級の部隊長だけが受章していた。したがって授章された五三三人の陸軍将校のうち、連隊長はわずか一一人、小隊長と突撃部隊 Stoßtrupp*長は二人であり、その中には若きエルンスト・ユンガー少尉も含まれていた[89]。一九三九年九月一日、鉄十字章の制定によってヒトラーは意識的にプロイセンのもっとも重要な戦功勲章の伝統に加わった。これが初めて制定されたのは一八一三年であり、一八七〇年、一九一四年にもふたたび制定されている。第一次世界大戦の鉄十字章は依然として通常勤務用の軍服に佩用《はいよう》すべきこととされた。そのもっとも有名な例がヒトラー自身であり、自らの一級鉄十字章を誇らしげに佩用している。鉄十字章を複数受章した場合の略章によって佩用者は、両大戦においてこの勲章を授章されたことを明示することができた。何段階にも分けられて授章が行われており（二級鉄十字、一級鉄十字、騎士鉄十字、大鉄十字[90]）、騎士鉄十字章によって第一次世界大戦との差異化を図るとともに、その後ふたたび復活することはなかった伝統である、第二帝政のプール・ル・メリット勲章に相当するものを制定しようとした。騎士鉄十字章は勲章学においてはそれ自体目新しいものではないが、鉄十字章の中の騎士十字章はそれまで存在したことはなかった。

騎士鉄十字章と、戦争の経過とともに導入されたさらに高い三つの等級（柏葉、剣、ダイヤモンド）は、部隊指揮において傑出した功績を挙げた者、とりわけ戦闘の帰趨を決するような勇敢な行為にたいして授与されることとされていた。そのさい重視されたのは、「自らの自律した決断、個人としての傑出した勇敢さ、戦闘指揮全体における決定的な成功」[91]であった。実際に授章された人々を見ると、勇敢さの強調は決して空疎な言葉ではなかったことがわかる。陸軍所属で騎士鉄十字章を授与された四五〇五人のうち、兵卒二一〇人、下士官八八〇人、下級将校一八六二人、将官を含む司令部付き将校一五五三人であった。第一次世界大戦のプール・ル・メリット勲章とは違い、小隊長、中隊長、大隊長がもっとも多い。なんと言っても兵卒も五%を占める。さまざまな階級の歩兵部隊に属する者だけで二一二四人を占めており、上層部で部隊の指揮にあたっていた将校には八二しか授与されていない。このシステムにはさらに、第四段階にして最高の等級、金柏葉の制定規定が付け加わった。一二人の一騎駆けの勇士 Einzelkämpfern にのみ授与されるべきこととされた。実際には、急降下爆撃機パイロットのハンス＝ウルリヒ・ルーデルが唯一の授章例である。

このようにナチ体制や国防軍指導部のかなりの部分が、公式の文書のやりとりにおいては、狂信性や自己犠牲への意志を頻繁に口にする一方で、軍事勲章の授章の実際は、そうした理想とあまり合致するものではなかった。イギリス最高の戦功勲章であるヴィクトリア十字章[92]とは違い、死後に授与されたのは全体の七%程度にすぎない[93]。受章者もしたがって、狂信的に自らの命を犠牲にしたり、敵の戦車の前に自分の身を投げ出すような自殺的行為に及んだわけではなかった。授章されたのはむしろ、明確に定義できる成功を示すことができた兵士や部隊長であった。したがってこれは、あらゆる犠牲を払うというナチの要求に応えた証というよりは、特別な功績を挙げたことの証であった。そのさい、上位の勲章の叙勲にはヒトラーが介入したことも考慮する必要がある。実際の叙勲で決定権を有していたのは師団長、空軍の場合には航空団司令官であった。授与にあたって当該兵士の政治的精神を称えることが決定的に

＊（訳註）短機関銃、手榴弾、火焔放射器で武装し、敵第一線を突破したのち、その後方に浸透する訓練を受けた、一種の特殊部隊。

重要だった事例は、したがってきわめて例外的であった。

鉄十字章とそのさまざまな階級に加えて、ヒトラーや各軍指導部はすぐさまさらなる戦功記章を制定した。たとえば一九四一年九月に制定されたドイツ十字章金章は、騎士鉄十字章と一級鉄十字章の中間に位置する戦功を称えるためのものであった。さらに、並外れた功績を立てた軍人は、国防軍発表でその名前が報じられる可能性もあった。こうしたことから、特別な陸軍名鑑、海軍名鑑、空軍名鑑を作制し、傑出した勇敢な行為を成し遂げた軍人の名前を記載しようという構想も出てくることになる。

洗練された戦功記章のシステムを補っていたのが、多様な戦功徽章 Kampfabzeichen であり、そのようなシステムはドイツにしか存在しなかった。海軍はUボート、高速魚雷艇 Schnellboote、駆逐艦、戦艦、仮装巡洋艦、封鎖突破船、掃海艇、小艇戦闘部隊 Kleinkampfverbände、海軍砲兵隊にそれぞれ独自の徽章を制定し、それぞれにいくつかの階級が設けられた。同じことは空軍についても言える。とくに前線飛行章は、その搭乗員がどれだけ多く敵地での飛行を行ったかを明示するために制定された。陸軍は歩兵突撃章、一般突撃章、戦車突撃章、対空砲章、「勇士」のための戦車撃破章を制定した。もっとも権威があったのは間違いなく一九四二年一一月に制定された白兵戦章であり、「白刃をかざして一対一の戦闘を行った軍人を称えるための明示的なしるし」として授与された。「敵を眼前にしながら」五〇日間接近戦を行ったことが証明された者には、歩兵最高の勲章として白兵戦章金章が授与された。何とか生きながらえてこの徽章を受けるチャンスは、もちろんわずかであった。あわせて六一九名への授与しか確認されていない。[94]最初の授章は一九四四年晩夏であり、プロパガンダによってさかんに喧伝された。

あらゆる勲章や徽章に加え、とりわけ意義深い戦闘に参加した者に授与される袖章（アフリカ、クレタ、一九四四年メッツ、クールラント）や、とくに上腕に着用する盾章（ナルヴィク盾章、ホルム盾章、デムヤンスク盾章、クリミア盾章、クバン盾章）もあった。スターリングラード盾章の制定も予定されていたが、容易に想像がつく理由から断念された。

記章政策が対象としたのはとりわけ前線兵士たちであった。クリストフ・ラスの研究によれば、第二五三歩兵師団では九六・三％の鉄十字章が戦闘部隊に授与されている。[95]したがって後方任務の兵士たちには、より価値の低い戦功十字章しか見込みがなかった。これによって著しいステータスの格差が生じた。なぜなら敵との接触の機会が少ない男たちには受章の可能性がほとんどない一方で、最前線の戦友たちは（生き延びている限り）数多くの勲章や栄誉章を手にすることができたからである。

たとえば二級鉄十字章は大量に授与されたとはいえ（およそ二三〇万件）、この数字が意味しているのは、国防軍兵員のうち八五％以上はこの最下級の戦功勲章を受章していないということである。彼らの軍服には何ら装飾がない一方で、歴戦の前線兵士の軍歴はきめ細かな顕彰システムによって、一目で誰の目にも明らかであった。彼らは最高の威信を享受し、それによって、兵士が本当に自らの進化を証明できるのは前線においてのみであるという、きわめて意識的な社会的圧力が生じることになった。これによって、次のようなこともたびたび起きた。家族や友人に自らを印象づけ、あるいは負け犬と思われないように[96]、とくに帰省休暇のさいに許可されていない勲章を兵士たちが佩用したのである。しかしこうした顕彰は現実的な意味でも、間違いなく重要な役割を果たした。なぜなら、これによってもっとも危険な地域での動員にたいしてもっとも効果的に報いることができたからである。

アルフォンス・ビアレッツキ予備中尉（一九四四年末撮影）。軍服の左側に第一級および第二級鉄十字章、降下猟兵章、戦傷章金章、歩兵突撃章銀章、白兵戦章金章を、右側にはドイツ十字章金章を、そして喉元には騎士鉄十字章を佩用している。写真には写っていないが、右上腕には、一騎駆けの勇士のための戦車撃破章を二つ、それからクレタ袖章も着けている。（Florian Berger, *Ritterkreuzträger mit Nahkampfspange in Gold*, Wien 2004）

国防軍がつねに留意していたのは、勲章が持つ高い威信を維持するため、できるだけその授与は厳しい基準で行うということであった。そのために、功績に見合った授章を保証するための規則が導入された。とくに大量に授与された一級・二級鉄十字章では乱発が避けられなかった。しかしそれでも透明性をかなり確保することで、勲章システムは第一次世界大戦時よりは受けがよかった。国防軍の特徴は、行為のできるだけすぐあとに顕彰しようと試みたことである。たとえばデーニッツは、あるUボートの艦長が並々ならぬ成功を報告してきたとき、無線を通じて騎士鉄十字章を授与したことがある。陸軍の場合、並外れた行為の報告から授章まではもう少し時間がかかることが多かった。第一八六歩兵連隊が一九四二年九月六日に激しい戦闘によってノヴォロシスクから黒海まで到達するのに成功したさい、それを率いていた二人の前線部隊将校 Truppe-noffiziere、オイゲン・ゼルホルスト中尉とヴェルナー・ツィーグラー中尉は、数週間後にはすでに高い位の勲章を授与されていた。とくに後者はウクライナのヴィニツァにある総統大本営へと飛び、ヒトラー自らの手で柏葉付騎士鉄十字章を与えられている(97)。高い地位の戦功徽章の受章者は、プロパガンダにおいて再三再四強調された。その中の何人かは、ゲッベルスがメディアのスターとして定期的に登場させ、ナチの英雄崇拝に利用した。その例がギュンター・プリーン*、あるいはアドルフ・ガラント**である(98)。

興味深いのは、勲章のデザインにあたってはたいていの場合、カギ十字はあまり目立たない形ではめ込まれていたことである。〔あからさまな形でカギ十字がはめ込まれた〕ドイツ十字章金章だけがこの例外であり、それゆえにその保守的な性格は、勲章へと「ずかずかと入り込んでくるナチの意匠」から「あまり影響を受けなかった(99)」。

以上要約すると、勲章授与の象徴政策は社会的認知に配慮していたこと、したがって軍事的価値観も兵士たちの認識枠組みに深く定着していたことが確認できる。以下の章で示していくように、こうして形成された規範的モデルはほとんどの男たちが、少なくとものごとを解釈する上で、たいていの場合は行動を起こす上で重要であった。しかしイデオロギーによる過度の介入はむしろ抵抗に遭遇したように思われる。したがって、第一次世界大戦についてすでにラルフ・ヴィンクレが確認していることが、ここでも当てはまるであろう。顕彰を誇りに思ったとしても、政治指導部が期待するような数多くの振る舞いまで受け入れる者は少数派にとどまったのである(100)。

根本的な不平等という社会的文化や、不屈さ・勇敢さという規範へと方向づけられた国防軍の軍事的文化を背景に、国防軍兵士たちが戦争へと赴いたさいの彼らの参照枠組みを素描することができる。注目すべきなのは、こうした中心的な価値観の方向性が戦争を通じてそれほど変わらなかったのにたいし、ナチ体制や指導部にたいする人々の評価ははっきりと変化しえたということである。そしてとりわけ、軍事的な参照枠組みは個人的な違い、たとえば政治的な違い、「哲学的」な違い、性格的な違いを超越した形で存在していた。つまり、以上述べてきた軍事的な価値観や理想像を高く評価するという点において、明確なナチも、断固たる反ナチも違いはなかったのだ。だからこそ戦争において取る行動において、両者に違いは生じなかったのである。違いが生じたのは、のちに述べるように、とくに国防軍の兵士と武装ＳＳの兵士の間においてであった。

＊（訳註）Ｕボート艦長（一九〇八～四一）。一九三九年一〇月一四日、イギリス本国艦隊の根拠地スカパ・フローに侵入し、戦艦ロイヤル・オークを撃沈した功績で、騎士鉄十字章を授与された（最終的には柏葉付騎士鉄十字章受章）。

＊＊（訳註）戦闘機パイロット、戦闘団司令（一九一二～九六）。バトル・オブ・ブリテンに参加し、最終的にダイヤモンド剣柏葉付騎士鉄十字章が授与された。

第3章　戦う、殺す、そして死ぬ

「爆弾を落とすのがやみつきになってね。すごくぞくぞくするし、いい気分なんだ。誰かを撃ち殺すのと同じくらい、いい気分さ」[1]。

ある空軍中尉

一九四〇年七月一七日の会話より

撃つ

戦争とは残忍なものであり、暴力を経験し、ずたずたにされた遺体や殺された戦友、そして絶滅戦争でのケースのように男性や女性、子供たちが大量に殺害されるのを目の当たりにするにつれ兵士たちが荒んでいくということは、よく言われる。国防軍やＳＳもまた、自ら犯したものであろうと、それを傍で見ていたのであろうと、極端な暴力とつねに直面することで「軍紀」が脅かされ、それによって暴力行使にあたっての規律や統制が失われてしまうのではないか、戦闘においても大量殺戮においても等しく必要とされる効率が保たれないのではないかと心配していた。(2) 歴史学や社会心理学における暴力研究でも、野蛮化の側面は重要な役割を果たしている。(3) ここでも、極端な暴力を経験することは、自らが行使する暴力をどのように評価し、それをどの程度行使するかに著しい変化をもたらすことが前提とされている。自叙伝や戦争小説でも、一定期間すさまじい暴力性にさらされた兵士は野蛮化するという、同様の結論が確認されている。

しかし前掲のある空軍中尉の言葉の引用が示唆するように、こうしたイメージは誤っているのかもしれない。第一にこうした考え方は、暴力は魅力的な経験となりうること、たとえば「ぞくぞくする」ようなものでありうるということをあらかじめ度外視している。第二に、極端な暴力を行使するためには何らかの準備を経ていなければいけないという前提自体、きちんとした検証を経ていない仮説にすぎない可能性がある。ひょっとしたら、武器一挺、飛行機一機、アドレナリン、そして普段は権力を行使できないようなものごとにたいして、今や権力を行使できるのだという感情があれば、それで十分なのかもしれない。殺害が許容される社会的枠組みは、そこではむしろ望ましいものなのだ。

ひょっとすると徐々に暴力に慣れていくという仮説自体、それが戦争の現実であるというよりはむしろ、自ら目撃したことを語る人間の叙述上の戦略や、学者が日常的に抱いているイメージにすぎないのかもしれない。我々の史料の中には、戦争の前からすでにきわめて暴力的であった兵士たちの実例が数多くある。冒頭の引用も、戦争が始まってからさほど経過していない時期のものである。この時点で戦争はまだ全面的なものでも絶滅戦争でもなかったし、この中尉もあくまで上空から戦争を経験したにすぎない。暴力体験を語るさい、兵士自身が野蛮化という常套句を使うこともまれではないが、こうした語りにおいては彼らが極端な暴力へと社会化していく時間は、わずか数日程度であることがしばしばである。

たとえば、一九四〇年四月三〇日の、空軍パイロットであるマイヤー少尉†*と、同じ階級の偵察員であるポール†の会話を見てみよう。

ポール　ポーランド戦の二日目、ポーゼンのある駅に爆弾を投下しなきゃいけなかった。一六発のうち八発は町の住宅街のど真ん中に落ちた。嬉しくはなかったね。三日目にはどうでもよくなり、四日目にはそれが楽しくなってきた。機関銃でもって地上の敵兵を追い回し、何発か浴びせて地面の上に這いつくばらせるのが、朝飯前のお楽しみだったね。

マイヤー　でも兵士たちだけかい？

ポール　人々もね。通りにいた一団を攻撃したことがある。俺は三機編隊のうちの一機だった。隊長機が通りに、二機の僚機は側溝に爆弾を落とした。そこにはいつもそういう側溝が掘られてたからね。次々と追いかけ、左に曲がるカーブにさしかかったとき、ありったけの機関銃でとにかく撃ちまくった。馬が右往左往して逃げ惑うのが見えた。

マイヤー　そりゃあひどい。馬にたいして……。

ポール　馬はかわいそうだと思ったが、人間にたいしてはまったくそう思わなかった。でも馬にたいしては、最後までずっと申し訳ないと思ってた。(4)

ポール少尉はポーランド戦役の最初の日々について説明し、今や自ら行使するようになった暴力に慣れるのにきっちり三日しかかからなかったことを語る。四日目には喜びが勝り、それを彼は「朝飯前のお楽しみ」という言葉で描写し始める。彼の話し相手は明らかにいくぶん仰天しているものの、少なくともポールが敵兵にたいしてしかそのようなことはしていないことを願う。しかしこの願いが満たされることはない。「人々」、つまり民間人もポールは撃ったのだ。そして彼が唯一慣れることができなかったのは、それが馬に当たったときであった。それをマイヤーも理解できた。ポールはさらに話を進め、個々の人間を追い立てるのではなく、ひとつの町を爆撃したことを語る。

ポール　敵の弾が命中したんで、俺は非常に腹が立った。ふ

＊（原註）ダガー（†）がついている名前については、身元を明らかにすることができなかった。したがってこれらはすべて仮名である。

たつ目のエンジンが暖まる前だったが、突如眼下にあるポーランドの町が目に入った。そこに爆弾を落とした。三二発の爆弾すべてを町に投下したかった。それは上手くいかなかったが、四発は町に落ちた。下ではすべてが粉々になった。あのとき俺は本当に怒り狂ってたんだ。無防備な町に三二発も爆弾を落とすというのがどういうもんだか、想像してごらんよ。あのときはそんなことは俺にはどうでもいいことだった。もしそう〔すべての爆弾を投下することに〕なっていたら、間違いなく、三二発の爆弾で一〇〇人の人間の命を奪った責任を負うことになっただろうね。

マイヤー　下では人の往来は活発だったかい？

ポール　ぎゅうぎゅうだった。環状道路では爆弾をひとまとめで落とそうと思った。人がたくさんいたからね。そんなことは俺にはどうでもいいことだった。二〇メートル間隔で落としたかった。六〇〇メートルはそれでカバーできた。それが上手くいっていれば、嬉しい気分になったと思う[5]。

ポールの関心事は明らかに、墜落する前にできるだけ大きな損害を与えることであり、そこで彼が一貫して強調しているのは、できるだけ多くの人間を殺害することが彼にとっては重要だったということである。環状道路へと近づいていったのは、「人がたくさんいたから」である。自分が望んだ成功が得られなかったことに、彼は明らかに怒っている。マイヤーの次の質問は、職業的な興味関心によるものである。

マイヤー　飛行機から撃たれたときに、人々はそれにどう反応したんだい？

ポール　気が狂ったようだった。ほとんどは両手をこんな感じにして這いつくばり、ドイツのシンボルの格好〔十字架〕をしていた。ラッタッタッタ〔機関銃の音〕、ズシン、彼らが死んでいる。ひどい話だけどね。〔…〕きちんと彼らの顔面を狙って撃ち、彼らは後ろから撃たれて、狂ったようにジグザグにいずれかの方向へと逃げていた。焼夷弾が三発、彼らの後ろから当たった。両手を挙げたままズシン、顔からくずおれた。それからさらに俺は撃ち続けた。

マイヤー　すぐに這いつくばった場合は？　どうなるんだい？

ポール　それでも命中するね。俺たちは一〇メートルの距離から撃っているし、彼らが走り出しても、そんな馬鹿野郎は俺のおいしいカモになるだけだ。自分の機関銃を握っていればそれで十分だ。誓って言うが、中には一人で二二発浴びたやつもいる。それから突然五〇人の兵士たちを追いたてて、こう言ったんだ。「火事だ、野郎ども、火事だ！」それからはいつも通り、あちこち機関銃で撃ちまくるだけさ。それでも俺は、撃ち落とされる前にこの手で一人の人間を撃ち殺してやりたいと思っていたね(6)。

この会話の特徴は、二人のうちの一人が相手に何かを伝えたいという強い願望があり、一方でもう一人は、自分が話している人間が一体何者で、ここで話していることは一体どういうことなのか整理しようと努めている点にある。マイヤーがどれくらい頻繁にポールと会話を交わしていたのか、どれくらい彼について詳しく知っていたのかはわからないが、同じ監房にいる同僚が口にする、直接人間を撃ち殺したいという願望のせいで、かなりの程度衝撃を受けている。彼は次のようにコメントする。

マイヤー　そんな作戦に参加すると、すさまじく荒むだろうね。

ポール　さっき言ったように、一日目は俺も恐ろしかった。だから俺は自分に言い聞かせたんだ。クソッタレ、命令は命令なんだ、と。二日目、三日目には自分にこう言った。こんなことはまったくどうでもいい、と。そして四日目には、それに喜びを感じた。でも言ったように、馬が悲鳴を上げていた。飛行機の音は聞こえなかったと思う。とにかくそれくらい大きな声で悲鳴を上げていたんだ。後ろ足をもがれた一頭の馬が、横たわっていた(7)。

このあと中断がある。ポールが機関銃を装備した航空機の利点について説明するところから、記録が再開される。

「爆撃機の機首操縦士席から見た，ポーランドのある町」．He111 機上から撮影したプロパガンダ用の写真．（1939 年 9 月撮影）（Roman Stempka, BA 183-S52911）

動いているので、潜在的な犠牲者が射程に入ってくるまで待つ必要はなく、標的を追えばよいという。

ポール　機関銃を装備した航空機は本来、すごくいいものなんだ。機関銃を〔地上の〕どこかに配置すると、人間がやってくるまで待たなくてはいけないからね。

マイヤー　地上からの反撃はないのかい？　機関銃で撃ってきたりはしないのか？

ポール　一機撃ち落とされたことがある。小銃で。全中隊が一丸となって命令のもと撃ってきたんだ。〔撃ち落とされたのは、ドルニエ〕「Do17〔双発爆撃機〕」だった。不時着できた。〔そのとき〕ドイツ軍は〔敵の〕兵士たちを機関銃で牽制して、機体に火をつけた。ときおり、一〇キロ爆弾を含む一二八発の爆弾を搭載することもあった。それを住民のど真ん中に落っことした。兵士たちのど真ん中にも。焼夷弾も搭載していた。[8]

マイヤーの質問やコメントはどちらかというと技術的な性格のものだが、二度にわたって彼は直接の衝撃をあらわにしている。馬のくだり、そしてポールが誰かを「この手で」撃ち殺してやりたいと述べたときである。ともかくポールは、彼の描写を信用する限り、暴力にたいする慣れをまったく必要としていない。彼は自発的に、助走期間もほとんどないまま、暴力を呼び起こすことができるように思われる。そのさい注目すべきなのは、彼は単に自分が慣れていった暴力の行使を描写するにとどまらず、ごくわずかな暴力しか行使できなかったこと、さらなる犠牲者を欲していたことを、一貫して強調している点である。

この会話が行われたのは一九四〇年夏であり、描写された出来事が起きたのは一九三九年九月、つまり開戦直後である。ポールがマイヤー少尉とのこの会話の前に、さらに数カ月にわたる戦闘経験を経ており、それによって戦争の最初の日々にたいする語りが後づけでさらに残忍なものとなっている可能性も考慮する必要はあるだろうが、それでも彼は、「バルバロッサ作戦」によって呼び覚まされた極端な暴力行使とは依然として無縁であった。確かにポーランド侵攻においても、大規模な犯罪行為は行われた。[9] 民間人の殺害や、ユダヤ人の射殺がそれである。しかしポールはパイロットであり、上空から人間を追い立て、殺すのであって、彼が都市を爆撃し人々を撃つさまを描写するさいに彼を駆り立てたのがイデオロギー的動機であったという印象は受けない。彼の犠牲者に明確な属性はないし、意図的に選ばれたわけでもない。誰を撃つかは彼にとってはどうでもよいことであり、とにかく撃つということが重要なのだ。それは彼にとって喜ばしいことであり、動機は必要ない。彼の姿勢は大いなる意味や目的にもとづいてはおらず、むしろ彼の可能性の枠組みの中でどれだけよい結果が得られるかということにかかっているように思われる。こうした意味なき殺害が想起させるのはおそらく狩猟というスポーツ的な行為であり、その意味はより多くの獲物を仕留めることで、他人よりも優れた存在となるという点にある。だからこそ、狩猟の最中に敵の弾が命中したとき、彼はあれほどまでに憤激したのである。それは狩猟の結果を台無しにするものであった。

自己目的化した暴力

戦争のこの初期段階においてポールは、これ以上考えられないような残忍な暴力を、それに先行する出来事によって度を増すという過程を経ることなく行使している。個々の出来事におけるポールの動機が何であるにせよ、彼が行った人間狩りの無分別さは、ヤン・フィリップ・レームツマが「自己目的的」と名づける暴力のタイプの典型例である。すなわち、暴力それ自体を目的とし、一切の目的が存在しない暴力のことである。レームツマは身体的暴力を、「位置的暴力 lozierend」「略奪的暴力 raptiv」そして「自己目的的暴力」の三種類に分類する。(10) 前二者の暴力の形は、障害となっている人間や、自分の欲しいものを持っている人間を取り除くためであり、我々が理解することは難しくない。道徳的には許容できないとしても、何らかの手段として行使されるという、暴力の理由が明確だからである。それにたいして殺すために殺すという自己目的的な暴力は、むろん、我々の理解を拒む。近代社会やその構成員が今まで形づくってきた自己イメージと、真っ向から矛盾するからである。レームツマはこう記している。「近代への信頼は、国家による暴力独占なしには不可能である」。近代法治国家が人々につねに提供している不可侵性が、一日でもその効力を失ったらどうなるかを想像すれば、自明なことであろう。

これこそが、近代的人間が一見暴力とは無縁であるかのように見える原因なのだ。人々は暴力を想定しておらず、暴力が起きたならば、それはなぜなのかつねに説明を探し求める。たとえ、何らかの手段としての暴力ではなかったとしてもである。それにたいして、自らの身体的不可侵性が保障されていると信じていない者は、つねに暴力を想定し、それが起きても動揺することはない。したがって信頼と暴力のバランスはつねに微妙で難しいものとなる。「無意味で」「正当化されえない」「むき出しの」暴力と見えるものは直ちに「逸脱」「破壊」「野蛮」、すなわち近代と正反対のものとされなければならないのだ。したがって、社会学的、歴史学的な暴力研究がしばしば、非学術的な道徳主義という困難な問題に直面することは、容易に理解できる。(11)

暴力というものが反文明的なものであり、抑圧されなければならず、深刻な場合には撲滅しなければならないものという形を取るようになったのは、歴史的に見ればようやく近代になってからのことである。暴力それ自体が非難されるべきこととされ、もちろん手段としての暴力は避けられないとしてもそのつど正当化が必要とされるか、もし起こってしまったとすれば説明が必要なものとなった。問題を解決するための暴力の行使はふつうのことだとしても、暴力の行使それ自体が目的となることは病的なこととされた。その限りにおいて暴力は、近代の道筋からの逸脱、いやその正反対として構築されるようになったのだ。しかしもちろん暴力は近年の戦争も示すように(12)決して消滅していない。しかしながら近代の文明的な基準にたいする信頼は、逆説的なことだが暴力がふつうのこと、それが機能することがルーチンであると想定されないことによってようやく維持できるのである。だからこそ我々は、自分は暴力とは無縁だと考えることができるし、暴力が行使されると、うろたえた様子をこれ見よがしに示すのである。そして暴力の原因を探し求める。

しかしポール少尉が行使したような自己目的的な暴力は、何ら理由づけを必要としない。それがなされたということだけで、十分なのだ。目的合理性の世界や、社会的行為を何らかの形で理由づけしなくてはいけない、あるいは理由づけできるという認識があまねく広がっている世界において、こうした暴力は奇妙で不規則的な存在であり、社会的なるものの領域における異質な存在ととらえられる。しかしたとえば、人間が性欲を持つということに理由づけは必要だろうか。食べたり飲んだり息をしたりすることに、人は説明を求めるだろうか。こうした人間存在の核心的領域のすべてにおいて、どのようにして人間は自分の欲求を満たそうとしているのか、これらの欲求はどのような形を取るのか、といったことは問われるが、そもそも人間が食べ、飲み、息をし、セックスをしたいという願望を持っていること自体は問題とならない。したがって説明が求められるのはその様態であって、根本的な動機ではないのだ。おそらく暴力の場合にも、そのように考えることが有益であろう。ハインリヒ・ポピッツが指摘したように、暴力とはつねに社会的行為におけるひとつの選択肢であり、系統学的に見てもそれ以外には考えようがない。結局のところ人類が生き延びたのは、平和をつくり出す能力ゆえではなく、狩猟のさいや、食料を争うあらゆる種類のライバルにたいして行使した暴力ゆえなのである。

西欧社会が国家による暴力独占によって、人類の発展の歴史においておそらく最大の文明的刷新を成し遂げ、それまでまったく想像もできなかったような個人の安全と自由を可能にしたのだとしても、そのことは、暴力が社会的な可能性として消滅したということを意味しない。暴力が国家へと委譲されることによってその形は変わったが、それが消滅したわけではなく、つねに直接的暴力へと先祖返りしうる。とくに暴力の独占によって社会の中心的領域、すなわちあらゆる公的な事柄が規則に服するようになったが、そのことは、暴力が他の社会領域から消滅したことを意味しない。

家庭という領域では依然としてパートナーや子供、ペットにたいする暴力が存在しているし、教会や学生寮といった閉鎖された社会的領域でも同様である。スタジアムやディスコ、居酒屋、地下鉄、路上といった公的空間でも、殴り合いや暴行、強姦が起きている。さらに国家による暴力独占の向こう側でも、定期的な形で公的に暴力が行使されている。たとえば格闘技やボクシング、SMクラブの演出といったものがそれである。ドイツのアウトバーンを走ってみれば、ふつうの人々がいかに慢性的に暴力をふるう用意があり、それどころか人を殺す用意すらあることがわかる。テレビや映画、コンピューターゲームを暴力抜きに考えることはできない。おそらく、日常生活から暴力が無縁になるにつれ、象徴的もしくは代理的に行使される暴力への欲求が高まるのだろう。そして国家間でも依然として、暴力は独占からはほど遠い。相変わらず国家は戦争を遂行しており、ドイツのような暴力を忌避する社会はまさにその点で、自己イメージとの両立に大きな困難を抱えているのである。

言い換えれば暴力は、自分たちは暴力とは無縁だと思っている社会からも消えていないのだ。暴力はつねに事実としても可能性としても存在しており、想像力においても重要な役割を果たしている。その意味において暴力は、物理的には不在に見えても、「そこ」にあるものなのだ。ポールとマイヤーが会話を交わしたわずか七〇年前を振り返り、当時の人々にとって暴力がどれだけ身近な存在だったのかを眺めれば、暴力を行使しそれに苦しむことが多くの人々にとって日常的な経験だったことは明らかである。ヴィルヘルム期〔一九世紀末から二〇世紀初頭のドイツ〕の教育規範において暴力と厳しさは枢要な位置を占めており、体罰は単に許容されるだけでなく、人間が成功するための教育の前提条件と見なされていた。[13] 二〇世紀初頭の学校改革運動も、これらへの反省にもとづくものではなかった。国民学校、実科ギムナジウム、学生寮、幼年学校においても、農業労働者や徒弟見習いにたいしてと同様、体罰が行われた。

社会全体において、暴力はこんにち以上に日常的であった。ヴァイマル共和国では会場での殴り合い、路上闘争、政治的殺害といった形で、政治的な動機による暴力が今とは比較にならないぐらい生じているし、日常的な人間づきあいの形（警察官と犯人、男と女、生徒と教師、子供と親などの間での）には身体的な暴力が浸透していた。ナチ体制による権力掌握で国家による暴力独占が事実上空洞化し、国家権力の他に準国家組織が権力を得ることになった。たとえばSAは（一時的にプロイセン補助警察として正当化され）、一九三四年夏まで大規模に暴力を行使し、そのことによって国家組織から訴えられることもなかった。暴力が社会を構築し、社会のカテゴリー分けを進める手段となることはすでに述べたが（第2章参照）、ユダヤ人やその他の犠牲者にたいして暴力がふるわれることによって、ナチ社会やその構成員の日常的意識における暴力の水準がふたたび上昇するという点に、疑問の余地はない。たとえばパイロットのハーゲン伍長は次のように語る。

ハーゲン　俺は〔一九〕三六年に、ユダヤ人と一緒にこのクソみたいな仕事すべてに関わった。ああかわいそうなユダヤ人！（笑）　窓ガラスをたたき割り、人々を引っ張り出し、素早く服を着せて、連れ出した。俺たちは仕事をさっさと済ませた。〔？〕棍棒で頭をぶん殴った。それは楽しかった。あのとき俺はちょうどSAにいた。夜に俺たちは速やかに進んだ。さっさって、奴らを引きずり出した。仕事は通り沿いに歩いていって、奴らを引きずり出した。さっさと鉄道に乗せ、出発。ただ駅は村から距離があった。奴らは石切場で働かされることになっていたんだが、奴らは働くことよりも撃ち殺されることを望んだんだ。ああ、その後は次々と射殺さ！　一九三二年にはすでに俺たちは窓の前に立ってこう叫んでいたものさ。「ドイツよ、覚醒せよ！」と。(14)

暴力を行使することは一九四〇年には、今よりも著しくふつうで、予期しうる、正当な、日常的なものとなっていた。多くの人々が暴力の行使を目的とする組織に属していたことを考えれば、全員とは言わないまでも多くの兵士たちが暴力行使の練習をなぜ必要としなかったのか、その理由がおそらくよりよく理解できるであろう。暴力は彼らの参照枠組みに入っており、殺人は彼らの義務となっていた。暴力が彼らの自己イメージや本質、想像力とは異質なものであったと想定しなければいけない必要性が、どこにあるだろうか。さらに暴力行使が空軍の事例のように、戦闘機や急降下爆撃機といった魅力的な手段、いわば「ハイテク」によって実現され、自らの技量と技術の上での優位、そして「スリル」がとりわけ魅力的な形で渾然一体となって経験へと統合されうる場合には、なおさらである。

ところで、すべての兵士が残忍になるために「野蛮化」のプロセスを必要とするわけではないという、一見驚くべき見解は、データによっても裏づけられる。すなわち、多くのドイツ兵はポーランド侵攻直後に民間人に暴力を行使し、女性にたいして強姦を働き、ユダヤ人を苦しめ、商店や家屋を略奪しているのである。このことは陸軍指導部を非常に憂慮させ、数多くの対策をとらざるをえなくなったが、その効果は限定的なものにすぎなかった(15)。たとえばヴァルター・フォン・ブラウヒッチュ上級大将は一九三九年一〇月二五日、すなわち開戦から二カ月も経っていない時期に、「将来にわたって規則を無視し、私的な利得をはたらくすべての将校」は除隊となると脅している。「ポーランド戦における戦功や成功があったからといって、我々の将校の一部に確固たる内面的姿勢が欠けているという点について思い違いをしてはならない。規則に違反する住民の家屋からの追い出し、許可を受けていない財産の没収、個人的な利得、横領、窃盗、憤激や無意味な酩酊による部下にたいする虐待や脅迫、指揮下の部隊にきわめて深刻な結果をもたらす不服従、既婚女性へのわいせつ行為などなど。こういった憂慮すべき数多くの事例は傭兵のような様相を呈しており、厳しく非難されなければならない。その行為が不注意によるものであれ意識的なものであれ、これらの将校は有害な人間であり、我々の隊列に属するべきではない」。しかしながらフォン・ブラウヒッチュは一九三九年末に至るまで、「軍紀」維持のためにさらなる命令を出し続けなければならなかった(16)。

社会的現実一般において当てはまることは、軍隊についても妥当する。すなわち人間は人それぞれであって、ある者、たとえばポールにとって大いに喜ばしく、次第に快感を覚えるようになることが、他の者、たとえばマイヤーにとっては、嫌悪感とまではいかなくても、違和感を覚えることであるかもしれない、ということだ。しかし二人とも空軍という同じ制度的連関を背景としており、捕虜という同じ状況に置かれているために、個人的な差異よりも社会的共通性の方がたちどころに重要なものとなる。そしてたとえマイヤーが戦友であるポールを下劣な人間だと思っていたとしても、ポールが喋ったことは、別の戦友との会話において話題の材料となったに違いない。たとえばこんなふうに。「ある奴と一緒に捕虜になっていたことがあるんだけどさ、奴は本当にこう話していたんだよ。人間狩りをすることがどんなに楽しいことだったか、ってね……」。

冒険譚

「死」や「殺す」といった概念は、兵士たちの会話にはほとんど現れない。殺すという行為が戦争における兵士の中心的な仕事であり、死を生産することがその成果であることを考えれば、これは一見驚くべきことかもしれない。しかしだからこそ、死や殺害は話題にはならないのである。建築労働者が休憩時間中に石やモルタルについて話をしないのと同様に、兵士たちも殺害について会話をしない。

戦闘における殺害は彼らにとってあまりにもありふれたことなので、会話のきっかけとはならない[17]。とくに戦闘は、戦闘機パイロットのように個人の責任で行動する場合を別とすれば、他律的な出来事である。すなわち個々の人間の行為による影響は限定的なものであり、決定的なのは部隊の強さ、装備、状況、敵などである。個々の兵士には、自分が殺害に加わるかどうか、誰を殺すか、もしくは自分自身が死ぬかどうかといったことに影響力を及ぼすことは、ほとんど不可能である。それについての話をすることはあまり楽しいことではないし、とくにそのことによって、不安や絶望といった感情について、さらにはズボンの中に漏らしたことや嘔吐したことなどについて男たちは話をしなければいけなくなる。これはコミュニケーションとしては（とくにこうした男性共同体においては）タブーである。さらに、全員が知っており経験していること（もしくは知っており、経験していることになっていること）について報告することは、いい話、すなわち語るに値する話の基準を満たしていない。民間人としての日常生活でも、ルーチンとなっている仕事や朝に食べたものについて会話をすることはない。語るに値し傾聴するに値する「いい話」とは、報告される内容が日常とは異なる、何か際立ったものであるということであり、とりわけ忌々しいこと、喜ばしいこと、滑稽なこと、残酷なこと、もしくは英雄的なことである[18]。生活のふつうさや日常性については滅多に語られないし、そもそも語られる必要性がない。戦争における兵士の生活世界においてふつうとされること（死に、殺され、負傷すること）は、彼らにとって自明の前提条件であって、それについて仔細に語られることはない。

しかしながら語られないのは、ふつうのことだけではない。もうひとつ語られないもの、それは兵士の感情、とくに不安や恐怖、絶望、あるいは単に自分の命をめぐる心配といった感情である。そうした要素が盗聴記録に現れることはほとんどなく、関連する文献からも、そうしたテーマが兵士たちの間のコミュニケーションにおいて語られないことが知られている。彼らは死について積極的に語ろうとはしない。(19)場合によっては自分が殺され、負傷するかもしれないという可能性について言及することはきわめてまれであり、したがって出来事としての死が会話に登場することもない。代わりに兵士たちが口にするのは、人々が「仕留められ」「射止められ」「片をつけられ」「おぼれ死に」、あるいは「全員消えた」という〔婉曲的な〕表現である。自分の死を想像することは、自分がどのようにして死ぬのかということを想像することへと明らかにつながる。死というものを頻繁に目にしてきている兵士もそれなりにいるし、頻繁でなくともそこそこ目撃してきた兵士も多いが、そうすることで死が自分にとってかなり近しい存在となる。こうして一見逆説的なことだが、死や殺害をめぐる彼らの会話は、あらゆる種類の暴力に言及しながらも、死や殺害それ自体についてははっきりと口にしないという形を取ることになる。兵士たちは自らの行為の結果を、死者の数や沈めた船のトン数という形で表現するが、誰が、そしてどのようにして彼らを死の世界へと追いやったのかは、死と同様ほとんど口にされることがない。

事実、ポール少尉のような叙述はしばしば史料に現れるものの、たいていはそれほど詳細ではなく、しかし彼と同様に率直であり、それが当然のことだという態度を示す。兵士たちが自分の行った射殺について語るさい、それが苛立ちや不快感、ましてや抗議をもって迎えられるなどとは、まったく予期していない。ここで我々が注意しなければいけないのは、盗聴が行われている収容所での会話は、同じ経験空間と同じ参照枠組みを共有する者同士のものである、という点である。彼らはみなドイツ軍に所属し、同じ理由から同じ戦争を戦っているのである。したがって彼らはお互いにたいして、記録を七〇年後に目を通す我々の目からは不可解なことも、あえて説明する必要がない。実際パーティーでの会話や、似たような経験をした者同士が偶然出会ったときの会話も、同じ性格を有する。つまり人は、お互いに会話を交わし、問いを投げかけ、自分の感想をいくぶん差し挟み、それによって自分たちは同じ集団に属していること、同じ経験共同体の一員であることを誇張し、誇示しようとするのである。兵士たちの会話の場合内容だけは異なるが、会話の構造自体は同じである。空軍兵士たちの語りはたいてい狩猟という形を取るが、これは何ら驚くべきことではない。なぜなら多くの兵士は実際戦闘機や爆撃機のパイロットであり、目標を破壊することを任務としているからである。すなわち、敵の航空機を撃ち落とし、地上の目標を破壊し、一九四二年以降は攻撃目標を〔民間人へと〕拡大させたのである。男たちが語ったのは冒険譚であって、とりわけ重要だったのは自らの飛行技術や破壊の成功を描写することであった。典型的な描写は、たとえば次のようなものである。

フィッシャー　俺は最近、ボストン〔イギリス空軍のA-20〕を一機撃ち落としたんだが、手始めにまず後部銃手を片付けた。彼は機関銃を三挺操作していて、その撃ちようといったらじつに素晴らしかった。彼の機関銃から放たれる閃光といったら。

俺が乗っていたのは〔Fw〕190で、機関銃は二挺備え付けてあった。すぐさま機関銃のボタンを押した。

彼がくずおれた。終わった。もう一発も撃ってはこなかった。燃料が空中に漏れ出した。それから発火し始めた。俺はすぐに右側の機関砲で左側のエンジンを撃ち抜き、それは発火し始めた。おそらくこのときにパイロットにも命中したんだと思う。とにかく俺はずっとボタンを押しっぱなしだった。それから敵機は墜落していき、炎上した。俺の後ろには、俺を追いかけてくるスピットファイア〔イギリス軍の戦闘機〕が二五機いた。俺はその後アラス〔フランス北部の都市〕まで飛び続けた。

コッホン　どこに着陸したんだい？

フィッシャー　ふたたび俺の飛行場にさ。奴らはその後また取って返す羽目になった。ガソリンのせいで〔航続距離が短い〕、そんなに長い距離は飛べなかったのさ。俺はさらにサントメールまで飛んだ。ブリストル・ブレニム〔イギリス軍の双発軽爆撃機〕一機も同じように片付けた。手始めにまず垂直尾翼の後方から撃ち込んだ。後部銃手は右へ左へ撃っていたが、的は外しまくっていた。俺は一気に右側に張り付いて撃ち始めたが、奴は俺めがけて狂ったように撃ってきた。俺はふたたび左へと旋回し、左側に張り付いてからボタンを押したが、俺が押したのは機関砲のボタンだったんで、奴の銃座の風防 Kuppel は吹き飛んでいた。吹き飛んだあと彼はそこに座っていて、すでに死んでいた。さらに垂直尾翼へと後ろから撃ち込み、尾部は垂直安定板もろとも吹っ飛んだ。そして飛行機は落ちていった。(20)

構造的に類似した語りは、自転車乗りやエクストリームスポーツの選手からも聞くことができるかもしれない。そして実際に死にも言及されるが、それは語りにおいて描写を豊かにする上でのひとつの要素にすぎない。犠牲者はこの語りにおいて何ら属性を持たない。まさに半世紀後、コンピューター・ゲームやとくに「ファーストパーソン・シューティングゲーム」〔一人称視点によるシューティングゲーム〕という美学によって再生産されるようになるものと同様のものとして、現れるのである。この比較は決して時代錯誤なものではない。なぜなら現実の射撃においても想像上の射撃においても、重要なのは明確に定義しうる結果ではなく、出来事それ自体だからである。重要なのはパイロットないしプレーヤーの器用さや反応能力であって、結果は「数」、すなわち撃墜したさまざまな種類の敵機の数によって決まるのである。こうした競争的、スポーツ的性格が、男性に特有の技術への強い憧れと結びついて、参照枠組みの一部となっていたことを見る必要がある。そこでは犠牲者は、個人としても集団の一部としてもまったく重要性が認められない。犠牲者の特徴や犠牲者にたいする評価判断が完全に欠如していることからもわかるように、語り手にとっては、誰に弾が当たったのかはまったくどうでもよいことであり、重要なのはともかくそれが当たったということ、そしてそれについていい話ができるということなのだ。

ビーバー† おまえたちは日中にはおおよそ何を攻撃してたんだ？　目標は何だったんだ？

キュスター† そのときによりけりだ。飛行には二種類あってね。まず破壊飛行というのがあって、軍需産業に携わっている工場なんかを攻撃した。

ビーバー　いつも一機だけでいくのか？

キュスター　ああ、そうだ。そしてもうひとつ、攪乱飛行というのがあって、漁村をぶっ壊そうが、小さな町でもどこか似たような場所でも、本当にどこでもいいんだ。何らかの目標を指示される。「あの町とあの町を攻撃しろ」と。もしそれが見つからなかったら、どこか別のところに爆弾を投下する。

ビーバー　破壊飛行にせよ攪乱飛行にせよ、何か意味のあるものだと君は思ったかい？

キュスター　破壊飛行については、意味があったと思う。一度ノリッジ［イギリスの都市］に向かってそれをやったことがある。あれは楽しかったな。

ビーバー　つまりひとつの町を直接叩きのめすのか？

キュスター　ああ。俺たちはある工場を攻撃しなければいけなかった。だが……。

ビーバー　どの工場を攻撃するか、きちんと指示されたのか？

キュスター　ああ、そうだ。きちんと指示された。

ビーバー　ノリッジにはいったい何があるんだ？

キュスター　ノリッジには飛行機の部品工場がある。

ビーバー　なるほど、それでそこを攻撃しろと。

キュスター　ああ、そうだ。俺たちはそこに飛んでいったんだが、突然雨が降り始めた。視界が二〇〇メートルほどしかなかった。突如下にノリッジの中央駅が現れたが、もう遅かった。本来ならもっと早い段階で左に旋回しなければいけなかった。八〇度ないし九五度のかなりの急旋回をしなくちゃいけなかったんだ。しかしそれはもはや無意味だ。そのことは俺たちもよくわかっていた。だから俺たちはそのまままっすぐ飛んでいったが、我々の視界にまっさきに飛び込んできたのが、ある奇妙な工場のホールだった。俺は爆弾を投下した。最初の何発かがホールに命中し、他の何発かは工場に当たった。朝の八時、もしくは八時半だったな。

ビーバー　なぜ駅には投下しなかったんだ？

キュスター　俺たちが駅を見つけたときには、すでに遅かったんだ。俺たちは東側から飛んできたんだが、駅は町の入り口すぐのところにあった。［…］それから俺たちは、町中に射撃を開始した。みんな逃げ惑っていたが、牛や馬も撃った。路面電車も撃った。とにかくすべてを。楽しかったな。高射砲はなかった。まったくね。

ビーバー　どうなんだろう、そういった目標については、前日に君たちに知らされていたのか？

キュスター　実際の目標については、前もってまったく知らされていなかった。攪乱目標にせよ何にせよ、そういったことについては各自が事前に計画を立てていた。自分の関心の赴くまま、自分に気に入ったものを目標にしていた。すべては乗組員に任されていた。その地域の天候が良好だと、すべての乗組員はこう尋ねられたものさ。「みなさん何か、特別な攻撃目標はありますか？」と。(21)

注意すべきなのは、聞き手であるビーバー伍長はイギリス情報部のために働いているドイツ人のスパイであり、彼はここでは完全に専門家としての観点から、爆撃機の機上銃手であるキュスター兵長が行った攻撃の詳細に関して、一九四三年一月に語られることに興味を抱いているということである。民間人の視点から見れば詳しく聞き返したくなるようなことが、ここではまったく扱われていない。なぜ駅は攻撃されなかったのか。いつ攻撃目標は知らされるのか。パイロットたちの対話を前に進めるのは、そうした質問である。こうしたやり方を通じて、会話の相手にとって気晴らしとなる内輪話が生まれるのである。この内輪話はおおむね、三つの側面から構成されている。すなわち作戦行動、その遂行、そしてその際感じた楽しさである。なぜ攻撃が行われたのか、それはどのようにして法的、道徳的に根拠づけることができるのか、そういったことは会話の中ではいかなる役割も果たさない。急激に変化していった航空戦の戦略面、作戦面での枠組みについても、パイロットたちが議論することはない。空軍兵士の視点から見れば、狭い意味での軍事目標への攻撃と、民間人へのテロ攻撃、パルチザンへの爆撃に何ら違いは存在しないのである。

ヴィンクラー　俺たちは下にいるパルチザンたちの相手をしていた。君には想像できないだろう……突如雷撃機のパイロットが爆弾を落とす訓練を受けて、［Ju］［ユンカース］88に乗って急降下爆撃をしたんだ。素晴らしかったよ。しかしそれは、敵地における飛行とは評価されなかった。

ヴンシュ　前線飛行としても評価されなかったのか？

ヴィンクラー　ああ、それはちょっとしたゲームにすぎなかったんだ。一〇キロ集束爆弾を、積めるだけ積んでいった。作戦は一五分、朝から晩まで離陸を繰り返した。ヒュッと急降下していって、爆弾投下。ふたたび戻って、積んで、離陸、急降下、爆弾投下。楽しかったよ。

ヴンシュ　反撃はなかったのかい？

ヴィンクラー　それは言わないでくれ。奴らは高射砲を持っていた。［…］司令官は五〇キロ爆弾を持っていた。だから司令官がまず飛び立って、すぐに敵情を見渡す。「ああ、あそこの家には車が何台か停まっている」。彼自身パイロットでもあるから、古い［Ju］88を操って、シュッと八〇度の角度で急降下していき、小さなボタンを押して急角度で上昇、そして帰還だ。次の日にはSSとコサック部隊が捕虜を連れてきた。俺たちにはコサック部隊がいたが、敵はその頭上から落下傘部隊を降下させた……パルチザンがうようよしている地域にね……毎晩短機関銃の音が鳴り響いていた。そこで彼らは捕虜を捕らえたんだが、［味方の］指揮官はそのうち誰を殺したと思う？　司令部の高級将校ご一党だよ。その中には、つい数日前に降下したばかりのイギリス軍の将官一人も含まれていた。[22]

ここではっきりと見て取れるのは、暴力行為がスポーツ的なものとしてとらえられていることである。ヴィンクラーは「ゲーム」という言葉を使っている。一九四四年七月に、［フランスの］ヴェルコール地方で集束爆弾を「パルチザン」に向けて投下することは、彼にとっては楽しいことであった。地中海で連合国艦船相手に困難で損害の大きい戦いを経験したあとでは、そのような飛行は彼にとって明らかに歓迎すべき気晴らしであった。そして最後に彼はふたたび、成功について、狩りについて、そして撃ち殺したものについて話すことができた。したがって、司令官がどちらかというと偶然殺すことになったイギリス人の幕僚たちは、とりわけ言及するに値する。この手の会話は、お互いの話について完全に同意し合っているという雰囲気の中で行われていた。たとえば、一九四一年四月の次のような会話がそれである。

ペトリ† イギリスにたいする昼間攻撃に加わったことはあるか？

アンゲルミュラー† ああ、ロンドンで、三〇メートル上空から。日曜日だったな。暴風が吹き荒れていて、阻塞気球は揚がっていなかった。(23) 俺一機だけだった。俺の爆弾はある駅に落ちた。駅に三度接近した。それからイギリスを横断して、フェルトン〔イギリス北東部の小村落〕で一機火だるまにした。オルダーショット〔ハンプシャーの都市〕の兵舎には、機関銃を撃ち込んだ。その後新聞にはこんな記事が載った。「ドイツ軍の侵入者が通りを撃った」。乗組員はもちろん喜んだし、あらゆるものを撃った。

ペトリ　民間人もか？

アンゲルミュラー(24)　軍事目標だけに決まっているだろう！！！（笑）

アンゲルミュラーは明らかに誇りをもって、ロンドン攻撃について語っている。この攻撃はとりわけ、彼が（僚機を伴っていないにもかかわらず）爆撃を行っただけでなく、さらに低空飛行を行って機関銃を放っていることによって、その重要性を高めている。それはきわめて並外れたことであるがゆえに、その後イギリスの新聞にも記事が載ったのである。ともかくアンゲルミュラーはこのようにして、自らの話を印象深いものとして強調している。彼がこの作戦行動において民間人をも撃ったのかという戦友の質問にたいし、アンゲルミュラーは皮肉混じりの答え方をしている。これが、両者の合意にもとづく笑いを引き出したのである。

破壊の美学

自らの戦果が可視的なものであり検証可能であるということが、兵士たちにとってはもっとも重要で、頻繁に話題となったテーマであった。彼らは非常に几帳面に、自分たちや自分の所属する航空団、自分のライバルたちの戦果について説明している。戦果の数が顕彰や昇進の基準になることを考えれば、これは何ら不思議なことではない。しかし成功が語られるのは、顕彰や昇進だけが目的ではない。そもそも一級鉄十字章や騎士鉄十字章を授与されるのは、自軍の飛行場へと何度も無事に帰還を果たし、確認された戦果が積み上がってからのことであり、それまでにはしばらく時間がかかった。陸軍兵士とは違い、パイロットは自らの成功体験を直接目の当たりにすることができた。きりもみ状態で落下し、炎上もしくは爆発する敵機。もしくは「爆発して空中に舞い上がり」炎上する家屋、列車、橋梁といったものを通じて、自分たちが成功したのか、成功したのならどのようなものであったのかを眼下に直接、目視することができたのである。空中からの殺害にはとりわけ、それを美的な体験として認識し感じやすいふたつの要因がある。ひとつはまさに可視性であり、もうひとつは比較的安全な距離からこれを眺めているという点である。

ジーベルト†　パイロットとしては、ドイツの基地がはるか離れたところにあるのに、ここを攻撃するというのは、すごいことだと思うね。

メルティンス†　一機の急降下爆撃機があれば、すごいことができた。イギリス軍の軍艦を一隻沈めたこともある。その上に飛んでいって二五〇キロ爆弾を一発、煙突に向かって投下して、爆薬庫に命中した。それで船は爆沈さ。それをポーランドでも見たことがある。爆弾を落として、それが何に当たったのかいつでも見ることができた(25)。

破壊の美学において、爆弾を投下するさい、目標に正確に命中させることは、成功を直接目視することと同じくらい重要な意味を持っていた。たとえばある中尉は一九四〇年九月に、次のように語っている。

それは、二五〇キロ爆弾一発を船の舷側めがけて投下したときみたいなもんさ。それは、大きな穴が空くもんだよ。汽船めがけて投下したのはたそがれどきだったが、直接見ることができた。ちょっとばかり清々しい風も吹いていたし、それを見ることができたってわけさ(26)。

もうひとつの例を挙げよう。報告しているのはある少佐である(27)。

俺はテームズ・ヘイブン［エセックス州の港湾、現シェル・ヘイブン］の油槽を炎上させたことがある。一五時から一六時の間だった。一六基あったと思う。［…］この目標に向かって飛んでいったとき、目標を変えた方がよいのではないかと思った。というのもポート・ヴィクトリア［グレーン島にかつて存在した港湾］で、埠頭で今まさに給油中のタンカーを二隻目撃していたからだ。そこにもかなりたくさんの油槽があった。この作戦で俺はとくに高い評価を受けた。それはものすごい戦果だったんだと思う。対英戦全般を通じてもね。自分の成功をすぐに目の当たりにできるのは楽しかったね。ロンドン上空をパレード飛行するのとは訳が違うのさ(28)。

この可視性、自らの破壊能力の美学こそが、空軍兵士全般にとっておそらく、技術的問題に関する詳細な議論（「技術」の節を参照）とならぶ最重要のテーマであった。可能な限り詳細に、そして生き生きと、攻撃や撃破は描写される。

フィッシャー　俺たちは［Fw］［190］に乗ってテムズ川河口の上を飛んでいた。そして、俺たちの銃の前を通り過ぎるボートはすべて撃った。一隻の場合マストに命中して吹き飛び、さっと沈んでいった。小さな船だったからな。爆弾を搭載していたときには、工場を攻撃した。俺が前方を飛び、もうひとつの二機編隊Rotteが俺の後ろを飛行していた。ヘイスティングス［イーストサセックス県南東部、イギリス海峡に面する都市］近郊だったが、バカでかい工場があり線路に接続されていて、ほぼ海岸沿いだった。もう一人は町に飛んでいって、町に爆弾を投下した。工場、そして人間。そこから立ち上る煙の美しさといったら！　カチャリ、爆弾が落ち、吹き飛ぶ。

フォークストン［ケント県東部、ドーバー海峡に面する港町］では駅を攻撃したこともある。ちょうど大きな旅客列車が発車するところだった。さっと爆弾を列車に投下した。こりゃまたひどい！（笑）。ディールの駅の脇にはバカでかい倉庫があって、爆弾を落とした。俺が今までに見たこともないような炎が上がって、そして爆発。おそらく中には、非常に可燃性の高いものがあったんだろう。破片が俺たちの目の前を飛んでいた。つまり、俺たちが飛んでいるところよりも高いところを飛んでいたんだ。(29)

これらは上空から、爆撃機搭乗員、そしてとりわけ戦闘機パイロットの視点から見た戦争である。破壊が実際に行われ、走り回り、逃げ惑い、死んでいく下界から見る戦争とは異なる。しかしながら、パイロットの死傷者は多い。一九四〇年八月一日から一九四一年三月三一日までの間だけで、一七〇〇人以上が亡くなっている。(30) しかしまさにそのことが、戦闘のスポーツ的な性格と破壊の美的体験に寄与しているのである。なぜならリスクはその本質的な一部であり、生き延びるチャンスがあるとすればそれは、卓越した技巧と機体の操作によるものだからである。

ハイズ［ケント県南東部の都市］の南には海岸沿いに飛行場があったが、飛行機はいなかった。日曜の朝の一〇時、中尉が俺にこう言った。「一緒に来い、特別作戦をやるから」。俺たちはそこに飛んでいったが、そのさい全機が二五〇キロ［爆弾］二発を搭載していった。上空には少々霧が立ちこめていた。ああ、クソったれ。霧から抜け出ると、そこに飛行場はあった。すると突然燦々と日が照りつけ、兵舎では兵士たちがみな外のバルコニーのところに出ていた。俺たちはそこに飛んでいて、ズドン！　そこめがけて、素早く。兵舎は粉々に吹っ飛び、兵士たちはあたりをぐるぐる逃げ回ってたさ（笑）。そして引き続き、そこに大きなバラックを発見した。俺は思ったね。撃とう、と。さらにその前に大きな家があった。みんなそこら中を走り回っていたし、鶏もあたりを動き回っていたし、バラックは炎上した。なんとあのとき、俺はおそらく笑っていたと思うね。(31)

別の会話では、可視性と破壊の美学の別の側面が言及される。すなわち、戦闘行動の自動撮影である。攻撃目標の破壊が撃つ人間の視線から記録されるという現象を、我々は第二次イラク戦争以降知っている。この戦争では地下壕にたいする攻撃が、ある程度「ライブ」で、飛んでいくロケットの視線からニュース番組で放映された。しかしすでに第二次世界大戦において、「カメラと武器の一体化」（ゲルハルト・パウル）は生じていた。最初は戦闘機の主翼にカメラが据えつけられ、のちには小型撮影機が搭載兵器と一体化されて、パイロットは自らの撃墜を同時に記録し、新聞はそこから壮観な写真を載せることができた。ニュース映画ではパイロットや射手の視線から撮られた映像が流され、とりわけ急降下爆撃機の視線による攻撃の映像は観衆に大いに人気があった。(32)

コッホン　でも今の戦闘機は機関砲の下に自動撮影機があって、一発撃つと、撮影機が廻ってすぐに映像を収めてくれるんだ。

フィッシャー　でも俺はふつうの撮影機を別に備えつけたけどね。

コッホン　君がボタンを押すと機械が映像を収め、君が撃ったのが当たったかどうかわかるっていう寸法だね。

フィッシャー　かつては機関砲があった主翼の部分に今では備え付けてあるんだけれどね。我々のところには三台撮影機がある。あるとき、二秒ほどボタンを押していたことがあるんだが、その前でスピットファイアは粉々になってね。主翼の右側が、スピットファイアの燃料でべとべとになったんだよ！(33)

楽しさ

「君に言えるのは、イギリスではおそらくたくさんの人々を仕留めたっていうことさ。中隊での俺のあだ名は「職業的サディスト」だった。とにかく何でも仕留めた。フォークストンでは、道路を走っているバスや民間人が乗っている列車も。町中に爆弾を落とせという命令を、俺たちは受けていた。自転車に乗っている奴は、みんな撃った」。[34]

Me〔メッサーシュミット〕109のパイロット・フィッシャー伍長

一九四二年五月二〇日の会話より

成功裏に終わった攻撃における楽しさは、すでに述べてきたように空軍兵士たちの会話において重要な役割を果たす。それは単に、自分たちがいかに卓越した技巧をもって航空機という「乗り物」を操り、撃ち落とした敵や他の人々よりもいかに自分たちが優越した存在であるのかをお互いに確かめ合うことだけが目的ではない。「楽しい」ということが、コミュニケーションにおいて重要な意味を持つのである。なぜならそれによって、単なる話がいい話になるからである。それはスリリングで、構成が練り上げられており、わかりやすく、きちんとしたオチがあるものでなければならず、その結果全員が笑うことで、自分たちは同じ世界に参加しているということがふたたび確認されるのである。すなわち、撃墜することと楽しむことが緊密な関係にある世界に参加している、ということが。感情移入できるような犠牲者というものは、この楽しい話の中には登場しない。彼らが登場するのは単に攻撃目標としてだけであり、それが艦船であろうと、航空機、家屋、自転車乗り、お祭りの参加者、鉄道や船の乗客、あるいはベビーカーを押している女性であろうと、彼らにとってはどうでもよい。一九四〇年から一九四四年までのイギリス空襲に関する以下の話について、コメントは不要であろう。

エシュナー† 俺たちの編隊長はよく、気晴らしのスポーツとして昼間攻撃を準備することがあった。艦船とか、そういったものへの攻撃だ。それで俺たちが非常に喜ぶだろうと、彼は考えていた。[…] こうして俺たちは出発した。俺が先頭だったが、一隻の船を見つけた。ローストフト〔サフォーク県北東部、北海に面する町〕近郊の小さな港の外にいた。そこには二隻の船が停泊していて、小さな監視艇が一隻そばにいるだけだった。そこへ飛んでいき、俺たちは雲がかかる高度五〇〇ないし六〇〇メートル上空にいた。一〇キロ先からすでに船は見えていた。空中滑空しようと思ったが、すでに滑空角度に入っていたので攻撃した。船には一発命中した。あちらもそれから発砲し始めた。すぐにエンジン全開にして飛び去った。あれはとんでもなく楽しかった。[35]

ブッデ 俺は二度攪乱飛行をした。つまり家屋を攻撃した。[…] 我々が横切っていくと、ある山の上にお屋敷があった。最高の攻撃目標だった。低空から上昇し、さっと狙いを定めると、次の瞬間には窓がガチャンという音を立て、屋根が空高く吹き飛んでいた。でもそのとき俺が乗っていたのは〔Fw〕190でしかなくて、村も二度攻撃した。一度はアシュフォード〔ケント県中東部の都市〕だった。中央広場で集会が開かれていて、人がたくさんいたし、演説が行われていた。みんなたぶん、大急ぎで走っていたと思うね。楽しかったよ！(36)

ボイマー　その後俺たちはちょっとした非常に素晴らしいことを体験した。我々は〔He〕〔ハインケル〕111に乗っていたんだが、帰りの飛行でちょっとした非常に素晴らしいことをしたんだよ。前方に二センチ機関砲を据えつけておいた。それから通りの上を低空飛行し、向こう側から車がやってきたときに投光器を浴びせたんだ。やつらは、向こう側から車がやってくると思っただろう。そうしてから俺たちは機関砲の照準を合わせた。それで俺たちは大いに成功したってわけさ。本当に素晴らしかったし、ものすごく楽しかったね。鉄道車両なんかにも同じことをやったね。(37)

ハルラー†　我が軍の機雷は素晴らしいもので、発射されるとすべてをなぎ倒していく。家屋も八〇棟完全に破壊した。俺の戦友で、本来は水中に投下すべき機雷を緊急に、ある小さな町に落とした奴らがいる。家屋が空中に舞い上がって粉々になったのを見たそうだ。機雷の外殻は非常に薄くて、軽金属でできている。そしてとくに、我が軍のあらゆる爆弾の中でもっともすぐれた爆薬を使用している。〔…〕そんなものが住宅地域に投下されたら、地域一帯もあっさりと消滅し、粉々になるだけだ。これは俺にはものすごく楽しかった。(38)

フォン・グライム　我々は一度、イーストボーン〔イーストサセックス県南部の、イギリス海峡にのぞむ海浜保養都市〕で低空攻撃をしたことがある。そこに飛んでいくと、大きな城が見えた。どうやら舞踏会か何かをやっている様子だった。とにかく着飾った多くの婦人たちと楽隊がいた。我々は二機で長距離偵察飛行をしていた。〔…〕我々は旋回して、そちらに向かった。一度目は通り過ぎ、その後攻撃に取りかかり、照準を合わせた。それは楽しかったよ！(39)

狩り

狩りとは獲物を探索し、追跡し、仕留め、はらわたを抜くというプロセスから成り立っている。狩りにはさまざまな形式があり、もっとも多いのが、ハンターが一人で猟犬とともに獲物を狩る単独猟と、勢子が獲物をハンターの猟銃の前へと駆り立てていく狩り立て猟である。狩りにはスポーツ的な側面がある。たとえばハンターは器用で注意深くなければならず、獲物よりも賢く、自らの姿を隠し、相手が油断しているすきに攻撃を加え、首尾よく撃ち抜かなくてはいけない。さらに狩猟独特の規則もある。狩りができるのは一定の時間内であり、撃ってよいのは個々の動物だけである、などである。こうした要素すべてが、戦闘機のパイロットに求められるものと合致しており、だからこそパイロットはドイツ語でヤークトフリーガー、直訳すれば狩猟飛行士と呼ばれるのである。それゆえにパイロットもまた、自らの仕事を狩りの文脈の中で理解している。たとえばパラシュートで脱出したパイロットを撃つことは、敵兵であっても許されないことだと考えられている。(40) アドルフ・ガランドもパイロットの将官として、アメリカ軍の爆撃機編隊に空中爆弾*を投下することを「狩猟のしきたりに沿ったものではない」と苦言を呈したことがあると言われる。狩りは「楽しさ」の源であり、だからこそ彼らは再三再四「楽しい」ということを口にするのである。戦闘行動をスポーツ的なものとみなすのは、パイロット以外ではUボートの乗組員くらいである。そうした比喩の一例が、U224唯一の生き残りである海軍少尉ヴォルフ＝ディートリヒ・ダンクヴォルトの次の表現である。

ダンクヴォルト　今思い返してもあれは楽しかった。護送船団を追跡していたとき俺がいつも思っていたのは、何匹かの犬が厳しく見張っている羊の群れを追いかける一匹のオオカミみたいだな、ということだった。犬というのがここではコルベット艦で、羊というのが艦船、そして俺たちオオカミは進入路を見つけるまでじっと身を潜めていて、発進、発射、そして帰還。いちばん素晴らしいのは単独猟だ。(41)

狩りのさいに攻撃対象が軍事的目標であるか民間人や民間施設であるのかには、まったく無関心である。エルンスト・ユンガーは自らの日記の中で、戦争が始まって二年半経ち、ついに「立派な射撃」によってイギリス兵を初めて「仕留めた」さいに、そのさまを興奮して描写している。(42) すでに述べたように、重要なのは誰をなぜ仕留めたのかということよりも、成果が得られたということそれ自体であり、もちろんできる限り華々しい成果であることが望ましかった。ここにも、撃つということが持つスポーツ的な性格が表れている。まさにそれゆえに、撃ち落とされたものが有名あるいは重要であればあるほど、成功もまた大きなものとなるのである。そして、それに関する話もまたさらに面白いものとなる。

ドック　俺はたいてい同じ物の写真を二枚撮っていた。一枚はいつも上官が保存していた。ホイットリー〔イギリス軍の爆撃機〕の素晴らしい写真を撮ったが、それは中隊が初めて撃ち落とした敵機だったんだ。そうさ、最初の撃墜を俺たちはお祝いしたんだよ！　朝の五時半まで。そして七時には次の出撃さ！　みんな泥酔して機体に乗り込んだもんだよ！　ホイットリーが、俺たちの中隊が撃ち落とした初めての敵機だったが、その後うるさい四発機も撃墜した。リベレーター〔爆撃機Ｂ－24〕、ハリファックス〔重爆撃機〕、スターリング〔爆撃機〕、サンダーランド〔飛行艇〕。ロッキード・ハドソン〔哨戒爆撃機〕とかもね。旅客機四機も撃墜した。

ハイル　それは武装してたのか？

ドック　いいや。

レスリー・ハワード（一八九三―一九四三）。一九三九年の『風と共に去りぬ』でアシュレー・ウィルクス役を演じた俳優。彼は一九四三年六月一日、リスボン発ブリストル行きのＫＬＭ七七七便に搭乗し、ビスケー湾上空で第四〇爆撃航空団第五戦隊所属で駆逐機〔双発戦闘機〕として使用されていたJu88に撃墜された。

ハイル　じゃあなぜ撃墜したんだ？

ドック　俺たちの猟銃の前に来たものは撃つだけさ。一度こんなのを撃墜したことがある。そこにはいろんな大物が乗っていてね。一七人乗っていた。乗員四人と乗客一四人〔ママ。一三人の誤りか〕、リスボン発だった。そこにはイギリスの有名な映画俳優レスリー・ハワードが乗っていたんだ。イギリスの放送局がそれを夕方に発表してね。これがごついパイロットで、旅客機のパイロットなんだとよ！　彼は機体を一四人〔ママ〕の乗客ごと宙返りさせたんだよ、なんと！　乗客はみんな天井からぶら下がってたに違いないね！（笑）。高度三二〇〇メートルを飛んでいた。何という愚か者！　俺たちに気づくと、彼はまっすぐ飛んでいく代わりに旋回し始めた。そして俺たちが敵機を捕捉した。それからありったけの弾を奴に向かってぶっ放したってわけさ！　おお、こりゃ大変！　彼はスピードを上げて俺たちから逃げようとした。それから旋回を始めた。俺たちの中から一機、そしてもう一機が彼を追っていった。それから俺たちは非常に静かに、そして落ち着いてボタンを押したってわけさ（笑）。

ハイル　墜落したのか？

＊（訳註）　いわゆる「親子爆弾」で、密集している敵編隊に投下し、多数の弾子を飛ばして複数の敵爆撃機を狙う。

ドック　ああ、もちろん。

ハイル　脱出できた者はいるのか？

ドック　いいや。全員死んだ。[43]

俳優レスリー・ハワードが死亡した旅客機ダグラスDC3撃墜に関する話においてはとりわけ、戦争の参照枠組みにおけるスポーツ的な要素が表現されている。二一歳のハインツ・ドック兵長はそれどころか「猟銃」という言葉を口にしている。あたかも本当に狩りをしているかのように。彼の犠牲者は「大物」であった。ドックは、めざましい回避操作によって撃墜を逃れようとする航空機パイロットに敬意を示している。しかし彼らの戦闘機から逃れるチャンスはない。ドックと彼の戦友たちが嘲笑的な口ぶりで述べるように、「非常に静かに、そして落ち着いてボタンを押し」、航空機は墜落する。[44]

これらの語りが今一度明らかにしているように、一部の兵士たちにとっては軍事目標と民間人や民間施設の違いはまったく意味をなさなかった。重要なのは撃沈すること、撃墜すること、破壊することであり、それが誰に当たるかは重要ではない。稀な事例ではあるが、攻撃対象が軍事目標ではないことをことさらに強調することすらあった。第二六戦闘航空団のハンス・ハルティクス中尉は一九四五年一月に、次のように報告している。

ハルティクス　俺自身はイギリス南部に飛行していた。一九四三年、俺たちは頻繁に群れで飛んでいたが、すべてを撃て、ただし軍事目標は撃つなという命令を受けていた。俺たちは女性もベビーカーに乗った子供も仕留めた。[45]

非軍事目標を意識的に攻撃し撃墜した例としてとりわけドラスティックなものは、爆撃機パイロットのヴィレ†とUボート乗りのゾルム上等兵の間での会話である。

ゾルム　俺たちは児童疎開の船を沈めたことがある。

ヴィレ　おまえたちが？　それともプリーンが？

ゾルム　俺たちでやった。

ヴィレ　みんなおぼれ死んだのか？

ゾルム　ああ、みんな死んだ。

ヴィレ　大きさは？

ゾルム　六〇〇〇トン。

ヴィレ　どうやってそれを知ったんだ？[46]

ゾルム　無線通信でね。BdUが俺たちに伝達してきたんだ。「あそことあそこに護衛船団がいる。かくかくしかじかの船団は食料を積んでいて、かくかくしかじかの船団は何を積んでいて、あれは児童疎開、これは何、等々。児童疎開の船は非常に大きく、もうひとつの船も非常に大きい」。何を頼りにその船を攻撃するのだろう？　その後彼は尋ねた。「護送船団を攻撃したことがあるか？」俺たちは「はい」と答えた。

ヴィレ　五〇隻いる艦船の中から、どうしてその船が子供たちの乗っている船だとわかったんだ？

ゾルム　なぜなら俺たちのところには大きな記録簿があってね。この記録簿には、イギリスとカナダで定期運行している全艦船が記されているんだよ。それを眺めたってわけさ。

ヴィレ　船の名前は載っていないだろう。

ゾルム　いや、載っていた。

ヴィレ　船の名前まで載っているのか？

ゾルム　すべての船が名前つきで記されていた。

［中断］

ゾルム　児童疎開のおかげで……俺たちは大いに楽しめた。(47)

ゾルムがここで言及しているのはおそらく、一九四〇年九月一八日に沈没し、七〇七人のイギリス人の子供の命が失われた、イギリスの旅客船シティー・オブ・ベナレス号のことであろう。彼の描写が歴史的な経過と部分的にしか一致せず、彼が話を脚色していること（たとえば潜水艦隊司令長官は、ベナレス号に子供が乗っていることは知らなかった）は、この文脈ではさほど重要ではない。決定的に重要なのは、ベナレス号の児童疎開について語ることで、ゾルムは明らかに相手にたいして自分を印象づけようとしているということである。

撃沈する

海軍や陸軍兵士が語る話は、ほとんどの場合パイロットのそれと著しく異なる。狩りという要素は、彼らの場合にはほとんど表れない。純粋に技術的な観点から考えても、彼らには単独行動の機会がほとんどないし、戦闘機パイロットのように機体を完璧に操作して胸を張ったりすることもできない。戦友内部での他律的な環境の下に身を置かなければならないからである。たとえば「楽しみ」といった概念も、海軍や陸軍兵士の語りの中ではほとんど見られない。

陸軍の兵士たちが戦闘における殺害という状況について語ることは驚くほど少ない。「ヒトラーユーゲント」師団のフランツ・クナイプSS少尉はその数少ない例外であり、ノルマンディーにおける戦闘について、捕虜になる直前の一九四四年七月九日にこう報告している。

クナイプ　俺のところのある無線兵が、塹壕の中の俺のすぐ前に飛び込んできた。突如撃たれたからだ。それからオートバイ伝令兵も一人やってきて、私のすぐそばへと飛び込み、彼もまた撃たれていた。俺は二人に包帯を巻いてやった。すると藪から、弾薬箱を手に二箱抱えた一人のアメリカ兵が出てきた。俺は注意深く彼に狙いを定め、撃ったが、彼は逃げていった。それから俺は窓めがけて撃った。どの窓から撃たれていたのかは、俺も正確には知らなかった。俺は自分の双眼鏡を取り出し、ひとつの窓を眺めた。機関銃を取り出し、窓に狙いを定め、ピシャン。終わった。(48)

もっとも頻繁に殺害について語られるのは、相手がパルチザンや「テロリスト」の場合であるが、これについては、のちに戦争犯罪に関する節で詳しく扱う。海軍兵士の会話においても、殺害はほとんど語られない。それにたいして詳細かつ几帳面に報告されるのは、沈めた船のトン数である。こうした足し算において、沈めた艦船はどのような船なのか、旅客汽船なのか、商船なのか、漁船なのかといったことは何ら重要ではない。これらは「仕留められ」「射止められ」「ポキッと折れ」「撃沈された」と表現された。犠牲者が言及されるのは、ごく稀な事例にすぎない。高速魚雷艇のある船員は、バルト海における体験を次のように報告している。

俺たちはロシア軍のUボートを撃沈したことがある。対空機銃を備えた船で、乗組員は一〇人、非常に小さくて、ガソリンで走っていた。俺たちは一隻を火だるまにしたんだ。彼らが外に出てきた。艦長が言った。「気をつけろ。何人かは捕まえられるかもしれない」。俺たちはそちらに向かったが、中にはロシア女もいた。一番近くにいた奴が、水中からピストルで撃ってきた。奴らはとにかく捕まりたくなかったんだ。とんだ愚か者だ。艦長が言った。「俺たちは奴らを丁重に扱おうとした。しかし奴らはそれを受け入れようとしない。戦友たちよ、やってしまえ」。俺たちは……さんざんにぶちのめし、やつらは……消えた。(49)

もし救出活動が何の問題もなく推移していたら、それについて語られることもなかっただろう。ロシア人「女」が明らかに救出を望んでおらず、その後彼女を殺害したという特別な出来事があったからこそ、この話は語るに値するものとなったのである。護送船団HX229とSC143をめぐる戦いも、明らかに大きな印象を与えた。この護送船団は一九四三年三月、カナダからイギリスへと向かう海上で四三隻のドイツ軍Uボートの攻撃を受け、数日間で二一隻を失った。

このすさまじい大混乱の場にいた人々はこう言う。この撃ち合いを生き延びた者は、ふたたび航海に出ようなどとはしないだろう、生き延びたイギリス人の誰一人として、と。火や炎、轟音や爆発、死や悲鳴にあふれた地獄であり、乗組員の誰一人としてふたたび航海に出ようとはしないだろう。これは我々にとって大きな得点、士気の面での得点である。あちらが士気の面で、もはや航海には出たくないというところまで意気消沈したのであれば。(50)

船が沈んでしまった乗組員にたいする同情や成功裏に終わった救出活動についての報告も、盗聴記録においてはやはりほとんど見られない。例外的な事例においてはUボートが船を失った乗組員を受け入れ、世話をしたりもするのだが、彼らの会話ではほとんど言及されない。例外はU110のヘルマン・フォックス海軍曹長である。

フォックス　イギリスの海岸から二〇〇マイル離れたところで、俺たちは夜間に一隻の船を魚雷で撃沈した。南アメリカから来た船だったが、俺たちは人々を救出できなかった。あるボートに三人乗っているのを発見し、彼らに食事とタバコを渡した。哀れな奴らめ！(51)

しかしながらほとんどの会話において問題となるのは、沈めた船の総トン数である。そのさい犠牲者は、せいぜいがおおまかで抽象的な死傷者数として登場する程度である。ハインツ・シェリンガー海軍少尉は二人の戦友に、U26での最後の敵地航行について語る。

シェリンガー　本来なら割に合う作戦だったはずだ。さらに二万〔トン〕沈められたはずだし、そうすれば併せて四万〔トン〕になっていた。ああ、俺たちにはもっとやるべきことがあったんだ。俺たちの攻撃のさまといったら、それは素晴らしかった。護衛船団すべてを攻撃したんだが、どのUボートも標的を選び放題だった。「俺たちはあれをやる、いや、こっちの方がいいな。もっと大きいから」。そして俺たちはまずタンカーを攻撃することでまとまった。その後すぐに、その左にあった船を攻撃した。〔…〕乗船していたのは航海四等兵曹だったが、俺たちは再度パウル†を呼び止めてこう尋ねた。「どれをやりたい？」(52)（笑）。

敵船撃沈に関する話は海軍ではごく一般的なものであり、Uボート乗りに限られたものではない。海軍軍令部はイギリスにたいする通商破壊戦をすでに宣言しており、そこで重要だったのは、連合国がドックにおいて建造可能な量よりも多くの艦船を撃沈することであったから、すべての基準は沈めたトン数であった。[53] 仮装巡洋艦の乗組員にとってもトン数は成功に直結する基準であり、それはピングィーン号とアトランティス号の二人の乗組員の会話にも表れている。

コップ† 何者も俺たちを打ち負かすことはできない。もはや手遅れなのだ! 俺たちは一六隻沈めた。
ハーナー† どういう意味だい?
コップ トン数で俺たちを打ち負かすことはできない、ということだ。やつら〔他の仮装巡洋艦〕は一二万九〇〇〇〔トン〕くらいだろう。俺たちは一三万六〇〇〇〔トン〕だし、これにもう何隻かさらに付け加わる。
ハーナー 俺たちはエジプト最大の旅客汽船も沈めたし、さらにイギリスの汽船二隻も沈めた。それらはアフリカに向かって、航空機や弾薬やその他すべてを運んでいたんだ。[54]

このような、言葉の上で相手を凌駕しようとする話が盗聴記録に表れることは珍しくない。一方でこれは日常会話における典型的な要素であり、語り手は最高の話と最高と称する功績をひっさげて相手を上回ろうとするのである。他方で明白なのは、問題となっているのは撃沈それ自体であって、何を沈めたかはどうでもよいということである。開戦直後に捕虜となった語り手も、こうした古典的な海戦のパラダイムの中で思考している。

バルツ† まずは駆逐艦を護送船団から排除したのちに艦船、という順序にすべきではないかい?
フッテル[55] いや、何よりもまず大事なのはトン数だ。それがイギリスの破滅となるからだ。帰還すると艦長はまず潜水艦隊司令長官に報告しなければならない。俺たちはすべて事前予告なしに撃沈したが、彼ら〔イギリス兵〕はそれを知ってはならない。[56]

この引用は一九四〇年二月一〇日、戦争がまだ始まったばかりの時期のものである。一月六日以降海軍軍令部は北海において、中立国の商船にたいしても予告なしの撃沈を認めていたが、[57] これはスカンディナヴィア諸国とイギリスとの貿易を妨害するためであった。もっともUボートは、国際的な大規模な抗議を避けるため、できるだけ目立たずに行動する必要があった。U55が一九四〇年一月の初めての敵地航海で撃沈した六隻の艦船のうち、一隻はスウェーデン船、二隻はノルウェー船であった。もちろんＵボートの乗組員にとって、何を沈めるかは関心の埒外であった。彼らが喜んだのはとりわけ、盗聴記録が示すように、より多くの艦船を撃沈できるという可能性であった。さらに付け加えれば、敵船の乗組員の運命をそれほど心配していなかったという点もあった。救出はごく例外的な場合にのみ可能であり、実際に行われたことも稀であった。同じ会話で、この点について次のような箇所がある。

バルツ[†]　撃沈した艦船の乗組員はどうするんだ？
フッテル　乗組員はいつも溺れるままにしておいた。それ以外にいったいどうしろというんだ？(58)

事前予告なしの撃沈は、乗組員たちの生存の可能性を著しく減少させた。第二次世界大戦中に連合国は、とりわけドイツ軍のＵボートによって五一五〇隻の商船を失ったが、三万人の乗組員が命を落としている。(59)

そうした撃沈の話は、空軍兵士が語るような撃墜の話と構造的に類似している。もっとも、空軍兵士ほど細部にわたって語られることはないし、当然のことながら個人の行動や戦功も重要な意味を持つことはない。なぜならＵボートの乗組員は、およそ五〇人のチームとしてつねに行動しているからである。

海軍においても、殺害を行うのに社会化は必要ではなかった。敵国商船の乗組員が海戦で死ぬということを、誰も疑問視しなかった。遅くとも一九一七年には一般的に受け入れられた現実として、海軍大国の間では当然視されるようになっていたのである。個人的な器用さや勇気、勇敢さ、もしくは機械の卓越した操作によって何かを救い出せるという可能性は、海戦における個々人においてはごく限られたものであった。弾が自分の船に当たれば自分の船が沈み、他の船に当たればその船が沈む。こうしたことを考えあわせれば、彼らが撃沈や溺死を語るさいに、これみよがしに平静な態度をとり、徹底して感情を見せなかったことは驚きでも何でもない。男たちは死へと近づきすぎることを望まなかったのである。さらに魚雷攻撃は、比較的遠くの距離からのものであり、戦闘機とは違ってその結果を、とくにＵボートの乗組員が目の当たりにすることはほとんどなかった。水上攻撃の場合、それを見られるのは艦橋の四名だけであるし、水中攻撃の場合には艦長だけが潜望鏡を通じて目標を見ていた。それ以外の乗組員はせいぜいが、沈んでいく船の轟音を耳にする程度であった。だからこそ、敵への感情移入など期待できるはずもないのである。

戦争犯罪――占領者としての殺害

戦争犯罪とは何か。この問いにたいする答えは古代から、つねに激しく変化してきた。暴力行使という点でどのような戦争を「ふつう」であると評価しうるのかという判断基準を設けることは、ゆえにほとんど不可能である。もっとも、歴史上無制限の戦時暴力の犠牲となってきた数え切れない人々のことを考えれば、次のような問いを立てることは可能かもしれない。戦争において暴力を限定するような規則が遵守される方が例外であり、規則がない状態こそが常態だったのではないか、と。しかしいかなる社会的行動も、歴史上その存在が証明されうるいかなる戦争も、規則なしに行われたものはないし、それは第二次世界大戦も同様であった。参照枠組みが存在したからこそ、どのような種類の暴力行使は正当で、どのような暴力行使はそうではないのかということについて、兵士たちはきわめて明確なイメージを持つことができたのである。ただしそのことは、正当な暴力行使の限界が侵犯されえなかったということを意味するわけではない。

と同時に、暴力のエスカレートが第二次世界大戦において質的な面でも量的な面でも、それまでの歴史における頂点に達したことは疑いようがない。「総力戦」(それが完全に実現するのは、理論の上でしかありえないが)という状態にもっとも近づいたのが、この戦争であった。[60] 第一次世界大戦の経験は戦間期における軍内部での議論に影響を与え、戦争の急進化は必要ないし不可避であると多くの人々が考えるようになった。次の戦争が「全面的」なものになることについて、多くの専門家の意見は一致していた。[61] 戦闘員と非戦闘員を区別することは、国民軍と、可能な限り全面動員される社会によって担われる諸国民の生存闘争において、もはや時代にそぐわないとされた。したがって、戦間期にそうした方向への努力が数多くなされたにもかかわらず、戦争の野蛮化に規則で歯止めをかけることには成功しなかった。[62] 主要な政治的イデオロギーの影響力、自由主義的な思想にたいする一般的な拒否感、戦略爆撃機のような新兵器のさらなる開発、ますます常軌を逸するようになっていった動員計画、これらすべてが暴力に歯止めをかけようとする努力を反故にするものであった。さらに、一九一八年から一九三三年までの数多くの暴力経験がこれに付け加わる(一九一八年から一九二〇年のロシア内戦、一九一八年から一九二三年のドイツにおける蜂起とその鎮圧、一九三六年から一九三九年のスペイン内戦、一九三七年以降の日中戦争)。これらは、暴力に歯止めをかける規則を制定しようとする試みと、真っ向から対立するものであった。したがって捕虜の待遇に関する第二次ジュネーヴ条約（一九二九年）も、こうした事態の進展にたいして決定的な影響力を及ぼすことはできなかった。

第二次世界大戦における無秩序な暴力の愕然とするような規模については、今までにも数多く記述がなされているし、状況要因と意図的な要因の相互作用として説明されてきた。とりわけイデオロギー化によって（すでに宗教戦争や植民地戦争においてもそうであったように）、敵は自分と同じ価値を有する存在とみなされなくなり、その殺害が容易になったと言われる。政治・軍事指導部の視点については史料状況がよく、十分な記録があるが、こうした問題にたいして個々の兵士がどのような態度を取っていたのかという問いについては、依然としてよくわからないことが多い。彼らは何を戦争犯罪とみなしていたのだろうか。そしてどの戦時国際法が彼らの参照枠組みの中に根づいていたのだろうか。

兵士たちの語りにおいて「戦争犯罪」という概念が表れることはないし、ハーグ陸戦協定やジュネーヴ条約についても同様である。兵士たちにとっての決定的な参照点はただひとつ、戦時慣例、すなわち戦時において通常行っていることだけであった。たとえばすべての参戦国は開戦直後から無制限潜水艦戦を行っており、数万人の商船の乗組員がその犠牲となっている。もっとも彼らは、撲滅すべき敵ではなかった。彼らを助けようとしなかったのは、ひとつにはそれによって自分が危険にさらされるからであり、もうひとつは彼らの命運に無関心だったからである。しかしながら、遭難している船員を意図的に殺害してはならないという規則は認知されていた。そしてこの規則が破られた事例は、ごくわずかしか知られていない。空襲においても一九四二年四月までは、明らかに民間人や民間施設である目標に意図的な「テロ攻撃」を行うことは、ドイツで禁止されていた。しかしすでに見てきたように、それ以前の時点からすでに、軍事的「ターゲット」と民間のそれとの違いは、爆撃機の乗組員にとってとうに消え去っていた。すべてが攻撃目標となった。たとえそれが、空軍統帥幕僚部〔作戦部〕が出した行動訓令にそぐわないものであったとしても。ここに見て取れるのは、暴力を利用することによって規則自体が修正され、許容される暴力の境界が次々と拡大されていくさまである。しかし戦争が無秩序なものとなることはない。というのも、数万人のイギリスの民間人がドイツによる空襲で殺害され、イギリス軍のパイロットも数百人が機関銃でずたずたにされたとはいえ、パラシュートで脱出したパイロットを「片づける」ことは、すでに述べたようにタブーだったのである。それにたいして、撃破された戦車から這い出てきた乗組員は、たいてい殺された。空と陸では異なる規則が支配しており、ときおり違反もあったとはいえ、この規則には驚くほど持続性があった。戦時国際法と戦時慣例はつねに相互作用を及ぼし合う関係にあったため、国際法上の規則もまったく影響力がなかったわけではない。少なくとも一定程度の参照点を提供するものではあったからである。

　しかし陸戦においては、その限りではなかった。捕虜を捕らえ、占領した地域を平定し、パルチザンを掃討すると、その後には部分的ではあるが一定の合理性が支配するようになる。たとえば部隊の安全を維持するとか、物質的・性的な欲求を満たすとかいったことである。こうした条件下では、個人による暴力行使も可能であり、実際に現実味を帯びる。たとえば強姦や、個人的な動機による殺害がそれである。言い換えれば、平時とはまったく異なる暴力可能な社会空間が、戦争それ自体によって切り開かれるのである。暴力はここでは平時の条件下とは違って、予期しうる、容認しうる、ふつうの行為となる。そして、手段としての暴力の行使（すなわち空間の征服、敗者からの略奪、女性の強姦など）のための前提条件自体が戦争のダイナミクスとともに変容していくように、自己目的的、すなわち自足した「無意味な」暴力の行使のための前提条件もまた、変化していく。このふたつの暴力の違いは曖昧なものとなり、戦闘における国際法的に合法な暴力と犯罪的な暴力の違いも、非常にはっきりしないものとなる。盗聴記録における男たちの語りは、多くの点において国防軍特有の戦争犯罪というよりは、戦争犯罪一般によく見られるものである。

　戦闘行為とはまったく関係がない人間を殺害し、負傷させ、強姦することは戦争の現実であるし、捕虜の殺害や、国際法違反である民間人や民間施設への空爆、住民にたいする意図的なテロ攻撃もまたそうである。戦争捕虜を殺害したのは国防軍だけではなく、たとえばとくにソ連軍部隊も行っていたし、アメリカ軍も同様であり、しかもそれは第二次世界大戦に限られない。たとえばヴェトナムにおけるアメリカ軍副司令官であったブルース・パーマー大将はある文書で、自分が意図する以上に率直にこう述べている。「アメリカ軍は確かにヴェトナム戦争において犯罪を犯したが、しかし数の面で言えば今までの戦争よりも多いというわけではない」[63]。彼がここで口にしているのは、違法行為の禁止についてつねに想定されていることである。すなわち、犯罪を犯さなかったとは誰も言わないけれど、法律違反としてどこまでが許容できるのかという基準は、歴史的にも個人によってもさまざまだ、ということである。そして総力戦における戦闘行動の枠組みにおいては、どの境界侵犯が合法でどれがそうではないかという、許容される限界が次々と拡大解釈されていく。もちろん、第二次世界大戦の現実一般について言えるこうした事柄と、ナチによる絶滅戦争には違いもある。ひとつは、戦争とは何ら関係のない人間集団をジェノサイド的に絶滅しようとしたことであり、もうひとつはロシア人戦争捕虜のジェノサイド的な扱いである。この両側面にはイデオロギー的、すなわち人種主義的なメンタリティが表れており、そうしたメンタリティが戦争という機会の構造を、近代が今まで目の当たりにした中でもっとも急進的な破壊と絶滅という現実へと移し替えたのである。

盗聴記録ではこれについて、それなりの量の語りが見られる。もっとも、ナチ犯罪に関するドイツの歴史研究の蓄積の多さから想像されるほど多くはないのだが。その理由は明白である。あとから見て（しかも過去政策＊をめぐる数十年の論争を経たあとで）これこそがまさに第二次世界大戦の特徴だとされるものが、兵士たちの目にはとくに特別なものとは映っていなかったのである。確かにほとんどの兵士は犯罪を知っていたし、それに参加した者も少なくなかったが、しかし彼らの参照枠組みにおいては特別な意味を持たなかった。彼らにとってより重要だったのは自分が生き延びること、次の休暇を獲得すること、「調達する」こと、愉しむことであって、他人の身に起きたこと、とくに人種的に「下位に位置する」と定義された人々の身に起きたことには興味がなかった。彼らの認識の中心にはつねに自分の運命があり、敵兵や占領地住民の運命はせいぜい個別事例において重要だったり興味を持ったりする程度であった。自分の生命を脅かすもの、楽しみを台無しにするもの、問題を引き起こすものはすべて、放縦な暴力の対象となりえた。したがって、ドイツ兵を待ち伏せして殺害するパルチザンを「仕留める」ことは、ごくふつうのことであった。復讐という理由で正当化することは、きわめて影響力が大きかった。この態度は、政治的な態度とはまったく関係がなかった。たとえばきわめてナチに批判的であったリッター・フォン・トーマ装甲兵大将も、イギリス軍の捕虜収容所将校であるアバフェルディ卿にこう述べている。「フランスの新聞には毎月、戦果が誇らしげに書かれている。何百両もの鉄道を爆破したとか、これだけ多くの工場を焼き払ったとか、四八〇人の将校と一〇二〇人の兵卒を撃ち殺したとか。クソッタレ、だったらそれ以外の人間には、そ

＊（訳註）独裁体制や人権侵害といった、自国が抱える暗い過去に対する取り組みをさす。司法、政治、教育、研究、メディア、博物館・記念碑など、対象となる領域は幅広い。ドイツ人歴史家ノルベルト・フライがこの言葉を自著で使ったことで有名になった。

うした奴らを捕えたら皆殺しにする権利はないのか？　当たり前のことじゃないか。なのに奴らはそれを戦争犯罪だと言う。すさまじい偽善だよ[64]」。

捕虜殺害に加えてパルチザン掃討も、ドイツ兵が戦争犯罪をもっとも頻繁に犯した文脈である。ドイツ軍法務官による国際法の解釈と兵士による認識は、この点において不吉な融合を見せる。国際法はゲリラ戦における行動規則を明快に規定していなかった。一九〇七年のハーグ陸戦協定（ＨＬＫＯ）は占領軍の権利と義務についてはいくぶん矛盾含みであり、未解決の問題も存在した。パルチザンの法的地位については、ここではそれほど大きな問題ではなかった。パルチザンは一連の条件を満たすという前提のもと（最低限の制服を着用し、武器をはっきりと提示し、明確な命令構造を有し、戦時法規を尊重する）、故郷を防衛する正規軍に加勢することが認められていた。しかしながら、正式な降伏と（もしくは）一国の領土の完全な占領によって戦闘行為が終了したと見なされる時点以降も戦闘が継続できるかどうかについては、ハーグ陸戦協定ではまったく言及されていなかった。したがって、パルチザンの抵抗継続（それが組織的なものであったとしても）を国際法的に保証する基本的前提は欠けていたのである[65]。

さらに問題が多く矛盾含みだったのは、ハーグ陸戦協定における報復行動についての規定である。第五〇条は民間人にたいする大規模な報復措置を、加害者とそれを支援する民間人との結びつきが立証された場合にのみ認めているが、これはきわめて多様な解釈が可能な規定である。戦間期における議論では、この問題に関する国際的な合意が形成されることはなかったが、しかしフランス法の例外を除けば人質を取ることはまったく合法であると認識されていた。人質の殺害については意見が分かれ、ほぼドイツ軍法務官だけが明白にこの措置に固執して、「戦闘地域」の継続という論理でこの態度を正当化した。戦後の戦犯裁判ではこうした意見の不一致がふたたび（そしてこれが最後となったが）表面化した。ニュルンベルク裁判の裁判官たちは主要戦争犯罪人にたいし、人質殺害は完全に違法であるとの判決を下した一方で、継続裁判における裁判官は、これを適法の範囲内とみなしたのである。継続裁判における判決では、ドイツ側の行きすぎたやり方（殺されたドイツ人一人にたいし、一〇〇人を報復のために殺害するという射殺比率）だけが問題とされた[66]。

すでにヴァイマル国防軍において、パルチザンには可能な限り厳しい対応を取らなければならないとする意見が支配的となっていた。大火事を防ぐためには初期段階で鎮火しておかなければいけない、というのがその理由であった。

この方法がそれほど効果的ではないことが判明したものの、パルチザン掃討はやがて（地域的な違いは大きいものの）未曾有の規模の暴力連鎖へとつながっていった。人質や無関係な民間人の殺害、村落の焼き討ちはすぐに、広く実践される戦時慣例となった。これはその性格において、ナポレオン戦争や第一次世界大戦時のゲリラ掃討と異なるものではなかった。もっとも新しかったのは、その規模である。第二次世界大戦において六〇％以上という法外な民間人犠牲者が生じたのは、容赦ないドイツ占領政策もその一因である。軍事戦闘員は戦闘行動の合法的な目標であり非戦闘員は民間人であって法的に保護されているという区別は、広い範囲において消失した。

盗聴記録には、国防軍兵士たちがパルチザン戦をどのように認識していたのかという点が、じつに理念型的に示されている。指導部と兵士たちがこの点では似たような考えであったことが示される。非情で「断固とした処置」が、心理的影響といったことによって正当化される。

ゲーリケ　去年ロシアで、ドイツ軍の小部隊がある村落に、何らかの任務を帯びて送られた。その村はドイツ軍が占領している地域の中にあった。部隊全員が村落で襲われ、殺された。その後懲罰のための遠征が行われた。村には五〇人の男性がいた。そのうち四九人が射殺され、残りの一人はどこへでも行けと解放された。ドイツ兵が攻撃されたら住民がどんな目に遭うのか、知らしめるためだ。[67]

自部隊への攻撃には残忍な暴力でやり返すということを、フランツ・クナイプとエーバーハルト・ケールレも語っている。彼らはそれを非難すべきこととはまったく考えておらず、とくにパルチザンには残酷な死がふさわしいという考えであった。

クナイプ　そこではいろんなことが起こっていた。ホッペ大佐が……。

ケールレ　ホッペと言えば有名な男じゃないか。確か騎士鉄十字章の受章者じゃなかったか？[68]

クナイプ　ああ、シュリュッセルブルク〔現ロシア領シュリッセリブルク、サンクトペテルブルク東方の都市〕を陥落させた。彼は命令を出した。「目には目を、歯には歯を」と彼は言った。ドイツ人を縛り首（？）にした奴の名前を吐かせろ。ヒントだけでもいい。そうすれば上々だ、と。奴らは、自分たちは何も知らないということすら言おうとしなかった。だからこう言った。「男たち全員、左側に出てこい」。それから壁の方へ追い立てられて、あとは音が聞こえただけさ、ウエッ。

ケールレ　コーカサスでは第一山岳師団にいたが、俺たちのうちの一人が仕留められたときには、少尉の命令なんかまったく必要じゃなかった。ピストルを抜いて、女性も子供も、目に入ったものはすべて……。

クナイプ　俺たちのところではパルチザンのある集団が負傷者の護送隊に襲いかかって、全員をぶっ殺したんだ。三〇分後にノヴゴロド近郊で奴らは捕まった。採砂場に連れてこられ、まわり中から機関銃とピストルを撃ち込んだ。

ケールレ　奴らはじわじわと殺されるべきなんだ。奴らは射殺に値しない。コサック兵はパルチザン掃討が上手くてね、俺はそれを南方戦域で見た。(69)

興味深いことにケールレとクナイプは、軍隊についてまったく違う意見を持っていた。ケールレにとって軍隊における退屈な生活は「馬鹿げたこと」で「クソみたいなもの」だが、クナイプにとっては「教育」であった。(70) 無線兵〔であるケールレ〕とSS歩兵〔であるクナイプ〕の間のこうしたハビトゥスの違いにもかかわらず、彼らはパルチザン掃討の方法については意見が完全に一致していた。

実践を通じて確立される戦争の規範は、国際法が規定するものとは異なることが多かった。そうした状況であったので、男たちは戦争犯罪について話すさいにいかなる感情も表さず、憤りを見せることも稀だった。現地住民の行動は、せいぜいのところ、驚きのきっかけ程度であった。それでも、占領地におけるあらゆる形の非協力にたいして、何らかの措置を取らなければいけないと考えていた。たとえば一九四〇年一〇月に、以下の会話が示すような出来事があった。

ウルビッヒ†　ゲシュタポがどんな些事も見逃さないことがわかるでしょう。とくに今ポーランドでそういうふうにやっています。

ハルラー†　ノルウェーもそうです。ノルウェーで彼らは今多くの仕事をしています。

シュタインハウザー　本当ですか？

ハルラー　ええ、そう聞いたことがあります……。

ウルビッヒ　かなりのノルウェー軍将校を仕留めたとか……。

ハルラー　ここイギリスを本当に占領できていたら、私たちはフランスでみたいに〔パルチザンに邪魔されずに〕散歩したりできないと思いますね。

シュタインハウザー　私はそう思いませんね。最初はそうかもしれません。でも町の人口一〇人につき一人仕留めていけば、また〔パルチザンは〕やみます。何の問題もありません。アドルフ〔・ヒトラー〕はあらゆる手段を使って、狙撃兵の仕事を阻止するでしょうね。ポラカイ〔ポーランドにたいする蔑称〕でどんなふうに仕事をしているか知ってますか？　一発お見舞いするだけだと、かえって問題が起きます。ならばこうすればいいんです。発砲があった町や町の街区で男たちを全員連行してくるんです。それ以降の夜、それ以降の時期に一発発砲があるごとに、一人ずつ死んでいくって算段です。

ハルラー　いいですねえ！(71)

注目されるのは、民間人へのこうした極端な形の暴力が正当化されうるのか、適切なものなのかという考慮が、この会話ではなされていないことである。男たちから見てこうしたことは問題にもならない。彼らにとって「仕事」や「断固とした処置」、そして「報復」の重要性はあまりにも明白なのである。したがってそれを実行することは問題となっても、その理由が問われることはない。同様に、犯罪について語ることは日常的なコミュニケーションの一部であり、すでに見てきたように撃墜や沈没もまたそうであった。それ自体は何ら特別なことではない。ふつうではない作戦行動や個々の人間の振るまい方があって初めて、興味深い話が生まれるのである。たとえば、ラインハルト・ハイドリヒ暗殺後の大量処刑についての語りを見てみよう。

カムベルガー　ポーランドでは兵士たちに休暇を与えて、公開の場で行われる処刑の場に居合わせることができるようにした。ハイドリヒ事件のあとには、毎日二五人から五〇人が処刑されていた。足場の上に立たされ、首のまわりに縄が巻かれ、彼の後ろにいる次に処刑される人間がこう言って足場を外さなければいけなかった。「兄弟！　おまえにはもう足場は必要ない」。(72)

この話が兵士たちを魅了したとすれば、理由は殺害それ自体にではなく、その演出にある。兵士たちはこれを自由に見物することができ、処刑には特有の辱めの儀式が伴っていた。語るに値するのはしかし、ことさらに強調されるこのような暴力行為だけではなく、犯罪において自らの能力をことさらにひけらかそうとする個々人の行動であった。その意味で、ミュラー兵長の語りは興味深い。

ミュラー　ロシアのある村落にパルチザンがいた。犠牲のことなど考慮せず、村ごと完全に破壊しなければいけないことははっきりしていた。そこには一人、〔…〕ブロジッケというベルリン出身の奴がいた。彼は村で見つけた男は全員家の後ろに連れて行って、首筋を撃ち抜いていた。その当時、奴は二〇か一九だった。村の男のうち一〇人に一人は射殺せよということだった。「一〇人に一人だって？　当たり前じゃないか」。仲間たちは言った。「村全部を根絶やしにしなくては」。それから俺たちはビール瓶にガソリンを詰めて机の上に置き、家を出るときに手榴弾を無造作にそれに投げつけた。すべてがすぐに赤々と燃えた。藁葺き屋根もね。女性も子供も、全員撃ち殺した。その中にパルチザンはごくわずかしかいなかった。俺は、彼らがパルチザンだということが確信できない場合は、そういう射殺には加わらなかった。だが参加した仲間たちは多かったし、それは彼らにとって凄まじく楽しいことだった(73)。

ミュラー兵長は話の最後で明らかに、こうした種類の戦争犯罪から距離を置いているが（彼は「そういう射殺には加わらなかった」）、家屋を焼き討ちするさまについては、一人称複数形で詳しく説明している。そのような話からは、男たちが何を犯罪とみなし、何をそうみなさなかったか、その間の境界がいかに流動的なものであったかを見て取ることができる。女性と子供の射殺はミュラーにとって犯罪であったが、それは彼女たちが本当にパルチザンであるかどうかわからない限りは、という条件つきであったし、村落の焼き討ちはそれにたいして犯罪ではなかった（「犠牲のことなど考慮せず、村ごと完全に破壊しなければいけないことははっきりしていた」(74)）。

ミュラーの語りにおいてとくに目立つのは、ベルリン出身のブロジッケという参照人物を話の中に組み込み、そこから距離を置くことで自らを肯定的な存在に見せようとしている点である。すなわちブロジッケの行動は明らかに犯罪的であり、殺害を「凄まじく楽しい」と感じていた仲間たちもそれは同様であるが、それにたいしミュラーの行動はそうではない、というものである。たとえ兵士たちが法的に正しい行動をするということを重視している場合でも、次の重要な観点は銘記しておかなければならない。すなわち、そのような差異化の助けを借りることで、参加したすべての人間が犯罪行為の全体的連関の中で自分を位置づけることができる一方で、何らかの不法行為に参加したという道徳面での呵責の念を感じずにすんだ、という点である。大量射殺やいわゆるユダヤ人行動において加害者集団の中にもさまざまな人間がいたことは事実であるが、その一方で殺害が全体として機能するためには、人々が自分に課せられた役割や義務をどう解釈するかということが、まさに重要であった(75)。そうした状況における個人の態度や決断は何の意味も持たないわけではなく、「集団圧力」や社会的影響に関する研究から推測できるような無力な存在ではない。集団内部における差異化こそが、集団行動を全体として可能にしているのである。このプロセスは、ヘルベルト・イェーガーに依拠して「集合的例外状態における個人の行動」と表現することもできよう。[76]

ディークマン兵長はフランスにおける「テロリスト」掃討の様子について、詳しく説明している。

ディークマン　テロリストたちの命については、かなり俺に責任があると思っている。トミー〔イギリス兵〕についてはそんなには思わないんだが。唯一の例外は、ある戦車長だ。少尉くらいだったと思うが、戦車のハッチを開けてものすごく興味津々に外を眺めようとした瞬間に、戦車から撃ち落としてやったんだ。それ以外については何も思い出せないね。もちろん戦闘中なんだから、何を見たかなんて覚えていない。だがテロリストたちにたいしては、俺は獣のようだった。何かが視界に入って少しでも疑わしいところがあれば、すぐにそいつに一発食らわせた。俺の横にいたある戦友が奴らにだまし討ち的に撃たれて出血死しているのを見たときは、内心こう誓ったものさ。「今に見てろ!」帰り道にティレ〔フランス・アルデンヌ県にある、ベルギー国境近くの小都市〕を彼らとともに陽気に行軍していたとき、俺たちはまったく何も考えていなかったんだが、ある民間人が近づいてきてポケットからピストルを取り出してズドン、俺の仲間がくずおれた。

ハーゼ　そいつを捕まえたのか?

ディークマン　とんでもない!　トミーが一度もやってきたことがないベルギーですらこんな状況なのかということを俺たちがようやく理解したときには、彼〔戦友〕はすでに出血で半分死にかかっていた。彼は俺に一言、「フランツ、俺の代わりに復讐してくれ」とだけ言った。それから俺たちの後方から中隊がやってきて、トラックを徴用した。その上に俺の機関銃を載せ（ＭＧ42〔機関銃〕を俺は持っていた）、前方に高々と〔家々の〕窓に向かって構えた。そして俺はまずこう命令した。「窓を閉めろ。全員通りから離れるんだ!」冗談じゃない、俺たちはそんなに長くは待たなかった。曹長が言った。「もうちょっと待て、まだ撃つな、彼らはまだ準備が終わっていない!」しかし曹長がそれを言い終わらないうちに、俺は引き金を引いた。機関銃がカタカタと音を立て、窓は跡形もなくなり、路上で目に入るものはすべて撃った。路上にあるものすべて、パンッ〔と撃った〕。わかるだろう、通りの両側で目に入るものすべてを撃った。もちろん、無実な人間も何人か死んだが、そんなことは俺にはまったくどうでもよかった。この卑劣な犬ども、若僧、若僧め!　一人の年長の仲間、既婚で、子供が家に四、五人いたようだが、そんな彼を奴らはだまし討ちで殺したんだ。だったらもう手加減などする必要はないし、それは不可能だ。もしさらに一発でも撃たれたら、俺たちはすべての家屋に火をつけただろう。俺たちは三〇人くらいのベルギー人の女の集団に機関銃を撃ち込んだ。奴らはドイツ軍の補給倉庫に殺到してきたんだ。だが、さっさと追っ払われた。

ハーゼ　奴らはずらかったのか？

ディークマン　いや、全員死んだ。(77)

この説明を聞くと、ディークマンもミュラーが語っていたところの、殺害を「凄まじく楽しい」と感じていた「多くの仲間たち」の一人だったのではないかと考えてしまうが、しかし二人はまったく無関係である。ディークマンの説明において注目されるのは、彼が殺害行動の個人的動機について説明している点である。すなわち「仲間」が射殺され、その復讐を彼に誓ったという点である。しかし彼に完全に欠けているのは「感情転移」である。すなわちディークマンは射殺された仲間の「四、五人の子供たち」については感情移入しながら言及しているものの、完全に無差別に殺害された犠牲者には何ら考慮が及ばないのである。ディークマンがここで語っている対パルチザン作戦が、具体的にどの作戦にあたるのか、我々にはわからない。それでもここには、個別的な出来事のあとに兵士たちが「獣のように」激昂し、人々を無差別に殺害していくという、一般的な経過が見て取れる。もっとも男たちが殺害について語るさいには、そうした動機や理由を必要としない場合もしばしばであった。男たちは経験空間を共有しているがゆえに、根拠づけは不要だったのである。したがってこの射殺された仲間も、ディークマンの殺害に関する話を、より説得力のある興味深い話にするための、語りのひとつの要素にしかすぎなかったのかもしれない（第4章参照）。

一九四四年夏には、フランスやベルギーでも暴力がエスカレートした。一九四四年六月から九月のわずか三カ月間の間に、ここでの暴力の規模は新しい次元を見せるようになった。したがってこの時期についての、放縦な暴力に関するいくつかの報告が残されていることも、驚きではない。

ビュージング　俺たちのところはランディヒ［?］という名の中尉がいたんだが、猟兵伍長 Oberjäger の一人もフランス軍に撃たれた。オヤジ〔中尉〕は、クソ、と悪態をついていたよ！

ヤンセン†　それはつい今しがた、ここであった戦いか？

ビュージング　ちょっと前のことだ。俺たちが到着すると……猟兵伍長がパルチザンに撃たれた。オヤジは一言も発しなかったが、アゴががくがく動いているのが見えた。それから突然彼はこう言った。「全部ぶっ壊せ！」するとみな一斉に、村のあちこちに向かって飛び出していった。オヤジが言った。「もしおまえたちがやつらのうち一人でも生かしておくなら、俺が［おまえたちを］殺す」。俺たちは村に入った。夜明け前で、全員寝ている。俺たちはドアをノックした。反応はない。銃尾でドアを突き破った。そこには女たちがいて短いシャツや寝間着、パジャマを着ていた。「外に出ろ！」通りの真ん中に並ばせた。

ヤンセン　それはどこだ？

ビュージング　リジューやバイユー［いずれもフランス・ノルマンディー地方の都市］のあたり、北の方だ。

ヤンセン　侵攻［ノルマンディー上陸］がちょうど始まった時期じゃないか？

ビュージング　ああ、確かに。俺たちは全員殺したね、全員。男も女も子供も、ベッドから放りだした。容赦はしなかった。[78]

ビュージングの話し相手はおそらく非常に高い確率で、イギリス情報部のために働いているドイツ人スパイであった。降下猟兵兵長であるビュージングはいささかも疑問を抱かず、すべての質問に答えている。彼の体験は彼にとってあまりに当たり前のことであるため、それをいくらかでも隠蔽しようなどとは考えもしない。彼が語る話は、それがいかに残忍なものであったとしても、期待の地平の中に収まっているものであり、彼が別の機会に同じような話をしたときにも、聞き手は驚いたりショックを受けたりする様子はない。それが驚くべき、残酷な話に聞こえるとすれば、それはこんにちの読者がこの手の種類の話にたいして持っている距離感ゆえである。このような種類の暴力の話で男たちがいささかの狼狽も見せないことは、彼らが暴力という日常の中で生きていたことの、何よりの証左である。彼らに無縁な犯罪など存在しない。女性や子供の殺害すら、平然と語られる。ふたたび一人の降下猟兵に語ってもらおう。

エンツィール　ベルリン出身のミュラー猟兵伍長は狙撃兵だったが、花束を持ってトミーに近づいていった女たちを撃ち殺した。しかし彼はまさに……狙ったものは逃さなかったし、非情に冷酷に民間人を撃ち殺した。

ホイアー†　おまえたちも女性を撃ったのか？

エンツィール　遠距離からだけどね。どこから撃たれているのか、彼女たちにはわからなかった。[79]

ここで語られている狙撃兵ミュラーの「冷酷」な行為と、遠距離から女性を撃ち殺す（そしてそのことを彼は明らかに重要なことだと考えている）彼自身の行為にどのような違いがあるのかはわからない。ここでもイギリス軍のスパイであるホイアーが、もしかしたら戦争犯罪かもしれないことについてできる限り多くのことを聞き出そうとして、老獪な質問をするのである。「おまえたちも女性を撃ったのか？」

ゾンマー兵長もまた、エンツィールやミュラー同様にある参照人物、すなわち彼の中尉について語っている。

ゾンマー　イタリアでも、俺たちが行く先々で彼はいつもこう言っていた。「まず何人か仕留めてこい！」俺はイタリア語もできたので、いつも特別な任務が与えられていた。彼は言った。「よし、二〇人仕留めてこい。奴らが愚かな考えを起こさないようになれば、俺たちもここでようやく落ち着ける！」（笑）。それから俺たちは小さな掲示を出した。「ほんの少しでも強情な態度を見せたら、さらに五〇人殺す」と。

ベンダー　選別の基準は何だ？　無差別にやったのか？

ゾンマー　ああ、そうだ。こんな感じで二〇人選ぶ。「おまえら、こっちにこい」。全員が市場にやってくると、機関銃三挺を携えた者が現れ、ルルルル〔機関銃の音〕、全員がそこに倒れる。そんな感じだ。そして彼が言う。「いいねえ！　豚どもが！」彼はイタリア人にたいして信じられないほど怒っていたんだ。大隊本部があった宿舎には、かわいい女の子が何人かいた。そこでは民間人には一切何もしなかった。自分の住んでいる場所では、彼は基本的に何もしなかった。[80]

作戦行動にたいする二人の共通した笑いからは、二人ともゾンマーの報告を根本的に批判すべきものとは考えていないことが見て取れる。ベンダーの反応も驚くに値しない。彼は、潜水工作員の特殊部隊である第四〇海軍行動部隊に属しており、そこにはとりわけ強い冷酷さへの崇拝が存在していた。

中尉が駐屯している場所では犯罪を命じなかったというのは、興味深い細部である。明らかに彼は、性的な機会を逃すというリスクを回避したのである。ゾンマーはさらにフランスについて、こう語る。

ゾンマー　中尉が言った。「さあ、民間人を全員連れてこい！」俺たちは装甲車で斥候しているだけだったのだが。「どのみちじきにアメリカ軍もここに現れるだろう」と彼は言った。「とにかくこれから大騒ぎが始まる。こうしよう。おまえはここにふたつの集団をつくれ。全住民をふたつの集団で連れてこい」。ひとつの町の、少なくとも五〇〇〇人から一万人の住民を連れてくるさまを、想像してみてくれよ！　幹線道路でヴェルダンまでの道のりさ。そして全住民がやってきた。彼らを地下室から追い出した。しかしパルチザンやテロリストは見つからなかった。年長兵が俺に言った。「よし、男たちを仕留めろ！

もちろん、男たち全員だ！　誰だっていい！」そこには少なくとも三〇〇人の男がいた。四人の男を徹底的に調べて、俺はこう言った。「両手を挙げろ。手を今下ろした奴は撃つぞ」。そのうちの二人、一七歳か一八歳の若者が弾薬を持っているのを見つけた。弾薬の包みだった。俺は言った「貴様これをどこで手に入れた？」「お土産です」「一人三包ずつか？」俺は言った。それから彼らを前列に引き出し、「タン、タン、タン」と三発。彼らはそこにくずおれた。他の奴らはたじろいでいた。俺は言った。「我々が不当な行動をしているわけではないことは、あなたがたも見ていたでしょう。あなたたちは弾薬を持っていた。民間人であるあなたたちが、三包みの弾薬と何の関係があるのでしょうか？」いつも通り俺は護衛によって守られていた。彼らはすべてを完全に認めた。おそらく中にはまだ……「この豚め！」などと言っている者もいたが、しかし俺はこう言った。「ありがとうございます。これこそが、人々が今殺された理由なのです。我々は自分たちのことを守らなくてはなりません。もし弾薬を持たせたまま野放しにしておき、さらにどこかで別の弾薬を入手したら、彼らは私のことを一気に撃ち倒すことでしょう。彼らが私を一気に撃ち倒す前に、私が彼らを撃ち殺しますし、他の人々も徹底的に捜索します。あなたがたが弾薬を持っていないのはいいことですし、奥さんと一緒に下の方向に三キロ行って構いません」。彼らは満足して、出発していった。俺はずるがしこいやり口には加わらなかった。俺はあらゆるクソみたいなことに参加したけれど、「自分もやります！」と言ったことはなかった。そんなことはしなかった。

ゾンマーが所属する第二九装甲擲弾兵連隊は、すでにイタリアで数多くの犯罪に関与していた[81]。フランスでの話は、ロートリンゲン地方のロベール＝エスパーニュにおける犯罪に関するもので、この部隊は一九四四年八月二九日に八六人のフランス人を殺害している[82]。

ゾンマーはふたつの点で、彼自身が語るものにたいして距離を置いている。まず彼は中尉とは違い、民間人の射殺にさいしてはそれを正当化する理由を求めており、それが、犠牲者が所有していた弾薬であった。この正当化は外部、まわりにいる人々に向けられていると同時に、それと同じくらい内部にも向けられている。明らかに彼は自分の行為への理由づけを必要としている。つまり、それは単なる人殺しではないと保証してもらいたいのである。そしてもう一点、彼が強調するのは、自分は決して自由意思でそのような行動をとったのではないということである。確かに彼は「あらゆるクソみたいなこと」に参加したが、それを志願したわけではないと言う。ここにもまた、男たちを暗黙のうちに差異化するという、すでにミュラーの語りにおいてはっきりと現れていたものが見て取れる。犯罪を犯した者の中にも、自発的な参加者とそれほど自発的ではない参加者がいるが、ほとんどは自発的な参加者と見られたくはないのである。

犯罪の犯し方を合法的なものとして正当化しようとする語りは、グローモル軍曹にも見られる。

グローモル　フランスで俺たちは四人のテロリストを捕まえたことがある。彼らはまず尋問収容所に連れてこられ、どこで武器を入手したのかといったことについて尋問を受けた。それから彼らは合法的に射殺された。それからある女性がやってきて、おそらくテロリストがこの一〇日間くらいある家に潜伏していると言った。俺たちはすぐに部隊を準備させて、急派した。確かに、そこには四人の男がいた。彼らはトランプなんかをしていた。おそらく彼らはテロリストだろうということで、彼らを逮捕した。トランプ遊びをしている最中にすぐに殺すっていうわけにはいかない。まず武器を捜索して、確か武器は運河のどこかにあったと思う。彼らがそれを投げ捨てたんだ。(83)

グローモルが語る話を正確に再構築することはできないが、この話が少なくとも示唆しているのは、たとえ武器が見つからないとしても、トランプ遊びをしている人間をテロリストにする可能性が存在した、ということである。彼らは武器を運河に投げ捨てたのかもしれない、という推測で。この種の、合法性に則ろうとする戦略は、男たちにとって殺害のさいに形式的な構造に依拠できるということ、すなわちそれが事実上完全に恣意的なものであったとしてもその行為を正当化できるような枠組みに依拠できることが明らかに重要であったことを示している。ヴェトナムにおいても、似たような暗黙の決まりがあった。「死んだヴェトナム人は、ヴェトコンだ」。まったく同じように、すでに述べたディークマン兵長も、連合国軍のノルマンディー上陸直後のフランスにおける射殺に言及している。

ブルンデ　なぜテロリストたちはおまえたちの陣地を攻撃したんだ?

ディークマン　奴らは俺たちの「レーダー」装置を妨害しようとしていた。それが奴らの任務だったんだ。俺たちは何人かのテロリストを生きたまま捕らえた。俺たちはすぐに殺したがね。それも命令だったんだ。フランス軍の少佐を自分の手で射殺したこともある。

ブルンデ　彼が少佐だったって、どうしてわかるんだ?

ディークマン　彼が書類を持っていたのさ。夜に銃撃があった。それから奴が自転車に乗ってやってきた。我が軍は村にある家屋めがけて機関銃でずっと撃ちまくっていた。村全体が〔パルチザンで〕汚染されていた。

ブルンデ　彼を呼び止めたのか？

ディークマン　俺たちは二人で、もう一人伍長もいた。彼が自転車を降り、俺たちがすぐにポケットを調べると、弾薬。証拠十分だ。そうでなければ彼をどうすることもできなかったし、あっさりと一気に撃ち倒すなんてできない。伍長は彼に、テロリストなのか、と尋ねたが、彼は何も言わなかった。最後に希望することはあるか。なし。頭の後ろから撃った。彼は自分が死んだことに気づかなかった。俺たちは一度ある女性スパイを、俺たちの陣地で射殺したことがある。およそ二七歳くらいだった。俺たちのキッチンで働いていたことがあった。

ブルンデ　彼女はその村の出身なのか？

ディークマン　その村の出身というわけではないが、彼女は村に住んでいた。歩兵が午前中に彼女を連れてきて、午後にはトーチカに立たされ、射殺された。イギリス情報部で働いていたことを、彼女は認めた。

ブルンデ　誰が命令を下したんだ？〔君の上官か？〕

ディークマン　ああ。彼は指揮官だから、それができた。俺自身は射殺に参加していない。俺は射殺を眺めていただけだ。俺たちは三〇人のテロリストを捕まえたが、その中には女性や子供もいた。俺たちは彼女たちを地下室に連れて行って……壁に向かって立たせ、撃ち殺した。(84)

ここでもフランス軍少佐の射殺にさいしては、法的な理由づけが必要とされている。ここでもまたその根拠は弾薬であり、これによってフランス軍少佐がテロリストであることが明白なものと思われたのである。ディークマンのこの語りでさらに注目に値するのは、彼が子供をもテロリストの集団に躊躇なく加え、形式的な手順を踏むこともなく「壁に向かって立たせ、撃ち殺し」ていることである。誰が敵なのかということについての幻想も、ドイツ軍の戦争犯罪特有のものではない。ヴェトナムにおいても似たような兵士たちの発言が記録されている。彼らは赤ん坊のことを、いつでも攻撃してきかねないヴェトコンだと見なしていた。これは彼らが狂っているということなのではなく、参照枠組みの軸が移動したということなのだ。この〔新しい〕参照枠組みにおいては、誰が敵なのかを定義する上で、集団への帰属が他のどのメルクマール（たとえば年齢）よりも重要となる。(85)兵士たちが殺害をどのように認識したのかを、さまざまな戦争を例に分析したジョアンナ・バークによれば、そのような参照枠組みの軸移動から読み取りうるのは、男たちが殺害に個人的な喜びを感じていたということではなく、カテゴリーとして敵と定義された人々を冷酷に殺害することが、戦争における事実上の規範構造になったということなのである。しかし逆説的なことだが、そうした事例が裁判によって裁かれる段になると、それらはあくまで例外的な出来事と見なされることになる。その結果、戦争は全体としては国際法に則っており、何人かがときおりそこから脱線しただけなのだという、誤った印象を強める結果となってしまう。そうした印象においては、自己目的的な暴力は決して戦争の体系的な側面ではなく、残念な例外だとされてしまう。しかし暴力空間はひとたび開かれれば、他人のすべての行動が射殺の十分なきっかけとなりうるのであり、このことを兵士たちの会話は示しているのだ。

捕虜にたいする犯罪

「こいつら全員をどうするかだって？　こいつらは今撃ち殺さなくちゃいけない。どうせ長くは生きられないだろうしな」[86]。

古代からというもの捕虜の虐待と殺害は、軍事的衝突における極端な暴力のまさに古典的な場である。近代国民軍によって、捕虜という現象はまったく新しい次元を迎えた。第一次世界大戦では六〇〇万ないし八〇〇万人の男たちが捕虜となった[87]。さらに第二次世界大戦では三〇〇〇万人に達した。数百万人の捕虜に与えられる食料や住居はつねに不十分であった。第一次世界大戦ではすでに四七万二〇〇〇人の同盟国側兵士が、ロシア軍の捕虜として亡くなっている[88]。第二次世界大戦はこの数字をさらに高めることになった。国防軍が犯した最大の犯罪は、ロシア兵捕虜の大量殺害である。ドイツ軍の捕虜となったおよそ五三〇万ないし五七〇万人の赤軍兵士のうち、推計に幅はあるが二五〇万ないし三三〇万人が命を落としている（四五ないし五七％）。彼らは、国防軍が管理する収容所で亡くなった。八四万五〇〇〇人が前線近くの軍政地域で、一二〇万人がさらに後方に位置する民政地域で、五〇万人がいわゆる総督府で、三六万ないし四〇万人がドイツ本国の収容所で亡くなっている[89]。法外な犠牲者数の原因は、ひとつには彼らを完全に放置し、生きていくために必要な食料をいっさい与えないという陸軍指導部の方針である。もうひとつは、自軍の兵士たちにことあるごとに、彼らは「劣った敵人種と文化」と戦っているのだと伝え、自軍の兵士たちに「憎悪という健全な感情」を呼び覚まし、それによって彼らが戦闘において「感傷癖や温情」を示さないよう気を配ったことである[90]。

前線

対ソ戦が一九四一年六月二二日に始まると、兵士たちに非情さを要求したことは一定の結果を生むものであったことが明らかになった。国防軍は初日から、きわめて残忍な戦闘を行った。多くの地域では「進軍路に横たわる、数え切れないほどの〔ソ連〕兵の遺体の光景」が一般的な現象となっていた。「彼らは武器を持たず、両手を挙げたまま明らかに至近距離から首筋を撃ち抜かれ、片づけられた[91]」。こうした極端な暴力をもたらした決定的な要因は、〔ドイツ軍の〕教本に書かれていた、赤軍は残忍な戦い方をするという記述が現実によって直ちに確認されたかのように思われたという点である。戦闘初日からソ連軍もまた、国際法や西欧の戦時慣例とは異なる戦い方をしていた。それが語られることで、現実の暴力は想像上の次元へと高められた。「ロシアで俺はこの目で見たんだ」、とライヒトフス少尉は報告する。「六人のドイツ兵が、釘で舌を机に打ち付けられていた。一〇人のドイツ兵はヴィニツァ〔現ウクライナ西部の都市ヴィーンヌィツァ〕の屠殺場で、肉の釣り下げ用フックに吊されていた。一二ないし一五人のドイツ兵がテティエフ〔現ウクライナ中部の都市テチーイウ Tetiiv〕という小さな町で井戸に投げ込まれ、上から煉瓦を投げつけられ、しまいには……」。

彼の話し相手が口を挟む。「肉の釣り下げ用フックに吊された兵士は死んでいたのか？」それにたいしてライヒトフスはこう答えた。「ああ。舌を打ち付けられていたのも、死んでいた。これらはもちろん、一〇倍、二〇倍、一〇〇倍にして報復するきっかけとなった。ただし、こうした粗野で獣のようなやり方ではなく、単純に次のようなやり方でだ。ある小部隊、一〇人ないし一五人が捕らえられたとき、彼らを一〇〇ないし一二〇キロ後方のどこかへと輸送することは、兵士や下士官には難しかった。だから、どこかの空間に閉じ込めた。そして窓越しに手榴弾を三ないし四発投げ込んだ[92]」。

　ドイツ兵捕虜にたいする虐待だけでなく、降伏したドイツ兵の殺害や負傷兵の身体切断に関する報告が、対ロシア戦を通じて途切れることはなかった。それに関する報告は数がきわめて多くまた詳細をきわめ、これを単なる妄想によるものであると考えることは難しい。今日推計されているところによれば、一九四一年に赤軍の手に落ちたドイツ兵捕虜のうち、九〇ないし九五%は生き延びて生還することができず、しかもそのほとんどは前線でただちに殺されている[93]。ドイツの負傷兵や捕虜にたいするソ連の犯罪が報じられることで、東部戦線の部隊にそうでなくともすでに存在していた容赦なく行動するという気運が、さらに高められた。

一九四一年七月初頭、ゴットハルト・ハインリチィ大将は家族にこう書き送っている。「ときとして一切容赦しない。ロシア人は我々の負傷兵にたいし、獣のような振る舞いをしている。今や我が同胞は、茶色の軍服であたりをうろつき回るすべての者〔ロシア兵〕を殴り殺し、撃ち殺す。こうして双方が互いを刺激しあい、数多くの犠牲者が生まれるというわけだ」[94]。第六一歩兵師団の陣中日誌には、一九四一年一〇月七日に三人の殺害された国防軍兵士が発見され、翌日師団長が即座に九三人のロシア兵捕虜の射殺を命じたことが記録されている。多くの事例においてそうした出来事は記録すらされていない。なぜならシュミット少尉のように、兵士たちがものごとを現場において自分で「解決する」からである。

数え切れないほどの赤軍兵士を最前線で殺害したことは、報復や「復讐」と大いに関係していた。さらに、戦争そのものがポーランドやフランス、ユーゴスラヴィアとは完全に違う性格を有していた。赤軍は予期しないような激しい抵抗を見せ、多くのソ連兵は降伏するよりも死ぬまで戦うことを選んだ。激しい接近戦はつねに多くの犠牲者を生み、暴力をエスカレートさせていった。ファラー伍長は質問に答える。

シュミット† おまえたちは奴らをどうしたんだ?

ファラー 殺した。ほとんどはこの戦闘で死んだ。奴らは降伏しなかった。捕虜にしたい奴もいたんだが、そいつは完全に見込みがなくなると、手榴弾のピンを抜いて自分の腹の前で抱えたんだ。俺たちは生け捕りにしたかったんで、敢えて撃たなかった。女性も獣のように戦っていた。

シュミット 女性にたいしてはどうしたんだ?

ファラー 彼女たちも撃ち殺した[95]。

ファラーの語りが改めて証明しているのは、赤軍における女性兵員はとくに危険にさらされていたということである。なぜなら、戦う女性という存在はドイツ兵の参照枠組みにまったく存在しないものだったからである。彼女たちは「銃を持つ女」として蔑まれ、戦闘員としての地位もしばしば認められず、「女パルチザン」と同列に扱われた。それゆえに彼女たちは男性の赤軍兵士以上に、過剰な暴力の犠牲となりやすかった[96]。

死ぬまで戦うという多くの赤軍兵士の断固とした態度とあわせてドイツ兵を苦しめたのは、赤軍の戦い方である。たとえば彼らは負傷を装ったり死んだふりをして、背後から戦闘をふたたび始めようとした。これはドイツ兵にとって、戦時慣例にたいする重大な侵害であった。こうした策略はハーグ陸戦協定において明示的に否定されていたわけではないが、堂々とした戦いという暗黙の規則に反するものであった。そうした策略は対ロシア戦を前にした陸軍指導部の教本で予告されており、これにたいして今やドイツ軍がさらなる残忍さをもって報復することになった。たとえば第二九九歩兵師団のある連隊は、すでに一九四一年六月末の段階で次のように報告している。「卑怯な戦い方によって我々の部隊を苦しめた敵については、捕虜を取らない」。背後からの銃撃や、敵の隠密裡の肉迫、短距離からのヒットエンドラン式の発砲、敵の攻撃の先鋒部隊をやりすごし後ろから襲撃といったやり方は、すべて同じように解釈され、たとえそれがふつうの戦い方であったとしても（ドイツ兵にとってはそれでもふつうではないものだったが）、赤軍兵士に責任があるとされた。ヘルシャー二等兵は、そうした話を友人から聞いた。「「薄気味悪かった」。彼は言う。「ロシア人の戦い方は。三メートルのところまで近づいてきて、俺たちを撃ち倒すんだ。想像できるかい」。彼は言う。「奴らは俺たちがすぐ近くまで来るまで待っているんだ。俺たちが奴らを捕まえたら」、彼は言う、「すぐに殺してやる。銃尾を頭に一発かましてやるんだ」。［…］〔彼らは〕木の上に座って、上から下に向かって撃ってきた。彼が言うには、犬どもがここまで狂信的に戦うとは、誰も信じられないだろう、ロシアで起こっていることは不吉だ、と」。[97]

兵士たちの視点から見れば、赤軍兵士にたいする自らの振る舞いは、それが国際法的には明らかに犯罪であったとしても、犯罪ではなかった。敵の振る舞いは捕虜を射殺する理由づけとして十分であり、他の行動が可能だったかもしれないなどとは明らかに考えもしない。

対ロシア戦最初の数週間で、あらゆる国際法とは無縁な新しい戦時慣例が確立した。暴力の行使は決して静的ではなく、（構造的、個人的、状況的参照枠組みに応じて）つねに流動的であった。たとえば一九四一年晩夏や秋に、極端な暴力は弱まった。しかし一九四一年から四二年にかけての冬、東部戦線のドイツ軍が部分的にカオス状態に陥ると、捕虜を移送することはできないという理由から、ふたたび捕虜が次々と殺されることが頻繁になっていった。[98] 終戦まではつねに、エスカレートと沈静化の時期が交互に入れ替わっていた。

盗聴記録でも、彼らが捕虜にたいする犯罪行為を拒んだという語りが、何カ所かに見られる。たとえばヴァルター・シュライバーSS少尉は、そうした拒絶や、捕虜の殺害に直面して彼がショックを受けたことを報告している。

シュライバー　俺たちは捕虜一人を取ったことがあるが、問題は彼を仕留めるか逃がしてやるかということだった。結局まずは歩かせて〔逃がすふりをして〕、後ろから射殺するということになった。彼は四五歳だった。十字架を切って、「ララ」とつぶやいた（呟くような祈りを真似る）。まるで、自分の身に何が起こるか知っているかのようだった。俺は撃てなかった。俺は想像したんだ、この男には家族や子供もいるかもしれない、と。それから事務室で俺は言った。「俺にはできない」。俺は立ち去り、彼を二度と見ることはなかった。

ブンゲ　おまえが奴を仕留めたんじゃないのか？

シュライバー　ああ、彼は仕留められた、だが俺じゃない。俺はひどくショックを受けていたし、三日三晩寝ることができなかった。(99)

注目されるのは、ブンゲ海軍少尉は別の展開を期待しており、シュライバーが捕虜を「仕留めた」に違いないと考えている点である。この種の会話においてふつうでないことがあるとすれば、それは捕虜が殺されたと語られることではなく、殺されなかったと語られる場合である。グリュッフテル兵長は、似たような話を語る。

グリュッフテル　俺がリガにいた頃、何人かのロシア兵捕虜に掃除をさせていたことがある。出かけていって、何人か連れてきたんだ。五人。彼らがもう必要ないとなったら、俺は彼らをどうすればいいだろうと〔仲間の〕兵士に尋ねると、彼はこう言った。「一気に撃ち倒して、そのまま放置しておけ」。でも俺はそうしなかった。俺が連れてきた元の場所にふたたび帰した。それ〔殺害〕は俺はできなかった。(100)

この種の会話がどこまで本当か、我々にはそれを判断する情報はないが、こうした会話は本書で利用する史料には滅多に現れない。だからといってそれが、占領地域における戦争捕虜や住民の扱いにおいて人道的な振る舞いが一般的にはそれほど見られなかったことの証拠となるわけではない。この史料が示しているのは、こんにちの視点から見て「人道的」とか「人間的」と評価できるような振る舞いが、コミュニケーションにおいてはほとんど重要ではなかった、ということにすぎない。こんにちの基準から見て非人道的に見える振る舞い（しばしばそれは、当時の人々にとってもそうだったのだが）の方が、こんにちの規範において「よい」とされる振る舞いよりも、はるかに頻繁に語られた、ということなのだ。このことは、そうした「よい」話を語ることが兵士たちの間では好まれなかったという可能性を示唆している。殺害するということがありふれた実践

捕虜収容所に向かう途上のソ連捕虜.（1942 年 7 月，東部戦線の南方戦区）（撮影者 Friedrich Gehrmann．BA 183-B 27 116）

であり社会的な掟である場において、ユダヤ人やロシア人捕虜、その他価値が低いとされた集団にたいする親身な態度は、規範にたいする違反であった。戦後ですらも、兵士たちが盗聴記録の中でふつうに語っているような話よりも、そうした話の方が規範として高く評価されるようになるまでには、何年もの歳月が必要であった。そうした段階になってようやく、別のニュアンスが語りに付け加えられるようになっていった。その限りにおいて、捕虜への同情や感情移入についての語り、あるいは単純に捕虜をきちんと扱ったという語りが欠如していたのは、当時においてはそうした語りが軽蔑に値するものであったからであり、だからこそ語られることがなかったのだろうと考えられる。おそらくそうした行為自体も、そう頻繁には起こらなかった。なぜなら「他者」とその振る舞い方が明確に定義されている参照枠組みでは、感情移入はそもそも想定されていなかったからである。罰せられることもなかった非人道的な行為の語りにたいしてほとんど批判的なコメントがされていないという状況からは、それが戦争における常態であり、その逆ではなかったという結論を引き出すことができよう。

収容所

ほとんどの赤軍兵士たちは、捕虜になってから最初の数日間を生き延びることはできた。しかし収容所へ向かう途上で、すでに苦難は始まっていた。

グラーフ　歩兵たちが説明していたところによると、ロシア兵を後方に送り届けるさいに捕虜たちは三、四日食料をまったく与えられず、倒れていった。そばにはいつも見張りがいて、頭に一発お見舞いし、そいつは死んだ。他の奴らがそいつに群がり、死体を切り分けてそのままむさぼり喰ったんだ。(101)

人肉食は、兵士たちによってとりわけ強調された現象である。「ロシア人たちはしばしば、一人がくたばると、生暖かいうちからそいつをむさぼり喰っていた。本当の話だ」(102)と、クライン中尉も報告している。

ゲオルク・ノイファー大佐とハンス・ライマン中佐は、一九四一年に捕虜の移送を目撃していた。

ノイファー　ヴャジマ(103)〔ロシア・スモレンスク州の都市〕からのロシア兵の後方移送は実に恐ろしかった！

ライマン　本当に恐ろしかった、本当に。俺はコロステン〔ウクライナ北西部の都市、現コロステニ〕からレンベルク〔ウクライナ西端の都市、現リヴィウ〕の直前まで移送に同行した。彼らは動物のように車両から引きずり出され、むち打たれながら整然と整列させられて、水飲み場に連れて行かれた。駅にはそういう桶があって、彼らは動物のようにそれに殺到し、水をがぶ飲みして、それから食料をごくわずかしか与えられなかった。それからふたたび車両に追い立てられた。しかもひとつの家畜運搬車両に六〇ないし七〇人だよ！　停車するごとに、一〇人の死者が引きずり出された。空気不足で窒息したからだ。俺はそう聞いたよ。俺は捕虜収容所監視員用の客車にいたんだが、学生で、眼鏡をかけて知識人ふうの軍曹にこう尋ねた。「この仕事〔収容所看守〕をやってどれくらいになる？」「まあ四週間ですね。でも、もうこれ以上我慢できないんです。ここを去らなくては。ボクはもう耐えられないんです！」駅ではロシア人たちがこの小さな窓から外を眺めて、そこに立っている〔現地の〕ロシア人住民にロシア語で獣のように吠え立てていた。「パンをくれ！　汝に神のご加護あれ！」云々。そして自分の古いシャツや最後の靴下、靴を外に放り投げ、それから子供たちがやってきて食べ物としてカボチャを持ってきた。カボチャは中に投げ入れられ、車両の中から聞こえてきたのはただ罵り合う声と、獣のようなわめき声だけ。おそらくお互いに殴り合ったんだろう。俺はもううんざりだった。車両の隅に座り込んで、頭からコートをかぶった。俺はその看守の軍曹に尋ねた。「食べ物はないのか？」彼は答えた。「中佐殿、どこにそれがあるのでしょうか？　何の準備もないのです！」

ノイファー　いやいや、本当にあれは想像できないくらい恐ろしかった。ヴャジマ・ブリャンスクの二重包囲戦〔一九四一年一〇月初旬の戦闘〕のあとの捕虜の隊列だけでも、十分恐ろしかった。捕虜たちは徒歩でスモレンスクのはるか向こうまで移動させられた。俺はこの区間を車で移動したが、側溝は射殺されたロシア人たちでいっぱいだった。車で走っても、あれは恐ろしかったよ！(104)

ロシア兵捕虜の大量死は、きわめて不十分な食料ゆえに一九四一年晩夏にはすでに始まり、冬にその頂点を迎え、ようやく一九四二年初頭になって一時的に減少した。それまでにおよそ二〇〇万人のロシア兵捕虜が亡くなった。戦争捕虜政策における一定の方向転換が始まったのはようやく一九四一年秋のことであり、この頃にはドイツ戦時経済における労働力不足が徐々に深刻になっていた。それまで飢えるがままにさせておいた人間の道具としての価値が、認識されたのである。しかし国防軍指導部が政策の根本的転換に踏み切ることはなかった。捕虜たちの命のために奮闘し、（成功することはなかったが）破滅的な取り扱いに抗議した個人もいたのではあるが(105)。

捕虜収容所の恐ろしい状況は、盗聴記録においては前線における処刑よりも頻繁に言及される。数万人規模の大量死は、東部戦線の兵士たちにとっても特別な出来事であった。

フライターク　デンブリン〔？〕〔ポーランド東部ルブリン県の都市〕の城砦に、五万人のロシア兵捕虜がやってきた。本当に立錐の余地もないほど満杯で、立っているしかなく、座ることがほとんど不可能で、本当に満杯だった。一一月に俺たちがデンブリンに来たとき、そこにはまだ八〇〇〇人いて、それ以外はすでにみな地下に埋められていた。ちょうど発疹チフスが突発したんだ。一人の見張りが言った。「収容所ではチフスが流行している。あと二週間くらいは続くだろう。そうしたらロシア兵捕虜は全員、ポーランド野郎も全員〔死ぬ〕。ユダヤ人もだ」。彼らが観察する限りでは全員が発疹チフスに罹っていて、その一帯はすぐに一掃された(106)。

大量死の規模については、かなりのドイツ兵たちがきわめて正確に知っていた。たとえばフライターク空軍軍曹は一九四二年六月にこう言っている。「クリスマスまでに我々は三五〇万人を捕虜とした。そしてそのうち一〇〇万人が冬を乗り越えたとしたら、それはまだ数が多い(107)」。第二七二砲兵連隊のフェルベーク中尉は、ある戦友にたいして憤りを見せた。

フェルベーク　どれだけ多くのロシア兵捕虜が、一九四一年から四二年にかけての冬にドイツで死んだか知っていますか？　正真正銘二〇〇万人がくたばったんですよ。食うものも得られず、動物の内臓を屠殺場から収容所にもってきてむさぼり喰ったんです。(108)

ロシア兵捕虜の殺害、戦闘における兵士の「虐殺」、報復のための大量射殺は、東部戦線部隊に支配的であった人種主義的な優越感によって助長された。ロシア人は「価値の低い民族」(109)であり、「動物」(110)であり、「ロシア人は我々とはまったく異なる人間、すなわちアジア人」(111)であるという姿勢は間違いなく、暴力への準備を促した。しかしながらとりわけ収容所における大量死については、まったく感情移入が見られなかったわけでもなかった。描写される扱いは不当で残酷だというニュアンスが混ざることも、少なくなかった。そのさい一定の意味を持っていたのは、ユダヤ人やボリシェヴィキによって焚きつけられた赤軍兵士というプロパガンダ・イメージとは異なる多様な見方が存在したこと、そしてロシア兵たちの軍事的な功績が大いに尊敬の念をもって見られることも少なくなかったという点である。現地における生活によって、ロシア文化や厳しい気候の中での現地住民の生活の仕方にたいする見方が変わり、徐々に現実に即した見方、部分的には肯定的な見方にすらなっていった。さらに、およそ一〇〇万人のロシア人が志願兵として国防軍の側で戦っていた。この状況は、ロシア人にたいする固定観念を変えずにはおかなかった。(112)

しかしながら感情移入は、〔連合国軍の捕虜となったドイツ兵のように〕自分自身が捕虜となりながらも、はるかによい待遇を受けていた語り手からも生じていた。これを考慮に入れれば、ロシア兵捕虜にたいするドイツ軍の扱いと、ドイツ兵捕虜にたいする連合国の扱いのコントラストは、きわめて大きなものがある。

もっともイギリス軍の尋問収容所には、ロシア兵捕虜の扱いがそれでもまだ人道的すぎたと主張する兵士たちもいた。たとえばマクシミリアン・ジリー中将は一九四五年五月六日にこう断言している。

ジリー　おおっぴらに言うべきことではないが、私たちはあまりにも軟弱すぎた。私たちは残虐行為のせいで、今こうして身動きが取れない状態になっている。だがもし私たちが一〇〇％の残虐さを実行していれば、つまり人々を一人残らず抹消していたら、誰一人そんなことは言わないだろう。この中途半端な措置というのが、いつも間違いの元なのだ。

マクシミリアン・ジリー中将（BA 146 –1980–079–67）

東部では「指揮系統で直属させられている」軍団にこう提案したことがある。そのときは、数千人の捕虜が後方に来ていたが、誰も監視しておらず、人がいないということだった。フランスではそれは非常に上手くいっていた。なぜならフランス人は堕落し切っていて、こう言ってやればよかったんだ。「後方にある捕虜集合所まで行って自分で申告してこい」。そうすればこの愚かな猿は、本当にそうしたんだ。しかしロシアでは、装甲部隊の先頭と後続部隊の間に五〇ないし八〇キロの距離が開いていて、行軍するのにおそらく二、三日かかる。ロシア人は自分で後方には行かないし、みんな後方でさまよい歩いて、右に左に森に駆け込んで、そこで難なく生活していける。だから私はこう言ったんだ。「それではだめだ。私たちはやつらの片足を切り落とすか、片足を折るか、もしくは右前腕を折って、その後四週間戦えない状態にして、それから集めればいい」。足を棍棒で粉々にすればいいと私が言ったときは、悲鳴が上がったよ。もちろんあのときも、それが正しいとは完全には思っていなかったが、今ではそれが正しかったと思っている。私たちが目の当たりにしてきたのは、十分な冷酷さがなく、十分な野蛮さがなければ戦争は戦えないということだ。ロシア人はその点、造作もなかった[113]。

絶滅

「総統はユダヤ人問題の扱い方のせいで、外国における評判を大いに台無しにした。これこそまさに無神経そのものだ。歴史が書かれるさいに、総統は批判されるだろう。彼は数多くのことを成し遂げたのに[114]」。

「ああ、だがそれは仕方がなかったんだ。人間誰しも間違いはおかすものさ[115]」。

ドイツにおける大きな歴史政策上の論争のひとつは、ハンブルク社会研究所による展覧会「国防軍犯罪展」によって引き起こされた。一九九五年から一九九九年まで、国防軍による戦争犯罪とユダヤ人絶滅への関与の記録が多くの都市で展示され、とりわけかつて軍人であった高齢の来場者たちが憤激する光景がしばしば見られた。この時点をもって、清潔な国防軍という神話は最終的に消滅したと言われる。しかしながらこの展覧会をめぐる対立において注目に値するのは、多くの戦争参加者が国防軍のホロコーストへのあらゆる関与を断固として否定したことである。我々の盗聴記録が示すように、それは「［精神分析で言うところの］抑圧」でも「否認」でもない。今日では絶滅戦争やホロコーストとされる多くの犯罪が、当時においてはまったく違うものとして、たとえばパルチザン掃討として位置づけられていたのである。その限りにおいて、ここで問題となっているのはふたつの参照枠組み、すなわち当時のものと現在のそれとの違いである。

しかしながら、盗聴記録においてさらに特筆されるべきことがある。それは、多くの兵士たちがユダヤ人絶滅のプロセスについて詳細に知っていたということである。中には、研究が今まで明らかにしていないような側面にまで言及しているものもある。しかし彼らはそうした知識と自らの行為を結びつけることはしない。ほとんどの兵士たちは国防軍部隊が数多くの戦争犯罪を犯し、占領地域におけるユダヤ人の組織的な射殺に数多く参加したことを、すでに第二次世界大戦中に知っていたにもかかわらずである。実行者として、傍観者として、共犯者として、補助員として、注釈者として。ごく稀に、彼らがその妨害要因となることもあった。たとえば、苦情を申し立てたり、犠牲者を救出したり、とくに華々しい行動としては、武器を用いてSSがユダヤ人の集団を殺害することを阻止した、何人かの将校がいる。[116] これらはもちろん孤立した例外である。国防軍兵員は一七〇〇万人いたが、その中で行われた「救出のための抵抗」はヴォルフラム・ヴェッテの評価によれば、併せて一〇〇件程度である。[117]

二日間で三万人以上が射殺されたバビ・ヤールのような大規模な射殺行動は、国防軍の参加なしには不可能であった。一九四一年中盤からロシアで起こっていたこと、そしてポーランドではその前から起こっていたことに関する知識は、直接の加害者や傍観者の範囲を超えて広まっていた。報告される内容がすさまじいものであり、その秘密保持が望まれ、情報空間が限られている場合には、噂というコミュニケーションがとりわけ迅速で興味深いメディアとなった。盗聴記録では、ユダヤ人にたいする大規模犯罪に関する会話は稀にしか登場せず、全事例のわずか〇・二％にとどまる。しかしここでは、絶対数にあまり意味はない。なぜなら兵士たちの参照枠組みにおいて、犯罪はそもそも重要な役割を果たしていなかったからである。同様に会話の中で明らかになるのは、事実上全員がユダヤ人が殺されていることを知っていたか、少なくとも感づいていたということである。こんにちの読者が驚かされるのはとりわけ、こうした犯罪の語り方である。

フェルベルト　ユダヤ人が除去される場を見たことがありますか？

キッテル　ああ。

フェルベルト　完全に組織的に行われていましたか？

キッテル　ああ。

フェルベルト　女性も子供も、全員ですか？

キッテル　全員だ。途方もなかった。

フェルベルト　それから車両に乗せられたのですか？

キッテル　ああ、車両に乗せられるだけだったらよかったんだがな。私自身、それを体験したんだよ！　私はそれから一人の男を送って、こう言った。「命令する。今すぐ中止しろ。俺はこれ以上まったく聞いていられない」。つまりたとえばラトヴィアのデュナブルク〔南東端の都市、現ダウガフピルス〕近郊では、ユダヤ人の大量射殺が行われた[118]。それをやったのはSSとSD〔親衛隊保安部〕だ。SDはおよそ一五人くらいの男たちで、それから六〇人のラトヴィア人もいた。奴らはよく知られているように、世界でも例を見ないような粗野な人間だと考えられている。それから日曜日の朝にベッドに横たわり、それからずっと、一斉射撃二回と小銃の音が繰り返し聞こえた。俺は起き上がって外に出て、そして言った。「これは何のための射撃だ？」伝令兵が答えた。「大佐殿、行ってご覧になってはいかがでしょう」。近くまで行ってみたが、もう十分だった。デュナブルクからは三〇〇人の男たちが追い払われ、彼らは穴をひとつ掘り、男たちや女たちが巨大な穴をひとつ掘り、家に向かって歩いて行った。次の日に彼らはやってきて、男たち、女たち、子供たちの数が数えられ、全裸にされて、処刑人たちがまずすべての服を山積みにした。そして二〇人の女たちが穴の縁に裸のまま並べられ、撃たれて、下に落ちていった。

フェルベルト　〔その後は〕どんな感じだったんですか？

キッテル　穴を前にして、それから二〇人のラトヴィア人が後ろに回り込み、小銃で頭の後ろから撃つ。穴のそばには〔ラトヴィア人たちが乗る〕踏み台があるので、彼らは低いところに立つことになる。彼ら〔ラトヴィア人〕は穴の縁に立って頭に撃ち込み、彼ら〔ユダヤ人〕は前面の穴の中へと崩れ落ちる。そのあと二〇人の男たち〔ユダヤ人〕がやってきて、また一斉射撃で殺されるというわけだ。一人が指図すると、二〇人の男たちが墓の中へと崩れ落ちていく。そして最悪のことが行われる。私はその場から立ち去り、こう言った。「これは何とかしなくてはいけない[119]」。

ハインリヒ・キッテル中将は、メッツ〔メス〕市司令官を務めたことがある人物だが、一九四四年一二月二八日にこれを語っている。一九四一年に彼は大佐の階級で指揮官予備 Führerreserve とされていたが、北方軍集団に割り当てられ、デュナブルクに派遣された。当地では七月から一一月の間におよそ一万四〇〇〇人のユダヤ人が射殺された。この射殺において彼が果たした役割は、よくわかっていない。彼自身はこの状況を、憤慨した観察者の視点から描写している。高級将校としてのキッテルの影響力は、描写された状況からも明らかである。兵卒とは異なり、この語りの最後で示されているように、単なる受動的傍観者の役割に甘んずるのではなく、何かをすることが可能であった。傍観者の視点からの語りは、盗聴記録において非常によく見られるものであるが、出来事にたいする積極的な関与は触れられないことが一般的である。こうした方法によって語り手はある程度、報告者という無難な役割に自分を位置づける。こうした語り方は、こんにちに至るまで同時代証言の形として広く見られるものである。そしてキッテルがここで報告しているような詳細さは、決して珍しいものではない。射殺行動は会話の材料を数多く提供するものであり、罪や責任に関して考慮したり質問する多くの機会をつくり出す。

もっともこんにちの読者にとって唖然とさせられる点が、ふたつある。ひとつは、ここでフェルベルトがしているような質問攻めが行われることは、きわめて稀だという点である。報告されていることは、細部においては聞き手や話し相手にとって驚くようなものであったかもしれないが、絶滅プロセスという全体自体は、誰一人まったく予期できないようなものではなかったのではないかという印象をむしろ抱く。フェルベルトが尋ねている「車両」という細部も、彼にとってはすでになじみのものである。事実、聞き手が完璧に驚いているパッセージはほとんど見当たらないし、語られた内容が信じられないものとして評価されたり退けられるケースはさらに少ない。はっきり言えば、ユダヤ人殺害は兵士たちの知識世界の構成要素だったのであり、このテーマに関する最近の研究から想像される以上に、兵士たちには知られていたのだ。もちろん全員がすべてを知っていたわけではないが、一酸化炭素によるトラックでの殺害や「作戦一〇〇五」の枠組みにおける遺体の掘り返しと焼却（「噂」の節を参照）に至るまで、盗聴記録には絶滅のあらゆる細部が登場する。さらに絶滅に関する噂についても多くが語られており、これらを考慮に入れれば、ほとんど誰もがユダヤ人が殺害されていたことを知っていたと考えることができる。

もうひとつは、語られる話が（こんにちの視点から見れば）驚くような展開を迎えることである。つまり二一世紀の聞き手としては、どのようにしてキッテルが殺害を食い止めたのかという話を緊張しながら待ち受けるわけだが、彼の話の要点はまったく違うところにある。

キッテル　私は車に乗って、このSDの男のところに出かけていき、こう言った。「金輪際、人に見られるような戸外でこうした射殺を行うことを禁止する。おまえたちが、森とか他の誰も見えないところで射殺するぶんには、おまえたちの勝手だ。しかしあと一日だけはそこ〔森〕で射殺してはいけない。我々は飲み水を深井戸から得ており、死体の水を飲むことになるからな」。私がいたのはメシェムス[121]という保養地で、デュナブルクの北にある[122]。

目の前で起こっていることにたいするキッテルの憂慮は、（「途方もなかった」「最悪のこと」といった彼の差し挟んだ言葉にもかかわらず）とりわけ技術的な種類のものだったのである。すなわち射殺はしてもよいが、しかしその場所ではなく、ということだ。キッテルにとって問題だったのは、そこが他所から見えるということと、汚染の可能性があるということであった。なぜなら加害者たちは明らかに、飲み水の補給に関して事前に考慮している様子がなかったからである。もっともフェルベルトはそのことではなく、話の続きに興味がある。

フェルベルト　子供たちはどうしたんですか？

キッテル　（非常に興奮して）子供たち、三歳児たちが髪の毛をつかまれ、高々とつり上げられてピストルで撃たれた。そして彼らは子供たちを投げ捨てた。それを私はこの目で見た。SDが封鎖していたとはいえ、三〇〇メートルの距離に立っていたのだから、眺めることができた。そこにはラトヴィア人が立っていて、ドイツ兵もそれを見ていた。

フェルベルト　それでSDはどんな人たちだったんですか？

キッテル　吐き気がするね！　奴らは彼ら全員を自分たちの手で撃ち殺したんだと思う。

フェルベルト　彼らはどこ出身で、どの部隊所属なんですか？

キッテル　彼らはドイツ人で、SDの制服を着ていて、黒い袖章Streifenをつけ、そこには「特別任務」と記されていた。

フェルベルト　処刑人は全員ラトヴィア人だったんですか？

キッテル　全員ラトヴィア人だった。

フェルベルト　しかし命令を出していたのは一人のドイツ人

だったと？

キッテル　ああ。ドイツ人たちは盛大なセレモニーをやり、ラトヴィア人はささやかなセレモニーをやった。ラトヴィア人は服をすべて漁っていた。SDの職員は分別があって、こう言った。「よろしい、それはどこか別の場所でやろう」。その地域から連れてこられたのは、全員がユダヤ人だった。腕章をつけたラトヴィア人。ユダヤ人が連れてこられると、彼らは持ち物を奪われた。デュナブルクのユダヤ人にたいしては、すさまじい憤激が広がっていたんだ。つまり、ついに民族としての怒りが爆発したということだ。(123)

キッテルは、つねにフェルベルトの質問に答える形で自分の話を語り続け、ふたたび驚きの展開を迎える。殺害が明らかにラトヴィア人によって行われる一方、ドイツ人はどうやら指示を出しているらしいという状況の原因を、彼はデュナブルクにおいて爆発した「民族としての怒り」に求めるのである。これは、通常では考えられないような明らかに矛盾したことや不条理なことが、会話の流れの中ではほとんど問題にならないということを示している、数多くの実例のひとつである。(124) キッテルは確かにSDによる組織的な殺害について語っているのであり、それとほぼ同時に口にする「民族としての怒り」の爆発とは両立しえない。しかし日常会話において矛盾はつねに起きているものであって、それが語り手にとって問題となることは驚くほど少ない。その理由のひとつは、会話というものは情報を伝達することだけが目的ではないという点にある。すなわち会話にはつねにふたつの機能がある。語られる内容と、語り手の社会的関係である。古典的なコミュニケーション理論ふうに言えば、語りには内容としての側面とともに、つねに関係としての側面もある、と言えるだろう。語りの状況においてはそのことの方が、語られている内容が歴史的、論理的に正しいのかということよりもはるかに重要なことが多い。しばしば聞き手が聞き返したり説明を求めたりするのを断念するのは、それによって会話の流れを邪魔したくない、語り手をいらだたせたくないからであって、その話があまりに魅力的な場合には、それが本当に正しいのかどうかということもどうでもよくなる。もっともフェルベルトは非常に注意深い聞き手でもある。

フェルベルト　ユダヤ人にたいしてですか？(125)

注目すべきことに、別の会話への参加者がこれに答える。おそらく彼は、キッテルの語りの矛盾に気づいたのであろう。彼はキッテルの見解に沿う形で状況を説明し、さらなる説明を彼に求める。

シェーファー　ええ、なぜなら当時ロシア人は六万人のエストニア人などを拉致したからです。しかしもちろんそうした対立は、意図的にあおり立てられたものです。ところでこうした人々にはどういう印象を持たれました？　彼らが撃たれる前の様子をご覧になりました？　彼らは泣いていました？

キッテル　ああ、それは恐ろしかった。移送しているのを見たんだが、処刑のために連れて行かれる人間があのようなものだとは、想像もしていなかった。

シェーファー　人々は、自分の前に待ち受けているものに気づいていました？

キッテル　正確にわかっていた。彼らは無気力だった。私は繊細な神経の持ち主ではないが、しかしそのようなものを見ると胃がキリキリと痛んだ。私はいつも言っていた。「あそこでは人間はもはや人間ではなくなる。これはもはや戦争指導とは無縁のものだ」。私のところに一度、ＩＧファルベンから有機化学の主任化学者が副官としてやってきたことがある。そこではもはや彼の仕事はないということで、徴兵され、前線に送られてきた。しかし彼は現在故郷にいる。偶然故郷に戻ることになったのだが。彼は何週間にもわたって、使い物にならなかった。彼はいつも部屋の隅に座って、泣き叫んでいた。「こんなことがどこでも起こっているかと想像すると！」彼は重要な化学者で、また音楽家でもあったが、繊細な神経の持ち主だった。(126)

ここで会話に転換をもたらすのは、フェルベルトである。

フェルベルト　なぜフィンランドが離反し、ルーマニアが離反し、なぜあらゆるところで我々が嫌われているのか、ここにその理由があります。こうした個別事例のせいではなく、さまざまな事例全体のせいです。

キッテル　世界中のユダヤ人を同時に殺せば、告発する人間ももはや現れないだろうな。(127)

会話の流れの中で自らをプラグマチストとして位置づけてきたキッテルにとって、問題なのはユダヤ人絶滅それ自体ではなく、そのやり方の不十分さであったが、フェルベルトが問題を道徳的次元にまで押し広げ、しかも「個別事例」ではなく「事例全体」と述べたことが完全には理解できなかった。

フェルベルト　（非常に興奮し、叫びながら）明らかじゃありませんか。それは不道徳なことですよ。ユダヤ人が告発するまでもないことです。私たちがそれを告発しなきゃならない。

それをやった人間を、私たちが告発しなきゃならないんです。

キッテル　だったら、国家組織のつくり方自体間違っていたと言わなきゃならんのじゃないか？

フェルベルト　（叫びながら）それはそうです。でもそれが間違っているのは明らかです。その点疑問の余地はありません。まったく信じられないことです。

ブルーン　私たちは〔国家組織の〕手先だったんだよ。[128]

フェルベルトはここで、はっきりとキッテルとは反対の立場を取っている。彼は憤激して「不道徳なこと」と口にし、責任者の責任を問う必要性を述べている。もちろん彼は責任者の中に、その場に居合わせる人間は含めていない。彼の憤りはしかし、次の一文に示されているように倫理的な動機にもとづいているだけでなく、きわめて現実的なものでもあった。

フェルベルト　つまり私たちに責任が押しつけられるということです。後づけで、あたかも私たちが責任者であるかのように。[129]

ブルーンが加勢する。

ブルーン　今日もしあなたがドイツ軍の将校として姿を見せたら、人々はこう思うでしょう。彼は何でも知っている、それについても知っている、と。そして「我々はそれとは何の関係もないのです」と言っても、誰も信じてくれないでしょう。あらゆる憎悪や反感は、ただこの殺戮だけが原因なのです。もし神の公正さというものが本当に存在するならば、私のように子供が五人いるとすれば、そのうち一人ないし二人がこうしたやり方で殺され、復讐されても文句は言えないはずです。これほどまでに血を流したのであれば、勝利する資格はありません。むしろ我々の直面している今の状況が、当然の道理なのです。

フェルベルト　それが誰の指図によるものなのか、私は知りません。もしそれがヒムラーならば、彼は最悪の犯罪者です。それについて初めて話してくれた将官が、あなたでした。これらの記事はすべて嘘をついているのだと、私はずっと思っていました。

キッテル　あまりに多くのことについて私は沈黙している。とにかくあまりにも恐ろしいことだ。[130]

「国家組織」が残念ながら、国防軍将官たちが犯罪の「手先」となることを許してしまった、しかしその犯罪には他の集団、とりわけＳＤに責任があるというのが、彼らの意見であった。ブルーンとフェルベルトは明らかに、自分たちが無関係の出来事によって共同責任を問われることを恐れている。[131] 自分たちの子供のうち一人か二人を報復の犠牲に差し出さなくてはならないというヨハネス・ブルーン少将の奇妙な発言は、語り手たちが議論する上での規範的な参照枠組みがいかにこんにちの基準とは異なるものであるかを示している。フェルベルトは続けて、責任者を特定しようとする。キッテルはこの議論を、きわめてフロイト的な錯誤行為〔言い間違い、聞き間違いなどのちょっとした過ちには無意識が現れるという考え方〕のように聞こえる言葉で締めくくる。「あまりに多くのことについて私は沈黙している」。[132]

このあとには、絶滅に先行する反ユダヤ主義措置に関する長いパッセージが続く。フェルベルトは射殺の詳細に関心を持ち始め、しかも風変わりな質問をする。

フェルベルト　若くてかわいい女の子たちはどうなったんですか？　ハーレムでもつくられたんですか？

キッテル　私はそれについては関係がない。私が気づいたのは、彼女たちがもう分別を持つようになっていたということだけだ。クラクフにはユダヤ人女性のために少なくとも強制収容所があった。とにかく、私がある要塞施設を選び、そこに強制収容所を建設してからというもの、状況はかなり理屈の通ったものになった。彼女たちは重労働をしなければならなかった。女の問題は、陰鬱な話だ。

フェルベルト　カーペットや家具を手に入れるためにその持ち主を殺したのであれば、そこの家族にアーリア人に見えるかわいい少女がいたら、どこかにウェートレスとして送られたんじゃないかと想像できるんですが。[133]

一九四四年にクラクフの守備隊司令官であったハインリヒ・キッテルがほのめかしているのは、プワシェフ収容所である。ここはメディア〔スティーブン・スピルバーグの映画『シンドラーのリスト』のこと〕を通じてそれなりに有名になったところで、なぜならアーモン・ゲートの指揮下にあったからである。この所長はときおり公邸のベランダから収容所の囚人を射殺し、一方でオスカー・シンドラーと取引をすることで、かなりの数のユダヤ人をシンドラーが救出することを可能にした人物でもあった。[134] キッテルはここで、クラクフにおける反ユダヤ主義措置に満足の意を示している。なぜならデュナブルクよりも、迫害が技術面ではるかに効率的だったからである。すなわち「少なくとも強制収容所があった」。フェルベルトはそれにたいしさらに「女の問題」に固執するが、それ以降の彼の猥らで奇妙な発言について、それ以外の人々はもはや反応しない。それから責任者についての話になり、それはキッテルから見ればSDであったが、それは以下のような経緯でつくり上げられた組織であるという。

キッテル　ヒムラーが国家の中に自分の国家をつくろうとしていたとき、SDは次のようにして成立した。五〇%は政治的に問題のない刑事、残りの五〇%は犯罪者。こうしてSDはできあがったんだよ（笑）。ベルリンの刑事局に一人いてね。［…］〔一九〕三三年以降に私にこう話してくれた。「俺たちは今〔メンバーとして〕選ばれた。政治的に問題がある国家警察の官吏は除外され、退職させられるか左遷された。あらゆる国家が必要とするような刑事たちを中核として、ベルリンの暗黒街出身で、しかしナチ党運動にもタイミングよく注目されるようになった人々が今や混ざり合うことになった。今彼らと一緒に仕事をしている」。彼はよどみなく言った。「俺たちは五〇%はきちんとした人間だが、五〇%は犯罪者だ」。

シェーファー　近代国家においてそのような状況が許されるのだとすれば、このひどい人々 Sauvolk が消え去るのも時間の問題だとしか言いようがありません。

キッテル　愚か者である私たちが、こうしたことすべてを傍観してきたのだ。(135)

これによって彼らは責任者を特定し、その出自によって状況が説明される。すなわち、SDがリクルートされてくる準犯罪的なミリューこそが、今や明るみに出た問題の原因なのだ、と。ユダヤ人迫害それ自体が問題だったのか、それともその非効率的なやり方だけが問題だったのかはよくわからない。さらに注目されるのは、彼らがキッテルの報告にこれ見よがしに驚いていながら、緊張が緩むとすぐに他のテーマへと移り、ふたたび喜ばしげな雰囲気を醸し出すようになる、そのさまである。シェーファーが口にする「ひどい人々」というのも、想定されているのはSDであって、国防軍の罪はせいぜいが、キッテルが付け加えているように、出来事を傍観し介入しなかった過失である。この会話が興味深いのは、絶滅に関する多くの会話の構造をまさに端的に示しているからである。つまり話し手の一人は、このコミュニケーションにおいては事情通であり、聞き手は関心をもっていろいろと尋ねるが、予備知識もそれなりに有している。出来事それ自体については、つねにというわけではないもののしばしば否定的なコメントがなされ、否定的な見方の理由は、この集団の例が示すようにきわめて驚くような内容であったりする。集団は最終的にはたいてい、自分たちを受動的な傍観者の立場に位置づける。そうした出来事が起こっていたことにはほとんど気づかなかった、というのである。
ところで、もうひとつこの会話が興味深いのは、他のコミュニケーションの枠組みでふたたび登場するという点である。ブルーン少将は数週間後に別の関連で、キッテルが報告したことを語っている。

ブルーン　それから彼らは穴を掘り、そして子供たちの髪の毛をつかんで高々とつり上げ、あっさりとこんな感じで撃ち殺した。ＳＳがそれをやった。兵士たちはその場に立っていて、とくにロシア人住民が二〇〇メートルの距離に立って、彼らがどんなふうに殺すのかをすべて眺めていた。出来事全体がどれほどぞっとするものであったかの証左として、彼［キッテル］は次の点を挙げた。彼の幕僚として働いていたまぎれもないＳＳの一人が、のちに神経に破綻を来たし、私にはもうできない、それは不可能だとしか言わなくなった。医者だったそうだが。彼はそれから［精神的に］逃れることができなかったんだ。そんなことが本当に行われているということを、彼はそのとき初めて体験した。シェーファーや私が聞いた話は身震いするようなものだったので、キッテルにこう言った。「それからいったいあなたはどうなさったんですか？　あなたはベッドに横たわって物音に耳を傾けるだけでしたが、それはあなたの家から数百メートル程度しか離れていませんでした。そしてあなたはそれを司令官に報告しなければならなかったはずです。それから何らかの動きがあったのではありませんか？」彼が言ったのは、そういうことは広く知られていて、どこでも起こっていたということだった。さらに彼はこんな言葉すら交えた。「それは特別にひどいというものでもなかっただろう」「すべては当時の状況が悪かったということだろう」。だからあの時私は、ほとんどこう考えざるをえなかった。彼個人にとってはそんなに深刻な問題ではなかったんじゃないのか、と。[136]

この種の会話はしばしば、子供たちの誕生日に行われる「伝言ゲーム」遊びの性格を帯びる。この点は、記憶研究やナラティヴ研究の古典的文献や近年の研究でも証明されている。[137]語りは伝達されることで変化する。細部が創作され、行為者が置き換えられ、場所が移動される。それを伝達する人間の欲求に沿った形になるのである。耳にした話がこのように修正され創作されるプロセスは、ほとんどの場合無意識的である。伝達者がその時々に置かれている立場や位置によって語られる内容が変わっていくというのは、聞き取りや伝達という行為そのものの本質である。したがって語りとは原則的に出来事をありのままに反映するものではなく、そのつどつくり替えられるものである。しかしそこからは、語り手や聞き手にとってどの側面が重要なのか、どのような知識のストックや歴史的事実もしくは馬鹿げた内容が会話には含まれているのか。そして最終的には、そうした類似した構造の語りをもとに、ユダヤ人迫害や絶滅がどれくらい頻繁に、かつどのように兵士たちのコミュニケーションに現れるのかということを読み取ることができる。前記の語りは、殺害行動を明らかに是認していたキッテルの冷淡さにたいして、いかにブルーンが憤激したかを示すものである。

ユダヤ人絶滅が一般的にどの程度兵士たちの注目を集めていたのかは、答えることがきわめて難しい問題である。連合国の盗聴担当将校は絶滅行動などについて情報を集めることに関心を抱いていたであろうから、それについてのコミュニケーションが実際の割合以上に記録されていることが想像される。それを考慮すれば、絶滅行動をめぐる語りが全体に占める約〇・二%という数字は、実際にはそれよりもはるかに少ない数字となろう。しかもその数字には、ゲットー化、射殺、ガスによる大量殺戮という、ユダヤ人迫害のすべてのスペクトルが含まれているにもかかわらず、である。終戦直後にベルゲン゠ベルゼンやブーヘンヴァルト強制収容所で撮影された写真がドイツ人に与え、こんにちまで影響を及ぼしている衝撃波から、国防軍兵員はみな絶滅に参加し、それについて知っていたに違いないという結論を出してはならない。絶滅に関する彼らのイメージは、直接見聞きしたもの、受動的に得た知識、そして噂をつなぎ合わせたものである。絶滅というプロジェクトは、彼らの任務の中心ではなかった。もっとも彼らは、兵站面や同僚として職務を支援したり、あるいは自らの意思で参加するなど、ときおりこれと関係することもあったのだが。「ユダヤ人行動」は主として行動部隊や警察予備大隊、現地の補助部隊によって組織され、前進する前線部隊の後方の占領地域で行われた。したがって戦闘部隊はこうした大量絶滅行動にあまり関与しなかった。

兵士たちが大量殺戮を正しいこと、奇妙なこと、もしくは誤ったことと考えていたかどうかに関係なく、大量殺戮は彼らの世界の中心的位置を占めてはいなかった。ここ三〇年程度まずはドイツの記憶文化において、そしてヨーロッパにおいて認識や意識の中心を占めるようになってきているが。殺害が行われているという知識は広まっていたし、知らないでいることは困難であった。しかしそれが、自分が戦争において行わなければいけない仕事と何の関係があるのだろうか。生活世界においては、とくに問題のない状況下でも数多くの出来事が同時並行的に生じており、人間がそのすべてを注意深く認識することはない。現実は複雑であり、「平行社会」は数多く存在するのである。ユダヤ人絶滅が兵士たちにとって精神的に中心的な位置を占めていなかったこと、おそらくSSにとっても一度たりとも中心的な位置を占めたことがなかったことが、次の一見ささいに見える事実からも明らかになる。ヒムラーが悪名高い「ポーゼン演説」*においてユダヤ人絶滅に触れたのは、数分程度にすぎないのだ。しかし演説全体はなんと三時間も続いていた。そうした側面は、センセーショナルな箇所の引用（「諸君たちのほとんどは、一〇〇の死体が横たわるとき、それがどんなものだか知っているだろう…」）に目を奪われて、見過ごされてきている。

本書で利用する史料を通覧する限りでは、ユダヤ人絶滅の事実ややり方に関する知識は兵士たちの間で広まっていたものの、彼らはこうした知識に特別な関心を示さなかったと判断せざるをえない。たとえば武器や爆弾の技術、顕彰、撃沈した艦船や撃墜した航空機に関する絶え間ない議論と比べれば、絶滅過程という文脈からの描写は全体としてわずかなものにとどまる。要約すれば、絶滅が行われたことは男たちには明白なことであり、彼らの参照枠組みにも統合されたものの、それがどれだけ注目を集めたかという点においては、きわめて周縁的なものにとどまっていたと言える。

とはいえ、この主題に関する証言がわずかながらも発生するとき、それはいつも非常に詳細だった。のちに検事が長期にわたる大変な苦労の末に再現した事実より、部分的にはずっと正確だった。盗聴記録には語りの率直さに加え、時間の近さ、つまり出来事が起こってから多くはそれほど時間が経っていないという特徴がある。そしてとくに重要なのは、戦後の解釈による〔後づけの〕フィルターを通したものではない、という点である。こうしてこの史料は、自分の無実を弁明しようという欲求や自分の責任を認めることへの抵抗が含まれている捜査記録よりも明快な言葉を語っているし、記憶文献〔自叙伝やインタビューなど〕よりはさらにいっそう明快である。事実、従来の綿密な歴史研究や法的な捜査、生存者の証言を通じて大量絶滅について再構築されてきたことのすべてが、ここでも確認される。唯一の違いは、ここでは加害者、もしくは少なくとも行為を傍観し、加害者の共同体に属していた人間が語っているということである。

ブルンス　つまりすべての穴に短機関銃を持った兵士が六人ずつ配置された。穴は長さ二四メートル、幅はおよそ三メート

＊（訳註）一九四三年一〇月四日および六日にヒムラーがポーゼン（現ポーランド・ポズナニ）で行った演説。ナチ高官がユダヤ人殺害を公然と認めたものとして有名。

ルで、缶詰の中のイワシのように頭を真ん中に向けて寝そべらなければならなかった。上には短機関銃を持った兵士が六人いて、首筋に銃弾を撃ち込んだ。私がやってきたときには穴はすでに満杯で、生きている人間がその上に腹ばいにならなければならなかった。そして撃たれた。こうして多くのスペースが無駄にならず、整然と積み重なっていった。それに先だって彼らはある駅で持ち物を奪われた。ここが森の縁で、穴が三つあり、日曜日だった。ここから行列が一キロ半続いていて、一歩ずつ近づいていった。それは死の行列だったんだ。そこに近づいていくと、そこで何が行われているかが見える。おおよそここら辺で、彼らは装飾品やトランクを引き渡さなければいけなかった。すべての財産はトランクの中に入れられ、それ以外は山積みにされた。それは、我々〔ドイツ人〕の中で〔衣料不足などで〕苦しんでいる人々のための衣服になった。そしてさらにもう少し進むと服を脱ぎ、森の五〇〇メートル前では完全に脱がなければならず、着てよいのはシャツと下穿きだけだった。そこにいたのは女性と幼い子供だけで、二歳児だった。そしてこの冷笑的な言葉を聞いたんだ！　短機関銃を持ったこれらの兵士たちは、あまりの緊張で一時間おきに交代させられていたのだが、彼らが嫌々ながらやっているその光景をもし私が目の当たりにしていたなら！　いやしかし、こんな破廉恥な発言だった。「あそこにユダヤ美人が来ましたぜ」。その姿は今でも脳裏に浮かぶ。炎のように真っ赤なシャツを着たかわいい女だった。そして人種的純潔ゆえ*、こんなことも起こった。彼らはリガで彼女たちとまず寝てから、彼女たちがそれを話せないよう撃ち殺したんだ。[138]

ヴァルター・ブルンス少将によるこの描写に現れるいくつかの細部は、驚くべきものである。たとえば死を待つ人々の列の長さを彼は一キロ半と見積もっている。これは、自らの死のために行列させられている人々のすさまじい数を示すものである。そして注目に値するのは、兵士たちが「あまりの緊張で一時間おきに交代させられていた」とブルンスが言及している点である。これは殺害の連続的で、まさに機械的な性格をはっきりと示しており、それは犠牲者を積み重ねていくやり方にも現れている。[139]そしてもう一点が、「ユダヤ人行動」と結びついた性的な事柄である（「セックス」の節を参照）。

ブルンスがここで口にしている大量殺害は、きわめて組織的かつ労働分担的なものである。加害者たちはすでに（犠牲者の脱衣から兵士たちの労働時間に至るまで）機能的なシステムをつくり上げており、それによって射殺は規定通りに行われ、無秩序に陥ることもない。大量殺害が始まった頃はこうではなかった。ブルンスが描写している形式は、殺害がきわめて急速にプロフェッショナル化していったことの帰結なのである。行動自体はここではすでに、標準化されたパターンに則って行われており、それを歴史家のユルゲン・マテーウスは次のように要約している。「まずユダヤ人ばかり集められて拘束され、さまざまな大きさの集団で多かれ少なかれ人里離れた射殺場へと連れてこられ、最初にやってきた人々が大きな穴を掘らなければいけなかった。その後脱衣させられ、大きな穴の前で一列に並ばされ、射撃の勢いで穴の中に転落した。後続の人々にたいしては、射殺される前に、すでに殺された人々の上に横たわるよう強制された。加害者たちが「秩序立った」処刑方法とするものは、実際には大量殺戮であった。それを禁止する命令にもかかわらず、都市の近くには「処刑ツーリズム」と描写しうるような現象が発生した。さまざまな身分・立場のドイツ人が勤務中、もしくは勤務時間外に射殺現場を訪れ、それを眺めるか、もしくは写真に収めた[140]」。

この簡潔な描写には、これから数ページにわたって扱うことになる本質的な要素が含まれている。すなわち、「ユダヤ人行動」が進行していく中でつねに変更が行われ、その実施で表面化した問題点や難点が克服を求められ、たえず修正と最適化がもたらされるというプロセス。そして参加者、すなわち将校や兵士、犠牲者、傍観者の振る舞いである。そのさい傍観者は、明らかにこれら全体を楽しい催しと見なしていた[141]。すでに述べたように、大量殺戮のこうした形は、できるだけ多くの人間をできるだけ短期間で射殺しようとする、当初はあまりプロフェッショナルとは言えなかった試みが積み重なっていった結果である。それぞれの司令部の報告は親衛隊・警察上級指導者へと伝えられ、彼らは定期的な会合のさいに最も効率のよい方法について情報を交換することができた[142]。こうして殺害労働のイノベーション（たとえば犠牲者の脱衣は当初から行われていたものではなかったし、あるいはとくに殺害に適している武器の選択もそうであった）は迅速に伝達され、大量殺戮のプロセスが標準化された。

兵士たち（陸軍だけでなく、空軍や海軍も）の語りは、いわゆるユダヤ人行動が一九四一年中盤以降、前進する前線部隊の後方で行われるその様子について言及している。ユダヤ人男性や女性、子供が組織的に射殺され、およそ九〇万人が犠牲となった[143]。

グラーフ　ポロポディィッツ［?・］の飛行場で歩兵たちが、一

＊（訳註）一九三五年に制定された「ドイツ人の血と名誉を守る法律」では、ドイツ人の「血の純粋さ」が掲げられ、ドイツ人とユダヤ人の婚姻や性交渉が禁止された。

万五〇〇〇人のユダヤ人を射殺したと言っていた。彼ら全員を追い立てて集め、機関銃でその間に撃って、全員撃ち殺した。一〇〇人くらいは生き残らせた。まずは全員で穴を掘らせ、それが墓穴になるが、一〇〇人は残しておいてそれ以外は撃ち殺した。それから一〇〇人全員が穴に入り、小さな隙間ができるまで穴を掘らなければならなかった。そして彼らが一〇〇人を撃ち、その隙間のところへ埋めて、穴全体を埋めた。(144)

クラッツ　ニコライェフ〔現ウクライナ南部の都市、ムィコラーイウ〕では、こんなものを見たことがある。大きなトラックの一団がやってきた。そこに何が載っていたかって？　すべて裸の人間だよ。女子供、女性も男性もみな一台のトラックに乗っていた。俺たちは車列が到着したところに走って行った。兵士たちがいた。「こっちに来いよ！」そこを見てみた。大きな穴があった。彼ら〔兵士たち〕はただ彼らを穴の縁に立たせた。〔撃たれたあと〕彼らはよろめいて落ちていった。そこでは、彼ら〔兵士たち〕にはあまりにもたくさん仕事があった。〔いったん遺体を〕放り出さなければいけなかった。なぜなら、遺体が乱雑に落下していったので、〔それをきちんと並べなおすために穴の〕中に入っていく人員が〔必要だったがそれが〕足りなかったからだ。だから人々が下に降りていかなければならなかった。片方が上に立っていなければならず、もう片方は下に降りていかなければならない。遺体をひとつ、またひとつと積み重ねていた。もはや海綿状のかたまりでしかなかった。それから一体、また一体と詰め込んでいった。ニシンのようだった。あれは忘れられない。俺はSSにはなりたくない。首筋を撃ち抜かれていたのはロシアの政治委員だけじゃない。他もやっていた。復讐されるだろう。(145)

クラッツ伍長は爆撃機Do217の機上整備員であり、自らの部隊である第一〇〇爆撃航空団とともに一九四二年、ロシア南部に投入されたが、ここで彼が描写しているのは大量殺戮行動を貫いていた技術的な最適化である。彼は冷静な口調で、十分な数の犠牲者を穴の中に埋めることができなかったために、最初に実践された大量射殺の形式が適切ではないと証明されたことを、冷静に説明している。

クラッツの描写は、それがあたかも何らかの技術的な問題であるかのような冷静な口調であるが、しかし最後には、それが何か特別であるということを認める発言をする。彼が言ったように「復讐される」のだ。こうした反省のあとには、しばしば大量絶滅に関する叙述が続く。従来の戦争形態を逸脱し、〔戦争で〕つねに行われている「ふつう」だと見なされるような戦争犯罪以上のことを行えば復讐が待っているという強い危機感を、多くの語り手は明らかに覚えていた。大量射殺はしたがって、許容される限度を超え、

リトアニア・ユダヤ人の大量射殺．1942年．（撮影者不詳．Bildarchiv Preußischer Kulturbesitz）

戦争において予期されうるものすら超越する出来事であって、戦争に敗れた場合にそれが何の結末ももたらさないということは、兵士たちには想像もできないことであった。

以下の対話は、リトアニアのヴィルナ〔現ヴィリニュス〕における「ユダヤ人行動」に関するものである。この対話をここで詳しく取り上げるのは、以下の点を明らかにするような数多くの側面が含まれているからである。兵士たちのそうした出来事にたいする見方が、どれほど矛盾に満ち、一方でどれほど冷静なものであったのか。彼らがそれについて語るさいに、何についてとくに関心を抱いていたのか。二人のUボート乗組員、二三歳の四等掌砲雷曹 Mechanikermaat ヘルムート・ハルテルトと二一歳のホルスト・ミニューア二等水兵は、リトアニアで全国労働奉仕団の任務を果たしているさいに犯罪を目撃することになったが、この二人の会話を通じて、大量全滅がどの参照枠組みに位置づけられたのかが明らかになる。

ミニューア　シャツまで脱がなければならず、女たちは下穿きやシャツまで、そして彼らはゲシュタポに射殺されました。そこではユダヤ人全員が処刑されました。

ハルテルト　シャツまで？

ミニューア　ええ。

ハルテルト　それはなぜですか？
ミニューア　まあそれは、彼らが物を隠し持てないようにするためでしょう。物は集められ、汚れを落とされ、修繕されました。
ハルテルト　それは利用されるんですか？
ミニューア　ええ、もちろん。
ハルテルト　（笑）
ミニューア　あなたもあれを見たら、きっとぞっとするだろうと思います！　私たちは射殺を一度見たことがあります。
ハルテルト　機関銃で撃ったんですか？
ミニューア　短機関銃です。［…］そして私たちはもう少しその場にいて、あるかわいい女が射殺されるのも見ました。
ハルテルト　それはかわいそうに。
ミニューア　何もかもすべて［彼らは撃ち殺したんです］！　彼女は自分が殺されることを知っていました。私たちはオートバイで通り過ぎたんですが、そこである隊列が目に入りました。そして彼女が突然私たちを呼び止めて、私たちは止まり、彼女たちはどこへ向かっているのかと尋ねました。彼女たちは射殺されることがわかっていました。私たちは最初、それは何かの冗談ではないかと思いました。彼女はその道の先がおおよそどうなっているのか、説明してくれました。私たちが先の方に行ってみると、事実処刑が行われていました。
ハルテルト　彼女たちはまだ服を着て歩いていたんですか？
ミニューア　ええ、スマートに着こなしていました。明らかに気骨のある少女でした。
ハルテルト　彼女を射殺した者は、わざと的を外したに違いないですね。
ミニューア　それについては、もう誰にもどうすることもできなかったんです。その場合も……的を外す人間はいませんでした。彼女たちが到着し、ひとつ目のグループが並ばされて射殺されました。そこには兵士たちが自動小銃を持って立っており、上下に素早く、そして右に左にと自動小銃を浴びせかけました。そこには六人の男が立っており、一列が……。
ハルテルト　つまり、その少女を射殺したのは誰だか、誰にもわからないわけですか。
ミニューア　ええ、わかりませんでした。弾倉を装塡し、右に左に、そして終了！　彼らがまだ生きていようといまいと、それには無頓着でした。弾が当たれば、後ろに向かって倒れるわけで、穴の中に落ちるのです。そして次の部隊が灰と塩化石灰［カルキ］を持ってきて下に並んでいる遺体に向かってそれをばら撒きます。そして彼らは整列し、さらに続いていくというわけです。
ハルテルト　彼らがそれを撒くんですか？　一体何のために？

殺害された人々の衣服．1941年9月，バビ・ヤール．（Hessisches Hauptstaatsarchiv, Wiesbaden）

ミニューア　死体が腐敗するので、塩化石灰をその上に撒いて悪臭が漂ったりしないようにするためです。

ハルテルト　その場に倒れているが、きちんと死んでいない人間はどうするんですか？

ミニューア　ご愁傷様です。下の方でくたばるだけです！

ハルテルト　（笑）

ミニューア　でももしあなたもあの場にいたら、嘆き声や叫び声が聞こえたことでしょう！

ハルテルト　女たちも同時に射殺されたんですか？

ミニューア　ええ。

ハルテルト　そのかわいいユダヤ人の少女をそこで目撃しましたか？

ミニューア　いいえ、私たちはもうその場にはいませんでした。私たちが知っているのは、彼女が射殺されたということだけです。

ハルテルト　彼女はその前に何か言っていましたか？　それ以前に彼女と会ったことがありますか？

ミニューア　ええ、一昨日会いました。その次の日彼女がやってこなかったので、私たちは驚きました。そうしてオートバイを走らせたわけです。

ハルテルト　なるほど、彼女も一緒に働いていたんですか？

ミニューア　一緒に働いていました。

ハルテルト　道路建設ですか？

ミニューア　いいえ、私たちの兵営の掃除をしていました。八日間の間、私たちはその兵営には寝るためだけに戻ってきていたので、私たちは外では……。

ハルテルト　間違いなく彼女はヤらせたんじゃないかと思うけど。

ミニューア　彼女はヤらせてくれましたけど、でもそれが見つからないよう気をつけなければなりませんでした。それは目新しいことなんかじゃない。終わったらユダヤ女は殺すんです。楽しいことではありませんが。

ハルテルト　彼女は何か言ったんですか？

ミニューア　いいえ、何も。まあ会話をしただけです。［…］彼女はゲッティンゲン大学にいたことがありました。

ハルテルト　だったらそんな女は誰とでもヤるんじゃないですかね！

ミニューア　そうですかねえ。あなたも彼女がユダヤ人だとは気づかないと思います。とてもきちんとした人でした。他の人たちと死ななければならなかった彼女はまさに不運だった。そこでは七万五〇〇〇人のユダヤ人が射殺されたんです。(146)

この対話には、「ユダヤ人行動」（もっともこの言葉は一度も使われていないが）にさいして兵士たちがしばしば関わりを持っていたさまざまな出来事が渾然一体となっている。第一に、ここでも殺害の実施について詳しい描写がなされている。第二は女性の射殺であるが、とりわけ注目に値するように思われるのは、「かわいい」女性が射殺されたという点である。この事例では語り手と女性犠牲者は明らかに知り合いであり、女性は彼の兵営で強制労働をしなければならなかった。ハルテルト四等掌砲雷曹は、女性強制労働者を（かわいければなおさら）兵士たちの性的欲求に利用するのはまったく当然のことだと考えている。「間違いなく彼女はヤらせたんじゃないかと思うけど」。それにたいしてミニューアはこれを当然のことと受け止め、すでに言及した「人種汚辱」、すなわちユダヤ人女性と性交渉してはならないという問題を指摘する。ミニューアのさらなる説明（「それは目新しいことなんかじゃない。終わったらユダヤ女は殺すんです。楽しいことではありませんが」）は、兵士の負担にならないように性交渉のあとユダヤ人女性が射殺されるという現実を示唆するものである（「セックス」の節参照）。ここで明らかになっているのは、大量絶滅という事実によって暴力空間が切り開かれ、それによってまったく別の事柄が現実になるということである。すなわち、彼女らはどのみち殺されるのだということで、他の条件下では決して実現しない、達成できないようなことを、殺される前に彼女らにたいして行ったり、彼女らから受け取ることができるようになるのである。

注目されるのは、この二人はそれほど親しい知り合いではない（お互いに「あなた」と言っている）にもかかわらず、性的虐待についてきわめて公然と語っている点である。「ヤる」という話は明らかに兵士たちの日常会話の一部になっており、苛立ちに遭遇することもない。

二人の会話は非常にくだけた雰囲気でさらに続く。ミニューアの説明するところによれば犠牲者はゲッティンゲンで学んでおり、これがハルテルトが「誰とでもヤる」という発言をする呼び水となっている。そうした種類の表現が明らかにするのは、男たちが女性犠牲者への性暴力にたいして抱いている特有の態度である。すなわち第一に、彼らは性暴力それ自体は批判すべきものとは考えておらず、第二に彼らは（彼らならこう言うであろうが）「人間としては」犠牲者の何人かには関心を持っており（とくに犠牲者が魅力的な場合はなおさら）、第三に彼らは、彼女たちの身に起こったことに自分たちが積極的に関与したことを認める。これがたとえば、「誰とでもヤる」といういきわめてアンビバレントな表現に表れている。第四に出来事全体は、「まさに不運だった」という表現が示すように、自律的に推移していく物事の経過の中に位置づけられる。そして犠牲者の法外な数（ミニューアはここで七万五〇〇〇という数字を口にしている）を前にすれば、「かわいいユダヤ人女性」のような個々の人間の運命などには、特別な意味はない。

この殺害が運命というカテゴリーの中に位置づけられ、大学生であろうと、かわいかろうと、スマートに着こなしていようといまいと、選ばれた人間は犠牲者とならなければならないという高次の掟がすべてを支配しているかのような状況にこそ、大量絶滅を解釈する上での参照枠組みが示されているのである。ハルテルトとミニューアがここで語っているのは大量殺害についてだけではない。大量殺戮は、不正であるとか非道徳的であるとか、何らかの意味で否定的なものと考えられるような、そういうものではないのだということを間接的に語っているのである。大量殺戮を眺めていれば、ミニューアが言うように「ぞっと」することもあるかもしれないが、しかし殺害それ自体はとにかく起こっているのであり、そうした現実世界の一部にすぎないのである。

絶滅の参照枠組み

「『ドイツ人の豚ども』、奴らは我々のことをそう呼んでいる。しかし我々の中には、ヴァーグナーやリスト、ゲーテ、シラーといった偉大な人物がいる。なのに奴らは我々のことを「ドイツ人の豚ども」と呼ぶ。俺はそれが本当に理解できない」。

「なんでそういうことになるかわかるか？　ドイツ人はあまりにも人道的だから、その人道性を奴らは利用して我々のことを罵るのさ」。(147)

一九四二年一月二七日の会話より

ある参照枠組みに影響力があるかどうかを見極める上でもっとも効果的な指標は、他の人間が自分とはものごとを違うふうに見ているということに気づいたさいの驚きである。したがって他国民が自分たちを「ドイツ人の豚ども」と見なすことへの深い苛立ちは、ユダヤ人絶滅という巨大な犯罪が兵士たちの生活世界においてどの程度の重要性を持っていたかを示すものでもある。つまり、文化の担い手という自己イメージを根底的に疑問に付すような、深刻な問題ではなかったということである。しかしながらほとんどの会話には、ユダヤ人絶滅によってある限界を超えてしまったという口調が入り交じっている。しかしナチ的道徳(第2章参照)は多くの兵士たちに、ユダヤ人は客観的に見ても問題であり、解決しなければいけない問題だという確信を与えていた。まさにこうした考えこそが参照枠組みの一部をなしており、会話の中で報告される出来事を兵士たちが序列化するのは、この枠組みの中である。したがって兵士たちはたいていの場合、大量殺戮が現実に起きたという事実自体ではなく、それが行われた状況を批判する。一九四二年一一月に北アフリカで撃墜された爆撃機Ju88のある機上通信員は、こう報告している。

アンベルガー　俺はある軍曹と話をしたことがある。彼は言っていた。「このユダヤ人の大量射殺には、もううんざりだ。だがこの殺戮は職業としてやることじゃない。そんなことができるのは無法者だけだ」。(148)

これ以降引用する語りでも明らかなように、ユダヤ人迫害や絶滅は有意義なものと考えられており、それを具体的に実行に移す段になると批判を受ける。こうした論理展開は、それ自体詳しく考察する必要があるが、兵士たちだけに限られたものではなく、たとえばアウシュヴィッツの収容所所長であるルドルフ・ヘス、(149)あるいはアドルフ・アイヒマンなどにも見られるものである。(150)人々が参加し傍観する中で、ホロコーストはきわめて多様な任務に関係するものであり、きわめて多様なランクの人々がそれに関与していた。たとえば処刑を行う兵士たちが射殺で利用する穴について、(151)あるいはアウシュヴィッツの医師たちが殺害や選(152)

別の技術的方法について当初問題を抱えていたように、他のすべての直接的、間接的な参加者たちも殺害方法をどうするかについては取り組んでいたが、そもそもその殺害の必要性をどう理由づけるのかについてはそうではなかった。それはもはやまったく疑う余地がないものであって、それに関する考慮が盗聴記録に表れることはきわめて稀である。言い換えればユダヤ人絶滅は、兵士たちがそれを口にしていたとしても、彼らの感情世界の一部ではなかったということである。それと直接向き合うことはときにはおぞましく、ときにはそれどころか悲しむべきことだったとしても、である。

プリーベ　ヘウム〔ポーランド東部の都市〕では（父が説明してくれたのだが）彼は東ガリツィアの炭鉱で働いていて、最初はユダヤ人とも仕事をしていた。俺の父はユダヤ人が嫌いで敵対心を抱いていて、その点で彼以上にひどい人はいないんじゃないかと思うが、でもこんなことも言っていた。「あそこでのやり方はひどい」。とくに東ガリツィアでの仕事はすべてユダヤ人労働力だけを利用していて、ユダヤ人技術者や、とにかく利用できる人をすべて利用していた。彼が言っていたのは、ウクライナの民族ドイツ人はまったく使い物にならないということだった。ユダヤ人技術者にとっては、それはまさしく辛いことだった。そこにはさまざまな種類の人々がいた。町にはユダヤ人評議会があって、ユダヤ人の監督をしていた。俺の父がそうした技術者の一人と話をしたところ、彼はこう言った。「ええ、もしユダヤ人を集団全体として見るならば、なぜユダヤ人に敵対する人々がいるのか私にも理解できますね」。それからこの逮捕の時期がやってきた。SSの司令官は私の老紳士〔父〕に次のような紙切れだけを送りつけてきた。「本日昼一二時までにかくかくしかじかの人数のユダヤ人を逮捕せよ」。それは自分にとって恐ろしいことだったと、彼は言っていた。彼らはあっさりと射殺された。命令が来た。「いついつまでに、かくかくしかじかの射殺について報告せよ」。SS少佐であるSSの指揮官はユダヤ人をかき集め、誰一人いなくなってからユダヤ人評議会にこう（不可解だが）書き送った。「本日昼一四時三〇分までにかくかくしかじかの量の肉、油脂、香辛料などを持参すること」。それまでに持ってこない場合には、彼らのうち一人が仕留められた。しかし多くのユダヤ人が毒をあおって自殺した。この民族が我々をふたたび不意打ちすることがあったならば〔どうなるのでしょうか〕！　ああ！(153)

プリーベ少尉もユダヤ人の報復を恐れているが、彼の議論の中心はその点にはない。彼にとってユダヤ人の扱い方はすでに誤りであり、なぜなら「ユダヤ人に敵対心を抱いて」いると自認する彼の父親のような人間ですら、犠牲者の扱い方に関する命令に憤激しており、ユダヤ人にたいして自分たちが行わなければいけないと思われる行為で、苦しんでいるからである。こうした視点は幅広く見られるものである。ハンナ・アーレントはすでに、ナチズムの言葉遣いにおいて「命令受領者」が「命令の担い手」と呼ばれるようになっていたことを指摘しているが、それは目標を担う人間はその負担に耐えかねて自分自身苦しむ可能性がある、ということでもあった(154)。まさに彼らはユダヤ人迫害をそれ自体としては支持していたからこそ、殺害を批判するという行為は、自らが道徳的に無傷であることを証明するものとして評価されえたのである。ハインリヒ・ヒムラーのポーゼン演説では、まさにこの意味において、絶滅の「困難な責務」や「まともな人間であり続ける」ことが言及されている。そうした視点が前提としているのは、何が正義で何が不正義であるかという定義が、全体としてその軸を移動させたということなのだ。その結果、この参照枠組みにおいて人間の殺害は道徳的に「よいこと」と評価しうるようになる。なぜならそれは、民族共同体の幸福という上位の目標に寄与するからである。ナチズムの殺害に関する道徳は、個人としての躊躇いと殺害という困難な責務にさいしての苦しみを、規範的に統合させた。そこには、個々の犠牲者の苦しみを完全に認識している語りも含まれる。たとえばそれは、プリーベの語りの続きを見れば明白である。

プリーベ　このロシア軍進駐のさい、ロシア人がポーランドにやってきて、そこでユダヤ人は非常に苦しんだ。彼らの多くがロシア人に射殺された。ある年老いた弁護士が俺の父にこう言った。「あんなことがドイツで起こるなんて思いもしませんでした」。これらのことすべてを、俺は父から聞いた。どうやってSSが家宅捜索をしたかとか。そこにいた医師の持ち物すべてを持ち去り、装飾品はおろか結婚指輪すら容赦しなかった。「何を持ってる?」「結婚指輪です」「よこせ、おまえには必要ない」。それからクソみたいなことが起こった。SSは自分たちの際限のない性欲を、ユダヤ人たちにたいして抑えようとはしなかった。こうして東ガリツィアはユーデンライン〔ユダヤ人が一掃された状態〕となり、東ガリツィアにはもはや一人としてユダヤ人は存在しなかった。多くのユダヤ人は自分で書類を手配して、それ以降もポーランドで生活していた。彼らは突然アーリア人になったというわけだ。彼らが朝方に仕事に行くときには(俺たちが爆弾集積場に行くときにはいつもその場を通り過ぎなくてはいけなかった)、年老いた女性と男性が全員分けられて、朝にやってきた。女性たちもやってきたが、全員腕を組んでいて、ユダヤの歌を歌うことを強制されていた。そこでは文句ない着こなしをしている女性はとくに目立ったし、見栄えのよい女性もそこにいた。彼女たちは本当に「ご婦人方」と呼ぶにふさわしかった。俺たちの間で話題になっていたのは、彼女たちはすぐに貯水池へと追いやられ、水が入れられて後ろ側から流れ出していく仕組みになっているので、〔彼女たちは全員流されて〕全員跡形もなく消え去ったということだった。そこでは、自分にはもはやできないということで、多くの若いSSが神経の破綻をきたした。そこには本物の悪党もいて、父に一度こう話しかけてきたそうだ。もしユダヤ人が全員死んだなら、〔その後〕自分は何をすればよいのかわからない、自分はそのことに慣れたし、それ以外のことをする自分が想像できない、と。それは俺には無理だ。俺には。何かやらかした奴を片づけることはできても、女性や子供、幼い子供までとは！子供たちはいたるところで泣き叫んでいた。それをやったのがSSであって国防軍でなかったのは、唯一の慰めだ。[155]

ここで明らかなように、語り手はさまざまな矛盾した要素をひとつの語りへとまとめ上げることに、何ら困難を感じていない。跡形もない消滅についての噂という形によって、大量絶滅は薄気味悪いオーラをまとうだけでなく（「噂」の節を参照）、プリーベはSSの振る舞い、とりわけユダヤ人からの略奪や彼らの「際限のない性欲」を批判し、彼自身はユダヤ人、少なくとも女性や幼い子供を殺害する立場にはなかったことを保証している。だからこそ、大量全滅を実行したのがSSであって国防軍ではなかったことが、「唯一の慰め」なのである。こうした考え方は、大量射殺の事実自体が気に入らなかったのではなく、それを実行した場所が気に入らなかったキッテル中将と同様のものである。

任務自体ではなくその実行が問題と見なされる。これを考慮に入れれば、悪名高い一九四三年一〇月四日のポーゼン演説におけるヒムラーの不満にも、一定程度現実的な根拠があったことがわかる。「それは安易に語られることが多い事柄のひとつである。「ユダヤ民族は根絶される」と。党員たちはみな言う。「まったく自明なことだ。それは我々の計画の一部であり、ユダヤ人の排除、根絶、我々はそれをやる」。そのあと実直な八〇〇〇万人のドイツ人がやってきて、自分にはまともなユダヤ人の知り合いがいると全員が言うことになる。他のユダヤ人は確かに豚どもですが、このユダヤ人は素晴らしいユダヤ人です、と。〔しかし〕そんなことを言った人間の誰一人としてそれ〔殺害〕を目の当たりにはしていないし、それに耐えることもできなかったのだ」[156]。この演説は通常、シニシズムの極致、彼らの「道徳的腐敗」の表れと見なされるが、ヒムラーは当時どのような道徳的基準を上級親衛隊指導者たちにたいして前提としていたのか、つまりナチ的道徳の参照枠組みはどのように形成されていたのかということを読み取る上での示唆と考えた方が、はるかに有意義であろう。そして事実、こうした参照枠組みの側面は、我々の盗聴記録においても重要な意味を持つ。すでに述べたような、それ自体としては「正しい」ユダヤ人迫害や絶滅が「誤った」やり方によって行われることによる苦しみや、そこから生じる行為にさいしての加害者の苦しみ、そしてユダヤ人絶滅というナチの中心的なプロジェクトをどのようにしてよりよく、意味あるものとして実行しうるかという問いに至るまで、そこにはさまざまな要素が含まれている。

大量射殺とユダヤ人殺害の参照枠組みはしたがって、反ユダヤ主義、絶滅への賛同、委譲された暴力、そして実行にさいしての身震いが、独特の形でごたまぜになったものである。と同時にこれらの引用が示すのは、絶滅というプロジェクトは前例がなく、したがって前代未聞のとてつもないものであると感じられていたことである。彼らの不満は、次のように要約できよう。「我々は確かにそれをすることを強制されていたが、それにしても、こんなやり方はいやだ」と。まさにそのためにプリーベの語りにおいては、断固たる「ユダヤ人の敵対者」でありながら、ユダヤ人の扱い方は気に入らないという、彼の父のような参照人物が登場するのである。

盗聴記録の語りでも、検察による捜査記録における語りでも、極端な暴力は現地協力者たちが行ったこととされる。そうすることで語り手は、そうした明白な「非人道性」から距離を置くのである。しかしそのことは、所与の参照枠組みの中では出来事が全体として犯罪的であったということが何の意味も持っていなかったということを示唆するものでしかない。

事実、「絶滅」「迫害」「ジェノサイド」「ホロコースト」といった歴史的、社会学的描写カテゴリーによってとらえられるものは、戦争の現実においては、数限りない部分的状況や個別的な行為というバラバラな要素の集合体であり、男たちもそのようなものとして状況を認識し、解釈し、それにたいする回答や解決を見つけていた。人間はそのような特定の合理性の中で行動しており、彼らには普遍的な連関が見えているというのは、根本的に誤ったイメージである。まさにだからこそ、社会的プロセスはつねに意図せざる行為の結果を生むのであって、その結末を誰も求めていなかったとしても、全員がともに産み出したものではあるのだ。

ユダヤ人絶滅という歴史的使命と、その不十分な実行との間の決定的な差異について述べたのが、マインツ＝フィンテン軍飛行場司令官のエルヴィン・イェスティング大佐であり、一九四五年四月に以下の発言をしている。

イェスティング　俺の親友で、一〇〇％信用できる奴がいた。彼はオーストリア人で、俺の知っている限りまだヴィーンに住んでいるが、第四航空軍所属で、南方のオデッサにいた。[157] 彼がそこにやってきたとき、ある中尉だか大尉だかが彼に言った。「あそこで何が起こっているか見てみませんか。素晴らしい見物ですよ。多くのユダヤ人がちょうど殺されているところなんです」。彼は言った。「勝手にやらせておきましょう」。だが彼はその前を通り過ぎなければならず、それを目撃することになった。彼が語ってくれたところでは、納屋が女性や子供でぎゅうぎゅう詰めになっていたそうだ。ガソリンをかけられ、彼女たちは生きたまま焼かれた。それを彼は自分の目で見たんだ。彼は言った。「彼女たちは泣き叫んでいた。君には想像もできないだろう。しかしこれは一体正しいことなのか？」俺は言った。「正しくないね」。彼女たちに何をやってもいいが、しかし生きたまま焼いたりガスで殺したり、その他神様がご存知の諸々のことをやっていいはずがない！　彼らは無力なんだ、結局のところ。彼らを投獄して、戦争に勝ったらこう言えばいい。「これらの人間は消え失せるがよい！　船に乗って消え去れ！　どこでも行きたいところへ行け、どこに上陸しようと我々にとってはどうでもよい、本日以降、おまえたちの居場所はドイツにはない！」と。我々は次々と敵をつくり出している。東部のいたるところで彼らを殺した結果、人々はもはやカチン*を信じていないし、私たちが自分でやったのだろうと言っている。いや、決してそうではない。もし俺がそれについての証拠をいくつか持っていなかったなら、大声を上げたりもしなかっただろうが、しかし俺の考えではそれは完全に間違っている！　当時の常軌を逸脱した行為、つまりユダヤ人の家屋へのそうした襲撃。俺はそのときまだヴィーン〔南方三五キロ郊外〕のバート・フェスラウにいた。[158] 俺たちにはガラスが欠乏していて、まったく手に入らなかった。ごくわずかか、もしくはまったくないかだった。なのに俺たちは彼らの窓ガラスをすべてたたき割ったのさ！** 人々を静かに外に出して、こう言えばよかったのさ。「この商店は以後、キリスト教徒のフランツ・マイヤーが引き継ぐ。あなたには補償がされる。きちんと支払いがされ

＊（訳註）ソ連内務人民委員部によってポーランド人将校が多数虐殺され、カチン近くの森でその遺体がドイツ軍によって一九四三年に発見された。ソ連軍の残虐さを証明するものとして、ゲッベルスはこれを大々的に宣伝した。

＊＊（訳註）「帝国水晶の夜」におけるユダヤ人商店襲撃のことを指すと思われる。

るかもしれないし、されないかもしれないが、それはどうでもいいことだ」。しかし我々はそうしたことを一切せず、すべてを粉々に打ち砕いて、家屋に火をつけた。ユダヤ人が出て行かなければいけないということはまったく明らかだし、それについては私も完全に理解しているが、しかし我々のそのやり方は完全に間違っているし、現在の〔我々にたいする〕憎悪はそれが原因なんだ！　俺の義父はユダヤ人に我慢がならない人間だが、いつもこう言っていた。「エルヴィン、エルヴィン、こんなことをして罰せられないままなはずがない。君も自分の思うところを言いたまえ！」ユダヤ人を排除しようという点については、俺も人後に落ちることはないし、協力する。彼らに出口を示して「ドイツから出て行け！」と言う。しかしなぜ全員を打ち殺さなければならないのか？　戦争が終わってからやればいいじゃないか。そうすれば、我々はこう言える。「俺たちには暴力もあり、権力もある。我々は戦争に勝利した、だから我々はそれができる」。しかしそれを今やるとは！　イギリスで誰が支配者なのか見てみろよ。ユダヤ人だろう。アメリカの支配者は誰だ？　ユダヤ人じゃないか。そしてボルシェヴィズムこそがユダヤ人の最高の形なのだ。(159)

イェスティングにとってユダヤ人迫害の実行の仕方は、非合理的なものに映る。第一に彼らの枠組みにおいて僅少な資源が無駄遣いされたからであり、第二にユダヤ人を最終的に無力化するというそもそもの目的が、こうしたやり方では達成されないからである。イェスティンクが恐れているのは、「ユダヤ人」が今や戦勝国という形で反撃に出ていることだけでなく、ドイツ人がまったく犯していない犯罪までその責任を負わされかねないということであった。全体としては、彼にとっては絶滅作戦の時期の選択が誤りであり、戦争のあとならばすべてが上手くいっただろうというのが彼の考えである。他の二人の兵士もまったく同じ意見を述べている。

アウエ　我々がユダヤ人を大規模に仕留めたとき、我々の振る舞いはおそらくつねに正しかったわけではない。

シュナイダー　それは間違いなく間違いだった。間違いというのは言いすぎかもしれないが、駆け引きという点ではヘタだった。あとでやることもできたはずだ。

アウエ　我々が確固たる地歩を固めたあとでね。

シュナイダー　あとにとっておくこともできたはずだ。なぜならユダヤ人は今でも、そしてこれからも影響力が強いし、とくにアメリカではそうだから。(160)

本書の史料には、殺害に自ら関与した人々によるはっきりとした描写も見られる。明白な加害者であるフリッツ・スヴォボダSS曹長は、ヴェルナー・カーラト中尉と、チェコスロヴァキアにおける射殺の詳細とその難しさについて語り合っている。

スヴォボダ　そこではベルトコンベア式に射殺が行われていて、一二マルクの手当がもらえた。つまり、射殺部隊には一日一二〇コルナが支払われたということだ。そこで俺たちがやったことと言えば、六人がかりで一度に一二人ずつ連れてきて仕留めることだけだった。おそらく一四日間それだけやっていた。そこでは俺たちは食事を二倍受け取っていた。すさまじく神経に負担がかかったからだ。［…］俺たちは女性も射殺した。女性の方が男性よりもよかった。男性もたくさん見た。最後の瞬間にめそめそ泣いているユダヤ人も。やってきたのが弱虫の場合、二人のチェコ人が出てきて彼らを真ん中へと連れて行き、しっかりと立たせた。［…］だが二倍の食事と一二マルクを稼ぐのは大変だった。半日で五〇人の女を殺したんだから。ロジン Rosin（?）でも射殺をやった。

カーラト　そこには大きな飛行場があるな。

スヴォボダ　兵営で、それがベルトコンベア式に行われていて、片側に彼らがやってきて、そこにはおそらく五〇〇ないし六〇〇人の男たちの隊列があったと思うが、門をくぐっていって、そして射殺場に連れていかれた。そこで彼らは仕留められ、もち上げられて、運ばれていって、次の六人がやってきた。最初は、素晴らしい、ふつうの仕事よりもいいと言っていたが、数日経つと別の仕事をやりたいと思うようになった。神経に堪えたんだ。それから鈍感になり、すべてがどうでもよくなる。俺たちの中には、女を射殺していて気力を失った奴がいた。俺たちはそのために古参の前線兵士を選び出したのだが。しかしそれは命令だった。[161]

会話のこの箇所からは、大量絶滅の加害者が肉声で語っている様子が伝わってくるだけでなく、大量射殺のさいにどのような困難な状況が生じたのか、そのような状況に対応するためにどのような謝礼が支払われ、どのような戦略が存在したのかについて読み取ることができる。古参の前線兵士が（おそらくはその暴力経験ゆえに）とりわけ射殺に適しているであろうという想定は、誤りであることが判明する。そのような男たちは、スヴォボダが語るように「女を射殺していて気力を失」った。彼自身にとっても殺害は当初「神経に堪え」るものであり、しかしばらく経つとそれはおさまる。さらには、消耗させられる任務のための追加手当てが存在した。これは、ごく稀にしか見ることのできない絶滅の内面世界の記録である。

いわゆる清掃作戦 Enterdungsaktion、つまり殺害されたユダヤ人を掘り出し焼却する作業についても、盗聴記録で言及される。パウル・ブローベルSS大佐が率いる作戦は、一九四二年夏に実施された。「作戦一〇〇五」というコードネームが与えられ、殺害された囚人、とくにユダヤ人の遺体をふたたび掘り出し、焼却する任務が課せられた。ブローベルはこの作戦のために、遺体焼却用の特別な薪の山と遺骨を粉々にするための器具を編み出し、それによって大量殺戮の痕跡が残らないようにした。しかしこの大胆な企てはよく知られているように、大成功とはいかなかった。

フォン・ミュラー゠リーンツブルク　ルブリンで戦友たちが俺に語ってくれたことだが、外国の軍隊が我々の巨大な墓穴を発見するんじゃないかと、彼らはものすごく不安がっていた。だからそこでは、パワーショベルで遺体を掘り出していた。ルブリンの近くにも、大きな遺体場がある。

フォン・バッスス　彼らは遺体をどこに片づけたんだ？　焼いたのか？

フォン・ミュラー゠リーンツブルク　ああ。何週間もの間、人肉の臭いが立ちこめていた。彼らはその上空を飛行機で飛んだことがあるんだが、上空にいても臭ってきたそうだ。遺体を焼く臭いが。

フォン・バッスス　ルブリンの近くには何があるんだ？

フォン・ミュラー゠リーンツブルク　ポーランドの何かしらの強制収容所だ。

デッテ　彼〔尋問担当将校〕が言っていた。「どれくらいのポーランド人が射殺されたか知っていますか？　二〇〇万人ですよ」。たぶんそれは正しいのだろう。(162)

他の会話でも絶滅の細部について、きわめて詳細に語られている。

ロートキルヒ　ガス殺施設はすべて、ポーランドのレンベルク近郊にありました。(163)そこには大きなガス殺施設があるということを私は知っていますが、それ以上は知りません。ご覧になればわかりますが、ガス殺は最悪というわけではありません。

ラムケ　そうしたことすべては、この捕虜収容所に来て初めて聞きましたが。(164)

ロートキルヒ　私は行政に責任を負う将官 Verwaltungs-general ですし、私はここですでに尋問を受けています。あれはレンベルク近郊でした。もっとも私たちはそれらすべて〔に関わること〕を拒みました。なぜならこれらの卑劣な行為は、軍隊の管轄領域で行われていたからです。まさにレンベルクで私はこの射殺に関する報告をしばしば耳にしていましたし、それらはあまりに卑劣なもので、あなたに説明したくもありません。

ラムケ　何が起きたんですか？

ロートキルヒ　最初に人々が自分で穴を掘らされ、次いで一〇人のユダヤ人が並ばされ、それから短機関銃を持った人々がやってきて彼らを射殺し、彼らは穴の中へと落下しました。それから次の人々がやってきて前に並ばされ、ふたたび穴の中へ落下、他の人々は射殺されるまでしばらく待機します。こうして数千人の人々が射殺されました。あとになるとそうしたやり方は中止になり、ガス殺されました。まだ死んでいない人間も多かったので、その間に上から一層分、土がかぶせられました。折れ曲がっている遺体を〔まっすぐにして墓穴に〕詰め込んでいる人もいました。それをやったのはSSです。彼らが遺体を詰め込んだのです。［…］私たちはそこで、ある記録書類を受け取りました。なぜ私がそれを受け取ったのか、今でもよくわからないのですが。あるSSの指導者が書いているところによれば、彼は自分の手で子供たちを射殺したそうです。女性も射殺されましたが、それは彼にとって不快なことであり、しかも彼女たちがすぐに死んだわけではなかったと、彼は書いています。その記録は今は私の家にあります。彼の描写によると、彼は子供たちの首筋をつかみ、リボルバーで射殺したそうです。なぜなら彼は、彼らが即死するよう最大限配慮していたからです。この記録は、私が〔提出するよう〕要求したものではありませんでしたが、自宅に送付しました。[165]

大量射殺の加害者たちにとって、事実子供たちは問題であった。まず彼らは指示に従わないことが多かったからであり、加えてすぐに死なないこともときおりあったからである。[166]これについての描写は、文献や捜査記録に残されているものの中でも、もっとも身の毛のよだつもののひとつである。したがってロートキルヒが、自分の入手した報告書に嫌悪の念を抱いたのも、無理のないことである。しばらくのちに彼は、その後のエピソードについても語っている。

ロートキルヒ　ええ、私はクトノ[167]〔ポーランドの中央部に位置する都市〕にいました。私は写真を撮ろうとしていて、私がやったことはそれだけです。私はあるSS指導者をよく知っていて、あれやこれやについて話をしました。そして彼は言いました。「なんと、あなたは射殺を撮るつもりなんですか？」私は言いました。「いえ、それは私には不愉快きわまることです」。「ええ、まあでもお好きになさってください。人々はいつも朝方に射殺されます。あなたがお望みなら、まだ仕事も残っていますし、午後に射殺することもできますよ」。あなたにはまったく想像もできないでしょう。この男たちは、完全に野獣化しているのです。[168]

このエピソードが明らかにしているのは、加害者たちは射殺をいかにふつうで日常的なものと見なしていたかである。SS隊員による、ロートキルヒが望むなら毎日行われている殺害行動を午後にずらすという親切心からの提案は、大量殺戮がルーチン化していること、公衆の面前で行われており、秘密保持など明らかに問題とはなっていないことを物語っている。ロートキルヒはドラマチックかつ詳細に、ユダヤ人絶滅のさまざまな次元について語っているが、その中に男たちの粗暴化、彼の言い方に従えば「野獣化」の兆候を見て取っている。しかしこの場合も、ロートキルヒが絶滅作戦それ自体に反対であると考えるなら、それは誤りである。

ロートキルヒ　想像してみてください。これらのユダヤ人の中には逃亡に成功したのもいて、そういう人々がそれをいつも語っているんです。［…］いつか世界中で復讐が行われるでしょう。もしこれらのユダヤ人が権力の座について復讐してきたらと考えると、それはもちろん恐ろしいことです。しかし他の人々がそれを許すかどうかは疑問です。なぜなら外国人の大半、つまりイギリス人やフランス人、アメリカ人の大半はユダヤ人のことをよく知っているからです。だからそんなふうにはならないでしょう。彼らは我々を打ち負かすために、悪魔と同盟を結んだのです。まさに我々がしばらくの間、ボリシェヴィキと同盟を結んだように、彼らも同じことをやっているのです。より大きな問題は次の点です。世界でどの方向性が支配権を握るようになるのか、そして人々は我々を信頼しているのかどうか、ということです。我々が今努力しなければいけないのは、人々が我々を信頼するようになること、そして人々を新たに挑発するようなことはすべて慎むことです。そしてこう示すのです。「友よ、理性的な世界の中でともに歩んでいこうではないか」。[169]

ここでも、一見矛盾する要素が渾然一体となっているさまに驚かされる。すなわち、絶滅作戦にたいする憤激、ロートキルヒのために毎朝の射殺を午後に移そうという、SS指導者に端的に表れているような関係者の冷笑的態度、そしてレンベルクにおけるような犠牲者の恣意的な選択。ロートキルヒの反ユダヤ主義的態度にも驚かされる。彼ははっきりと「ユダヤ・ボルシェヴィズム」を口にする数少ない一人であり、同様にユダヤ人の復讐も恐れている。もっとも彼の議論の参照枠組みにおいては、残虐行為によって明らかに損なわれた国際的信頼は回復可能なものであること、ドイツ人は「理性的な世界の中で」「ともに歩んでい」くことができるということも、想像可能であった。

盗聴記録に表れる認識や解釈、議論の中のそうした矛盾に我々がもし不快の念を抱くとすれば、それは筋違いというものである。こんにちの視点から見て矛盾に見えるものすべては、当時においてはもしかするとまったくそうではなかったのかもしれない。反ユダヤ主義政策の意義に完全に賛同している人間が、そのやり方に批判を加えることは当然ありうるし、同じくそうした政策自体が間違いであるとして、激しい怒りを覚える人間も当然存在しうる。したがって彼らは、〔反ユダヤ主義に賛同しているからといって〕世界の未来を形づくる諸国民のグループから直ちに排除される〔という孤立の道を歩む〕ことなどは、望んではいないのである。言い換えれば、ロートキルヒの議論の参照枠組みを形成している人種主義的な世界像は、反ユダヤ主義的政策のやり方が誤ったものだったとしても疑問に付されることはないし、世界政治において〔ドイツは〕依然として信頼に値する、同じ権利を有するアクターとして認められるべきであるという自己イメージが揺らぐこともないのである。あとから考えれば傲慢で、ナイーブで、あるいは単純に愚かであると考えられるようなことが、ロートキルヒのようなアクターが自らの行動を位置づける上で、当時における参照枠組みを形づくっていたのである。〔ナチ体制下で〕行われてきたことや見逃されてきたことが誤りであったかもしれないということがまったく理解できないという心情は、戦後も一九七〇年代までは強いものがあったし、そうした心情はすでにここにも見られる。これは言い換えれば、「第三帝国」における参照枠組みと、民主主義的な戦後社会におけるそれの両立不可能性と描写できるかもしれない。そしてこの両立不可能性が、グロプケからフィルビンガーに至る西ドイツの過去政策上のスキャンダルという形で著しい障害となることは、稀ではなかった[170]。

本節の冒頭に引用した、リストやヴァーグナーにもかかわらず「ドイツ人の豚ども」と見なされうるということへの驚きは、こうした両立不可能性を明確に表現するものである。しかしある砲兵伍長と歩兵の二等兵の会話が示すように、そこで求められる理由づけすら、こうした両立不可能性の一部をなしていた。

ヘルシャー　しかし、奴らみんなが俺たちに言うことって、変じゃないか。

フォン・バスティアン　非常に、非常に変だ。

ヘルシャー　アドルフ〔・ヒトラー〕が言っていたように、みんなユダヤ人のせいっていうこともありうるんじゃないか。

ワルシャワ・ゲットーの市電．1941年ワルシャワ．（撮影者 Joe J. Heydecker. Deutsches Historisches Museum, Berlin）

フォン・バスティアン　イギリスもユダヤ人の影響下にあるし、アメリカもな。

ヘルシャー　たとえば彼はイギリス以上にアメリカのことを罵倒する。主たる敵はアメリカだと彼は言っている。

フォン・バスティアン　ああ。

ヘルシャー　アメリカの財界首脳はユダヤ人だ、と。そのあとになって初めて彼はイギリスのことを口にする。(171)

絶滅の参照枠組みに、ユダヤ人の特性や影響力とされるものは確固として根づいていたために、ユダヤ人の行動からほとんどすべてのことを説明することができた。そこから生ずるのは、ほとんど条件反射的な反ユダヤ主義的ステレオタイプの召喚であり、それはユダヤ人にたいするかすかな同情という文脈においてすら登場する。

クヴァイサー　まあこのユダヤ人地区を通り抜けるには路面電車に乗るしかなかったんだが、外には警官が立っていて、誰も降りたりしないよう見張っていた。電車が止まったので、何が起こったのかと俺たちは外を見ると、一人が線路の上に横たわっていた。

ヴォルフ　死んでいたのか？

クヴァイサー　ああ、ああ。奴らが一人の若者を道路の上に投げ落としたんだ。いやはや、まったく。もう二度とこのユダヤ人地区には行きたくないね。まったく、あれはひどかった！　俺は初めて見たんだが、かわいい子供が外を走り回っていて、胸にはユダヤの星をつけていた。かわいい少女もいた。そこでは活発な商売が行われていて、兵士たちもユダヤ人と取引をしていた。ユダヤ人は飛行場で働かされていたが、彼らはそこに金製品を持ってきていて、俺たちはそれと引き替えにパンをあげた。純粋に、彼らに何か喰うものが手に入ればと思ってね。[172]

ここでとりわけ注目されるのは、「活発な商売」のやり方にたいする言及である。兵士たちはパンと引き替えに金《きん》を得ていた。たとえ語り手がこの「ユダヤ人地区」をきわめて不愉快な場所であると考えているとしても、これほど有利な取引の機会を逃すことはなかった（「彼らはそこに金製品を持ってきていて、俺たちはそれと引き替えにパンをあげた」）。これを考慮に入れれば、ユダヤ人迫害や絶滅の周囲で国防軍兵士たちに開かれていた多様な機会の構造を、この会話からは見て取ることができる。

もうひとつの話は、労働収容所におけるカポの役割をめぐるものである。これは、語られている出来事にたいして〔聞き手が〕疑問を投げかけるという、絶滅政策をめぐる語りにおいては数少ない対話のひとつである。[173]

タウムベルガー　俺は強制収容所の人々の列をこの目で見たことがある。俺はミュンヘン近郊で下車した……。それは秘密兵器のために山の中につくられていて、新兵器も生産されている。彼らはそのために利用されているんだ。彼らが目の前を通り過ぎるのを見たことがある。この哀れな奴らを。ソ連で飢えている奴ら〔ドイツ兵捕虜〕も、それに比べればぜいたくな暮らしぶりというものだ。そこで彼らを監視している人間の一人と話をした。見張りたちに監視されながら彼らは働いているんだが、そのスピードがひどいもので、中断することもなく、休憩もなく一二時間働き、一二時間後にようやく休憩だ。だから本当の意味での休憩など存在しない。二四時間のうち彼らはおよそ五時間しか睡眠がとれない。それ以外はずっと立ちっぱなしだ。見張りに立っているのは刑事犯の囚人たちで、黒い帽子をかぶっていた。そういう棍棒を持って彼らのまわりをはね回り、頭や腰を殴るんだ。彼らはくずおれる。

クルーゼ　やめろ、やめてくれ！　お願いだから！

タウムベルガー　おまえはそれが信じられないのか？　誓って言うが、俺はそれをこの目で見たんだ。あれは……刑事犯の囚人たちだった。彼らはお互いに殴り合っていた。奴らは黒い帽子をかぶった見張りで、タバコをもらっていた。食料も十分受け取っていた。お金もね。いや、お金というか買い物券のようなものだ。現金は受け取っていなかった。それで、二、三余分の品が買えた。そのおかげで奴らは生きながらえて、それによって報酬を得ていた。見張り一人あたり四、五〇人の囚人を担当していた。彼らは企業で雇われていた。つまり、彼らはある特定の企業のために働いていた。彼らが働けば働くほど、出来高払いが増えれば増えるほど、より多くの報酬をこのユダが受け取るという算段だ。だから彼らは他の囚人たちがもっと働くよう、さんざんに殴りつけた。そこで彼らはタービン施設や貯水池、工場で使うパイプを圧縮していた。そこで見張り人が会計係と取り決めを交わして、一日に三本のパイプを組み立てることになった。そこでは彼はかくかくしかじかの報酬を受け取った。二日以内にさらにもう一本、取り決められた以上にパイプが圧縮できれば、かくかくしかじかの報酬を受け取るというものだ。俺はそこに四八時間滞在したのち、そこをあとにした。俺はそれを見たんだ。[174]

戦闘機パイロットであるタウムベルガーによるこの種の収容所における囚人システムの描写は、史実に照らし合わせてもきわめて妥当なものである。クルーゼが語りにたいして向けている疑念は、明らかに囚人を監視員として利用するということに関するものである。もちろん、タウムベルガーが語ろうとしていることのうち、クルーゼ伍長がもはや聞きたくないという内容が一体何であったのかということについては、推測するしかない。彼は話の全体が信じられなかったのか、カポの役割に疑念を抱いたのか、それとも単純にそうした話は聞きたくないというだけだったのか。もっともタウムベルガーの反応（「おまえはそれが信じられないのか？」）が示唆しているのは、クルーゼは刑事犯の囚人の役割に関する語りに疑念を抱いているのではないかということであり、だからこそタウムベルガーはそれについてさらに詳細に語っているのである。そのさい注目に値するのは、カポの振る舞いは非難すべきものである（「このユダ」）と考えていることを、タウムベルガーがはっきり述べている点である。そして、彼らは自分の行為について、あたかも自分の意思で自由に決定できる状況にいたかのような描写をするのである。[175]

しかし、ユダヤ人絶滅にたいするはっきりとした拒絶をあらわにするような、まったく別の語りも存在する。

デッチュ　レンベルクで俺はあるユダヤ人移送を見たことがある。……キエフだったかな。その列に突然動きが生じた。前方にはSSがいて、すでにさんざんに殴りつけていた。彼らは……SSで、酔っ払っていた。奴らは彼らを戦車壕の縁に並ばせた。第一陣が並ばされると、機関銃が発射される。彼らが落下すると、次の人々が中に入って穴を掘らされる。彼らは完全には死んでいなかった。スコップで土がその上にかぶせられる。そしてその次……想像できるかい？　子供も女性も老人も。俺の知っている限りでは……ある人が俺にこう言っていた。「私たちは命令を受けているんです」。彼は言った。「でも私はそれを一緒に凝視することができませんでした」。ドイツ人たちは子供たちを壁へ釘で打ちつけたんだ。そんなことを彼らはやったんだ。

盗聴された会話の記録には、大量射殺だけでなくガストラックによる殺害も登場する。ルドルフ・ミュラーはアメリカのフォート・ハント〔ヴァージニア州〕で以下のような話を始める。

ミュラー　俺はロシアで命令拒否の咎で軍法会議にかけられた。俺はそのとき車両修理担当下士官 Schirrmeister だったが、我々の車両修理担当下士官が亡くなったので、その修理工場では俺が副責任者の立場だった。八トントラックを一台改造することになっていて、荷台をゴム製の幌で覆った。それが何のためだか俺は知らなかったが、とにかくやった。トラックはよそへ送られて、地区本部が利用することになった。それで俺たちの仕事は終わった。運転手が戻ってきたとき、顔面蒼白だった。何が起こったのか彼に尋ねると、彼が言うには、自分の身に今日起こったことは生涯忘れないだろうとのことだった。彼は言った。「彼らは車の後ろに民間人を乗せた。それから彼らは排気管を中に差し込み、後ろの扉を閉め、排気ガスが中へ送り込まれるようにした。運転席では俺の横にあるＳＳ少尉が座っていて、ひざにピストルを載せていたが、俺に運転を命じた」。どうしろって言うんだ、彼は一八歳だった。彼自身何を望もうと、運転する他なかった。そして三〇分くらい運転して、穴の所までやってきた。そこには死体が横たわっていて、塩素も撒かれていた。彼は車をバックさせられ、扉を開け、死体がすべて落下した。排気ガスで死んだんだ。次の日にふたたび俺は、地区本部からトラックを使える状態にせよという命令を受け取った。そこで俺はそれを拒否した。そして俺は、命令拒否の咎で軍法会議にかけられた。故意に人々をそれに乗せて、排気ガスで殺したんだ。

ライムボルト　なんてかわいそうに。とんでもない。

ミュラー　運転手に彼らは強制したんだ。だって、ピストルを持った人間が横に座っているんだから。そして彼らは俺を軍法会議にかけた。

ライムボルト　そしてそれがドイツ人の名のもとに行われたんだ。これから何が起ころうとも、もはや驚かないね。(176)

この対話は、一酸化炭素によるガス殺に関する直接の証言を記録した数少ないもののうちのひとつである。語り手が報告しているような断固とした拒否も異例であるし、それによって軍法会議にまでかけられた（もちろん彼の説明によればということだが）というのも異例である。そして彼の聞き手もショックを示している。明らかに彼は、そのような殺害行動についてそれまでに耳にしたことがなかったのようだ。以上要約すれば、次のように言える。ゲットーから大量射殺を経て絶滅収容所へと至る絶滅のあらゆる側面についての描写は、ひとつの視点によって特徴づけられている。すなわち、所与の枠組みにおけるアクターの振る舞いを単に描写するだけでなく、その評価まで行うような視点である。そのさいとりわけユダヤ人の振る舞いにたいする評価は通常、彼らが置かれている強制という前提条件を度外視しており、それによって彼らの行動の余地が（ゲットーのように）限定されたり、著しく制限されていることを見ていないのである。このような「犠牲者を責める」[177]という〔語りの〕タイプは、偏見に関する心理学においてきわめて頻繁に記述される、他者を認識し評価するさいの典型である。「犠牲者を責める」という語りが機能するのは、犠牲者たちが行動する上での前提条件が考慮されることなく、彼らの振る舞い方の原因が彼らの性格に求められる場合である。このメカニズムは、何らかの形で下の階層と見なされ、あるいは冷遇されている人々にたいするあらゆる偏見に登場する。したがって、そうしたメカニズムが、この場合のように、完全に一方的な暴力と極端な社会的ステレオタイプ化という条件のもとでも同じく定期的に現れることは、不思議なことではない。そうしたメカニズムは、強姦された女性や、射殺を前にした犠牲者の振る舞いについて語られるさいにも現れる。これらすべての語り方は、あたかも科学実験で実験の条件に言及することのないままに実験用動物の振る舞いを描写するかのようである。そうした物の見方にあっては、自分たちでつくり出した前提条件が犠牲者の振る舞いを描写するさいに「フェードアウト」するだけでなく、そもそもまったく意識すらされない。その原因は、結局のところその根本にある参照枠組みに帰せられる。そうした枠組みにおいては、「ユダヤ人たち」は語り手とは異なる世界の住人なのだ。ルドルフ・ヘスは、被験者である彼の犠牲者たちがどのような条件のもと死んでいったのかをもっとも熟知しているに違いない。なぜなら、彼自身がその条件をつくり上げたからだ。そうした彼が自叙伝においていわゆる特務班、すなわち犠牲者をガス室へと連れていって殺害後に〔遺体を〕ふたたび取り出す作業に従事していた隊員たちについてたとえば言及するさい、そのような視点をとっている。

ヘス　特務班の振る舞いすべては、同じく奇妙なものだった。作戦が終了したら彼ら自身にも数千人の人種同胞と同じ運命が待ち受けているということを全員が確実に知っていたのに、彼らは絶滅にきわめて協力的だった。そのことは私をつねに驚嘆させた。そして彼らは熱意をもって仕事に取り組み、その後に待ち受けていることについて一切話さなかっただけでなく、脱衣のさいには彼らを助けるために気を配り、激しく抵抗する人間には暴力を用いた。うるさい人間は連行し、射殺されるさいにはしっかりと体を押さえていた。彼らは犠牲者をそのようにして連れていったので、武器を持って待機している下級指揮官に彼らが気づくことはなかったし、だから彼も気づかれることなく武器を首筋に向けて当てることができた。こうして彼らは、ガス室に送ることができなかった病人や衰弱した人々にたいしても同じように振る舞った。すべてが当然のこととして行われ、まるで彼ら自身が死刑執行人であるかのようだった。(178)

射殺に加わる

ここで、絶滅戦争やホロコーストに関する文献で従来あまり顧慮されることのなかったふたつの点について触れてみたい。命令を受けているわけでもないようなさまざまな部隊とは公的にはおよそ何の関係もないようなさまざまな部隊や階級の兵士たちが、それにもかかわらずときおり射殺に参加することがあった。ダニエル・ゴールドハーゲンは、それまであまり知られることのなかったそうした実例をもとに、ドイツ人の間で排除主義的反ユダヤ主義が深く浸透していたという議論を展開した。そこで取り上げられたのは、ベルリン警察の慰問隊であり、音楽家や芸術家から構成されていた。彼らは一九四二年一一月中旬に前線部隊の慰問のためにウクフにいたが、その翌日のユダヤ人行動で射殺に参加する許可を、第一〇一警察予備大隊長に求めていた。彼らの無理な要求は聞き届けられ、翌日慰問隊は、ユダヤ人を射殺することによって楽しんだ。(179) クリストファー・ブラウニングもこの事例に言及している。ここで問題となるのは、ユダヤ人を自由時間に射殺して喜びを得るには反ユダヤ主義的な動機が必要なのか、ということである。

本当の理由はおそらくもっと陳腐な点にある。男たちにとって楽しいことというのは、ふつうの状況では決してできないようなことができる、ということなのだ。すなわち、罰せられることなく誰かを殺し、全面的な権力を行使し、まったく日常的ではないことを行い、しかもそれによって何らかの制裁を受けることを恐れる必要もないという感情を、経験してみたかったのである。これはある種の現実逃避であって、〔殺害参加の〕動機としてはこれだけでまったく十分である。ギュンター・アンデルスがかつて「罰せられることのない非人道性の機会」と名づけたものが、それにあたる。理由なき殺戮は、明らかに少なからぬ男たちにとって抗しがたい誘惑であった。その種の暴力は動機も理由も必要としない。それが行使できるというだけで十分なのだ。

盗聴記録にも、大量射殺への自発的な参加や、もし希望するなら射殺に参加してもよいという申し出についての叙述が見られる[180]。こんにちから見れば信じがたいようなこうしたエピソードが示唆しているのは、絶滅作戦は決して秘密裏に行われたのでもないし、つねに驚愕と嫌悪の念をもって受け止められたわけでもないということである。逆に殺害が行われる穴には、競技場よろしく見物人が定期的に集まってきていた。現地住民や国防軍兵士、民政の職員など。そして意図されていたことではないが、大量絶滅は娯楽の面を兼ね備えた、半公的な見世物行事になっていった。たとえば親衛隊・警察上級指導者のエーリヒ・フォン・デム・バッハ＝ツェレフスキは一九四一年七月に、大量射殺にさいしてそれを傍観することを禁ずる命令を自ら出している。「……略奪者として引き渡された一七歳から四五歳までのユダヤ人男性は、即決裁判で全員射殺されなければならない。射殺は、小都市や村落、交通路から離れたところで行うこと。墓穴は埋め、巡礼地とならないようにする。射殺のさいに写真を撮ったり見物を許可することを禁ずる。射殺や墓穴は公表してはならない」[181]。もっとも「それを禁ずる命令にもかかわらず」、人々は継続的に射殺の現場を訪れ、写真に収め、完全に無力で裸の人々、とりわけ女性たちの卑猥な光景をおそらくは楽しみ、処刑する人々に助言を与えたり励ましたりしていた[182]。

全体としては、指令や命令に違反するという恐怖よりは〔射殺の〕魅力の方が勝っていたように思われる。レスラー少佐が描写するところによれば、射殺にさいしては「あらゆる方角から［…］兵士や民間人が近くの鉄道用突堤へと押し寄せたが、突堤の背後では作戦が行われていた。「血まみれの制服を着た警察官が、あたりを走り回っていた。兵士たち（一部は水泳パンツしか穿いていなかった）が集団で固まっていた。民間人の中には女性や子供もいたが、傍観していた」」。報告書の最後でレスラーは、自分の人生においてすでに不愉快なこともいくつか経験してきたが、そのような大量殺戮、しかもそれがあたかも野外劇場のように公衆の面前で行われたことは、今までのあらゆる出来事を

行動部隊のSS伍長（？）が，国防軍，親衛隊，全国労働奉仕団，ヒトラー・ユーゲントといった傍観者たちを前に民間人を射殺する光景．1942年，ウクライナのヴィニツァ（ヴィーンヌィツァ）．（撮影者不詳．Bildarchiv Preußischer Kulturbesitz, Berlin）

超越するものであったと語っている。それは彼にとってドイツの慣習や理想などに反するものであった。[183]

関連する命令や教育的措置にもかかわらず、射殺ツーリズムの問題は明らかに統制不能の状態にあった。この問題を解決する試みとしては、たとえば一九四二年五月八日に軍政将校の会議で決定されたように、「殺害部隊に「十分な協力のもと」、射殺を「可能ならば」日中ではなく夜間に行うよう推奨すること」などが行われたが、結果は不十分なままであった。[184]

射殺の場に居合わせることが禁止されたのにもかかわらず、個々の人々がなぜ傍観したのか、その動機をここで推測したとしても、それは無駄というものである。動機は人によってさまざまだったからである。「スリル」や、とんでもないもの、そしておそらくは壮観で非現実的なもの、ふつうの生活では起こらないようなことを目の当たりにしているという感情、またおそらくは不快感や嫌悪の感情もあったろうし、あるいは自分の身には決して起こって欲しくないことが他人に起こっているということにたいする安心感もあるかもしれない。この関連で重要なのは、傍観者という現象は事実、幅広く見られた現象だったということである。すなわち、人々がここに描写されたような方法で全滅させられたことは、多くの人々が距離を置きたいと思うような嫌悪感を呼び起こすようなものではなかった、ということである。のぞき見趣味と、他人の不幸を目の当たりにすることの喜びは、幅広く見られる心理的現象であり、これは何もユダヤ人絶滅だけに限られるものではない。これらを考慮に入れれば、絶滅作戦の描写が盗聴記録の語りにおいて持っていた魅力が説明できる。すなわち、その場にいなかった人間は、少なくともそれについて詳細な話を聞きたいと思うものなのだ。

高速魚雷艇S56のカムマイアー一等機関兵曹 Obermaschinist は、一九四一年夏のバルト海への出撃のさいに、現ラトヴィアのリバウ〔リエパーヤ〕で殺害行動を傍観している。

カムマイアー　ほとんどすべての男性が、大きな収容所に抑留されていた。ある晩、ある男に会ったら、彼はこう言った。「一度見てみるか？　明日彼らが射殺されるんだ」。そこには毎日毎日一台のトラックがやってくるんだが、彼はこう言った。「一緒に来いよ」。処刑部隊の……隊長は海軍の砲術科出身者だった。トラックがやってきて、止まった。そこには採砂場があって、二〇メートルの長さの穴がひとつあった。〔…〕穴を見るまで、そこで何が起こっているのか俺は知らなかった。そこに彼らは入らされ、早くしろと銃尾で急かされ、お互いに向き合って立たされた。軍曹が短機関銃を持っていて……そこには五人立っていて、一人また一人と……彼らのほとんどはそんなふうに倒れた。眼球は変な方向を向いていた。そこには女性も一人いた。俺はそれを見たんだ。リバウだった。(185)

すでに述べたような射殺への参加となると、臨場感はさらに高まる。空軍のミュラー＝リーンツブルク中佐は、次のように語る。

フォン・ミュラー＝リーンツブルク　SSはユダヤ人射殺に招待してきた。部隊全員が武器を持ってそこに赴き、そして［…］撃ち殺した。誰を撃つかは、全員自分で選ぶことができた。それは［…］SSによるものだが、もちろん厳しい報復を受けることだろう。
フォン・バッスス　つまり狩り立て猟に招待されたみたいなものか？
フォン・ミュラー＝リーンツブルク　そうだな。(186)

ミュラー＝リーンツブルクが「ユダヤ人射殺への招待」を受諾したどうかは、この対話で不明瞭なままだが、少なくともはっきりしているのは、この申し出が他の国防軍兵士によって受諾されたということである（「部隊全員が武器を持ってそこに赴き」）。聞き手に比較として思い浮かぶのは狩り立て猟であるが、もちろん彼がそのことで特別奇異の念を抱いたり驚いたりしている様子は見当たらない。狩りにも似た射殺という点では、間接的な聞き伝えではあるが、アウクスト・フライヘル・フォン・デア・ハイテ中佐も言及している。

ハイテ　これはベーゼラーガーが話してくれた本当の話だ。彼は死ぬ前に、何とか剣付〔騎士鉄十字章〕までは得ようとしていた。〔ゲオルク・〕フライヘア・フォン・ベーゼラーガー中佐は、連隊の戦友だった。彼は以下のことを経験した。あるSS指導者のところにいたときだが、〔一九〕四二年だったか〔一九〕四一年だったか、とにかくその任に就いた最初期のころだった。ポーランドだったと思うが、彼が民政の弁務官としてそこにやってきた。
ガラー†　彼って誰だ？
ハイテ　SS指導者だ。確かベーゼラーガーは当時、ちょうど柏葉付〔騎士鉄十字章〕をもらったばかりだった。彼は会食の場にいて、そのあとこう言った。「これからちょっとしたものを……見ようじゃないか」。それから彼らは車に乗っていった（おとぎ話のように聞こえるかもしれないが、本当にそうなんだ）。そこにはショットガンが置かれていて、ふつうのタイプだったが、三〇人のポーランド系ユダヤ人も立っていた。それからゲストにショットガンが一挺与えられ、ユダヤ人が前方に追い立てられ、全員がユダヤ人を一人散弾で射殺することができた。引き続き彼らにはとどめの一撃が与えられた。[187]

以下の会話では他の語り手が同様に射殺への招待について報告しており、その招待を彼は受諾している。フリート空軍中尉による説明にたいして、彼の話し相手であるベンツ歩兵中尉は明らかに苛立ちを見せる。

ベンツ　もしドイツ人が我々に、ポーランドでのテロルは本当なのかと尋ねてきたら、我々はこう答えなくてはいけません。それは噂にすぎない、と。〔しかし〕私は、それは間違いなく真実だと確信しています。我々の歴史における汚点です。

フリート　まあ、ユダヤ人迫害はそうですね。

ベンツ　根本的に我々の人種問題全体にたいする態度は間違っていたと思います。ユダヤ人が根本的に悪い特性しか持ち合わせていないというのは、単なる妄想です。

フリート　私は〔殺害に〕一度参加したことがあります。私はその後将校になりましたが、それなりに印象的な出来事でした。あれは私が戦争と直接を関わりを持つようになった頃のことで、ポーランド戦でしたが、私は輸送のための飛行をしていました。一度ラドムにいたことがあって、そこにいた武装SS大隊で昼食をとりました。そのときSS大尉か誰かがこう言いました。「三〇分くらい一緒に見てみる気はありませんか？短機関銃を受け取ったら、出発しましょう」。私はついて行きました。まだ一時間余裕がありましたが、ある兵舎まで出かけていって、ユダヤ人を一五〇〇人仕留めました。戦争中のことです。短機関銃を持った兵士が二〇人いました。それは一瞬の出来事で、誰も何も考えませんでした。彼らは夜にユダヤ人パルチザンに襲撃されていて、このポーランド人のクソ野郎に怒っていました。私もそれについてあとで考えてみたのだけれど、しかし不愉快なことでしたね。

ベンツ　それはユダヤ人だけだったんですか？

フリート　ユダヤ人だけだったし、何人かのパルチザンでした。

ベンツ　彼らは目の前を追われていったんですか？

フリート　ええ。それについて今考えると、不愉快なことでしたね。

ベンツ　なんと。あなたも射殺に参加したんですか？

フリート　ええ、私も射殺に参加しました。その中にいた人たちが、こう言ったんです。「おや、卑劣な奴らがやってきた」。こう罵ったり、石をいくつかこちらに投げてきたりしました。女性や子供までいたんですよ！

ベンツ　その中に女性や子供がですか？

フリート　その中にいたんです。家族全員が。ひどい叫び声を上げているのもいたし、何人かは完全に無気力状態でした。(188)

この二人の会話は、しばらくの間かみ合っていない。それはおそらく、二人の考え方が著しく異なっており、それに最初は気づかなかったからであろう。ベンツがユダヤ人絶滅を全体として拒否し、「人種問題」は誤った考え方だと語る一方で、フリートは「ユダヤ人射殺」の申し出を受け入れ、しかもそれはすでに「ポーランド戦」の段階であったことを語る。フリートが射殺に参加する申し出を受け入れ、一時間以内に猛烈な早さでユダヤ人を殺害し、しかもこれに自発的に参加したということが、当初ベンツにはきちんと理解できていない。あとから考えればあれは「不愉快なこと」だったというフリートの発言でようやく、ベンツは気づくのである。「なんと。あなたも射殺に参加したんですか？」

もっともベンツの驚きは、フリートをうろたえさせたようには見えない。彼はさらに語り続ける。「ユダヤ人」や「パルチザン」だけでなく、女性や子供をも射殺したのだ、と。それらが全体としては「しかし不愉快なこと」であったという彼の冷静な評価は、自由時間に行った射殺が予期していたような喜びをもたらしてくれなかったということを意味している可能性もあるが、ただ単純にベンツという、話の全体に懐疑的な聞き手と向かい合っていることが原因なのかもしれない。

それはともかく、「射殺に加わる」という現象は、それが個人的なものであろうと「狩り立て猟」という枠組みであろうと、それを傍観したり写真に収めようという申し出と同じように、以下のことを示すものである。すなわち、それまで殺害に関与していなかった人々が残虐な行為ができるようになるまでに、慣れるための時間がつねに必要とされるわけではない、ということである。フリートも慰問隊の音楽家たちも、すぐにそのまま射殺へ移行している。彼らは娯楽や楽しみのために人々を殺しており、そこには慣れも野蛮化も必要なかった。

逆に殺害に加わるよう申し出るホスト側の隠し立てのない態度からは、こうした行為がいかに当たり前のものとなっていたか、そうした申し出が苛立ち、ましてや拒否に遭うなどほとんど想定されていなかったことが想像できる。したがって、招待や依頼による射殺への参加は、それを傍観するのと同様に広く行われていた実践であったと判断しても間違いではないだろう。それらが娯楽として有する魅力は、こんにちの視点からは推し量りがたいものではあるが、しかしそれらが意味しているのは、大量射殺は決して兵士たちの参照枠組みの外部にあるものでも、彼らの世界観に根本的に矛盾するものでもなかったということなのだ。

この見解は、ユダヤ人絶滅を明白に支持する一連の発言によっても裏づけられる。ここでは、Uボートの二人の若い将校の会話を取り上げよう。U433の機関長 Leitende Ingenieur である二三歳のギュンター・ゲス中尉と、U95の第一当直士官* Ersten Wachoffizier である二六歳のエゴン・ルドルフ中尉である。

ルドルフ　零下四二度のロシアにいる、かわいそうな仲間たちのことを思うと！

ゲス　ああ、しかし彼らは自分たちが何のために戦っているのかわかっている。

ルドルフ　まさしく。鎖から永久に解き放たれなくてはならない。

ゲスとルドルフ　（声を張り上げて歌う）ユダヤ人の血がナイフからしたたり落ちたら、おや、俺たちの生活もまた上向きさ。

ゲス　豚どもめ！　ルンペンの豚どもめ！

ルドルフ　総統が我々捕虜の願いを叶えて、〔俺たち〕一人につきユダヤ人一人とイギリス人一人を殺させてくれればと願うね。みじん切りにしてやる。ナイフでね。造作もないことさ。奴らにハラキリさせてやるのさ。ドテッ腹に突き立てて、内蔵を引っかき回してやる。(189)

憤激

「まともな軍人ならば、そんなこととはいささかも関わり合いたくないものだ(190)」。

犯罪についての報告は、多くの兵士たちにとって特別なことではなかった。そうした語りは、前線での戦闘や故郷での友人との再会といったまったく別のテーマの陰に隠れ、そもそも語られること自体が稀であった。こんにちの視点から見れば、それらが引き起こした憤激は驚くほど少ない。すでに見てきたように、そうした犯罪を根本から否定するという態度は例外的であった。そうした自分の知識（自らの経験であろうと、他人からの報告であろうと）を踏まえて、戦争の性格一般について考えをめぐらせる兵士は、さらに例外的であった。むしろ頻繁に見られたのは、好奇心から細部について聞き出すということであり、のぞき見的な反応であった。

さらに目立つのは、兵士たちが置かれている法的な次元について議論されることがないという点である。ハーグ陸戦協定やジュネーヴ条約の解釈には、誰も関心を示さない。そうした概念は史料には事実上現れない。「何が許容されて何がそうではないのかという問題は、結局のところ権力の問題だ。権力がある人間には、すべてが許される」と、たとえばウルマン中尉†は述べている。しかし兵士たちは、自分たちに何ができるかということと、道徳的に正当化されることは何かということを区別していた。それどころか戦闘機パイロットのウルマンも、「[あちらから] 撃ってこないような民間人を我々兵士たちがただ虐殺するようなことはあってはならない」という見解であった(191)。ここでは、男たちが当時、何をよくないもの、ぞっとするもの、忌むべきものと考えていたかについて、見てみたい。

パルチザンの射殺は、彼らを戦闘員として見なしていない以上、兵士たちにとっては健全な人間理性にもとづく行為であり、非難されるべき行為とは考えていなかった。正規の捕虜を主陣地帯で「仕留めた」という報告も、それが東部戦線では明らかに常態化していたために、とくに反応もないまま受容されることがほとんどであった。彼らの強烈な反応を引き起こすには、質的にも量的にもそれぞれの戦線における戦時慣例に明確に違反するような、特別な語りでなければならなかった。

第二爆撃航空団のクルト・シュレーダー少尉と第一〇〇爆撃航空団のフルプ少尉†はたとえば、撃ち落とされたパイロットの処刑をどう評価すべきかについて議論している。議論は、一九四二年四月一八日、アメリカ軍による東京への初めての空襲に触れたときに活発になる。このとき、捕虜となったアメリカ軍のパイロットを日本軍は処刑している。

シュレーダー　ええ、日本軍が捕虜にたいしてやったことは不道徳なことですよ。当時、東京への初攻撃で撃ち落とした搭乗員を、一、二週間後に軍法会議で処刑させました。とんでもなく不道徳な行為です。

フルプ　私がそれについてよくよく考えるなら、もし私たちが同じ状況に置かれたならば、それが唯一正しい方法だったと思いますが。

シュレーダー　もしあなたが今ここで処刑されるとしても、あなたはそれでいいんですか？

フルプ　ええ、ご自由に！

シュレーダー　しかしそれは、軍人らしい考え方ではないでしょう。

＊（訳註）副長を指す。

フルプ　いや、違いますね！　それこそまさに、軍人になしうる最善の方法です。つまり、もし我々が、アメリカ軍やイギリス軍の最初の空襲やその次の空襲のさいにそれをやっていれば、数千人の女性や子供の命が救われていただろうということです。もはや攻撃に参加できる搭乗員がいなくなるのですから。

シュレーダー　もちろん彼らは攻撃し続けるでしょう。

フルプ　それでも都市には来なくなります。もし空軍が戦術的な戦争遂行、つまり前線においてのみ利用されるならば、そしてこの点において最初にすぐ見せしめをやり玉にあげておけば、それからは東京への攻撃がふたたび行われることもなくなります。二〇人を処刑するだけで、数千人の女性や子供の命が救われるんです。

シュレーダー　それはまったく不道徳な行為ですね。

フルプ　日本軍はその出来事のあと、単にそれ〔処刑〕をしただけではなく、無防備都市にたいする戦争はいかなる場合でも行わないと宣言したんです。つまり日本軍は、自らにたいしてもそれを禁じたということです。彼らは東京を攻撃しに行って、全員が処刑され、それ以来そこへの攻撃は行われていません〔もちろん事実ではない〕。それについて我々の観点から考えるならば、我々もここ〔イギリス〕で都市への攻撃はしなかっただろうし、イギリス軍やアメリカ軍もやらなかっただろうということです。「撃ち落とされたら処刑される」ということをきちんと知っている搭乗員が、なおかつその上空を飛行するなんてありえないでしょう。だからパラシュートを持って行く必要もなくなるんです。

シュレーダー　それでも彼らはなお、その上空を飛行するでしょうね。(192)

フルプ　私はそう思いませんが。

シュレーダー　ここロンドンを攻撃せよという命令を受け取ったら、そうするに決まっているじゃないですか。

フルプ　そもそもそういう命令はもはや出ません。アメリカ軍でもそういう命令はもはや出ていません。

シュレーダー　日本軍はその点有利でしょうね。一人として捕虜になることはありませんから。かくかくしかじかの数の自軍兵士がアメリカ軍の捕虜になるということを計算するとしても、実際にそれを許すことはないでしょうね。

民間人にたいする攻撃は敵のパイロットを殺害することで防げるというフルプの意見は、彼のナイーブさを露呈しているだけでなく、国防軍内部に広まっていた、あらゆる法的な拘束を取り払った残虐さによって敵に一定の行為を強要できるという考え方を反映するものでもある。シュレーダーはそのような議論を、専門的な観点から不十分であると見なしているだけではない。撃ち落とされたパイロットの処刑は、彼にとっては「まったく不道徳な行為」でしかなく、軍人としての名誉という彼の考え方に反するものであった。興味深いことに、彼が議論に援用するのはジュネーヴ条約の規定ではなく、軍人としての道徳観である。

似たような議論の形は、語彙の選択のレベルに至るまで、陸軍兵士に見られた。ハンス・ライマン大佐は、SS師団「ヒトラーユーゲント」の捜索大隊がノルマンディーで一八人のカナダ軍兵士を射殺したことを、「非常に不道徳な行為」だと見なし、何ら弁解の余地はないと考えていた。もちろんそうした出来事が論争や議論を巻き起こすことは、ごく稀であった。とりわけ「残酷なSS」や東部における「非人道的な」戦争に言及して、〔彼らの間での〕一致点を見出し、次のテーマへと移るのがせいぜいであった。シュレーダーとフルプの議論はそれにたいして、明らかに根本的に異なる道徳観をめぐるものであった。そうした議論はごく例外的である。なぜならほとんどの兵士たちはコンセンサスを見出すように努め、自分の行為や見解を疑問に付しかねないような、広範囲に影響が及びかねない結論は引き出さないよう気をつけていたからである。

ある戦争犯罪がどのような質的、量的次元を有しているかは、ドイツ兵の認識においてきわめて重要であった。たとえば収容所におけるソ連兵捕虜の大量死に関する報告は、主陣地帯における処刑以上に憤激を招いた。収容所では「恐ろしい出来事」が起こっていたのだと、ある空軍軍曹は述べている。[193] 赤軍兵士の扱いが「きわめて卑劣」なものであった点について、エルンスト・クヴィクとパウル・コルテの意見は一致していた。[194]「人間的ではなかった」のである。ゲオルク・ノイファーは「想像できないような残虐行為」と口にし、[195] ヘルベルト・シュルツ二等兵は「文化的な恥辱、過去最大の犯罪」と言っている。[196] 民間人の殺害は（たいていはパルチザン掃討の文脈で言及されるが）徐々に驚愕を呼び起こすようになっていった。たとえばすでに一九四〇年九月の段階で、ある家屋から射撃が行われたという理由だけで、その村の男性全員が射殺されたという、「ぞっとするような出来事」が語られている。[197] デーベレ曹長は、こう自問自答している。「いったいなぜ我々はこれらすべてを行ったのか？　あまりにもひどすぎる[198]」。

ドイツ軍のためにイタリアで動員されていたある通訳も、国防軍兵士の民間人にたいする振る舞いに憤激している。

ブラース　バルレッタ[199]〔イタリア南東部プッリア州にある都市〕で住民が呼び集められ、食料を分配するように言われ、それから機関銃で射殺された。そういったことを彼らはやった。それからすぐあとに通りで、彼らはまるで匪賊たちのように時計や指輪を取り上げた。彼らがいかに乱暴を働いたかを、兵士たち自身が語ってくれた。彼らは単純に（村に押し入って、何か気にくわないことがあると、ブルルル！〔とぶっ放した〕）何人かを仕留めていた。彼らはそれがあたかもごくふつうの、当たり前のことであるかのように語っていた。そのうち一人は勝ち誇ったかのように、ある教会に押し入って司祭の服を身にまとい、教会の中で狼藉を働いたことを語っていた。つまり彼らはボルシェヴィストたちのようにそこで乱暴を働いたってことだ。(200)

注目に値するのは、特別指導者〔通訳、医療、獣医などの任務を持つ軍属〕であるブラースが自軍の兵士を「匪賊たち」だけでなく、「ボルシェヴィストたち」というナチの敵イメージとすら同一視している点である。わずか数日前の犯罪について語るうちに、東部戦線の記憶が蘇ってくる。ブラースは言う。「ああ、そして彼らがロシアでしでかしたこととといったら！〔…〕数千人の人々を彼らは惨殺したんだ。女性も子供も。恐ろしいことだ(201)」。こうしてイタリアとロシアにおける暴力経験が暴力の狂乱というひとつのまとまりへと融合し、それがブラースに明らかに深い衝撃を与えている。もうひとつ注目に値するのは、他の事例ではよく見られるような、SSこそが加害者であるという（自らを免罪するための）指摘がここには見られない点である。

女性と子供の殺害は、もっとも頻繁に憤激を引き起こした犯罪であった。

マイヤー　俺はロシアで見たんだが、パルチザンたちが一人のドイツ兵を射殺したという理由だけで、SSがある村を女性や子供もろとも根絶した。その村には罪はなかった。彼らは村を根こそぎ焼き払い、女性や子供を射殺した。(202)

歩兵少尉であるマイヤーの発言は、一人のドイツ兵が死んだだけでは女性や子供の死を正当化するには十分ではないとしている点で、例外的なものである。そのような行為〔女性や子供の殺害〕は盗聴記録において、「恐ろしい(203)」「ひどい」「ぞっとする(204)」といった描写をされる。「ひどく腹が立った」と、ハウスマン少尉は語っている(205)。しかしたいていの場合、彼らはそうした行為から少々距離を置き、そしてすぐに話題を変える。しかしながらときとして、人質の射殺やユダヤ人殺害に関する会話が、さらに深い思考を呼び起こすこともある。「ドイツの若者は人間にたいする敬意を失ってしまった(206)」という発言は、加害者たちの年齢が若いことを考慮してのものである。「豚どもという、数十年にわたってぬぐい去ることのできない汚名をドイツ人は与えられてしまった」、そうアルフレート・ドロスドフスキは言う。[207] ツェルヴェンカ伍長は次のようなことまで口にする。「ドイツ軍の軍服を着ていることを、しばしば恥ずかしく思う」。[208] フランツ・ライムボルトが同じ監房にいるルドルフ・ミュラーから、東部戦線の北方戦域、ルーガ近郊での大量射殺の詳細について説明を受けて、こう答える。「私があなたに言えるのは、もし本当にそういう出来事が起こったのなら、私はドイツ人であることをやめるということです。私はもはやドイツ人でいたくありません」。[209]

エルンスト・イエスティング大佐は、ヴィーナー＝ノイシュタットからのユダヤ人移送の状況について、妻から聞いていた。二人の意見は同じだった。「獣じみたやり方だ。あれはもうドイツ人のやるべきことじゃない」。ヘルムート・ハネルトもほぼ同じような結論にたどり着く。「ドイツ人であることが恥ずかしい」、フランツ・ブライトリッヒが三万人のユダヤ人射殺について詳細に語ったさいに彼はそう述べ、ドイツは文化国民の地位に値しないと語っている。[210]

目につくのは、高い階級の軍人たちの方が、数多くの犯罪の結果生じる事態についてより深く憂慮していることである。たとえばエーバーハルト・ヴィルダームート大佐は、次のように考える。

ヴィルダームート　我々の民族は若くて未熟だったのかもしれないが、道徳の面ではきわめて深刻な病にかかってしまった。あなた方に言いたいのは、私は問題を非常に憂慮しているということだ。嘘や暴力、犯罪をおおむね異論もなく受け入れてしまう国民というのは、もはや民族ではない。精神病者の殺害を許容し、分別ある人々ですら「おや、人々がやったことの中で、それが一番愚かなことというわけではありませんよ」などと言うそんな民族は、消滅するしかないのだ。そのような残忍な行為は、世界のどこでも起こったことはない。肺結核の患者やガン患者まで全員殺害しなければまだ足りないとでも言うのか。[211]

フライヘル・フォン・ブロイヒ中将も、歯に衣着せずものを言う。

フォン・ブロイヒ　俺たちが成し遂げたことと言えば、軍人とドイツ人の評判を完全に失墜させたということだ。人々はこう言う。「あなたがたは、人々を射殺せよという命令をすべて実行する。それが正しいものであろうと不正なものであろうと」云々。スパイを射殺しても誰も文句は言わないが、ポーランドやロシアにおけるように、村すべてや住民すべて、子供たちが根絶され、人々が移送されるなら、それはただの殺戮だと言って差し支えない。まさにかつてフン族がやったことと同じだ。まったく同じことなんだよ。しかしそれをやったのが、世界に冠たる文化民族である我々ってことなんだよ。違うかい？[212]

ブロイヒはまた、コミッサール命令について道徳的理由から憤激している、数少ない軍人の一人である。「コミッサール〔政治委員〕の射殺。そのような命令が上層部から与えられた戦争など、粗野な古代を除けば一度も存在しないと断言できる。この命令を私は個人的に見た［?］。それは、人間がまるで神のようにすべてを無視し、すでに存在し、しかもどちらの側にも存在するような教養を無視しているということのあらわれだ。しかしそれは、とんでもない妄想だ[213]」。

将校団の多くがこの命令を当初は支持していたことを考えれば、この発言は注目に値する[214]。ブロイヒの反省が行われたのは、将官収容所であるトレント・パークであり、そこでは出来事から距離が生まれ、暇な時間もあったことで、驚くような会話がしばしば行われることになった。たとえばヨハネス・ブルーン少将はこう考えている。

ブルーン　あなたはこうお尋ねになるかもしれません。我々は勝利に値したのか、もしくはそうではなかったのか。我々がしでかしたことのあとでは、答えは否です。我々は理性を失い、部分的には血に飢えた興奮状態となり、あるいはそれ以外の特性が原因で、意図的に人間の血を流してきました。それをしてしまった以上、我々にふさわしいのは敗北、つまりはこの運命だと、私は今では思っています。もっとも私自身も責められなければいけないのですが[215]。

彼らが犯罪を批判する個人的な理由については、我々にはほとんどわからない。多くの人々にとってはやり方がおぞましかっただけなのかもしれないが、道徳的理由からこれに反発した人々も間違いなく存在した。しかしつねに語りの視点は、出来事に影響力を及ぼすことのできない、参加者ではない傍観者の視点である。自らの罪がテーマ化されることは、きわめて稀である。抵抗という行為が我々の史料において言及されることは、ほとんどない。ひとつの例外がハンス・ライマンであり、彼は少佐として対ポーランド戦で上官のところに赴き、SSによる「ポーランド人知識人」の殺害を止めるよう依頼した。それにたいして上官はこう答えたという。「彼はそれをまったく考慮しない。自分の地位と俸給の方が、彼にとってははるかに大事なのだ[216]」。

兵士たちが目にした犯罪がぞっとするものであったとし

ても、同調という枠組みから離脱することは、ほとんどすべての兵士たちにとって不可能に思われた。その意味で、第七四八地区指揮官のアルプ少佐の語りは典型的である。彼はロシアでの中尉としての経験を語る。彼のところで生活していた母親が、自分の二人の子供を野戦警察から守ってくれるよう、彼に哀願した。次の日彼は、その二人が「射殺されて泥の中で」横たわっているのを発見した。彼らを救出しようと努力したとは彼は一切言わず、引き続いてリトアニアのカウナスでの大量射殺へと話を移す。話し相手が、それを防ぐために何かしたのかと質問したのにたいし、彼は何の返事もしていない(217)。

したがって、我々の史料において救出行為について述べたものがわずか一例しかないというのは、驚くべきことではない。もちろんそれが事実かどうか、我々には知る由はない。

ボック　俺はまだベルリンにいた頃、強制収容所に送られることになっていたユダヤ人少女たちを助けたことがある。それからもう一人ユダヤ人を連れていった。全員列車でだ。

ラウターユング　全員、特別列車でか？

ボック　いいや。俺はミトローパ*にいた。ミトローパでは後方に鉄のキャビネットがあって、そこにモノをしまっていたんだが、俺はそこにユダヤ人を入れたんだよ！　そのあとでユダヤ人は、車両の下にあるボックスに隠した。彼らがあとでバーゼルで降りたときには、もちろん黒人みたいに〔真っ黒に〕なってたよ。そしてスイスに住んでいる。少女もスイスの南部にいる。俺は彼女をチューリヒまで連れていって、そして彼女はクール〔スイス南東部グラウビュンデン州にある都市〕まで行った(218)。

まともであること

兵士たちはさまざまな暴力について語り、大量射殺や戦争捕虜の犯罪的な扱い方を知っていたにもかかわらず、自分たちは「いい奴」であるか、もしくはハインリヒ・ヒムラーが言ったように「まともな人間であり続け」ていると感じることができるような道徳世界の中に生きていた。まともであるというナチの倫理はとりわけ、犯罪や殺戮、強姦、略奪などによって私腹を肥やしたり個人的な利益を得たりすることなく、それらすべてをより高次の目的のために実行しようとするという動機によって、その原動力を得ていた。まともであるというこの倫理は、キリスト教的、

＊（訳註）ドイツで寝台特急や食事サービスを提供していた会社。

西洋的な道徳という観点からは絶対悪であることがらを正当化し、必要な場合にはそれを道徳的な自己イメージへと統合することを可能にした。事実ナチ的道徳のこの形によって（そこでは、人殺しという「汚れ仕事」によって、加害者自身が苦しむかもしれないということが、あらかじめ考慮されていた）、殺害を行いながらも、道徳的な意味でやましさを感じずにすむということが可能になった[219]。ヒムラーのような絶滅のイデオローグ、ルドルフ・ヘスやその他数多くの加害者たちが繰り返し強調していたのは、人間を絶滅させるというのは、自らの「人道性」に反する任務ではあるけれども、殺害へのためらいを自ら克服する点にこそ、加害者たちの優れた人格がまさに表れるのだ、ということであった。ここでは殺害と道徳が結びつけられた。不愉快な行為ではあってもそれは必要なことであるという認識が、必要であると見なされたこの行為を、他人にたいする共感という自らの感情に抗ってでも実行しなければいけないという感情と結びつき、それによって、人殺しをしているときでさえ自分は「まとも」であると加害者たちが感じることが可能になったのである。つまり自分は、人間としては（ルドルフ・ヘスの言葉を借りるなら）「心ある」、「悪い人間ではない」と感じることができたのである[220]。

明らかに加害者である人々が遺した自伝的な史料（日記、手記、インタビュー）には、一般的にこうした奇妙な特徴が見られる。自分たちが行ったことがどのようなものであったのかについて、明らかに人道的な観点からものを考えていないような人間が、一方では「悪い人間」であると見なされることにたいしてしばしば不安を覚え、自分たちがそうした行為を行っている極端な状況にあっても、その道徳的な能力は人間としては無傷なままだったのだと主張するのである。しかしそれはかなりの程度、通常引用される史料の性格によるものなのかもしれない。つまり自伝的テクストとはつねに告白、あるいは釈明のテクストなのでもあって、他人にたいしてだけではなく自分自身にたいしてもものごとを語ることで、自分が自分自身にたいして抱いているイメージと、他人に抱いて欲しいイメージとを一致させようとするものだからである。描写が捜査記録によるものである場合には、法的な側面が付け加わって状況がさらに複雑になる。加害者は道徳的な面で善良であろうとすると同時に、あらゆる罪を回避しようとするからである。

盗聴されていた会話では事情が異なる。なぜならここには、発言が関連づけられるような外在的な道徳空間が存在しないからである。戦争の帰結は不確かであり、「ユダヤ人行動」のような行為にたいする道徳的評価、ましてや「人道にたいする罪」などが口にされるような状況ではなかったのである。男たちは互いに語り合い、同じ兵士の世界と、自分たちの行為を位置づける参照枠組みとを共有していた。言い換えれば、「まともな」人間とはどのようなものかを定義したり、自分たちが「まとも」な人間であることをお互いに確かめ合ったりする必要はなかった。もっとも「外国」や他の人々のドイツ人にたいする見方が議論となる場合には、男たちはしきりに「まとも」さを口にした。そうした場合彼らは、自分たちは実際に求められている以上にまともだったのだと考えていた。

エリアス　ドイツ兵自身は、SSはそうではなかったけれど、あまりにもまともだった。

フリック　確かに。あまりにもまともすぎたことがしばしばだった。

エリアス　俺は初めての休暇、つまり〔一九〕三九年のクリスマスだったが、そこに行って、ある居酒屋から出たときに一人のポーランド人がやってきて、ポーランド語で何かくだらないことを言ってきたので、ちょっと腹が立った。俺は振り返って（これから何が起こるのかわかっていたが）、とにかく振り返って、両眼の間をげんこつで殴りつけて、こう言った。「このポーランド人の豚め」。彼はしこたま酔っ払っていて、「バタン」とそこに倒れた。俺は自分の手をもう一度きれいにしていると（おまえも知っているように、俺はシカのなめし革でできた手袋を持っていた）、突然制帽をかぶっていない警察官が一人やってきた。だが、彼はこう言った。「戦友よ、ここで一体何が起こったんだ？」おれは言った。「ポーランド人の豚が私を侮辱したんです」。彼は言った。「何？　その豚はまだ生きているのか？　おや」。彼は言った。「人が集まりすぎているな」。彼はそいつを見た。「よう兄弟、お前のことを俺たちはずっと待ち構えていたんだぜ」。彼は言った。「三つ数えるまでにお前がここを立ち去らなかったら、何が起きても知らないぜ」。そして彼が「ひとつ」と言うと、そいつはすぐに立ち上がって去って行った。それから彼は俺の前にこんなふうに立った。「もし君がすぐに殴りかかって銃剣を手に取り、一気に刺し殺していればもっとよかったんだがな」。まあそれから俺はちょっとばかり町中をうろついた。冬の夕方四時くらいだったが、突如銃声が聞こえた。パン、パン。俺は思った。「何だと？　一体何が起こったんだ？」その晩になって話を聞いた。それはちょっとした暴動だったんだ……彼は警察といざこざを起こし、警察が彼を逮捕しようとしたので、彼は逃亡を図った。その逃亡のさなかに射殺された。つまりその警官というのが、「忌々しいほど人が集まりすぎているな」と言った彼だったんだ。「ずらかりやがった」と言うと、彼を追いかけ、そして仕留めた。「逃亡を図って射殺された(221)」。

兵士たちが自分たちの行動を正当化する上で、つねに敵集団の構成員たち（パルチザンであろうとテロリストであろうと、単に「酔っ払った」だけであろうと）による行為が引き合いに出されるというわけではない。語り手が自分の話を位置づける上での文脈を考えれば、ここで言うところの「まともである」ということは、要するに「ポーランド人の豚」をその場ですぐには殺さなかったということを意味しているように思われる。要するにそのポーランド人は、語り手を「ちょっと」怒らせたこと以外、何らかの「懲罰」を正当化しうるようなことは何もしていないということなのである。と同時にこの「まともさ」というカテゴリーの中で際立っているのは、このポーランド人が長続きはしなかったとは言え、当座は命拾いしているという点である。そのすぐあと、彼は「逃亡を図って射殺された」。

この種の出来事が起こったのは東部だけではない。非常に似た話が、デンマークにおける出来事についても語られている。

デッテ　あなたがデンマークにいたのは一体いつ頃ですか？二年前ですか？

シュールマン　私は去年［一九四三年］の一月と二月にいました。

デッテ　現地のデンマーク人はどうでした、友好的でした？

シュールマン　いいえ。彼らはたびたび殴りつけてきました。デンマーク人はじつに恥知らずなんです。彼らがどれくらい臆病か、あなたにも理解できないでしょう。まさに無秩序そのものの民族です。今でもはっきりと覚えていることがあります。ある中尉が一人のデンマーク人を路面電車の中で射殺して、軍法会議にかけられました。私にはそれが理解できません。ドイツ人はあまりにお人好しすぎるのです。間違いありません。つまり路面電車が動き出して、一人のデンマーク人が彼を外へ放り出したので、彼は外で倒れ込んだのです。彼は非常に憤激しました。シュミット中尉はそもそも怒りっぽい人なのです。幸運なことに彼は二両目に飛び乗って、その次の駅に着いたときに前の車両に行って、そいつをすぐさま問答無用で撃ち殺したんです。(222)

本書ですでに何度も見てきたように、殺害の理由に事欠くことはなかった。

ツォートレテラー　俺はあるフランス人を背後から射殺した。奴は自転車に乗っていた。

ヴェーバー　至近距離から？

ツォートレテラー　ああ。
ホイザー　奴がお前を捕まえようとしたのか？
ツォートレテラー　そんなバカな。俺は自転車が欲しかったんだよ。(223)

噂

人間が生活している感情世界には、幻想やイメージといった、学問によってとらえることがきわめて難しいものも含まれている。と同時に、たとえば「ユダヤ人」についての幻想やイメージは、それが学問的な根拠にもとづくものであろうと、伝統的な偏見やステレオタイプによるものであろうと、著しい破壊力をもたらしうることも確かである。幻想やイメージと現実との結びつきがつねに実証できるわけではないが、幻想やイメージによって行動が生み出され、それによって現実が長期的に影響を受けるということはありうる。「アーリア人種」が生まれつき優越的な立場にあるとか、世界支配を要求することが法則にかなったものであるといった妄想的な世界像は、そうした点をきわめて明瞭に示している。「第三帝国」において幻想が果たした不透明な役割に関する研究は数少ないが、そのうちのひとつにシャルロッテ・ベラットの手による論文集があり、(224)そこでは「総統」やその他のナチ国家の人々が民族同胞の無意識の中でどのような役割を果たしたのかが論じられている。「第三帝国」の参照枠組みにおいてあまり論じられることのないこの側面についてヒントを与えてくれるのが、総統に宛てて書かれたラブレターである。八〇〇〇通に上るこれらの手紙は、何らかの形でアドルフ・ヒトラーと親密な接触を持ちたいと切望する女性たちの、きわめて非現実的な幻想を浮き彫りにしている。(225)〔それにたいし〕我々の史料において幻想に言及しているものがあまり見当たらないことは、英米の盗聴担当将校が、その種の語りを記録に値するとは明らかに考えていなかったことを考慮すれば、驚くべきことではない。しかし、幻想やイメージの世界と密接に結びついた別の要素については、この史料でも見ることができる。それが噂である。許容される限度を超えて行われた大量殺戮は、兵士たちにとって秘密に満ちていると同時に、とてつもないものと感じられていたが、それは兵士たちの語りにおいて噂という形で現れる。殺害方法やとくに風変わりな出来事に関する幻想が語られるのである。

そもそも男たちが実際に自ら体験したこと自体が、すでに幻想的であることも多かった。たとえばロートキルヒはすでに言及された「作戦一〇〇五」という、いわゆる「清掃作戦」についての会話の中で、次のように述べている。

ロートキルヒ　今から一年前、私はパルチザン掃討の訓練を行う対匪賊戦学校 Bandenschule を管理する立場にあった。そこである訓練を行ったときに、こう言った。「あの山の方角に向かって行軍せよ」。すると校長が私に言った。「大将閣下、それはよくありません。そこではちょうどユダヤ人が焼かれているところです」。私は言った。「それは一体どういうことだ？ユダヤ人が焼かれているって？　もうユダヤ人はいないはずだが」。「ええ、そこは彼らがいつも射殺されていた場所で、今ではふたたび掘り起こされ、ガソリンをかけられて焼かれているんです。発見されないように」。「それはじつに恐ろしい仕事だ。だがそれについて、あとでしゃべって秘密が漏れるということもあるだろう」。「ええ、それをやった人々はそのあとすぐに射殺され、一緒に焼かれます」。ああ、すべてがおとぎ話のように聞こえるな。(226)

ラムケ　地獄のようですね。(227)

事実「清掃作戦」のような出来事は、ロートキルヒのようにすでに大量絶滅を何度も経験してきた人々の想像力すら打ち砕くものであった。しかしホロコーストのようなプロセスには、まったく独自の経路依存性や帰結が存在した。それは、「清掃作戦」のような並外れた作戦についても同様であった。死者を除去する作業があとで必要になるなどとは、一九四一年の時点でどの加害者も考えなかったであろうし、それによって引き起こされる恐怖は、想像力のはるか彼方にあるものであった。これを考慮すれば、ロートキルヒやラムケが〔地獄という〕非現実的な比較の場を持ち出したことは、驚くべきことではない。すなわち、二人とも一致して表現しようとしていることだが、そうした事柄は彼らが慣れ親しんだ現実世界においては生じえないものなのである。むしろそれは、おとぎ話や地獄という、この世のものとは異なる存在世界に属するのだ。その意味で、大量絶滅は兵士たちにとって、現実と非現実、想像可能なものと想像不可能なものの間に横たわる、薄くて浸透性のある膜のようなものであった。そしてこのように形を変えていく中で、以下の会話が示すように、イメージや幻想に満ちた噂のための空間が開かれていくことになる。

マイヤー　確かチェンストハウ〔現ポーランド・チェンストホヴァ〕だったと思うが、ある町で彼らは次のようなことをやった。ある郡長の命令で、ユダヤ人は疎開させられることになった。そこで彼らには青酸の注射が行われた。素早く青酸が注射され、それでおしまいだ。その後何歩か歩いて、病院の前で全員がくずおれた。この策略はまだ無邪気な方だった。(228)

この種の噂があたりを自由にさまよい、さまざまな出来事の連関において応用された。対象となる人間（ここではポーランド人だが）が変わっても、その不吉な性格が変わることはなかった。

空軍のハイマー伍長は、ガスを鉄道車両に引き入れて殺害した話について語る。

ハイマー　そこには大きな集合場所があり、ユダヤ人がつねに家々から引き出されてきて、それから駅へと連れていかれた。持っていくことができたのは二日ないし三日分の食料で、急行列車に乗せられた。窓は固く閉じられ、ドアも接合剤で密閉されていた。それから彼らはポーランドまでずっと連れていかれ、目的地の直前であるものが車内へ吹き込まれた。君も分かるように、ガスだ。石炭ガス、もしくは窒素だ。つまり、臭いのしないガスだ。それから彼らは引きずり出され、埋められた。そうやって彼らは数千人のユダヤ人を片づけたんだ！（笑）(229)

この語りは一九四二年末、つまりアウシュヴィッツでガス殺が〔本格的に〕導入される以前のものであるが、ふたつの情報が融合されている。すなわち、列車によるユダヤ人の「ポーランドへの」移送と、ガストラックによる絶滅である。後者については、一九四一年末以降ヘウムノ、リガ、ヴァルテラントで一酸化炭素によってユダヤ人が殺害されている（一六三ページ参照）。複数の部分的な知識を結びつけるというやり方は（これはJu88のある機上通信員によるものだが）、噂というコミュニケーションにおいて典型的なものである。語りの最後の笑いは同様に、ここで起こっていることが本来、やや信じがたいものであるということを示唆している。事実聞き手は、この話の信憑性に疑問を投げかける。

カッセル　さあ、しかしそんなことが人間にできるとは思えないんだがね！

ハイマー　簡単なことだよ。そんな仕組みをつくることができないとでも言うのかね？

カッセル　まずそんな仕組みをつくることはできないし、そもそもそんなことが人間にできるはずがない。とんでもないことだ！

ハイマー　それでもそれは実際に起こったことなんだよ。(230)

我々の史料において、聞き手が取り乱したり憤激したりすることはきわめて稀であるが、これはその稀な事例のひとつである。しかしこの会話相手はイギリス情報部のスパイであり、この機上通信員についてあれこれ聞き出そうとして、何も知らない人間を装っているのである。この例外から、次のような通例がきわめて独特な形で確認される。すなわち聞き手は、残酷きわまりない語りをまったくありえない話とは考えないのが普通だということである。

次の噂はしばしば登場するものである。つまり、殺害されたユダヤ人が酸で溶かされたというものである。

ティンケス　北駅には五本の貨物列車が待機していて、ユダヤ人がベッドからたたき起こされて連れてこられた。つまり、フランス国籍を取得してから一〇年もしくは一二年以上経つ者は残ることが許され、それ以外の移住してきた者、移民や外国籍のユダヤ人は去ることになった。フランス警察が一斉に襲いかかり、彼らをベッドからたたき起こして車両へと連行し、貨物列車は出発した。ロシアの方角へ。彼ら、つまりこの兄弟たちは東部へと移送されたわけだ。そこではもちろんむちゃくちゃな光景も見られたよ。女が四階から通りへと飛び降りたりとかね。我々の側は何もしなかった。これらすべてをやったのは、フランス警察だ。俺たちは指一本動かさなかった。俺はある話を聞いたんだが、それが本当かどうか、俺は知らない。とにかくそれを話してくれたのは、長いこと総督府でロシア兵捕虜の収容所でそういうことをしてきた、［前線勤務はできないが］駐屯地勤務はできる男だった。彼と一度外で話をしたんだ。「ああ」。彼は言った。「移送された人々は俺たちのところに到着した。俺がいたのは、ワルシャワの奥にあるデンブリンだったが、そこに彼らが到着した。彼らはシラミ駆除を受け、そのあと事件は処理された」。俺は言った。「なぜシラミ駆除をするんだ？　フランスから来たんだったら、シラミ駆除を受ける必要がないじゃないか」。「ああ」彼は言った。「そこは東部からやってきた兵士のための中継収容所で、彼らはシラミ駆除を受けてから休暇に向かう。西部からやってきたユダヤ人も、このシラミ駆除のための収容所に入れられる。そこには大きな水槽が置かれていて、その水槽に入浴するんだが、［いつもの］シラミ駆除とは異なるものが混ぜられている。そこに二〇〇人の男が入って、おそらく三〇分、一時間くらい経つと、残っているのは金歯や指輪といったものだけで、それ以外は跡形もなく消滅している。こうやって収容所が……洗い清められるというわけさ」。これがユダヤ人にとってのシラミ駆除だったんだ！　彼らはこのプールに浸からされ、彼が言うには全員がその中で座った時点で、電気ショックか何かを与えるらしい。すると彼らがひっくり返り、そこで酸を注いで、すべての汚物を侵食しつくす。もちろん俺は、恐怖で髪の毛が逆立ったよ！(231)

この報告でも、歴史的に正確な事実と幻想的な要素が噂としてひとつに融合しており、その中心にあるのは、犠牲者が完全に痕跡を残さず絶滅されるということである。フランスからの移送や、「シラミ駆除」という目的で犠牲者を騙すという語りは正しい。ガス室の前で犠牲者たちは、それは「消毒」のためだという説明を受ける。それにたいして電気ショックが与えられ、最終的には酸が注がれるというプールについての話は、イメージや噂というコミュニケーションが生み出したものである。

噂というコミュニケーションは、つねに感情のコミュニケーションでもある。そのような話は、不吉さや途方もなさという要素を伝えている。それによって噂は、兵士同士の会話においては通常表れることのない次元を伝えてもいる。つまり、感情に関する語りである。

感情

兵士たちが否定的な感情について語ることはきわめて稀である。少なくとも、自分の精神状態に関する事柄については滅多に語ることがない。これは第二次世界大戦だけではなく、あらゆる近代戦争に見られることである。極端な暴力に直面すると、それが自ら行使したものであれ、それを傍観していただけであれ、自らがそれに苦しんだのであれ、人間は直ちにそれを言葉にして人に伝えることができなくなるように思われる。確かに暴力の行使についての語りの形は存在する。そのいくつかについては、敵機の「撃墜」や「仕留め」「叩き切り」「セックス」したことを語るさいの喜びという文脈ですでに述べた。しかし、自らの不安、とくに自らが死ぬことや人を殺すことの不安について語るさいには、明らかに形というものが存在しない。これは他の戦争についても同様である。心理学的には、その理由は単純であろう。戦闘部隊の構成員は、暴力や死にあまりにも近いところにいるために、自らがその対象となる可能性がつねに存在する。このイメージが兵士たちにとってはあまりにも恐ろしく、また非現実的なものに思われるのである。これは、あらゆる民間人も同様である。通常の社会的条件においてすら、死、とくに自らの死というものは、ごく稀にしか語られることがないものだし、語られるとしてもきわめて気の進まないテーマである。したがって、死ぬ可能性が著しく高まり、しかもこの死というものが確実に暴力的なものである場合、つまり残虐で苦痛をともない、おそらくは孤独で泥だらけ、誰も助けてくれないような死である場合、そうした傾向はよりいっそう強まるのである。

空軍のロット伍長は、きわめて大きな（航空機の中で焼死するのではないかという）自らの不安について詳細に述べている、数少ない一人である。

ロット それから俺は自分の部隊に到着した。ハッハフェルト大尉も、当時その部隊にいた。ビゼルト〔チュニジア北端の海岸に面した都市〕で彼は焼死した。彼は我々の最初の戦隊長だった。騎士鉄十字章も受章している。一一月二八日に彼は〔Fw〕190で着陸したが、滑走路をオーバーランして爆弾孔がたくさんあるところに突っ込んでいった。そこで〔機体は〕火に包まれ、それから獣のように吠える声が聞こえた。あれは身の毛のよだつような光景だった。あそこではつねに焼け死ぬことへの恐怖があった。とくに190は怖かった。宙返りする光景をこの目で何度も見た。ともかく彼の機体は赤々と燃えた。そこにはアイドリング中の機体がいくつもあったのに、叫び声が聞こえたんだ。整備員たちもそれを聞くのが耐えがたかった。航空機のエンジンを全開にして、その叫び声が聞こえないようにした。消防士もどうすることもできなかった。弾薬が炸裂したんだ。(232)

誰が犠牲者となり誰がそうならないのか、その規則を発見しようとする試みの背後にも、死への恐怖が隠れていた。

ボット† 我々の戦隊には、曹長は必ず撃ち落とされるという迷信があった。

ヒュッツェン† それは面白い。うちの部隊にも迷信はあったね。(233)

また、戦争における任務のうち特定の側面がとりわけ危険であること、したがってその任務が不承不承行われていることについても語られている。空軍においてはそれは夜間飛行であり、歴戦の爆撃機パイロット二人が一九四三年一一月に、次のように話している。

ヘルトリンク† 俺は夜間爆撃はあまりやりたくなかった。夜間に上空を飛ぶと、自分がどこにいるのかはっきりとはわからない。墜落しても、どこに落ちたのかわからない。この収容所にいる者たちはみな、それを間一髪で逃れた幸運児ばかりだ。(234)

ローレク† 俺は出撃のあと、三時頃に家に戻ってきても寝られなかった。俺は昼間飛行の方が絶対にいいし、夜間飛行は糞食らえだ。夜より昼の方がいい。この不確かさが、いつでも爆発しそうなんだ。豚〔敵機〕が見えないんだから。(235)

出撃する場所はたびたび変わるため、空軍兵士たちはさまざまなリスクに直面することになった。一九四二年一〇月の、ある空軍の兵長と上等兵の会話でも、軍事的に劣勢に置かれたがゆえの神経にかかる負荷が話題となっている。

ビュッヒャー　ウォッシュ湾〔イギリス東部ノーフォークの入り江〕だけで、一八〇機の夜間戦闘機がいる。ここロンドン周辺には、少なくとも二六〇機。それにたいして俺は二〇機で行ったんだぜ！　確実に二機や三機の夜間戦闘機が自分に襲いかかってくるんだからな！　とにかく、狂ったように旋回した。とにかく、ここでの飛行は楽しくなかった。俺たちが乗っていた〔Ju〕88は、スターリングラードから戻ってきた機体だった。俺たちもスターリングラードから戻ってきたんだが、ここイギリス上空で少しでも助けになればと思っていた。……ケンブリッジへの夜間出撃があった。二機が撃ち落とされた。帰還したとき、彼らは何ひとつ言おうとしなかった。彼らは一言も発しなかった。ふたたび戻ってこられたことを彼らは喜んでいた。

ヴェーバー　ロシアでの飛行は……。

ビュッヒャー　もっと楽だったよな！　ロシアではあたりを飛び回っていたさ！　あれは楽しかった。しかしここでは、あ、それはもはや自殺行為だな。(236)

他のパイロットも、すでに一九四〇年一〇月にこう語っている。

ハンゼル†　最後の六週間、俺たちはずっと待機していなくてはいけなかった。俺の神経はボロボロだった。俺が撃ち落とされたとき、俺の神経はあまりにも参っていて、今にも泣き叫びそうなくらいだった。(237)

再三再四語られるテーマのひとつに、撃ち落とされた戦友というものがある。もっとも兵士たちは、亡くなった人間を直接名指しすることは避けるのがふつうであった。すでに引用した、焼死した上官について報告するパイロットは、かなり例外的な存在である。その代わりに彼らは、失われた搭乗員について抽象的に語り、その名前や死因について語ることを避けた。その理由は何であろうか。それは、死の可能性について語るということが、不吉な兆候だと考えられていたからである。この心理的抑圧について、爆撃機のパイロットであるシューマンは、自分の部隊が蒙った深刻な損害について語る中で認めている。「我々の間の雰囲気は最悪だった。我々が機体に乗り込むと、機上通信員は「死ぬ準備はできたか！」と言った。そういうことは口にすべきじゃないと、俺はつねづね言っていた」。(238)

神経にかかる負荷、つまり出撃のさいの極端なストレスと強烈な不安がもたらす結末を描写するために、他の戦友が話題に引き出された。つまり他人が、自分の感情を表現する上でのある種の身代わり、「ダミー」として利用されたのである。

フィヒテ† 三カ月の間に六人の搭乗員がいなくなった。あとに残された搭乗員に、それがどんな影響を及ぼすか想像できるだろう。機体に乗り込むと、みんなこう思ったものだ。「俺たちは無事に戻ってこられるのだろうか?」(239)

一九四三年三月の別の会話では、偵察員Beobachterのヨハン・マシェルが、七五回の出撃で神経が完全に参ってしまった戦友について報告している。

マシェル 一カ月半の間、俺はその中隊にいた。そこには八人の搭乗員がいた。二月一五日から三月二四日までの間に、四人の搭乗員が失われた。

ヘーン そして一月から二月一五日までは、二人の搭乗員しか失わなかったんだろう?

マシェル つまり中隊は六人の死傷者を出したってことだ。

ヘーン 一月から二月一五日までの方がましだったたってことだな。

マシェル でもそのときは、おそらくそんなに頻繁には飛んでいなかった。三日に一度だ。最後の方は天候にも恵まれたし、霧とかもまったくなかった。俺たちは全体で、二人の古参兵と六人の新しい搭乗員からなっていたが、その新しい六人のうち三人はすでに撃ち落とされていた……そしてそれ以外の新しい搭乗員も、それほど長持ちしなかった。

ヘーン ああ。そして新しい搭乗員がまたやってきたんだよな?

マシェル ああ。確かにそうなんだが、しかし彼らはまったくの新米で、出撃も三、四回しか経験していなかった。だから俺は何度か、古参の搭乗員とともに飛んだものだったが、それ以外の出撃は四回だけだった。そして新しい搭乗員についてだが……俺たちの中には、一度も敵地での飛行をしたことがない下士官の搭乗員がいた……俺たちには機体が回ってこなかったので、出撃の出番はなかったが、今や……三人の搭乗員がすでにいなくなった。そしていよいよ俺たちの番となった……俺たちの中隊には古参の偵察員がいて、彼は今でも飛行を続けているが、七五回もイギリスへの出撃を行っていて、完全に参ってしまっていた。

ヘーン 彼は何歳なんだ?

マシェル 二三歳か二四歳だと思う。なのに髪の毛が完全に抜け落ちているんだ。すでに髪の毛がまったくなくて、まるで老人みたいなんだ。頬もこけていた。ひどい外見だった。一度彼に、新兵として兵営に入ったばかりの頃の写真を見せてもらったことがあるんだが、気骨ある風貌で、しゃきっとしていた。しかし今や彼と話すと、非常に神経質で、つっかえつっかえだし、一言も言葉が出てこなかったりもする。

ヘーン　なぜ彼はまだ飛行しているんだ？

マシェル　飛行しなきゃいけないんだよ。

ヘーン　だが、彼がもう飛行できないことぐらいみんなわかるだろうに。

マシェル　きっと彼にはこう言っているんだろうさ……気をしっかりと持て、とね。彼と一緒だった搭乗員は、もう飛んでいない。機長はサナトリウムにいた。そしてその後、他の飛行機の搭乗員に配置換えになった。[240]

マシェルは一九四三年三月二五日の夜、スコットランド上空で炎上したドルニエDo217からパラシュートで脱出しているが、第二爆撃航空団に所属していた。これは、一九四一年夏以降にもイギリスへの爆撃を行った、数少ない部隊のひとつである。イギリスにも爆撃の爪痕をいくばくかでも残そうというこの試みによって、多大な損害を蒙った。一九四三年だけでこの爆撃航空団は二六三一人の搭乗員を失っており、そのうち五〇七人が亡くなっている。[241] すなわち、数字の上ではこの部隊はこの期間で、その人員の数倍にあたる人員を失っていることになる。この莫大な損害がもたらす心理的な影響は（この会話が示すように）深刻なものであり、自分が撃ち落とされるのは時間の問題だということが、誰の目にも明らかであった。二五回出撃したあとに前線から引き上げるという、米英空軍のローテーション・システムが、ドイツ空軍には存在しなかった。

不安を紛らわせるために、パイロットたちは戦争の間中、再三再四アルコールに手をつけ、「馬鹿みたいに飲む」ようになっていった。[242] 第一〇〇爆撃航空団の偵察員であるニッチュ曹長は、一九四三年九月に、覚醒剤であるペルビチンを服用していたことを認めている。「出撃の前には毎回、我々の間ではすさまじい酒盛りが行われた。それでも我々は自分たちを勇気づけなければならなかったんだ。[…] つまり俺は、酔っ払っていてもちゃんと飛行することができたってことだ。〔副作用としては〕せいぜい、疲れるという程度だった。だが俺は単純に〔覚醒剤を〕一錠服用するだけで、しゃきっとして、楽しい気分になった。まるで、シャンパンを飲んだみたいにね。本当はそのつど医師に処方してもらわなきゃいけないものなんだが、俺たちの手元にはそれがいつもあった」[243]。

驚くべきことに、従来の研究において当然のこととされていた〔大戦末期における〕戦闘士気の低下[244]は、盗聴記録において実証的に裏づけることができない。一九四五年に撃ち落とされた搭乗員が、戦争初期以上に死の不安を口にするということもない。たいていの場合彼らは、自分たちの成功を誇らしげに語り、自分たちの航空機の技術的な細部について、事細かに述べている。

以下のような、戦争における出撃の個人的な帰結についての自己評価は、きわめて稀である。ここで注目に値するのは、この語りが一九四二年六月という、空軍が重大な敗北を喫するよりも前のものであるという点である。

レッサー† 俺が空軍に来たときにはまともな若者だったが、空軍は俺を豚のように扱った。東部に行ったあと、俺は身も心も壊れてしまって、故郷で面倒を見てもらう羽目になった。(245)

「楽しさ」という語りは、航空戦のスポーツ的な側面を強調するものであり、その残虐性において際立っているが、極端な負荷に関する語りはそのコインの裏面をなすものである（「楽しさ」の節参照）。ここで明らかになるのは、戦争というものはストレスや恐怖、死の不安、そして確実にさまざまな感情から成り立っているということである。そしてこの感情を、兵士たちは口にすることがない。とくに、兵士たち同士の間では決して口にしない。盗聴された会話において、抵抗に関する話や、射殺された犠牲者や戦争捕虜にたいする共感、同情を見つけることができないのと同様に、自分自身の感情についての語りも見ることができない。いかに「神経が参ってしまったか」についての語りですら、たいていの場合、それを語るための身代わりが必要となる。コミュニケーションの上では、弱者であるという印象を与えることが、きわめて危険なことと思われるのである。このような、あらゆる感情を封じ込めるというコミュニケーションは、心理的なことだけが原因ではない。たとえば、イラク戦争やアフガニスタン戦争の兵士たちの証言も示しているように、死や不安について語るということは、現在の軍事的参照枠組みにおいても許されていない。こんにちではほぼ一般的となった心的外傷後ストレス障害（PTSD）は、臨床診断としては第二次世界大戦時には存在していない。軍事的な参照枠組みにおいては、弱者のための空間など存在せず、ましてや精神的弱者のための空間などまったくありえなかったのである。この意味で、自分たちの司令部や部隊という全制的集団の一部である兵士たちは、心理的な点で孤立していた。こうした文脈の中で、捕虜となっていたある兵士による、一九四一年四月という段階での以下の発言は理解される必要がある。

バルテルス† 死んだ人間は、俺たちよりも恵まれている。これからどれくらいの間、俺たちがのたうち回って苦しまなくてはいけないのか、それを知っているのは神だけだ。[246]

自らの不安と向き合う数少ない発言の中には、撃墜や撃沈に関する話（「撃つ」「撃沈する」の節参照）のネガをなすようなものも、いくつか見られる。つまり、自分が撃沈されたことについての話である。すでに述べたように、狩りという語りでは、犠牲者の輪郭が完全にぼやけている上に、彼らの苦しみがまったく言及されないのにたいし、自ら苦しんだ沈没は詳細に語られる。

ある二等水兵が、一九四一年五月、インド洋での仮装巡洋艦ピングィーン号の沈没について語っている。

レーン† 一発が甲板側面に裂け目を開いた。同じ瞬間、もう一発が艦橋に命中した。直撃弾一発で十分だった。鉄板が次々と船の上空を舞っていた。かなりの人々が水中に飛び込んだ。ハッチカバーが水中に呑み込まれたかと思うと、ふたたび水中から飛び上がったりしていた。俺の前で一人の一等水兵が海に飛び込み、俺も続けざまに飛び込んだが、彼はもはやそこにはいなかった。消えた［溺れた］んだ。そして多くの人々が消えた。

ブラシュケ† 全員が救命胴衣を着用していたのか？

レーン ああ、全員ね。甲板側面にいた多くの人たちが、一緒に飛び込んだ。そして上から降ってきた鉄板が頭に命中した。沈んでいる最中にも、前方にあるひとつ目の大砲から発射されていた。もしくはさらにもう一発命中したのかもしれない。そのあとコーンウォール号は、遮二無二ひどい撃ち方をしてきた。砲弾は一〇〇メートル向こうに飛んだり、一〇〇メートル前方に着弾したりしたが、命中することはなかった。[247]

これが現場で見た戦争であった。もっともそのような話はつねに、救助された人が離れた場所から語るものであって、感じられた恐怖についても、おぼろげな形で伝えられるのがせいぜいであった。そもそも死者は語ることができない。しかし兵士たちは、負傷についてもごく稀にしか考えをめぐらせなかった。以下の会話は、そうした中では例外的なものである。

アブラー ロシアから最初の負傷兵が戻ってきたとき、彼らは何をしたか。なかば身体障害者となっていたり、頭部銃創を受けた兵士たちにたいして、彼らは何をしたか。そういった人々にたいして彼らは何をしたのか？ 病院で彼らがそういった人たちにたいして何をしたか、おまえは知っているか？ そういった人々に彼らは何かを投与して、次の日に彼らは亡くなっていた。そういったことを彼らはたくさんやったんだ。まさに彼らがフランスやロシアから戻ってきたときに。

クーフ　健康な人間として祖国の防衛に赴き、運悪く頭部銃創などを受けて一〇〇％傷痍軍人となり、場合によっては我々からパンを奪って生きていく存在となり、もはや何の仕事もできず、つねに世話をしてもらわなければならず、だからそんな人間は生きていく必要がない、というわけで、あっさりと殺されたわけだ。彼らはまったく目立たない形で死んでいった。戦傷のせいという理由でね！　このようなことにたいしては、きっと復讐が行われるに違いない。イギリス軍が復讐するまでもない。天罰が下るだろう。(248)

この対話からは、何人かの兵士が何をありうることだと考えていたかが明らかになると同時に、男たちが抱いていた不安の影、そして語られる他人の命運という形で具現化する不安の影を見て取ることができる。明らかにこうした形を通して、自分自身について直接述べることなく、自らの感情について述べることが可能であったのである。

戦争は、撃墜したり、仕留めたり、強姦したり、略奪したり、大量に殺戮したりといった、〔能動的に〕行使されたり、観察されたりする暴力からのみ成り立っているわけではない。それは、〔受動的に〕経験され、苦しめられた暴力からも成り立っているのである。後者はコミュニケーションの上で、はるかに重要性が低かった。なぜなら兵士たちにとって、自ら行ったことの方が、苦しめられたことよりもはるかに重要だったからである。確かに、すべての兵士たちの心の中に映し出される経験はつねに一様というわけではない。戦争における生活は多彩かつ多面的であり、戦争経験も場所や軍隊階級、時期、兵科、戦友などによって異なる。戦争という全面的経験は、実証的に見ていけば、きわめて多様で多面的で、ときに幸運で、ときに不運で恐ろしくもあるようなさまざまな出来事や行為の万華鏡へと拡散していく。戦争が全面的体験であるというのは、戦友集団や司令部、部隊といったものが、体験にたいして社会的な枠組みを与える限りにおいて言えることである。これは捕虜収容所においても同様である。ふつうの世界というものは、ただノスタルジーやメランコリーの場としてのみ存在するのである。ある兵士はこれを、次のように要約している。

シュラーダー†　人生とはまさに残酷なものだな。我が妻のことを想うと……。(249)

セックス

「俺はSSの兵営にいた。［…］［ある］部屋で一人のSS隊員が軍服の上着も着ずに、しかしズボンは穿いたままベッドに横たわっていた。彼の横、つまりベッドのふちに、若くてとてもかわいい少女が腰掛けていた。そして彼女がこのSS隊員のあごをさすっている様子が見えた。少女がこう言うのも耳にした。「ねえフランツ、私のことは撃たないで！」この少女はまだ非常に若くて、まったくなまりのないドイツ語を話していた。［…］このSS隊員に、この少女を［…］本当に射殺するつもりなのか尋ねた。そのSS隊員が言うには、ユダヤ人はすべて射殺されることになっている、それに例外はない、ということだった。［…］そのSS隊員は、それはつらいことだ、というような意味のことを言った。この少女を他の射殺部隊に引き渡す機会もあったそうだが、たいていの場合ほとんど時間がなく、自分でそれをやらなければいけなかったそうだ」[250]。この引用は戦後の捜査記録からのものだが、ここにはSS隊員たちが絶滅戦争の枠組みの中で、どのような形で性暴力を行使していたかが示されている。しかしあらゆる兵科の国防軍兵士たちもまた、さまざまな形で性という事柄に関心を示していた。

もちろん性暴力は、他者の責任に着せられることが多い。赤軍兵士による大量強姦がドイツ人の戦争の語りにおいて不動の地位を占める一方で、逆に国防軍兵士やSSによる性暴力の行使は決してそうはならなかった。この点では、名誉ある戦い方をしたドイツ軍兵士という神話が、崩壊することなく生き延びているのである。レギーナ・ミュールホイザーは近年、ドイツ軍によるソ連への攻撃によって引き起こされたセクシュアリティのあらゆる側面について、研究している[251]。この研究では、村落や都市の攻略という枠組みの中で引き起こされたり、大量射殺に付随して起こった直接的な性暴力だけではなく、性に関する交換取引や、合意にもとづく関係、そして兵士とウクライナ人女性の恋愛関係と、それによって生じた妊娠や結婚に至るまでが扱われている。

　これらすべてが戦争においても生じたということは、驚くべきことではない。なぜならセクシュアリティは、人間生活、とくに男性の生活においてもっとも重要な側面のひとつをなすからである。したがって、所与の権力関係（売春という枠組みにおいてであれ、同性愛であれ）における性的行動というテーマが（それが暴力的なものであれ、「合意にもとづく」ものであれ）、従来の戦争研究、暴力研究においてほとんど扱われてこなかったことは、奇妙なことであるように思われる。これは決して史料状況の悪さだけが原因ではなく、とくに社会学や歴史学が日常という視点から距離を置いていたことが大きい。戦争における兵士の場合、考察対象となるのは大多数が若い男性である。彼らは第一に、現実あるいは想像上のパートナーや社会的な統制下にある生活環境から切り離され、第二に彼らは占領地域において、民間人の生活では決して得ることのできない、個人としての権力を有することができた。そしてこの機会の構造が、男性同盟的、戦友意識的な参照枠組みにおいて兵士たちに提供されたのである。この参照枠組みの中では、性という面での業績を自慢することが、日常的なコミュニケーションとなっていた。

そのさい、兵士が行使したあらゆる種類の性暴力をエキゾチックなものにしてしまうという誤りを犯してはならない。性暴力は戦争によってつくり出された例外状況によってのみ生じたのだ、と考えてはならないということである。日常生活においても、ほぼすべての形の現実逃避のための機会の構造が提供されている。これは、それを男性が社会的にも金銭面でも行いうることが前提である。それは、酒宴という形でのささやかな気晴らしから始まり、「浮気」もしくは売春宿通いを経て、最終的には殴る蹴るといった公然たる暴力へと行き着く。言い換えれば、性的な現実逃避や身体的暴力、放縦は、総じて日常生活にしっかりと根を下ろしているのだ。こうした行為はたいていの場合、特定の形式においてのみ許容されている。たとえばライン地方のカーニヴァルや、ポルノ産業やフリーセックス・クラブのような性産業の大きなニッチ社会がそれである。社会学や歴史学は、こうした何百万人もの人々が経験してきた日常生活の裏面について何も知らないために、戦争という状況下での性的、物理的暴力をエキゾチックなものとし、ふつうではないもの、発作的なものととらえてしまうのである。しかし物事を正確に理解するならば、ここで起こっていることは枠組みの軸が移動したということでしかない。そうした軸の移動によって、優越した権力を有する集団の構成員が、どのみち喜んで行う、もしくは行うであろう行為に及ぶ機会がつくり出されるのである。

男性が女性に、女性を殺害から守ってやるという約束をした上で性行為を強要し、そのあと殺害するという事例を報告しているのは、レギーナ・ミュールホイザーだけではない。イギリスの捕虜収容所であるラティマー・ハウスで、Uボートの二等水兵であるホルスト・ミニューアが、大量射殺の犠牲者となったある「かわいいユダヤ人」について語り、彼女が強制労働として兵営を掃除していたときに出会ったという事例については、すでに触れた（一四四ページ参照）。そこで、この話の聞き手が容易に思いついた質問は、次のようなものであった。

ハルテルト　間違いなく彼女はヤらせたんじゃないかと思うけど。

ミニューア　彼女はヤらせてくれましたけど、でもそれが見つからないよう気をつけなければなりませんでした。それは目新しいことなんかじゃない。終わったらユダヤ女は殺すんです。楽しいことではありませんが[252]。

兵士たちが性交渉のあとユダヤ人女性を射殺し、それによって「人種汚辱」で訴えられる危険を回避するという実際に行われていた行為は、ここでは、その世界においてはまったく当たり前のことであるかのように語られている。ミニューアが明らかに性的な暴行を行っていたことについても、同じような語られ方である。アンドレイ・アングリックは、ソ連におけるドイツ占領政策に関する研究で、SK一〇a出動部隊の将校たちが捕らえたユダヤ人女性を、意識を失うまで強姦した事例を紹介している[253]。ベルント・グライナーは、ヴェトナム戦争における同様の状況を描写している[254]。

しかし性的な機会の構造が生み出されたのは、殺害行動においてだけではない。兵士たちの日常生活にも、この点で多様な可能性が提供されていた。たとえば、ある女性が尋問室に全裸で座らされ、多くの司令部の構成員が見ている前で尋問が行われる場合もあった[255]。同様に、半公的な形での性的な搾取が他にも存在した。たとえば「劇場集団」が設立され、そこには「とりわけかわいいロシア人女性や少女が所属し、彼女たちの食料品の配給が改善された。［…］公演のあと、「踊り、飲み、そして少女たちは［SS隊員たちと］何らかの形で合意した」。町の外には、司令部がこの目的のためにつくった秘密の待ち合わせ場所が、接収した家屋の中にあり、家屋を「守る」ための「管理人」も任命されていた。他の司令部にも似たような「娯楽」が存在したことが想像される。現地の市長の娘との恋愛、自称ロシア人歌手による「リーダーアーベント〔歌の夕べ〕」、村の祭りへの参加、行きすぎた酒盛りなどが確認されている[256]」。

兵士となった知識人であるヴィリー・ペーター・レーゼは（三五ページ参照）、次のように記している。

……［我々は］メランコリックになり、恋の悩みやホームシックについて語り合い、ふたたび笑い、飲み続け、歓声を上げ、線路の上で暴れ、列車の中で踊り、夜空に向かって銃をぶっぱなし、捕らえた一人のロシア人女性に裸踊りをさせ、ブーツオイルを彼女の胸に塗りたくり、彼女を私たちと同じくらいへべれけに酔っ払わせた。(257)

兵士たちの活発な性的活動は、医師たちによる統計にも記録されている。キエフの野戦病院では、皮膚病と性病の患者が一時的に多数を占めるようになったため、SSの上級臨床医であるカール・ゲープハルト教授はある視察旅行のあとに、次のように批判的に記している。「もはや臨床や外科治療には重点が置かれていない」。(258)

盗聴記録にも、性病に関する数多くの語りが見られる。ここでは、海軍航空隊員である海軍少尉に語ってもらおう。

ゲーレン† 我々の地域では警察による手入れが行われた結果、この地域で少女たちとのいわゆる同衾を発見された兵士のうち、七〇%が性病にかかっていることが確認された。(259)

事実、性病はドイツ兵士たちの間できわめて強い広がりを見せていた。ミンスクやリガといった都市では、いわゆる消毒部屋が独自に設置され、性行為をすませた兵士たちはここを訪れて、潜在的な感染を防ぐための手当てを受けることとされていた。「消毒」のプロセスには、水と石鹸で洗い、昇汞《しょうこう》〔塩化水銀〕で洗浄し、消毒棒を尿道の先端に挿入することが含まれていた。梅毒を防ぐために、さらに塩が利用された。引き続き衛生兵が「部隊消毒簿」にその手当てを記入し、兵士には「消毒証」が手交され、これによって彼が自分の義務を果たしたことが証明された」。(260)

そもそもそうした制度が存在し、性病に特化した管理が行われていたという状況自体、性的活動やそれに関するコミュニケーションが幅広く存在したことを露呈している。その点については、(処罰対象となる「人種汚辱」、つまりユダヤ人との性交渉を除けば)ほとんど秘密ではなかった。したがって何人かの兵士たちは、性病に何度もかかったことを自慢すらした。(261) ともかく消毒業務の目的は何よりも感染者の数を抑え、兵士の戦闘力を維持することにあった。

しかし、男たちにたいする懲罰措置も呼びかけもあまり効果がなかったため、管理された売春施設を設置するという構想に、国防軍は至った。「性病の増加を抑えるとともに、ドイツ人とロシア人の日常的な共同生活と、その結果生じるロシア地域の人々にたいする必要な距離感の消滅によって、敵の諜報活動の可能性が生まれることを踏まえ、それを抑えるためにいくつかの都市に国防軍のための売春施設を設置することも視野に入れる」。(262) この売春施設設置の話や、「一人種的にふさわしい」売春婦の選定や強制徴募

向かって右側がヴィルヘルム・デッテ中尉〔当時〕で，大西洋航空司令であるウルリヒ・ケスラー中将（左から二人目）付伝令将校．1943年6月撮影．背後にFw200が見える．1943年12月28日，この機種に乗ったデッテは，エンジンの故障によりビスケー湾に緊急着陸することを余儀なくされ，イギリス軍の捕虜となった．（KG 40 Archiv, Günther Ott）

に関する議論は、特別に一章を設ける必要があるテーマだが、しかしいずれにせよ兵士たちは、そうした事柄については盗聴記録においてほとんど口にしていない。兵士たちが語っているのは、売春施設についての体験である。

ヴァルス† ワルシャワでは、我々の部隊はドアの前で列をなして並んでいた。ラドムでは待合室が満員で、トラックの人々は外で待っていた。どの女性も一時間で一四ないし一五人の男の相手をしていた。女性は二日おきに交換されていた。[263]

管理運営に関する枠組み条件がつねに明瞭ではなかったことは、二四歳のヴィルヘルム・デッテ大尉とヴィルフリート・フォン・ミュラー＝リーンツブルク中佐の、淋病に感染したことの法的な帰結に関する議論から読み取ることができる。

デッテ そこには兵卒向けの売春宿がありました。そこでは確かに淋病にかかると処罰されました。一時期、処罰されないこともあったんですが。私の中隊［第四〇爆撃航空団第九中隊］で初めての淋病患者が発生したとき、私はそいつを刑に処するつもりでした。しかし私はこう言われたんです。「だめです、だめです。それは上手く行きません。そんなことをしてはいけません」。私が最後の飛行に飛び立つ一四日前、軍医少佐Oberstabsarztがやってきて航空隊全員を集め、短い講話を行いました。それによると、フランスでは常時約四万五〇〇〇人が性病にかかっているそうです。

フォン・ミュラー＝リーンツブルク　私の知っている限りでは、淋病はつねに処罰されていたが。

デッテ　ええ、そのあとはふたたび軽懲役*に処せられました。懲戒手続きで済んだことは一度もありません。消毒を受けなかったのがその〔処罰の〕理由でした。(264)

懲戒のごたごたに巻き込まれることを除けば、売春施設を訪問することは〔兵士たちにとって〕明らかに戦争の心地よい側面のひとつであった。

クラウスニッツァー　バナック［ノルウェー］には、我々が保持しているうちでは最北の空港があるが、今でも三〇〇〇ないし四〇〇〇人の兵士がいる。だがそこは、国防軍の慰問という点では、今までの中で最高の場所だった。

ウルリッヒ　ヴァリエテ〔歌、踊り、手品、曲芸などヴァラエティに富んだ出し物を見せるショー〕とかをやっているのか？

クラウスニッツァー　まさか。あそこは毎日何でもやっているのさ。少女たちもいて、それどころか売春宿まで設置されたのさ。

ウルリッヒ　ドイツ人の少女か？

クラウスニッツァー　まさか。ノルウェー人女性だよ。オスロやトロンハイムから来た。

ウルリッヒ　ノルウェーにはどの町にも売春車があるって聞いたが、違うのか？　将校向けや、他の人々向けのものもあるのか？　俺の知っている限りは（笑）。素晴らしいね。じつに素晴らしい。(265)

従来の研究文献では、こうした戦争の日常の側面は一貫して過小評価されてきている。それは不思議なことではない。なぜなら兵士たちはそうした事柄について、故郷の愛する人々への野戦郵便では意図的に言及しないし、自らの来歴を正当化する目的で書かれた回想録においても、売春施設への訪問が言及されることは稀だからである。絶滅戦争に関連して行われた、殺害に関する検察当局による公判記録では、本節の冒頭で引用したように、大量殺戮という文脈においてのみ強姦が扱われることがある。しかしそれ以外では、このテーマは法廷の管轄するところではないし、したがって公判記録にも登場しないのである。しかしセックスは疑いなく兵士たちの日常の一部であって、彼らと関係した女性たちにあらゆる帰結をもたらしうるものであった。

ザウアーマン　帝国官房指導者〔ラマース〕が、どのようにしてだか私にはわからないが、あとゲシュタポも一枚嚙んでいた。我々は……施設を建設するために国家から与えられた予算の中から、売春施設、売春宿を建設するための補助金を支出した。我々はそれを、Bバラックと呼んだ。私が現場に行くと建物は完成していたが、女がまだいなかった。人々が現地をかけずり回って、手当たり次第にドイツ人の少女に当たっていた。〔しかし〕それは避けたかった。そこで彼らはフランス人、チェコ人といった、あらゆる民族からなる女たちをそこに連れてきた。[266]

この種の引用には、一見してそれとわかる以上の内容が含まれている。というのも、兵士たちは「フランス人、チェコ人たちをそこに」連れてきたとザウアーマンが報告するさい、こうした女性は自発的にドイツ軍において売春をしているわけではないということを、彼は言外に示唆しているのである。[267]「売春宿」や「少女」「婦人」たちに関する会話はしたがって、強制売春や性暴力に関する話なのである。しかし性的な出会いのこうした前提条件が会話に登場することはない。兵士たちにとって女性たちは単純に利用するためだけの存在であって、とくにそれによって「手当たり次第にドイツ人の少女に当た」る必要もなくなるのである。戦争における性暴力は明らかに、自然発生的なものでも変則的なものでもなく、（すでに消毒に関して見てきたように）管理に多大な手間をかけることで、これを統制することすらできたのである。これらは兵士たちにとって、彼らの戦争経験の中心的な側面をなすものであった。そこで推測されるのは、盗聴に当たった人々には、しばしば脱線する「女性」というテーマに関する会話を記録しようという動機があまりなかったのではないか、ということである。イギリス軍もアメリカ軍も、そのようなテーマが戦争遂行上重要なものだとは見なしていなかった。あらゆる種類の技術的な事柄に関するコミュニケーション、たとえば航空機や爆弾、機関銃、奇跡の兵器といった事柄が、盗聴記録に数多く収録されていることからも、その点は見て取ることができる。確かに（とくに若い）男たちは技術について強い関心を示してはいたが、しかし技術のことだけを語っていたわけではないし、同じくらいの熱意をもって女性に

＊（訳註）当時のドイツ刑法においては、軽懲役 Gefängnis と重懲役 Zuchthaus の区別があり、後者には採石場での労働などより負荷の高い労働が科せられた。

も関心を示していた。おそらく男たちはセックスについても、少なくとも〔技術と〕同じくらい語っていたのではないかと推測される。ある盗聴記録には、そのことがきわめて明瞭に示唆されている。もっとも、その発言内容は一行たりとも引用されていないのだが。

一八時四五分　女性
一九時一五分　女性
一九時四五分　女性
二〇時　女性(268)

これを考慮すれば、「くだらない話」という簡潔なメモ書きの背後には、女性やセックスに関する数多くの会話が隠れていると想像することも可能である。もっとも、それを確かめる手段はない。〔少なくとも〕セックスが兵士たちにとってどのような役割を果たしていたのかについての印象を得るためには、兵士たちの会話を読み解くだけで十分である。

セックスに関する会話ではしばしば、何がどこで起こったのか、最高の少女や最大の性的な事柄とどのようにして、どこで出会ったのかということが話題となった。あたかも旅行者が、旅先の魅力を語るかのような口調で。

ゲラー　俺はボルドーを体験した。ボルドーという町自体が、一種独特な売春宿だ。ボルドーを凌駕する存在はない。俺がずっと思っていたことだが［…］、パリはもっとひどいに違いない。それ以上ひどいところはどこにもないと、俺は思っていた。もっともボルドーでは事実は逆だった。フランス人女性の評判は最悪だった。

ヘルムス　パリでは単に居酒屋に腰掛けるだけでいい。そこには少女が腰掛けているから、誰がお持ち帰りできるかはっきりとわかる。とにかく荒んでいて、少女がごっそりと見つかる。まったく苦労する必要がないんだ。多くの人々にとってはまさに素晴らしい生活さ。(269)

そのさい兵士たちは、ドイツ人の「稲妻娘 Blitzmädel」*すなわち国防軍女性補助員があまりにも積極的であることに苦情を述べている。この意味では、戦争においても性的行動に関する規範は維持されていたと言える。つまり、兵士たちにとっては機会構造の正当な利用であるものが、それをドイツ人女性が実践すると「不快な」ものとなるのである。そのさい、投影という図式も少なからず一定の役割を果たしている。

シュールマン　ほとんどの稲妻娘はすぐに関係を持った。パリにいる稲妻娘をじっと見つめるだけでいい。彼女たちはみな私服であたりを走り回っているから、そういう少女たちに突然ドイツ語で話しかけられたりする。彼女たちがフランス人とあたりで売春行為をしているのも、決して珍しいことじゃない。彼女たちは部分的にはすでに最悪の状態にあるといってもいい。彼女たちはあらゆる点で、フランス人の売春婦たちに劣らない存在だ。我々のところにいる軍医大尉 Stabarzt とはとてもよく馬が合うんだが、彼はケルンっ子で、ヴィラクブレー〔ベルサイユの東にある空軍基地〕から来た。その彼が、パリにあった予備野戦病院に転属になった。彼が言うには、性病にかかった女性の方が兵士よりも多いというのは珍しいことではないそうだ。実態は兵士が少女たちを感染させているのではなくその逆であって、稲妻娘たちも部分的にフランス人から感染させられていると、彼は言っていた。彼は一度パリにある研究所で、性病にかかった女性たちを診察したことがあったが、淋病にかかったのが二〇人、梅毒にかかったのが一〇人以上、そのうち五人は治癒不能だったそうだ。それから彼らはパリにいる少女たち全員を検査して、まずはかくかくしかじかの人数は故郷に送り返し、かくかくしかじかの少女たちは、自分たちは病気ではないけれど病気持ちで、病気を持ち歩いて兵士たちを感染させているんだとさ！　パリの状況はひどいに違いない。稲妻娘として志願してくる女性たちの目的はまずそこにあるんじゃないかと、部分的には俺は思っている。[270]

ドイツの「少女」たちの腐敗ぶりのとりわけセンセーショナルな事例を、二四歳で魚雷艇T－25のギュンター・シュラム海軍中尉が語っている。

シュラム　俺自身がボルドーで気づいたのは、とにかく恐ろしいところだ！　ということだ。消毒所も訪れなければいけなかったし、さまざまな部局へと案内されたりしたが、廊下ではドイツ人の少女たちの一団に出会った。あれには衝撃を受けたね！　完全に常軌を逸しているんだ。そこには三人いたんだが、典型的な梅毒の兆候が顔に表れていて、そして叫んでいた。完全に気が狂っていた。大声で「完全に黒人のせいよ！」とかわめいていた。彼女たちは黒人ともつきあっていたんだ。彼女たちの振る舞いは、フランス人よりもひどいね。[271]

会話はしばしば、言葉の真の意味で専門家的な性格を帯びることがあった。そうした会話では、さまざまな知識を

＊（訳註）「稲妻」は、制服の二の腕のところに付いている婦人補助勤務員の徽章による。国防軍の婦人補助勤務員の俗称。

互いにひけらかし合うことになった。

ダーニエールス　ブレストの売春宿では六〇フラン支払った。

ヴェーデキント　まさか！　ブレストの街角にあるグリュンシュタインでは、二五フラン以上払ったことはない。それがふつうの料金だよ。(272)

しかし自分たちの部隊の振る舞いも、穏やかな形ではあっても、ときおり批判的に言及されることがあった。

ニヴィエム†　俺が言わなければいけないのは、我々がフランスできちんとした振る舞いをしなかったことがたびたびあったということだ。俺はパリで、俺たちの軍のパイロットたちがある居酒屋で少女たちに襲いかかっているのを見た。机の上に寝かせて、それでおしまい！　さ。既婚女性すらいたんだぞ。(273)

とくに上官は、自分の部下たちが羽目を外すことに憤っていた。

メラー†　私はしばしば戦隊長として、性病の問題について態度を明らかにしなくてはならなかった。私が撃ち落とされた日、私の部下でもっともすぐれた機長の一人が性病であることを申告してきた。この男はちょうど四週間前に、結婚休暇から戦隊に戻ってきていた。私が彼に告げたのは、次の一言だけだった。「君はとんでもない豚野郎だな」。私が敵地での飛行から戻ってこなかったことを、彼は喜んだだろうな。なぜなら私は彼に責任を取らせるつもりだったから。(274)

こうした苦情は珍しいことではなかった。第八駆逐隊司令のエルトメンガー海軍大佐は、一九四三年の自部隊に関する懲戒報告で、不快感をあらわにしている。「フランスの売春施設の利用が［…］頻度を増した結果、軍人としての健全な人格の発展が不可能になっている。とくに、売春施設を訪れているのは、一八歳から二〇歳の若い兵士たちだけでなく、下士官や曹長といった者たちも頻繁に訪れている。その結果、清潔さ、女性にたいする態度、健全な家族生活が我々ドイツ民族の将来にとって重要であることへの理解が低下せざるをえない」。熱心なナチであるエルトメンガーにとって、結婚休暇から戻ってきた自分の部下二人が真っ先にフランスの売春施設を訪れたことは、まったく理解しがたいことであった。(275)

何人かの兵士たちにとって売春施設の訪問以上に腹立たしかったのが、大規模な性暴力であった。ライムボルト大尉はこれについて、報告している。

ライムボルト　とにかく、ひとつあなたにじかにお話しできることがあります。噂話ではありません。私がここで捕虜になってから最初の将校収容所には、非常に愚かなフランクフルト出身者がいました。若い少尉で、若いチンピラです。我々は八人でひとつのテーブルに座り、ロシアについて話をしていました。そして彼はこんな話をしました。「俺たちは、地域をうろつき回っていた女スパイを捕まえた。まずは彼女のおつむを棒で殴り、それから彼女の尻をむき出しの銃剣で叩いた。それから俺たちは彼女とセックスし、それから外に放り出して、銃弾を撃ち込んだ。彼女は仰向けに寝転んでいたので、俺たちはそこめがけて手榴弾を投げつけた。俺たちが近づくたびに、彼女は金切り声を上げた。最終的に彼女はくたばり、俺たちは死体を放り捨てた」。想像してみてくださいよ。私と一緒に八人のドイツ軍将校が座っていて、笑いがこだまするんですよ。私はもう我慢できなくなって立ち上がり、こう言いました。みなさん、いい加減にしてくださいよ、と。(276)

ライムボルトは、参照人物である「若いチンピラ」が披露する話に仰天している。この種の出来事はたいていの場合、次の会話のように伝聞情報として語られる。

シュルトカ　こんにち行われていることは、とんでもないことだ。たとえばあるイタリアの家屋に侵入した降下猟兵は、二人の男性を仕留めた。この二人の男性はともに父親だった。一人には、二人の娘がいた。それから彼らは二人の娘とセックスした。やることはきちんとやってから、二人の娘を一気に撃ち殺した。そこにはイタリア式の幅の広いベッドがあって、その上に彼女たちを放り投げ、父親たちのペニスを挿入したんだ。しかもそのことについて、あとになって自慢すらしているんだ。

ツォスノフスキ　それはまったく非人道的な。しかし、自分がまったくやったことがないようなことを、あたかもやったように話す奴が多いじゃないか。それで大いに自慢ができるからということで［…］。

シュルトカ　もしくは、キエフの戦車壕の話もある。ゲシュタポのお偉方の一人である上級SS指導者には、絵のように美しいロシア人女性がいた。彼は彼女とセックスしたかったんだが、彼女はそれを拒んでいた。次の日、彼女は戦車壕の前に立っていた。彼が自ら短機関銃で彼女を仕留め、それから彼女を屍姦した。(277)

そのような話は、引用文中で述べられているように、部分的には見栄のためのホラであることもあったが、こうした出来事が実際に起きたのも事実である。[278] ここで目につくのは、強姦についての報告に、男たちが驚いたり、まして や憤激したりするということがほとんど見られないということである。これは、ドイツ人女性がパルチザンに強姦された場合も同様であった。これについては、装甲猟兵のヴァルター・ラングフェルトが語っている。

ラングフェルト　出来事が起こったのは、ボクルィスク[279]の近くだった。そこで、女性通信補助員三〇人が乗ったバスがパルチザンに襲われた。バスは森の中を走っていたんだが、パルチザンがそれに向かって撃ってきた。あとから戦車も投入されたが、時すでに遅しだった。バスと少女たちは奪還された。パルチザンも何人か捕まえた。しかしその前にすべての少女たちがセックスさせられた。全員がセックスさせられたんだ。そして何人かは死んだ。射殺されるより股を開くことを選んだのは、もちろん当然のことだ。彼女たちを見つけるには三日間かかった。

ヘルト　やつらもセックスする相手には困らなかっただろうね。[280]

ここで性暴力に関する話はひとまず打ち切りたい。盗聴記録に記されている内容だけでも、性的な欲求や性暴力が戦争において遍在していたことは十分に読み取ることができる。とりわけ最後のふたつの引用からは、女性を〔性欲のために〕利用することが当然視されていることが見て取れる。しかし兵士たちの目から見て当然のことと思われたのは、与えられたり、自ら奪い取った性的な機会を利用することだけではなかった。それについて語るということも決して異常なことではなかったし、枠組みから外れるようなことでもなかった。

ココシュカ　イタリア人の少女をピストルで脅してセックスを強要するなんていうのは、兵士の恥だな。

ゼンマー　ああ、〔だが〕それが兵士というものさ！[281]

技術

軍需品の技術的な側面について、学術的に議論されることはほとんどない。本書においても我々がとくに関心を抱いているのは、武器技術に関わりのない認識である。これは一見すると、まったく当然のことであるように思われる。というのも、たとえば戦争捕虜となった陸軍兵士たちの会話において、技術的な側面が登場することはほとんどないからである。そしてそれは驚くべきことでもない。陸軍兵士たちの装備には、他の兵科と比較すると、六年にわたる戦争の間にもさほど変化がないのである。終戦時に使用されていた制式小銃 Standardkarabiner K98は、一九三九年九月に男たちが対ポーランド戦で携行していたのと同じであった。機関銃については、戦争中に制式採用されたものは二種類しか存在しなかった。歩兵部隊や砲兵部隊の他の兵器についても、事情は似通っている。一定の進展が見られたのは戦車部隊である。しかしひとたび〔古い型から〕新しい型の戦車への再訓練が行われると、その操作が急速にルーティンとなっていった。ティーガー戦車はティーガー戦車のままであった。このように陸軍においては、技術的な枠組みはほとんど変化しなかったのである。全体として軍需品の技術的な側面に大きな変化はなく、とりわけ歩兵部隊が利用する装備は大量生産品であって、どこにでも存在するものであったため、兵士たちに話題を提供することもなかった。これが話題としては適切ではなかったもうひとつの理由としては、ヨーロッパ戦線における小銃や短機関銃、機関銃の質には、どの国の軍隊にもそれほど違いがなく、そのため一方が他方にたいして技術面で決定的な優位に立つということが不可能だったという事情もある。

空軍の状況はまったく異なっていた。技術の質は、陸軍よりもはるかに重要な意味を持っていた。航空戦は、先端技術の戦場でもあった。六年間にわたる戦争の間に並外れた急速な技術革新が見られた。航空機の戦闘能力や航法技術、搭載兵器などあらゆる領域での技術革新が起こった。一九三九年のMe109は、一九四五年のそれとはほとんど似て非なるものであった。

さらに夜間の航空戦によって戦争の新たな次元が切り開かれた。イギリス爆撃機兵団 Bomber Command[282]は夜間攻撃の技術を完璧なものへと仕上げる一方で、ドイツ空軍はこうした攻撃にたいする防衛についての新たな考え方を編み出した。こうして、高度に発展したレーダー技術や航法技術が生み出された。

一九三九年に最速の戦闘機、もっとも正確なレーダー装置、そしてもっとも正確な航法をめぐる激しい開発競争が開始された。いったん誤った方向に進んでしまうと〔第一次世界大戦とは違い〕、それを短期間で修正することは不可能であった。なぜなら技術の発展や生産に投じる費用が〔第一次世界大戦の〕何倍にも膨れあがっていたからである。したがって、航空軍戦備産業に投じられた費用は莫大であった。一九四四年にはすでに、ドイツ帝国の財源の四一％がそのために出費されていた。戦車生産は六％にすぎない[283]。しかしそれにもかかわらず、イギリス軍とアメリカ軍は一九四二年中に技術面でドイツ空軍を凌駕し、この劣勢をドイツが挽回することは終戦までもはやなかった。ドイツは質量両面で対抗できなくなり、空軍は一九四四年以降圧倒的な劣勢に立たされた。それがもたらす結果は国防軍全体にとって破滅的なものであり、これはあらゆる戦場においてそうであった。

パイロットや偵察員、機上機銃手の生活世界において、技術は遍在する、避けがたいものであった[284]。航空戦においてはより速く飛び、より機敏に機体を操るか、もしくはより優れた武器を有する方が生き延びるのである。技術面で乗り遅れた者は、たとえよいパイロットであったとしても死ぬのである。技術は空軍兵士の生活世界を規定し、彼らの戦争認識と参照枠組みの形成を支配していた。

盗聴記録には、陸海空の各軍にとって技術がどのような意味を持っていたのかが映し出されている。空軍においてはそれについて非常に多くの言及があり、海軍の場合はそれよりはやや少なく、陸軍では空軍の十分の一程度にすぎない。したがって以下の記述では、主として空軍を扱うことになる。そのさいとくに興味深いのは、兵士たちが技術的な側面について話をしている場合、彼らが話題としていることは何なのか、技術は彼らの戦争認識をどの程度支配し、戦争が経過していく上で、場合によっては彼らの戦争認識をどの程度変化させていったのか、という点である。

より速く、より遠くへ、より大きく

戦争の「職人たち」の間でもっとも重要だった会話のテーマのひとつが、自分が乗っている航空機の性能だった。二人の車好きが自分の車の長所について話し合っているときと同じように、搭乗員たちはいつも同じ要因について張り合っていた。すなわちスピード、航続距離、爆弾搭載量である。たとえば一九四〇年六月に、ある少尉が同室の戦友にAr196について紹介している。

「アラド」は単発機で、主翼は非常に短い。性能は非常によくて、機関砲が二門、機関銃が一挺だと思う。巡航速度は二七〇〔キロ〕、最高時速で三二〇〔キロ〕出るし、二五〇〔キロ〕爆弾一発を搭載できる。素晴らしい機体だ。Uボート哨戒用に利用されている[285]。

とくに関心が強かったのがエンジンだ。

シェーナウアー　我々の航空団の第一戦隊は、現在では188を使っている。すでにその機体がそこにあったんだ。188は新たに801〔エンジン〕を搭載していて、これがすごくいい。非常にたくさん搭載できる。

ディーフェンコルン　爆撃機なのか？
シェーナウアー　ああ。速いし、とくに上昇に優れているんだ。(286)

航空機の性能は、たいていの場合エンジンで評価される。だからシェーナウアーとディーフェンコルンの会話でも、爆撃機Ju188がＢＭＷ801エンジンを搭載しているということをまず指摘するのが重要なのであり、このエンジンが機体の速度を上げ、かつてのJu88型よりも優れた上昇性能を可能にするのである。星形エンジンのＢＭＷ801、ダイムラー・ベンツによる直列型エンジンＤＢ603と605、そしてユンカースのユモ213の導入について搭乗員たちは細部にわたって議論しており、それぞれのエンジンの長所と短所について徹底的な比較が行われた。エンジンの性能次第で、航空機の評価は上がりも下がりもした。もちろん一九四二年以降になると、自軍のエンジン開発が求められている水準に達していないことははっきりとしていた。ピストンエンジンに決定的な進歩をもたらすものとして彼らが大いに期待を寄せていたのが、ユモ222であった。このエンジンは予定では二〇〇〇ないし三〇〇〇馬力を有することになっていた。フリート中尉は一九四三年二月にこう述べている。「俺ははっきりと確信している。ユモ222を［…］俺はこの目で見たんだが、あれは素晴らしい。［…］二四気筒なんだ」(287)。そしてシェーナウアー中尉もその四カ月後、次のように言っている。「新しいユモ・エンジンは、上手くいけば離陸時には二七〇〇馬力に達する。なんというエンジンだろう！」(288)しかし、あらゆる問題を解決するとされていたこの奇跡のエンジンが大量生産に移行しうる完成度に達することは、一度もなかった。(289)

自軍の装備の性能を自慢する一方で、イギリス軍にたいする尊敬の念（後にはアメリカ軍にたいしても）は当初から見られた。象徴的なのは、戦闘航空団の中隊長として一九四〇年九月にイギリス上空で撃ち落とされた、ある中尉の見解である。彼は過去の空中戦を振り返って、こう述べる。

上空七〇〇〇メートルだと、スピットファイアの方が109よりも若干有利だが、七〇〇〇メートルを超えると互角だ。それを理解しさえすれば、スピットファイアにたいする不安はすぐに消える。それどころか、飛行することの何たるかを熟知しているパイロットさえいれば、109はスピットファイアよりも有利だ。俺だったらこれからも、スピットファイアより109を選ぶね。つねに、長くゆったりとした弧を描くように飛ばなきゃいけない。そうすればスピットファイアはついて来られない。(290)

スピットファイアへの「不安」が消えるとか、Me109は「それどころか」スピットファイアよりも有利だとかいう中尉の発言には、ドイツ軍戦闘機パイロットのイギリス軍の戦闘機にたいする尊敬の念が、英本土航空戦がピークに達していたこの時期いかに大きなものであったかが表れている。一九四〇年九月に、他のパイロットは次のようなことすら述べている。

古参のパイロットは五〇%がいなくなった［…］。この大規模攻勢は無意味だ。こんなことではイギリス軍の戦闘機を殲滅できない。今必要なのは新型戦闘機だ。そうでなければ我々の戦闘機はめちゃくちゃになってしまう。星形エンジンと空冷を備えた新型のフォッケウルフが必要だ。経験豊富なパイロットが次から次へと撃ち落とされたら、一体どんなことになってしまうんだ。(291)

航空戦において戦局を逆転するには、技術的に優れた航空機を投入するしかない。だからこそ、自軍よりも性能の高い敵機にたいする苦情は戦争の間中やむことはなかった。ヘンツ中佐は一九四三年六月にこう述べている。「空軍に関して、我々は少々大口を叩きすぎたように私は思う。正直なところ、我々は目下四発機にたいして打つ手がない。我々は今までしばらく眠っていたのではないかと感じる(292)」。メックレ伍長は一九四四年七月に、次のように言っている。「トミーは［我々よりも］はるかに速い機体を有している。たとえばモスキートに追いつくことは、我が軍のどの機体にもできない。それは不可能だ。モスキートはもっとも恐れられている航空機だ(293)」。

二人ともその発言は物事の核心をついてはいるのだが、なぜそうした状況になったのかという原因についてはまったく述べていない。パイロットたちは諦めの境地で、西側連合国の技術的優位にたいしてはどうすることもできないと認めざるをえなかった。第二六戦闘航空団の歴戦のパイロット、ハンス・ハルティクス中尉は一九四四年一一月、この時点でもっとも改良が加えられ進化していた空軍の通常戦闘機Fw190D－9型を、自分の部隊とともに手に入れていた。一九四四年一二月二六日、彼は一五機の編隊を率いて、アルデンヌ攻勢に出ていたドイツ軍地上部隊を支援していた。アメリカ軍のマスタングが彼らをドッグファイトへと巻き込み、ハルティクスを撃ち落とした。捕虜となった彼は落胆して、こう語っている。「傑出したパイロットが乗っている［…］あの190をもってしても、アメリカ軍のマスタングからきちんと逃れる［ことができない］。不可能なんだ。私はそれを試みた。しかしそれは不可能なんだ(294)」。

技術的に劣っているという感情はもちろん、戦争の後半だけに限られたものではない。すでに開戦時からそうした感情は再三再四登場しているが、確かに一九四三年以降になると頻繁に見られるようになる。だからこそパイロットたちは新型の航空機を、望んでいた優位をついにもたらしてくれるのではないかと、期待をもって待ちわびていた。もうすぐ前線に送られてくるのではないかという空想上の新兵器は、つねに詳細な議論の的であった。一九四〇年一月に、あるパイロットと機上通信員は空軍の技術開発の状況について会話を交わしている。ドイツ軍には「いくつかスマートな機体」があり、とくに爆撃機Ju88は「見事」であるという点で、彼らの意見は一致した[295]。この「素晴らしい」機体がもうすぐ自分の部隊に配備されることを、伍長〔機上通信員〕は報告している。そしてとくに彼らが確信していたのは、「もし110〔Me110双発戦闘機〕の改良が終わって、ミツバチたちがブンブンいいながらやってきたら、彼ら〔イギリス軍〕はきっと驚くだろうな！」ということだった[296]。半年後、フランス上空で撃ち落とされた二人の若い将校が、試験段階にあった新型戦闘機Fw190について意見を交換していた。

中尉　フォッケウルフは本当にいい機体だと言われているな。
少尉　ええ、素晴らしいそうですね。
中尉　機体は重いのに離陸に優れ、しかも非常に速いそうじゃないか。
少尉　非常に速いんですね！
中尉　星形エンジンを積んでいる。
少尉　とんでもなく素晴らしいじゃないですか！[297]

二人の将校が一九四〇年六月に「素晴らしい」Fw190について話していた頃、ちょうどその試作機の試験がまさに始まっていた。にもかかわらず、Me109よりも離陸性能に優れ、速く、星形エンジンを積んでいるということがすでに彼らにも知れ渡っていた。試験段階にある機種に関する知識はこのように、空軍の中では信じられないほど迅速に広がっていた。最新の機種について情報を交換したいという〔ドイツ兵捕虜の〕強い欲求は、イギリス軍にとってはもちろんきわめて好都合なことであり、この豊かな情報源を〔盗聴というやり方で〕見事に利用した。イギリス空軍はこうして、ドイツ空軍が新たに導入したすべての機体について、そのかなり前からきわめて詳細な情報を得ていた。

改良された機体がつねに前線に送られてくるため、搭乗員たちには新しい情報を交換する機会がつねにあった。まさに、二人のファッションデザイナーが新しい秋物コレクションについて話すかのような感じで。たとえば一九四二年一〇月にブライトシャイト伍長は、同室の戦友にこう尋ねている。「この秋の間に新しい機体が俺たちのところにやってくるかどうか、ワクワクするな」。「きっと、たくさんの新しい機体が来るよ」。戦友がそう答えると、それにたいして機上整備員〔であるブライトシャイト〕は自信を持って付け加えた。「そうだよな！ 190が俺たちの受け取る最後の戦闘機ってわけじゃないよな」[298]。

とりわけ、新型機の大いに期待の持てる性能は、彼らが詳細な会話を交わすきっかけを何度も与えることになった。二人の爆撃機パイロットは一九四二年八月、新型の重爆撃機He177の巡航速度について話をしている。

カムマイアー　ああ、だが177には〔時速〕五〇〇〔キロ〕は出せませんね。

クノーベル　まさか。偵察機としてなら、優に巡航速度で五〇〇は出るでしょう。

カムマイアー　人によって意見がまったく違うんですよ。去年の七月、ある人は四五〇だと主張してましたし、他の人は四〇〇や四二〇、その次の人は三八〇だと言っていました。

クノーベル　全部正しくないです、間違ってます。あなたは一度でも飛んでるのを見たんですか。

カムマイアー　ええ、一度見ました。

クノーベル　とにかく私は、はっきりと確信しているんです。少なくとも五〇〇は出ると。偵察機としてもそうですし、爆撃機としても五〇〇は出ると。そう確信してます[299]。

カムマイアー少尉の発言が示しているのは、He177がすでに一九四二年（初めて投入される半年前）の段階で、空軍の爆撃機部隊の中では話題になっており、その最高速度について活発な議論がなされていた、ということである。技術にたいする〔彼らの〕ナイーブな熱狂ぶりは、新型機への期待を無限に高める効果を持った。「過去最高の機体」を見たとか、「ものすごく重武装」で、イギリス軍はこれを「ペストのように」恐れるだろうといったことがそこでは語られていた[300]。He177は会話の中ではまさに奇跡の爆撃機という評価を受けており、その性能についてはさまざまな噂が飛び交っていた。中には、すでにこの機種が大西洋を横断したと言う者まであった。曹長勤務士官候補生Oberfähnrichのクノーベルは一九四二年中頃に、He177は長距離試験飛行を終え、空軍の試験場があるレヒリン〔現メクレンブルク＝フォアポンメルン州〕からトリポリ、スモレンスクを経由してふたたびレヒリンに戻ってきたという話を耳にしていた。He177はすでにアメリカの上空を飛んだのかと

第100爆撃航空団所属のHe177への爆弾の搭載．1944年初頭．（撮影者 Linden. BA 1011–668–7164–35A）

いう同室の戦友からの好奇心に満ちた質問にたいして、彼はこう答えている。「カナダ上空だと思うよ。アメリカ上空じゃない[301]」。ある伍長は一九四二年一〇月、さらに強い自信を持っていた。He177は本当にカナダへと飛行することになるのかという、ある戦友からの唖然とした質問に、彼は答えている。「もちろんじゃないか、その通りだよ。半年前にこの機体をよく知っている人物から聞いた話だと、177はすでにニューヨーク上空でビラをばらまいたそうだ[302]」。急降下爆撃機Ju87のある機上機銃手も一九四三年四月に、同じ話を語っている[303]。アメリカまで飛んでいってビラをばらまくか、できれば爆弾を投下するというイメージは、きわめて現実的に物を考え、そうした空想から距離を置くというよりも、明らかにあまりにも甘美な想像であった。あらゆるそうした噂にもかかわらず、そして戦後の文献にも再三再四そうした記述が現れるにもかかわらず、そのような飛行が実際に行われたことは一度もない[304]。同じことは日本への飛行についても言える。確かにそれは技術的には可能だったかもしれないし、東京との迅速な連絡手段を確立するために、実際何度も計画されているが、結局最後まで行われることはなかった[305]。しかしながら、何人かの兵士はそうした飛行について報告している。Me264が「日本とドイツの間の郵便業務や外交官の往来」のために利用されていると、グローモル軍曹は信じていた。「北アメリカ上空を通過して東京まで飛行している。二万七〇〇〇リットルのガソリンを搭載している」。一九四二年一一月にアルジェリアの海岸で撃ち落とされたある中尉は、詳細に語っている。「BV222が日本へ飛行している。巡航速度で三五〇〔キロ〕出る。ピラウ〔現ロシア・カリーニングラード州バルチースク〕で最後の給油をして、ロシア上空を夜間日本に向けて飛行する。ロシアには夜間戦闘機がまったくないか、あってもごくわずかだ」[306]。中尉がどのようにしてこの話にたどり着いたのか、こんにちとなっては再構築することはできない。おそらく彼はバルト海での訓練のさいにBV222を見て、この大型飛行艇を将来どのように利用するのか理解しようとしたのだろう。

いずれにせよ大型航空機は、空軍の男たちにとってとりわけ魅力的な存在であった。大型航空機はごくわずかしか存在しなかったから、これらの機体との遭遇は特別な出来事であった。たとえば、珍しい六発機の飛行艇のひとつを見たと主張できる人間は、確実に大きな注目を集めることができた。そのさい重要なのは、その機体の性能や大きさについて詳細に描写することであったようだ。シボールス兵長はこう報告することができた。

シボールス　世界最大の飛行艇、ブローム・ウント・フォス222〔＝BV222〕は、リビアへの補給を行っているが、ハンブルクで離陸してアフリカに着陸した。武器を持った兵士を一二〇人輸送したんだ。一機が地中海で撃墜された。それ以外には、戦闘機はまったく近づいてこなかった。機関砲を八門、機関銃を一七挺搭載している。ものすごい重武装で、搭乗員全員の目の前には窓から突き出たMG15が備え付けてある。六発機で、左右それぞれの主翼にエンジンが三台ずつついている。〔Ju〕52の三倍か四倍の大きさがある。戦車を数台搭載できるし、確かに何でも積めるんだ。大砲でも何でも。そうそう、爆撃機のために爆弾をあちら側に運んだのもあの機だった。巡航速度は三六〇〔キロ〕だ。何も積んでいなければ、とんでもなく速くずらかることができる[307]。

シボールスはBV222の戦闘能力と搭載能力をすさまじく誇張しているが、これは彼がこの機体から受けた印象がいかに大きなものであったかをはっきりと示している。とくに彼は、巡航速度と最高速度をすり替えている。性能をより印象的なものにするための、ちょっとしたトリックである。

彼らがもっとも大きな期待を持って待ち焦がれていたのは、間違いなくジェット戦闘機Me262であった。この機体は一九四二年一二月以降、会話に登場するようになる。しかし情報は当初茫漠としたものにすぎず、しかも第三者からのものであった(308)。たとえば第一〇高速爆撃航空団のロット伍長は一九四三年四月に、空軍で「何かが進行中である」ことを確信していた。なぜなら、ある近隣の航空団の司令官が試験場を訪問したさいに、ジェット戦闘機の存在についてすでに彼に示唆していたからである(309)。一九四三年末に初めて、この「すごい案件」についての目撃証言が登場する(310)。シュールマン少尉は興奮してこう語る。「あれはほんとうにものすごいんだ。俺は飛んでいるのを見たんだ。[…] 少なくとも七〇〇から八〇〇だと見たね。少なくとも(311)」。一九四四年初頭からは、Me262がもうすぐ投入されるのではないかという推測が現れる。フリッツ少尉によれば、爆撃隊総監der General der Kampfffliegerが一九四四年三月の訪問のさいに、「機体［Ju88］の全生産に制限がかけられている」ことを強調した。なぜなら「このジェット戦闘機の生産への準備が始まっている［からだ］。すさまじい量を一気に投入し、そうすることで我々はふたたび制空権を取り戻す(312)」。似たような情報は、戦争の苦しみにあえいでいた民間人の間でも広まっていた。マレツキ兵長が耳にしたところでは、ドイツの人々はこう言っていた。「タービン推進戦闘機Turbinenjägerが登場すれば、上手くいく(313)」。

いずれにせよ、Me262の信じがたいほどの性能にたいしてほとんど疑念は抱かれなかったようである。撃ち落とされてから九日後、爆撃機Ju88のある機上通信員は一九四四年七月にこう断言している。「すでにタービン推進戦闘機が登場しているし、それを大量に投入することができれば、トミーは彼らの四発機では太刀打ちできない。ドイツ空軍はすごく上り調子だから、あと少し、おそらくは半年程度で終わるだろう(314)」。第三戦闘航空団のツィンク少尉も、まったく同様に考えていた。「一四日以内にそれ［Me262］が登場する。初めての戦隊だ。総勢一二〇〇機になる。それらがここの上空に突如やってくる。[…] 二分間で高度一万二〇〇〇メートルまで上昇する。角度四四度、時速八〇〇キロで上昇するんだ。ない。敵はまったくどうすることもできない。機関砲を八門備えていて、すべてぶっ放す。だから、ここでは平然として自由に飛んでいればいい。上空には一〇〇〇機の戦闘機がいるんだから(315)」。

ツィンクはロケット推進戦闘機Me163とジェット戦闘機Me262の性能を混同しているが、まさにその点にこそ、空軍兵士の技術的な幻想世界、理想世界において新兵器がどれだけ重要な役割を果たしたのかが如実に現れている。もっとも、連合国の尋問収容所で想像されていたようなMe262の大規模な出撃が行われることはなかった。一九四四年八月以降、最初の機体による編隊での試験飛行が行われた。パイロットたちは「素晴らしい」[316]この機体に熱狂していたものの、深刻な技術的初期故障や連合国の圧倒的な優位に阻まれてさしたる成果を上げることはできなかったし、決して無敵というわけでもなかった。終戦までにおよそ二〇〇機のMe262が投入された。約一五〇機の敵機を撃ち落としたのにたいし、およそ一〇〇機を失っている。[317]

兵士たちは技術に関する会話に、文字通り没頭した。彼らが関心を抱いていたのは、エンジンの過給圧、速度、武装であり、最新の機種には興味津々であった。彼らは技術的な革新を全体的な関連に位置づけることはなく、たいていの場合次のモデル、空想上の次の航空戦のことまでしか考えていなかった。たとえば、なぜドイツは二五〇〇馬力以上の航空エンジンを開発しないのかとか、なぜ連合国はセンチメートル波レーダーをドイツ軍よりも速く導入したのかといった問題が議論されることはなかった。しかしそれは、どのみち起こりえないことであった。自動車工場の技術者がシャーシー部品を設計するさいに気候変動について考えることがあまりないように、あるいは発電所の技士が、自分たちの貢献もあって得られた、自らのエネルギー・コンツェルンの市場における独占的地位について考えることがあまりないように、航空戦のエキスパートたちが技術的な機器やその卓越した操作を、政治的、戦略的もしくは道徳的な文脈にまで埋め込むことはあまりなかった。道具的理性や技術への魅了は、そうした全体的な連関にはまったく無関心だった。さらにこれに、二〇世紀前半に支配的だった根本的な、まったく揺らぐことのない技術や進歩への信仰がつけ加わる。物事はいかようにも操作可能であるというユートピア的思考があまりにも支配的であったために、「奇跡の兵器」が戦争の成り行きを決定的に変えられるという考えがまるでありえないものだとは、どうしても考えられなかったのである。

奇跡の兵器

スターリングラード戦の敗北後、ナチ・プロパガンダは報復をほのめかすことで、民族同胞の勝利への希望をかき立てようとした。[318]一九四三年初頭には、ドイツ兵捕虜の間でも初めて、まったく新しいカテゴリーの武器について語られるようになる。U432のある通信兵は一九四三年三月にこう予言している。

将校しか知らないモノがあるんだ。きっとものすごいモノに違いないよ。こいつは総統が禁止したんだ。発明はされていて、Uボートのために投入されることになっているんだが、それがあまりにも残酷すぎるということで総統がそれを禁止したんだ。それが何なのかは、俺も知らない。［…］総統が言ったところによれば、ドイツ民族最後の戦いにでもなれば、すべての艦船が出動しなければならなくなったら、それは使われるらしい。だが、我々がきちんとした戦いをしている限り……それは使わない。(319)

ヒトラーはここでは、単なるドイツの救世主以上の存在となっている。彼は残酷でおそらくは戦争の帰趨を決定する兵器を、最後の瞬間になって初めて使うだろうというのだ。そして語り手にとっても、秘密兵器がまだ後方地域に控えているということを知ることは、間違いなく安心できることだった。封鎖突破船レーゲンスブルク号の次席士官Der Zweite Offizierは一九四三年四月一一日に、国防軍最高司令部の放送アナウンサー、オットー・ディートマール(320)がある兵器について語っていたと報告し、こう言う。「敵が最強の部隊を集結させても、もはや無意味となるだろう」(321)。正確なことを彼は知らないが、途方もない爆発力を持つ榴弾か爆弾であると考えていた。それが爆発すると、すべてが「ぺしゃんこ」になるという。ヴォルフ・イェシヨネク海軍中尉もまた、「新しい機器」が投入されれば「戦争はすぐに終わる」ことを確信していた。すなわちこのロケットは射程距離が長く、「すべてを粉々にする」という(322)。

降下猟兵大隊長のヴァルター・ブルクハルト少佐も、非常に似たことを考えていた。もし「この巨大なウナギ［ミサイル］」が六〇ないし一〇〇キロの射程距離を持つことに成功すれば、「それをカレーに配備して、イギリス人にこう言うことができる。「明日和平を結ぶか、我々がお前たちのイギリスすべてを粉々にするかだ。それにはまだ未来がある」」(323)。第二六装甲師団のホネット上等兵も自信を示している。「そのように報復が行われれば、それは恐ろしいものとなるし、数日の間にイギリス全土を破壊してしまうこともできる。きちんと積まれたままの石などひとつも残らないだろう」(324)。

その後すぐ、つまり一九四三年の最初の数カ月の間に、この秘密の新型兵器とは遠距離ミサイルであるに違いないという確信が確固としたものになっていた。総重量は一二〇トンにも及び、弾頭は一五トンになると言われた。これは実際のV2ロケットの数値の一〇倍以上となる、過大評価であった。ロンドンにこれを投下すれば、直径一〇キロの範囲はすべて殲滅されると、ヘルベルト・クレフ大尉は語っている。こうしてイギリス軍は一九四三年三月、つまりそれが投入される一年以上前の段階で、V1やV2ロケットの技術的細部のいくつかについてすでに知ることになる。[325] そうしたミサイルを四発打ち込めば、ロンドンは廃墟になると、U264の通信兵長ハンス・エーヴァルトは一九四四年三月に信じていた。[326]

他の兵士たちはやや控えめな期待をしており、破壊できるのは着弾地点を中心に、一ないし一〇平方キロメートルだろうと話している。[327] ともかくその効果は過大評価されており、それが投入されることも時間の問題だと考えられていたので、ロンドン近郊の収容所にいる何人かの捕虜はドイツ軍のミサイルによって自分の身に危険が及ぶと感じ、すぐに移送されること、できれば安全なカナダに移されることを望んでいた。[328] 兵士たちはまた、ドイツの民間人も自分たちの肯定的な期待を共有していることを知っていた。「俺は［一九四四年の］三月にはまだ故郷にいた」。こう語るのはハインツ・クヴィトナート少佐である。「次のことは言える。ドイツ民族の多くは、報復兵器を信じている。それが投入されればイギリス人の戦意はまたたくまに失われ、イギリスは交渉を求めてくるだろうというふうに、人々は報復兵器をイメージしている」。[329]

一九四〇年から四一年の一〇カ月に及ぶ空襲にもかかわらず屈服しなかったイギリスを、今回はどうやって実際に屈服に追い込むことができるのかということについて、兵士たちがさらに議論することはなかった。ミサイルがどのように機能しそうだとか、その大きさや爆発力、射程距離といった技術的な議論を超えて、それがどのような影響を与えるのかという分析がされることはなく、この武器が転換をもたらすだろうという単純な信念しか存在しなかった。クレルモン兵長はこう言う。「とにかく報復を俺は絶対に信じている。イギリス人の祖国は殲滅される」。[330]「新兵器は戦争に勝利をもたらしてくれる‼ 俺はそれを信じている」[331] と一九四四年一月に語るのは、U593のアルニム・ヴァイクハルト少尉である。第二爆撃航空団のフーベルトゥス・シュムスツューク Schymczyk 少尉は一九四四年四月、ある戦友にこう語っている。「俺は一〇〇％報復を信じている。それがここで始まれば、哀れなイギリスはもうおしまいだ」。[332]

つまり国防軍の三軍すべてにおいて奇跡の兵器がもたらす救済への期待が存在したのであり、とくにそれは海軍および空軍将校の間で著しいものがあった。彼らは技術のエキスパートであり、前線でつねにイギリスの並外れた軍事的、経済的能力を体験していたにもかかわらず、望んでいた決定的な影響力がそもそも具体的にどのように達成できるのかということを問うことがなかった。彼らにとって戦争に敗れるということは想像もできないことのように思われたため、結局のところすべてはよい方向に向かうだろうという技術的なユートピアを信じたのである。まさに総統信仰の節でも述べるように、兵士たちがナチのプロジェクトや戦争へと投資した願望や感情があまりにも強いものであったために、それとはまったく正反対の体験を現実にしたからといって、それを簡単に諦めるわけにはいかなかったということが、ここに示されている。逆に奇跡の兵器への信仰は、勝利やそれと結びついた将来の夢が幻想的なものになればなるほど、ますます強まっていったのである。

一九四四年六月、連合国がノルマンディーに上陸した直後に、奇跡の兵器はようやく準備が完了した。六月一二日から一三日にかけての夜、最初のV1ロケットがロンドンに向けて大急ぎで発射された。初めての大規模な発射は四日後に行われたが、その日に報復が始まることをプロパガンダも予告していた。二四四発のV1ロケットがこの作戦行動の一環として発射され、四五発は発射直後に墜落、一一二発がロンドンに到着した[333]。

「イギリス南部とロンドン市は夜間と午前に、きわめて大きな口径の新型爆弾によって爆撃を加えられた。深夜以降この地域は、この砲火が間断なく浴びせられている。きわめて大きな破壊が予想される」[334]。一九四四年六月一六日のこの国防軍発表はそっけない口調ではあったが、これは数万人のドイツ人が長らく待ち望んでいたものであった。今やついに、第三帝国最初の「奇跡の兵器」であるV1が投入されたのだ。「八〇〇〇万人のドイツ人が待ち焦がれていた日が、ついにやってきた」と、新聞『ダス・ライヒ』にはある。人々の雰囲気も事実、明らかによくなっていた。この時期のフランクフルト・アム・マイン地区の保安部報告書には、次のように書かれている。「ふつうの労働者たちがその喜びをあらわにし、彼らの揺るぎない総統への信仰が今や再確認されたことは、感動的である。ある年配の労働者は、報復兵器が今や勝利をもたらすことになるだろうと言っていた」[335]。ここで興味深いのは、総統信仰と奇跡の兵器への信仰が直接結びついていることである。両者は同じ性格のものであり、救済への期待を裏書きするものであった。その期待は依然として総統によってもたらされるものであり、逆に言えば彼らの認識が徐々に現実を見失っていることの表れでもあった（「勝利への信念」「総統信仰」の節参照）。しかし「信仰が山をも移す」ということわざ通りには、事は運ばなかった。

確かにドイツ軍はすでに六月二九日の時点で一〇〇〇発のV1を発射していたし、それが与えた損害は取るに足らないというものではなかった。飛行爆弾［であるV1］は衝突時にすさまじい爆風を巻き起こし、町並みすべてを破壊することも可能だった。六月末までにV1で一七〇〇人のイギリス人が亡くなり、さらに一万七〇〇〇人が負傷している。とりわけ「報復兵器」によってたえず脅威にさらされたイギリス空軍は、数千の高射砲、阻塞気球、戦闘機を配備した、帯状の強力な防衛地域をイギリス南部に設置することを余儀なくされた。もっともこれらすべては、ドイツ諸都市への絶え間ない空襲に直面して、あまり効果がなかった。これらの空襲ひとつひとつによって与えられる被害の方が、V1の何倍にも及んだし、死者も数倍であった。奇跡の兵器の軍事的効果はしたがってきわめて小さなものであった。

V兵器のそもそもの価値は、その心理的効果にあった。もっともそれはロンドン市民を恐怖に陥れるという意味ではなく、ドイツの民間人や兵士に与える影響であった。すべての前線からは悲報しかもたらされない一方で、報復兵器を投入したという高揚したニュースによって、ナチ・プロパガンダは民族同胞の雰囲気を維持した。V2にたいする希望と期待を呼び覚ますため、飛行爆弾は意図的にV1と名づけられた。もっとも「第三帝国」の指導エリートたちの間では、応えることが不可能であるにもかかわらず、新兵器への期待を次々と呼び覚ましていくことが正しいことなのかという疑念が、徐々に膨らんでいた。「人々が毎日新兵器の奇跡を待ち望むようになってからというもの、すでに状況は一二時五分前〔という破局寸前〕であるということに私たちは気づいているのかどうか、この貯蔵されている新兵器の使用をこれ以上控えることにもはや責任が持てなくなっているのではないか、という疑念が強まっています。そして次のような疑問が生じているのです」。そうアルベルト・シュペーアは、ヒトラーに宛てた手紙の中で記している。「このプロパガンダに意味はあるのか」と。[336]すぐに人々の間でも、V1がなかなか効果を発揮しないことへの深い失望が広がっていった。

盗聴記録においてもV兵器への希望と失望が見て取れる。コタンタン半島で海へと追い詰められる直前まで戦っていたコステレッキー中尉は、次のように言っている。

コステレッキー　我々がシェルブールで報復兵器について耳にしたとき、ロンドンが火の海になったという知らせを初めて聞いたとき、我々はこう言い合ったものだ。状況はきっとよくなる、今はまだ我々のいる半島で耐え抜こう、と。今わかることは、すべての報復は多かれ少なかれ滑稽新聞におあつらえ向きのものでしかないということだ。[337]

ナチ・プロパガンダは、ロンドンの被害の様子を写真で手に入れることができなかったため、ドイツではV兵器の効果について誰もイメージをつかむことができなかった。特別収容所（それらはすべてロンドン近郊にあった）への途上で捕虜たちはしたがって、自分の目で報復の様子をとらえようとした。破壊の様子をほとんど見ることができなかったので、コステレツキーは明らかに落胆していた。「滑稽新聞」におあつらえむきだというのも、落胆したがゆえのコメントであった。一九四四年七月と八月にトレント・パークにやってきた将官たちも、まったく同様であった[338]。

V兵器によって戦局に転換をもたらすことができるという信念は、最初のうちは徐々にしか弱まっていかなかった。七月中頃までは我々の史料においても非常に肯定的な雰囲気が見られ[339]、さらにそのあとすぐにV2の効果への期待が見られるようになる。V1への期待は、部分的には文字通り繰り返し現れた。一九四四年八月末にオッカー中佐が言うところによれば、V2は「そうだなあ、V1の約五〇倍の効果があるらしいなあ[340]」。だからこそU270のミシュケ曹長勤務士官候補生にとっては、「カナダへ行く」ことが好都合であるように思われた。「我が身はかわいい。もしV2が投入されたときに我々がここにいたら、みんな死んでしまう[341]」。第四〇四歩兵連隊のクーンツ軍曹は、そのことを完全に確信していた。

クーンツ　V2が投入されたら、戦争は我々にとって有利な状況になる。それはまったく明らかだ。それが投入されたときの効果についても、俺は知っている。［…］つまりV2が投入されれば、戦争は終わる。V2が爆発したところでは、すべての生き物が消滅する。すべてが破壊されるんだ。樹木も灌木も、家であろうとも。すべて灰になるんだ[342]。

クーンツは、ある実験場でV2の効果を目撃したと語る。「それが落下したところでは、人々はまるで粉々になったかのようだった。まさにそんな感じで、すべてが凍りついたかのようだった。そんなふうに見えた。その人間を突っつくと、粉々になってしまう」。この「観察」を通じて、V2の弾頭には冷凍爆弾のような効果があると結論づけている。こうした推論が彼にとって十分説得力があるものと思われたのは、〔彼が記憶しているところによれば〕ヒトラーがかつて演説で次のようなことを述べていたからであった。「もし万策が尽きたなら、人類が今まで発明した中でもっとも恐ろしい武器を投入することになるだろう。もし私がこの武器を投入したとしても、神は私をお許しになる[343]」。

クーンツは包囲されたアーヘンで戦い、ここで一九四四年一〇月二二日、捕虜になった。V2はすでに九月八日から投入されていたが、彼は明らかにこのことを知らなかった。投入への期待が満たされることはもちろんなく、したがってプロパガンダの効果も薄いままであり、盗聴記録においてもV2投入についての発言はごくわずかしか見られない。

報復兵器について発言していたほとんどの兵士たちは、総統信仰だけでなく、それと同じくらい技術信仰の虜にもなっていた。彼らは一瞬たりとも、戦局に決定的な転換をもたらす「超兵器」の生産にドイツが成功することを疑わなかった。まだ勝利は可能だという希望は、ドイツの技術者は武器技術において決定的な進歩をもたらしうるという確信と結びついていた。そうしたイメージを根本的に疑うことは、ごく稀にしかなかった。ヴィルヘルム・リッター・フォン・トーマ将軍〔装甲兵大将〕は、トレント・パークでもっとも批判的で自制的な精神の持ち主の一人として、これに懐疑的であった。「[…] ある秘密兵器が登場する。おそらくは数百の家屋をめちゃくちゃにするだろうが、それがすべてだ[344]」。そしてそのすぐ後、ゲーリングが報復を予告したさいには、彼は吐き捨てるようにこうコメントしている。せいぜい「何発かがピチャピチャ音を立ててロンドンへ飛んで「いく」」だけだろう、と[345]。

技術が戦争の経過とあまり結びつけられて考えられていなかったように、それが持つ破壊的な次元について語られることもあまりなかった。武器の具体的な効果については、事実上ほとんど語られることがなかった。彼らが口にするのは、「撃墜した」「撃ち落とした」「撃沈した」といったようなことである。技術をめぐる議論の的となるのは、敵の物資〔物質性〕であり、それは戦闘機のパイロットでも爆撃機の搭乗員でも変わることがなかった[346]。「俺はこの目で見たんだ」。そう語るのは、グローモル軍曹である。「リンツ上空で俺の中隊長、ズール大尉が「三センチ〔機関砲〕」一発で四発機一機を撃ち落とすさまを。そして確かに前方から、前方からの攻撃だったんだ。俺が今まで加わった中でも、あれは最高だった[347]」。シュレッサー中尉も、似たようなことを語ることができた。「三センチ機関砲と榴弾 Minengranate を装備していた。それが四発機に命中すると、完全にバラバラになった。そこには何も残らなかった[348]」。新しい搭載機関砲の破壊的な効果へのこうした熱狂によって、アメリカ人のパイロットが一〇人死んだという事実は完全に覆い隠された。自らの行動によってもたらされた破壊的な効果にたいする無関心は、「撃つ」というテーマにおいてもあらゆる会話においてはっきりと見られた(「撃つ」の節参照)。

同様にJu88のある爆撃照準手も、イギリスのブリストル上空で雲の隙間から目標をとらえることに成功したさまを、自慢げに描写している。「五〇〇キロ爆弾一発さ。〔爆弾の〕うなり声が響く！　命中、おい燃えているぞ、おお！　そして火は一気にまわりに燃え広がった。俺たちはさらにもう一段低空まで降りていって、そこで起こっている火災が見かけだけのものでないかを確認した。しかしそれはありえなかった。建物が互いに崩れていく様子を直接見たんだ。下の方で燃えているんだ。穀物倉庫か弾薬庫に命中させたんだ。俺たちはすでに長いこと海上にいたが、まだ破片が互いにぶつかったり、高く舞い上がったりしているさまが見えた[349]」。

自らの武器の効果が大きければ大きいほど、人々はそれについて熱狂的に語った。Do217爆撃機の機上通信員であるヴィリ・ツァストラウはたとえば、一二〇〇キロ爆弾に充塡された新しい爆薬の利点について強調している。「トリオリン〔トリアレン〕は今まで世界に存在した中で最高の爆薬だ[350]」。トリアレンについて搭乗員たちが語るさいには、その巨大な効果について語るのが常であった。「それは君、バーリ〔イタリア中部の町〕を完全に破壊できるくらいのモノだよ[351]」と、第七六爆撃航空団の爆撃手クラウスは述べている。「対艦爆弾 Schiffsbomben だよ。あれを船のすぐ横に投下すると、船が高々と持ち上がるんだ。柱みたいにね。あれはまさに花火のようだったな！　俺たちはそこで一七隻を〔沈めた〕……弾薬船が吹っ飛ぶ様子といったら！　俺たちは二〇〇〇メートル上空にいたが、その様子を自分の機体下部銃座から見ていた。炎があまりにも高く舞い上がっていたので、俺たちはその上をすれすれで飛んだ[352]」。

しかし大きな効果を約束したのはハイテクだけではなかった。ローテク、つまり汚い兵器もそうだった。たとえばある爆撃機のパイロットは爆弾製造の新たな方法を賞賛している。

クルト† 密集した部隊にたいする爆弾、しかもこの爆弾の弾殻は非常に薄くて、錆びたカミソリの刃や古釘なんかが中に詰められている。そして炸薬は少なくて、対人用に使われる。

シルマー† それはたぶん彼〔尋問将校〕には言ってないだろうな。

クルト　ああ、もちろん。それは本当に、古い錆びたカミソリの刃や古いものが詰められているんだ。資源をできるだけ節約するためだ。かつて破片爆弾のためには非常に多くの炸薬が必要だった。きちんとした破壊力がある、たくさんの破片をつくり出す爆弾には、厚い外殻も必要だった。だが外殻を非常に薄くして、そこにスクラップを詰め込むことで、廃品や弾薬を節約できる。非常に多くが投下されたよ[353]。

空軍や海軍の兵士が戦争遂行のために利用する技術は、彼らが自分に与えられた任務を達成できるかどうか、それをどのようにして達成するかを決定した。したがって技術は彼らの自己理解の中心にあり、ゆえに彼らをとてつもなく魅了する存在となり、このことは会話から読み取ることができる。技術が効率的であるならば、それを投入することは喜びをもたらし、その技術を用いることができなかったりあまり効果的でなかったりして、作戦が成果を挙げられない場合には、それは「楽しく」ないだけでなく、自らの身体と生命をも脅かすものとなった。技術と技術への魅了は戦争の日常を支配するものであったため、捕虜の会話において支配的なテーマのひとつをなすことになった。こうして彼らは、エンジンの性能や排気量、無線機の周波数について際限なく議論できた一方で、その上位にある連関について問いを投げかけることはあまりなかった。これは自分の与えられた場において、与えられた課題に自分の道具的理性のすべてを投入する、あらゆる専門家と同様である。まさに戦争技術という関連において、近現代の産業労働者やその技術的な前提条件と、戦争という労働との類似性がさまざまな点で浮き彫りになる。第二次世界大戦は、技術者や技手の戦争、パイロットや無線兵、機械操作員の戦争でもあった。戦争の労働者は道具を用いたが、その道具は部分的には偉大なものとしてとらえられ、明らかに魅了される存在であった。まさにだからこそ技術は、男たちが会って何時間でもやりとりができるような、そうした会話領域となったのだ。

勝利への信念

「我々が戦争に負けるなどとは、かつて私は一度も信じられませんでした。しかし今日ではそれを確信しています」[354]。

アルノルト・クーレ少佐
一九四四年六月一六日の会話より

我々が今まで見てきたように、戦争の参照枠組みはとりわけ軍事的な価値システム、技術信仰、そして兵士の行動半径内の世界によって形成される。これは、戦争の全般的な出来事が彼らにとってまったく無意味だったということを意味するものではない。新聞、ラジオ、戦友からの情報を通じて、あるいはただ単純に彼らがヨーロッパの別の隅へと配置されたという事情から、たとえ兵士たちが自らその戦いに参加していなかったとしても、国防軍の勝利や敗北はつねに目に見える形で存在していた。もっともこれらの出来事をどう解釈するかは、自らの戦争体験に強く影響された。以下では、男たちが自分たちの参照枠組みを背景に、自らの行為が置かれている全体的な文脈をどのように解釈したのかを考察する。

電撃戦（一九三九～四二年）

ドイツ民族とその兵士をいつでも戦闘可能な状態に整えることは、一九三三年以降（五九ページ参照）ナチ指導部と国防軍指導部のもっとも重要な目標のひとつであり、これは軍備拡張と密接な関係を持っていた。「心的・精神的な武装」[355]という点ではかなりの程度の成功をおさめる一方で、一九三九年九月には戦争への熱狂は存在しなかった。ポーランドにおける短期での勝利、ノルウェー占領、そしてとりわけフランスにたいする圧倒的な、誰も予想していなかった形での勝利は、勝利への正真正銘の歓喜を巻き起こし、それはアフリカやバルカン半島での成功によってさらに強められた。

この時期にとりわけ明るい雰囲気だったのが、空軍兵士たちである。一九四〇年夏、盗聴されていた兵士たちの間では、もうすぐドイツ軍部隊がイギリスに上陸し自分たちを解放してくれるという期待が支配的であった。ドイツの勝利については誰もがほぼ確信していた。「一カ月以内あるいは六週間以内に、戦争はここでは終結する。［…］攻撃は今週中か次の月曜に［行われる］」[356]「戦争はさしあたりすでに勝利した」[357]もう戦争は長くは続かないという「輝かしい見通し」[358]が開けている等々。ある撃ち落とされた中尉は、イギリスが征服された暁にはイギリスでもっとも優秀な仕立屋に新しいスーツをつくらせようかと、すでに思案していた。[359]

損害がはっきりと増え、バトル・オブ・ブリテンに敗北し、イギリスへの侵攻を延期せざるをえなくなったときでも、ほとんどのパイロットたちは自軍の強さに魅了されていた。一九四一年初頭においても、政治的・軍事的な将来への全般的見通しは明るかった。それは、ソ連への攻撃が始まっても変わることはなかった。逆に東部での迅速な勝利を嬉々として待ち望むようになり、それに勝利したあとには、より多くの兵力をもって西部戦線で相手を屈服させられると考えていた。一九四一年から四二年にかけて、東西両戦線を転戦した空軍部隊はほとんどなかったので、イギリス情報部が一九四一年、四二年に盗聴していた空軍兵士たちはソ連で戦った経験がほとんどなかった。つまり、我々が盗聴記録で出会うのは外からの視線ということになる。ソ連における国防軍の深刻な損害や、秋には部隊が完全に消耗していたこと、モスクワ前面でナポレオンを見舞ったような冬を迎えたことなど[360]すべてが、盗聴記録にはほとんど反映されていない。したがって一九四二年になっても、戦略的な将来への期待は同じままであった。たとえば第二爆撃航空団の機上通信員、ヴィリ・ツァストラウ軍曹は一九四二年六月に、こう断言している。

ツァストラウ　ロシアは崩壊している。我々がウクライナを獲得した今となっては、彼らには食べるものがもはやない。我々がロシアと和平を結ぶまで、さほど時間はかからない。そうすればイギリスとアメリカにたいする戦いが始まる。[361]

陸軍将兵による将来への期待について盗聴記録が確かな情報を提供してくれるようになるのは、イタリアとフランスにおいて多くの戦争捕虜が得られるようになった一九四四年以降のことである。確かに断片的には一九四〇年以降、陸軍兵員も我々の史料に登場するが、しかしその数はあまりに少なく、そこから特定の戦争解釈を読み取ることは困難である。史料に残されている兵士たちの解釈は、本質的には従来の研究が他の史料からすでに得ている知見と一致している。自軍の成功への歓喜は（空軍とは違って）一九四一年から四二年にかけての危機的な冬に初めて深刻に動揺させられる。もっとも陸軍指導部はすでに一九四二年二月の段階で、「部隊の精神的な危機状況」は克服されたと考えていたし、兵士たちは野戦郵便の検閲報告も示すように「任務は達成した」と信じていた。[362]危機を乗り越えたことで「東部の戦士」[363]には明らかに新しい自信が生まれ、自分たちは依然としてソ連兵よりも優れていると信じ込んでいた。

このように電撃戦の時期に兵士たちは、全般的な戦争の出来事を自分の体験と結びつけ、非常に明るい将来への期待を強めていた。空軍と陸軍においてはそのさい、あらゆる戦線で自分たちは敵よりも優位にあるという感情が決定的に重要であった。こうして敗北しても、自分が捕虜になったときでさえも、自信が根本的に揺らぐことがなかった。

これにたいして海軍兵士にとっては、状況がまったく異なっていた。彼らの戦争の認識枠組みは、重要でないとは言えないある点に大きく規定されていた。つまり、巨大なイギリス海軍にたいして自分たちがいかに劣勢であるかということを、彼らはあまりにも痛感していたのである。いくつかの成功にもかかわらず、勝利は海軍以外によってもたらされなければいけないという認識を無視することはできなかった。捕虜となったUボート乗組員たちの見通しは、したがってすでに電撃戦の時期でさえそれほどよいものではなかった。U32の機関長、アントン・ティム中尉は一九四〇年一一月に次のような見通しを持っていた。「イギリス軍はこの状況をあと何年間かは耐えられる。ここにある商店を一度見ればいい。さらに大都市の商店も見ればいい。Uボートではこれをどうすることもできないし、航空機でも無理だ。状況はイギリス軍に有利だ」[364]。ハンス・イェニシュ中尉は同じU32の艦長で、騎士鉄十字章を受けたこともあるのだが、一九四〇年一一月に次のようにすら確信していた。「私の意見では、Uボートは時代遅れですね。Uボートという兵器それ自体がです」。しかしこの強い批判は、彼の話し相手にとっては行きすぎた意見であった。「Uボートの艦長である君がそんなことを言うのかね！有名なUボート乗りがだよ。前代未聞だね、君！」こうヴィルフリート・プレルベルク海軍大尉は憤激して答える。イェニシュの悲観的なコメントがとりわけ注目に値するのは、彼がきわめて成功した艦長であるからだけでなく、彼の潜水艦が沈没するさいに乗組員ほぼ全員が生き延びたからである。そうした声はもちろん彼だけのものではない。「Uボートという兵器は終わった。完全に終わった」[365]。そう、ある潜水艦乗組四等兵曹 Bootsmaat も一九四一年六月に言う。他の兵士は対イギリス戦における戦略の有用性について疑念を呈したり（「封鎖によってイギリス軍を屈服させることは我々には無理だ」[366]）、長期戦を予想して「それは我々にとって非常に不利だ」[367]と述べたりしていた。U32の四等無線兵曹 Funkmaat ヴィリ・ディートリヒは、一九四〇年一一月にこんなことすら尋ねている。「おい君、我々はいつ戦争に負けることになるのかね？」[368]

一九四二年末までこの姿勢にはほとんど変化がなかった。もちろん海軍兵士の中にも楽観主義者はいたし、彼らはロシアにおける迅速な勝利と、イギリスにたいする攻勢の成功を期待していた。U95の第一当直士官エゴン・ルドルフ海軍中尉は、一九四一年一二月末にバラ色の将来像を描いていた。

ルドルフ　ドイツ兵はあらゆる地域に送られることになる。ジブラルタルは木っ端みじんに破壊される。爆弾や機雷がいたるところで炸裂する。ロンドン近海には我々のUボートが配置される。ロンドンは轟音を立てて崩壊するだろう。そして昼夜を問わない空襲が行われる！　そうすれば、彼らにもはや休息など与えられない。そうなったら彼らは、スコットランドで穴に閉じこもって草でも食べてればいい。神はイギリスとそのまわりの国々を罰するだろう！[369]

ルドルフは狂信的なナチであり、反ユダヤ主義者であり、イギリスを憎悪していた。彼の将来への見通しが異例なのは、その言葉遣いにおいてだけではない。彼のような楽観主義者は、すでにこの時点で少数派であった。ほとんどの兵士たちは直接尋問されればドイツが勝利するだろうとつねに答えてはいるが[370]、兵士同士の会話では控えめで懐疑的な発言をしている。U111の潜水艦乗組四等兵曹は、こう確信していた。「戦争が今年中に東部でまだ終わらないのならば、我々はこの戦争に敗れるだろう[371]」。ヨーゼフ・プルツクレンクは一九四二年三月、将来のことを考えるたびに、慄然たる思いであった。

プルツクレンク　我々がロシアで後退していることは明らかだ。それどころか、我々がふたたび土地を少しばかり、つまり一〇〇キロ程度奪い返したところで、ロシアはまだ広大に広がっている。面積がドイツの一〇倍もあるんだ。そしてもしロシア軍がその中核部隊をすでに失っているのだとしても、我々もまた中核部隊を失っているということを考慮しなくてはいけない。それについてあれこれと深く考えるべきではない。我々がロシアを占領することになるのかと尋ねられれば、俺は「そうですね」と言う。しかし君、よくよく考えてみると状況は異なって見える。昨年の一〇月にアドルフはこう宣言した。「ロシア人にたいする最後の戦いが始まった」。クソッタレだよ、なあ君[372]。

ここでとくに興味深いのは、プルツクレンクがイギリスの尋問将校にたいする公式の態度（「尋ねられれば、俺は「そうですね」と言う」）と、自分の私的な意見を区別しているところである。そしてふたたび、信じるべきことや期待することと現実との不協和に出会うことになるのである。プルツクレンクはこのジレンマを、それについてはあれこれと深く考えるべきではないという発言によって解消する。

海軍兵士が戦略的な問題についてあれこれ考えたりせず、海戦における自分の経験ときわめて具体的に向き合っていたのだとしても、何人かははっきりと否定的な評価に到達していた。カール・ヴェーデキントは一九四一年一二月、護送船団をめぐる激戦で彼の潜水艦が甚大な人的被害を蒙って撃沈されたあとに、こう確信している。「Uボート戦は終わった。Uボートではもはやどうすることもできない[373]」。そして一九四二年八月（比較的成功をおさめた月）でさえ、四等兵曹Maatハインツ・ヴェスツリンクは明らかに失望していた。「Uボート戦はクソだ。[…]俺としては、Uボートはすべてくず鉄にしてしまえばいいと思う。[…][374]俺はとにかくうんざりだ。このクソみたいな戦争がな！」

スターリングラードからノルマンディー上陸まで（一九

四三〜四四年）

しかし一九四二年から四三年にかけての深刻な敗北によって初めて、ほとんどの国防軍兵士たちは勝利への信念を諦めるようになった。スターリングラードはその限りで、戦争の心理的な転換点をなした[375]。多数派は、今待ち構えているのは長期戦であって、引き分けという結果になるだろうと考えていた。「桁外れの敗北だな！　この破滅の規模を計り知ることなんてできやしない[376]」、そうファウスト上等兵は述べている。シュライバー曹長も確信していた。「もし来年我々がロシアを打倒することができなければ、我々はおしまいだ。俺はそう確信している。アメリカ軍の生産力を考えてごらんよ[377]」。

敗北や成功の知らせによって雰囲気のバロメータはその後も上下し続けたが、傾向が根本的に変わることはなかった。負けるのではないかという考えが今や頻繁に現れるようになり、それは兵士の間で激しい議論を呼び起こした。一九四三年三月二二日、二人の爆撃機パイロット（二人とも中尉）が、戦争の見通しについて話している。

フリート　最終的な勝利を信じるなんて、くだらない。

ホルツアプフェル　それは完全に反乱者の考え方でしょう。

フリート　いや、それは反乱者の考え方ではありません。Uボートをごらんなさい。もはや全然機能してないじゃないですか。そして世界中で連合国のために船舶が建造されているんですよ。

ホルツアプフェル　指導部がこんなに馬鹿だとは、想像もできませんでした[378]ね。

ホルツアプフェルとフリートは二週間の間、ラティマー・ハウス尋問収容所でともに過ごし、明らかに意気投合していた。二人は歴戦の爆撃機パイロットであり、イギリスでの戦闘について詳細に情報交換していた。ホルツアプフェルはフリートの懐疑的な発言を、たいていは受け流している。しかし彼が「前代未聞のやり方で」最終的な勝利を疑問に付したところが、彼にとっての我慢の限界点であった。彼の考えではそうした言動はあってはならないことであった。そうした考えがどういう結末を招くかは明白であって、ハルトムート・ホルツアプフェルにとっては耐えがたいことであった。一九四三年夏になってもイギリスへのドイツ軍の侵攻を口にする、手の施しようのない楽観主義者がいる一方で[379]、ほとんどの兵士たちは敗北は単純にありえないことだと考えていた。ここには、電撃戦の成功への歓喜と、自分たちは限りなく優位にあるという確信が、戦争の経過という現実を受け入れることをいかに強く阻んでいたかが示されている。期待と現実との距離が広がると、そこに認知的不協和が生まれる（二五一ページ参照）。したがって願望が情勢判断を決定するようになる。たとえば、「指導部」はきっとそれを立て直してくれるはずだというような希望である。

Do217の機上整備員であるクラッツ伍長が、自分の監房であるイギリスの新聞をめくっていたとき、彼の視線はロシアでの戦争の推移を示す地図に止まった。「今まで俺は、退却は戦術的なものだと思っていた」。そう彼が言うと、レレーヴェル伍長がすぐにこう答える。「一番いいのは、とにかく心配しないことさ。そんなことをしても、何の役にも立たん」[380]。レレーヴェルはこうして、ひとつの決定的な点に触れたことになる。つまり、敗北が不可避であると知ったなら、そこから一体どんな結論を導き出せばよいのだろう、ということだ。男たち自身は戦争の一部だったのであり、自分のエネルギーやイメージ、希望を戦争に投資し、危険に身をさらし、おそらくは戦友も失った。かつて進み始めた道を最後まで歩いていく以外に、どのような選択肢があるというのか。そのさい考慮に入れなければいけないのは、著しい困難や負担をともなう決断や経験にたいして、あとから疑問を投げかけることは好まれないという点である。なぜならそれと結びついていた努力が、それによって無駄になるからである。とくに人間は、アンビバレントな感情をともないながら行ったことについて、それを自己イメージと一致させるために、自分自身にたいしてそれを正当化しようとする傾向がある。したがって、それに疑問を投げかけ修正するのではなく行動を繰り返す方が、主観的には意味あることのように思えるのである。つまり、間違っていると分かっていながら最初にその疑念を振り払ってしまった人間は、経路依存性という意味で、似たような状況になると二度、三度、四度と同じことを繰り返す蓋然性が高くなるのである。そして逆に、一度進んだ道から外れる可能性は、ますますありえないことになっていく。したがって兵士にとって、自らの行為に見込みがないということを考えるのは、有益でも何でもないのである。

イギリスの防空体制にたいする見込みのない戦いに数年来関わってきた男たちですら、いかに熱狂的になりうるのかを示しているのが、三人のパイロットたちの会話である。彼らは全員、ドイツ軍による最後のロンドン爆撃であるいわゆる「ベイビー・ブリッツ」〔シュタインブロック作戦〕*に参加し、撃ち落とされている。フーベルトゥス・シュムスツューク少尉は、攻撃開始が知らされたさいの様子を回想している。すべてが突如、ふたたび当時に戻ったかのようである。

シュムスツューク　私はまだ覚えているんだが、［一九四四年の］一月二一日のブリーフィングにエンゲル少佐[381]がやってきた。「戦友万歳［ハイル・カメラーデン］」、彼はこう言うのが口癖だった、「今日は我々第二爆撃航空団にとって特別な出来事がある。二年半ぶりに今我々は、単独ではなくドイツ空軍の約四〇〇ないし五〇〇人の戦友たちとともにロンドンへと飛行するのだ！」それにたいして万歳の叫び声が部屋中にこだました。その熱狂は不気味なほどすさまじいもので、まったく想像できないと思うね[382]。

ほとんどの空軍パイロットたちは、戦争についてある程度客観的なイメージを受け入れるような精神的状況にはなかった。とりわけ驚きなのは、イギリスにたいするきわめて損害の大きな戦い（フランスにおいても地中海においても）によっても、さほど否定的な評価をするには至っていないことである。もちろん中には考えをめぐらせ、自分の入手できる情報から結論を引き出す用意がある兵士もおり、事実、彼らは状況をしばしば見事なまでの明晰さをもって見通していた。たとえばヴィーン出身で三八歳の空軍将校、ヴィルフリート・フォン・ミュラー・リーンツブルク中佐は［一九四三年一二月に］こう語っている。「奇跡なくして戦争に勝利することはもはや不可能だ。勝利を信じているのはごく数人の大馬鹿者たちだけだ。我々が崩壊するのも、あと数カ月といったところだろう。来年の初頭には我々は四つの戦線で戦うことになるが、もちろんそれは我々にとって希望でも何でもない。我々は戦争に負けたのだ[383]」。

スターリングラードから連合国軍のノルマンディー上陸までの時期、海軍兵士たちは戦争について空軍や陸軍の兵士以上に懐疑的、悲観的に語っていた。兵士の行動半径内の社会的世界において、一九四三年初頭以降、事実上成功と呼べるものは存在しなかった。一九四三年五月、大西洋の戦いは決定的かつ全面的な転機を迎えた。海軍は軍事力としてほぼ無意味な存在となり、それにともなって将来にたいする見通しも悲観的となった。「すべてのUボートによる航海は自殺行為にすぎない。しかも現在、航海はもはや行われていない。一番いいのは、潜水艦を港に沈めてしまうことだ」。そう、U732に乗っていた二一歳の二等水兵ホルスト・ミニューアは一九四三年一一月二七日に述べて

＊（訳註）一九四四年一月から五月にかけて行われた、ドイツ軍によるイギリスへの爆撃。ドイツ軍がかつて一九四〇年から四一年にかけて行った急襲攻撃（＝ザ・ブリッツ）に比べてあまりにも小規模であったことから、このようなあだ名がイギリスでつけられた。

いる。[384] こうした見解は彼だけのものではなかった。「かつてのUボート精神は消えた。残っているのはただ恐怖と不安だけだ」[385]。彼の潜水艦の戦友、一九歳のフリッツ・シュヴェンニガーはこう付け加える。「Uボートが今日まで経験してきたことは、スターリングラードとしか比較できない」[386]。幸運にも戦艦シャルンホルストの沈没を生き延びた二人の二等水兵は、破滅的な戦争状況に直面して、今後の行方について自問自答していた。

ヴァレーク　彼らが勝つ可能性が一〇〇だとすると、我々が勝つ可能性は一だ。我々は地球上でもっとも強力な三つの民族を敵に回しているんだ。

シャッフラート　［そもそも］戦争を始めたのが狂気の沙汰だった。これからまだどうやって戦争に勝つつもりなのか、俺にはまったく理解できないね。しかし俺たちの中にも、考えられない人間、それを理解しない人間が大勢いる。侵攻［上陸作戦］はきっと今年中に行われるし、すぐにドイツまで進撃してくるだろう。[387]

海軍総司令官カール・デーニッツは、あらゆる手段を用いて悲観主義や懐疑心に対抗しようとした。たとえば彼は一九四三年九月の「批判好きやあら探し」に関する命令の中で、悲観主義に終止符を打つことを命じた。今後存在してよいのは、「戦うこと、働くこと、そして沈黙すること」だけであった。[388] こうした道徳的な戦争指導は、ヨーゼフ・ゲッベルスも気に入っていた。日記の中で彼は、デーニッツが「鉄のような厳しさ」をもって海戦の状況を好転させ危機を克服することに成功しているように見えると、満足げに記している。ゲッベルスによれば、彼は旧来の疲弊した将校団を排除し、「戦争の新たな情勢を前にした挑発的な諦念」を克服し、Uボート戦の継続のための新たな考えをもたらしたという。

しかし指導部による力強い呼びかけも扇動的な演説も、自らの体験が持つ影響力の強さを前にしては跳ね返される他なかった。ますます多くの海軍兵士たちがドイツの敗北を信じるようになった。イギリスの特別収容所における捕虜への調査によれば、一九四三年秋にはおよそ四五％がそう信じていた。[389]

ラファエル・ツァゴヴェックは数年前に、一九四三年のチュニジアにおける陸軍兵士への調査から引き出された同様の結論について指摘している。これらの兵士たちが確実に勝利できると思っておらず、自分たちの大義も信じていないというのは、連合国にとっては驚くべき結論であった。彼らの多くは「完全にうんざりして」おり、大きな問題についてはほとんど関心を示していなかった。[390] にもかかわらず彼らがなお戦い続ける理由を、当時アメリカ軍はほとんど説明できなかった。

確かに、すべての兵士が将来に疑いのまなざしを向けていたわけではなかった。前線が安定した一九四三年末から、ふたたび士気と自信が強まっていった。ナチや国防軍の指導部は自分たちなりにその強化を試みた。一九四三年一二月二二日付での「ナチ指導将校」の創設もそのひとつであった。ヒトラーによれば、兵士たちはこの「国防精神にあふれた指導者」を通して、たとえどのようにして勝利がもたらされるのかわからないとしても、とにかく勝利を「信じる」ようになるべきであった。[391] この措置が成功したかどうかは、今となっては確かめることができない。大成功だったとは考えられない。空軍や海軍の盗聴記録でも確かに、再三再四プロパガンダの決まり文句に関する言及は出てくる。こうした決まり文句は兵士たちを、何とかして自分たちの見方へと引き込もうとするものであった。しかしそれが全体の傾向を転換させることはなかった。

戦争最後の年

侵攻の開始は一般に、耐えがたい緊張と鬱屈する不確かさからの救済として受け止められている。[…] 侵攻開始の知らせは、部分的には大きな熱狂をもって迎えられている。[392]

一九四四年六月八日の保安部報告書

一九四四年六月、第二次世界大戦は軍事的な意味では勝敗が決した。ノルマンディーの海岸に部隊を上陸させるため、連合国は史上最大規模の艦隊を動員した。こんにち我々は、唯一作戦を挫折させる可能性があったとすれば、それは悪天候しかなかったということを知っている。もちろん当時の視点から見れば、状況はそれほどはっきりしていなかった。戦争に勝利すること自体は、連合国はもはや疑っていなかったが、大陸に足場を築くことができるかどうかについてはまったく確信が持てなかった。アイゼンハワーは失敗の場合に備えて、すでにラジオ演説を用意していた。そしてドイツの側でも住民の多くが、連合国の上陸を阻止することで引き分け、あわよくば勝利の道が開かれる大きなチャンスがあると信じていた。[393]

我々の史料からは、兵士たちのほとんどは、戦争はすでに完全に敗北したという見解ではなかったことが確認される。侵攻はしたがって多くの兵士たちにとって、戦局にもう一度転換をもたらすことができるかもしれないという、歓迎すべき可能性であった。ハウク大佐とアンナッカー大佐（二人とも第三六二歩兵師団の連隊長であり、イタリアで捕虜となった）の会話には、上陸翌日の期待がまさに典型的に表れている。

ハウク　この侵攻の阻止は、きっと上手くいくだろうね。

アンナッカー　ああ、俺もそう思うよ。しかし上手くいかなかったら、それでおしまいだ。

ハウク　そうなったらおしまいだな。

アンナッカー　しかしこの侵攻を阻止することに我々が成功すれば、ドイツは交渉の基盤を得ることができるかもしれない。(394)

歩兵将校であるグントラッハ大尉は、ノルマンディーにある小都市ウイストルアムの近郊で自分のトーチカを最後まで守っていたが（二八四ページ参照）、彼もまたよい結末を望んでいた。

グントラッハ　もし人々が、我々の指導部が一度たりともそれほどまでに軽はずみであったはずがないとか、あるいはこう言う人がいるかもしれないが、我々の総統は何らかの手段によって戦争にはまだ勝利できるということを確信していない、つまりその見通しをまだ持っていないと想像しているのであれば、きっとこう言ってやればよい。彼は非常に誠実な人間だから、きっとこう言うだろうと。「人々よ、私はここにいる。批判するならしてくれ！」戦争の帰趨を決するための手段をまだいくらかは持っているという確信を、もし彼がまだ持っていないのであれば、自分の民族が容赦なく奈落へと転落していく前に、もはや〔戦争を〕遂行できないということを〔自ら〕体験しないで済ますために、銃弾を一発自分の頭めがけて撃つことだろう。(395)

ここには総統信仰と最終的勝利への信念がふたたび渾然一体となっている（「総統信仰」の節参照）。今なお勝利への確信を動員しようとするあらゆる心理面での努力にもかかわらず、連合国軍の圧倒的な物質面での優位（とりわけ絶対的な制空権と、圧倒的な砲兵の投入）は、最後の希望を失わせるのに十分であった。今や、前線での苦境や戦闘での損害が語られるようになっただけではない。非常に多くの人々において、全体的な意味連関が砂上の楼閣のように崩壊していったのである。こうして、今まで存在しなかったような根本的批判が可能になった。しかもそれは兵卒の間だけでなく、(396)将校の間でも行われるようになった。そうした例のひとつとして、二人の少佐、アルノルト・クーレとズュルヴェスター・フォン・ザルデルンの会話を見てみよう。二人は歩兵指揮官として最前線で戦い、一九四四年六月中旬にコタンタン半島で捕虜となった。

フォン・ザルデルン　私たちが相手として戦っている兵士たちを見ていると……。

クーレ　とくにアメリカ軍ですね。なんという見事で立派な人的資源でしょう！

フォン・ザルデルン　それにたいして我々の若造たちを見るとなあ。私たちの〔仲間となっている〕ロシア人や民族ドイツ人、その他あらゆる人々の悲惨な状況。〔…〕

クーレ　我々がまだ助かる見込みはあると思いますか？

フォン・ザルデルン　私にはわかりませんよ！　報復もクソッタレだし。全然準備なんかできていないんですから。

クーレ　私がかつて言ったことなんですが、総統はこう言っていました。もし侵攻が起こったら、他のすべての戦場からすべての兵力をかき集めてきて、ドイツ空軍を侵攻地点にすべて投入すると。〔六月〕六日から一六日にかけて上空で私が目にしたドイツ機は偵察機ただ一機だけで、それ以外はアメリカ軍が絶対的な制空権を持っていました。だからこの話は私にとってもうすでに終わったことなんです。我々がすべての部隊をかき集めてきても、彼らは彼らの空軍をもって八日間で完全に破壊してしまうでしょう。とくに我々には、もはやガソリンがありません。ガソリンがなければ大規模な部隊を動かすことはもはやできないし、そうなると鉄道か徒歩しかありません。

フォン・ザルデルン　ええ、すべてがクソだったと、つまり程度の差こそあれ結局は崩壊するのだということを確信してしまえば、あと望むことと言えば、それが明日ではなく今日起こることとくらいですね。

クーレ　我々には物を言う将官がいません。唯一物が言えるのはジーモン[397]だけで、他には一人もいません。危険を冒す人間が一人もいないのです。リスクを冒す人は全員いなくなってしまいました。目下我々の戦争指導部の問題は、誰一人として責任という感情を持っていない、もしくは誰一人何らかの責任を取ろうとはしないということです。それを阻止できる人が誰かいると思いますか？　いくつかの海軍沿岸砲台を黙らせるためには絨毯爆撃までしなくとも、「寝台脇の小敷物程度の面積を爆撃する」Bombenbettvorleger程度で十分なんです。それで戦闘不能にできます。彼らの物質的な優位と言ったら、とにかく何でも破壊するんですから！　彼らがここにどうやって上陸したか知っていますか？

フォン・ザルデルン　私はそれをこの目で見ました。平穏に。

クーレ　指導部の影がどこにも見当たりません。ええ、そもそも誰が指揮しているんでしょうか。ルントシュテットなのか、ロンメルなのか。

フォン・ザルデルン　最初の降下猟兵が着陸した瞬間にクソみたいなことが始まりました。彼らはすべてを木っ端みじんにして、ここで小規模な大隊ひとつとそれから一個中隊を片付けました。戦闘のあとでは、私の中隊で残っているのはもはや二〇人もいませんでした。それ以外で私のそばにいたのは沖仲士、書記、あとは補充大隊でした。これで何をどうしろというのでしょう！　下士官は役に立たないし、将校も役に立たない。すべてがクソなんですよ！

クーレ　私はつねに楽観主義者でした。我々が戦争に負けるなどとは、かつて私は一度も信じられませんでした。しかし今ではそれを確信しています。あと数週間というところでしょう。前線が崩壊すれば、故郷も崩壊します。自分の家でやりたいことをやればいいのですが、逆立ちはできても自分の足で立つことはできないでしょう。アメリカ人が、きちんと収拾してくれることでしょう！　ボルンハルト(398)が今日の午後、ポッペ将軍(399)が国家反逆罪で処刑されたという噂が広まっているんだが、その話をおまえも聞いたか、と尋ねてきました(400)。

クーレとフォン・ザルデルンは、優勢な敵にたいしてはどうすることもできないという見解に、冷静にたどり着いている。ヒトラーは自分の約束を守らず、報復は「クソ」であった。と同時に総統への信頼と、国防軍の軍事的なプロフェッショナル性への信念が崩壊した。これによって、よい結末を迎えられるという何らかの希望を持つことは、クーレとフォン・ザルデルンにとって不可能になった。あとに残ったのは、戦争には敗北した、崩壊はあと数週間程度であろうという無慈悲な認識だけであった。二日後にフォン・ザルデルンはこう述べている。「望むらくは、まさにあなたが言ったように、こう言ってくれるドイツの将官が見つかればいいんですが。「我々は戦争に敗れた、だからこそ我々はこれを終わりにしなくてはいけない。明日ではなく今日にでも(401)」」。

ノルマンディーの戦場からイギリスの尋問収容所へとやってきたほとんどの兵士は、そうした根本的な結論を引き出していた。ハッソ・フィービヒ少佐は、「ドイツ政府に責任感がきちんとあるならば、戦争を終結させる努力を今するだろう」という考えだった。ルドルフ・ベッカー少佐はこう答える。「ああ、人々はもちろんよくわかっている。戦争に敗れたということ、ナチズムなどはもう終わりだということ。自問自答するのはひとつだけ、彼らはまだ祖国のために戦っているのか、それとも自分たちの自己保存のために戦っているのか、ということだけだ(402)」。ベッカーは、一九四四年四月のハインツ・グデーリアン上級大将による演説を思い起こす。「彼が当時言っていたのは、侵攻を撃退することによって我々は総統に、いくらかでも許容しうる和平を結ぶ可能性を提供しなければならないということだった」。今やそれに成功しなかったのだから、ベッカーにとってその帰結は明白であった。だからこそ彼は、あれほどまでに状況を明晰に見通していたグデーリアンが行動を起こすことなく、七月二〇日以降に陸軍参謀総長となったことに驚いているのである。[403]

ふつう階級が高くなればなるほど、行動への圧力は弱まる。しかし今回は、ノルマンディーで物量戦を経験した多くの将官たちが、クーレやベッカーと同様に考えていた。B軍集団司令官のエルヴィン・ロンメル元帥は一九四四年七月に、戦争は敗北したこと、したがって政治的な責任を取らなくてはいけないことを確信していた。[404]もちろん中には、状況の解釈が揺れている兵士たちもいた。たとえばハインツ・クヴィットナート少佐は次のような見解であった。「もし我々が本当に戦争に敗れるようなことがあれば（それが私の個人的な確信だが）、一日でも長く戦闘を続けることは犯罪だ。もし戦争に勝つ見込みがあるなら、〔戦い続けるのは〕当たり前のことだ。だが私はそのどちらが正しいのか決めかねている」。[405]クヴィットナートはシェルブール要塞のアメリカ軍部隊による奪取をつい最近体験していた。かつて彼は何年も東部戦線にいたことがあった。なぜよりによって彼が（そう、こんにちの人々は疑問を持つだろう）、戦争に勝てるかどうかが判断できないのだろうか。おそらくここで問題となっているのは、自分の認識がもたらす帰結から自分自身を守るということなのだ。まるで禁じられた考え方をしている自分に気づいたかのように、彼はこう明言する。「よきドイツ人として私はもちろん、我々が戦争に勝つことを望んでいる」。だがすぐに彼の強い疑念もあらわになる。「しかし他方で、もし我々が我々の指導部のもとで一〇〇％勝利するのだとすれば、それはかなりよくないことだ。ともかく私が現役将校として残ることはないだろう」。[406]

アメリカ軍のフォート・ハント収容所にいたすべてのドイツ人捕虜に配られた標準化された質問表を分析することで、戦争のよい結末にたいするあらゆる希望が終焉を迎えた様子を、より正確に知ることができる。一九四四年六月には回答者一一二人のうちまだ半数はドイツが戦争に勝利すると考えていたが、八月になると一四八人のうち二七人、九月には六七人中わずか五人であった。[407]確かに母数は小さく、全体傾向を代表するものではない。と同時に、本当の転機が一九四四年八月に起こったということも読み取ることができる。この時期に連合国はノルマンディーの前線を突破し、ドイツ軍部隊の多くがファレーズ包囲戦で捕虜となっている。

しかしいまだに反抗や勝利の見込みを信じている人々は、今や完全な少数派へと収縮していた。[408]たとえばバルテル大尉は、一九四四年八月一九日にまだ次のような見解であった。「フランスが失われたとしても、まだそれで決着がついたというわけではない」[409]。かたくなな楽観主義者たちの中にはとりわけ、若い将校たちとかなりの数の海軍兵士たちがいた[410]。

ノルマンディーへの連合国の上陸成功、ボカージュという生け垣をめぐらせた田園地帯での物量戦、引き続いてのフランスからの救いようのない撤退劇は、心理的な意味ではドイツ兵たちの戦争認識において間違いなく、スターリングラードに匹敵するような大きな転換点であった。ノルマンディーは、第二次世界大戦のヴェルダンであった。これほどまでの多くの人間が、きわめて短期間、つまり一二週間以内にこれほど狭い空間で殺され負傷したことは、他には例がない。量的な次元においてもこの戦いはスターリングラードに匹敵する。とりわけその象徴的意味を無視することはできない。一九四〇年のフランスにたいする勝利は国防軍にとって、ヨーロッパの支配者となる上で大きな一歩であると感じられた。フランスを失ったということは、兵士たちにとっては完全な敗北を確定的にするものであった。

八月末以降ドイツ国境へとパニック的に撤退していた国防軍の戦闘規律は、一九四四年秋になるとある程度ふたたび持ち直した[411]。少なくともきちんとつながった前線が構築され、兵士たちが数万人規模で捕虜となることももはやなくなった。しかしながら、闘う意志と戦争は負けだという確信とは、注意深く区別する必要がある。彼ら全員はその後も兵士として、多かれ少なかれよく機能し続けた。しかしながら盗聴記録からは、前線が国境地域で安定したにもかかわらず、将来への期待が本質的に改善されたことを読み取ることはできない。アルデンヌ攻勢も短期的な希望の光以上のものではなかったし、しかもそれも戦闘に直接参加した兵士たちに限られていた[412]。一九四四年八月以降、戦争の評価についての質的な変化が生じた。その典型例が、アーヘンの要塞司令官ゲルハルト・ヴィルック大佐であり、一〇月末に捕虜になってから次のように考えをめぐらせる。

ヴィルック　人々は戦争に疲弊しており、何としても今終止符を打つべきだというふうに考えている。私はそうした考え方がこれからドイツ全土に広がっていくのではないかと心配している。今や絶望感が広がっているからな。つまり私が言いたいのは、何らかの形で転機が訪れるなどとは、もはや誰も信じていないという意味での絶望感だ。確かにそういう気持ちに少しは襲われる。つまり、たとえもし我々がまだ、V2でも何でもいいが何らかの手段を背後に持っているのだとしても、それで戦争に決着をつけることはもはやできない。[413]

ヴィルックは確かにここで「人々」と言っているが、彼がそこで言おうとしているのはアーヘン市民や彼の兵士たちだけでなく、彼自身である。見込みのない戦闘に打ちのめされ、彼（何と言っても彼はヒトラーによって投入された初めての、ドイツの大都市における防衛司令官なのだが）にはもはや出口が見えない。

一九四五年初頭にはさらに雰囲気が悪化するが、それはアメリカ軍の尋問記録にも見て取れる。[414] 今や［ドイツ軍の］公式の報告書にすら、部隊は「全体的にうんざりしている」と書かれるようになる。[415] 戦争は負けだという解釈は今や兵士たちの行動に影響を与えるようになり、とりわけ西部戦線で戦っている兵士たちは、（その可能性があるのなら）長々と戦い続けるよりも早い段階で降伏することを選ぶようになる。

しかしだからと言って、さらに最終的勝利を信じている少数派が最後まで存在していたことを忘れてはならない。かたくなな勝利への確信は、とりわけ高級将校や特殊部隊の兵員の発言に見られた。たとえば歴戦の戦闘機パイロットたちの、一九四五年三月一八日の会話である。第二六戦闘航空団ハンス・ハルティクス中尉は、この時点で捕虜となってからすでに二カ月半が経っており、つい最近撃墜されたばかりの第二七戦闘航空団のアントニウス・ヴェッフェン少尉に、情勢について尋ねている。

ハルティクス　人々や将校の間での雰囲気は一体どんな感じだったんだね？

ヴェッフェン　雰囲気自体は、我々の間ではつねにまだかなり良好でした。情勢がひどいのははっきりしていますが、しかしまだ、あらゆることにもかかわらず状況は見かけほど悪くないのではないかという、大きな希望があります。もっとも信念と言えるようなものは、もはやありませんが。[416]

兵士の戦争の経過にたいする解釈を、電撃戦、一九四二年から四三年にかけてのスターリングラードの戦い、一九四四年のノルマンディーでの戦いという事件史を指標としながらたどってきた。興味深いのは、陸海空軍によって戦争の経過にたいする解釈の違いが部分的には著しいことであった。簡潔に言えば空軍は海軍よりも楽天的であり、陸軍兵士たちは少なくとも一九四四年以降戦争を悲観的に認識するようになる。

空軍パイロットはエリート戦士たちの比較的小さな集団であり、敵を凌駕する戦力を有するという自負心をもって戦争に赴いていた。戦闘におけるあらゆる苛酷さにもかかわらず、彼らはかなりよい生活を送っていた。とりわけフランスにおいて、歩兵には到底不可能な夢のような快適な生活を送っていた。連合国がまさに航空戦において技術的、数量的に優位にあるということが一九四三年以降劇的な形で明白になったにもかかわらず、個々のパイロットたちは一九四四年や四五年になってもまだ成功体験を味わうことができた。戦闘機パイロットは敵機を撃墜し、爆撃機の搭乗員は死の積み荷を都市や船舶、部隊へと投下した。一方で海軍兵士たちは、一九三九年九月以降圧倒的に優勢な敵と海上で戦っていたため、戦争にたいして懐疑的な評価を下さざるをえなかった。

ノルマンディーでの戦いやフランスで戦線の崩壊を体験した陸軍兵士たちは、我々の史料においてはもっとも深い幻滅を味わったグループである。自らの成功（敵の殺害や戦車の撃破）は彼らの会話においてほとんど重要性を持たない。物量という面で著しく優位にある敵を前にした無力感という日々の経験が支配的であった。むなしさという感情が表れるのも当然のことであった。

今日の視点から見れば、それらすべてにもかかわらずほとんどの兵士たちが、一九四四年八月以降になってようやくドイツ軍の敗北を信じるようになったというのは驚きかもしれない。我々がこんにち知っているように遅くとも一九四三年末には戦争に決着がついていたのであれば、こうした認識に達するのがなぜこれほどまでに遅れたのか、ということは当然疑問に感じる。その理由のひとつは、部分的認識にある。たとえば給料のいい仕事に就いている人間は、世界経済の構造的問題についてふつうあまり考えることはないし、強く興奮したりすることもない。似たようなことが、戦争において任務を課せられた人々の戦争認識においても生ずる。戦争が続く限り、その任務に変わりはない。敗北という認識が生じるのはしたがって、直接それを体験して以降になる。しかし一九四四年の破滅的な夏の前には、多くの兵士にとっては依然として希望的に解釈しうる出来事がいくつも存在した。ドイツはこの時点ではまだヨーロッパの半分を支配していたし、都市以外では空襲の被害はなかったし、イタリアで戦っていた兵士たちはある程度の根拠をもって、自分たちは連合国軍をきちんと食い止められるだろうと主張することができた。同じことは、東部戦線の中央軍集団の兵士も言うことができた。

確かに、自分の特殊な出来事と戦争の全般的な経過を批判的に解釈することは可能だったかもしれない。イギリスへの上陸が撃退されたとき、ロシア戦線が予告されていたように一九四一年秋に終結させられなかったとき、巨大な経済的潜在能力を持つアメリカが参戦したとき、ドイツ軍部隊が次から次へと撤退しているとき、それは何を意味していたのだろうか。新聞を読み、ラジオを聞き、ニュース映画を見て、戦友や友人、親戚と話している人間であれば、それほど優れた知的能力がなくても、物事がどちらに向かっているのか容易に見て取ることができただろう。しかし彼らは、他のあらゆる状況に置かれたあらゆる人々と同様に、自分たちの行動半径の中の社会的世界に強く拘束されていた。「大きな」出来事がきわめて具体的な形で自分の身に及ばない限り、そうした「大きな」出来事は自分の認識、解釈、決断に決定的な影響を及ぼさない。人間とは抽象的ではなく、具体的に考える生き物である。歴史を振り返れば振り返るほど、いよいよ明白になってくる現実であるように思われることが、その当時の人々にとっては、目の前に襲いかかりつつある悲運が自分の身に直接影響を及ぼさない限り、まったく関心が持てないのである。確かにいくつか有名な例外もある[417]。しかしほとんどの人が洪水を認識するのは水が一階に流れ込んできたときであり、しかもそうなったときですら、これ以上水は上がってこないだろうという希望はさらに強まるのである。だから希望を失うというプロセスは、分割払いのようなものである。最終的勝利が叶わないのならば、少なくとも交渉による平和、というふうに〔手持ちの現金を徐々にはき出していく〕。そうした希望を諦めることは、今までの戦闘やあらゆる感情的投資を一挙に無効にしてしまいかねない。だから人々は希望や願望にしがみついた。これらは、時間が経てば経つほどより知識が蓄積されていくのちの世界から見れば非合理的なものに見えるけれども。なぜ労働者たちは、自分の企業が市場で存続できる現実的な見込みがまったくないにもかかわらず、その救済を求めて戦うのだろう。それは彼らがあまりにも多くのエネルギーや願望、希望、人生の時間、展望を投資してきたために、それ以外の選択肢が残っていないからだ。それが「ふつうの人々」だけの癖だということは決してない。逆に、ヒエラルキーの中での地位が高くなればなるほど、失敗を認める能力も低下する。ルートヴィヒ・クリューヴェル大将は一九四二年一一月（スターリングラードの第六軍にたいする包囲が始まったことの知らせがまさに届いたとき）、こう表現している。「この戦争でふたたび数十万人の人々が無駄に亡くなることになるのかね？それはまったく考えられない[418]」。

総統信仰

一九四五年三月二二日、第一七降下猟兵連隊長のマルティン・フェッター大佐と、第二七戦闘航空団の戦闘機パイロットであるアントン・ヴェルフェンがナチズムについて話している。二人とも数日前に捕虜になっている。一人はクサンテン、もう一人はラインベルクで。彼らにとって戦争は終わっていた。今や総括の時間であった。

フェッター　ナチズムについては一人一人が好きなように考えればよいが、アドルフ・ヒトラーはまさに総統〔指導者〕であって、ドイツ民族にたいして今まですでに多大な、不気味なほど多大なものをもたらしてきた。ついにふたたび、我々の民族を誇りに思うことができた。その点は決して忘れちゃいけない。

ヴェルフェン　決してな。その点は決して否定してはいけない。

フェッター　彼がドイツ帝国の墓掘り人になるだろうということを俺は確信しているが、そうであったとしてもね。

ヴェルフェン　墓掘り人、確かにね。

フェッター　確かに彼は墓掘り人だ。それはまったく間違いない。(419)

注目に値する史料である。多くの盗聴記録でアドルフ・ヒトラーは総統と呼ばれているが、二人の語り手の視点から見れば彼は「ドイツ民族にたいして〔…〕不気味なほど多大なものをもたらしてきた」ことは歴史的事実であり、それは決して「忘れ」たり「否定」してはいけないのだと。こうした断言は、彼らが異口同音に述べる、ヒトラーは「ドイツ帝国の墓掘り人」であるという発言と奇妙な対立関係にある。このふたつの、一見すると対立するかに見える視点は両立しうるのだろうか。それともこの二人の兵士たちは統合失調症なのだろうか。もちろんそんなことはない。この短い対話が示しているのはただ、「総統信仰」という概念で何を理解する必要があるかということである。この会話が行われたのは一九四五年三月であり、この時点で敗北はもはや火を見るよりも明らかであった。一九四三年以降ヒトラーの軍事的才能にたいする疑念は広がっていた。しかし勝利への自信が沈んでいったにもかかわらず、総統信仰と総統崇拝は驚くほど長期間維持され、この例が示すように「第三帝国」の没落がありうる時期になっても修正されることがなかった。これは一見理解が困難なようにも思えるが、しかし以下の点を考えれば説明可能である。内政・外交上のヒトラーの成功が、非常に大きなものとして理解されていたということ。そしてそれらと結びつけられる形で総統が、神意によってこの世に送り込まれた救世主の一人として様式化されたこと。彼はヴェルサイユ体制の不正を終わらせ、（非ユダヤ系の）ドイツ人が自分の国をふたたび「誇り」うるようにしてくれた存在とされた。

一九三六年三月七日、「権力奪取」の三年後にヒトラーは自ら国会で次のように表現している。短期間で彼の政府はドイツに「名誉」を取り戻し、「信仰を再発見し、そのきわめて深刻な経済的苦境を克服し、ついに新しい文化的上昇をもたらしたのだ」(420)。三月二九日の選挙でナチ党は九八・九％の票を獲得した。これがたとえ民主的な選挙でなかったとしても、イアン・カーショーが述べているように、この時期にドイツ人の多数派が総統を支持していたことに疑いの余地はない。当時を経験した人々の回想においても、「第三帝国」のいわゆる平和な時期は「いい」「素晴らしい」時代だったということがこんにちでも言われるし、総統の功績とされた具体的ではっきりと感じ取ることのできる業績は事実印象的なものであった。カーショーは書いている。「権力の座についてから四年後、ヒトラー体制はほとんどの国内・国外の観察者には安定した、強力で成功を収めた体制であるように思われた。ヒトラーの個人的な地位は不可侵であった。プロパガンダが構築した偉大な政治家、国民の天才的指導者というイメージは、大部分の人々の感情や期待に合致するものだった。国内の再建や外交政策の領域での国民的な勝利は例外なく彼の「天才」性にその理由が帰され、彼をヨーロッパでもっとも国民に人気のある政治指導者へと押し上げた。これは批判者すらも認めざるをえなかったことだが、そしてとりわけ、ヒトラーはドイツ人の国民的な誇りを修復した。第一次世界大戦後の屈辱からドイツはふたたび立ち上がり、改めて大国となった。強さによる国家の防衛が上首尾の戦略であることが証明された」(421)。

フェッターが言及したのもまさにこの点であった。ドイツ帝国が今や没落しつつあるという悲しむべき状況にもかかわらず、アドルフ・ヒトラーは彼の視点から見れば、ドイツ人が自らのアイデンティティを強化する上で中心的な人物であった。それはまさに、彼がナチズムや彼以外の指導エリートたちとは同じ存在とは見なされていなかったからである。フェッターがここで言及しているのは、「第三帝国」における感情の大衆的基盤である。それこそが、非ユダヤ系ドイツ人がナチのプロジェクトに見ていたものであり、彼らがこのプロジェクトへと感情的に投資しようとしていたものであった。そして総統という形で具体化された自らの偉大さへの信仰は、戦時期に入ってしばらく経っても十分意味があるように思われた。

総統の歴史的業績を、戦争の敗北やドイツの崩壊と切り離して考えていたのはフェッターやヴェルフェンだけではない。たとえばクルト・マイヤー武装ＳＳ少将は内容的にほとんど同じことを言っている。

マイヤー　私の考えでは総統は、全体の状況を勘案すると一九四一年から四二年にかけての冬あたりから、頭脳明晰という状態ではもはやない。つまりその時点で、彼には何らかのヒステリー的な発作があった。にもかかわらず私はこう言わなければならない。ドイツが崩壊したとしても、総統は誰も予想しなかったことを成し遂げたのであって、たとえ今帝国全体が崩壊しているのだとしても、彼はすさまじく多くのことをドイツにふたたび呼び覚ましたのだと。彼はドイツの人々をふたたび自信のある奴らにしてくれたんだ。(422)

少なくとも一九四二年まで、ロシア戦における最初の冬が終わるまでは、感情的な投資は元が取れるものであった。体制による表面的な、あるいは本当の成功に体現されるような国民的な偉大さを感じられたことは、投資された感情やエネルギーにたいしてかなりの利子をもたらした。たとえば作家のＷ・Ｇ・ゼーバルトも、民族同胞の様子を次のように描写している。「一九四二年八月、第六軍の先鋒がヴォルガ川に達したとき、少なくない人々が、戦争が終わったら静かなドン川流域のサクランボ畑に土地を手に入れて移住することを夢見ていた」(423)。まさにこの感情的な側面（ナチのプロジェクトという形で、今とは別のよりよい状況がもたらされるという構想）こそが、なぜ体制への信頼と総統信仰が、ナチ体制が続いていくにつれて継続的に強まっていったのかを説明してくれる（五二ページ参照）。

それは総統やナチのプロジェクトという形で具現化された、ドイツ人自身の自己主張への前途有望な信仰であった。この信仰は共同体を強化する方向で機能し、しかもそれがあまりに強力なものだったので、このプロジェクトに懐疑的、あるいは批判的な態度を取っている人々ですら次第に共同体へと統合されていった。この自分たち自身への信仰は心理的には次のような結果をもたらした。つまり、もしかすると誤った指導者、誤った体制に賭けてしまったのかもしれないと認識することは、自分が無価値の存在になってしまうということをただちに意味したのである。だからこそ、勝利への自信がしぼんでいった時期であっても、総統信仰は維持されたのだ。自分自身への確信が強まっていくというこうした弁証法的な原則は、アドルフ・ヒトラー自身にも確認できる。同じように彼も成功を重ねていくにつれて、自分は「神の摂理」によって選ばれ自然と人種の永遠の法則によってすでに予期された通り、ドイツを世界の大国にするために送り込まれた存在だという確信を明らかに強めていった。こうしてカーショーが指摘しているように、ヒトラーがますます「彼自身の持つ意味という神話の犠牲者」となっていくのと同様に、「彼の民族」もまた総統と自分たち自身への信仰へときわめて多くのものを投資していった。その結果（あたかも株式市場のように）価値が下落してしまうと、出口を見つけるのに非常に苦労することになる。総統崇拝が徐々にヒトラーからあらゆる批判を引き離し、彼を超人的な救世主の地位にまで変形させていくのと同様に、民族共同体も彼と一緒ならほとんどあらゆることができると考えるようになる。

だからこそ総統信仰は、兵士たちが盗聴記録において表現しているように、終戦時まで体制への信頼よりもはるかに強力だったのであり、総統と国家を区別するという態度は、フェッターとヴェルフェンもやっていたように幅広く見られるものだった。[424]多くのことが国家において、とりわけ戦争においてヒトラーのあずかり知らぬところで、ヒトラーの優れた意図に反する形で行われているというイメージは、体制が徐々に腐敗し戦争に敗北の危機が迫る中でもなお、総統への信仰を維持することを可能にした。こうした見方は戦後にも幅広く見られた。それから三世代も離れている現在からすれば、なぜこの歴史上の人物に、二一世紀に入ってすら総統地下壕の中でのごく些細な事柄が歴史的に重要な出来事としてありがたがられるほどの強い魅力があったのか、理解することが困難である。こんにち喜劇的に見えるヒトラーの取り巻き（ヒムラー、ゲーリング、ゲッベルス、ライ、ボルマン）は、すでに当時の兵士たちにも、戦後の人々と同じように見えていた。つまりヒムラーは、彼のSSとともに取り返しのつかない結果を招くようなやり方で体制や戦争へと影響を及ぼした悪魔的人物。ゲーリングはたいてい「ヘルマン」と愛称され、頼りになり、信頼に足る確信的な加害者であり、ヒトラーへの影響力は残念ながらごく限られていると評価されていた。ゲッベルスは「空想的な政治家」もしくは、知的な「身障者」とされた。ライは才能がなく、偏狭で腐敗した体制の利得者と見なされた。ボルマンは盗聴記録では、得体の知れない、しかしとにかく危険な総統の番人として現れた。こうしたイメージは戦後さらに様式化されていった。

こうした布置関係を見ると、一九四四年以降ドイツ人にインタビューを実施していた心理戦遂行の部隊がすでに示していた見解と、非常によく似ていることがわかる。[425]彼らによれば、戦後になってナチ国家の指導部について広まっていった本質的なステレオタイプやイメージは、すでに一九四〇年代にはできあがっており、敗戦によってもたらされたものではなかった。盗聴記録を眺めていると、終戦前と終戦後の決まり文句がいかに同じであるかに唖然とさせられる。

総統

兵士たちがもっとも話題にする人物は誰かといえば、それはヒトラーであるし、とくに驚くことでもない。それに続くのがゲーリング、ヒムラー、ゲッベルスであり、そのあとかなり開きがあってライ、フォン・シーラッハ、フォン・ブラウヒッチュ、その他の人々と続く。その限りにおいて、ナチ国家におけるそれぞれの指導的人物が民族同胞からどの程度注目を浴びていたのかという一般的な傾向が、盗聴記録には反映されている。これらを詳しく調べていても突出して目立っているのが総統信仰である。「ヒトラーは本当に彼一人しかいないし、彼が望んだことは実現するんだ」、たとえばある伍長は一九四〇年にそう言っている[426]し、他の人はこう告白する。「ヒトラーがもしこの世からいなくなったら、俺はもう生きていたくない」[427]。そのさい兵士たちがヒトラーに置いている無批判な信頼は注目に値する。「もし総統がそう言ったのだとすれば、それは信頼できる」、もしくは「ヒトラーはそれを驚異的に成し遂げた。約束したことは、彼は守った。我々はみな完全に、彼を信頼している」[428]。ある少尉は一九四〇年一一月に「岩のように堅く我々が戦争に勝利することを」信じていた。「岩のように堅く。総統はベルリンがアメリカ軍の航空機によって爆撃されることを黙って許してはおかないだろう」[429]。そしてある上等兵は、悪い知らせと向き合うさいにおなじみの方法を用いた。「俺は総統の言葉で自分を慰めた。彼はすべてのことを計算し尽くしているんだ」[430]。

これほどまでに力のこもった総統への信頼は、単に彼個人にたいしてだけでなく、彼がかつて言ったことにたいしても置かれていた。「俺は粗野なナチではない」、ある空軍中尉は一九四一年に言っている。「しかしヒトラーが、戦争は今年中に終わると言うのであれば、俺はそれを信じる」[431]。スターリングラード戦のあと、「最終的勝利」に疑念が広がり始めたときであっても、総統への信頼に傷がつくことはなかった。たとえばレスケ伍長が「我々にとって状況はバラ色というわけではないな」と言うと、その話し相手であるハーンフェルト上等兵はこう答える。「ええ、ですが総統はつねに、要は「生きるか死ぬか」だということを知っていました」[432]。

二人の軍曹による以下の会話も、同様のものである。

ルートヴィヒ　ロシアの状況はじつにひどいことになっているようだな!

ヨンガ　それはおまえがそう思い込んでいるだけだ！　重要なのは領土を獲得することでも何でもなく、道徳の面で戦争に勝利することだ。俺たちが弱いなどとロシア人が思い込んでいるようなら、彼らは間違っている。アドルフがどれくらい素晴らしい頭脳の持ち主か、忘れるなよ。(433)

階級や任務に関係なく、兵士たちの総統信仰はほぼ完全に確信的な色彩を帯びていた。そのさい多くの発言からは、語り手はヒトラーと個人的な関係があるのではないかという印象すら受ける。たとえば、手の届かないところにいて特別な才能を有する存在であるはずのポップスターが、同時に独特のやり方で自らを、人々に親しく親密な存在として見せるように。総統を公の場に登場させるさいのプロパガンダのデザインや計算された見せ方は、事実（あらゆるナチ体制の自己演出がそうであるように）きわめて現代的な特徴を持っていた。チャーチルがヒトラーのようにラブレターを何千通も受け取るとか、ゲーリングのように娘が生まれて一〇万通以上の電報を受け取るということは、ほとんど想像できない。「第三帝国」の指導者たちは少なくともこの二人の人物において、プロフェッショナルなメディアの演出を駆使することで、ポップカルチャーの現象をきわめて効果的に先取りしていた。

ふつうで、善良で、同時に謎に満ちている全能の総統というオーラは（ポップスターと同様に）、数え切れないほど多くの話を広めることで、緊張感と興味を呼ぶ水準でつねに維持された。その中にはたとえば演説のさいの獅子吼や、彼の禁欲的な食習慣、禁酒の習慣、怒りっぽさから、有名な絨毯を噛むという癖まで、(434)彼のややふつうではない属性も含まれていた。誰かが総統との特別な近さを立証できる場合、たとえば彼の横に一度座ることが許されたとか、将官の間では異例なことでも何でもないが、軍事的な事柄について彼と話すことができたとかの場合には、それに関する話は事細かに語られ、つねにヒトラーの特別な属性が指摘された。こうした語りにおいては総統との親密な面識が立証され、ヒトラーに会ったのではないかと思われる人、もしくは本当に直接ヒトラーに会ったという人物からの情報には、もちろん聞き手は関心を持った。総統の魅力というテーマで何度も決まり文句のように語られるのが、人間をまさに催眠術にかかったかのように一気に自分の方に引っ張り込むことができる、その才能である。しかし本当の総統との遭遇は、まったく違うイメージを示していた。たとえばルートヴィヒ・クリューヴェル装甲兵大将は、魅了されながら話に耳を傾けているヴァルデック中尉（イギリス軍のために働いているスパイ）にこう語っている。

クリューヴェル　総統の党指導者としての成功の大部分は絶対に、大衆に働きかけるさいの純粋に暗示的な力にあると私は確信しているんです。つまりそれは、ある種の催眠状態と関係しています。そしてこの催眠術を彼は他の多くの人々にかけたんです。率直に言いますけれど、彼よりもはるかに精神的に優れているにもかかわらず、この道を歩んだ〔催眠術にかかった〕人々を私は知っています。なぜ私がそうならなかったのか、私には説明できません。つまり私が言いたいのは、この男が負うべき責任の大きさが、私にはよくわかっているということなんです。それは超人的な責任ですよ。彼が私にたいしてアフリカについて言ったこと、あれには驚きました、違いますか。しかし私はそれを言うことはできません。非常に注意を引かれたのは彼の手でした。素晴らしく美しい手でした。それは写真では目立ちません。彼はまるで芸術家のような手をしていました。私は彼の手をいつも見ていたものです。つまりこの素晴らしく美しい手、平凡なところが何ひとつない手をです。繊細な手でした。身のこなし全体が、小男という印象をまったく与えませんでした。私が驚いたのは、彼は鋭い目つきの人間だろうと思っていたんですが、あまり長々と真似したくはありませんが、敢えて言えば……「あなたに柏葉付〔騎士鉄十字章〕を授与させていただいてもよろしいでしょうか」と、このような静かな声で言うんですよ。わかりますか。そんなふうになるとは、私はまったく想像していなかったんですよ。[435]

ヒトラーに強い印象を受けたクリューヴェルは、総統との個人的な面識を、親密な近しさによって彼に近づいたことがある人間でなければ知りえないような詳細さをもって立証している。彼は明らかに「素晴らしく美しい」「繊細な」、とにかく特別な手の持ち主であり、語り方も並外れて丁寧かつ「静かな声」で、この将軍が想像していたのとはまったく違っていた。個人的な総統はしたがって、公的な、人を催眠にかける総統よりも魅力的な存在である。そのさいクリューヴェルの発言において、粉飾されていないわけではない箇所がある。それは、他の人々とは違ってヒトラーに一気に引き込まれることはなかったと強調しておきながら（「なぜ私がそうならなかったのか、私には説明できません」）、あたかも自分が救世主に向かい合っているかのように総統を描写している点である。人間の出会いは、期待と、期待の想像以上の達成とによって支えられている。総統は単に「驚く」ような存在であるだけでなく、彼が考えていたのとは違う形で驚くような存在なのだ。そうした話が伝達されていく中で、語り手が総統のすぐ近くにいる人間として体験した魅了の瞬間を、さらに光り輝かせることができるのである。もっとも、彼の聞き手はやや醒めたコメントをしている。

フォン・ヴァルデック　彼はじつにすべて感情で動いている人間なんですね。

クリューヴェルはこのコメントを批判と受け取り、即座にこれを受け流す。

クリューヴェル　自分の〔部下の〕人々に影響を与えようと思ったら、自分のありのままの姿を見せなければいけません。どのような姿を見せようかといちいち考えていたら、それはダメな人です。私が言いたいのは、私は非常に優秀な軍人たちを知っているが、彼らはつねに誰かの真似ばかりしようとしていたということです。それではまったくダメなんです。彼は足取りが軽やかです。着こなしも非常に感じがいいし、じつにシンプルで、黒いズボンとそれからコートを着ています。あれより少しでも灰色がかると、もはやそれは灰緑色〔国防軍の軍服の色〕ではありません。その素材が何なのか私は知りませんが。それから彼はゲーリングみたいにあれこれ勲章をつけていませんね！(436)

クリューヴェルは、ヒトラーの行動が「感情で動いている」ことを彼の信憑性の証明、彼の個人的な説得力の一部と見なし、総統のこれ見よがしな質素さと慎ましさに関する詳細な知識を語り続ける。こうした語りが同時に示しているのは、総統には偉大さやカリスマ性があるというイメージがすでに出会う前からいかに深く心に刻まれているか、そして期待が想像以上に達成されたことが彼の側でふたたび新たな語りをいかに生み出していくのかということである。総統との出会いはこうして、ひとりでに成就していく予言となる。総統信仰は感情的な永久運動となるのだ。

救世主とポップスターの中間に位置する公的人物としてのヒトラーの意味は、フランス降伏後のベルリンにおける祝祭において、とりわけ重要なものとなる。一九四〇年七月六日一五時に、勝利は公式に祝われることになっていた。数十万人に膨れあがった群衆はすでにその六時間前から総統を待ち受け、彼を圧倒的な歓呼をもって出迎えようとしていた。午後になると、群衆に向かって姿を見せるようにと、ヒトラーは間断なくバルコニーへと呼び出された。彼はこの状況において、自らの軍事的成功と名声の頂点に立っていただけではない。彼は民族共同体の自己イメージとその理想像をも体現していた。「すべての国民は今や、過去にはおそらく例がないような規模の、総統にたいするきわめて強い信頼によって満たされていると、安んじて言うことができる」。そのように、地方からのある報告書には書かれている［…］。体制の敵対者ですら、勝利の雰囲気に抵抗することは困難だと考えている。軍需工場の労働者たちは、陸軍への入隊が許可されることを強く望んでいる。最終的勝利はすぐそこまで迫っており、それをいまだに邪魔しているのはイギリスだけだと人々は考えている。「おそらくは「第三帝国」の全期間を通じて、ドイツの人々の間に真の戦争への熱狂が生じたのは今回だけだろう」(437)。

二年後には、こうした歓喜は弱まっていた。イギリスとの戦争は予想以上に著しく困難であることが証明され、ソ連への侵攻は戦争をさらに苛酷なものにしただけでなく、とくに速やかな終戦を見通すことがきわめて難しくなった。そしてスターリングラードでの敗戦は、広がりつつあった次のような疑念を、その後もずっと深めていくこととなった。もし戦争に敗れたらどうなってしまうのだろう？

そしてもし戦争に敗れたら？

フォン・ヴァルデック　もし我々が戦争に敗れることになったら、総統の功績すべてもまた忘れ去られてしまいます。

クリューヴェル　ですが、かなりのものは永遠に残るでしょう。数百年にもわたってね。それは道路のことではありません。それはそんなに重要なことではない。しかし残り続けるのは、労働者を国家へと引き込んだという点での、国家運営の組織です。彼は本当に労働者をこんにちの国家へと組み込んでいったんです。そんなことを今までに成し遂げた人物は誰一人としていません(438)。

クリューヴェルとフォン・ヴァルデックの対話の続きには、総統の歴史的な意味がナチのプロジェクトの［失敗という］帰結によって傷つけられることはないとクリューヴェルが考えていることが、それとなく暗示されている。しかし総統信仰は、戦争の帰結がよいものとなるに違いないという考えへの疑念を払拭する上でも、きわめて効果的であった。なぜなら一九四三年六月にマイネ大佐も言っているように、

マイネ　総統は天才的な男だ。彼は必ずどこかに出口を見つける(439)。

こうした発言はもちろん、戦争には本当に勝利できるというイメージによって支えられている。それぞれの兵士たちがここで考慮しているのはとりわけ、戦争への勝利はいつやってくると期待すればよいか、ということであった。

こうした自信はスターリングラード戦以降ますます崩れていくようになるが、そのことによって総統への信頼はほとんど変わることがなかった。「総統は言った。「我々はスターリングラードを占領する」と」。そうコテンバー伍長はある戦友に向かって、一九四二年一二月二三日（スターリングラードはすでにその一カ月前に赤軍によって包囲されていた）に言っている。「そしておまえは俺の言うことを信じていい。我々はスターリングラードを占領するだろう」。(440)

もちろんこの時点において、たとえばヴォールゲツォーゲン伍長のように、最終的勝利への信念がすでにやや揺ぎ始めていた兵士も存在した。彼は疑念に苛まれていた。

ヴォールゲツォーゲン　おお神よ、もし我々が敗北するなどということになれば！［…］ロシアにいるにもかかわらず、我々が戦争に敗れるなどということは決してないと私は思いますし、アドルフはそれを決して諦めることはありません！　たとえすべての兵士がそれによって破滅したとしても、最後の一人が残っている限り彼は諦めないでしょう！　彼はよくわかっているのです。我々が敗北するというのが、一体どういうことなのかということを！　彼は最後には毒ガスを使い始めるでしょう。彼は自分のすることに無頓着なのです。(441)

こうした種類の発言には、総統信仰のふたつの機能がはっきりと読み取れる。ひとつには、個人の運命の幸や不幸が、勝利をおさめるための意識（「彼はよくわかっているのです」）や手段、躊躇のなさを有し、勝利のためなら手段を選ばない人物〔ヒトラー〕へと委ねられていること。もうひとつはより興味深い側面なのだが、全能の総統という人物像に、疑念を払拭するという機能が与えられていることである。

ヴォールゲツォーゲン伍長は確かに、彼の発言からも読み取れるように、戦争の実際の行く末には疑念を抱いているが（「我々がロシアにいるにもかかわらず」）、こうした疑念は総統のイメージを信号のように呼び起こすことによって払拭できるのである（「アドルフはそれを決して諦めることはありません！」）。ここには、他の多くの発言においてと同様に、出来事が期待と異なった場合につねに生ずる、認知的不協和という現象を見て取ることができる。予期していなかったものが否定的なものであり、しかしこれを変えることができない場合にとりわけ、認知的不協和は強い不快感を生ずることとなる。不協和という感情を我慢するのは難しく、他方で現実を変えることもできないため、現実の認識と解釈を変えて、それによって認知的不協和を修正する以外の選択肢は残されていない。(442)こうした欲求は幅広く見られる。たとえば原子力発電所の近くに住んでいる人々は、そこから遠いところに住んでいる人々よりも原発をあまり危険なものとは考えない。自分がさらされている健康上のリスクが高いことを知っている喫煙者は、自分だけはこうしたリスクにさらされていないという理屈を定期的に主張する。たとえば少しだけしか、あるいは「軽く」しか吸っていないとか、自分の父親は八六歳になっただとか、喫煙しない人間だって死ぬといったような理屈である。これらすべての手続きは不協和を減少させるためのものであり、これによって、本来であれば別の状況が望ましいと思われるような状況をそのまま続けていくことが可能になるのである。

その限りで総統信仰を維持することは、不協和を減少させるための手段として機能していた。そのためにはこの信頼への投資を継続的に高い水準で維持しなくてはいけなかった。将来への見通しが疑わしいものになればなるほど、総統信仰は強力なものとならなければならなかった。逆に言えば、総統という人物像が持つこの心理的な意味には、それ以前にどれほど多くが総統信仰へと投資されていたのかを見て取ることができる。総統の能力や力を疑うことは、投資された感情をあとから無効にするものだったからだ。したがって総統の運命は、ドイツ人の運命と一体であった。

バッハ　この戦争に勝利すること、それこそがドイツにとって最後のチャンスだ。我々がそれに勝利できなかったら、もはやアドルフ・ヒトラーは存在しない。もし連合国が彼らの計画を実現できるのならば、我々全員はおしまいだ。ユダヤ人が勝ち誇る様子なんて、想像もできないよ、君！　そうなったら我々はふつうに射殺されるんじゃなくて、きわめて残虐な方法で死ぬことになるんだ。(443)

一九四三年三月、二人の空軍少尉による同様の会話例。

テニンク　今はいろんなことが起こっている。もし我々がこの戦争に勝利するとすれば、それは三つの意味での勝利だ。ひとつ目にはナチ世界観の勝利、ふたつ目にはドイツ軍の勝利、そして三つ目はヴェルサイユ体制にたいする勝利だ。

フォン・グライム　俺が恐れているのはただ、我々がふたたびあまりにも軟弱に、柔弱になることだ。

テニンク　我々がイギリスへと行くことがないのであれば、もうダメだよ、君。空軍だけではこの戦争には決して勝てない。そのことに我々はずっと前から気づいているが、イギリス軍はまだのようだ。

フォン・グライム　もし戦況が悪化したら、我々は総統のような男を二度と得ることはできないだろうな。彼は比類なき男だ。

テニンク　ああ、確かに。(444)

将官たちの間でも、一九四三年七月にそうしたイメージが見られる。

我々は今や次のことを頭から否定することはできない。もしヒトラーが、そうだなあ、昔の彼のままであるのならば……我々はただ一〇〇％彼とともに、彼の背後に立って幸せな時代を迎えるだろうということに、何の疑念もない。(445)

戦争の趨勢は細部に至るまで総統個人によって命令が下されており、したがって兵士たちもまた彼の正しい決断に依拠しているのだというイメージと総統信仰とが結びつくことも、稀ではなかった。空軍のドゥックシュタイン曹長はこう語る。

ドゥックシュタイン　総統が個人的に我々の動員を……。

カッセル　彼が動員命令を下したのか？

ドゥックシュタイン　動員命令ではなくて、動員を差し控えたんだ。

カッセル　なぜ？

ドゥックシュタイン　他のことが起こったときのための予防措置だ。総統が我々の動員に個人的に影響を及ぼすということが、たびたび行われている。

カッセル　総統がそうしたっていうことを、なぜおまえが知っているんだ？

ドゥックシュタイン　彼はすべての面倒を見ているからさ。(446)

この対話からはっきりと読み取れるのは、ドゥックシュタインの動員をヒトラーが個人的に命令しているという点を、カッセル軍曹がやや奇異なことだと考えているということである。そしてドゥックシュタインは明らかに自分の話をもっともらしく見せるために、さまざまな議論を引き合いに出す。総統はすべての面倒を見ているという彼の最後の議論からは、そうした信仰が不協和を減少させるのに役立つと同時に、信頼への投資を要求する効果があったことが読み取れる。総統が自分のことを個人的に気にかけてくれているとドゥックシュタインが主張すればするほど、彼はよりいっそう強力にそれを信じなければいけなくなる。

崩れていく勝利への自信を背景に、多くの兵士たちは最終的に総統への同情を強め、陰謀理論を強化していくようになり（「総統は気の毒だ。哀れな犬には休まる夜がない。彼には善意しかないのに、しかし政府の奴らといったら！」(447)「ああ、なんとひどい！　この気の毒な人がどれだけ苦労しているか、そして何度失望させられてきたことか！　そして彼は誰一人信用することができないのだ！」)(448)、彼らの現実認識と願望や期待とを一致させた。これはどの階級にも見られたことであり、それはウルリヒ・ボエス少佐と他の高級将校との会話からも明らかである。

ブリンク† ああ、総統は日がな一日何をしているんだろう。

ボエス 彼かい？　彼は仕事をしている。しかもハードにね。

ブリンク 何だって？

ボエス 彼は非常にハードに仕事をしているんだよ。(449)

総統はもはや本来の総統ではない

「我々は世界中に敵しかつくらなかったし、友人が一人もいない。ドイツは単独で世界を支配しなければならない！　アドルフは神々の黄昏の中にいる」(450)。

「我々はきっと戦争に勝利する。もし総統が要求したものので実現しないものがあるのなら、俺はそれを見てみたいね！」(451)というような表現は、認知的不協和の理論を考慮に入れれば、スターリングラード戦の敗北後であったとしても驚くことではない。しかしまた興味深いのは、総統の軍事的能力にたいする疑念に苛まれていた兵士たちが、どのようにしてこれを処理していったのかということである。一九四二年六月二八日、つまりロシア南部でのドイツ軍による大規模攻勢〔ブラウ作戦〕が始まった日に、二人の空軍少尉たちがヒトラーの身に起こっていることについてさんざん頭を悩ませていた。

フレッシュル なぜヒトラーはこんなにも変わってしまったんだ？　俺は彼のことを以前は本当に尊敬していた。

ヴァーラー 今では彼にたいする疑念が生じている。

フレッシュル 俺は非常に悩んでいる。どうしてこんなことが起こってしまったんだ？

ヴァーラー おや、そんなことは次のように簡単に説明できるだろう。彼は全員追い出してしまったから、すべて自分で引き受けることになった。彼が自分ですべてを見渡して、自分ですべてをコントロールして、あらゆることを知っている。そして時間が経つにつれて、あたかも彼なしではすべてが立ち行かなくなるように、我々は彼なしでは生きていけなくなるように、彼は感じざるをえなくなる。彼の中で、それが病的な現象になっていったというのは、もちろんありうることだ。

フレッシュル 彼はもはや、本来の自分ではない自分を演じるように追い込まれているようだ。それは彼にとって、大いに負担軽減になるんだろうが。

ヴァーラー　いいや、それは彼にとって負担軽減にならない。なぜなら彼は総統であって、彼はあらゆることから自由でいられる存在だからだ。［…］彼はあらゆる人々を排除したけれど、なぜ国民から嫌われている人々を排除しないんだ？

フレッシュル　おそらく彼自身本当に働きすぎなんだろう。

ヴァーラー　俺もまったくそう思う。彼は神経がどのみち完全に衰弱しているんだ。

フレッシュル　そして彼はもはや状況をコントロールできていない。彼がやっていることといえば、自覚のないままに自分の仕事を押しつけているだけだ。俺にはまったく想像できない。彼はかつて俺にとって理想の人物だった。そんな彼が突如としてこれほどまでに無力をさらけ出すとは！　おそらくそれはエゴイズムのせいだろう。

ヴァーラー　そうではないことは、彼の行いが物語っている。ドイツの司法制度に関する彼の最後の演説も、そのことを示している。［…］

フレッシュル　ひょっとすると、俺があまりにエゴイズムと独断に満ちているから、一人の人間を見誤ったということを自分自身認めたくないのかもしれないな。

ヴァーラー　とにかく、彼が途方もなく変わったということは確かだ。

フレッシュル　ああ、つまり俺はまだ、あれは本来の彼ではないと信じているよ。

ヴァーラー　ひょっとするとあれは影武者で、もしかすると彼はすでにとっくの昔に死んでいるのかもしれない。(452)

この対話では、不協和の減少というメカニズムがどのように機能するのかが鮮明に示されている。総統にたいする あらゆる疑念や、自らの感情的投資への失望にたいしては、極端な原因が探し求められるのである。彼の人格（「理想の人物」）は、ひたすら心理的な状況（「神経が完全に衰弱している」）によって「途方もなく変わった」とされる。あるいは、陰謀によって。二人の話者の考えによると、総統はもはや本来の彼自身ではなく、おそらくは影武者と交換されている。そのさい注目に値するのは、フレッシュル少尉が「一人の人間を見誤った」ということを彼自身「認めたくない」のかもしれないとすら考えている点である。これはまさに、不協和の減少というメカニズムを体現している例である。メディアに現れる総統はすでに以前から影武者と入れ替わっているという最後の方向転換は、もちろん彼らにとって〔認知的不協和を減少させる上で〕はるかに満足できるものであったが、と同時にそれによって彼らは、総統の行動が信じるに足るものではなくなった段階においてですら、総統信仰を維持することができたのである。

ケルターホフ上等兵は、総統の振る舞いについてさほど複雑ではない理論を持っていた。

ケルターホフ　一番ダメなのは総統だけじゃない。多くの事柄が、彼の耳にはまったく届いていないんだ。(453)

とりわけ戦争末期における総統についての兵士たちの語りにおいて、この遮蔽理論は重要な役割を果たしていた。つまり、ヒトラーは戦争の経過の真実について知らされていない、というものである。ガンパー伍長はこう語っている。

ガンパー　俺は総統大本営にいたあるジャーナリストと話したことがあるんだが、彼は総統についてぞっとするようなことを話してくれた。総統大本営の主はカイテル〔国防軍最高司令部総長〕だ。将官たちやそれ以外の人々が報告するためにアドルフの所に赴く前に、彼らはカイテルから、何を言うべきか、どのように言うべきかを教えられ、そのあとにようやくアドルフの部屋に入ることができる。たとえばある将官が自分は退却を余儀なくされたと報告しなければいけないとき、退却が行われたのはそのときが初めてだったから、ドイツ軍が退却するということにまったく慣れていなかったのだが、そこで以下のようなことを言わなければならなかった。「我が総統、この陣地は維持せずここへ移動するのが正しいと私は考えます。つまり我々は後退するということではなく、そちらの陣地の方がより有利だからであります」。それはまったく事実ではなかったが、そうしたことは言わずにおかれた。(454)

ミュス伍長もまたガンパーとまったく同じ考え方だった。総統は国防軍から遮蔽されており、この完全に遮断された状況の中で徐々におかしくなっていったのだ、と。

ミュス　俺がいつも抱いていた印象は、彼らが総統を徹底的に騙しているということだ。人々が言うには、たとえばアドルフはときおり机に座りこむ。目の前には大きな戦況地図があり、それを凝視している。誰も彼を邪魔してはならず、入ってきてよいのは重要な報告だけだ。彼はときおり六時間、七時間、一〇時間机に座って、物思いにふけっている。そこにしばしばきわめて重要な情報が飛び込んでくるが、すべてはカイテルが対応する。しかし彼はそこに座って地図を凝視し、狂乱状態の発作を起こし、すぐに常軌を逸した状態になる。叫び、荒れ狂い、人々の鼻面を一発殴り、その他ありとあらゆることをする。(455)

ボルンＳＳ大尉とフォン・ヘルドルフ軍曹との会話でも、同様に総統にたいする組織的な遮蔽が語られている。そして想像される責任者の名前も挙げられる。

フォン・ヘルドルフ　私の父〔ベルリン警察長官のヴォルフ＝ハインリヒ・グラーフ・フォン・ヘルドルフ。七月二〇日事件に連座して処刑された〕(456)はいつでも〔ヒトラーの部屋に〕立ち入ることができた。それはまさに彼が、総統にたいしていっさい遠慮せずに自分の意見を言っていたからだし、総統もそのことを確かに高く評価していた。

ボルン　当時、確かハリコフ近郊だったと思うが、司令官のクルム〔クム？〕ＳＳ大佐が柏葉付〔騎士鉄十字章〕を授与され、クリューガーもいたと思うが、とにかく二、三人と、もう一人ＳＳ大尉もいた。授与するさいに総統が何か特別なことを尋ねたに違いなく、とにかくこの三人の男は突如黙り込んで、お互いを見合っていた。何かがおかしいことに総統は気づいた。彼らは翌日彼のもとへ、議論のための報告をするようにという命令を受け取った。彼らは三時間以上総統のところにいて、いろんなことを洗いざらい話した。本当に洗いざらいね。

フォン・ヘルドルフ　それこそがまさに総統に欠けていたものだったからね。

ボルン　それは彼に大きな衝撃を与えたに違いないね。

フォン・ヘルドルフ　総統は完全に孤立していて、彼が信頼している三人ないし四人の報告しか聞いていない。そして彼らは彼をすでに……いや、俺は厳しい表現はしたくないんだが、しかし……。

ボルン　その三人っていうのは誰なんだ？

フォン・ヘルドルフ　一人はボルマン、我々の中でもっともいかがわしい奴のうちの一人だ。軍部からはカイテル、政治指導部からは……同じお仲間のゲッベルスだ。

ボルン　おかしいな、今までずっとこの全国指導者〔ボルマン〕がつねに彼のそばにいた。

フォン・ヘルドルフ　全国指導者にも半分責任があるな。

ボルン　意識的か無意識的か、総統はこれらのユダヤ人政策全般にはまったく同意を与えていないし、それは本当のことだと思う。そこで起こっていることについて、その大部分を彼に伝えていないし、むしろ……独断で行動したんだ。総統は見かけほどには、それほどものすごく極端っていうわけでも、ものすごく容赦ないわけでもない。(457)

ボーデンシャッツ航空兵大将とミルヒ元帥との一九四五年五月の会話でも、「のちの」ヒトラーは「かつての」ヒトラーとは別人であるという理論が披瀝されている。

ミルヒ　一九四〇年から四一年にかけての総統は、一九三四年から三五年にかけてのそれとは同一人物ではなく、別の男だ。その素性はまったく不明で、完全に誤った考えの持ち主で、誤った考えを追求した。彼は病気にされてしまったに違いない。そう私は確信している。過剰に責任を背負うと、それだけで病気になるには十分だよ。[458]

総統が絶えず操作されていたことによって、彼の歴史的重要性が不当にも弱められてしまうということは災難であった。しかしそれ以上に大きな災難は、総統に正確な情報が与えられないことによって、軍隊自らが責任を取らなければならなくなるような状況が生じたことであった。そのことを何よりもライター少将は恐れていた。

ライター　彼は歴史的な人物だった。彼については、のちの歴史がきちんと正しく評価することができるだろう。起きたことを把握することから始めなければならないが、我々は何も知らなかった。総統に何ら情報を与えなかった、この無能な人々。彼が［彼らの］報告などによって、どれほど騙されたことか！　それによって我々にもまた負担がかかっているのだ。その点は確信していい。[459]

総統の名のもとに、しかし総統が知らないままに行われたことにたいして、自分も責任を取らされるのではないかという不安は、とりわけ高級将校たちに襲いかかった。彼らはたとえばゲルハルト・バサンジュ少将のように、自分たちは不幸にも召集されたのだという理論を発展させていった。

バサンジュ　我々は我々の総統に完全に騙されたのだ。我々は完全に誤った条件［のもと］に置かれており、宣誓も強制されたものだ。宣誓は［一九］三三年だったが、そのときにはヒンデンブルクもまだ生きていたし、まったく条件が異なっていた。一年後すべてが完全に変わっていた。しかし、宣誓はすでに済ませていた。[460]

明らかに将来は約束されていたほど明るくないという幻滅には、ナチのプロジェクトと総統信仰の感情的な重要性が表れている。たとえば、失望したライマン大佐のように。

ライマン　かつてはすべてが素晴らしかった。本当にすべてが素晴らしく、問題なかった。そしてクソ・ロシアとの戦いが始まってから、状況が悪化していった。ロシアは冬になると寒くなるということを知らなかった人物が二人いる。一人がナポレオン・ボナパルトで、もう一人が総統だ。素人将軍の。この二人以外は、みんな知っていたのに。[461]

総統が無力をさらけ出す

キリストとヒトラーの違いはなんだ？　キリストの場合は、一人が全員のために死んだのだ。[462]

フリードリヒ・フライヘル・フォン・
ブロイヒ中将の一九四三年七月の発言

一九四三年二月、スターリングラードにおける第六軍の降伏ののち、最終的勝利はまだ達成可能なのかという疑念が強まっていき、たとえ兵士たちの多数は今なお総統の責任を問わないにしても、ヒトラーにたいする批判的な発言がしばしば見られるようになっていった。「本当に正直に言わなければいけないが、アドルフについては確かにすべてが上手くいっているわけではない。たとえば彼がユダヤ人にたいしてやっていることは、上手くいかない」[463]、そうハルニッシュ兵長は考えている。そしてローアバッハ大佐は、ヒトラーが戦争指導で過剰な負担を強いられていると信じていた。「総統は明らかに、我々の将官たちの話に耳を傾けていない。それは非常に残念である。一人の人間が政治家と国家指導者、最高司令官を同時に務めることはできない。それは常軌を逸している」[464]。

空軍のデッチュ伍長とブロイティガム曹長は、一九四四年四月に若き爆撃機乗りとして彼らがたどった社会化について、注目に値する認識にたどり着く。

デッチュ　ロンドンへのこの新しい攻撃に出発する数日前、とある大物がやってきて講演した。それが誰だったかもはや覚えていないが、彼はヒステリー女みたいに振る舞っていたな。

ブロイティガム　それはひょっとすると対イギリス戦の攻撃司令官だったんじゃないか？

デッチュ　そうかもしれない。彼はこう吠えた。「やつらの家屋に火をつけろ。そうすれば俺は総統のところに行ってこう言える。空軍はふたたびイギリス上空に到達した、とね」。彼はあけすけに、こうも懇願してたよ。「君たちは失敗することは許されない。自分のすべてを投げうて！」ものすごくヒステリックだった。

ブロイティガム　ああ、まさに総統の真似だな。

デッチュ　ヒトラーがどれだけひどいことをやらかしたのかをよくよく考えれば、よきドイツ人としての結論はひとつしかない。彼は要するに射殺されるべきなんだ。

ブロイティガム　君の言っていることは間違っているわけで

はないが、だが、そんなことは絶対に言ってはいけない。

デッチュ　じゃあここでは絶対に言わないよ。(465)

もちろん多くの批判的な発言においても、共感のなごりや総統信仰の明白な痕跡は残っている。たとえばチェーザル二等兵は、かつては歴史上の偉人であった人物にたいする、彼独特の向き合い方について説明している。彼は基本的に寛大だが、誰にでもそういう態度を取るわけではない。

チェーザル　もし逃亡中のヒトラーやその仲間と遭遇したら、俺だったらどうするだろうと考えてみた。そして俺はこうすることに決めた。彼らにこう言うんだ。「あなた方のために私は何をすることもできませんが、あなた方をここで見かけたということは、誰にも言わないでおきます。そこに森を抜けて行く道がありますから、藪の中に身を隠してください」。ただ唯一の例外として、ヒムラーには多分違う態度を取るだろうね。(466)

つい最近書き上げられた二本の修士論文は(467)、フォート・ハントに収容されていた上等兵から参謀将校までの兵士の尋問記録を詳細に分析しているが、階級が下になるとノルマンディー上陸後に総統信仰が非常に弱まったのにたいし、上の階級では傾向として総統信仰が維持されていたという結論が導き出されている。これは、一体化の対象となるような感情的投資が、総統信仰を安定的に維持しえたということのさらなる傍証でもある。もっともこうした痕跡はさらに深くたどっていく必要がある。ただこれはそう容易なことではない。なぜなら総統信仰には、兵士たちの会話には現れない別の側面があるからだ。それは、〔兵士の間での〕政治的な議論という次元である。事実、ナチによるプロジェクトがもっとも深い影響を与えたのは、あとあとまで残る脱政治化という面であったように思われる。

兵士たちは自分たちの目の前で起こっていることを、まずは自分たちの問題としてではなく、彼らの全能の総統やその周りに位置する人々の問題として理解していた。こうした取り巻きは、それぞれ愚直だったり、腐敗していたり、無能だったりもしくは犯罪的であるように彼らには思われた。しかしナチ国家や独裁、ユダヤ人迫害や絶滅にたいする政治的意見は、彼らは持っていなかった。彼らが口にするのは、目立ったナチの大物の個人的な属性、ときには個別的な措置への批判や懐疑の念であって、たとえば決定や見通し、異なる立場や見解についての政治的な議論はほとんど行われなかった。その点に、全体主義支配がもたらした重要な帰結のひとつがある。つまり精神的に別の選択肢が存在しない状態をつくり出し、カリスマ的指導者にすべてを集中させ、それへの依存状態をつくり出したのである。たとえ没落が避けられなくなったとしても、人々は彼への忠誠を維持した。盗聴記録から推測されるのは、とりわけ高い階級の兵士たちにおいては、政治が信仰に置き換えられていたのではないかということである。そして総統への信仰はとりもなおさず自分自身への信仰でもあったから、総統のイメージが傷つけられる危険性は、自分のエネルギーと感情を投資してきたプロジェクトが無価値になりかねない危険性をも意味していたのである。(468)

イデオロギー

テーネ　ロシアでのユダヤ人の扱いについては、あなたもいろいろお聞きになったでしょう。ポーランドではユダヤ人はそうした扱いをあまり受けずに済んでいます。ポーランドにはまだユダヤ人が住んでいます。しかしロシアの占領地にはもはや誰も住んでいません。

フォン・バッスス　ええ、ロシアにいるユダヤ人は危険な存在だと見なされているんでしょう？

テーネ　〔殺害の原因は〕憎んでいるからです。危険だからじゃありません。べつにこれは秘密でも何でもありません。ロシアにいるユダヤ人は、女性や子供も含めて、容赦なく殺されたということを安んじて言うことができます。

フォン・バッスス　ええ、どうしても〔殺さなければ〕という理由なんてないんでしょう？

テーネ　どうしてもという理由は、憎悪です。

フォン・バッスス　ユダヤ人の側からのですか？　そうじゃないんですか？

テーネ　我々の側からのです。それは理由ではありませんが、しかしそれは事実なんです。(469)

フォン・バッスス曹長とテーネ少尉の
一九四四年二月二日の会話

この引用は、その全体的な簡潔さゆえにきわめて注目に値するものとなっている。フォン・バッスス曹長がユダヤ人絶滅の原因を探っているのにたいし、テーネ少尉はつねに、ユダヤ人を殺害するのにそのような理由など必要ではなかったことを指摘する。殺害の動機は憎悪というだけであってそれ以上の動機など存在せず、ましてやユダヤ人の「危険性」だとか、ドイツ人にたいしてユダヤ人が抱いていると憶測されている「憎悪」ゆえではないのだ、と。とりわけ啞然とさせられるのは、テーネがさらにこう注釈を加えていることである。憎悪はユダヤ人が殺害された「理由ではなく」、それは単なる「事実」にすぎないのだと。

暴力それ自体が目的なのだということをこれ以上明確に表現することは困難であろうし、それは独特なやり方で、盗聴されていた兵士たちの意識にたいするナチ・イデオロギーの深いところでの影響についての所見を示している。そしてその所見は、一般的には次のように表現することができる。イデオロギーは、彼らが関わっているものごとにおいて重要な役割を果たしていない。これは決して、彼らが多くの場合においていわゆる「ユダヤ人問題」を暴力で解決することを支持しなかったということを意味するものではないが、かといって彼らが少なくない場合においてははっきりとそれに反対したということを意味するものでもない。事実この問題の存在は、彼らの世界においてその自明な構成要素だったと言うことができよう。それは、彼らが個人として反ユダヤ主義政策をよいと思っているか悪いと思っているか、正しいと考えているか間違っていると考えているかとは、まったく関係がなかった。

意見のスペクトル

フリート中尉は、ハインリヒ・ハイネを読んでいる。

「ユダヤ人は文学などにおいてきちんとドイツ語が操れないと彼らは言っているが、この『ハルツ紀行』は素晴らしい」[470]。

ヴェーナー伍長。「もし俺がユダヤ人に遭遇したら、抵抗感もなく射殺することができるだろう。俺たちはポーランドでユダヤ人を殺した。一切同情することなく俺たちは彼らを殺した」[471]。

このふたつの引用は一九四三年初頭のものであり、二人とも空軍に所属している。フリート中尉は人道主義的なドイツを、ヴェーナー伍長は反ユダヤ主義的な世界観の戦士としてのドイツをそれぞれ代表しているのだろうか？　もっとも我々の史料からは、『ハルツ紀行』を熱心に読んだということが、ユダヤ人を殺せるのか殺せないのかという問題とどのように関係していたのか、そのつながりを推察することは難しい。もちろん逆に、ヴェーナーはきわめて狂信的だったので、ユダヤ人が著者である本など一切読まなかったと考えることも可能である（実際これは、彼のそれ以外の発言からも推測できるのだが）。我々がこのふたつの引用を並べたのは、我々の史料においてユダヤ人や人種主義に関する発言にそもそもどの程度の開きがあるのか、そのスペクトルを示唆するためである。そこにはハインリヒ・ハイネやユダヤ人の医師、化学者、物理学者についての言及や、ユダヤ人絶滅や反ユダヤ主義政策全般にたいする激しい拒絶が見られるだけではなく[472]、そのまったく正反対、つまりユダヤ人の世界的陰謀や、国際ユダヤ人、「ユダヤ化した」イギリスやとくにアメリカ(473)、ユダヤ人を殺害することの喜びまでもが記録されている。つまり、ありとあらゆることが言われている。そのさい前述の例のように、別々の人間がそれぞれ異なる見解を示すということばかりでは必ずしもなかった。すでに絶滅に関する章で見たように、表面上は矛盾した議論や見解が、同一人物においても現れるのである。たとえば「ナチはユダヤ人以上に貪欲なブタだ(474)」とか、「日本人は東洋のユダヤ人だ！(475)」とか。

次のエアフルト中佐の発言からは、反ユダヤ主義的な空想がどこまで広がりうるものなのかを見て取ることができる。

> **エアフルト**　リガでドイツから来たユダヤ人女性たちが、そこで道路を掃除しなければならなかったんだが、それを見るのはいつも非常に不愉快だった。そのさい彼女たちはまだドイツ語を話していた。反吐が出る！　こんなことは禁止されるべきだし、イディッシュ語しか話せないようにすべきだろう(476)。

もしくは次のような馬鹿げた発言にも出くわす。

> 俺は卓球の西部ドイツ・チャンピオンだ。だが多くのことは忘れてしまった。俺がこの競技を諦めたのは、ある典型的なユダヤ人の若者（一六歳だった）に負けたあとのことだ。そのとき俺は自分にこう言ったものさ。「こんなもの、まともなスポーツじゃないしな！(477)」

人種問題や「ユダヤ人」に関する会話は、その構造において他の会話と変わるところはない。しばしばコメントが差しはさまれ、話が語られ、そしてふたたびテーマが変わる。「ユダヤ人問題」や人種理論に関する長い議論、ましてや論争的な議論などはほとんど行われなかった。ここでまず指摘しておかなければいけないのは、第一に他のテーマでもそうであるように、こうした会話において求められているのは同意であり、主張したり、しつこく聞き返したり、議論したりすることはまったく許容されていないということである。たいていの場合、見解や政治的評価については驚くほど迅速に意見が一致するため、ほとんどの兵士たちはこうしたテーマをとくに重要なものとは考えていなかったということが、第二に考えられる。あるテーマが話題になれば人々はそれについて意見を持つし、話題にならなければ意見も持たない。これは、アレクサンダー・ヘルケンスの詳細な分析とも一致する。彼は我々の所蔵する二〇〇〇以上の盗聴記録をイデオロギー化という観点から分析し、その結果、政治的、「人種的」もしくはイデオロギー的な問題に触れている会話は、全体の五分の一に満たないことを確認した(478)。男たちがより関わりを持っていたのは、戦争の日常という問題であった。急進的な反ユダヤ主義者や絶滅の戦士から、犯罪に心から動揺させられたかつての強制収容所の囚人まで、やはりきわめて幅の広いスペクトルの例外的な発言はあるものの、基本的にイデオロギー的なテーマは他のテーマと特別異なるものではなかった。そしてもし大量射殺が語られることがあるとすれば、しばしばそれは報復の恐怖と結びついていた。「多くのユダヤ人、女性や子供を射殺したことで報復されるとは思わないか？俺の兄〔もしくは弟〕は兵士なんだが、俺にたくさん説明してくれたよ。彼らがきちんと死んだ状態になる前に、墓穴へと彼らを突き飛ばしていった様子をね(479)」。

ユダヤ人迫害を歴史的な誤りと考える確信的なナチが存在するように、それとは正反対の立場も見られた。つまり反ユダヤ主義政策を、ナチズムにおいて唯一理性的な政策であると考える確信的な反ナチである。たとえば二人の兵士が「ナチども」について、すさまじく憤慨しながら語り合っている。

ヘルシャー　以前から、一九三三年から彼らは戦争を準備していた。それは明らかだ。そしてたとえ彼らが演説で、「我々は戦争を望まない、母に尋ねてみるがいい、戦傷者に尋ねてみるがいい」と二〇回言ったとしても、アドルフが言ったように、俺は自分にこう言うね。それはでっち上げだと。彼は確かに嘘をついたんだよ、君！　彼は確かに何度も言っていた。自分は戦争を望まない、と。

フォン・バスティアン　おやおや、俺がいつも言っていたのはただ、なぜ彼はそれについてそれほどたくさんしゃべるのだろう、ということだ。我々ドイツが戦争を望んでいないこと、我々にはそもそもそれを遂行する能力がないこと、我々はそれにうんざりしていることは、まったくはっきりしているじゃないか。

ヘルシャー　そのさい彼はまったく逆のことを意図していたんだ。彼は戦争を欲していた。戦争の責任は誰にあるんだと彼らが互いに罵りあっているのを、俺はすでに耳にしている。ああ、それは笑いごとじゃないんだ！　ヒトラーはすでにその暴力行為によって知られていた。彼のＳＡとＳＳ、ホールでの殴り合いによって。彼らは本当にすべてを殴り合いによって手にしたんだ。ヒトラーも確かに言っている。「ナチズムとは戦うことだ」。

フォン・バスティアン　戦うことだと、なるほど！

ヘルシャー　それはつまり、彼らは戦うことを決してやめない、それは永遠の戦い、永遠の殴り合いということだ！　個人は無であり、祖国がすべてだと。彼らはまさにこう言っていた。「こうして今や我々は一九一九年の間抜けどもにたいして、ドイツの可能性を示してやるのだ」。彼は突飛な男だ。おい、言いたいことは何でも言っていいんだぜ。そんなことができるのは、ものすごい神経の持ち主で、とてつもなく強靱で、損害のことなどまったく考えない、そんな男だけだ。彼は人間のことなどまったく考えていない。教養ある人間だったら、そんなことは決してしなかっただろうな。[…]

フォン・バスティアン　とにかく、ナチどもが我々をどこに連れて行こうとしているのか、俺にはそれがまだわからない。褐色のシャツを着たあのろくでなしが！[480]

ここまで読み進めてくると、この断固たる反ナチたちは反ユダヤ政策にも反対していたのではないかという予測を自動的にしてしまうが、しかしそれが誤りであるということが直ちにわかる。会話は次のように続いていく。

ヘルシャー　ああ、よくわからない。よい点がたくさんあるのは、俺も認める。ユダヤ人についてはとくに問題はない。人種問題については、それほど悪いことだとはまったく思わないな。

フォン・バスティアン　人種問題は非の打ち所がない。ユダヤ人問題、ドイツ人の血を保護するための法律も総じてそうだ。法律は素晴らしいものだ、本当に。

こんにちの観点から見て唖然とさせられるのは、盗聴された会話における議論の錯綜がどれほど混乱したものとなりうるのか、という点である。そのさいすでに何度も見てきたように、日常的な会話の特徴は無視できない役割を果たしている。すでにハインリヒ・フォン・クライストがある有名なエッセーで記しているように、多くの思考は語ることによって初めて「作成される」[481]。意見や立場は、具体的な社会的相互影響と無縁に存在しているものではなく、引き出しの中にしまっておいたもののように、必要に応じて取り出されてくるようなものなのだ。意見や立場は会話を通じて初めて生まれ、ひとつの言葉が別の言葉を生み、そしてそれらは決して長続きしない。雰囲気のせいだったり、同意が欲しかったり、思い違いのせいだったり、あるいは単純に会話がちょっとした口論になったせいだったりとか、とにかく原因は何でもいいのだが、人間は自分が今までじっくり考えてきたことをおそらくは試しに口にしてみたり、思考をまずは発展させてみたりするものの、それを次の会話ではただちにふたたび却下したりすることが往々にしてある。議論が起こることはきわめて稀である。

男たちは決して自発的に〔軍隊に〕集まったわけでもなく、多くの時間をともに過ごしているため、争いの種に事欠くことはないにもかかわらずである。断固たる議論もいくつか見られるし（「君とは違う意見なのを許してくれ(482)」）、あらゆる共同生活に存在しうるような争いすら記録されてはいるのだから(483)、論争がまったく記録に残っていないという結論を引き出すのは誤りであろう。確かに論争は存在するが、明らかに稀なのだ。だがあらゆる日常会話においてそうであるように、ある意見に賛同しておきながら、別の会話ではその同じ意見に明確に反対するということが、ここでも生じているのである。つまり、すでに言及した会話の関係としての側面の方が、伝達される内容よりもしばしばはるかに重要だったのである。

一貫した世界像

その限りにおいて、ナチ・イデオロギーの要素が盗聴されていた兵士たちの意識にどれほど深く根づいていたかを研究することは困難な試みとならざるをえないし、それが可能なのはきわめて明示的に態度表明がなされている場合だけである。たとえば一九歳の海軍二等兵曹勤務見習士官 Fähnrich zur See カール・フェルカーは、急進的な反ユダヤ主義者である(484)。

フェルカー　ユダヤ人が何をしてきたのか、俺は知ってるぜ。〔一九〕二八年か〔一九〕二九年頃、奴らは女性たちを拉致し陵辱し、彼女たちをまとめて切り刻んで血まみれにしたんだ。俺はいろんな事例をたくさん知っている。奴らはシナゴーグで毎週日曜日に人間の血、確かにキリスト教徒の血を生け贄に捧げているんだ。ユダヤ人は嘆き悲しむのが上手いが、その点男性よりも女性の方がひどい。俺はその光景を、俺たちがシナゴーグをたたき壊したときに自分の目で見た。そこには実にたくさんの死体があった。彼らがそれをどんなふうにやったかわかるか？　死体は棺台の上に置かれていて、彼らがそういったモノを持ってここにやってくる。そして死体に突き刺して、血を抜き取るんだ。腹に非常に小さな穴を開けるんだが、五、六時間以内にその人間はくたばるんだ。やつら数千人をこてんぱんに打ちのめしてやりたいね。そしてその中にわずか一人でも犯人がいるとわかったなら、彼ら全員を仕留めてやりたいね。彼らがシナゴーグでやったことといったら！　ユダヤ人ほど嘆き悲しむのが上手い者はいない。彼らは千回でも無実のふりを装えるんだ。彼らは仕留めなければ。彼らの子牛の殺し方といったら！　ユダヤ人のことについて俺に話しかけるのはやめてくれ。俺の人生の中で、あのときシナゴーグをたたき壊したことほど嬉しいことはなかったな。俺がそれを目にしたとき、つまり陵辱された死体を彼らが横たえているのを見たとき、俺はワル中のワルの一人だった。小さな管がつなげられた遺体を、お前もあそこで見ただろう。あれは女性の遺体だった。体のいたるところに穴が開けられていた。

シュルツ　彼らは一体女性たちをどこで捕まえてきたんだ？

フェルカー　あのとき俺たちが住んでいたところでは、とにかく多くの人たちの姿が消えていたが、その人たちはみなユダヤ人の所にいた。こんな事件があった。ある女性はいつもユダヤ人の所にモノを取りに行かなければならなかった。そのユダヤ人は商売を営んでいた。ユダヤ人がその女性に言うには、自分の所に来なさい、渡すモノがあるから、と。そこ［の店］には五人のユダヤ人が立っていて、彼女の服を脱がした。店は地下通路でシナゴーグとつながっていた。彼らの書物には、彼らがなしうる最高の行為はキリスト教徒の血を生け贄に捧げることだと書いてある。毎週日曜日に彼らは一人ずつ殺戮するが、それは三、四時間かかる。そしてどれだけ多くの女性がそこで彼らに強姦されたことか！　だから俺は容赦しない。当時俺たちは彼ら全員を銃殺した。容赦なく。そのとき確かに無実な者も中にはいたが、有罪な者もいた。もしあるユダヤ人がまだ善い行いをしているとしても、その人間にユダヤ人の血が流れているのなら、［殺される理由として］もう十分だ。[485]

これは、おそらくはダニエル・ゴールドハーゲンがイメージしていたような、古典的な世界観の戦士である。反ユダヤ主義的な確信的加害者であり、排除主義的かつ暴力的、ポルノ的な妄想イメージに駆り立てられ、ユダヤ人を根絶することに全力を傾注している。聞き手に疑念を抱かせるように思われる（「彼らは一体女性たちをどこで捕まえてきたんだ？」）発言に登場する具体的な事例は、おそらく『シュテュルマー』*紙を丹念に読み、ヒトラー・ユーゲントの反ユダヤ主義的な世界像においてそれを相互に確かめ合った結果であろう。この発言は風変わりであるがゆえに、かなりの人々が何を本気で信じていたかだけでなく、彼らがそこからどんなひどい結論を導き出していたかを明らかにしている。このような人間は確かに存在した。

しかし盗聴されていた兵士たちの意識に表れるナチズムは、ローゼンベルクからヒトラーへといたる綱領的な文書や演説を解釈して認められるような、さまざまな要素から構成された、内部に矛盾のない「生命永遠の法則」についての理論とはおよそかけ離れたものであった。すでに言及したアレクサンダー・ヘルケンスの研究では六二一人の兵

＊（訳註）ユリウス・シュトライヒャーによって刊行されていた、反ユダヤ主義的な週刊新聞。ポルノまがいの扇動的な内容で知られる。

士の会話分析をもとに、多数派の兵士は人種政策にむしろ否定的な見解を述べており、「世界観の戦士」と表現しうるのは三〇％の少数派にすぎないという結論を出している。もっともこの少数派で興味深いのは、その多くが青年将校、とりわけ少尉であり、彼らは一九三三年時点ではまだ子供であって、「第三帝国」による社会化の影響をもっとも明瞭に受けているという点である。[486] ナチ世界像が影響していたということを、彼らについてはもっとも容易に指摘することができる。

それ以外の兵士たちが、「政治」「人種」「ユダヤ人」などについて述べるさいに意図していたことは、何らかの一貫した世界像から生じたものではなく、きわめて多様な、しかもお互いに完全に矛盾した部分的要素の「パッチワーク」であった。確信的なナチが、個人的に知り合いのユダヤ人について共感を込めて語り、「文化民族」の名にふさわしくない「恥ずべき扱い方」について興奮したとしても、それは根本的な次元において人種政策と完全に一致しうるものであった。たとえば海軍通信兵のハンマッハーが一九四三年五月に示す、次のような例である。

ハンマッハー　このユダヤ人問題は、まったく違う扱い方をすべきだったんだ。こういう扇動ではなく、非常に静かに黙って法律を導入して、たとえばこれだけの数のユダヤ人弁護士は許可する、とかにすればよかったんだ。だが今では、国外追放されたすべてのユダヤ人が、ドイツにたいしてきわめて敵対的な態度を示している。まったく当然のことだよ。[487]

我々はすでに「ユダヤ人行動」の例において、男たちは殺害のやり方は批判するが、大量絶滅それ自体には無関心であるか、それを必要なものと考えていたことを見てきた。こうした見方はイデオロギーや人種主義の文脈でもふたたび現れる。大量殺戮の描写という枠組みにおいてだけでなく、理論的な考察においても絶滅に関しては批判的な発言が支配的である。「このSSのクソどもに、俺はずっと反対してきた」と、たとえばエールマン少尉は言う。「ユダヤ人迫害も、俺はずっと嫌だった」。しかしそれは、そのあと彼が続けて述べるように、反ユダヤ主義政策への根本的な反対ではない。「ユダヤ人は国外追放してもよかったかもしれないが、あんなふうに扱うべきではなかった」[488]。もちろん批判的な声は、戦争に勝利できるという自信が弱まるにつれ増えていく。「後々になれば、ドイツ人であるということが恥ずかしくなるだろう。ユダヤ人が忌み嫌われたように、俺たちもそうなるんだ」[489]「ユダヤ人を追い払ったことは最大の誤りだった！　それと、とくに非人道的な扱い！」[490]

基本的に、迫害や絶滅は誤りだったと考える人々によってこのテーマは口にされることが多く、「ユダヤ人問題の最終的解決」は間違いなく必要だと考える人々は、ほとんどこれを口にしていなかったと考えることができる。もっとも、「国際ユダヤ人」とか「世界ユダヤ人」、イギリスやアメリカの「ユダヤ化」が頻繁に言及されたり、「労働嫌い」なユダヤ人についてのステレオタイプ的な発言が数多く見られることは、カテゴリー的な不平等の参照枠組みの影響力がきわめて強かったこと、反ユダヤ主義的な実践は深い次元で精神的影響を与えることができたことを示している。しかし依然として不透明なのは、それが男たちの具体的な状況における認識や行為にどのような影響を及ぼしたのか、ということだ。基本的に言えるのは、立場や精神的次元が行為に及ぼす影響があまりに過大評価されているということ、それが彼らの行動を前もって決定できるのはごく一部の周縁的な人々（たとえば引用したユダヤ人嫌いのUボート乗り）だけだということである。したがって、具体的な歴史的状況においてそのつど、ある人間がユダヤ人を殺したとすればそれは反ユダヤ主義的な気質のせいなのか、もしくはそれはダイナミックな集団的プロセスの枠組みの中で生じたものであり、そこで人々は自らの動機なしに大量殺戮をするようになったのかを、正確に分析しなければならない。[491] こうした、大量殺戮の直接の加害者に関してあてはまる見解は、国防軍においても、盗聴された兵士たちが置かれていたきわめて多様な状況や立場においても、改めて確認できる。すなわち、戦闘や退却、「パルチザン掃討」や自由時間に彼らが行うことの下塗りをしたのは反ユダヤ主義だが、反ユダヤ主義が動機ではないということである。たとえばすでに挙げたゲットーについての引用が示すように（一六二ページ参照）、多くの男たちは犠牲者に強い共感を覚え、これらの人々の生活状況に動揺を示していた（「これらのユダヤ人はそこの大きな飛行場で苛酷に働かなければならず、動物のようなひどい扱いを受けている」[492]）が、このゲットーの治安という関連での命令に従うか、あるいはそれを拒むかというような、何らかの決断を下さなければいけない状況に彼らが置かれることはなかった。たとえばロットレンダー少尉が語るのは、大量殺戮に参加しそこで非常に苦しんだ友人についてである。

ロットレンダー　そこで彼らは村々すべてを殲滅した。すべての村々だ。ユダヤ人は容赦なく追い払われ、穴が掘られ、そして彼らはユダヤ人たちを殺さなければならなかった。彼が言うには、最初の時点で「すでに」非常に辛かったが、あとになると神経がいかれてしまったそうだ。穴をシャベルで埋めたが、そこにはまだ痙攣しながら動いている人々がそこら中にいた。子供たちとか、あらゆる人々。彼は言った。「それがユダヤ人だとしても、あまりにも恐ろしいことだ」。

彼の話し相手のボルボヌス少尉は、それにたいしてきっぱりとした意見を持っている。

ボルボヌス　ああ、上から下に命令が来るときには！(493)

語り手と出来事との距離がかなり大きい場合、残虐な行為について伝える会話は、こんにちにおいてアフリカの子供兵士やアフガニスタンのタリバーンによる残虐な行為について二人か三人で語り合う場合と、本質的な違いはない。それを恐ろしいことだとは思うが、そうした種類の態度表明のための参照枠組みは抽象的であり、話し相手の具体的な生活状況や行為の状況とは関係がない。たとえば携帯電話の技術開発に関わっているある技術者の仕事は、彼の視点からすれば、その開発に必要な〔鉱石〕コルタンが苛酷な戦争や暴力という状況のもとコンゴにおいて搾取されていることとはあまり関係がないと感じるように、他の場所で他の人々によってユダヤ人が殺されている限りは、兵士たちの精神状態にほとんど関係することがない。同じことは必要な変化を加えれば、兵士たちによって利用されていたイデオロギー的、人種主義的なコンセプトについてもあてはまる。もっともそれが、彼らが戦争で行ったこととどのような関係にあったのかは、よくわからないままではあるが。たとえばU187の航海員Steuermann ハインリヒ・スクルツィペークはこう述べている。

スクルツィペーク　障害者たちは痛みを与えずに片づけるべきだ。それが正しいやり方だ。彼らはそれについて何もわからないし、そもそも人生が何かもわかっていない。とにかく軟弱になることだけはダメだ！　俺たちは女じゃないんだ！　俺たちがまさに軟弱だからこそ、我々は敵どもからこれほど多くの打撃を受けているんだ。［…］同じことは、知的障害者や半知的障害者たちにたいしてもやるべきだ。なぜなら半知的障害者たちの家族は大所帯で、知的障害者一人で負傷兵六人が養えるんだ。もちろんこれが全員にたいして正しいやり方というわけではない。いろいろ好ましくない点もある。だが重要なのは大局的判断だ。(494)

盗聴記録に見られるほとんどの人種主義的なステレオタイプは「ユダヤ人」に関連するものだが、ナチズムの生物学的世界像の一部もいたるところで見られる。たとえば同盟国に関係して（「黄色い猿ども、奴らは人間でも何でもない。動物でしかないんだ」[495]「イタリア人は愚かな人種だ」[496]）、あるいは敵に関して（「俺はロシア人を人間として見ることができない」[497]「ポーランド人！　ロシア人！　そして何というクソどもだろう！」[498]）。戦争が終わったあとの将来に関するきわめて憂鬱な発言においても、人種理論がその根本をなしていた。

ひとつの点ははっきりしている。誰が負けることになろうと、それがドイツ人であろうとイギリス人であろうと、ヨーロッパは没落する。なぜならこのふたつの人種は、文化と文明の担い手なのだから。そのような傑出した人種が互いに戦わなければならず、スラヴ人にたいしてともに戦えないのは悲しいことだ。[499]

ステレオタイプや偏見は、文化的な想像世界の確固たる構成要素であり、個々人の方向性や集団の社会的実践にきわめて大きな影響を及ぼす。[500]人間のカテゴリー的不平等が国家的な行動の原則となり、科学的な規準としてみなされ、大規模なプロパガンダが焚きつけられている社会において、集団に関連したステレオタイプは強化される。しかしそれは我々の史料が示すように、ゲッベルスやヒムラー、ヒトラーが望んだであろうほどの規模でも、ホロコースト研究が長い間想定してきたほどの規模でもなかった。イデオロギーは考え方の下塗りにすぎず、それが行為へと与える影響はきわめて限定的であった。

逆にカテゴリー的な不平等というイデオロギーは、差別されている集団にたいする反社会的な振る舞いを、受け入れ可能な望ましいものとしたということも言える。だからこそ敵や犠牲者にたいする同情や共感は、それらが会話記録に見られるとしても、あまり期待できないような例外的なものにすぎなかった。

しかし我々の史料において一点だけ、驚くべきことにまったく現れない要素がある。それは「民族共同体」である。とりわけ近年の研究において、「第三帝国」のドイツ人の世界像や心理社会的な精神状態におけるその重要性がつとに強調されているだけに、[501]兵士たちがこの精神史上の中心点について何も言及していないというのにはびっくりさせられる。さらに、歓喜力行団による旅行や、その他のナチ社会の魅力的な要素についても言及がない。これは、「民族共同体」が軍事というよりは民間の組織構造を持っていたことを考慮すれば、よりいっそう驚きである。これらがまったく言及されないということは、そうした統合的要素がナチ社会において持っていた浸透力に関して、将来の研究がこれに懐疑的になるきっかけとなるかもしれない。

全体としては、兵士たちのメンタリティに関しては、彼らの多数派が自分たちの意識として「絶滅戦争」や「人種戦争」を遂行していたと言うことはできない。彼らはとりわけ軍隊や戦争という参照枠組みにもとづいて自らの方向づけを行っており、そこではイデオロギーは副次的な役割しか果たしていなかった。彼らは彼らの社会、つまりナチ社会の参照枠組みにおいて戦争を行っていたのであり、それは彼らがそうした状況に遭遇したときに、急進的で非人間的な行動を行うきっかけをつくることになった。しかし殺害行為を行うためには(これが我々を非常に不安にさせる点なのだが)、人は人種主義者でも反ユダヤ主義者でもある必要はなかったのだ。

軍事的諸価値

認識や解釈にとって、そしてそれによってもたらされる具体的な決断や行動にとってイデオロギー以上に重要な役割を果たしていたのが、認識枠組みにしっかりと統合されていた軍事的な価値システムである。ドイツ社会の軍事的な伝統は、数百万人の男たちを国防軍へと統合することを非常に容易にした。兵営において彼らが予期していたのはまったく新しい世界ではなかったし、少なくともまったく新しい規範システムではなかった。ほとんどの男たちは決して自発的に軍隊に入ったわけではないものの、彼らはふつう、自らを軍事的な枠組みの中に位置づけ、新しい任務をできるだけきちんと遂行しようと決心していた。よき指物師や簿記係、農民は、よき戦車乗りや砲兵、歩兵になろうとしたのである。これは具体的には兵士としての生業を習得し、完璧な武器の操作ができるようになり、とりわけ従順で規律正しく、ハードであることを意味していた。勇敢に犠牲もいとわず勝利を勝ち取り、敗北のさいには最後の一弾まで戦おうとした。〔一八七〇年から七一年にかけての〕ドイツ統一戦争以来、「軍人的なるもの」についてのこうした見解は、ドイツ社会においてある種の「常識」であった。

軍隊との肯定的な一体感は戦争前半における大いなる軍事的成功によって、しかしまた国防軍内部の功績志向の文化によっても強められた。国防軍においては全員が同じ食事をとり、全員に同じ勲章が与えられる可能性があり、指揮官の責任は大きいものとされていた。国防軍というシステムとの強力な一体感は、戦争捕虜となった兵士たちによる際限ない会話の中にも読み取ることができる。自分の部隊はどのように構成され、どのような構造を持ち、どのような武装をしているのか。こうした組織構造は戦闘においていかに真価を発揮したのか。どのような教練をくぐり抜けてきたのか。自分たちの武器はどのように機能するのか。誰がいつ昇進し表彰されたのか。これらすべてが会話の対象であった。そのさい兵士たちは、自らの専門について習熟していることを誇示し、自分の部隊やその武器に関心や誇りを持ち、何かが自分の思い通りに機能しなかった場合には苛立ちを見せた。軍隊はこうして一種あたり前の存在として認識されており、彼らが所属しているその世界において、彼らは自分の居場所を見つけていった。

服従する、勇敢である、義務を履行するといった軍隊の規範は、ドイツ兵たちにとってそのようにあたり前で、あらゆるところで知られ受け入れられている価値観であって、そうした事柄について明示的に会話が交わされることはごく稀であった（五六ページ以降参照）。もっとも、規範的な側面についても一般的な問いを投げかけ、考えをめぐらせるのは高級将校であった。たとえばハンス・フォン・アルニム上級大将はこう述べている。「直立不動の姿勢を取っていない軍人は、もはや軍人ではない。自分のまわりの状況が苛酷なものになればなるほど、直立不動の姿勢で立っていなければならない。内面的には」[502]。アルニムがここで目指しているのはとくに服従と義務の履行であり、これはまさに困難なときにこそ（彼はドイツ軍部隊の敗北をアフリカでまさに体験したところだった）、楽な時期以上に行動の規範とならなければならないのである。アルニムと一緒にトレント・パークに収容されていたライマン大佐は、国防軍の精神的なコルセットを、より簡にして要を得た形でこう描写している。「上官が、あそこにある星をもうひとつ取ってこいと〔言ったら〕、我々はそれをやるし、彼らが我々に命令したことを、我々はやるのだ」[503]。彼はそれどころか、「ひとたび軍人となれば、命じられたことには服従するのがドイツ人の種族としての独自性だ」とまで言っている。以下の考察では、それが本当にドイツ特有の個性なのかどうかを示すことになるだろう。とにかく服従には、ある軍事的な行動が本当に有意義なことなのか〔自分の頭で〕検証することよりも高い価値が与えられていた。たとえばハルトデーゲン大尉は、一九四四年のノルマンディーで装甲師団の司令部にいたときのことについて、こう振り返っている。「我々は夕方になると集まった。将軍〔師団長〕や年長の指揮官たちも一緒に。そしていつもこう言っていた。総統は頭がおかしくなった。彼が我々に求めているこの命令といったら。我々がそれを実行するのは、我々がまさによくしつけられたからだ」[504]。「命令は命令だ、当たり前のことだが。とくに前線においては」[505]と、断固たる反ナチであるイルムフリート・ヴィリムツィヒでさえ、アメリカ軍の尋問収容所フォート・ハントで強調する。[507] 国防軍は「委任戦術」によって兵士たちに自分の頭で考え行動するよう教育していたが、[508] 服従は彼らにとってもっとも重要な規範のひとつのままだった。ある命令に従わないということは、軍隊の根幹を崩壊させかねないものであり、まったく受け入れられない逸脱であると考えられていた。服従へと兵士たちを縛りつけていたのは処罰への不安というよりは、とりわけそれが彼ら自身の参照枠組みにしっかりと根づいていたからであった。アメリカ軍の捕虜になっていたレオンハルト・マイヤー少佐は、同じ監房の仲間にシェルブール近郊での戦闘について語っている。

マイヤー　一人の将校が今まさに遭遇している状況は、本当に困難なものだ。たとえば、ひとつ例を挙げよう。こんにちある将校が自分の義務を果たそうとする場合、しかも健全な人間としての理解力を持ち、いくつかの事柄を互いに比較検討できる場合、この将校にはまさにまったく割に合わない運命が待ち受けている。

俺はある戦闘部隊の指揮官として、その陣地を何としても守り抜くという任務を与えられていた。それは俺の命令であり、それを俺は実行した。しかし今や、俺は指揮官としてトーチカの中で這いつくばり続けるというわけには、もはやまったくいかなかった。もっとも指揮官としてそうし続けることもやろうと思えばできたのだが。俺は七〇ないし八〇%の時間は前線にいた。今や我々は〔敵の〕砲撃などによってかなりの大打撃を与えられた。つまり将兵が隊列ごとに斃れていったんだ。彼らがかなり気力を失っていることに俺はすでに気づいていたが、しかし彼らの行動にはまったく問題がなかったと言わなければならない。しかしそこに追い打ちをかけたのが、敵のプロパガンダだ。パンフレットの内容は我々に一定の影響を与えた。つまり捕虜の取り扱いなどについてだ。と同時に命令もやってきた。責任逃れをする卑怯者たちを、あらゆる手段を用いて前へと進ませるべきことが、いたるところで告知された。つまり俺は俺の男たちを、あらゆる手段で前へと進ませなければならない。もし俺がそうしなければ、俺はわが総司令官にたいして不法行為を働いたことになる。と同時に、俺の中には人間的な感情もうごめいた。こういう内なる声も聞こえてきたんだ。それが本来もう何の意味もないことでもあるのに、お前は哀れな人々を前進させなければならないのか、と。我々にはもはや重火器や空軍などによる支援もまったくなかったし、白兵戦に頼らざるをえなかった。

アーネルト　それはどんな部隊だったんだ？　バイエルンの部隊か？

マイヤー　半分がバイエルン人で、半分がフランクフルト出身だ。人々の振る舞いは申し分なかったが、およそ二〇％は卑怯者たちだった。つまり世間がよく知っているような卑怯者だけでなく、神経が完全に参ってしまってこれ以上もう何もできないという人たちもいたんだ。もし仮にドイツが戦争に負けることはないと仮定してみると、もう一度軍法会議に引っ張り出されてこう尋ねられるということも考えられる。この陣地をなぜあと二時間持ちこたえることができなかったのか、と。

マイヤーはさらにその後すぐに、自分の話を続ける。絶望的な状況の中では、自分の麾下の人々とともに逃げた方がよかっただろうが、しかし命令は、陣地を三日間守り抜けというものだったと彼は言う。

マイヤー　つまり状況は、まさにこんな感じだった。一方には負傷兵が、息も絶え絶えになり血を流しながらニシンのように並べられていた。すでに何年も一緒にやってきた人たちだ。もう一方には私の義務があった。もしタイプライターが手に入ることがあったら、このことについて本を書いてみたい。そして今俺は捕虜としてここに座っていて、俺個人の悲劇は全体の悲劇を象徴するものだ。それが今、俺が今までやってきたすべての仕事にたいする謝礼なんだ。俺が気違いのように働いてきたのは、義務をつねに意識するよう、命令は実行されなければならないという教育をまさにされてきたからだ。それは政治的な結びつきなどとは関係ない。もし俺が赤軍にいたとしても、きっと同じことをやっただろう。

俺にも逃げ出す時間はあったかもしれない。数カ月前ミュンヘンに行くこともできただろう。連隊長になれそうだったからな。だが侵攻を前にして自分のポストを離れたくはなかった。それはまさに悲劇だ。(509)

マイヤー少佐は良心の葛藤の状態にあり、「まったく割に合わない運命」にさらされていると思い込んでいる。一方には陣地を守れという命令があった。他方で、部分的には何年にもわたる彼の知り合いである、彼に委ねられた男たちの命への責任があることも自覚している。よき司令官であろうとするマイヤーは、自分は彼らとともに最前線にいた、つまり彼らの苦しみを分かち合ってきたことを強調する。しかし彼は、指揮官としての自分が戦闘を中断させないために、彼らが次々と不均衡な戦いによって殺されていっているという認識から、目を背けることはしない。だが「その陣地を何としても守り抜く」という命令に従わないことは、彼にとって問題にもならなかった。服従と命令への結びつきには、より高次の価値があった。この点はとりわけ、こうした結びつきは政治的な結びつきとは関係ないというマイヤーの強調に、より明確に現れている。赤軍であっても彼は「同じこと」をやっただろう、と。彼がのちに語るところによれば、三〇人しか指揮下の男たちが残されていない状況になってようやく初めて、彼は戦闘を断念した。そうしなければ全員死んでしまうからだった。つまり彼が命令に違反することは、彼の部隊が事実上存在することをやめ、今や彼自身の命さえ危険にさらされるという時点になってようやく可能になったのだ。しかしそれでも、もしかしたら早く降伏しすぎたのかもしれないという良心の呵責に彼は苦しめられている。正確に言えば彼は命令をすべて字句通りには実行しておらず、だからこそ軍法会議に引っ張り出されることもありうると考えていたのである。

一九四四年七月にマイヤーの部隊の戦いがどのようなものであったのかについては、知られていない。おそらく彼が良心の呵責を感じていたのは、脱走者が存在したこと、もしくはここで述べられている三〇人よりも多くの男たちが降伏したせいでもあるのかもしれない。同時にこの例が示しているのは、服従や義務の履行がとりわけ将校団の参照枠組みにおいてどれほど大きな地位を占めていたかということである。この枠組みを抜け出すことは、極度の窮地、いわば本当に最後の瞬間にのみ可能であった。この態度は、興味深いことに政治的な確信にはほとんど影響を受けていない。ナチがドイツにどのような災厄をもたらしたのかについて辛辣な苦情を述べている体制批判者が、同時に歩兵たちがさしたる抵抗もなく捕虜になったことについて憤っているという事例も、いくつか見られる。(510)

兵士たちの参照枠組みにおいて、勇敢さは普遍的な軍事的美徳として服従や義務の履行と同じくらい重要な役割を果たしていた。勇敢さは自らの功績の象徴にまで高められた。なぜなら（空軍とはやや違い）、殺害した敵兵や撃破した戦車の数によって自らの功績を〔量的に〕証明することが困難だからである。地上戦はそれぞれに役割が細かく割り振られているため、自らの行動の具体的な結果を提示することが難しい。したがって、勇敢さを引き合いに出すしかないのである。このことはとりわけ、きわめて困難な状況のもとでも戦い続け、自分の任務を果たすことを意味していた。ガイヤー中尉は、イタリア戦線における彼の動員について語っている。「俺は最初カッシーノ近郊に配置され、我々は数週間オルソーニャ正面に送られた。もっとも俺はそのさい中隊長としてそこにいて、正確に言うとペスカーラ南方のアリエッリ近郊にいた。俺たちは砲撃によって絶え間なく消耗させられていた。俺の中隊の兵力は、ドイツ人が二八人、イタリア人が三六人だった。イタリア人は脱走した。最初に脱走したのはイタリア人の少尉だった。そこに俺たちは一〇日間ほど留まった」(511)。ガイヤーの描写は、彼の兵士たちの態度がイタリア兵たちといかに異なるかを強調している。イタリア兵は、少尉すら脱走したのだ。それにたいし彼らは、自分たちの部隊が殲滅されるまで、一〇日間殺人的な砲撃の中で持ちこたえたのだ。きわめて困難な、そして大きな損害を蒙る条件下で勇敢に戦ったというこうしたイメージは、盗聴記録において再三再四登場する。戦闘部隊、とくにエリート部隊に所属していた兵士たちが、そうした語りをもっとも頻繁に行う。劇的な語りを提供するのは、戦時中に連合国の捕虜となった数少ない武装SSの高級将校の一人である、ハンス・リングナーSS大佐である。彼は、自分の師団のあるSS少尉の行為について、誇らしげに語る。

リングナー　正確に言えば三日間、あらゆる方角から攻撃を仕掛けてくる半個連隊にたいして、ある村落を一八人の男で守った。そこで俺が体験したのは、機関銃一挺で戦区Abschnittいっぱい〔の敵〕を本当に釘づけにできるということだった。その後俺たちは反撃をしかけて、仲間たちを救出した。それは捜索大隊の残りで、もともとは一八〇人いたんだが、この一八人だけが残っていた。彼らはまだ古参の強者たちなんだ！(512)

勇敢に戦い、決して降伏しないという規範は、国防軍の非戦闘員〔軍属など〕においてもしばしば見られる。一九四四年八月二五日のパリでの迅速な降伏をもっとも激しく嘆いていた捕虜は、行政事務官だった男たちである(513)。

勇敢さ、服従そして義務の履行は、最前線の兵士たちの行動の認識を規定しており(514)、こうした評価の枠組みは戦争全体を通じてほとんど変化しなかった。それまで人々が歩んできた道のりも、政治的な傾向も、それにほとんど影響を与えなかった。博士号を取得した哲学者にも、銀行員にもパン焼き職人にも、確信的な社会民主主義者にも、熱狂的なナチにも、こうした解釈は同じように納得のいくものであった。このように一七〇〇万人の国防軍兵士は、社会的な出自はまったく異なるにもかかわらず、軍務の間は同じ軍事的価値システムを広範囲に共有していた。

もっとも陸海空の三軍やそれぞれの兵科の間には、興味深いニュアンスの違いは存在した。海軍兵士の会話においては、勇敢さ、誇り、ハードさ、規律が陸軍や空軍よりも明らかに大きな役割を果たしていた。この点で特徴的なのは、たとえば海軍中尉ハインツ・イェーニッシュによる、一九四〇年一〇月、U32の喪失に関する描写である。「我々の潜水艦が沈没したとき、俺はまだ何度も「ハイル・ヒトラー」と叫んでいた。遠くからは万歳という声もいくつか聞こえた。しかし何人かは、まったく忌々しいことに「助けてくれ」と叫んでいた。忌々しいことだが、そういう者がつねに何人かはいる」。[515]

ある上等兵は、封鎖突破船アルスタートーアの沈没について語り、そのさい彼から見てある海軍兵士の行動がどのようなものだったかについて、意見を述べている。

戦闘の間、我々は下のハッチに捕虜を収容していて、ドアの前にはピストルを抜いた見張りが立っていた。彼には、命令が与えられる前にドアを開けてはいけないという命令が与えられていた。そして、命令を与えるべき将校が斃れた。そして船はどんどん傾いていくのに、そいつはそこにずっと立ったままで、結局捕虜は一人も逃げられなかったし、この見張りも逃げられなかった。それが義務の履行というものなんだよ！[516]

捕虜となった海軍兵士の会話に軍事的な美徳が出てくる実例は、いくらでも挙げることができる。もちろんそのような会話は、空軍や陸軍でも行われていた。もっとも海軍でそうした会話が量的に多いというのは、驚くことではない。一九一八年の水兵反乱という汚名を背負っていた彼らは、戦争が始まってからも三軍の中では軍事的にもっとも重要性の低い存在だった。総司令官エーリヒ・レーダーは一九三九年九月三日、海軍大国イギリスとの来たるべき戦いはまったく見込みがないものであるから、この戦争で海軍が証明できるのはただ、「立派に死[517]」ねることしかないという評価を下している。彼の気分はその後ほどなく上向き、イギリスを経済戦争で屈服させられると信じている時期すら一時的にはあったものの、海軍軍令部がつねに特別な形で心を配っていたのは彼らの兵士たちの戦闘精神であった。これには、国家と国防軍における海軍の重要性を維持するという意味があった。なぜなら、彼らにあると言われていた強い戦意は、彼らの唯一の切り札だったからだ。最終的に一九四三年以降、海軍は軍事的には完全に無意味な存在へと凋落した。戦艦から駆逐艦に至るまで、彼らの部隊はアメリカ軍やイギリス軍にたいして技術的にはるかに劣位にあった。乗組員に十分な訓練を施すだけの燃料がなく、その結果海戦はほぼつねに連合国優位に推移した。高いセンセーショナルな成功を収めることはできなかった。高速魚雷艇やUボートにおいては、状況は基本的にまだよかったが、連合国の近代的な位置測定技術によってその意味を失った。よい知らせが届かなくなればなるほど、物質的、人的な劣勢が拡大すればするほど、戦闘それ自体に価値が置かれるようになっていった。[518] ナチ指導部がそれゆえ海軍に敬意を払い[519]、海軍にとくに戦闘精神があると考えられていたことが、ヒトラーがデーニッツを大統領として自分の後継者に選んだ本質的な理由のひとつである。

最後の一弾まで戦う

「ドイツ人は、見込みがなくなれば降伏する[520]」。

軍事的美徳は、とりわけ危機的な状況において兵士たちが、自らの内的な確信から「最後」まで戦うことを可能にするものと考えられていた。「最後の一弾」まで戦うことはしたがって、軍人的な行動の模範を表現したものと理解されていた。軍人服務規程 Heeresdienstvorschrift 第二号には、次のようにある。「すべてのドイツ軍兵士には、武器を手にしたまま捕虜となるよりも戦闘における死を選ぶことが期待されている。しかし戦闘の推移の中で、もっとも勇敢な者が生きたまま敵の手に落ちるという不幸を経験することもありうる[521]」。しかしながら少なくとも戦争の前半には、こうした決まり文句を指導部は文字通りではなく、おおよその意味でとらえていた。もっとも兵士たちの宣誓用の文言においては、自らの生命を捧げることが強く求められてはいたが[522]。戦術的な戦いの決着がつけば、兵士たちは捕虜となることが許された。何人かの歩兵が自分の小銃のための弾薬をまだ持っていたとしても、それ以上の戦いは無意味なものと考えられていた。

だが戦況が悪化すれば悪化するほど、政治指導部、そして軍事指導部も、「最後」まで戦うことを急進的に要求するようになっていった。これは戦争の最終段階において、国防軍のまさに象徴となっていった。一九四一年から四二年にかけてのモスクワを前にした危機において、戦術的な決着がつくまで戦うことから、「狂信的に」死ぬまで戦えという要求へと〔戦闘の原則が〕最終的に変わっていく、そのプロセスが始まった。

一九四一年一二月一六日、ヒトラーは中央軍集団戦線の危機的状況が尖鋭化したのを見て、これへの対応として以下のような命令を出した。「司令官、部隊指揮官、将校たちはそれぞれ、側面や後方に突破してくる敵を一切顧慮することなく、その陣地において狂信的に抵抗することを部隊に強要するよう、全力を挙げること[523]」。カイテルはその一〇日後にこう補足している。「防衛においては、たとえ寸土をめぐるものであっても死力を尽くして戦うこと[524]」。こうした命令は現地の司令官たちには当初、強く歓迎された。これによって消耗した兵士たちのパニックを防ぐことができると思ったからである。しかしながらこの死守命令がその後、全般的な行動規範となっていくと、これにたいする反対が起こった。エーリヒ・ヘプナー上級大将はこう述べている。「狂信的な意志だけでは十分ではない。意志はある。しかし戦力がない。[…]要求されている狂信的な抵抗によって、無防備な部隊が犠牲になっていっている[525]」。

「死守」し「死ぬ」ことを将官たちが拒んだのは、彼らの兵士たちがこうした条件のもとで戦場で死んでも、軍事的な付加価値はまったく得られないように思われたからだ。しかしヒトラーは死守命令に固執し、自分の絶対的な命令に従わない部隊指揮官を罷免した。一九四二年二月のモスクワ前方でのロシア軍の攻勢を最終的に停止させたのは、自分が妥協することなく命令を与えたからだとヒトラーは自負した。一九四一年から四二年にかけての冬のモスクワ前方でのロシア軍の反撃は、国防軍に初めての深刻な危機をもたらしたが、これによって彼は、難しい状況においては部隊をひとつ犠牲にするのが軍事的には意味のあることであり、それが証明されたと考えた[526]。その後も彼は危機的な状況に陥ると、再三再四「狂信的な戦闘」を「最後の一弾まで」続けることを要求し、この命令が文字通り実行されることに固執した。エルヴィン・ロンメル元師が一九四二年一一月三日、エル・アラメインの前方において指揮下の部隊を撤退させようとしたとき、独裁者ははっきりとあらゆる後退を禁じた。「強靭な意志は、強大な大隊に」勝利する「であろう」。「貴下の部隊にたいして」、ヒトラーはこう命令する。「貴下は勝利か死か以外の道を示すことはできない[527]」。彼の上官である司令官アルベルト・ケッセルリングが支持してくれたこともあって、ロンメルは破滅への命令を拒んで撤退を命じた。そのさい彼にとって根本的に重要だったのは、兵士たちの命ではなかった。他の状況ではロンメルは何らためらいなく兵士たちを死地へと送り込んでいるからだ。たとえば彼は一九四一年四月と五月に、彼の部隊の一部をリビアのトブルク要塞にたいする、軍事的には狂気の沙汰である攻撃のために犠牲にし、当時自分の兵士たちを犠牲にすることを拒んだハインリヒ・キルヒハイム中将を臆病者とののしっている。しかし一九四二年一一月にロンメルは、自らの師団がこれ以上戦い続けることは軍事的に無意味であると認識した。したがって彼は撤退しようとしたのである。しかしヒトラーは違った。アフリカに死守命令を出すことで、彼は狭い軍事的な意味だけでなく、それよりも上位にある目的を追求した。ひとつには独裁者は、純粋に意志の力だけでイギリス第八軍が食い止められると考えていた。他方、彼は兵士たちの犠牲に、いわば国民統合の前提ともなる、より高い意味を見出していた[528]。

ロンメルの不服従によって、アフリカ装甲軍の没落は一九四二年一一月にふたたび防がれることになった。一九四三年五月のチュニジアにおけるこの部隊の終焉を、彼はもはや体験しなかった。すでに八週間前に異動になっていたからだ。ロンメルが要求していたアフリカ軍集団のヨーロッパ大陸への移動をヒトラーは厳禁し、その代わりに最後まで戦うことを要求した。自分に何が要求されているのかを熟知しながら、ドイツ・アフリカ軍団司令官のハンス・クラーマーは一九四三年五月一二日に、こう無線で報告している。「弾薬は撃ち尽くした。武器や機器は破壊された。DAK［ドイツ・アフリカ軍団］は命令に従い、戦闘不能な状態になるまで戦った」[529]。クラーマーはイギリス軍の捕虜となり、トレント・パークに収容された。彼は重いぜん息にかかっていたので、一九四四年二月に本国に送還されることになっていた。したがって彼はドイツに帰国したあと、「なぜアフリカの部隊はこれほど早く崩壊したのか」についてヒトラーにどう説明すべきか、すぐに考えをめぐらせることになる。そのさい彼がもっとも心配したのは、最後の一弾になるまで防衛せよという命令が実行されなかったことだった。「私の麾下の師団長たちは私にいつも、その命令は変えられないのかと尋ねてきたので、私はいつもこう言っていた。「ダメだ」」。しかしながら、「結論としては、銃に弾薬を装塡したまま、機関銃に銃弾を装塡したまま、重火器に弾薬を装塡したまま降伏するしかないということだった」。クラーマーの、捕虜となっていたクリューヴェル大将にたいする説明では、「最後の一弾まで」という概念は、「［つまり］相対的なものです。要するに、本来は次のようにしか言えないはずです。「最後の徹甲榴弾まで」」[530]。クラーマーは、「ピストルで戦車に向かって」戦うことだけでなく、歩兵による「最終戦闘 Endkampf」をも拒んだ。それは軍事的にはもはや何の意味もないように思われたからだ。戦闘の決着がついたあと、彼は自分の部隊を最終的に敵に「引き渡し」たが、もっともそのことは独裁者には黙っておきたかった[531]。それにたいしてクリューヴェルは、とりわけ「引き渡し」という言葉は絶対に避け、ヒトラーの前ではつねに「最後」についてしか口にしないよう、助言した。

クラーマー大将が良心のやましさに苦しんでいた一方、マイネ大佐はチュニジアにおける「決戦」のやり方に非常に憤っていた。そのようなことはドイツの軍事史においていまだ一度もなかったと彼は言う。スターリングラードとはまったく違い、すべてが「士気阻喪させるようなもの」だと。第六軍の破滅は確かに悲しいことだが、「彼らは最後まで戦ったし、彼らは狭い空間で方々から砲撃され、ずいぶんと長いこと持ちこたえ、もうこれ以上持たないという状況になってようやく最終的に降伏せざるをえなかった」。アフリカでは状況はまったく異なっていた。マイネの言うには、「多くの将校たちがもはや戦おうとしないそのさまは、衝撃的だった。彼らはウンザリしていたんだ」。最後の一弾まで戦えという総統命令は師団まで届いたが、その命令にたいする彼らの答えは次のようなものでしかなかった。「弾薬はどこにあるんですか?」ついに五月八日、第五装甲軍司令官のヴェルスト将軍〔装甲兵大将〕は「白紙委任」の一言だけを伝達した。つまり、戦える限り戦い、そして戦闘止めという意味だ。(532)

こうした報告が示しているのは、一九四三年の段階ではほとんどの将校たちは、最後の一弾まで戦うことによって、何らかの形で軍事的な付加価値を得ることができるとまだ考えていたということである。ヒトラーの解釈はその間に、これとはまったく違うものとなっていた。彼にとって本質的に重要だったのは、明らかに犠牲それ自体であった。そしてゲッベルスもまた一九四四年六月にこう考えていた。「我々は自分たちの命のために最後の一弾まで戦うのではない。我々は最後の血の一滴まで、最後の呼吸の一息まで戦うのだ。[…]勝つか負けるか、生きるか死ぬかしかない」。(533)国防軍指導部はこうした没落のレトリックに一貫して同調した。たとえば一九四四年夏に、大西洋防壁*にいた将校たちは書面で、自分たちの拠点を最後の一人になるまで守るよう義務づけられた。(534)「もはや弾薬がない、あるいはもはや糧食がないので、それ以上我々は持ちこたえられませんでした」といったような言い訳をした者には、「きわめて厳しい処置」がなされるとされた。(535)ギュンター・クルーゲ元帥は一九四四年七月二一日、ノルマンディーにおける絶望的な軍事的状況に直面して、ヒトラーにこう報告している。「今は持ちこたえられていますが、もし援助の手段が我々の状況を根本的に改善しないとすれば、かなりの人々が死んでいくしかありません」。(536)この文面は確かに、独裁者をなだめ、また〔七月二〇日に起こった〕暗殺未遂事件への自分の関与をもみ消すためにも考えられたものだった。と同時にこの出来事は、どのような言葉を使えばヒトラーの気に入ってもらえると考えていたかを示してもいる。一九四四年秋に連合国がドイツ国境に到達したとき、将官たちは「破滅への義務」(537)を彼らの命令において最終的に自らのものとした。戦術的な決着がついたあとであっても、彼らは降伏する許可を拒絶した。

もっともここで問題となるのは、「最後」まで戦うという姿勢や、それが徐々に字句通り解釈されるようになっていったことが、中間レベルの指導者や末端のふつうの兵士たちの参照枠組みにどこまで根づいていたのかということである。[538]

兵士の生活にはほとんどあらゆることについて規則が存在した。衣服の正しい着用、武器の取り扱い、戦闘における行動など。それにたいして、降伏の仕方についての規則はなかった。いつ降伏してよいか、具体的に降伏はどのようにすべきかについて規定はなかった。最高指導部の抱いているイメージは、戦闘の渦中にある下級の兵士たちにとって抽象的なままであった。したがって戦場における敗北は、方向性を喪失する瞬間でもあった。そこでは、集団としてどのように行動するかがとりわけ重要であった。兵士たちはともに戦い、たいていの場合はともに捕虜となった。

第七空軍通信連隊のレンナー曹長は、一九四四年七月のシェルブールにおける戦闘で、最後の一弾まで戦うことを望んでいなかった。

レンナー　俺たちは少なくとも三日、それどころか五日は持ちこたえることができるはずだった。だが俺は、それを阻む可能性を狙っていた。［…］集中砲火にもかかわらず俺はトーチカの前にたどり着いて、そこでこう話し始めた。「おまえたちは今、これ以上もうどうにもならない無意味な戦いのために、外で死にたいのか？　ついてこい、ここを出よう」。そこにいたおよそ二〇〇人のうちおそらく（それ以外の奴らは何も言わなかった）一〇人はそれに反対で、彼らはこう言った。「そんなまねをさせるわけにはいかない、それはダメだ！　俺たちは最後の一弾まで戦いを続けるんだ！」そこで俺はこう言った。「最後の一弾とはどういう意味だ？　あなたたちが最後の一弾を撃ち、敵が撃ち返してきたら、あなたたちは死ぬんだぞ！」すると一人が言った。「そうなれば、俺たちは故郷のために英雄的な死を遂げることになる！」そこで俺は言った。「馬鹿者が！　おまえが死んで、おまえの奥さんが家で苦しむのがどういうことなのか、おまえには何もわかってないんだろう！」すると他の奴らがこう言った。「イヤだ、それはダメだ、俺がまず先に出る」。こうして俺は、人々の意見を変えることに成功した。俺は尋ねた。「一緒に来る者はいないか？」まず二人が申し出て、その後すぐにそれが二五人ないし三〇人になった。俺は［白］旗を持って先頭に立ち、あれこれと合図をして、激しい集中砲火に向かってまっすぐ進んでいった。[539]

レンナーはその後何度もドイツ軍の戦線に戻り、あわせ

＊（訳註）英仏海峡の北海沿岸沿いに、フランスからノルウェーに至るまで二六〇〇キロ以上にわたって構築された海岸防衛線。コンクリート製のトーチカが構築され、海岸線には地雷や対戦車障害物が配置された。

て二八二人の男たちを捕虜へと連れていった。彼の事例は、兵士たちがいかに戦友の振る舞いにあわせて行動するものであるのかを模範的に示している。レンナーには、最後まで防衛しようという人々に向かって自分の意見を押し通す権威があった。一人目が彼に従うことで端緒が開かれ、次々と兵士たちは降伏していった。命令を下す将校が自分のトーチカに這いつくばっていたので、レンナーは男たちの方向性喪失を利用し、自分の振る舞いによってそこからの出口を彼らに示すことができた。もしあるカリスマ的な将校が兵士たちの前に立ち、最後の一弾まで戦うことを要求していたなら、出来事はこれとはまったく逆の展開をたどったであろう。

戦闘における生き残ろうとする意思と集団的なダイナミクスは、電撃戦において勝利していた時期においてすら、ドイツ兵たちが二〇〇人に及ぶ規模の部隊で戦闘を放棄し、指導部が憤激したように「最後の一弾まで」戦わなかったのはなぜなのかを説明している。(540) もっとも、多くの兵士たちが規範に反した行為をしたことから、この決まり文句が部隊には浸透していなかったという結論を出すことはできない。盗聴記録が裏づけているように、この決まり文句はドイツ兵たちの参照枠組みにおいて方向性を得る上での目印としてしっかりと根づいており、彼らの行為にも影響を与えていた。第七一六歩兵師団のグントラッハ大尉は、一九四四年六月六日、ノルマンディーの小村ウイストルアムにおける自分の陣地の防衛について、こう語っている。

グントラッハ　今や俺たちはトーチカの中にいた。俺たちはもちろん自分たちを守っていたし、やることもきちんとやっていた。俺はたまたまそのとき最年長だった。そういうわけで俺は指揮を引き継ぎ、最後まで守った。トーチカの中にまったく空気が入ってこなくて、上では敵が火炎放射器を浴びせて我々を追い出そうとしたので、部下の男たちが何人か意識を失ったんだが、そのとき俺はこう言った。「いや、もう無理だ」。結局我々は捕虜になった。(541)

この描写が示しているのは、そもそも取り立てて言うほどの損害を敵に与えられるのかどうかということとは無関係に、グントラッハ大尉が戦闘をまずは継続していることである。イギリス軍が火炎放射器を投入し、暑さと酸素不足によって最初の兵士たちが意識を失ったあとに、彼は自分たちはすでに義務を履行したと見なした。彼ははっきりと認識できる限界まで戦った。つまり、部下の兵士たちが抵抗力を失うまでである。そして「もう無理だ」と言って、戦闘を断念したのである。まったく同様に第二六六歩兵師団のロルヒ兵長も、サン＝ロー近郊で一九四四年七月中旬に捕虜になった様子について語っている。最初は誰一人捕虜になることが許されなかったという。しかし「弾薬が尽きたとき、我々の小隊長が言った。「こうなったら、もうクソくらえだ！」」[542]

「最後」まで戦うという行動規範の妥当性は、一九四四年六月末にシェルブール防衛戦のさなかに連合国の手に落ちた捕虜たちの会話から、より明瞭に見て取れる。シェルブールを失うことが国防軍にとって大打撃になることを、彼らはわかっていた。したがって彼らが会話において再三再四断言するのは、寄せ集めで装備もひどい部隊では要塞を持ちこたえることはできなかったこと、しかしそれが一気に陥落したことについて彼らに責任はないということである。彼らによればむしろその原因は、「他の奴ら」が最後まで戦わなかったことにあった。ヴァルター・ケーン大佐はこう語る。

ケーン　そこである少尉が俺に尋ねる。「一体この横坑をどうするんですか。弾薬庫にしている横坑を。そこで俺は答える。「爆発させて〔穴を塞いで〕くれ。もう何の役にも立たん」。それから彼は電話をかけてきて、穴を爆破したが、その前に内部に向かって、ドイツ兵でも何でも、とにかく中に誰か残っていないか叫んだと言っていた。一五〇人の男がそこから出てきた。彼らは穴の奥に横たわって何日も過ごしていた。一五〇人だぞ！「なるほど、それであなたは彼らをどうしたんですか？」「彼らはすぐに戦闘に投入した。しかし彼らには武器がなかった。俺はここで武器をかき集めて、整理して並べた。それが終わって、俺は辺りを見回したが、彼らはふたたび全員いなくなっていた」。[543]

シェルブールで規範を犯した兵士たちにたいして憤った発言が見られるのは、盗聴記録だけではない。港湾司令官のヘルマン・ヴィット海軍大佐は、ザットラー少将が軍需品集積所の四〇〇人の男たちとともにあっけなく降伏したことを、パリに向けて憤って打電している。[544]そのさい彼にとって本当に衝撃的だった事実はザットラーの降伏それ自体ではなく、この降伏が「あっさりと」行われたことにあった。ヴィットにとってこれは、士気が完全に崩壊していることの兆候であった。数日後、イギリスの捕虜となった彼は、「完全に、イエーナ・アウエルシュテット〔の戦いのとき〕と同じ状況だった」と認めている。[545]不均衡な戦いにおいて兵士の生命〔が危険にさらされているということ〕を、シェルブール守備隊の多くの参謀将校は〔士気崩壊の〕妥当な要因とは見なさなかった。だからこそ、少なくともデ・ラ・アーグ岬にいたヘルマン・カイル中佐の戦闘部隊が「最後の瞬間まで［…］非常に立派に」持ちこたえたことについて、彼らは非常に満足していた(546)。

「最後」まで戦おうという意思は、ほぼすべてのドイツ兵たちに見て取れる。しかし状況要因や個人的な性格、そして集団の団結力によって、規範に沿った行為とはどのようなものなのかについての解釈は、きわめて弾力的となる。シェルブールの最後の司令官として武器を置いたヘルマン・ヴィットは、この規範を自分自身に課したが、それは、一九四四年九月一六日にボージャンシーのロワール橋で、二万人弱の行軍部隊とともにアメリカ軍に降伏したボート・エルスター少将にとっても同じことであった。エルスターの議論によれば、彼は自分の部隊とともに東方へと突破するためにあらゆることを試みた。しかし最高指導部の過失によって立派に戦う手段が失われたのだと言う(547)。

国防軍兵士たちはつねに自分たちの行動を、「最後」まで戦ったのだというふうに様式化する。それは彼らの実際の行動とは関係がない。これは参謀将校のレベルでは、高級将校たちが降伏の直前に上位の司令部と交わした、強がった無線通信に見て取ることができる。そのさい生み出される言葉の上での戦いの喧噪は、自分の行動が規範に則したものだということを双方にたいして保証することが、その唯一の目的である。中にはそれどころか、そうした会話を通じて熱望していた勲章や昇進を手にする者までいた(548)。

自らの行動を名誉あるものとして表現したいという欲求は、規範に則して行動しなかったとされる「他者」に距離を置くという行為へと、不可避的につながっていく。このことは、陸海空のうちのある軍を臆病だと咎めることをも意味しえた。他の階級にも積極的に非難が浴びせられた。たとえばある上等兵は一九四四年七月に、こう不満を漏らしている。「シェルブールの将校たちは臆病な、ならず者だった。あのとき、俺たちのうちの一人が軍法会議にしょっ引かれることになった［…］、理由は助かるためにずらかろうとしたからだった。だが、彼は法廷に現れもしなかった。将校殿たちがトーチカにいてそこから出てこなかったからだ。話は単純で、したがって彼は放免になった。だが次のような命令が下された。「我々は最後の一人まで戦う！」彼らがそうすればいいのに」(549)。さらにこう続ける。「将校たちは捕虜になる準備として、すでに日がな一日中トランクに荷物を詰めていた。我々の将校たちがあれほど臆病でなかったなら、シェルブールがあんなふうに陥落することは決してなかっただろうに」(550)。もちろん将校たちは状況をまったく逆に見ていた。「指揮官がそこに座っていて、将校がそこに座っている場合にのみ、男たちは持ちこたえる。しかし彼らが自分の席を離れたならば！[551]［…］」、こうヴァルター・ケーン大佐は苦情を漏らす。パリが一気に陥落したあと、フランスの首都を守っていたのはそもそも将校たちだけだったと主張する将校まで現れた。将校たち自身は少なくとも最後まで戦い、したがって良心を持っているのだと。「それ以上はどうすることもできない[552]」。

　議論の形は似ているものの、自らの行動を規範に則して表現したいという欲求は、階級が上がれば上がるほど明らかに高まっていくことが、盗聴記録からはっきりと読み取れる。ヘルマン・ヴィット海軍大佐は、捕虜の境遇から妻に宛てた手紙を通してデーニッツ海軍元帥に、シェルブールの防波堤における自らの戦闘を暗号で報告することに固執した[553]。他の高級将校たちも、降伏したのは戦闘の最終局面だったことをしきりに強調した[554]。いわば最後の一人として船から下りたのだというわけだ。エルヴィン・メニー中将はファレーズの包囲戦でカナダ軍の捕虜となったが、一九四四年一一月にあるアメリカ軍の捕虜収容所で、日記にこう記している。

メニー　しかしながら、私が捕虜として知り合った四〇人以上の将官のうち、自ら最後まで戦った者がごくわずかであったことに、私は衝撃を受けた。すべての兵士、もちろんとくに将官は全員が、見込みがないことであってもこれを試みるのが、まったく当然のことだろう。運があれば、不可能なこともやり遂げられる。私は自分の男たちとともに、包囲やその他の絶望的な状況から何度も抜け出してきた。私たちはみな、自分の命への望みをとうに捨てているにもかかわらずだ。そして今回、私が他の二人とともにきわめて激しい戦闘のあとに負傷もせず生き残ったのは、偶然かあるいはほとんど奇跡だった。敵から賞賛されなくても別に構わないが、イギリスの新聞が私のことについて、頑強に、信じがたいほどの粘り強さをもって極限まで守り、捕虜になることを避けて死を求めたと書いてくれたら、それは嬉しいことだろう。将官が「降伏する」[555]ことができるなどとは、私は今後も決して理解できないだろう。

　ここで明らかになっているように、メニーの観念世界においては、将官には特別な行動規則が求められる。将官は最後の瞬間まで戦うべきであり、できることなら手に武器を持ったまま「死を求める」べきであり、何もしないまま「拘禁」されるようなことがあっては決してならない。せめて負傷した上で降伏しなければならない。メニーは日記の中で、両手を挙げて降伏することを自分は拒んだと、誇らしげに付け加えている。彼とは政治的に正反対の立場にあるヴィルヘルム・リッター・フォン・トーマやルートヴイヒ・クリューヴェルのような将官たちも、パウルス元帥がスターリングラードで捕虜になったという記事をトレント・パークで目にして、異口同音に憤激を示している。「私だったら自分の頭に弾を一発撃ち込んだでしょうね。とにかく、これには大いに失望させられましたね！　大いに失望させられた」。クリューヴェルはこう述べて、さらに付け加える。「ようするに私が言いたいのは、あなたや私、我々が捕虜になったのとはまったく状況が違うということです。まったく比較になりませんね」[556]。二人が強調しているのは、彼らは最後まで戦いながら敵の手に落ちたということだ。トーマは、自分の戦車が敵に撃破されてそこから這い出るしかなくなり、さらに敵の機関銃による一斉射撃で自分の帽子に穴が空いたことまで、几帳面に報告する。一方でパウルスが捕虜になったことには、何ひとつ英雄的なところがない。トーマとクリューヴェルの見解では、彼はふたつの点で規範に違反している。彼が降伏したということそれ自体以外に、この二人の将官が興奮しているのはその降伏の状況である。「兵士たちが死んでいるのに自分が生きる」というのは総司令官としてありえないことだと彼らは言う。「それはまさに、自分の船が沈もうとしているときに全員が亡くなったとか、あるいは水兵が三人しか助からなかったのに、艦長や首席士官〔副長〕der erste Offizier が生き延びるようなものですよ。そしてこの話がまったく理解できないのは、私はパウルスを知っているからです。そんなことがありうるとすれば、それは彼が神経やその他もろもろが完全に参ってしまったからに相違ありません。しかしこれは軍人的ではない。私が考えている軍人のイメージを傷つけるものです」[557]、そうトーマは言う。もっとも彼らに言わせれば、それよりもさらにひどかったのがエル・アラメインでのイタリア人将官たちの振る舞いであった。トーマは自分の戦車が撃破され、泥まみれの穴だらけな軍服姿でイギリス軍の手に落ちたが、「イタリア人の将官たちは［…］完璧な服装で［…］、手荷物もすべて持ってきていました。カイロのイギリス人将校たちはそれを笑っていましたよ。彼らがやってきたときはまるで、旅行カバンを抱えた「トーマス・クックの団体旅行」ご一行様のようでしたからね。彼らはすぐに平服に着替えていました。私はこう言いましたよ。「お願いだから、彼らとは別のグループに入れてくれ」[558]」。

高級将校たるもの、よき模範を示し死ぬまで戦って欲しいという特別な期待は、国防軍発表にも現れた。一九四四年七月三日にはたとえばこうある。「激しい防衛戦のさなか、マルティネック砲兵大将、プファイファー砲兵大将およびシューネマン中将の〔三人の〕軍団長が、自らの軍団の先頭で戦いながら、自らの立てた軍旗への忠誠の誓いに忠実に英雄的な死を遂げた」[559]。

もっとも目を引くのは、そうした考察において、自分の戦闘にそもそもまだ何か具体的な作戦上の有用性があるのかどうかということが、度外視されていることである。最前線にいた軍団長としてそもそも何を失ったのかについて、トーマは熟慮している形跡がないし、所与の全体状況において突破を試みることに意味があるのか、おそらくは自分の兵士たちを確実に死へと追いやるだけではないのかとメニーが深く考えている形跡もない。ウイストルアム近郊で自分のトーチカを守っていたグントラッハ大尉も、自分の抵抗によってイギリス軍の進撃をまだ遅らせることができるのか、考えをめぐらせている様子はない。戦闘それ自体に意味があったのだ。この規範に合致している者、あるいは少なくともそのように見せかけていた者は、自分のことをよき兵士であると感じることができたし、敗北しても批判される恐れはなかった。

規範に沿った行動に関する解釈が芳しくない戦況の影響を受けるようになったのは、かなりあとになってからである。ノルマンディーで多くの兵士たちは確かに壊滅的な敗北を喫し、戦争は負けだとほとんどの兵士が信じるようになった。しかしながら彼らは依然として、兵士としては最後まで戦い続けなければいけないという見解を持っていた。アルデンヌ攻勢が失敗してようやくこの掟が影響力を失い、無条件降伏はもはや避けることができず、総統神話がその輝きを大いに失ったことをほとんどの兵士たちがついに認識するようになった[560]。兵士たちは今や、ロートキルヒ大将が一九四五年三月九日にトレント・パークで述べているように、「静かなストライキ」をさまざまに起こすようになった。「アメリカ軍がやってきても、彼らはみなそこに座っているだけで、何もしないんだ」[561]。

もっともこうした見解があるからといって、状況や個人的な性格に応じてドイツ兵たちが、一九四五年四月に入っても西側連合国にたいして頑強な抵抗を続けたことを無視してはならない。その戦闘部隊の社会的構造が損なわれていない場合には、彼らの主観的な感覚では装備も武器も十分にあると思っていたし、兵士たちも戦争の最終段階にはもはやふさわしくないと思われるような激しさをもって、しぶとく戦った。一九四五年四月のブレーメン南方における第二海軍歩兵師団の投入は、その典型例のひとつである。この師団はもはや余剰となった艦船乗組員から構成されていたが、地上戦の経験はなかった。訓練も武器も不十分だったが、にもかかわらず彼らは精力的に、大きな損害を蒙っても戦った[562]。

階級が高くなればなるほど、軍事的な価値世界の枠組みから抜け出す障壁は高くなっていった。トレント・パークでドイツ人将官たちは、破滅的な状況に直面して国防軍はどのように振る舞うべきだったのかについて、激しい議論を戦わせている。エーバーバッハ将軍〔装甲兵大将〕は一九四五年一月末に、ふたつの立場についてこう要約している。

エーバーバッハ　［ひとつの立場は］、今こそドイツ人の民族としての実態を保たなければならない瞬間である、その条件がどのようなものであろうとまったくかまわない、今は降伏するしかない、というものだ。他方もう片方の意見は、今やすべてが絶望的なのだから、ドイツ民族にまだ残されている道の中で一番よいのは最後まで極限まで戦うことであり、そうすれば少なくとも敵は我々に敬意を払わざるをえなくなるし、そうして死ぬまで戦うことでドイツ民族はその後まだ残されているものをもとに、ふたたび立ち上がることができるだろう、というものだ。それが双方の見解だ。どちらが正しくてどちらが間違っているとは、言うことができない。(563)

一九四五年三月末、連合国軍が多くの前線でライン川を渡河したとき、ほとんどの兵士たちはもちろん、最後の一弾まで名誉ある戦いをするというイメージから距離を置いた。「武器を差し出すということをかつて私はつねに間違ったことだと考えており、それは我々の民族に重大な損害を与えることとなり、おそらく将来的に非常に災いに満ちた影響を及ぼすのではないかと思っていた。だが今、今は終止符を打たなければならない。とにかく、常軌を逸している」。そう、フェルディナント・ハイム中将は一九四五年三月末に公言している。(564)この認識を彼が言葉で表現したのは、トレント・パークの修道院にも似た静けさの中においてであった。前線の将官たちも似たような認識に到達していたのかもしれないが、しかし彼らが認識していた主観的な行動可能性はそれとは異なるものだったので、結局のところ将官たちは、最高指導部の決戦という妄想にたいていの場合立ち向かうことをしなかった。それにもかかわらず、集団的な軍事的自殺という事態にまで立ち入ることが散発的にしか起こらなかったということは、「最後」まで戦うということがつねに、そもそも戦うことが可能なのかという問題とつねに結びついていたところに、大きな原因があった。小銃で戦車と戦いたいとは誰も思わないし、それは兵卒も将校も同様である。敵と戦う上での効果的な手段がもはやないとなったときに、ドイツ兵たちは戦闘をやめた。それは一九四一年のロシアにおいても、一九四四年のノルマンディーや一九四五年のラインラントにおいても同様であった。

この規則のひとつの例外は、文字通り最後の一弾まで戦い続けた武装SSのいくつかのエリート部隊であった。フランスにおいてもドイツにおいても連合国軍が、SS隊員をほとんど捕虜にしていないことが注目される。これは、イギリス軍やアメリカ軍がSS部隊との戦闘でしばしば捕虜を取らなかったということだけでは説明できない。むしろ重要なのは、いくつかの（すべてではないが）武装SS部隊が、陸軍部隊であれば武器を差し出すような絶望的な状況においても戦い続けたことであった（「武装SS」の節参照）。国防軍の兵士たちはこうした振る舞いにたいして、強い困惑を示すしかなかった。フライヘル・フォン・デア・ハイテ中佐の分析によれば、自らの命を犠牲にするというのは「誤ったエートスであり、この［SSの］人々が持っている、命を捧げるという「一〇〇％忠誠コンプレックス」を、彼らはとてつもないやり方で育んでいて、まさに日本人のようだ(565)」。

武装SSを例外にすれば、国防軍の地上部隊には、整然とした効果的な防衛がもはや考えられない場合には戦闘を放棄するという、ある種の常識が存在した。そのような状況では兵士たちは自ら犠牲になることを拒んだ。彼らの規範世界において、軍事的に意味のない犠牲は存在しなかった。自らを犠牲にするということが原理的に排除されていたわけではないが、それは何らかの目的のための手段として意味がなければならなかった。それが存在しなければ彼らは武器を置いたし、とくに捕虜になることそれ自体が（とりわけ西部では）何か名誉を傷つけるようなものだとは考えられていなかった。

こうした振る舞い方がはっきりと現れているのがサン＝マロ要塞における戦いである。守備隊が城塞内に閉じ込められたとき、要塞司令官のアンドレアス・フォン・アウロック大佐は次のような公示を行った。「全員が死に備えるべきである。人間はたった一度しか死ねないということ、つまり最後まで、自分を犠牲に捧げるまで戦いは行われるということを、はっきりと認識すべきである」。そうアメリカ軍の収容所フォート・ハントで同じ監房の仲間に報告するのは、ゲオルク・ネーアーである。「降伏の前日、彼は工兵たちに命令を与えた。あそことあそこに地雷を設置しろ、というものだ。つまりそれはもはやアメリカ軍にたいしてではなく、我々自身のためのものだった。そして我々はもちろんその命令を実行しなかった［…］」。なぜならネーアーも彼の戦友たちも、最後の瞬間になって、死にたくなくなったからだ。「そして我々はここまでたどり着いて、戦場で我々が何に値するかを示し、今や情けない死を迎えなくてはいけない。それくらいだったら、横坑にいる大佐に向かって手榴弾を投げつけてやりたいね。クソみたいにどうでもいいことだ」、そう兵士の一人が憤る。しかしその後彼らは、ほっと安堵して次のような結論にたどり着く。アウロックは「つまりそれを本気で考えていたわけではまったくなかったんだ。すべてはもったいぶった言動にすぎない。彼も死ぬなんてことを本気で考えていたわけではなくて、とにかくああ言ってみることで、国防軍発表で何回か名前が呼ばれれば、彼は将官になれる。彼は将官として、柏葉付〔騎士鉄十字章〕の佩用者として捕虜になりたかったんだ[566]」。この目標を実際に彼は達成する。アウロックは、自分の戦闘について英雄的なイメージを伝えることに成功し、それはヒトラーを大いに喜ばせた。自分は他の要塞の模範とならなければいけない、そう彼はコメントしている。それゆえアウロックは望んでいた柏葉付を受け取り、少将への昇進も予定されていた。もっともある手続き上のミスによってこれは実現せず、代わって彼の兄のフーベルトゥスが将官に昇進した。

　アウロックのような男ですら、最後まで戦うことはなかった。しかしそれでも、生きて敵の手に落ちることに逆らった高級将校は何人かいた。「私個人には、軍人として何らやましい点はない」、捕虜になった直後にそう言うのは、シェルブールの要塞司令官、ヴィルヘルム・フォン・シュリーベン中将である。「自分の中で反芻しているのはただ、私は死んでいた方がよりよい結末だったのではないかということだ[567]」。射撃してくる機関銃に最後に自分の身を投げ出していれば、それは「歴史的な行為」になっただろうと、シュリーベンは言う。シュリーベンとともに捕虜になったヘンネッケ海軍少将は、実際「銃弾の中に身を投げ出」そうとしたのだと言う。最終的に彼は自分自身に、「それは自殺と同じようなものだ。まったく何の意味もない」と言い聞かせて、絶望的な行為を思いとどまることができた[568]。

　シュリーベンと同じように、ハンス・クルーク大佐も考えていた。一九四四年六月六日、自分の戦区がイギリスの上陸軍に持ちこたえられるかなど、まったく心配していなかった。

クルーク　そのとき俺は完全に落ち着いていた。心配していたのは、捕虜になるということについてだけだ！　それで人々は俺を批判するだろうか？　俺は斃れることを求められているのではないか？　命令はこうだ。「拠点を放棄する者は死刑に処す。拠点は最後の一弾まで、最後の一人まで防衛すること[569]」。

クルークのトーチカが包囲されたとき、彼はまだ無事だった師団司令部との電話線を使って電話をかけ、指示を仰いだ。「「ならば貴官が正しいと判断することをせよ」。俺は言った。「将軍閣下は命令を与えようとはなさらないのですか？」「いや、私には状況が見通せていない」。自分も同じ状況だと彼に言った。彼は言った。「いや、貴官は自分の良心に従って行動せよ！」」しかしクルークはどうしてよいかわからなかった。自分の拠点を最後の一人まで防衛せよという命令に彼は署名しておきながら、今や自分で決断しろというのだ。状況は本来明白であったにもかかわらず、これは彼にとって苛酷な要求であった。彼は次のように考えをめぐらせる。「もしそれが総統や帝国の威信にとって重要ならば、我々はこの命令を実行するだろう。もしくは、この若く有為な人的資源を完全に無意味な殲滅［から逃れさせること］の方が重要なのだろうか？[570]」結局彼は戦闘を放棄する。斃れることがなかったという自己批判は、もちろん残る。

東部戦線における「最後」まで戦うという掟は、確かに西部においてとは異なる影響力の強さがあった。ナチ・プロパガンダによって巧妙に煽られた赤軍にたいする恐怖、しかしとりわけ双方によってきわめて残虐に行われた戦闘は、捕虜になるという行動の選択肢をほとんど魅力的ではないものとした。ハンス・クラーマー大将が自省するように、「私が個人的につねにいくぶん心配していた点は、次のようなことだった。それはやはり私のロシア経験に起因している。［…］アフリカでのこの決戦は、ロシア決戦ほど熾烈な影響を与えなかったのはまったく当然のことだ。なぜなら兵士たちは、イギリスの捕虜になるのは我慢できるが、ロシアで「殴り殺される」のはまったくわけが違うということを知っていたからだ。［…］これは確かにきわめて決定的な点だ[571]」。クラーマーは、スターリングラード包囲後に生じた東部戦線の南翼の崩壊も、チュニジアでの最後の戦闘もともに体験していた。つまり彼は、国防軍が一九四二年から四三年にかけて喫した最大の軍事的破局ふたつを、直接比較できる立場にあった。彼の観察は間違いなく適切であり、数多くの実例によってその確かさは証明しうる[572]。たとえばソ連の捕虜になることへの不安は、戦争最後の年に散発的にではあるが、ある種の降伏拒否を引き起こすことになった。テルノポリ〔現ウクライナ領・テルノピーリ〕やヴィテプスク〔現ベラルーシ領・ヴィーツェプスク〕、ブダペスト、ポーゼン、最終的にはベルリンといった包囲された場所や要塞では最後の守備隊は降伏することなく、むしろ馬鹿馬鹿しいとしか言いようがない突破を試み、自軍の戦線にたどり着こうとした。数千人の兵士たちがその

ハンス・ボールト（1857–1945）による絵画『最後の男』．当時の絵はがきより．
絵画自体は 1916 年以降行方不明になったと考えられている．

さい、レミング*のように死に向かって疾走していった。降伏していれば、そのほとんどは生きながらえたことであろう。[573] 西部においては、シェルブールでもサン＝マロでも、メッツでもアーヘンでもそのような降伏拒否は起こらなかった。

もっともこれは、ロシアにおける、より急進的な全般的傾向を描写しているにすぎない。なぜなら東部戦線においても、数十万人のドイツ兵が捕虜になっているからだ。一九四一年から一九四四年までで、その数はおよそ八六万人と推計されている。[574]

「立派に死ぬことと心得る」

海軍においては、最後の一弾まで戦うという決まり文句にたいして、まったく独自の関係が築かれていった。一九一八年の水兵反乱という汚名を背負っていたため、海軍指導部にとって第二次世界大戦においてとりわけ重要だったのは、この失敗を挽回することだった。海軍は「立派に死ぬべきである」という宿命論的な命令〔二七八ページ参照〕が下ったのは、予期していなかったイギリスの参戦を受けてのことであった。[575] 海軍の名誉を保つことを総司令官がどれだけ重く見ていたかが、ここにははっきりと表れている。一九三九年一二月、ドイツの装甲艦アトミラール・グラーフ・シュペーが優位にあるイギリス軍から逃れ、乗組員たちを救うために自沈したさい、レーダー〔海軍総司令官〕は確かにこの出来事を隠蔽した。しかし彼は同時に、ドイツの軍艦は今後の戦闘では勝利するか、もしくは軍艦旗をたなびかせたまま沈没するかのどちらかしかないということを、明確にしている。[576] 海軍指導部が戦争の間中、この犠牲精神を兵士たちに実際に求めていたことは、数多くの実例によって示されている。「立派に死ぬ」ことはとりわけ戦争の後半に、レーダーの後継者であるカール・デーニッツ提督の綱領となった。U331の艦長、ハンス・ディートリヒ・フライヘル・フォン・ティーゼンハウゼン海軍大尉が、一九四二年一一月に無防備な状況に置かれ、乗組員たちを敵の航空機攻撃から守るために白いタオルを振ったことをデーニッツが知ったとき、彼はこれに激烈に反応した。この振る舞いは誤りであり、捕虜から帰還したあと責任を取らなければならないというのが、彼の見解であった。「白旗を掲げたり軍艦旗を降ろしたりすることは、乗組員の不名誉な降伏を意味するだけでなく、艦船や潜水艦の不名誉な降伏をも意味するのであって、したがって古来の軍人にして、船乗りである者としての次の原則に違反するものであるということに、海軍においてはいささかの疑念もあってはならない。「軍艦旗を降ろすよりも、名誉とともに沈没すること」。艦長はすべての戦闘手段が尽きたさいには、アフリカの海岸に近づいて乗組員が救助される可能性を高めようとするのではなく、自らの潜水艦を沈めるべきであった。「将校は」とデーニッツは続ける、「容赦ない厳しさをもって、軍艦旗の名誉の方が個人の命よりも重要だという考えを叩き込まれなければならない。白旗を掲げることは、ドイツ海軍では艦上においても陸上においてもありえない」。[577]

軍艦の降伏拒否はすでに一九世紀末に見られた現象であり、二〇世紀前半においても世界中のほぼすべての海軍において見ることができる。[578] ドイツにおいてはこの態度は、ハンス・ボールトの絵画「最後の男」によって、すでに第一次世界大戦中にイコンとなっていた。この絵が様式化しているのは、一九一四年一二月のフォークランド諸島における海戦の情景である。このとき水兵たちは、転覆した巡洋艦ニュルンベルクの上でイギリスの軍艦に向かってドイツの旗を掲げ、その後、海中へと沈んでいったと言われる。[579] 第二次世界大戦中に海軍指導部は、最後の一弾まで戦うという姿勢を特別なやり方で洗練させていった。ヒトラーは一九四五年三月末になっても、西部における要塞は何よりもまず海軍出身の司令官の指揮下に置かれなければならないと命令し、デーニッツを満足させた。「なぜなら、多くの要塞は最後まで戦うことなくすでに失われていったが、

＊（訳註）　タビネズミとも呼ばれる。繁殖が極に達すると海に向かって集団自殺行進をするという俗説がある。

艦船においてはそのようなことは一度たりとてなかったからだ」[580]。さらに自らの政治的遺言においてすらヒトラーは、ドイツ将校が目標としなければならない名誉概念、すなわち「地域や都市の引き渡しはありえないということ、そしてとりわけ司令官たちは輝かしい模範を先例として示し、死ぬまで徹底的に忠実に義務を履行するということ」が、海軍においてはすでに実現されていたことを指摘している[581]。

もちろんここで問われなければならないのは、何が願望的な思考であり、何が現実だったのかということだ。一九四四年初頭の北フランスの海軍部隊では、間近に迫っている侵攻に戦争の帰趨を決定する重要性があることを強調し、「最後」の出撃を要求する命令や警告が山のように下されていた。デーニッツはそれどころか、Uボートは場合によっては浮上して、自殺的な行動に出る、すなわち敵の上陸艦艇に衝突すべきことまで命じている[582]。しかしそれは、威勢のよい言葉にすぎなかった。実際にはデーニッツは比較的慎重な作戦行動を取り、ある程度は成功の可能性があると判断されたUボートのみ、英仏海峡に送り込んだ。衝突について、その後口にされることはなかった。小艇戦闘部隊においては自己犠牲の精神が維持されていた。ここでは、大急ぎでこしらえられた、技術的にほとんど成熟していない武器がさまざまにかき集められた。人間魚雷*、体当たり艇Sprengboote**、そして一九四五年以降は二人乗りUボート***が登場した。人間魚雷乗組員の損害は恐ろしいほど甚大で、その成果に見合うものではなかった。若い水兵たちの犠牲精神は大島浩駐独日本大使の耳にまで入り、彼はその態度を神風特攻隊のそれと比較している[583]。

海戦の状況をつぶさに観察してみれば、最後の無線通信が信じさせようとしていたよりも、現実はもちろんアンビバレントなものであったことがわかる。一九四一年五月二七日、戦艦ビスマルクが東大西洋で撃沈されたとき、ギュンター・リュトイェンス海軍大将はこう無線で発信している。「我々は最後の一弾まで戦った。総統万歳」。事実ビスマルクは、重砲がすべて動かなくなるまで戦った。二二〇〇人の乗組員のうち生き残ったのは一一五名のみである。もちろんビスマルクにおけるリュトイェンスの振る舞いは、トゥーロンにおけるハインリヒ・ルーフス海軍少将のそれと異なるものではなかった。二人は不均衡な戦闘の帰結を知っており、しかし二人とも戦わずして放棄する用意はなかった。ルーフスは港湾を破壊するための時間稼ぎを目論んでいたし、リュトイェンスにはイギリスの艦船にたいしてさらに砲撃によって損害を加える可能性がまだ大いに残されていた。短い戦闘のあとに主砲が使えなくなったとき、ビスマルクの搭乗員は船を離れる準備を始めた。イギリス軍がこの無防備になった艦にたいして至近距離から砲撃を加えたので、多くの水兵たちが雨あられと降る砲弾の破片の犠牲となった。だが自沈が開始されたあとでも、まだ艦上にはおよそ一〇〇〇人の男たちがいた。しかし波が高く、ドイツ軍のＵボートへの恐怖もあったため、イギリス軍の効果的な救済活動は妨げられた。

海軍兵士たちが生活していた軍事的な命令世界においては、最後まですべてを犠牲に捧げ、「狂信的に」戦うことへの要求が特別な役割を果たしていた。最高指導部の論理は、ふつうの水兵たちにきわめて強い影響力があった。規律、誇りそして名誉は、彼らの会話において、陸軍兵士たち以上に著しく大きな役割を果たしている。

ヴィルヨッティ　俺はある高速魚雷艇の艦長を知っているんだが、彼とは一緒にやる仕事がいろいろあってね。彼らは優勢な敵軍にたいして差し向けられたんだ。彼らは侵攻のさいに、オオカミのように戦った。だが衆寡敵せず。俺たちにはおよそ二二隻の高速魚雷艇があった。ああ、そのうち一七隻は兵士やネズミもろとも沈没したさ。命令だからね。[584]

自らの艦船の沈没について海軍兵士が語る場合、その視点ははっきりと異なったものになっている。彼らは確かに、艦船と武器がもはや機能しなくなるまで戦わなければいけないということを確信している。自分の艦船は敵の手に決して渡ってはならない。それと同じぐらい彼らが几帳面に気を配っていたのは、すべての機密書類を処分することである。だが誰一人として、捕虜にならないために沈みゆく船とともに沈没していこうなどという考えには及ばなかったであろう。沈没のさいに軍艦旗がまだはためいているかどうかは、海軍兵士たちにとってはせいぜいが、後づけの様式化において問題になる程度のことであった。自らの艦船が沈めば兵士としての義務は満たされたのであり、彼らは自分の命を救おうとする。軍艦旗がはためていようといまいと。陸軍においてと同様に、海軍でも犠牲を払う用意

＊（訳註）「ネガー」と呼ばれる一人乗りの特殊潜航艇。二〇〇隻近く建造された。魚雷を発射する構造であるため、魚雷ごと衝突する「回天」のような特攻兵器では構造上はないが、ハッチを一旦閉めると中からは開かないこと、魚雷の発射に失敗するとその道連れになることなどから、死亡率はきわめて高かった。

＊＊（訳註）「リンゼ」と呼ばれる一人乗りの体当たり艇。一九四四年以降に一二〇〇隻近く建造された。敵艦船に向かって体当たりをしてこれを撃破するが、その数百メートル前で乗組員は脱出するので、「震洋」のような特攻兵器ではない。

＊＊＊（訳註）ＵボートＸＸⅦ型のこと。一九四四年以降一〇〇〇隻が計画され、うち三〇〇隻弱が完成した。小型であるため、探知が困難だった。

に限度はあった。しかしそれでも多くの艦船や潜水艦がすべての乗組員ともども沈没したという事実は、とりわけ海戦というものの枠組み条件にその理由があり、最高指導部によって呼び覚まされた兵士たちの犠牲への勇気ゆえではない。なぜなら、乗組員がたとえ沈みゆく潜水艦を脱出することに成功したとしても、救助はしばしば行われなかったからである。たとえばカナダ軍のサンダーランド飛行艇の搭乗員の語るところによれば、アイルランド西方でドイツ軍のUボート一隻が沈没しており、乗組員たちは海上を泳いでいた。彼らは五三人の男たちを写真に収め、何回か上空を旋回して、基地へと戻っていった。Uボート乗りは一人として助からなかった。U625は、全乗組員とともに沈没した五四三隻の潜水艦のうちのひとつである。デーニッツは恐ろしいほど甚大な損害を、Uボート乗りたちの特別な士気を強調するために利用した[585]。しかし彼が自らの演説で強調した、彼の兵士たちの狂信性や死を軽んじる態度を、彼らの間に見つけようとしてもそれは無駄である。彼らは命令に従い、確かに勇敢であろうとはした。しかし彼らはとりわけ生き延びたかったのである。

「俺だったら他の機体にぶち当たるなんてことはしないね。馬鹿らしい。命などたいしたものではないが、それでも最後は惜しくなるものなんだよ」[586]

陸軍や海軍と比べれば、空軍では政治・軍事指導部の急進化はほとんど重要ではなかった。一九四四年から四五年にかけてさらに士気が低下していく中で、空軍のパイロットにたいしては、さらに強い意志をもって戦闘に赴くよう、再三再四命令が出された。これはとりわけ、戦闘機パイロットにあてはまった。ゲーリングは彼らの臆病さを、何度も非難していた[587]。自らの機体を文字通り犠牲に捧げるという考えが登場したのは、一九四三年秋のことであった。空軍軍医テオ・ベンツィンガーとグライダー操縦士のハインリヒ・ランゲは、次のようにメモ書きに記している。「攻撃目標である艦船を極限的な手段、つまり有人の砲弾によって撃破し、その操縦士が自らの命を自発的に犠牲に捧げることは、戦況からして正当化できるし、戦況はそれを要求している」。これが「ヨーロッパにとって新たな戦争遂行のやり方」であることを、彼らはよく知っていた。しかし今までの攻撃では、戦果に比べて犠牲があまりにも多かった。そこで彼らは次のような結論を出す。どうせ死ぬのならば、少なくとも可能な限り多くの敵を死の道連れにしてやろうじゃないか、と[588]。

一九四三年九月、空軍「ナンバー・ツー」エアハルト・ミルヒ元帥は、この提案について将校たちと話し合ってい

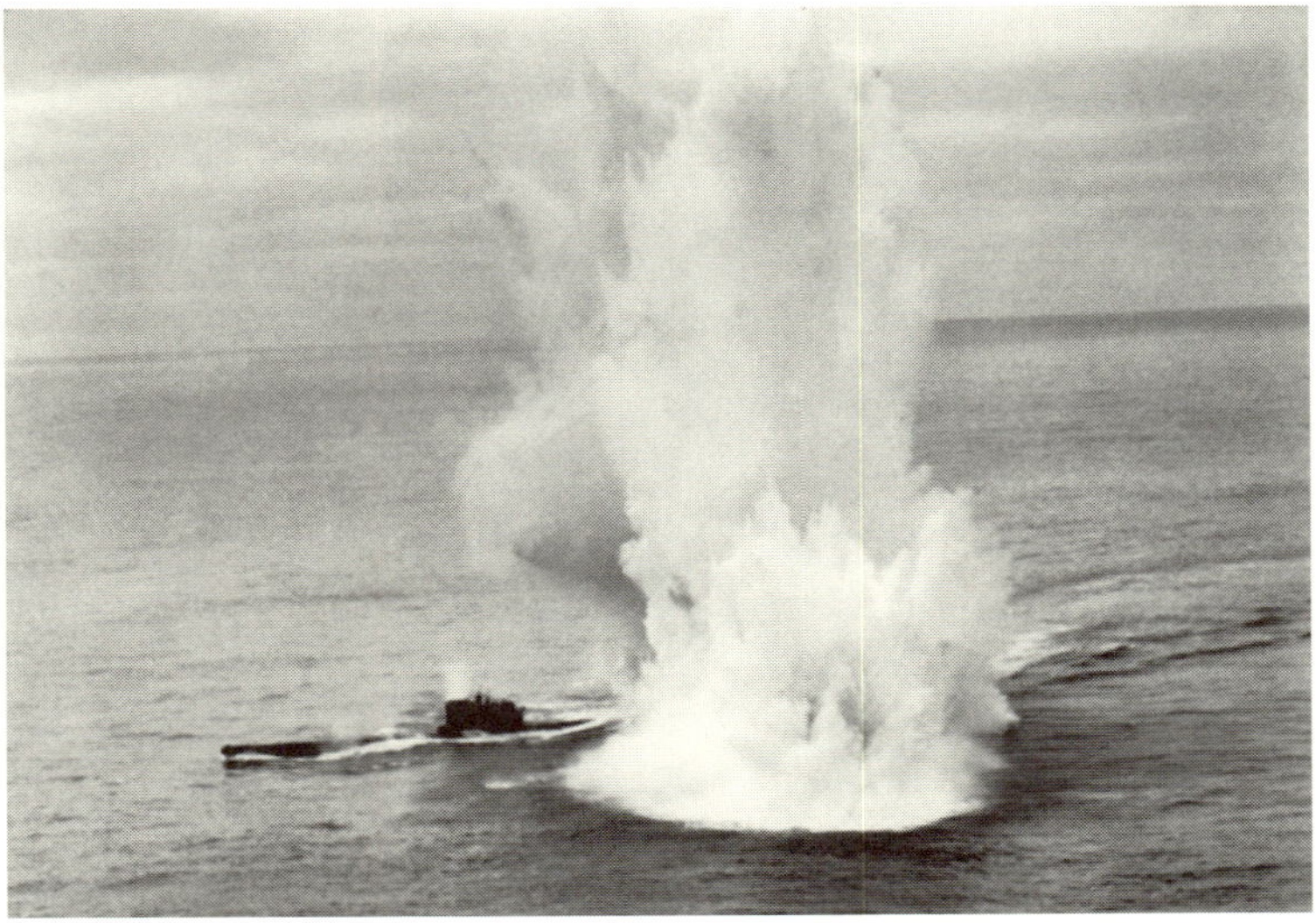

1944年3月10日，U625への攻撃．この直後潜水艦は直撃弾を受け沈没した．（Imperial War Museum, London, C-4289）

乗組員は一人乗り救命ボートに乗って，救助を待った．しかしこの直後天候が悪化し，一人として生き延びることができなかった．（Imperial War Museum, London, C-4293）

る。議論された計画は、敵の戦艦めがけて爆弾を搭載した航空機を激突させる、あるいは爆薬を積んだ戦闘機を爆撃機編隊に衝突させるというものだった。パイロットたちを本当の「死の出撃」へと送ることに、ミルヒは再三再四懸念を示した。むしろ、敵の爆撃機に衝突してこれを墜落させたら、機体からパラシュートで脱出する方がよいのでは、と。空軍指導部の見解では、そうした「カミカゼ出撃」の軍事的必要性は認められなかった。したがってこの提案はひとまず水泡に帰した。有名な女性テストパイロット、ハンナ・ライチュはベンツィンガーやランゲと親しく、一九四四年二月にベルクホーフ〔オーバーザルツベルクにあったヒトラーの別荘〕を訪ねたとき、ヒトラーに「カミカゼ出撃」というテーマについて報告するためにこの機会を利用した。ヒトラーはこれを認めようとせず、一九四四年七月にも、戦闘爆撃機型のFw190でセーヌ湾に停泊していた連合国軍の艦隊に激突することになっていた三九名の兵士に、これを禁じている。

特殊な「自殺航空機」で敵艦船に激突するという考えが一九四三年秋に登場したとき、戦闘機パイロットの将校ハンス＝ギュンター・フォン・コルナツキは、空中での「突撃」という考えを発展させた。すべてのことを覚悟した戦闘機パイロットであるならば、死にものぐるいでアメリカ軍の爆撃機を攻撃し、これに体当たりして撃墜するに違いないというのが、彼の考えであった。実際戦争中には、偶然ないしは個々のパイロットの決断によって、そうした衝突というやり方は何度かなされていた。そしてそのさい、墜落する飛行機からパイロットがパラシュートで脱出して助かるという可能性も、それなりにあった。今や、そうしたかなり偶発的な企てを一般的なやり方にしようというのである。戦闘機パイロット出身の航空兵大将アドルフ・ガラントは突撃という考えには完全に同意することができたが、体当たりによる攻撃という途方もないやり方にはあまり賛同しなかった。一九四四年五月に最初の「突撃戦闘機隊 Sturmjäger」が、新しい出撃方法に従って戦うよう厳かに約束させられたさい、敵を至近距離から攻撃すること、搭載兵器によって撃墜できないときには体当たりによって敵を殲滅することを彼らは誓った。一九四四年中に三つの突撃部隊が編成され、それぞれの部隊はこの目的のために改造されたFw190型戦闘機五〇機からなっていた。もっとも、出撃において体当たりが起こることは（宣誓においてとくに強調されたにもかかわらず）きわめて稀であった。「破城槌」型〔Fw190戦闘機の武装・装甲を強化したタイプ〕が敵機の至近距離まで接近すれば、これを重火器で撃墜することは容易であった。その場合は、体当たりはもはやまったく不要だった。しかし個別の事例としては、そのようなことが起きたこともあった。爆撃機に体当たりしたパイロットのうち約半数が命を失っている。

盗聴記録が示しているように、空軍パイロットはこうした攻撃を自殺的な作戦とは認識していなかった(589)。これはむしろ、敵を撃墜するためにはすべての手段を講じなくてはいけないという過激化する航空戦においては、とりわけ大胆なやり方として受け止められた。敵機を撃ち落とすこともなく、自機に損害を受けることもなく帰還した者は全員軍法会議にかけられるらしいという噂ですら(590)、多くの兵士は異常なものとは感じていなかったし、憤激することもなかった。

ハヨ・ヘルマン大佐はむしろ、帝国防衛における過激さが十分ではないと考えていた。一九四四年秋、彼はとある陰険な計画を発展させていた。彼によれば、従来の戦闘機で昼間攻撃を食い止めようとするのは絶望的な試みであることをそろそろ認識しなければならない。敵にたいして優位に立てるジェット戦闘機が十分な数使えるようになることは、近いうちには無理だろう。したがって今重要なのは、「大打撃」によってアメリカ軍にショックを引き起こし、それによってドイツが一息つく時間を得ることである。そのためには一〇〇〇ないし二〇〇〇人の若く未熟なパイロットが機体ごと体当たりすることで、爆撃機部隊もろとも空から引きずり下ろすべきである。熟練パイロットはまだ必要になるだろうから、死の作戦に参加するべきではない、と。

ガラントがこの計画について聞いたとき、彼はヘルマンにこう尋ねている。「あなたがこの作戦を率いるのですか？」それにたいしてヘルマンはこう答えるのみであった。「いいえ、それは考えていません」。ガラントにとっては、その答えでこの計画はもはやおしまいであった。「彼の名前は、私の犯罪者リストの二番目に載っている」、ガラントは捕虜になってから、そうコメントしている(591)。

一九四五年一月にヘルマンは、自分の計画について総統官邸で報告することに成功した。ヒトラー付空軍副官ニコラウス・フォン・ベロウは、体当たりのための出撃の用意がある男たちにたいして「総統」がきわめて大きな敬意を払っているということを知らせた。もっとも彼はこれを命令するつもりはなく、志願する者がいればその邪魔はしないだろうということであった。ゲーリングは一九四五年一月末に、作戦へと志願するよう呼びかける書面に署名した。この作戦には、自らの命を賭すことによって戦争に決定的な転換をもたらす可能性があるとされた。二〇〇〇人の若者が志願したと言われる。そこから三〇〇人が選ばれた。

アメリカ軍の爆撃機に一丸となって体当たりすべきことが、彼らに知らされた。何人かは驚愕したが、それは彼らが、航空母艦や戦艦といった大きな目標にたいして投入されることを予期していたからであった。〔道連れにするのが〕「空の要塞」〔B17爆撃機〕一機では、あまりに命が軽すぎるように思われた。もっとも教官がすぐに明らかにしたのは、自己犠牲それ自体が目的ではないということであった。目標は体当たりによって爆撃機を撃滅することであり、その後パラシュートで脱出することもできるのだ、と。一九四五年四月七日、こうした男たち一八三人がマグデブルク近郊でアメリカ軍の爆撃機部隊に体当たりした。国防軍発表は四月一一日、ドイツ軍の戦闘機が六〇以上の爆撃機を「決死の自己犠牲によって」覆滅させたと報じた。実際にアメリカ軍が失ったのは二三機だった。出撃した体当たり用の戦闘機一八三機のうち、一三三機は撃墜され、七七人のパイロットが命を失った。

この関連で興味深いのは、「自己犠牲出撃」の提案は、死ぬまで戦うことをひたすら要求してきた政治指導部や軍の最高指導部によるものではなかったという点である。地上戦では数十万人の兵士たちが死守命令によって犠牲となる一方、空軍にたいして数十人のパイロットによる自殺的な出撃を命じることがヒトラーにはできなかったのである。そして一九四五年四月七日の体当たりのための出撃は、典型的な意味でのカミカゼ出撃ではなかった。パイロットたちはパラシュートで脱出することになっていたからだ。彼らのうち六〇%は生き延びた。これはたとえばUボートでは、決して到達することのなかった数字である。

「犠牲的出撃」のもうひとつのバリエーションは、一九四五年四月に実行された。一九四五年一月三一日に赤軍はオーデル川に到達し、西岸に陣地を構えた。陸軍はこの橋頭堡を押しつぶそうと試みたが、無駄であった。今や空軍は、ソ連によるベルリンへの攻撃準備を阻止するため、あらゆる手段を試みてオーデル川にかかる橋梁を破壊しなければならなくなった。すでに三月五日、敵の橋梁を「自己犠牲による大出撃」で破壊しようという提案がなされている。空軍はとりあえず、従来のやり方でそれを試みた。しかしこれによって有効な成果が収められなかったため、自殺的な出撃という最後の手段に打って出ることになった。かつての志願者部隊の中から何人かが呼び戻されたが、新たに志願した者たちもいた。ソ連軍によるベルリンへの大攻勢が始まった翌日の四月一七日、第一陣のパイロットたちがオーデル川の橋梁に体当たりした。これは軍事的にはまったく無意味な作戦であった。なぜなら浮き橋は、ごく短時間でふたたび修復することが可能だったからだ。

全体として言えるのは、ヒトラーの犠牲にたいする考え方は驚くほど矛盾に満ちていたということである。彼は兵士たちに、最後の一弾まで、最後の一人まで戦うことを要求した。彼の命令によってとくに退却や早すぎる降伏は禁じられ、狂信的な戦闘によって戦闘の成功を導かなければならないとされた。しかし彼が「ドイツの都市、すべてのドイツの村落におけるすべての防空壕、すべての街区は要塞とな［らなければならないし］、敵に出血を強いるか、もしくは一対一の戦いで彼らの占領を阻まなければならない」[592]と述べたときであっても、生き残りが存在するということ自体は彼は受け入れていた。たとえば、メッツ要塞の守備隊の事例がそうである。ヒトラーは、彼らのために特別な袖章を制定している。彼は、最後の一弾まで撃ち尽くした兵士であれば、とりわけ名誉なことであるとして、それを認めたに違いない。それにもかかわらず、彼は［つねに］そうした振る舞いを断固として要求したわけではなかった。他方では、独裁者の死守命令によって数十万人の兵士たちが犠牲となっていたにもかかわらずである。ヒトラーは彼らに無関心であった。彼がそこに見ていたのは、勝利かさもなくば没落かという、ドイツ民族の運命の闘いの一部であった。しかしあらゆる冷酷さにもかかわらず、彼は自殺的出撃を断固として命じることには尻込みしたし、総力戦の最終段階として毒ガスを軍事的に投入することも避けたのである。

イタリア兵は「たるんで」いて、「ロシア兵はケダモノだ」[593]

従順で、自らの義務を果たし、最後まで勇敢に戦うという軍事的美徳は、ドイツ兵たちの認識枠組みにしっかりと根づいていた。彼らが自分の経験した戦闘について語るさいには、こうした軍事的な価値システムがすでにそこにははっきりと表れているが、兵士たちが他者、つまり戦友や敵、同盟国について語るさいには、さらにはっきりと表れることになる。

イタリア兵は、ごくわずかな例外を除けば極端に否定的なとらえ方をされており、それを口にするのが空軍兵士であろうと、海軍、陸軍兵士だろうと変わりはない。彼らは戦うことを完全に拒否しているように思われ、そうしたイタリア兵の振る舞いはドイツ人たちにはまったく理解が不可能であった。したがって彼らのコメントも、怒りに満ちたものとなる。いわく、これは「まったく情けないこと」[594]であって、「クソッタレのイタリア兵は［…］何ひとつでき」[595]ず、「戦争を遂行する意欲がな」[596]く、「自信がな」[597]く、「おびえきって」[598]いて、まさに「クソのかたまり」[599]だ、と。この「どうしようもない、ならず者」[600]は「ちょっとでも問題があるとすべて諦める」[601]か、「泣きながら」[602]引き下がる。これらの「いくじなしども」[603]は「ものすごく軟弱」[604]である。彼らは軍事的には、事実上まったく信頼できない。「一三万のイタリア兵は、おそらく一万のドイツ兵くらいの戦力〔にしかならない〕だろう」[605]、イタリア軍のすべての戦車に白旗が掲げられているのを見た[606]、イタリア軍が南ドイツを攻撃したとしても、彼らを撃退するには「ＢＤＭ〔ドイツ女子青年団〕やキーム湖の老農夫*」で十分だろう[607]、など。「イタリア人の先祖はローマ人だというが、〔…〕槍と盾を持ったローマ兵の方が奴らよりも強かったよな！」[608]イタリア兵は明らかに「兵士としてはヨーロッパで最低〔である〕」という点で、彼らの意見は一致した[609]。

　よい評価を受けたイタリア軍部隊は、ごくわずかであった。たとえば落下傘師団「フォルゴレ」は、貧弱な武器にもかかわらず、戦いとは何かを理解していたという点で少なくとも「男」らしかった[610]。別の例外的な発言によれば、とくに「彼らはドイツ軍の指揮の下では文句なしだ。エンフィーダヴィル**で彼らは撤退命令を受け取った。「青年ファシスト〔師団〕は自分の持ち場で死ぬものだ」。そこで三〇人のイタリア兵が三日持ちこたえた」、フランケ軍曹は一九四三年四月のチュニジアでの戦いについてこう述べる[611]。イタリア兵は装備や補給が乏しいだけだという発言も、ときおり見られる。もっともトレント・パークでこの意見を述べたのは、八四人の将官のうちわずか一人であった。それ以外のアメリカ軍の特別収容所でも、イギリス軍のそれでも、状況は同じだった。

　否定的なイタリア兵イメージはすでに一九四一年には決まり文句となっており、公文書や野戦郵便、日記にも見て取ることができるが、そこには確かに明らかな誇張がある。しかしそれは、純粋に頭の中だけでつくり上げられた構築物というわけでもない。この決まり文句はむしろ、戦場の経験に由来する。戦場におけるイタリア兵はドイツ軍だけでなく、たとえばイギリス軍の基準に照らしてみても「役立たずだった」のだ。

　軍事的な美徳はもちろん、他の同盟国を評価する上でも判断基準となった。そのさいドイツ兵のすぐ次に位置するのがスロヴァキア兵であり、ルーマニア兵は「〔第一次〕世界大戦のときよりはずいぶんとよくなった。勇敢で、多くの血を流した」[612]し、「決して悪い兵士ではない」[613]。非常によいのが「このスペイン義勇兵〔東部戦線に参戦していた「青師団」〕」で、「恐ろしい集団だが、軍事的には兵士として非常によい」[614]。それにたいして第一次世界大戦で奮戦したハンガリー部隊は、ロシア軍を前にしてあっさりと逃走したという理由から「がらくた」[615]だと考えられていた[616]。

これと同じ参照枠組みで、兵士たちはドイツの敵も評価していた。もっとも敬意を払っていたのがイギリス兵であった。彼らは「頑強」[617]で「非常にたくましく」[618]、とりわけフェアな兵士とされていたからである。彼らはダンケルクやギリシャで非常に素晴らしい戦いを見せ[619]、「優れたパイロット」[620]であり、傑出した戦士である、と。この「どえらい奴ら」[621]は「俺たちと同じよう」[622]だという評価は、再三再四登場する。「イギリス兵にドイツ軍の軍服を着せたら見分けがつかんよ」と、アフリカ軍団のある兵士は主張している。しかし高級将校たちはドイツ兵の方がイギリス兵よりも優秀だと信じていた。「ああ、イギリス兵は何発か胸に〔銃弾を〕受けたらずらかるが、我々のようにすばやく移動するんじゃなくって、移動するとしてもそれが非常にぎこちないんだ」[623]。第一降下猟兵師団長はそれどころか、イタリアにおける西側連合国との戦いについて、次のように考えていた。「戦争にたいする全般的な姿勢において、敵の人間の群れは長期的には重大な損害の負担に耐えることができない」[624]。

アメリカ兵は明らかにイギリス兵よりも悪い評価を受けていた。なぜなら彼らの成功の原因は物量の優位にのみあると考えられており、これを国防軍兵士たちはフェアではないと見なしていたからだ。兵士としてのアメリカ兵は「臆病でこせこせしており」[625]、「きわめて苛酷な戦争」というものがどのようなものだか「わかっていない」[626]し、「物質的な不自由に耐えることができ」[627]ないし、「接近戦では我々に劣っている」[628]と。たとえばフォン・アルニム上級大将は、チュニジアでの自分の経験についてこう述べている。「このげす野郎どもは、みな逃げ回るんだ。このアメリカ兵たちは、一度でも強い攻撃を受けると」[629]。イタリアでの戦闘についてある将官も、次のように語っている。「一般的にアメリカ兵は、わずかな例外を除いて劣った戦士として評価されている。彼らには内面的な活気というものがまったくないからだ」[630]。

それにたいして国防軍兵士たちは、ロシアの敵には非常に強い敬意を抱いていた。彼らの犠牲をいとわない姿勢や情け容赦のなさを尊敬し、また恐れていた。「人々には、精神的にも肉体的にも途方もないたくましさがあ」[631]り、「最後の一人まで戦うものなのだ、ロシア兵たちというものは」[632]。「あの狂信的な戦いぶりは、誰一人信じられないようなものだ」[633]。「ロシア兵たちの戦いぶりは薄気味悪い」[634]ほどだという。彼らが死を恐れないさまを、ドイツ兵は呆然

＊（訳註）バイエルン州南東部にある、面積としてはドイツ第三位の湖。

＊＊（訳註）チュニスの南東九〇キロに位置する街。現アンフィダ。

と見つめており、魂のない、感覚もない、まさに「ケダモノのような」戦士のように彼らが見えたことも稀ではなかった。「俺はウマン〔現ウマーニ〕の近郊にいた。このウクライナ包囲戦のときだったんだが、俺の戦車は人々を文字通り押しつぶしていかなくてはいけなかった。なぜなら［彼らが］降伏しなかったからだ。ちょっと想像してくれよ」(635)、こう語るのは、ルートヴィヒ・クリューヴェル大将である。と同時に彼は赤軍兵士はよき兵士だとも考えており、それは彼らが死をも恐れず戦ったからである。自分の国土のためにたくましく、容赦なく戦う兵士は、とりわけ階級の高い軍人たちの目から見て悪い兵士であろうはずがない。ここに、国防軍の軍事的な価値規範が明瞭に表れている。ブルンク空軍少佐は、一二五機のロシア軍爆撃機が一九四一年に、ベレジナ川流域のボブルイスク近郊にあったドイツ軍の橋頭堡を攻撃したさいの様子について語っている。ドイツ軍の戦闘機が一一五機を撃ち落としたという。彼にとってそれ〔ロシア軍の攻撃〕は無意味なことでも、狂気の沙汰でもなかった。この出来事が彼に示したのはただ、「ロシア兵たちが〔いかに〕勇猛果敢なパイロットであるか」ということだった(636)。

ドイツ兵の目から見て、イタリア兵は臆病で、ロシア兵は決死の覚悟があり、イギリス兵は頑強で、アメリカ兵は軟弱であった。敵や同盟国へのこうした評価は、個々のニュアンスの変化を除けば、戦時中に変わることがなかった。評価判断の基準は、本質的に一九四五年まで同じであった。最初の戦闘経験によってイメージが形づくられ、それが補正されたりバリエーションが増えたりするのは細部においてのみである。全般的な戦況の変化によって、ちょっとした重点の違いが生まれることはあった。たとえば赤軍が戦争後半にいよいよ急速に国境へと接近してきたとき、赤軍兵士の残虐さが強調される一方、彼らの勇敢さはもはや言及されなくなったように。

戦闘における勇敢さは、戦友や上官を評価する上でも中心的なカテゴリーであった。誰しも「後方機関のブタ」(637)にはなりたくなかった。戦わない者は、臆病者であるという疑いを潜在的にかけられることになった。上官は自ら最前線に立たなければならないのだ。

ハインリヒ一七世フォン・ロイス公 Prinz Heinrich XVII von Reuss は俺の大隊長だった。〔一九〕四〇年に少佐、四一年に中佐、四二年に大佐になった。コネのおかげで。キエフの戦いが始まったとき、この殿さまはひきこもって病気になった。キエフの戦いに勝利し我々が都市に入場すると、彼はふたたびそこにいた。戦闘が南方のクリミア半島の近くで勃発すると、殿の姿は見えなくなった。シンフェロポリ〔クリミア半島南部、現在クリミア自治共和国の首都〕に我々がいたとき、二、三週間の静養ののちに、ふたたび彼はそこにいた。四一年冬にセヴァストーポリの前方で戦いが始まると、殿はまた病気になり、体重も一〇〇ポンド〔約四五キロ〕以下に落ち、見るも哀れな外見になって、それからいなくなった。やや退化した種類の人間だと、彼は一般的には見られていた。[638]

それとは対照的なイメージが、たとえばクラウス・グラーフ・シェンク・フォン・シュタウフェンベルクであった。

フィービヒ　途方もなく気骨があり、とんでもなく勇猛果敢で、とんでもなく才気に満ちている――彼について俺が聞く話といえば、いつもそうだ。つまり彼こそはドイツ軍将校の典型であり、前線士官にして、参謀将校である男の典型だ。途方もない行動力を備え、徹底的にものを考える。[639]

フィービヒ少佐はシュタウフェンベルクによる暗殺計画を強く否定しているにもかかわらず、彼のことを軍人的な人格の持ち主としてきわめて肯定的に評価している。興味深いのは、シュタウフェンベルクが前線にいたのが合計してもおよそ三カ月程度でしかないにもかかわらず、彼のことを前線将校としても認識している点である。参謀将校としての彼は潜在的にはきわめて批判的に見ることも可能なはずだが、彼の勇猛果敢さや行動力がとりわけ彼のチュニジアでの重傷によって明確に証明されたために、肯定的な側面の方がはるかに上回ったのである。

エルヴィン・ロンメル元帥も、それ以外の場合では国防軍兵士たちによってきわめてアンビバレントな存在として認識されることが多いが、彼の無鉄砲さは強い印象を与えていた。「彼は他の人間にたいして軍人として畏怖の念を起こさせることができた」、とヘッセ大佐は語る。「彼は偉大な指導者ではなかったが、真の軍人であり、恐れを知らない、きわめて勇敢な男であり、自分自身にたいしてもきわめて容赦なかった」[640]。

「臆病さ」と「脱走」

勇敢な兵士という理想に合致せず、退却のさいに武器を放り出し、戦うことなく降伏したり、さらに敵方に寝返る者は、ほとんどつねにきわめて否定的な評価を受けた。イギリス軍やアメリカ軍の尋問収容所では一九四四年夏以降、あまりに多くの兵士が臆病であったという発言が、ほとんど無限とも言えるほど聞かれた。第七〇九歩兵師団のツィンマーマン少尉は、シェルブールから都市南方の前線へと車で向かっていたとき、幹線道路で「兵士たちがすでに列をなして歩いていた。道路上はすべてが混乱状態だった。労働奉仕団員がここ、高射砲隊員がそこ、何人かの歩兵という具合に。俺は言った。「お前ら、ここから逃げ去るんじゃない。このクソみたいな状況をこれ以上ひどくするんじゃない」(641)。シェルブールがじきに陥落することをツィマーマンも間違いなく分かっていたが、それにもかかわらず国防軍は秩序を維持し、勇敢に戦い続けるべきであった。兵士たちや労働奉仕団員、高射砲部隊の兵士たちが混乱したまま退却したことによって、目の前に迫っている敗北はよりいっそう辛いものとなった。なぜならそれによって軍人としての自己理解の核心が傷つけられたからである。

自分の陣地を放棄しようとか逃亡しようという考えが、少なくとも頭をよぎったということを認める兵士はごく稀であった（将校には一人もいなかった）。ロイトゲープ上等兵は、同じ監房にいた戦友にノルマンディーでの戦闘について説明している。

ロイトゲープ　俺たちは機関銃で一〇〇〇発撃った。それがどれくらい時間がかかるか、君にもすぐわかるだろう。俺たちは銃弾がなくなったんだ。そこには一人、クソッタレのズデーテン・ドイツ人がいて、彼は下士官なんだが、俺はこう言った。「我々は一体どうすればいいんでしょうか。我々にはもう銃弾がないんです。ずらかりましょう。これ以上はもはや無意味です」。「何だと？」彼は言った。俺はずらかることもできたんだが、仲間たちがいたから、それはやりたくなかった。そのあと、おまけに俺たちは迫撃砲の攻撃を浴びた。その様子は筆舌に尽くしがたい。第三分隊で生き残ったのは機関銃の射手一人だった(642)。

兵士たちの目から見て、きちんと戦わなかった兵士以上に最悪だったのは、敵方に寝返った兵士である。ハイマン少佐は、アーヘン近郊の戦闘について語っている。

ハイマン　俺は北方に三個大隊を持っていたんだが、夜間に撤退させる必要があった。俺の護郷大隊 Landesschützen-Bataillon のうち、実際に戻ってきたのはある大隊の幕僚一五名だけで、それ以外は敵方に寝返った。彼らは四〇ないし五〇歳の年長者で、トーチカにいるときには非常に気分がいいのだが、今になってこう言ったんだ。「野天の野戦陣地に行くのは、私たちはイヤです」。そういった人々とともに、我々はアーヘンを防衛しなければならなかったんだ(643)。

敵方に寝返ることは、会話においてはまったく考えられないものと見なされた。「俺は決してそんなことはしないし、よきドイツ人であれば脱走するなんてことは決してできないはずだ。そんなことができるのはオーストリア人と、この民族ドイツ人だけだ」、ある少尉はイタリアで、一九四四年一二月になってもそう考えていた[644]。したがって一九四四年末までの時期に、自らの脱走について公然と話すというのはごく稀であった。「ひょっとすると俺は死刑判決を受けるかもしれないが、生きながらえて脱走のかどで死刑判決を受ける方が、戦場で死に絶えるよりもましだ[645]」。興味深いのは、この発言をしているのがSS師団「フルンツベルク」の兵卒だという点である。一九四四年七月の段階では武装SSも、犠牲をいとわない政治的兵士による一枚岩のブロックというわけではもはやなかった。責任逃れとか臆病者という批判を免れるため、捕虜となった脱走兵のほとんどは自らの動機について語らなかったし、脱走に至るまでの自らの行動を規範に沿ったものとして描写した。自分が敵方へと走った理由は最終的には、戦争には今や敗れたのであって、戦闘は今やもはや無意味だろうということとしかなかった、というのが彼らの言い分であった。こうした理由の方が、たとえば政治的な理由よりもはるかに頻繁に挙げられた。そしてそうした物言いは確かに、捕虜になったとしても（おそらくは捕虜になったからこそ）軍事的な価値規範を疑問に付したりすることを許容しないという、コミュニケーションを取り巻く状況に、その原因がある[646]。

　戦争それ自体やドイツの隣国への侵攻を疑問視する兵士は、ごくわずかであった。それどころか、一九四四年六月六日、ローマ近郊で脱走したアルフレート・アンデルシュのような男ですら、国防軍や軍事的美徳には肯定的なイメージを持っていた[647]。これが示しているように、国防軍という枠組みから抜けだそうという勇気を最終的に持っていた男たちですら、奥深くまで軍事的な価値規範を内面化していた。ようやく一九四五年初頭になって、自らの脱走について公然と、良心の呵責なく語る兵士たちが頻繁に登場するようになる。

テンプリン　最近の唯一の話題は、どうやったらずらかることができるのか、ただ逃走するのがいいのか、それとも他の選択肢がいいのか、一番上手いやり方は何か、ということだ。捕虜になった午後、俺たちは地下室に座って待っていた。砲撃がすぐ近くまで近づいてきて、いつ地下室を直撃してもおかしくないと俺たちは思っていた。俺たちは一五人の集団だったが、ただ座って、誰も口を開こうとはしなかった。俺たちはここに座っていて、捕らえてもらいたかったんだ。そして俺たちは座って待っていたが、アメ公は来なかった。彼らは来なかったんだ。そして夜になるとさらに歩兵たちがやってきて、彼らは言った。「来いよ、おまえたちもまだここから脱出できる」。俺たちも一緒に行かなきゃならなかった。さもなくば、俺たちはずらかってただろう。歩兵たちや少尉は、すでに午後三時にいなくなっていた。彼らは橋を爆破したが、俺たちは前方で座ったままだった。俺たちはまったく不安を感じなかったな。

フリードル　ああ、ドイツ兵たちには不安を感じたが、アメリカ兵たちには感じなかった。ドイツ兵たちの方が確かにはるかにひどかった。この不安感。どう行動すべきか、皆違うことを考えているんだ。全員考えているのは「もし時が来たら」ということなのだが、やってくるのは将校で、言われた通りに命令を実行することになる。本当に悲劇的な状況だよ。(648)

軍刑法においては「敵前での怯懦」や脱走の場合、わずかな例外を除いて死刑ということになっていた。そしてドイツの軍事司法はこの条項をフルに適用した。ドイツ兵にたいしては合計約二万件の死刑判決が執行された。日本のそれにほぼ匹敵する数である。アメリカ軍は一四六名の兵士を処刑しており、ソ連の数字は一五万名と推定されている。(649)

処刑される兵士の数は敗北とともに増え、一九四四年秋以降急激に増加する。それまでは多くの兵士たちは、脱走における死刑だけでなく、勇敢さの欠如による死刑ですらまったくふつうのことと考えていた。第一五装甲擲弾兵師団のホールシュタイン少尉は一九四三年一二月、その二年前のロシアでの経験について語っている。同室の戦友バッスス曹長は、一九四一年から四二年にかけての冬、モスクワ前方での危機の状況について、興味深げに尋ねている。少尉は、このときにも脱走兵がいたことを指摘する。

ホールシュタイン　散発的にはいつもいるものなんだよ。最初からロシア戦線にいて、その大部分の行軍をしてきて、この沼地や森で泥まみれになり、クソみたいな秋がもたらすすべてのことを経験し、そして寒期になり、ロシア軍が突破してくると、人々は物事を自然と悲観的に見るようになり、こう言ったんだ。「もうおしまいだ。俺たちが生きるか死ぬかの瀬戸際だ」。素早く後方にたどり着くため、何人かは自分の武器、つまり銃やら何やら、それ自体重要性のないものを放り出した。しかし彼らは死刑判決を受けた。当たり前だ！　そんなことは決してあってはならないと、彼らにははっきり示しをつけなきゃいけなかった。(650)

バッスス曹長は、そのようなことがすでに一九四一年に起こっていたことに驚いている。しかし二人とも、それが個別的な事例であったということでほっとしている。しかしこの事例において彼らが死刑と「ならなければならなかった」ことは、彼らにとってまったく自明のことであった。

一九四四年末までにも、怯懦もしくは脱走によるものと思われる兵士の処刑を直に体験したとか、それを目撃した者から聞いたという捕虜たちによる数多くの描写が存在する。たとえば「パルチザン掃討」の枠組みにおける射殺の報告の場合、そのような報告が驚きや憤激、もしくは否定的なコメントに直面することはなかった。せいぜいが、それぞれの出来事の細部に興味を持つくらいで、それ以外ではこの種の語りは戦争の日常に属するものと感じられていた。何人かの将官たちは、戦場における危機的な状況において兵士たちをただ「銃殺した」ということをもって、自分たちが勇猛果敢であったことを強調している。そして彼らは決して、死守論を叫んでばかりの狂信的なナチというわけではないのだ。エルヴィン・メニー中将はたとえば、一九四三年のロシアでの出撃について述べている。

メニー　私はちょうどある師団を引き継いだばかりだった。その師団はノルウェーから来たばかりで、つまり本来ならば消耗しておらず、よい状態だった。そのとき敵による突破が生じた。その理由は単純に、何人かの奴が逃亡したことにあった。当時私は厳しく言いつけてすぐに軍法会議の法務官を後方から呼んでこさせ（彼は恐怖のあまり膝が震えていた）、我々は突破された場所のすぐ後ろで人々を尋問し、すぐに有罪判決を下して、その場でただちに射殺した。その話が燎原の火のごとく広まって、その結果三日後、主陣地帯はふたたび我々に戻るという成功を収めた。その瞬間から師団は、非常にきちんとした秩序を取り戻した。

メニーの話し相手であるシュリーベン中将は、ここでは次のように尋ねただけだった。「一体それはどこだったんだ？」[651]

成功

一七〇〇万人の国防軍兵士の男たちのうち、およそ八〇%は少なくとも一時的には主陣地帯の近くに投入されている。しかしながら全員が、自らが英雄であることを証明し、大勝利を勝ち取り、あるいは戦闘を行う機会を得たわけではない。無線兵や給油兵Tankwarte、航空機整備兵の数は多かったし、歩兵師団の内部にも製パン兵、食肉処理兵、伝令兵といった、戦争中一発も撃たなかった兵士がいた。彼らの生活世界は、歩兵上等兵や戦車操縦手、もしくは戦闘機パイロットのそれとは根本的に異なっていた。しかしそれにもかかわらず、人々が思う以上に彼らの共通点は多かった。国防軍兵士たちがとくに望んでいたのは、ひとつのことであった。つまり、自らの任務を、それがどのようなものであれきちんと果たすということである。彼らは民間人としての生活でよき簿記係、農夫や指物師であったように、Uボートの機関士としてきちんと職務を果たしたかったし、スターリングラードで工兵としてしっかり戦いたかった。「いい仕事」という倫理が兵士という新たな職業にそのまま持ち込まれただけでなく、あらゆる種類の企業体において存在する、劣悪な労働条件や無意味なやり方、手続き、命令にたいする批判は国防軍においても同様に存在した。

たとえばアルフレート・グートクネヒト少将は、「西方車両査察監 Kraftfahrzeuginspizient West」としての自分の効率的な仕事を不可能にする、管理部門の不都合な状況について苦情を述べている。

グートクネヒト　状況はチャネル諸島でも同じだった。そこでも、呆然として頭に手をやるしかなかった。そこには信じられないほど多くの自動車があった〔…〕。ふつう、まったく理解できないことだろう。島々は非常に小さいんだし。トラックはそれほど多くなかった。そこで陸軍、空軍、海軍、OT〔トット機関〕のすべてが自分のトラックを島々に持ち込んだ。そこで私は、手続きが一体化されるよう、つまりOTを含む国防軍自動車管理部門を創設するよう働きかけた。しかし〔それは〕不可能で、ルントシュテット元帥すら断を下そうとはしなかった。[652]

しかし非常に似た語り口で前線における戦闘について語る者もいた。ここでは、不都合な状況によって数多くの死者が生まれることになったのだが。第五降下猟兵師団のフランク少佐は、彼の大隊がアルデンヌ攻勢で攻撃したさいに直面しなければならなかった状況について、訴えている。

フランク　攻勢の一日目すぐに、我々はフュルデンに向かって突進した。そこは村落で、要塞だった。トーチカから二五メートルのところで足止めを食い、俺の最高の中隊長が斃れた。俺は二時間半じっとその場にいたが、俺の伝令兵五人が斃れた。〔…〕連隊長が言った。「行け、行け、行け、村に。そこにはわずかな部隊しかいないぞ」。「しかしそれは狂気の沙汰です」、私は連隊長に言った。「ダメだ、ダメだ、ダメだ、それが命令だ。行け、行け、行け、村は夜になるまでに奪取しなければいけない」。俺は言った。「そうするつもりです。我々が今VB〔砲兵の前進観測員〕を待っている時間は、あとから二倍、三倍にして取り返します」。俺は彼に言った。「少なくとも私に突撃砲をください。それを北側から突っ込ませれば、トーチカをひねりつぶしてみせます」。「ダメだ、ダメだ、ダメだ」。我々は支援なしで村を陥落させた［…］。そこで俺はあわせて一八一名の捕虜を連れ出した。俺が最後の六〇名を集めてきたところで、我々の重迫撃砲旅団のひとつが捕虜たちと見張りめがけて重迫撃砲を一斉射撃した。二二時になっても、我々の村への射撃はまだ続いていた。我々の中間指導部は完全に失敗した。［…］一方で戦車が失敗し、もう一方で突撃砲が失敗し、さらにもう一方で歩兵が失敗した。だがもし、もう少し協力ができていたら、この一時間ないし二時間を毎回準備に当てられていたら、素晴らしい結果になっていたことだろう。[653]

フランク少佐は成功を望んでいた。彼は自分の大隊でフュルデンをできる限り少ない損害で迅速に陥落させ、さらに西へと進撃しようとしていた。しかし協力が不十分であったためにすべてが不可能になったと彼は言う。フュルデンへの攻撃を「狂気の沙汰」だと表現しているにもかかわらず、フランクはそれを実行し、自分への命令を守った。攻撃を中止する、つまり命令に逆らって行動するという選択肢は、彼には存在しなかった。それにもかかわらず彼が村を奪取し（しかも「援護なしで」）、一八一名の捕虜を得たということは、彼の個人的な成功を示すものである。自分の任務を彼は成功裏に遂行した。たとえアルデンヌ攻勢が、全体としては多大な損害とともに失敗したのだとしても。しかしそれは彼の責任ではなく、「中間指導部」の責任である。彼に任せさえすれば、すべては「素晴らしい結果」になっていたことだろう、と。

破滅的な全体状況という文脈の中で自らの業績を強調するという語りの形は、兵士たちの間で数多く見られる。「会社」や「研究所」「上司」についての日常会話で、そうした語りの形が頻繁に見られるのと同じように。こうした種類の語りは、「いい仕事」という理想像が行為者の認識や解釈において果たしている役割だけでなく、自らの位置づけや自己イメージが、職業気質というものによってきわめて強く特徴づけられていることを示している。これが、職業労働と戦争という労働の、構造的かつ精神的な共通点なのだ。それ以上説明する必要のないような軍事的成功を示すためには、フランクがすでに言及したように捕虜を取るだけでなく、戦車や航空機を撃破したり、艦船を沈めたり、敵を殺害する必要がある。海軍沿岸砲台ロング＝シュル＝メール[654]の砲台長 Chef ヘルベルト海軍少尉は、一九四四年六月六日と七日、連合国の上陸艦隊にたいして絶望的な戦闘を戦っていた。わずか四日後、彼は捕虜となり、同じ戦区で陸軍の連隊を指揮していたハンス・クルーク大佐に出会った。

ヘルベルト　大佐殿、私はここに巡洋艦一隻を撃沈させたことを、謹んで報告いたします！

クルーク　本当におめでとう！

ヘルベルト　それを道連れにできたことは、私が強く誇りに思うところであります。私自身はそれに気づきませんでした。しかし今ここで私は、三方面からそのことについて確認した次第です。

クルーク　砲台は奪取されたのか？

ヘルベルト　砲台は失われました。おっしゃる通りです。奴らは海上から、一門、また一門と破壊していきました。しかし私は最後までわずか大砲一門で撃ち続けました［…］。そこには、勇猛果敢な高射砲小隊がいました。私の高射砲小隊で一六機撃墜したのです。(655)

巡洋艦を撃沈し、最後まで少なくとも大砲一門で撃ち続け、砲台の高射砲で一六機を撃墜したという成功によって、カルヴァドス海岸にあったこの最新鋭の海軍沿岸砲台もイギリス軍の上陸を阻止することはできず、短時間のうちにイギリス軍やフランス軍の巡洋艦によって排除されてしまったという状況は、完全に覆い隠されてしまっている。巡洋艦一隻を沈めたという考えに、彼がどのようにしてたどり着いたのかは、こんにちとなっては確かめることができない。もしかするとイギリス軍が意図的に彼に誤った情報を与え、それを彼が喜んで取り上げたのかもしれないし、自分の話し相手に感銘を与えるために嘘をついただけなのかもしれない。実際には彼は一度たりとも、連合国の軍艦に直撃弾を命中させたことはない。とくに我々がイギリス側の史料から知るように、この沿岸砲台は一九四四年六月七日、事実上戦うことなく奪取されている。最後まで戦ったという彼の主張は、繰り返しになるがまったくの問題外である。

自らの成功の意味を高めるため、枠組み条件をとりわけ苦難に満ちたものとして描写する語りの形は、記録につねに見られるものである。ジミアーナー少尉は、重火器もないのに自らの大隊を投入し、一九四四年七月にイギリス軍の戦車との戦闘へと送った連隊長は無責任であると考えている。彼の部隊が持っていたのは、わずか四挺の使用可能なパンツァーファウストだけであり、それとちょうど同じ数の四両のイギリス軍戦車を撃破している。「俺だけで二両撃破した(656)」。わずか四挺のパンツァーファウストで四両の戦車を撃破するというのは、兵士たちの間での会話において間違いなく特別な功績として受け取られた。話し手自身が、自分の手で戦車二両を殲滅したと主張している場合には、なおさらである。つまりジミアーナー少尉は「無責任な」任務を課せられたのにもかかわらず、それを見事に果たしたのである。

この種の話は、二重の機能を果たしている。指導部が無能であることと物資が手に入らないことを嘆き、それによって逆境にもかかわらず見事に成果を収めたことをまさに際立たせるのである。そしてこれは軍隊に限られたことではない。そのような認識や描写のあり方は、労働というものが存在するところすべてに見られるからである。

顕彰

いくつかの功績は、冒険譚とともに勲章や顕彰によってさらにしっかりと記録に残されることになる。すでに述べたように（六四ページ以降参照）、ヒトラーと陸軍、海軍、空軍の指導部は、参戦している大国の中でももっともきめ細かい顕彰システムを構築し、それによって国防軍内に、きわめて影響力の大きい地位の傾斜をつくり上げていた。勲章や記章によって誰でもそれとわかる前線戦士は、きわめて高い社会的威信を享受していた。この奨励システムは、第一次世界大戦を模範としているが、すべての兵科と階級の兵士たちの参照枠組みにしっかりと根づいていたし、兵士たちの「成功」という認識を強力に規定していた。だからこそ語りにおいて、勲章はいわば認識のメルクマールとして、しばしば人格と結びつけられた。「騎士鉄十字章の受賞者、バッヘラー大佐について何か聞いたことはありませんか？」[657]

もし顕彰されないままであれば、それは恥ずかしいことだと受け止められた。「故郷に戻ったら」、アフリカ軍団のヘルツ中尉は語る、「彼らは俺を面と向かって笑いものにする。まず俺は負傷することなく捕虜になったし、一度も第一級鉄十字章をもらっていない」[658]。

自分の乗っていた高速魚雷艇S53が、一九四二年二月の防衛演習で自軍の船艇と衝突して沈没したさい、ハインリヒ＝ハンス・ケストリン二等水兵はまったく同様の心配をしていた。「我々は捕虜として何らかの賞賛を与えられるべきだ。そうでなければ、我々のような者にとってはひどいことになる。俺の仲間も今では将校になって、高速魚雷艇記章と第一級鉄十字章を持っている。俺たちがあとで学校に戻ったら、彼らが戦争に行ったということがそれだけではっきりとわかる。だが俺は何ひとつ持っていないんだ。敵地に五〇回出撃すると、第一級鉄十字章がもらえるんだが」[659]。

顕彰されたいという願望は、とりわけその成功が「測定可能」な部隊においてきわめて強かった。空軍の戦闘機や爆撃機のパイロットは、自分が撃墜した機の数や出撃回数、それによって授与された勲章について際限なく語っている。とりわけ、訓練や航空機の質によって迅速な成功が可能だった戦争の初期段階では、名声や賞賛をめぐる競争で頭がいっぱいであった。それとともにとりわけ海軍では、撃沈した敵艦の総トン数が、顕彰におけるすべての判断基準であった。特徴的なのは、オットー・クレッチュマー海軍少尉が捕虜になってからも、デーニッツに宛てた自分の最後の無線通信が届いたのかどうかについて、くよくよとあれこれ考えていることである。この無線通信で彼は、自分の船艇を諦めなければならなかったという悲しむべき状況に加え、最後の敵地での航海における成功を伝えたのであり、このことによって彼はUボート艦長の中でもっとも成功を収めた艦長へと上りつめるはずであった[660]。

海軍軍令部の報告書からは、顕彰を受ける機会が多いUボートでの勤務の人気がいかに高かったのかを読み取ることができる。たとえば海軍の騎士鉄十字章受賞者のうち半分はUボート乗りである。ギュンター・プリーンは、Uボート艦長としてナチ・プロパガンダにおいてはじめて公式に祝福された「英雄」である[661]。ほとんどの兵士たちにとって騎士鉄十字章は手の届かないものだったが、少なくとも自分の部隊の従軍記章 Kriegsabzeichen* をそのつど佩用することは、気分のよいものだった。そしてそれを得る機会はUボート乗りにおいて、とくに開戦時、まだ損害がほとんどなかった頃には、他の部隊よりも明らかに多かったのだ。Uボート従軍記章は通常、敵地での航海を二度行ったあと与えられた。記章を所有していない者は、当時も戦後でも戦友の会合では、まともなUボート乗りとして評価してもらえなかった。U473の艦長ハインツ・シュテルンベルク海軍少尉は、乗組員にたいして一九四三年に次のように言ったという。「つまりUボート記章を手に入れるには、二度、二一日間〔の敵地での航海〕を経験しなければならないということだ。とにかく俺はUボート記章がほしい。俺はすでにUボート乗りになる運命だったのだとすれば、よりいっそう俺は記章がほしい[662]」。しかし彼の願いが叶うことはなかった。二回目の航海で潜水艦は沈没し、シュテルンベルクは亡くなった。

生き延びるチャンスは、統計的には大型の水上艦艇の方がはるかに大きかった。しかしながらそこでの勤務はきわめて不人気であった。なぜなら一九四二年以降燃料不足と、指導部の艦船喪失への恐怖から、ほとんどは湾内で何もしないまま停泊していたからだ。敵にたいする作戦も行われないのに、どうやって戦闘で自らの真価を発揮し、顕彰や地位を得ることができるというのだろうか？　戦艦シャルンホルストの沈没を生き延びたビルケ上等水兵は、捕虜になってもなお、一九四〇年八月に艦船に乗り込んでいるのに一度も鉄十字章を得ていないことについて苦情を述べていた。[663]

いつか一度、実際に戦ってみたい、そして勲章も得たいという衝動は、非常に大きなものがあった。シャルンホルストが一九四三年一二月二五日のクリスマスに、北ノルウェーのアルタ・フィヨルドの停泊地で錨を揚げ、イギリス軍の護送船団にたいして白夜の中攻撃に向かったさい、艦内の雰囲気は喜びに満ちたものだった。ついに出撃だ！　自分たちが天国行きの旅路についたことに、艦内の人間はほとんど誰も気づかなかった。翌日シャルンホルストは撃沈され、二〇〇〇名弱の乗組員のうち生き残ったのはわずか三六名だけであった。彼らはイギリス軍の尋問収容所ラティマー・ハウスに到着し、自分たちの戦いぶりについてそこで誇らしげに語っている。

「我々を撃沈するのには、駆逐艦四隻で十分だっただろう」と語るのは、ボーレ上等水兵である。「全部で九隻いた。そこでシャルンホルストは完全に単独で、一一時半から夜の八時までの戦闘を戦わなければならなかった。君、それだけですごいことだと思わないか！　もしそこに駆逐艦がいなかったなら、彼らは我々を沈めることはできなかっただろう。そもそも沈むということ自体、本来ならばまったく想像できないことだ。だって、二万六〇〇〇トンの鋼鉄と二〇〇〇人の乗員が消えるんだぞ！　船があれほどまで耐えられたのは奇跡だな。だって我々はすさまじいほどの直撃弾を受けたんだから。確かに七ないし八発の魚雷が命中した。船が七発の魚雷の命中に耐えられるなんて、俺は思ってもみなかった。確実に七発は受けた。最後の三発が、我々にとってはとどめになった。最初の何発かではびくともしなかったんだぞ」。彼の話し相手のバックハウス上等水兵もシャルンホルストの生き残りだが、こう付け加える。「最後の三発を食らったあとに〔なってようやく〕、船は突如傾いたんだ。機関の性能のすばらしさといったら！」[664]彼らにとって素晴らしかったのは、シャルンホルストがもはや一発も撃たなくなったあとでも、「上層部、ＯＫＷ〔国防軍最高司令部〕、ＯＫＨ〔陸軍総司令部〕、ＯＫＭ〔海軍総司令部〕〔…〕は、戦闘の様子を〔無線通信を通じて〕本国で見守っていた」ことだった。[665]「残念なのはただ、戦争が終わってしまい、もっと長く乗っていられなかったこ

＊（訳註）一定期間ある作戦に従軍した者に与えられる記章。

とだな」[666]。

勲章によって、前線で真価を発揮したことが証明されることについて、参謀将校や将官たちは兵卒や下士官たち以上に言及している。陸軍参謀総長フランツ・ハルダーにとって、一九四二年八月二四日に激しい言い争いになったときにヒトラーが次のように彼を激しく批判したことは、考えられる限り最悪の侮辱であった。「ハルダーさん、第一次世界大戦のときもそうだったが、いつも同じ回転スツールに腰掛けているだけで、戦傷章の黒章すら一度も佩用したこともないあなたが、部隊について私に何か説明したいことでもあるというんですか?![667]」ヒトラーは、国防軍トップの自己理解においてもっとも触れられたくない弱みを突いたのである。前線における戦闘で自らの真価を発揮していない、という。

国防軍の高級将官のうち何人かは、第一次世界大戦においておおむね参謀部に勤務しており、したがって負傷していなかった。そのようなことはヒトラーの意向によれば、第二次世界大戦ではもはやあってはならなかった。前線における真価の発揮は国防軍においてはキャリアプランの一部になっており、それは参謀科の将校にとっても同様であった。将官たる者、個人的に戦う準備ができていなければならないという、頻繁に見られる自己イメージは（二八七ページ参照）、こうした枠組みの変化の結果である。しかしながら、こうした掟をすべての将官たちがヴァルター・フォン・ライヒェナウのように真剣に受け止めていたわけではない。スポーツに熱狂していた彼は、対ポーランド戦のさいに自分の部下たちとともに半裸でヴァイクセル川を泳いで渡り、ソ連では元帥として歩兵突撃章を獲得している[668]。むしろ将官たちは、自分たちの階級のステータスシンボルに狙いを定めていた。とくに騎士鉄十字章と、迅速な進級である。ハンス・ザットラー少将は一九四一年に昇進がぱたりと止まる経験をしているが、将官たちの態度を軽蔑して、こう言っている。「OKHの副官会議に参加していたある副官が俺にこう言ったんだ。「最悪なのは将官たちですよ。昇進できなかったり、昇進が迅速でなかったり、騎士鉄十字章がもらえなかったりすると、彼らはじつに不満なのです」。どうだい、シュムントはそう言ったんだよ」[669]。

上のランクの勲章を受けることが将官にとってどれくらい重要な意味があったのかは、たとえば一九四三年五月にチュニジアで捕虜になった一六人の将官たちの会話からも読み取ることができる。アフリカのドイツ・イタリア部隊〔アフリカ軍集団〕最後の司令官、「哀れな」ハンス＝ユルゲン・フォン・アルニム大将は、「一度たりとも柏葉付を与えられていない」という理由で気の毒だと考えられていた。すでにロンメルがダイヤモンド〔柏葉・剣・ダイヤモンド付騎士鉄十字章〕を得ていたのである。したがって、アルニムのアフリカにおける役割が総統大本営においては「不興」を買っていたと結論づけることが当然であるように思われた。(670) アルニムとともに最後までチュニジアで戦ったハンス・クラーマー大将についても、トレント・パークのひそひそ話では、「彼〔も〕柏葉付を」もらえなかったことを「ひどく気に病んでいた」とされた。「すでに〔受章のための〕書類は提出されていたのだが、彼はそれを受け取れなかった。もらえないと分かったとき、彼は激怒した。それを何とかして手に入れようとして、彼はあらゆる手段を講じた」という。(671) そしてゴットハルト・フランツ中将が一九四三年八月、チュニジアでのクラーマーの功績にたいして騎士鉄十字章を授与されたという情報をもってトレント・パークにやってきたとき、国際赤十字を通じて勲章が送られてくる前であるにもかかわらず、すぐさま首のところに第一級鉄十字章を佩用した。この姿をふたたび家族にも見せたいものだと、誇らしげに彼は書き送っている。(672) 捕虜収容所においてなお、あとから勲章が授与されるという大いなる幸運に、すべての人間が浴したわけではない。エルヴィン・メニー中将がトレント・パークで日記に記しているところによれば、熱望していた柏葉付を手に入れる可能性は捕虜となった今はもはやないと考えていた。切望していた勲章を〔捕虜となる前に〕すべて手に入れていれば、状況はましであった。ラムケ大将は捕虜仲間にたいして、第一次世界大戦でも第二次世界大戦でもそれぞれ最高ランクの戦功徽章を受章していたことを自慢げに告げることができた。

もし高位の前線将校が十分な数の勲章を所有していない場合、そのことは戦友たちの間で疑わしげなまなざしを引き起こすことになった。アーヘンの要塞司令官ゲルハルト・ヴィルック大佐は、トレント・パークに到着してすぐ、釈明する必要に迫られた。「私は東部で連隊長でした。私は長いことノルウェーにいたので、比較的勲章も少ないのです」。(673)

勲章が自尊感情において持つ意味合いは、写真からも読み取ることができる。トレント・パークでは一九四三年一一月と一九四四年一一月に集合写真が撮られ、クリスマスのポストカードとして家族へと送られた。何人かの収容者は装飾もない軍服で勲章もつけないまま写っているが、他の人々は完全に勲章を佩用した上でカメラに収まっている。下の階級の兵士たちの間の会話で一般的だったのは、鉄十字章である。誰でも一人は、第一級鉄十字章もしくは第二級鉄十字章を持っている戦友や友人、家族がいた。彼ら

トレント・パークの住人たち．1944年11月．後列（左から），フォン・コルティッツ歩兵大将，ヴィルック大佐，ラムケ降下猟兵大将，エーベルディンク少将，ヴィルダームート大佐．前列（左から）フォン・ハイキング中将，フォン・シュリーベン中将，ダーザー中将．（BA 146–2005–0136）

はつねに「他者」の視線を基準に行動していたために、このことは著しい社会的圧力を生み出すことになった。自分がこの勲章をまだ手に入れていない場合には、その理由を説明しなければならなかった。いちばん簡単なやり方は、他の人間が不正に勲章を受け取ったのだと主張するか、あるいは自分自身も少なくとも同じくらい功績を上げたのだと言い立てることだった。授与の基準、つまり誰がいつ何にたいして勲章を得るのかについての問いをめぐっては、ありとあらゆる議論が記録されている。すでに一九四〇年二月一四日、戦争はまだ始まって半年しか経っていなかったが、フリッツ・フッテル海軍中尉はこのテーマについて話している。

フッテル　この戦争では、先の大戦ほど多くの鉄十字章が授与されていない。とくにUボートの将校はほとんど鉄十字章をもらっていない。Uボートの艦長が第一級鉄十字章をもらうためには二回の敵地での航海をして、少なくとも六万トン撃沈しなければならない。初めての戦争での航海のあと、我々が受け取ったのはUボート記章だけだった。鉄十字章を受け取ったのは、バルト海の外哨船に乗っていた人々だった。この人たちは何ひとつ功績を上げていないし、航海がどんなものだかまったく知らない。我々はU55で何週間もの間さんざんに苦しんでいるのに、鉄十字章はもらえないんだ。不適切な授与のあり方にたいする不快感は大きいよ。[674]

この訴えはもちろん正しくない。Uボートの将校は海軍において顕彰を受ける機会がもっとも多かったという点だけではない。U55は最初の敵地における航海で、沈没しているのである。つまり、将校が顕彰を受ける機会がまったく存在しなかったのだ。それにもかかわらず語り手は、自分がまだ勲章を佩用していないことを正当化しなければならないと感じる。こうした訴えは海軍だけに限らない。空軍においてもこれはしばしば見られる。たとえばある空軍軍曹は一九四〇年六月の対仏戦勝利後、次のように不平を述べている。「ロッテルダムではすべての降下猟兵が第二級鉄十字章と第一級鉄十字章を手に入れました。彼らはわずか三日間しか戦っていないにもかかわらずです。私は戦争が始まってからずっとパイロットなのに、何ももらっていません。戦争が終わっても鉄十字章をもっていないパイロットはクソみたいに見下されるでしょう[675]」。

　授与の条件が厳しすぎる、あるいは甘すぎるという絶え間ない批判に加えて、他の人間が地位によって勲章を不正に手に入れているという批判も広まっていた。兵卒や下士官たちはとくに、勲章をだまし取った将校たちを批判した。

「三三回の敵地での飛行で俺は第一級鉄十字章を請求できるはずだ。将校たちはそれをすでに三回の飛行で手に入れているが、だったら俺たちは何が手に入れられるんだ？　俺たちが鉄十字章を手に入れられることはなく、我々の仙骨〔仙骨はドイツ語では十字架と同じく「クロイツ」〕に鉄〔銃弾〕を浴びるだけだ」[676]、とある下士官は不満を述べている。高級将校たちは、ヒトラーのナチ的世界観のせいで自分にたいして正当な評価がなされていないと苦情を漏らした。[677]武装SSが勲章をもらっているのはただ政治的な理由によるものだ、という批判も好まれた。「SSは勲章を功績ゆえではなく、政治的・道徳的態度ゆえにもらっている」と、ギュンター・シュラム海軍中尉は確信していた。[678]他の人々も、「装甲師団ヘルマン・ゲーリングが他の部隊の四倍の鉄十字章を手に入れている」のは「奇妙なこと」だと感じていた。[679]

　間違いなく政治的理由による勲章の授与はあったし、たとえばヘルマン・フェーゲラインやゼップ・ディートリヒ、テオドール・アイケにたいする授与がそうであった。しかしこれはごく例外的であったように思われる。とりわけ、武装SSは政治的な組織として陸軍よりも早く勲章がもらえるというしばしばなされた批判は、適切ではない。「濫用」が頻繁だったのはむしろ国防軍の方であった。ここで言う濫用とは、適切な功績にたいして授与がなされていないという意味である。たとえば空軍はノルウェー戦役において五つの騎士鉄十字章を爆撃機パイロットに与えているが、これは敵艦を撃沈したという「錯覚」によるものであった。[680] グロテスクなまでに誇張されたパイロットによる報告がどこまで真実なのかは、海軍の無線通信傍受により容易に判断できただろう。しかし空軍指導部は見え透いた理由から、敢えてそうした方法は取らなかった。[681] もちろん海軍もたとえばUボート艦長による成功の報告を、文字通りには受け取らなかった。何人かは、自分の成功を誇張する行為で札つきであることが知られていた。しかしながら彼らは顕彰を受けたのである。たとえば海軍内部では「シェプケ・トン数」という言葉が使われていた。これはヨアヒム・シェプケが、彼が撃沈した艦船の大きさをつねにいちじるしく誇張して申告していたことを当てこするものである。ロルフ・トムセンは一九四五年にとりわけ熱心に成功を報告し、騎士鉄十字章と柏葉付を授与された。彼は二回の敵地航行で、あわせて駆逐艦一隻、コルベット艦二隻、貨物船六隻、そして軽空母一隻を沈めたと主張しようとした。しかし実際に証明できたのは、一隻の撃沈だけであった。勝利の報告で沸き立つようなことがほとんどなかったこの時期、海軍軍令部は艦長たちによる報告をチェックすることなく信用しようとしたのである。[682] トムセンがどのようにしてそのような成功の報告をするに至ったのか、今日となっては正確に知ることはできないが、多くの人々はそこに意図的な誇張があると信じていた。戦後〔西ドイツの〕連邦海軍で第二のキャリアを始めていた彼は、この批判と直面しなければならなかった。

イタリア軍のUボート艦長、エンツォ・グロッシの場合にはもちろん、これらとはまったく比較にならない。彼は一九四二年に、南大西洋でアメリカ軍の戦艦二隻を撃沈したと称し、それによってムソリーニから黄金武功章 Goldene Tapferkeitsmedaille を、ヒトラーから騎士鉄十字章を授与された。グロッシはナチのニュース映画に何度も登場し、そこには彼が潜望鏡の前に半裸で立っているさまが映っている。[683] 戦後になって、彼が一隻も撃沈していないことが判明した。イタリアの右派陣営はこれを認めるのを拒み、陰謀の存在を信じて、さらにはグロッシが沈めたとされる戦艦二隻を、自らの損害を認めたくないアメリカが戦後になってから再建造したのではないかとすら想像した。最終的にグロッシは、死後に武功章を剝奪されている。[684]

以上をまとめれば、政治・軍事指導部による奨励システムは、国防軍将兵たちから事実上根本的な批判を受けることなく受け入れられ、自らの参照枠組みへと統合されていったと言える。盗聴記録が示すように、このシステムは非常によく機能し、基本的にどこでも疑問視されることはなかった。批判があるとすれば、あれやこれやの第一級鉄十字章が不正に取得されたとか、よりによって自分の上官が勲章の授与に際して厳しい基準に固執したというようなことだけであった。あまりに傲慢な振る舞いをする騎士鉄十字章受章者は「ブリキのネクタイ野郎 Blechschlipsträger」*[685]呼わばりされ、勲章のデザインについても明確な批判がしばしば存在した。「ダイヤモンド付騎士鉄十字章はクソだ。ダイヤモンドは婦人に贈るものであって、戦闘機パイロットに贈るものじゃない」と、ある空軍少尉は不平を漏らしている[686]。そして多くの勲章や記章は、改良のつもりがかえって改悪になることがしばしばあった。「特別な記章をまだもらっていないのは、ベルリンの民間汽船の船長だけだ」[687]と、あるＵボートの将校は一九四〇年一一月に言っている。とりわけ好まれたのは、勲章が大好きなヘルマン・ゲーリングに関するジョークだった。彼は一九四〇年七月にただ一人、「大鉄十字章」を授与されている。第二六戦闘航空団のハルティクス中尉は、一九四五年二月一日に捕虜仲間に皮肉を込めて尋ねている。「巨大鉄十字章を知りませんか？　我々が勝利とともに乗り切ることになっているこの戦争が終わると、ゲーリングに与えられるそうですよ。自走砲架・ダイヤモンド付巨大鉄十字章が[688]」。

イタリア兵と日本兵

国防軍兵士たちの参照枠組みは非常に似通ったものだった。これを国際的に比較してみることで、より大きな差異にようやく気づくことができる。イタリア兵たちの中心的な参照点は国家でも国民でもなく、軍隊でもなかった。その理由はアメデオ・オスティ・グエラッツィ〔イタリア人歴史家。ローマ・ドイツ歴史研究所助教〕が強調するように、ファシズムによって腐敗や縁故主義が極限まで蔓延していたからである。その結末は予測可能なものだった。「他の国々、たとえばイギリスやドイツを考えればいいが、きわめて危機的な状況に陥れば一致団結し、公的な機関のもとへと集まって、自分たちの目から見て自らの公共団体全体にとって必要不可欠だと考えられる目的のために、全力をもって抵抗という行為を行ったものだ。それにたいしイタリアでは、「めいめい自分で自分の身を守れ！」というきわめて気が滅入る雰囲気の中で、社会的な組織は完全に崩

＊（訳註）　これは兵士たちの俗語で、第一級鉄十字章を「ブリキのネクタイ」に見立てたもの。鉄十字章が乱発されるようになったのを揶揄する意味も込められている。

壊してしまったのだ」[689]。

したがってイタリア兵は、自分たちの戦いに何らかの意味を与えることができなかった。そのために欠けていたのは、肯定的な国家理解だけではない。彼らには軍事的な成功体験や、さらには、勇敢さや義務の履行、不屈さといった価値観をきちんと伝えることができる将校団も欠けていたのだ。彼らはむしろ無能で臆病な一味として見られており、彼らは自分のポストを功績によってではなく、ただ縁故主義によってのみ得たのだと考えられていた。彼らが戦争に熱狂するのは、自分自身で戦わなくてよい限りにおいてであり、とくに彼らが私的に殖財に熱心だと見なされていたことは、イギリス軍の収容所ウィルトン・パークでの二人の捕虜の会話からも読み取れる。

フィカッラ　奴らは盗人の群れだし、[…]　そもそも大佐たちからしてそうだ。俺はある砲兵隊の司令部を指揮していたんだが、マルサーラ〔シチリア島西端の都市〕を爆撃したあと、[将校たちは]　トラックに乗ってマルサーラに略奪に出かけた。俺はそのことを報告した。[…]　兵士たちには肉が供給され、彼ら［将校］はステーキを自分の部屋で焼いたり、プレゼントを贈ったりとかしていた。俺はこれらすべてについて耳にした。そしてもし石けんがあると、彼らは石けんを一〇個くすねて、休暇のときに家に持って帰っていたし、砂糖やら何やらも持って帰っていた。

サルツァ　アメリカ兵やイギリス兵たちもそのことを俺に話してくれたが、あとで〔イタリア〕兵たちもそのことを話してくれた。

フィカッラ　しかし〔イタリア〕兵たちもそんなことは知っていたし、俺は師団長として窃盗を禁止することができなかった。全体像を見通すことがまったく不可能だったというのもある。雰囲気がこれじゃあ、いい部隊なんか持てるはずがない［…］[690]。

こうした状況に直面しては、勇敢に戦えという兵士たちへの月並みな呼びかけも無駄にならざるをえなかった。したがってイタリア軍の盗聴記録においても、いちばん最初に逃げ出したのは将校たちだという発言が、再三再四登場する[691]。アウグスタ〔シチリア島の東端にある都市〕の要塞司令官だったプリアモ・レオナルディ海軍大将も、こう述べている。「君が司令部ごとそっとずらかるのを人々が見ていたとしたら、彼らはこう言うだろう。「はて、俺はここにとどまるべきだろうか？　なぜ俺はとどまらなければいけないのだろうか？　俺は本当の馬鹿なのか？　みんな逃げてしまえ！」[692]」そしてレオナルディ海軍大将自身も、アウグスタを防衛することに、明らかにあまり熱心ではなかった。捕虜になってから、彼はこう語っている。「民間人の服を着て消えることを私は考えていた。最終的には、他の全員が出発してしまえば、海軍大将も逃げてはいけないという理由はない」。軍事エリートたちが、自分たちの振る舞いについて完全に理解していたことは、一九四二年一一月に盗聴された会話からもわかる。ここでは二人の将官が、一九四二年一一月の第三次エル・アラメインの戦いについて話している。彼らは次の点で一致した。「起こったことについては何も言わないのがいちばんだ。たとえば、我々が一切抵抗しなかったこととか」[693]。

　かなりのドイツ軍将官たちも同じように考え、行動していたのかもしれない。たとえばザットラー少将は、一九四四年に高速魚雷艇でシェルブール要塞から脱出を試みたが、彼はこれに失敗するとただちに降伏している。これはあまり英雄的な行為ではなかったが、それについて戦友たちとおおっぴらに語ることは、彼にとっては絶対に想像できないことであっただろう。国防軍兵士、とくに高級将校たちは、自分のことをプロフェッショナルなよき軍人として演出しようとつねに試みていた。軍人としての自己理解の確信、つまり自らの勇敢さに疑問を投げかけるような、レオナルディが開けっぴろげにやったことは誰も望まなかっただろう。

　イギリス軍の捕虜となった階級の低いイタリア兵たちの会話からも、彼らの戦争認識がドイツ兵のそれとはまったく異なることが見て取れる。航空機の撃墜、艦船の撃沈、勲章の授与といったことは[694]、名誉や勇敢さ、「祖国」といったものと同様に、取り立てて言うほどの役割を果たしていない。彼らの会話のテーマはむしろ、すべての大規模な軍事行動についてまわった、身の毛のよだつような惨状であった。チュニジアで一九四三年三月に捕虜になったある中尉は、次のように考えていた。「我々の軍隊は、ただのいかさま師集団になり果てた。少なくとも軍事的な観点からは、彼ら全員を裁判にかけるべきだ。まず手始めにバスティコ将軍[695]から始めるべきだ。彼らのアフリカにおける陰謀すべてが調査されるべきだ。つまり、彼らがすべての状況でどのように行動したのか、についてだ。じつにけしからんことだ！　軍隊にいる者のほとんどすべてが、腐敗やカオスについての同じ悲しい話を語ることだろう。イギリス人やロシア人がイタリアにいたら、間違いなくいいだろうに」[696]。

　上層指導部、そして国家はあまりに腐敗し無能だと思われているために、連合国以上に敵だと見なされているのである。つまり兵士たちの視点からすれば、決して自分の利益を体現することのないこの体制のために犠牲になることは、まったくもって「馬鹿」なことであったのだろう。[697]

ドイツ兵に比肩しうるような語りの形が見られるのは、特殊部隊に属する兵士たちにほぼ限られる。[698]降下猟兵や爆撃機パイロット、Uボート乗りは自らの成功、武器技術や、彼らの軍事的任務の大きな要求について語っている。彼らにとって重要だったのは、あらゆる腐敗や惨状以上に、自らをよき兵士として演出することであった。彼らにおいて勇敢さや義務の履行といった理想像は、証明可能なものである。たとえばあるUボートの当直士官はこう語っている。「たとえ自分が反ファシズムであったとしても、戦争には勝たなければならないし、自分の義務は果たさなければならない」[699]。そして二人のイタリア軍爆撃機パイロットは、一九四二年四月に次のように話し合っている。「一三日に俺たちはイギリス軍の大きな駆逐艦を魚雷で攻撃した。敵はすさまじい反撃をしてきた。戦闘は一五分続いた。彼らにはボーファイター[700]〔イギリス軍の大型双発戦闘機〕があった。我々は魚雷を一発命中させたが、その場に戻ってみると駆逐艦はもはや見当たらなかった。我々の多くはこんなことはやりたくないと思ったが、というのもこの雷撃機は非常に危険だからだ。この最後のときには、我々は六時間上空にいた。我々はベイルート、ポート・サイド〔エジプトのスエズ運河北端にある都市〕、アレクサンドリア、カイロを殲滅しなければならなかった。我々のパイロットたちは非常に若く、しかし信じられないほど勇敢だった。彼らは目標に向かって飛びかかっていった」[701]。

確信的なファシストになっていった男たちは、こうした部隊に所属していることがしばしばであった。たとえば二人のUボート乗りは、一九四三年八月三一日、自分の成功について互いに語り合ったあと、全体的な状況について話していた。

「もし我々が、アフリカで戦うための、青年ファシストからなる四ないし五個師団を持っていたなら、これらのイギリス軍の紳士たちは決して上陸できなかっただろう！　見てみろよ、アフリカには一四〇両のイギリス戦車と戦うために、若いファシストたちを乗せた一四両の戦車が送られたんだぞ。俺にはそれが十分信じられるね」[702]。

この確信的な二人のファシストにとって、勇敢さはひとつの重要な参照点だった。と同時に彼らは、ドイツ軍のUボート乗りとは違って、さらに戦い続けることを拒んでいる。彼らによれば戦争はシチリア島の陥落によって敗れたのであり、今や講和を結ばなければいけないのだ。この点において彼らはピエトロ・バドリオと意見が一致している。彼らは彼の言葉を引用しながら、こう述べている。「戦争は名誉のうちに終わらせなくてはならない。彼は老練な軍人であり、無条件降伏は決して受け入れないだろう」[703]。事実イタリアは無条件降伏したのではなく、三日後に連合国と休戦協定を結んだ。国王とバドリオの逃亡という混乱状況の中での終戦がこの二人の名誉イメージに合致するものであったかどうかは、もちろん疑わしい。しかし決定的に重要なのは、何らかの形で最後まで戦い続けるというシナリオを心に抱くことは決してありえなかったという点である。

したがって、あらゆる差異にもかかわらず見逃すことができないのは、ドイツ兵とイタリア兵の間には価値イメージにおいてかなりの程度一致点が見られたということである。イタリア兵が[704]、個人的なつきあいにおいては大抵の場合好意を示さないドイツ軍部隊にたいして、その戦闘力についてはしばしば感嘆の念をもらしていることにも、その点は見て取れる。クレタ島攻略を振り返って、あるUボート将校はこう漏らしている。「あれは驚くべきことだ！　最後まで戦うのはドイツ兵だけだ。小部隊へと分断されてしまっても、粉砕されるまで彼らは戦い続ける。我々イタリア兵や日本兵も、ましてやイギリス兵にもそんなことは不可能だ[705]」。

彼がこうした評価にたどり着いた理由はただひとつ、彼にとっては軍事的成功だけではなく、勇敢さや戦士精神にも明らかに肯定的な意味があったからだ。さらに自軍における恥ずべき状況や裏切り者の将官たち、管理の失敗[706]についての彼らの会話からは、イタリア兵たちがこれらを、自分たちの規範イメージからの完全な逸脱であると感じていることが見て取れる。イタリア兵たちは、無能さや放漫な管理という枠組みから解き放たれて、十分な補給が与えられ、有能な上官によって率いられるやいなや、勇敢に戦う姿勢を見せることがしばしばであった[707]。

ジョヴァンニ・メッセ元帥はイギリス軍の捕虜となってからはもちろん、ドイツ兵とは軍事的な価値観を共有しているなどということを認めようとはしなかった。彼はむしろ、イタリア兵はドイツ兵とは完全に異なる存在だと考えており、そう語ることによってイタリア軍の軍事的な機能不全を、イタリア人の自尊心をくすぐるような形で語りうるようになったのだ。「[ドイツ兵たちには]魂がない。我々は鷹揚であり、憎むということが本当に不可能なのだ。我々の精神的気質はそのようなものなのであって、私は前から、我々は戦闘的な民族ではなく、憎むとはどういうことかを知っているのが戦闘的な民族だという意見だ[708]」。

古典的な軍事的価値観に、イタリア兵より戦闘的かつ厳格に固執したのが日本兵であったことは間違いない。軍人勅諭や戦陣訓、武士道といったもっとも重要な軍事的コードは、きわめて独特な性格を有する軍事的な参照枠組みを形成し、これによって兵士たちには忠誠、勇敢さ、勇気、そしてとくに絶対的な服従が義務づけられた。撤退は禁じられ、決して降伏しないよう兵士たちは厳命された。こうした価値イメージは、捕虜になるのはきわめて不名誉なことだという、日本社会に伝統的に根づいていた確信にもとづいていたために、きわめて影響力が大きかった。捕虜になることは自分自身だけでなく、家族にも恥をもたらすものだとされた。こうして非常に多くの日本兵たちが、絶望的な状況において捕虜になるのを免れるために自殺した。あるアメリカ軍将校は一九四四年にニューギニアからこう書き送っている。「ジャップのコードでは、勝つか死ぬかのどちらかだ。降伏したり生きながらえて捕虜となることは、彼らの天分ではない」[709]。一九四五年三月までに連合国が収容した日本兵は、わずか一万二〇〇〇名弱であった[710]。ヨーロッパの捕虜収容所にいた何百万人もの集団と比べると、これはきわめてごくわずかである。

もちろんこうしたことだけで、日本兵たちの参照枠組みを十分緻密に理解できるわけではない。たとえば尋問記録や押収された日記からは、日本兵たちの生き延びたいという願望が、文化的な義務よりもしばしば大きかったことが見て取れる。もちろん、捕虜はとらないというアメリカ軍において一般的であったやり方は、一九四四、四五年になると次のような状況を生み出すことになった。「降伏にたいする最大の威嚇手段は、アメリカ兵たちに殺されたり虐待されたりするのではないかという恐怖だった。降伏という恥辱は［…］、もし自分たちが殺されたり虐待されたりすることはないと彼らが確信できたならば、絶望的な状況において降伏することを妨げることはなかったであろう」[711]。戦争の比較的初期の段階（一九四二年秋冬のガダルカナルの戦い）においてさえ、日本兵たちはつねに武器をひっさげて死へと向かって突進しようとしていたわけでは決してなかった。むしろ降伏を妨げていたのは、たいていの場合状況要因だった[712]。

さらにビルマでの捕虜への尋問からは、規律と服従という建前の裏で、兵士たちはドイツの国防軍兵士とまったく同様のことを同じ時期に考えていたことがわかる。次第に悪化していく一九四四年から四五年にかけての戦況全般、急速に失われていく指導部の威信、不十分な補給や空軍による支援の欠如は、日本兵の戦争捕虜にとっても重要な参照点であった。[713] さらにほとんどの兵士は政治に無関心であること、海軍兵士は陸軍と比べると士気が高く、勝利を確信しているのも、両者の類似点である。これはドイツ兵においてと同様に、海軍兵士が陸軍兵士とは違う戦争を経験したという点にその理由があるのかもしれない。

こうしてドイツ兵、イタリア兵、日本兵の比較が明らかにするように、文化的要因は軍事的な参照枠組みを形成する上できわめて大きな影響を及ぼしていた。日本兵の視点からは模範的な兵士が、ほとんどのイタリア兵にとっては愚か者であり、国防軍兵士にとっては部分的には驚嘆に値し、部分的には軽蔑に値する狂信者であった。

武装ＳＳ

本書の中心は国防軍兵士たちである。と同時にもちろん忘れてはいけないのは、ナチ党が武装ＳＳという独自の軍隊を創設し、その規模が戦時中におよそ九〇万名に達したということである。[714] 武装ＳＳ兵士の認識や解釈が国防軍兵士のそれとどの程度異なっていたのかという問題は、それゆえよりいっそう重要なものとなる。ヒムラーはつねに、自らの武装ＳＳの特別な性格を強調することに、多大な努力を払っていた。もっとも両者の差異が前線での共通の戦争経験や、緊密になっていく一方の人的なつながりによって平準化されていったことは、見逃すことができない。たとえばＳＳの装甲部隊の将官クルト・マイヤーは、一九四一年一一月にこう言っている。「ＳＳと国防軍の間にこんにち何らかの違いがあるとは、私はまったく思わない」。[715]

だがこの主張はどの程度本当なのだろうか。軍服だけでなくメンタリティにおいても陸軍とは異なるようなナチの特別部隊をつくろうというヒムラーの努力は、戦争によってすべて無に帰してしまったのだろうか。

ニュルンベルク戦犯裁判では、武装SSの評価に疑念の余地はなかった。武装ＳＳは犯罪組織であると宣告された。戦後になってとくに、パウル・ハウサーやヴィルヘルム・ビットリッヒ、そしてクルト・マイヤーといった著名なＳＳ将官たちがこの判決に激しく抗議している。なぜならこれは彼らにとって重大な意味を持っていたからだ。元武装ＳＳ兵士は国防軍兵士とは違って年金が受給できず、社会や軍隊における上昇の機会が少なくとも限定的なものだったのだ。一九四九年に創設された圧力団体「旧武装ＳＳ隊員相互扶助協会（ＨＩＡＧ）」は、ＳＳ兵士たちが「他と同じような兵士」[716]であったことを熱心に証明しようと努力した。もっとも彼らの議論が認められることはなかった。なぜなら、武装ＳＳが数多くの戦争犯罪を犯したこと、武装

ＳＳはＳＳの中心的な構成要素であったことが、当時すでに知られていたからである。つまり、前線における戦闘だけに自分たちの役割を限定することができなかったのである。とくに武装ＳＳはスケープゴートとして最適であった。犯罪、とりわけ「ユダヤ人行動」の関連での犯罪を、疑わしい場合には彼らに押しつけ、国防軍は潔白であると言うことができた。すでに以前からわかっていたことではあるが、戦争犯罪は武装ＳＳだけが行ったものではない。研究、とりわけここ一〇年の研究が国防軍による戦争犯罪の規模全体を白日のもとにさらしてきている現在、両者に違いがあったのかという問いは、改めて重要なものとなっている。[217] 国防軍は武装ＳＳと同じくらい狂信的で過激で、犯罪的だったのだろうか。武装ＳＳの特殊な性格をめぐる議論は、国防軍が清潔であるという神話を構築せんがために巧妙に演出された、陽動作戦の一部にすぎないのではないだろうか。武装ＳＳと国防軍はともに、一体化した戦闘共同体の構成要素に他ならず、前線での動員によって、かつては存在していたメンタリティの違いは平準化されていったのではないだろうか。

ライバル関係

一九三四年夏、ヴェルナー・フォン・ブロンベルクが武装したＳＳ部隊の創設を容認した時点では、これはＳＡという危険なライバルを排除したヒトラーへの感謝の印であった。当初は規模の小さかったＳＳには、さしあたり軍事的な重要性はまったくなかったものの、開戦後には国防軍にとって見通しのきかない競争相手になっていった。この時点で両者の関係はとくに緊迫しており、陸軍兵士たちは指導部も部隊も同様に、新たに編成された武装ＳＳを憤りをもって見下していた。陸軍のある曹長とＳＳ兵長が言い争っている一九四〇年七月の会話には、彼らが主観的に抱いていた競合関係がはっきりと表れている。

曹長　それはポーランドでもそうでした。そこではＳＳの多くが軍の指揮官たちによって不服従のために銃殺されたんです。「ゲルマニア」連隊はまったく役に立ちませんでした。「ゲルマニア」はとんでもないへまをしたんですよ。

ＳＳ兵長　そうですか。ＳＳはドイツで最高の歩兵連隊だって、ある国防軍の将校が言ってましたよ。将校がですよ！

曹長　そうですか。私たちの間ではまったく逆の評価ですけどね。将校たちは使い物にならないし、どうしようもない大馬鹿者だって、ある人は言ってましたが。

ＳＳ兵長　ほう。私は若い国防軍の少尉たちが、自分の地位を金を払って手に入れたっていうことを知ってますがね。何という下劣な奴らだ！

曹長　たわごとを！　とにかくポーランドで起こったことすべてが国防軍では知られているし、きっとこれから一悶着起きるでしょうがね。

SS兵長　そうですか。そんなことを言っている将校をもし見つけたら、そいつは長くは生きられないでしょうが。

曹長　SSと国防軍の殴り合いが終わることは決してないだろうな！

SS兵長　ポーランドで起こったことっていうのは、いったい何なんですか？　損害について口を挟んではいけないのは確かですが、我々のSS部隊が多くの損害を被ったということだけは、あなたに言えますよ！　そして国防軍、彼らが我々を見殺しにするそのひどさといったら！　まったくひどいものですよ！　まあ、SSが国防軍に従属させられることは今後もはやないでしょうがね。それははっきりしてます！　老いぼれの将軍が、SS連隊でやりたい放題やるという［ことはもはやないでしょう］。とんでもないへまは我々に押しつけるくせに［…］。

曹長　そうですか。あなたはまさか、他の歩兵連隊が損害をまったく被らなかったとでも、主張するおつもりですか？　他の歩兵連隊だってSSとほぼ同じくらい損害を被ってるんですよ。誓ってもいい。まあ、西部戦線ではSSは決定的なことは何ひとつ成し遂げていないですけどね。

SS兵長（叫びながら）　あなたは何も知らないんだな！

曹長（同様に叫んで）　いいや、知っている。子供ですらみんな知っていることですよ！

SS兵長　あなたは知らないな。SSは本当に勇敢に戦ったんだ［…］。

曹長　しかし彼らは決定的なことは何ひとつやっていない！

SS兵長（非常に憤激して）　もちろん、もちろん［決定的なことをやったのは］国防軍でしょうさ……ですが、こんにちドイツで発言権があるのはいったい誰なのかということを、あなたはお忘れのようですね。それが国防軍なのか、［ナチ］党なのか。協力しようとしない国防軍のボスたちの身に何が起こったか、あなたもご存じでしょう。ブロンベルクとかフリッチュとか。

曹長（憤慨して）　そうですか。どうやらあなたは、党とSSがドイツを支配し、国防軍はそれに従属していると考えているようだ。だがあなたは間違っている！　SSは何でもできるとあなたは考えている。ベルギーでも彼らは窮地に陥ったから、我々に助けを求めたんですよ。

SS兵長　ベルギーで我々はまったく窮地になんか陥っていません。SSがダンケルクやスヘルデ川［フランス、ベルギーを通ってオランダへと流れる河川］で何を成し遂げたか、誰かに聞いてみてくださいよ。あなたにはまったく想像できないよ

迷彩服を着た二人の武装ＳＳ兵士．撮影日時不詳．（撮影者 Weyer. BA 10 III Weyer–032–28A）

うなことでしょうがね！

曹長　そうですか、とにかく決定的な役割を果たすのはつねに国防軍なんですよ。

ＳＳ兵長　そして我々がいなかったら、彼らはお手上げ状態だったでしょうに。

曹長　ほう、だったら国防軍は廃止して、ＳＳ部隊だけにしたらいいじゃないですか。私は一メートル七二センチですから、おそらく採用されるでしょうがね。

ＳＳ兵長　まあ間違いなく、ＳＳ連隊「〔大〕ドイツ」「ゲルマニア」「アドルフ・ヒトラー」は、ドイツで最高の歩兵連隊ですがね。(718)

互いへの偏見は模範的なまでに明白になっている。「老いぼれの将官たち」と自分の地位を金で買った「下劣な少尉たち」は、第二帝政の陸軍の後継者としての国防軍の戯画となっている。ＳＳは何でもできると信じており、ＳＳ将校は「とんでもない大馬鹿者だ」という確信は、国防軍の側からなされる、彼らはプロフェッショナルではないという典型的な批判を言い換えたものである。興味深いことに二人の語り手ともに、軍事的な能力という観点では同じ判断基準にもとづいている。功績はとりわけ勇敢さを意味し、その勇敢さは損害の多さによって計測されるのだ。陸軍曹長はＳＳの損害の多さという議論にたいして、国防軍も同様に多くの損害を被ったことを指摘することで、反論している。これは、自分たちも同様に勇敢だったのだということを強調するためである。とくに二人は、自分たちの組織こそが国家を担っていく柱であると主張している。そのさいＳＳ兵長は武装ＳＳのことを、ドイツにおいて先頭に立つ党の一部として、これを明確に定義する一方、曹長も同様に国家において国防軍は重要だと明確に考えている。

対ポーランド戦や対仏戦における武装ＳＳの軍事的な功績は、国防軍によって何度も強く批判された。もっとも部隊の能力があまり高くないというのは、ＳＳだけに限られた現象ではなく、とりわけ開戦時に編成された陸軍師団にはよくあることだった。そのうちいくつかの師団は、エーリヒ・フォン・マンシュタイン将軍が記しているように、対ポーランド戦において「役に立たなかった[719]」。同様に、SS連隊にはプロフェッショナル性が欠けているというのも、陸軍がSS部隊を批判する上で格好の題材であった。〔しかし〕武装SSが次第にプロフェッショナル化していく過程で、ライバル関係も徐々に和らいでいった。彼らは次第にエリート部隊として評価されるようになっていったのである。もちろん争いごとが絶えることはなかったし、公的な文書のやりとりにおいても互いの過失を批判することがしばしばであった。たとえば国防軍は武装SSの訓練が十分でないと定期的に苦情を述べる一方、武装SSは国防軍の士気の欠如を批判した[720]。

多大な損害と大規模な拡張によって武装SSの構造は変化したものの、歴史家ルネ・ローアカンプが最近証明したように、陸軍の社会構造との大きな違いはそのまま残った[721]。国防軍兵士たちの認識においても、SS兵士たちはつねに「他者」であった。それに一役買っていたのが外見であった。左上腕の下に血液型の入れ墨をするのもそうだし、とくにルーン文字のついた迷彩服によって外見的に明確に違いが存在したことは、象徴的な意味合いにおいて軽視することができない。当初は「SSのアマガエル」と嘲られていたSS兵士たちだが、そうした差異によってただちに明確に識別され、陸軍との違いがはっきりとした。つねに差異が認識されることで競合関係が促され、注目や賞賛をめぐる競争が完全に止むことはなかった。ルートヴィヒ・クリューヴェル大将はたとえば、ベオグラードを攻略したのが彼自身であるにもかかわらず、あるSS師団が「プリンツ・オイゲン」*という名誉ある名前を得たことに憤慨していた。ベオグラードを攻略した彼の装甲師団こそがその名前に値すると考えていたのだ。SS師団ではあまりにも早く勲章が与えられるという苦情も、しばしば聞かれた。「我々はよく言っているんですが、たとえばある歩兵師団が何らかの功績で第一級鉄十字章を二〇個得たとすると、SSでは四〇個確実に得ているんですよ。授与のあり方がまったく違うんです」、そうクリューヴェルは漏らす[722]。こうした「病的なまでに功名心の強い[723]」人々が迅速に昇進していることも、不満のもととなった。とりわけ三四歳のときに少将の階級で師団長となったクルト・マイヤーの経歴は、不快感をもって受け止められた。さらに、武器や航空機[724]が優先的に供給され、補給もよい[725]ことへの不満もあった。SS師団の優れた「人的資源」は嫉妬のもとであった。

＊（訳註）一七世紀から一八世紀にかけてのオーストリア軍人。一七一七年トルコとの戦いでベオグラードを奪取し、ハンガリー割譲を認めさせるパッサロヴィッツの講和をもたらした。

1944 年夏，ノルマンディーでのドイツ兵一団．ヘルメットや軍服からは彼らが降下猟兵であることが読み取れる．（撮影者 Slickers．BA 101 I–586–2225–16）

「〔我々の〕部隊が当時、つまり〔一九〕四三年に得られたのは銃後の老人だけだった。しかしSSはまず彼らの志願兵を手に入れ、次いで新兵のうちもっとも優れた四%を獲得し、さらに学校から生徒をまるごとかっさらっていったんだ。つまりSSは下級指揮官候補生のほぼ一〇〇%が得られたのにたいし、〔我々の〕部隊にはまったくいない」、そうクリストフ・グラーフ・シュトルベルク＝シュトルベルク少将は述べている[726]。

多くの勲章、よい装備や補給、そして選り抜きの、そしてとりわけ若い兵員。実際にはこれらすべては、SS師団だけのメルクマールというわけではなかった。むしろ国防軍のエリート部隊のいくつかも、物資や人員を優先的に供給される利益を享受していた。まずここで挙げるべきは、装甲擲弾兵師団「大ドイツ」である。この師団は陸軍総司令部によって、武装SSへの対抗関係を意識した上で陸軍の「親衛旗」[727]として拡張された。ただ空軍のいくつかの部隊も挙げなければならないだろう。「ヘルマン・ゲーリング」の名を冠した降下猟兵師団や装甲師団には、特別な地位が与えられていた。そしてこうした部隊も通常、「他者」として認識されていた。なぜなら彼らは特別な軍服やヘルメットを身にまとっており、勲章の授与において「気前のよい」[728]処置が行われていると批判されていたからだ。そして彼らのハビトゥスも不満の原因となった。「有名で悪名高いヘルマン・ゲーリング師団」は、「クソみたいな集団だ。口うるさくてうぬぼれた将校たち、威張り散らす猿ども。若いちんぴらも、年老いたやつも、みんな威張り散らしてばかりだが、彼らがいったいどういう奴らなのか誰も知らない。彼らは最初の攻撃で散り散りになって、戦車を前に逃げ出したんだぜ。我々はその戦車を食い止めなければいけなかったのに」[729]。そうハンス・ライマン大佐は、チュニジアでの自分の経験を語っている。

勇敢さと狂信性

「犠牲をいとわない」「狂信的な」戦闘部隊というイメージは、すでに戦争中からナチ・プロパガンダによって大々的かつ巧妙に展開されていた。現在も一般的なこうした決まり文句は、盗聴された会話においても数多く見られる。武装SSは「雄牛のよう」であり「信じられないほど勇敢に戦い、死んでいった」こと、彼らは「ドイツ、すべてのものの上にあるドイツ」（「ドイツの歌」一番の歌詞）を歌いながら、やみくもに「進め、進め［…］と完全に気でも狂ったかのように」敵の砲火に向かって突っ込んでいき、「ぎょっとするような」「気でも狂ったかのような」「無意味な」損害を被ったという点で、国防軍兵士たちの意見は一致した[730]。ある空軍軍曹が語っているように、「ゲルマニア連隊 Die Standarte Germania、つまりひとつの連隊で、三カ月以内に二五〇〇人の死者が出た」[731]。

トレント・パークに集まったほとんどのドイツ軍将官たちは、一九四一年から四二年にかけて東部戦線で戦い、そこで初めて武装SSと接触する機会を持った。彼らもまた、SS部隊の無意味な損害について語っている。

氏名不詳　私がかつて個人的にこの目で見て体験した光景について、あなた方に説明したいと思います。そうでなければ、こんなことは申しません。それは冬の戦闘でした。前方にはロシア軍四個師団が展開しており、親衛騎兵師団一個、親衛歩兵師団二個、そしてもうひとつの師団でしたが、左翼の隣接師団のところを突破してきました。そこで私は防衛のための布陣を構えました。私の前線はこんな感じで、防衛のための布陣はさらにこんな感じで、鋭角になっていました。まったくおかしなことですが。私はここの真ん中にいて、戦場からは四キロ、友軍からはともに二キロずつ離れていました。防衛のための陣地を構えるために、私は二番目の部隊としてあるSS大隊を手に入れました。この大隊は、併せても一個中隊に毛が生えたくらいしかいなかったのですが。およそ一七五名の一個中隊と、重機関銃が数挺、そして迫撃砲が二門でした。フォン・ベンデン

SS大尉はすごいやつですが、〔第一次世界〕大戦にも従軍していました。こいつらは保安師団として後方にいて、パルチザンを掃討していたのですが、引き抜かれて前方に送られたのです。彼らには私から、ヴォルチャンカVolchanka村を奪取せよという命令が与えられました。彼らは重火器を持っていなかったので、私は彼らに軽機関銃二挺と対戦車砲三門を与え、私もすぐに出発しました。攻撃が始まりました。私は自分の目が信じられませんでした。あまりにも事態が急速に進行していて、攻撃も非常に順調に進みました。我々は村に向かって進み、火をつけました。突如ベンデンが自分の軍用乗用車〔キューベルヴァーゲン〕に座り、そして車の中で立ち上がって、大隊の先頭まで走って行きました。大隊は一列に整列し、歩幅をそろえて男たちは村に向かって進んでいきました。

ビュロヴィウス　〔…〕完全に無意味だ。

氏名不詳　彼らの中には将校が九名いました。九名のうち七名が死亡もしくは負傷しました。歩兵一七〇名のうちおよそ八〇名を失いました。彼らは村を奪取しました……彼らは村を八〇名の兵士でその後も一週間にわたって保持しました。もしくは、ひとたび退いてふたたび戻ってきました。最後に残っていたのは二五名でした。ええ、あれは無意味な馬鹿げたことでした。私は速射砲中隊を一個彼に与えましたが、彼は一発も撃ちませんでした。一発も。「おい、フォン・ベンデン、撃て」。「冗談じゃない、くそったれ。これが俺たちのやり方だ」。完全に気が狂っていました。[732]

この報告にたいする反応は、いつも同じだった。「完全に無意味だ」、そう言ったのはカール・ビュロヴィウス中将である。そうした描写がどこまで本当なのかと疑われることは決してなかった。こうした描写は誰にとってももっともらしく思われたからである。もっとも、無意味でぞっとするような損害についての同時代的なイメージは、武装SSだけに限られたものではなかった。フリッツ・クラウゼ少将はフォン・ベンデンSS大尉の話を聞いて、すぐに次の話が思い浮かんだ。

クラウゼ　俺は空軍部隊と次のようなことを体験したことがある……。それは、当時存在していた唯一の空軍野戦師団に属していたふたつの大隊だった。朝の五時、雪や氷の上での一六キロの行軍ののちに、彼らはある場所にたどりついた。そこで彼らは歩兵たち（当時はクノーベルスドルフ軍団だった）を加え、編成途上にあった左翼に彼らを組み込んだ。五時に攻撃が始まった。つまり、コートを一度たりとも脱ぐ暇のないままに、行軍縦隊がそのまま攻撃に移ったんだ。こうして彼らは攻撃へと大急ぎで出かけていったのだが、対戦車砲もなく、機関銃もなかった。とにかく何ひとつなかったんだ。彼らは前進して、損害はあまり多くなかったが、およそ一キロ半ないし二キロ進んだ。すると地上からロシア軍の戦車による攻撃が始まり、人々をひき殺していった。このふたつの大隊で四八〇名の死者が出たが、そのうちおよそ三〇〇名は戦車にひき殺されて、本みたいにぺしゃんこになっていた。そして負傷者も数多くいた。二個大隊が完全に消滅したんだ。(733)

多くの兵士たちは、数百人の男たちが命を落とすという身の毛のよだつような作戦を、すでに経験していた。もっともそこで目立つのは、深刻な損害は国防軍部隊においては指導部や部隊の未熟さとして説明されるのにたいし、武装SSにおいては「完全に誤解された勇敢さ」(734)として理解されるという点である。SS部隊がほとんど損害を被ることなく戦ったという話は、興味深いことにほとんど残されていない。多くの兵士たちは武装SSとはまったく接点がなかった（たとえば海軍や空軍で勤務していた場合など）にもかかわらず、彼らにとってSS兵士たちは、アメリカ人の軍事心理学者による次の言葉がぴったりとあてはまるように思われた。「驚嘆に値するすごい奴であり、特別な選抜と訓練を受け、それゆえにまったく死を恐れない」(735)。

一見すると、ヒムラーによる自分の兵士たちにたいする犠牲的な死の要求は、明らかに実行に移されているように見える。「捕虜となったSS兵士」などあってはならないと、一九四一年に彼は述べている。なぜなら彼らは「名誉の番人、師団の戦闘力の番人」だからだ。「そしてたとえ巨大な戦車が接近してこようとも、彼らは自軍の男たちに拳銃を向け、恐怖を克服することを強いなければならない。連隊や大隊、中隊がもともとの四分の一、五分の一へと収縮することも、今後ありうる。しかしこの四分の一、五分の一がつねにふたたび戦うことができないとか、戦う気力もないとかいうことは、ありえないことである。皆さん、師団に五〇〇人の男たちがいる限り、この五〇〇人の男たちは攻撃可能なのだ」(736)。一九四四年に彼は、SS兵士たちに日本兵と同様の姿勢を要求している。彼らは三〇万人のうちわずか五〇〇人しか捕虜にならなかったのだと(737)。

盗聴されたSS兵士たちの声からは一見、国防軍兵士たちの認識が証明されたかのように思われる。たとえばSS兵士たちは、自分の将校たちがピストルを手に自分たちを前線へと押しやった様子や、逃亡してくる国防軍兵士にたいして即決裁判を行った様子を語っている(738)。SS師団「ヒトラーユーゲント」の師団長クルト・マイヤーは、トレント・パークで士気を喪失した国防軍の将官たちに出会ったとき、こう述べている。

マイヤー　ここにいらっしゃるみなさんのほとんどには、是非私の師団を率いていただいて、戦闘精神や狂信性とはどのようなものであるのか、少しはご覧になっていただきたい。そうすれば心から恥じ入ることでしょう。(739)

彼はすでに一九四三年の秋、ある教練において国防軍の将校たちをその過激さによって震撼させている。その教練のある参加者は、ワインをグラス三杯飲み干したあと、彼が次のように語ったことを想起している。「異教的で狂信的な戦士［にならなければならない］、「兵士たるもの、フランス兵でもイギリス兵でもアメリカ兵でも、とにかく誰でもいい、人間にたいして憎しみを持ち、喉頸を掻き切ってその血を吸い尽くさなければならない。全員を憎まねばならず、全員が自分の仇敵でなければならない。そうすることによってのみ、戦争に勝利できるのだ(740)」。

当初からのSS隊員であり、東部やノルマンディーで戦ったハンス・リングナーSS大佐にとって、戦闘への意志は犠牲を捧げるという高次の意味としっかりと結びついていた。捕虜となった彼は、ある陸軍大尉に次のように語っている。

リングナー　我々はすでに学校にいた頃から、テルモピュライにおけるレオニダスの戦いを、民族への最高の犠牲として理解するよう教わってきました。それこそが今まさに、他のあらゆることの結節点となるのであって、もし全ドイツ民族が軍人となったのであれば、それは滅びるしかありません。もしあなたが人間として、「おい、もはや俺たちの民族はおしまいだ。もはや何の意味もない。まったくくだらないことだ」などと考えたり言ったりすれば、それによって血の犠牲をそれなりに防ぐことができるなどと、あなたがたは本当にお考えでしょうか？　それによってたとえば講和条件が変更できるなどと、あなたがたは考えるでしょうか？　もちろんそんなことはありません。他方、そのような運命の闘いを最後まで戦い勝ち抜くことのできなかったような民族が、民族として二度とふたたび立ち上がることがなかったことは、歴史の上でも明らかです。(741)

ヒトラーやヒムラーも、ほぼ同じようなことを口にしていたに違いない。リングナーやマイヤーの見解は、多くの点で武装SSの態度として典型的であった。したがって、一九四五年二月に二人の陸軍兵士が、SSは最後まで戦い、アルプスにおいて「一種のパルチザン戦争(742)」を戦うことになるだろうと確信していたのも、決して偶然ではなかった。

もっとも歴史家リューディガー・オーヴァーマンは、武装SSにおける戦死者の比率は陸軍のそれと比べてもそれほど高いわけではなかったことを指摘している[743]。数字を正確に分析すると、SS部隊における死者の割合は陸軍の装甲師団、空軍の降下猟兵とほぼ同じであることがわかる。戦線が維持される限りにおいて、エリート部隊の戦闘行動にはさほど大きな違いはなかったように思われる。だが、国防軍兵士たちが武装SSのことを狂信的に戦う部隊として認識し、彼らの損害の多さを誇張している点はどのように説明できるのだろうか。

損害報告を分析すると、敗北や後退の局面（たとえば一九四四年八月のフランス）では、連合国の捕虜となった武装SSは、陸軍・空軍部隊の兵士よりも明らかに少ないことがわかる。連合国が捕らえたSS兵士を殺害する傾向があった[744]ことだけでは、この現象は部分的にしか説明できない。一部のSSエリート部隊は、自分の命を救おうと降伏を試みる代わりに死ぬまで戦う傾向が明らかに強かった[745]。もちろんこれは傾向を言っているにすぎない。それが、すべての前線における武装SS「一般」の全般的な傾向であったはずがないし、もしそうであるならば死亡率は陸軍よりも高くなっていたに違いない。それにもかかわらずこの傾向は実際、ナチ・プロパガンダによって用意周到に構築されたイメージと、少なくとも部分的には一致するものであったがゆえに、国防軍兵士たちの参照枠組みにおいて短絡的な形で定着することが可能だったのである。武装SSは損害が多いのではないかという思い込みには、SS部隊の勇敢さというものにあまり大きな意味を与えないようにするという意味合いもあった。彼らの並外れた勇敢さを疑う者はいなかったし、そもそも勇敢であるということは当時の価値システムにおいて、きわめて肯定的に評価されなければならないものだった。だがこれが「不必要なまでに多い損害」という要因と結びつくことで、武装SSを過度に肯定的に評価しなくてもよくなったのである。もちろん、ほとんど損害を被ることなく大勝利を収めた戦闘もある[746]。しかしそうした出来事が国防軍における支配的なナラティヴに合致することはなく、したがって語られることもなかったのである。

しかしながら盗聴記録から明らかになるのは、それとは異なるイメージ、つまりよりきめ細かな、武装SSは犠牲を喜んで払い最後まで戦うという考えに疑念を投げかけるようなイメージを描くことが、〔当時〕完全に可能であったということである。ハンス・クラーマー大将は一九四三年二月、ハリコフ防衛戦のさいに体験した武装SSの精鋭師団についてこう語っている。「彼らも同じようにうんざりしていた。彼らもまた多かれ少なかれ、強制されたんだ。

彼らは決して自発的に戦っているわけじゃない［…］。彼らはあらゆるくだらない出来事を経験してきて、我々と同じようにうんざりしているんだ」[747]。こうした描写が、戦闘に投入されたばかりのＳＳ師団「アドルフ・ヒトラー親衛旗」「ダス・ライヒ〔帝国〕」「トーテンコプフ〔髑髏〕」といった部隊にも当てはまるのかどうかは、よくわからない。だが、彼らがつねに狂信的で犠牲をいとわない態度であったと言うことはできない。たとえば、これらの師団がヒトラーの命令を無視して、一九四三年二月にハリコフから撤退しているという事実が、それを物語っている。さらに異例なのは、これら三つの精鋭師団が半年後に、エアハルト・ラウス大将の不興を買っていることである。その原因は、誤って理解された勇敢さによって多大な損害を被ったせいではなく、その軍事行動があまりにも「活気のない」ものだったからであった。ゆえにラウスは（失敗に終わったが）、ＳＳ師団「ダス・ライヒ」の師団長、ハインツ・クリューガーＳＳ少将とその首席参謀 I. Generalstabsoffizier の解任を申請している[748]。

　他の戦場からも、武装ＳＳは決して犠牲精神だけを抱いていたわけではないことを示す報告が伝えられている。たとえばハンス・エーバーバッハ大将は、ノルマンディーにおけるＳＳ師団「アドルフ・ヒトラー親衛旗」は「近年まれに見る最悪な戦い方であった」[749]という意見だったが、このことは連合国側の史料からも、勲章がほとんど授与されなかったことからも確認できる[750]。イギリス軍の尋問収容所において自らの脱走を公言した数少ない捕虜の一人が、興味深いことにＳＳ師団「フルンツベルク」のＳＳ隊員ライヒヘルトであった[751]。「アドルフ・ヒトラー」師団のオットー・ヴェルキーＳＳ中尉による報告も、当初からＳＳ将校であった彼が狂信性によって奮い立たされることがほとんどなかったことを示すものである。彼の部隊は一九四四年九月、西方防壁〔ジークフリート線〕を防衛するためその準備を整えることになっていた。トーチカの線の後方に位置するある村で、彼はある女性の住む家に宿営を割り当てられる。

ヴェルキー　「いったいあなた方はここで何をなさるつもりですか」と彼女は尋ねた。俺は彼女にこう言った。「我々はここで西方防壁を確保するつもりです」。すると彼女は言う。「西方防壁を確保するですって？　いったいここでどのように持ちこたえるのですか？」俺は言う。「もちろんここで持ちこたえなきゃいけません」。俺は言う。「とにかく我々が陣地を構えられるところ、前線があるところならどこででも」。すると彼女が言う。「まったく不愉快だわ。とにかくアメリカ軍がすぐに前進してきてくれて、我々を追い越してくれるのかと、私たちはみな喜んでいたんですが、今やあなた方がここにやってきて、ここで戦ってすべてをぶっ壊そうっていうんですから！　我々はどうすればいいんですか。我々はどこに行けばいいんですか？　我々の持ち物はすべて木っ端みじんになってしまうんでしょうけどね！」俺は最初はもちろん非常に驚いた。俺は言う。「まあ聞いてくださいよ、あなたたちはここから逃げられるし、それどころか逃げなくてはいけなくなるでしょう」。俺は言う。「これからはちょっとやっかいなことになりそうです。トーチカの二キロ以内では、毎日砲弾が飛んできたり爆撃機がやってきたりを覚悟しなければいけなくなるでしょう」。すると彼女が言う。「じゃあ、私たちはどこに行けばいいんですか？　私たちは自分たちの荷物を運ぶ手段が何もないんですよ」。私は言う。「あなた方の家財道具すべてはもちろん持って行けませんね。それは不可能でしょう」。まあ、この避難についての考え方は、俺はまだ理解できた。だが彼女はこう尋ね始めたんだ。「五年もの間私たちに嘘をつき、欺き、黄金の未来を約束しておきながら、私たちの手元に今何があると言うんです？　今やふたたび戦争が我々に襲いかかってきているんです。いまだに撃ち続けるドイツ兵がまだいるなんて、私にはまったく理解できません」とか何とか。俺は自分の書類鞄を手にとって腕の下に抱え、その家から出た。本来ならばこの女性にたいして何かしなければいけなかったのだが、私は彼女の気持ちがよく理解できた。(752)

〔ここに描かれている〕状況が本当にそうだったのかどうか、我々に知る術はない。ただしヴェルキーの描写が正しいことは、数日後彼がそこからわずか数キロしか離れていない、アイフェル山地のプリュームで捕虜になったことから推測できる。彼は「最後の呼吸の一息まで」戦う気は明らかになかった。重要なのは、一九三三年にすでにSSに入隊していた、ヒトラーの親衛部隊のこの中隊長が、「本来ならばこの女性にたいして何かしなければならない」というSSの枠組みから離脱し、人々の厭戦気分に理解を示す発言をしたということなのだ。

盗聴記録からは、SS将校の間にも驚くほど多様な戦争認識が存在したことが見て取れる。ただ彼らの解釈が急進的であったという傾向は、見逃すことができない。これについては、あとでも触れることになる。

彼らの損害が多い理由として当時一般的だった説明は、特別な犠牲精神や狂信性に加え、武装SSには軍事的なプロフェッショナル性が欠けているというものだ。(753)　こうした発言は国防軍の公式書類において頻繁に見られる。そうした不満が正しいのかどうか、今日となっては確かめることは難しいが、その数の多さから考えてまったく根拠がないということはなさそうである。もっともそうした不満が向けられたのはSS部隊だけではない。戦争期間中の公式書類は、陸軍や空軍、さらにはSSの地上戦闘部隊によるまったく奇妙としか思われない誤った行動についての不協和音で充ち満ちているのである。さらに指摘しなければならないのは、国防軍兵士たちが武装SSの功績を高く評価しているという証拠が、数多く存在する点である。グリュッフテル伍長は輸送機パイロットとしてスターリングラードへと飛行しているが、たとえば一九四二年から四三年にかけての冬、東部戦線の南翼が崩壊したことを語っている。「俺たちはみな、一月と二月に、ロシアでの状況が上手くいっていないことを確信していた。ロシア軍は我々を背後から追いかけ回していた。俺たちはすでにサブルスチ Sabroschi（?）で出発のため荷造りをしていた[754]。ロシア軍は陣地から六キロのところにいて、ウクライナ人は半分くらいすでにいなくなっていた。それからアドルフが二月一九日（?）に自らやってきた。それ以降は状況はよくなった。そして、SS親衛旗が到着した。それまでは彼らにあまり期待していなかったのだが、若者たちは勇敢に前進していった[755]」。

一九四四年夏のノルマンディーにおける戦闘を振り返って、トット機関のある准尉は次のように語っている。

> 国防軍をけなすわけではないが、国防軍のいくつかのエリート連隊を除けば、きちんとした戦闘部隊と呼べるのは降下猟兵部隊とSSしかないというのが実情だ。彼らこそが、まだ勇気を持っている真の〔戦闘〕部隊だ[756]。

連合国軍もこの意見にはほぼ賛同している。SS師団「ヒトラーユーゲント」[757]はイギリス兵も「尊敬」せざるをえないと認めているし、歴戦のハインリヒ・エーバーバッハ装甲兵大将は「傑出した」[758]、さらには「輝かしい」存在として評価されているのである。

以上を要約すれば、武装SSはその戦闘価値や軍事的なプロフェッショナル性において、他のすべての国防軍部隊と同様、きわめて多様であったと言うことができる。戦場におけるSS部隊の狭義の軍事的功績は、「狂信的でありプロフェッショナルではない」という決まり文句に還元できるようなものではない。全体として見れば、彼らの戦い方は明らかに他のエリート部隊とほぼ同じようなものであった。敗北局面において、最後の一弾まで戦うという言葉を陸軍以上に文字通りに受け止めたということが、唯一きちんと証明しうる違い、ただし著しい違いであった。

犯罪

国防軍兵士が武装SSの「他者」としての性格を説明するさいに挙げるのは、彼らが死を恐れないということに加え、彼らがとくに残虐だという点である。驚くべきことに、この決まり文句は陸軍だけでなく空軍や海軍にも見られるものであり、その意味できわめて広まっていた決まり文句であった。

「武装SSと他の部隊の違いは、彼らがいくぶん残虐であり、捕虜を取らないという点だ」。Ju88の機銃手は一九四三年一月にそう話している。[759] そしてある戦争報道員は、すでに一九四一年三月の時点で次のように確信していた。「SS部隊は［…］捕虜を取らず、彼らを射殺する」。[760] それにたいしてある海軍通信兵が返事をする。「ポーランドでは彼らは捕虜となったポーランド人を殺すことができた。ポーランド兵たちは捕虜となったドイツ軍パイロットを殺害して焼いたからだ。だがSS部隊が捕虜となった無実のフランス兵たちを殺したことは、俺は間違ったことだと思う」。[761] 彼にとって明白だったのは、捕虜を射殺するということ自体は、もしこの捕虜がその前に何か罪を犯しているのであれば、非難されるべきことではないという点であった。しかし「無実の」人たちを殺害してはならず、それは「間違ったことだ」と彼は言う。一九四一年三月七日にU99が沈没したさいにイギリス軍の手に落ちたこの通信兵長が、どこからこの情報を手に入れたのかは不明である。しかし彼がこれを人づてに聞いたことだけは間違いないし、そのことからも武装SSについてこの時点ですでにどのような評判が立てられていたのかがわかる。

フランスにおける武装SSの戦争犯罪についての報告は、明らかに燎原の火のように広まっていた。Ju88のある偵察員は友人から、SS「トーテンコプフ」師団の戦い方について聞いていた。

> 彼があるとき説明してくれたところでは、西部戦線において彼らは黒人をまったく捕虜に取っていない。ただ機関銃を据え付けて、ばたばたと撃ち殺すだけだ。彼らは西部戦線で非常に恐れられているらしい。フランス兵たちは、フランス兵と黒人の間で区別が行われているということに、気づいていない。そしてフランス兵たちがこのトーテンコプフ部隊を見るやいなや、途方もない恐怖心ゆえにそこから逃げ出したんだ。[762]

SS兵士は明らかに犯罪を自慢して、自分たちの悪名高い評判を強調していた。しかし、それを誇張したわけではない。SS「トーテンコプフ」師団は、フランス戦線においてもっとも戦争犯罪を犯した部隊である。その中には、ル・パラディ近郊での一二一名のイギリス兵捕虜の殺害や、何件かの黒人植民地兵たちの大量処刑が含まれる。しかしながら、黒人捕虜を取らないというのがこの師団において一般的であったということは、従来の研究ではまったく指摘されていない。[763]

　武装SSはロシアでも同じように振る舞っていたということで、国防軍兵士たちの意見は一致していた。逆に民間人や戦争捕虜に関する報告ははっきりと増加している。[764]「ロシアにおける冬の戦いで、SSは負傷したロシア兵たちを強引に連れていって、通りの上でさんざんに拳で殴りつけ、銃剣で殴りつけ、着ている服すべてをズタズタにして脱がせ、素っ裸にしてから雪の中にシャベルで埋め、ふたたび彼らを雪から掘り出して、銃剣で切り刻み、心臓を切り取った。そんな話を聞いたって、誰も信じないだろう。だがSSはそれをやったんだ！　SSがやったんだ！」[765]

　ここですでに明らかになっているように、武装SSの犯罪についての語りは、国防軍を犯罪的な印象から遠ざけるためになされている。第三装甲師団司令部のアレクサンダー・ハルトデーゲン大尉はたとえば、彼の師団長があらゆる捕虜の射殺をはっきりと禁じたこと、それによってSS師団「ヴァイキング」隷下の部隊と「大げんか」になったこと、その理由は「我々が捕虜を射殺しなかった」からであることを語っている。[766]この場合語り手にとって重要なのは、自らの無実を表現することであった。「あなた方にはっきりと言えるのは、私は戦争中一度も射殺に加わっていないということです。私がいた連隊においてもそうです。アフリカではそのようなことはありませんでした。我々は「フェア・プレイ」に則っていましたし、それどころかときにはイギリス兵たちとオイルサーディン〔オリーブ油漬けのいわし〕をタバコと交換していました。我々ではそのようなことは一度もありませんでした。ありがたいことに」[767]。

　この描写がどの程度事実に沿ったものなのかは、今となっては確かめることはできない。アフリカにおける戦争が双方によってかなりの程度フェアに行われ、捕虜の射殺は明らかに行われなかったということは、間違いなく正しい。ここでハルトデーゲンがやっているような、「よき」国防軍と「悪い」武装SSをくっきりと対比させるやり方は史料において頻繁に見られるし、とくに一九四四年夏のフランスにおける戦闘について言及されることが多い。多くの陸軍兵士や空軍兵士が、この時期の武装SSの犯罪について報告している。SS師団「ゲッツ・フォン・ベルリヒンゲン」がすべてのアメリカ兵捕虜を射殺し、[768] SS師団「ヒトラーユーゲント」も捕虜を取らなかったことが指摘される。[769] SS師団「ダス・ライヒ」の男たちは捕虜となった二人のアメリカ軍軍医に次のように言い放った上で殺害したという。「ああ、一人は間違いなくユダヤ人だな。外見がユダヤ人風だ。もう一人も……」。[770] さらにフォイクト伍長は、陸軍通信大隊からフランスからの撤退途上「身の毛がよだつ」ことを耳にしている。

フォイクト　今や最終的に我々は二五名になり、SS兵士たちも何人かいた。監視しておかないと、奴らは誰でも殺す。俺たちは夜、あるフランスの農家に食べ物をもらいに行った。そこで若造たちは、農民の持ち物ほとんどすべてを持っていこうとした。その後何人かのフランス人と遭遇したんだが、彼ら［SS］はそのうち一人の脳天を完全にぶち割っていた。[771]

盗聴記録においては、一九四四年のフランスにおける戦闘についてはほぼ武装SSの犯罪ばかりが言及されており、国防軍のそれが述べられることはごく稀である。[772] 従来の研究においても、［一九四四年のフランスにおける戦闘については］陸軍や空軍部隊の前線における犯罪はほとんど立証できず、ほとんどの犯罪はSS部隊に責任があるとされており、そうした知見と一致するものである。[773]

したがって武装SSが、一九三九年から四〇年にかけて成立した評判を戦争末期に至るまで払拭できなかったということは、驚くべきことではない。さらにその理由としては、SS部隊はつねに女性や子どもの殺害と結びつけられていたという点もある。これは「戦争における男らしさの基質」（ルッツ・クリンクハンマー）を傷つけるものであったために、ほぼつねに嫌悪すべき行為として評価されていた。[774] 捕虜となったハッソ・フィービヒ少佐は、第五八装甲軍団の首席参謀に出会っている。SS師団「ダス・ライヒ」は一時期、この軍団に所属していたことがあった。ベックとの会話によってフィービヒは、目を開かれる思いであった。

フィービヒ　ルドルフ・ベック少佐はフランスでの自らの経験から、SSがいかに乱暴を働いていたのかを知っている。彼はいくつかの事例を知っているが、それについてもちろん彼は何も語らなかった。ある人が話してくれたところによると、SSはフランス人たち、女性や子供を教会に閉じ込めて、それから教会に火をつけたそうだ。俺はそれをプロパガンダによる策略だと思っていたが、ベック少佐は俺に言ったんだ。「違う、それは本当のことだ。彼らがそれをやったのを、俺は知っている」。[775]

フィービヒがここで言及しているのは、オラドゥールでの虐殺である。ここでは「ダス・ライヒ」師団の一個中隊によって六四二人の男性、女性、子どもが殺害されている。

戦争犯罪というテーマにおいてより正確に語っているのは、ごく少数にすぎない。たとえばフランツ・ブライトリヒは一九四五年四月、同じ監房の仲間であるヘルムート・ハーネルトにたいしてアメリカのフォート・ハントで、東部戦線における犯罪について語っている。ロシアの民間人がある村で戦車や機関銃で殺害された様子を語ったあとで、これを次のように一般化する。「こうやって引っかき回したのは、我々の部隊だ。国防軍がまず先行し、それほど引っかき回したわけではないが、SSがやってくると、彼らはさらにひどい引っかき回し方をした[776]」。

特徴的なのは、「我々の部隊」つまり国防軍が「引っかき回した」ということを述べたあとで、正確を期してSSの方がひどかったと直ちに述べていることである。武装SSと国防軍の違いを完全に否定する兵士は、ごくわずかであった。予備役将校のエーバーハルト・ヴィルダームート大佐は、戦争前［ナチ政権以前］には左派リベラルのドイツ民主党で活躍していたが、次のように述べている。「SSは大量処刑によって、将校にはふさわしくない、ドイツ軍将校なら誰でも拒否しなければならなかったようなことを行ったのだ」。もっとも彼は次のことを認めざるをえなかった。「将校たちはそれを拒否せず、結局はそれをやったのだ。この大量処刑を。私は、国防軍や将校たちによって行われた、似たような出来事を知っている」。今後ありうる刑事訴訟を考慮して、「『私たちはこうやってこうした人々から距離を置いています』と言ったとしても、すぐにこう言い返されるだけでしょう。『いいですか、ここでもドイツ軍の某大尉やドイツ軍の某大佐がSSとまさに同じようなことをしているんですよ[777]』」。

ほぼすべての戦線に従軍し、抵抗運動とも密接な接触があったヴィルダームートは、間違いなく戦争の犯罪的な諸次元について明確に把握していた。国防軍による犯罪についても、少なくとも一九四一年のセルビアで彼自身体験している[778]。しかしながら彼のように根本的な結論を引き出すことは、例外的であった。むしろ将校たちは前線部隊による犯罪をあらゆる点において否定し、そのさい部分的にはSSをも弁護したのである。

捕虜になったマイネ大佐は、武装SSが村落を焼き払ったという話題を振られたさいに、次のように答えている。「彼らはそんなことはしないだろう。彼らは純粋な戦闘部隊であって、まったく申し分ない。話題になっているのはきっとSS保安師団とか、それに類した部隊だろう」。とくに彼は、そうした話は「まったく正しくない」と信じていた。もっとも、彼は次の点は認めている。「不快なことはもちろんたくさん起こった。だが当時は、実際にロシア軍がすべてのドイツ人を殺戮していたということは、我々にははっきりと分かっている。その点、まったく疑念の余地はない」[779]。したがって彼の結論は、武装SSは確かに犯罪を犯したかもしれないが、赤軍がドイツ兵捕虜を殺害したのだから、これは道徳的に正当化できる、というものであった。こうしてマイネは、武装SSを「ふつうの」兵士の集団へと含めた、尋問収容所における数少ない軍人の一人であった。そのためには、SS前線部隊と後方地域で戦っていた部隊とを区別することが必要になった。こうした違いが現実には存在しなかったことは、言うまでもない。それよりも興味深いのは、マイネの視点を詳細に分析することである。

　武装SSと彼が接触した唯一の経験は、明らかにバルバロッサ作戦が始まった時期のものである。独立砲兵大隊の大隊長として、彼はSS師団「ダス・ライヒ」と同じく、第二装甲集団に属していた。この師団は陸軍と肩を並べて赤軍と戦い、同じ任務を与えられ、同じ経験を共有していた。彼らが民間人や捕虜を殺害したことは、東部戦線において暴力が爆発的に増加した戦争のこの時期には、陸軍将校の視点からすればさほど特別なものではなかった。一九四一年七月には、ほぼすべての陸軍師団でそのような犯罪が行われていた。したがって、SS師団「ダス・ライヒ」がこの点において際立っていたわけではない[780]。マイネの目から見れば、この部隊はたとえばSS騎兵旅団（プリピャチ沼沢地で数千人の民間人を殺害した）などよりも明らかに、陸軍歩兵師団との多くの共通点があった。したがってマイネは武装SSを「ふつうの兵士たち」の集団へと含めた。とくに彼にとって、赤軍の残虐な戦い方を目にすれば、「不快なこと」はとりわけ批判に値するものではないように思われたのである。

　これまでは、とくに国防軍兵士たちの会話を取り上げてきた。これらの会話が、武装SSの犯罪を証明する信頼に足る史料としてどこまで引用できるのかという疑問は、当然ありうるだろう。ひょっとすると、これらは自らの不法行為を「SSへと」投影しているだけかもしれないからである。レーマン上等水兵はたとえば、ノルマンディーのカニシー近郊で、あるフランス人の老紳士が持っている秘密通信機を彼の部隊が見つけ、彼を直ちに「殺害した」こと、「壁際に押しつけて死んだ」様子を語っている。しかしそれ以外では、人々はドイツ人に熱狂していたと彼は言う。

武装SSだけが、そのよろしくない振る舞いによってすべてを「台無しにし」、その結果人々は「ひどく気分を害した」のだと言う。[781] この上等水兵は武装SSの振る舞いを利用して、フランス人が「ひどく気分を害した」ことに自分は一切罪がないということを主張しようとしているのである。というのも国防軍刑法でさえも、「フランス人の老紳士」をその場で射殺することは許されておらず、裁判による手続きを申請しなければならなかったからである。

SSの不法行為に関するほとんどの報告はこのように漠然としたものなので、それがどこまで事実なのかを判断することは不可能である。国防軍部隊によって数多くの犯罪がなされたという事実がある以上、ここで描写されている残虐さは本当に武装SS特有の現象なのかという問いは、切実なものとならざるをえない。とりわけイギリス軍が、ヒムラーの政治的兵士〔である武装SS〕たちの内面を浮き彫りにするために多大な労力を費やしていたことは、幸運であったと言わなければならない。武装SS兵士同士や国防軍兵士たちとの会話の中で、武装SS兵士はこんにちからすると驚くほどの率直さで、自らの犯した戦争犯罪について語っている。こうして我々は、武装SSにたいする外からの視線だけでなく、内側からの視線についても情報を得ることができたのである。

クレーマーSS少尉は、東部戦線における自らの従軍について次のように語っている。

クレーマー　ロシアではオレルで俺もそれを経験した。機関銃MG42が、ある教会の回廊に据え付けられた。それからロシア人たちが雪かきをさせられた。男も女も子供も。それから彼らは教会の中に入れられたが、これから何が起こるのかまったく何も知らなかった。それから彼らはMG42で直ちに彼らを殺害し、ガソリンを死体の上に注いで、建物すべてに火をつけた。[782]

クレーマーは、「アドルフ・ヒトラー親衛旗」から新しく編成されたSS師団「ヒトラーユーゲント」へと一九四三年に転属になった、二〇〇〇名の将校や下士官のうちの一人であり、彼らはこの部隊の組織の中心的な存在であった。若いSS兵士レートリングは、この師団所属のある装甲擲弾兵連隊で戦い、そこで「親衛旗」の古参SS兵士と接触を持った。

レートリング　俺たちの小隊長が言うには、ロシアでは彼らはつねに何百人ものロシア兵捕虜を整列させて、それから地雷原の上をまっすぐ行軍させたそうだ。彼らは自分たちが埋めた地雷の上へと駆り立てられたんだ。[783]

フランスでは地雷を除去するのに牛の助けを借りたと、彼は楽しそうに語っている。そしてノルマンディーでの彼の経験について、レートリングはある陸軍兵長に、自分の上官の振る舞いを説明しながら語っている。

レートリング　我々が捕虜に何をしたかを彼らがここ〔捕虜収容所〕で知っていたなら、我々の命ももはや長くはないだろう。〔捕虜たちは〕まずちょっとした尋問を受けた。何か言えばそれでいいし、何も言わなくてもよかった。彼を走らせて、十歩進んだくらいのところで機関銃を五〇発撃ち、それで彼はおしまいだった。俺たちの年寄り〔上官〕はいつも言っていた。「この畜生をどうすればいいんだ？　俺たちには食べるものが何もないのに」。我々の年寄りが我々にたいして犯した罪を、彼は自分の命で償わなければならなかった。彼は哀れなのたれ死にだった。最後の日に腹部銃創を受けたんだ。(784)

レートリングは、自分自身は加害者の共同体の一部とは考えていない。むしろ「年寄り」が「我々」にたいして罪を犯したのだと考えている。この語りの構造はひょっとすると、SS師団「ヒトラーユーゲント」による犯罪はたいていの場合、一七歳の一兵卒によってではなく、古参の下士官や将校たちによって犯されていたという事実によって説明できるのかもしれない。

SS兵士レートリングによる語り以外にも、ノルマンディーにおけるSS師団「ヒトラーユーゲント」の犯罪を証拠づけるものはある。この師団は明らかに武装SS内部においても、とりわけ勇敢であるというだけでなく、とりわけ残虐であるという評判も得ていた。「彼らはいわゆるボーイスカウト・タイプで、どうしようもない卑劣漢だ。のどを切り裂くことも、彼らにとっては大したことではない」(785)、そうハンス・リングナーSS大佐は、一九四五年二月に言っている。

あるSS兵士はさらにはっきりと、南フランスでのパルチザン掃討の様子を、降下猟兵の兵長に語っている。

フェルスター　奴らは我々、「ダス・ライヒ」師団に狙いを定めていた。なぜならトゥールーズ地方では、我々が捕虜として捕らえたパルチザンよりも仕留めたパルチザンの方が多かったからだ。俺たちが捕虜にしたのはおそらく二〇人だったが、それで全員だったし、彼らを尋問することだけが目的だった。それから我々は彼らを拷問にかけ、その結果彼らは亡くなった。〔…〕それから我々が北に向かってここへと行軍してくる際に、我々はトゥールを通ってきた。そのさい彼らは国防軍一個中隊を壊滅させている。しかも完全に。〔…〕我々は直ちに一五〇名を捕まえて、通りで首を吊した。

ベスラー　だが俺に理解できないのは、彼らが直ちに一五〇人をも一気に仕留めることができたということだ。

フェルスター　みな目をくりぬかれ、指を切り取られて横たわっているのを、我々は見た。我々が首を吊した一五〇名の場合、結び目は前方にあって、後方ではなかった。もし結び目が後方にあったら背骨は直ちに破壊されるが、このように結べば徐々に窒息していく。苦しみが増していくわけだ。

ベスラー　SSは何でも知っていて、あらゆることをすでに試しているんだな。

フェルスター　おい、考えてもみろよ、もし彼らが国防軍の戦友一五〇人を殺したら、我々は一切容赦しない。俺がそれ〔殺害〕に賛成したのはこのときだけだ。それ以外では、俺は何ひとつ関わっていない。我々は、誰にたいしてもそんなことはしないが、だが奴らが我々にそんなことをするのなら、我々は〔…〕。(786)

フェルスターは最初、自分の部隊が犯した犯罪について奔放にしゃべっている。一五〇名のパルチザンが「仕留め」られ、さらに残酷なやり方で処刑されたことをベスラーが批判すると、フェルスターは反論の根拠として、これは殺害された国防軍兵士のための戦友としての任務なのであって、自分がこれに「賛成」したのは「このときだけ」だと言う。フェルスターがここで描写しているのは、おそらくフランス南部のチュールでの出来事であろう。ここでは、「ダス・ライヒ」師団がレジスタンスに殺害された国防軍兵士六九名を発見したあと、九九名の男性を絞首刑にしている。(787)ここでも「報復」という、自ら犯した犯罪や残虐行為を根拠づけるために他の暴力行為の文脈でも利用されている決まり文句が登場する（一五、三七〇ページ参照）。さらに興味深いのは、犠牲者の数字が誇張されている点である。これは、話をさらにセンセーショナルなものに見せるために使われる、典型的な手法である。ここにも示されているように、こうした種類の会話や殺された人間の数字によって自慢をすることとは、完全に可能である。これこそが、暴力を語る上での美学のひとつなのだ。

盗聴記録において印象深いのは、武装SSにおいては戦争犯罪というテーマについて語ることがきわめて当然であったこと、完全に無頓着であったことが示されている点である。従来の研究ではこうした態度は、とくにイデオロギー化やそれと結びついた訓練期間中の残虐化、そして強制収容所システムとの密接なつながりによって説明されてきた。(788)これらすべての点について、SS兵士たちの盗聴記録には強力な証拠を見つけることができる。

たとえばもっとも有名な武装SS将校クルト・マイヤーは、陸軍将官たちとの会話において自分の政治的傾向を一切隠そうとはしなかった。彼はナチズムを宗教のように吸収しており、それにすべてを捧げていたことを語っている。人が自分の身を「捧げる」ことはただ一度しかできないのだ、と。[789]

リングナーSS大佐はある陸軍将校にたいし、自分がナチズムについてどう考えていたのかを説明している。

リングナー　ナチズムとは応用人種学です。つまり、その性質によって、部分的にはその外見によって価値の高い人間であることを約束されているすべての人間のことです。この人間の観念財産こそがナチズムを意味しているのです。それが道を間違えることなく教育によって実現されれば、ですが。そうした人間はつねに戦闘的で、喜んで戦うような人間でなければならず、徹底的な利己的人間であってはなりません。こうした男たちこそがまさにドイツ的なのであって、彼らが考えること、行うことはつねに正しいもの、つまりドイツにとっての思考や行動となることでしょう。それを変える必要はまったくありません。ナチズムそれ自体に、観念財産に、付け加えるべきことは何もないと私は確信しています。それは徹頭徹尾、ドイツ的な態度に由来するものなのです。たとえばミュンヘンのヴェーバー氏や他の多くの人々のように、ナチズムの担い手と称しながらきわめて卑劣な振る舞いをした人間もいますが、それは別の問題です。正真正銘のナチズムがこの戦争を避けることができなかったなどと、いったい誰が言えるのでしょうか！[790]

マイヤーやリングナーのような男たちにとって、ナチ・イデオロギーにたいする自分たちの理解は決してリップサービスではなかった。自分たちはヒムラーの言う意味での政治的兵士であると完全に考えており、彼らの任務は自分の部下たちをそうしたイメージに沿った形で教育することであった。

リングナー　陸軍は政治的に何らかの形で方向づけされなければならず、そうでなければ、このような運命の闘いを乗り越えることはできないと私は考えています。兵士たちに戦闘の必要性を激しく注入することなく彼らを戦闘に送り出せば、しかもそれを何年も続ければ、成功は望めません。この点でロシア軍の教育は模範的です。[791]

リングナーが陸軍に見られないとしていた政治教育を、

武装ＳＳの幹部たちが自らの部隊において実施しようとしていた形跡は、いたるところで確かめられる。一九四〇年九月以降、ＳＳ兵士たちの軍事兼政治教育が部隊長の任務となった(792)。もちろん、ナチ・イデオロギーの教化という願望とその結果とを取り違えてはならない。ユルゲン・フェルスターが指摘するように、教材から有能な講師に至るまで、政治教育に必要なあらゆる前提条件が欠けていることがしばしばであった(793)。

レートリング　我々は毎週日曜にヒトラー・ユーゲントの成り立ちとか、ありとあらゆるくだらないことについての政治教育を受けた。当時の部隊長はやってきて、こう言った。「おい君たち、君たちも知っているように雑誌や書籍といった、政治的な資料が私の手元にはほとんどない。ラジオも持っていないし、持ちたいともまったく思わない。平日にはたくさん仕事があるしな。ハイル・ヒトラー。授業はこれまで(794)。

世界観教育はもちろん、イデオロギー的な条件づけの一部にすぎない。そのうち教室で行われるのはごく一部であり、その多くはそれに対応する枠組みを暗黙のうちに与えられることによって行われる。もっとも影響力が強いのは、そうした実践である。人が確信的なＳＳ兵士になるのは文書を読むことによってではなく、共通の実践へと組み込まれることによってなのだ。この点は、「世界観的」概念や教育の分析を通じてイデオロギー化の程度を分析しようとするさいに、たいてい見逃されている。紙の上に書かれた原理原則や規則から、人はさまざまな形で距離を置くことができるが、その場に居合わせるということから距離を置くことは難しい。だからこそ、夏至や冬至といったナチの記念式典、党独自の司法制度(795)や結婚についての規則(796)は、ＳＳのような組織における社会化において多くの役割を果たしたのだ。結婚についての規則は、とくにレートリングＳＳ上等兵の記憶に残った。彼らは望ましい結婚行動について詳細な説明を受けており、アーリア的な「彼女」を手に入れるよう努力し、「子孫について配慮」しなければならないと言われたことを語っている(797)。さらに付け加わったのがとくに、断固たる不屈さへの崇拝であった。これはすでに訓練の時期から、たとえば暴力の行使を通じて意図的に醸成されていたという。「ヒトラーユーゲント」師団のＳＳ兵士ランガーは、この時期について述べている。「訓練中に下級指揮官が殴りかかってきたら、武装ＳＳではもはやどうすることもできないんだ。訓練では、まさに彼らみたいな存在にならなくてはいけない。完全なサディズムだよ(798)」。

イデオロギー的な条件づけは、「総統のエリート部隊であ」り、「国防軍にたいして模範を示」さなければならないという自意識を生み出した。[799] 陸軍よりも「不屈」であり、しかし同時に「急進的」でもなければならないという点について、SS師団の中では疑念の余地はなかった。古参の指揮官や下級指揮官の集団はこうした「精神」を、一九四三年新しく編成された部隊にも求めた。ふたつの装甲擲弾兵師団「ライヒスフューラー・SS〔親衛隊全国指導者〕」と「ゲッツ・フォン・ベルリヒンゲン」は、戦闘力という点では軍事的なエリート部隊とはほど遠かったが、これらの師団の将校たちはSS精神を形成することに成功し、この精神は顕著に残虐な戦争遂行によってとくに表面化した。たとえば「ライヒスフューラー・SS」師団はイタリアにおける数多くの虐殺で目立っただけでなく、[800]「ゲッツ・フォン・ベルリヒンゲン」師団もたとえば一九四四年八月二五日にマイエ〔フランス中西部アンドル・レ・ロワール県にある村落〕で一二四人の民間人を殺害し、[801] さらに数多くの捕虜も殺害しており、そのことは盗聴記録によっても裏づけられる。すでに言及したスヴォボダ〔SS曹長〕は、「ゲッツ・フォン・ベルリヒンゲン」師団の一員としてアメリカ兵捕虜を射殺している（一五五ページ参照）。

武装SSはきわめて多様な組織であり、元ダッハウ強制収容所所長でのちに武装SS大将となったテオドール・アイケや、若き日のギュンター・グラスなど、さまざまな男たちが勤務していた。批判的な声はとくに兵卒によって伝えられている。もちろん、SS将校たち自身がときに野蛮化を拒絶することもあったし、それについて信頼できる証拠も存在する。オットー・ヴェルキーSS中尉についてはすでに述べた。二四歳でSS装甲擲弾兵連隊「デア・フューラー〔総統〕」所属第二中隊長のヴェルナー・シュヴァルツSS中尉は、捕虜になってから、ある陸軍中尉にこう述べている。

シュヴァルツ　我々のうちで誰かが斃れると、一〇人を射殺しなければいけなかった。そうしなければいけなかったんだ。命令で。そして誰かが負傷すると、三人〔射殺しなければいけなかった〕。最後の出撃のさい、負傷者が四人出た。我々はある家屋に火をつけて、射殺は行わなかった。俺は指揮官にこう言った。「そんなことをしても何の成果も挙げられません。我々はテロリストを捕らえなければいけないのであって、我々が射殺しなければいけないのは奴らなんです。私はそれに賛同しかねます。民間人は撃つべきではありません」。その場所で俺は〔殺害〕行動をやらなければいけなかったんだが、そこで指揮官にはこう言った。「私はやりません」。「なぜあなたはやらないんですか？」私はこうは言いたくなかった。「私はそれをやるにはあまりにも軟弱なんです」とは。だが事実俺は、それをやるにはあまりにも軟弱だった。俺にはできなかった。この話は……取りやめになった。よりによって俺が、俺こそが大隊の中でいちばん人畜無害な奴だったんだ。[802]

彼の報告を自己弁護として切って捨てることも可能かもしれない。だが、彼の叙述が本当らしいことを示す証拠がある。事実シュヴァルツの第二中隊は一九四四年夏、懲罰行動を行うよう命じられていた。そして大隊長は、おそらくはシュヴァルツの抗議によってこの任務を第三中隊へと委ねたのである。[803]

だがヴェルキーやシュヴァルツの叙述が仮に正しいとしても、〔武装SSの〕指揮官や下級指揮官集団の中核は、国防軍と比べると急進化が著しかったという全体的傾向に変わりはない。この傾向は、武装SSの将校たちはとくに長い間、戦局が転換するかもしれないと信じていたという点にも読み取ることができる。「アドルフ・ヒトラー親衛旗」のプフルークハウプトSS少尉はたとえば、カーンをめぐる激戦のさなか、一九四四年七月に捕虜になっている。イギリス軍の圧倒的な砲撃の優位に強い感銘を受けながらも、彼は次のことを信じていた。「目標を正確に捉える報復兵器を据え付けて、〔敵の〕砲撃を排除するのに、総統には四ないし六週間が必要だ。それだけの間は持ちこたえなければいけないし、そうすれば攻勢に転じることができる」。[804] SS三個師団の攻撃によってわずか一キロしか前進できなかった様子を、彼は自分自身体験していたにもかかわらず、総統が銃後にもはや何ら手持ちがないということが、彼には想像すらできなかった。イギリス軍の大攻勢グッドウッド*作戦を彼自身経験していながら、なぜ次のような結論にたどり着いたのかは、ほとんど理解しがたい。「イギリス軍は少しでも打撃を受けると潰走する。なぜなら彼らは全員が荒々しいわけではないからだ。確かに大量の戦車は持っているし、正真正銘の戦車だが、しかしそれらはとにかく殲滅されなければならない」。

国防軍将校の場合、そうした曇りのない楽観主義は、この時点ではもはや存在しなかった。[805] イギリスとアメリカの尋問収容所に収容された八〇名の武装SSの将校と下士官のうち、一九四五年二月以前の時点で、戦争は負けだと述べた者は一人もいない。ヒトラーについて否定的なことを述べたり、体制に批判的な言動をした者も一人もいない。盗聴記録からは、さらに次のような重要な知見がもたらされる。盗聴されていた二〇〇人のSS兵士たちのうち、国防軍の犯した犯罪を批判した者は一人もいないのにたいし、その逆は頻繁になされているのである。国防軍による犯罪が知られていなかったというのは、まったくありそうにない。知らないというには、武装SSと陸軍のつながりはあまりに密接なものだったからだ。明らかに規範的な参照枠組み、すなわち何が「ふつう」であり「必要」であり「要求されている」のかという考え方が、国防軍と武装SSでは異なるのである。だが国防軍による犯罪からまさに読み取れるのは、〔自分は〕犯罪に参加しているのだという意識だけでは、その犯罪に関与しないという選択をする上での十分な動機とはならない、ということである。一線を越えてしまったということに本当は気づいていたのだとしても、それに関与し続ける上で十分な社会的、実際的動機が存在したし、そのさいにできあがった認知的不協和を縮小する上でも、十分な数の社会的、個人的戦略が存在した（二五一ページ参照）。

とにかく少なくとも武装SSの精鋭部隊には、このような形で人種主義、不屈さ、服従、犠牲崇拝と残虐さが独自の融合を遂げていた。これらの要素ひとつひとつは、確かに国防軍においても見ることができる。確信的な反ユダヤ主義者を見つけることも容易である。たとえば、一九四一年にソ連でおよそ一万九〇〇〇名の民間人を殺害した、悪名高い第七〇七歩兵師団長グスタフ・フライヘル・フォン・マウヘンハイムのように。[806] 国防軍部隊、とくにエリート部隊が犯した数多くの犯罪についても、これを立証することができる。たとえば、数多くの捕虜を射殺し民間人を殺害した第一山岳師団、もしくは第四装甲師団を思い浮かべるだけでいい。[807] さらに、犠牲をいとわず最後の一人まで陣地を防衛した部隊もいくつか存在する。だが陸軍や空軍ではこうした急進的な現象は、安定的で一貫した全体像へと凝縮することがなかった。それぞれの部隊はその認識や行動において、武装SSよりも多様であった。その特別な残虐性によって徐々に目立つようになったのは、たいていの場合個別の連隊や大隊であった。そして政治的な幅も広かった。たとえばエリート師団「大ドイツ」ではオットー＝エルンスト・レーマー少佐のような確信的なナチだけでなく、ヒュアツィント・グラーフ・シュトラハヴィッツ大佐のようにナチ体制に批判的な男たちも戦っていた。

武装SSの性格にもっとも近かったのが、降下猟兵師団であった。[808] 彼らもまたエリートとしてのハビトゥスを身につけ、外見的にもその軍服によってそれ以外の国防軍と区別されており、その戦列には多くの確信的なナチがいて、[809]

＊（訳註）一九四四年七月一八日から二〇日にかけて、カーン占領とファレーズへの進出を目指して行われた作戦。

急進的な傾向が非常に強かった。降下猟兵は「手に負えない部隊」だと、ケスラー大佐はノルマンディーでの自らの経験を語っている。「奴らにはあらゆることが許されている。どんな誤ちを犯しても、かばってもらえるからだ。SSのように。SSと降下猟兵は豚のように振る舞っている。後方のアヴランシュ〔ノルマンディー地方の町〕で奴らは、宝石商人の金庫を吸着地雷で爆破したんだ」(810)。もっとも、女性や子供にたいする暴力の突出した規模、「最終的勝利」への信仰、そして最後の一弾まで戦うという精神の醸成といった点では、降下猟兵たちも武装SSほどではなかった(811)。

最後にまとめれば、武装SSは国防軍と比べると、人的な構成が異なり、異なったハビトゥスを形成し、異なった規範的な参照枠組みを持っていただけでなく、極端な暴力にたいして国防軍とは異なる関係を示していたと言うことができる。

まとめ――戦争の参照枠組み

そもそも国防軍の戦争においてどの点がナチ的であったのかという最後の問題にとりかかる前に、兵士たちにとって決定的に重要であった戦争の参照枠組みについて、今一度これを要約しながら概観したい。全般的に明らかに言えるのは、国防軍兵士たちの基礎的な方向づけ、つまり彼らの目の前で起こっていることにたいする認識や解釈にとって決定的に重要であったのは、軍事的な価値システムと兵士の行動半径の中の世界であったということだ。この決定的に重要な点に関しては、イデオロギーや社会的出自、学歴、年齢、軍隊階級、兵科による違いはほとんどない。明確な差違が表れるのは唯一、国防軍と武装SSの間においてのみである。

文化的な拘束は、この結論を今一度裏づけるものである。とくにここで重要なのは、軍事的な価値規範による拘束である。これによって形式的にも感情的にも義務へと拘束され、獲得することができる顕彰によっても拘束されるのである。ドイツ兵とイタリア兵、日本兵の比較において見たように、それぞれの国民に特有の参照枠組みが存在するのであって、たとえば、なぜドイツ兵たちは、戦争の敗北がすでに明らかになっていた段階でなおも戦い続けたのかという問題を解明する上でも、この参照枠組みは重要である。

しかし彼らが戦い続けた理由はただ単純に、彼らは動員されていた具体的な場にあって、戦争は負けだということを知らなかったり、あるいは負けだということが何を意味するのかを知らなかったり、もしくは負けだという事実をもってしても、陣地を維持しようとか、捕虜にはなりたくないとか、自分の部下の命を失わない、といった任務から解放されたとはまったく考えられなかったという点にもある。より大きな出来事の連関を知ったとしても、それとは完全に無関係な振る舞いが具体的な要求や行為の状況において行われなくなるわけでもなかった。実際、具体的な状況における解釈や決断は、「全体への」視野とは無関係に行われることの方が一般的であった。その限りで、盗聴されていた兵士たちから上位の意味連関への視野が完全に失われていたことは、驚くべきことではない。

彼らの予期していたことに反する事態が進行したとき、たとえば成功を収めた電撃戦への当初の歓喜や最終的勝利に関する早まった幻想が敵の成功によって打ち砕かれ、勝利への確信がしぼんでいったとき、彼らは苛立ちを体験する。と同時に明らかになるのは、予期がそのような進展を迎えたとしても、兵士としての任務を果たすという考え方にほとんど変化が見られないということである。全体が無駄であったとしても、自らの役割や任務を位置づけている参照枠組みが修正されることはない。むしろその逆である。彼らは兵士としての仕事を今後とも首尾よくやり続けることをまさに願っているからこそ、指導部や物量の不十分さへの不満が強まるのである。

認識における時代特有の文脈は、極端な暴力との関係や性暴力、人種主義的な解釈、そして総統信仰において見てきたように、兵士たちの認識や解釈、行動をきわめて強く特徴づけている。そのため現在の視点から見れば、彼らがきわめて残虐な行為や出来事を付随的なものとしてしか語らず、またそのようなものとしてしか受け止めない様子や、アドルフ・ヒトラーへの信仰や信頼が戦争最後の年になっても深いものであったことには、いくどとなく驚かされる。

役割モデルと役割要求は、兵士たちの振る舞いを他の要素以上に特徴づけている。これはほぼ同語反復的な物言いにはなるが、彼らの認識や行動を導いていたものは事実、イメージや集団的実践における「軍人的なるもの」であったと言わなければならない。だからこそ、将校たちの振る舞いは兵卒たちによってきわめて正確に観察され評価されているのであり、その逆もまた然りであった。こうして内面化された価値規範は、自らの振る舞いだけでなく、戦友や敵の振る舞いを絶えず的確に判断する上での判断基準となる。

戦争特有の解釈規範、つまり戦争は「クソ」であり、つねに犠牲を要求し、市民生活とは別の規則を有するなどといった考え方は、あらゆるところに見られる。兵士たちの生活世界を形づくっていたのは戦争である。この生活世界の観点から彼らは、戦争捕虜、民間人、パルチザン、強制労働者、つまり彼らが遭遇するすべてのものを見つめていた。パルチザン殺害の例でとくに明らかなように、解釈規範はしばしば正当化の論理と見分けがつかなくなる。戦争暴力によって、市民生活には存在しなかった解釈や行動の空間が開かれる。すなわち、人を殺し、強姦し、生殺与奪の権を握ることができるようになるのである。これらすべての新たな可能性は、暴力空間が開かれ、それと結びついた解釈規範が現れたことによって登場したのである。

形式的義務は、兵士たちの生活や行動を決定的に規定する。これはとくに、戦争の最終段階になっても自分が脱走することに困難を感じている兵士たちにおいて明らかである。社会的責務も同様である。前線兵士がもっぱら義務感を覚えていた社会的単位は、戦友集団と上官である。それにたいして、兵士たちが体験したことや行ったことすべてについて、彼らの恋人や妻、もしくは両親がどう考えようと、それはほとんど重要ではない。兵士の行動半径の中の世界こそが、彼らを強制的にある特定の行動へと義務づけているのである。「ユダヤ人による世界的陰謀」、「ボリシェヴィキという下等人間」、あるいは「国民社会主義的な民族共同体」といった抽象的な事柄は、彼らにとってはほとんど副次的な意味しかなさなかった。これらの兵士たちは「世界観による戦士」ではなく、ほとんどは完全に非政治的である。

個人的性格は確かに、出来事にたいする見方、評価の仕方、その処理の仕方において一定の役割を果たしているが、これらが個々の人間にどのような影響を及ぼしたのかについては、個別研究を行う他ないし、本書では扱うことができない。ただこの方向へと研究を進める上で明らかなのは、兵士たちの認識はきわめて多様なものであったという点である。そしてこの点は、将官たちにすらあてはまる。彼らは軍隊に長く勤務しており、きわめて均質的な存在であると考えられやすいのであるが[812]。もっとも、戦争にたいする異なった解釈、まさに対照的とも言える解釈が兵士たちの実際の行動に影響を及ぼすことはほとんどない。戦争ではプロテスタントもカトリックも、ナチも反ナチも、プロイセン人もオーストリア人も[813]、大学出身者もそうでない人々も、同様の振る舞いをしたのである。

これらの結論に照らし合わせてみれば、たとえばナチの犯罪を意図主義的*に説明しようとする試みにたいしては、すでに多くの批判がなされているとはいえ、さらに懐疑的にならざるをえない。集合的伝記研究は[814]、さまざまな動機を照らし出すことには成功しているものの、イデオロギー的なものの規範的な役割を実践のそれよりも過大評価する傾向がある。兵士たちの行動を根拠づけ、説明可能なものにするのは、認知的な根拠づけや位置づけというよりも、集団特有の暴力実践なのである。

我々の見解としては、決定的な要因となったのは参照枠組みの軸が、市民生活の状態から戦争の状態へと移動したという点であって、そのことの方があらゆる世界観や性格、イデオロギー化よりも決定的に重要である。後者は、兵士たちが予期しえたこと、正しいとか苛立たしいとか、腹立たしいと考える基準を説明する上においてのみ重要なのであって、彼らが行ったことを説明する上では重要ではない。兵士たちが実際にしでかしたことに直面すれば、こうした議論はあまりにも簡潔すぎるようにも見えるが、しかし戦争は出来事や行動の連関を形づくるのであって、その中で、人間は他の条件であったら決してしないようなことをやるのである。その連関において兵士たちは、反ユダヤ主義者でもないのにユダヤ人を殺し、ナチでもないのに「狂信的」に自らの国土を防衛するのだ。イデオロギー的なものを過大評価するのは、そろそろやめるべきだ。イデオロギーは戦争の原因を提供するかもしれないが、なぜ兵士たちが人を殺し、戦争犯罪を犯すのかの説明は与えてくれない。

戦争、労働者たちの行動、そして戦争の職人たち。これらはありふれた平凡なものだ。企業や役所、学校もしくは大学といった多様な条件における人間行動が、つねにありふれた平凡なものであるように。それにもかかわらず、こうした平凡さが人類史上最も残酷な暴力を生み出し、五〇〇〇万人以上の死者と、多くの点においてその後数十年にわたって続く荒廃とをヨーロッパ大陸に残したのである。

＊（訳註）かつてナチズム研究において支配的であった解釈。ナチ体制の原因をヒトラーの思想や反ユダヤ主義といったイデオロギーによって説明しようとする。

第4章　国防軍の戦争はどの程度ナチ的だったのか

「我々が戦争だ。なぜなら我々は兵士だからだ」

ヴィリー・ペーター・レーゼ（一九四三年）

戦争捕虜の殺害、民間人の射殺、大量殺戮、強制労働、略奪、強姦、戦争の技術化、そして社会の動員。これら第二次世界大戦のメルクマールのすべては、それ自体目新しいものではなかった。新しかったのはその規模と質であり、それまでのすべての前例をはるかに上回るものであった。そして現代社会にとってとりわけ新しかったのは、ユダヤ人の工業化された大量殺戮にまで行き着いた、暴力のエスカレートであった。もっともここで重要なのは、第二次世界大戦の特徴を事後的にどう評価するかということではない。むしろ問われなければならないのは、ドイツ兵たちの当時の自覚や行動において何が特殊だったのか、どの要素は二〇世紀の他の戦争にも見られるのか、という点である。

第二次世界大戦のこのふたつの側面〔すなわちその特殊性と普遍性〕は、現在から過去を照射するさいのプリズムを構成している。したがってここで問われなければならないのは、この戦争において、とくに国防軍兵士たちの認識や行為において何が特殊ナチ的だったのか、もしくは戦争一般に見られることだったのか、という点である。

殺される者

二〇〇七年七月一二日、バグダードで、ロイター通信のカメラマン、ナミール・ヌア＝エルディーンを含む民間人のグループが、アメリカ軍のヘリコプター二機によって銃撃された。ほとんどの人々は、ウィキリークスが公開した機上搭載ビデオが示すように[1]即死であった。明らかに重傷を負った一人は這いつくばって、必死に危険地帯から脱出しようとした。ライトバン一台が現れ、二人が負傷者を隠そうとすると、アメリカ軍のヘリコプター搭乗員はふたたび発射した。助けようとした人々が死んだだけではない。その直後に判明したように、ライトバンには子供が二人乗っており、銃撃によって重傷を負った。この攻撃の理由は、第一戦隊のヘリコプター搭乗員たちがまず一人に、続いて何人かに武器と認められる物体の所持を見つけたからであった。この定義について彼らの意見が一致すると、彼らはヘリコプターから射撃し、状況は次々と進展していった。

出来事全体はわずか数分程度であった。兵士たちが互いに了解し合うさまを記録した会話は、意味深いものである。

〇分二七秒　オーケー、お前の所に向かっている標的一五を発見。男一人、武器を持っている。

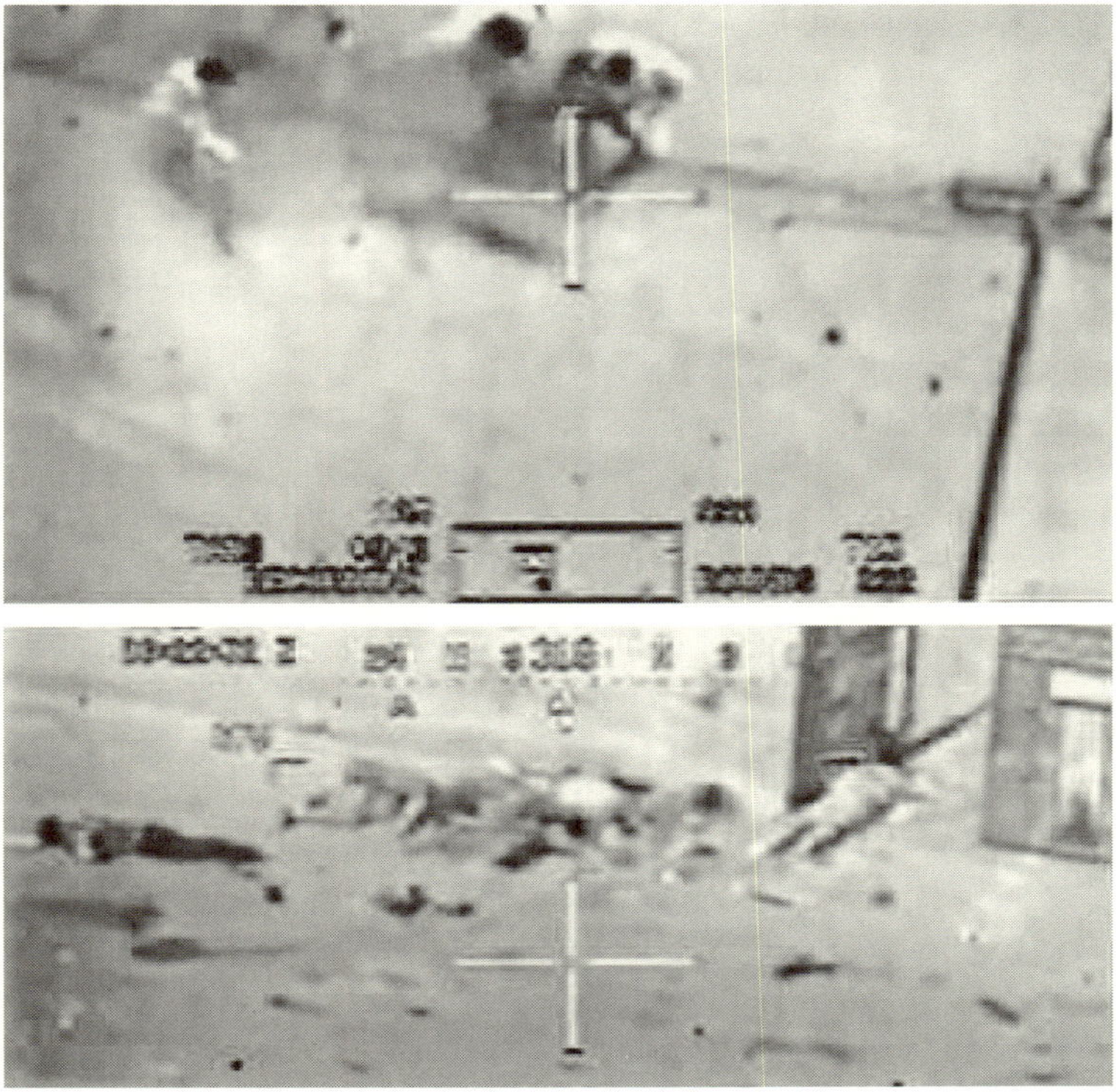

WikiLeaks

○分三二秒　了解。

○分三九秒　そこには一人……。

○分四二秒　そこには四ないし五人が……。

○分四四秒　地上管制了解。一－六。

○分四八秒　……この場所とそこには他の人間もいる。彼らはそこに来ていて、そのうち一人は武器を持っている。

○分五二秒　了解、標的一五を捕捉。

○分五五秒　オーケー。

○分五七秒　その下の方に立っている人々全員が見えるか？

一分六秒　そこでじっとしていろ、そして中庭を開け。

一分九秒　ああ了解だ。およそ二〇名いると思われる。

一分一三秒　一人はあそこにいるな、ああ。

一分一五秒　ああそうだな。

一分一八秒　オレには分からない、それが……。

一分一九秒　おい、地上管制、了解だ。一－六。

一分二一秒　あれは武器だ。

一分二二秒　ああ。

一分二三秒　[…]

一分三二秒　とんでもないクソ野郎め。
一分三三秒　ホテル二‐六、こちらクレイジーホース一‐八［ヘリコプター一と二の会話］。武器を持った人々が見える。
一分四一秒　ああ。奴は武器を持っている。
一分四三秒　ホテル二‐六。クレイジーホース一‐八。AK47［自動小銃］を持った人間が五ないし六人見える。攻撃許可を請う。
一分五一秒　許可する。あー、我々の位置の東側には一人も見えない。攻撃して構わない。終了。
二分〇〇秒　承知した。我々は攻撃にかかる。
二分二秒　了解。撃て。
二分三秒　俺はこれから……俺は今はまだ撃てない。彼らは建物の後ろにいる。
二分九秒　うーん、おい地上管制……。
二分一〇秒　あれはRPG［対戦車擲弾発射器］か？
二分一一秒　承知した。RPGを持った男一人を発見。
二分一三秒　撃つぞ。
二分一四秒　オーケー。
二分一五秒　いや、待て。上空を飛ばせてくれ。今のところ我々の視界からは建物の後ろは……オーケー、回り込もう。
二分一九秒　ホテル二‐六。RPGを持った一人を見張っている。射撃準備している。俺たちはこれから……。
二分二三秒　ああ、我々は一人の男を発見。彼は撃ったあと、今は建物の裏側にいる。
二分二六秒　クソ！

地上にいる人々の悲運は、ヘリコプター搭乗員の兵士の一人が、彼らの一人が武器を持っているのを発見したと考えた瞬間に始まる。この確認がなされた瞬間から地上にいた人々の集団は、モニターを通じてはるか遠くから状況を眺めていた搭乗員たちによって「標的」となったのである。これによって、この標的に向かって飛行しこれを殲滅するという意図がプログラミングされたのである。数秒の間に他の搭乗員によって別の武器が確認される。武器を持っている一人の人間が数秒のうちに複数の人間になり、ただ武器を持っているという状態からAK47タイプの速射銃を持っているということになり、さらには対戦車ロケットを持っているということになったのである。ヘリコプター一機が攻撃許可を得たとき、集団は建物の裏側にいたため彼らの視界から消えていた。この瞬間兵士たちの認識は、人々をふたたび視界に入れることにのみ向けられる。暴徒とされた人々はもはや武器を所有しているだけではなく、今やこう言われるようになる。「我々は一人の男を発見。彼は撃ったあと、今は建物の裏側にいる」。人々の集団がまさにヘリコプター搭乗員の視界から消えたことによって、人々を可能な限り迅速に「無害化」するという意図は、押しとどめがたいものとなる。彼らは本当に武器を持っているのか、そもそも彼らは本当に「暴徒」なのかといった問題は、いわばそれによってすべて答えが出たものと見なされるのである。こうして状況を兵士たちが定義する。この定義から、プロセスが首尾一貫した形で進んでいく。集団的思考や認識されたことについての相互確認によって、実際の状況は妄想的な次元へと転換していく。そもそも兵士たちが目にしているものを、ビデオで監視している人間は見ていないのである。だが彼はあらゆる決断から解放されている。なぜなら、彼の目の前で展開している出来事は、彼とは何の関係もないことだからだ。しかしながらヘリコプター搭乗員および地上管制の任務はいずれも「暴徒」の掃討にある。通りにいるすべての人間は、この前提条件のもと認識される。そのような人間が受ける嫌疑は、その理由がどのようなものであれ、致命的な性質を帯びている。そしてその嫌疑は、さらなる兆候によって自ずから確認されていくのである。すでにその身元が明らかになっているように思われる人々の集団が視界から外れたならば、それは兵士たちの認識に最大限の危険を意味する。今やこうして、「標的」の掃討へと目標は定まったのである。

二分四三秒　「クリア」だ［撃ってよい］。
二分四四秒　承知した。撃つ。
二分四七秒　彼らを仕留めたら教えてくれ。
二分四九秒　撃とう。
二分五〇秒　彼ら全員を焼き払え。
二分五二秒　よし、撃て！
二分五七秒　撃ち続けろ、撃ち続けろ。
二分五九秒　撃ち続けろ。
三分二秒　撃ち続けろ。
三分五秒　ホテル。ブッシュマスター二－六、ブッシュマスター二－六、我々は移動しなければ。そろそろ。
三分一〇秒　承知した。我々はあわせて八人をちょうど撃ったところだ［…］。
三分二三秒　承知した。ハハハ、彼らを仕留めてやったぜ……。

短時間の間に八人が亡くなり、一人が負傷した。攻撃によって、状況の定義は疑いようのないものとなった。なぜならかつては妄想にすぎなかった戦闘行動が、今や現実に生じたからだ。このビデオが違法に公開されたさい、センセーショナルなものとして受け止められたのは、ここではアメリカ兵たちが明らかに、自分たちには何ら危険が及んでいないにもかかわらず、完全に非武装である民間人を空中から殺害していたからである。しかしこのビデオを仔細に検討すれば、これはセンセーショナルでも何でもない。ここに見られるものすべては、「戦争」という参照枠組みにおいてつねに、しかも一定の必然性をもって起こってきたことだからだ。つまり、ウィキリークスのビデオが可視的に描き出しているように、人間がある状況をリアルなものと定義すればその結果もリアルになるのだ（一五ページ参照）。兵士たちには任務があり、この任務を彼らは実行しようとする。そのために彼らは、世界をプロフェッショナルな観点から眺める。その結果、地上にいる人間全員が容疑者となる。そしてプロフェッショナルな世界の観察には、自分たちの認識を交換し合うということも含まれる。その結果傾向として、一度観察したことや喋ったコメントが相互に確認されやすい。こうしてひとつの武器が複数の武器となって最後にはロケットになり、ただの通行人が戦士となる。これらを「暴力のダイナミクス」とか、「集団的思考」、あるいは「経路依存性」と名づけることもできよう。事実これらすべての要素がここでは致命的な首尾一貫性を生み出し、数分の内にあわせて一一人の命を奪うことになった。だがこのプロセスはまだ終わっていなかった。

兵士たちは出来事を総括する。

四分三一秒　おやまあ、あの死んだ野郎どもを見てみろよ。

四分三六秒　いいねえ。

［…］

四分四四秒　いいねえ。

四分四七秒　上手く撃ったな。

四分四八秒　ありがとう。

部外者には皮肉に見える（実際メディアにおいてもそのように論評されたが）が、実際には、いい仕事をしたというプロフェッショナルな確認以外の何ものでもない。そしてこの相互確認から今一度明らかなように、兵士たちの視点からはこの殺害は事実、正当な標的にたいする射撃である。敵側の殺された人々はほぼつねに戦士、パルチザン、テロリストあるいは暴徒として見なされる。こうして自己確認されていく定義は、ヴェトナムにおいてアメリカ兵の間で一般的だった規則にも見られる。「死んだヴェトナム人は、ヴェトコンだ」[2]（一一六ページ参照）。これは、国防軍兵士たちが女性や子供を殺すさいの理由づけとして、彼女たちも「パルチザン」だと言っていたのとまったく同じである。定義の正しさを後づけで確認するのは、定義のあとに生じ

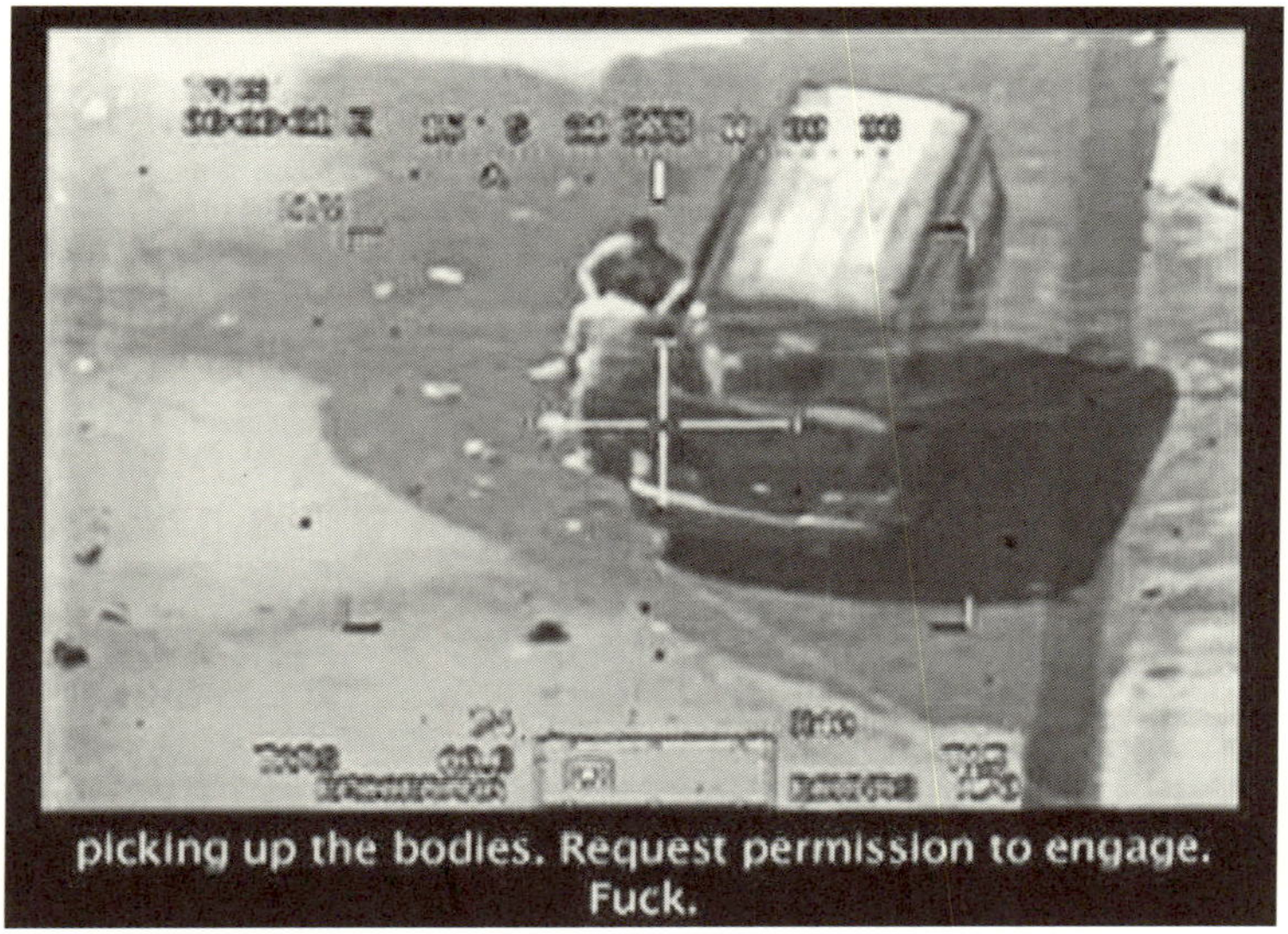
picking up the bodies. Request permission to engage.
Fuck.
WikiLeaks

る暴力行為であることがつねである。こうして暴力は、自分が状況を適切に判断したことを立証する手段として機能する。ウィキリークス・ビデオにおいてはっきりと見られるのは、暴力が、方向性の欠如が支配的である状況（つまり何をどうすればよいか正確にはわからない状況）を、一義的な状況へと変化させたことである。つまり全員が死ねば、秩序は回復されるのだ。プロセスがひとたび始まってしまうと、あらゆる細部はかつて前もって与えられた定義に照らしてしか考えられなくなるのだ。重傷者を危険地帯から運び出そうとする男たちを乗せたライトバンは敵の車両でしかないし、それを助けようとする人々も当然の帰結としてさらなるテロリストでしかないのだ。

子供たちが車に乗っており、アメリカ兵たちによってその車が蜂の巣のように穴だらけになったという状況も、かつてなされた定義をふたたび確認するものとして受け止めることが可能であった。

一七分四秒　我々は、我々は、あー、この子供たちを避難させなくてはいけない。あー、彼らは、あー、腹部を負傷している。

一七分一〇秒　俺はここではどうすることもできない。彼らは避難させなくてはいけない。終了。［…］

一七分四六秒　よろしい。子供たちを戦闘に連れてきたのは、彼らの責任だ。

一七分四八秒　そうだな。

ここには、定義の持つ力がいかに強力であるかが見て取れる。子供たちが負傷したことは決して付帯的損害（軍事行動によって生じる民間被害）ではなく、断じてヘリコプター搭乗員の責任でもなく、ましてや彼らが何か間違ったことを行ったことを暗示するものでもない。子供まで戦闘に巻き込むという、「暴徒」の卑劣さの証明にすぎないのだ。

敵の定義

その間そこから這いつくばって逃げ出そうとする重傷者は、ヘリコプターの機銃手によって（重傷者の耳には聞こえないが）次のような要求をされている。「おい、そこのあんた。あんたがしなけりゃいけないのは、とにかく武器を上に掲げることだ」。ここにも同様に、証明というやり方の何たるかが現れている。もしお前が、暴徒の振る舞い方とはどのようなものであるかという我々の定義通りに振る舞うのであれば、我々はお前を殺す、という。自己成就していく定義というこのやり方は、我々の史料においてもすでにパルチザン掃討の節で見られたものである。弾薬類が誰かのところで発見されたという申し立てがなされると、それだけで直ちに彼らは「テロリスト」として射殺されたのである（一一四ページ参照）。

これは戦時暴力一般に見られる特徴である。つまり、「敵」として定義された者の振る舞いによって、彼らが敵であるという定義の正しさが戦闘を通じて確認されるのだ。これは先入観やステレオタイプ、「世界観」とは何の関係もない。重要なのは「対象者」によって危険性が生じているのではないかと想定されている状況だけであって、彼らにどのような属性があるかどうかはまったくどうでもよいことである。その危険性を確認するようないかなる兆候も、殺害の十分な根拠となる。ヴェトナム戦争では赤ん坊ですら、手榴弾を隠しているのではないかという嫌疑をかけられた。第二次世界大戦においても子供たちは場合によってはパルチザンと疑われた。イラクにおいては「暴徒」と疑われたのである。

歴史家ベルント・グライナーは、ヴェトナム戦争の暴力のダイナミクスに関する包括的な研究において、敵のわかりやすい見極め方について一連の事例を描写している。もっとも簡単な定義は、逃げ出した人間は敵であり、したがって撃つべきだというものである。逃げ出したことによって、ヴェトコンであるという嫌疑の正しさが証明されるのだ。(3) 検査した人間がヴェトコンかどうかを「証明」するもう少し複雑な方法については、まったく同様の方法が我々の盗聴記録にも見られる。たとえば弾薬類が発見されるというだけで、その人間は民間人ではなく敵とつながっているという証拠となる。こうした証明はしばしば、完全に論理性を欠いていることがある。たとえばヴェトナムでは、かつてソ連製の弾薬類が預けられていた村落が焼き払われ、彼らはヴェトコンだとされた。アメリカ軍第九歩兵師団はあわせて一万八九九人を殺害したが、捕獲した武器は七四八挺だけであった。これは計算の上では、本当のヴェトコン一人を仕留めるために一四人の民間人を殺害したということになる。この場合の正当化の論理は、次のようなものであった。「ヴェトコンは自分たちの武器を取りに来る前に射殺されたんだ(4)」。

ヴェトナム戦争でアメリカ兵たちにとって困難だったのは、敵をどう見極めるのかという問題であった。ヴェトコンはアメリカ軍にたいしてゲリラ戦を仕掛けていたからだ。それが非正規の男性ないし女性の戦士なのか、もしくは無害な民間人なのかがわからないということは、兵士たちにとって大きな負担となった。「前線なき戦争」（グライナー）という非対称的な戦争においてこのように方向性を喪失した兵士たちは、まさに暴力という条件を行使することによって他者と安全に接触できるようになりたいという、もっともな欲求を持つようになる。自軍の兵士たちの多くが従来型の戦闘ではなく、非正規的な攻撃や爆弾の詰まった落とし穴、待ち伏せによって殺されているという状況においては、方向性を得ることが生き残るために不可欠な条件となる。待ち伏せ攻撃を食うと、さらに無力感が加わる。これを描写しているのが、アフガニスタンで従軍していたあるドイツ連邦軍の曹長である。「待ち伏せ攻撃を食うと、大騒ぎになる。そうなったらまず、方向性を見つける時間が必要だ。撃たれた場所にいるのは誰だ？　控えめに言っても、嫌な気分になる。とにかく有利なのはつねに敵の方だ。敵は攻撃地点を選べるし、土地を知り尽くしているからな。［…］車から降りることができると、俺はいつも嬉しかった。なぜなら、確かに車による保護は失ってしまうが、標的としては小さくなるからだ。そしてふたたび自分一人で行動し、撃ち、身を隠すことができるようになる(5)」。誰が敵で誰がそうでないのかが明確な状況になってようやく、目的を持って行動する、つまり安全をつくり出すことができるのである。そして厄介なことに、この方向性の安全をもっとも容易に、もっとも迅速に、そしてもっとも明確にもたらすことができる手段が、まさに暴力なのである。暴力が行使されたあとは、これに関連する不明確さはすべて除去される。

したがって国防軍の場合、無関係な人々や民間人にたいする極端な暴力は、とくにパルチザン戦争において現れる。本書ですでに見てきたようにこの戦争では、パルチザンやパルチザンだと考えられる人々は殺害してよく、村落は焼き払ってよく、標的を絞ったものであればテロルを行使してもよいという態度が、盗聴されていた兵士たちの間では間違いなく支配的であった。「フラン・ティルール」という非正規義勇兵*が持つ脅威のイメージは、一八七〇年から七一年にかけての独仏戦争以降ドイツ軍の想像世界において重要な役割を果たしており、ゲリラ活動が芽生え始めたら力尽くで萌芽のうちに摘み取るというのが、国防軍において一般的な原則であった(6)。こうして、現実に存在する不確かさに、組織において伝承されてきた要素が加わった。ここでは、パルチザンにたいする「欠くべからざる非情さ」が、必要なこと、自明のこととして内面化されていたのである。

敵の定義が、この定義に従って行われたすべての行動を正当化するという現象は、戦争という条件における行動の一般的な特徴である。この点で国防軍の戦争は他の戦争とまったく異なるところがないし、この点においては国家間戦争と非対称的戦争の間にすら違いはまったくないのである。誰が敵であり誰がそうでないのかは、つねに戦闘員が定義する。世界支配を企んだり、暴力活動を行っている者から自分の身を守ろうとしただけだというありふれた議論は、戦犯裁判やインタビュー、証言において取り上げられることの多いもののひとつである。それは、行為者は自分の行為の理由を根拠づけなければならないからである。だがいったん暴力が生じると、そのような根拠づけはもはや必要ない。この点について、アフガニスタンで巡回軍医部隊の指揮官を務めている上級軍曹の女性兵士は、こう指摘している。「戦闘中は強い勢いに流されてしまう。考えるための十分な時間はない。その時間がやってくるのはあとになってからだ(7)」。

だが、イラクのヘリコプター搭乗員の事例から見て取れる決定的に重要なことは、歴史的、文化的、政治的状況とはまったく無関係に、直接の状況やそこに居合わせた人々をどう定義するかで、その後起こるすべてのことについての参照枠組みが決まるという点にある。集団的思考、そして展開されていく暴力のダイナミクスや勢いは、ほぼつねに致命的な結果を引き起こすのである。

我々にたいしてなされた、なされる、今後なされるかもしれないことにたいする報復

〔以上述べてきた〕殺害のアナロジーは当然、ジェノサイドのレベルにまで拡大することができる。ユダヤ人の殺害もまた、人種理論の先駆者たちや絶滅をお膳立てした人々はこれを防衛として定義していたが、そのさい〔行動〕主体となったのは民族であって、個々の加害者たちではなかった。そして、殺害されるユダヤ人がときにパルチザンとして、つまり死んで当然な非正規的な敵として殺されたのも、決して偶然ではない。「ユダヤ人あるところにパルチザンあり」とされていたからだ(8)。

防衛として定義される殺害は、他の文化的、歴史的文脈にも存在する。一九九〇年代のルワンダにおけるフツ族によるツチ族の大量殺害は、〔アメリカ人歴史家〕アリソン・デス・フォージスがかつて、適切にも「鏡の中の告発」と表現していた認識や解釈のあり方を踏襲するものであった。他の集団にたいするある種の予防的なジェノサイド妄想の中で、彼らは自分たちの集団の完全な絶滅を目論んでいると考えるようになるのだ。もっとも、鏡の中で相手に罪を着せるというこうした枠組みは、単に社会心理的な現象であるにとどまらない。この枠組みは、プロパガンダの手法としても推奨されるのである。この技術を用いることによって、「テロルを行使する側は、テロルの責任を敵にかぶせることができる(9)」。反面、脅威の妄想を拡げることはもちろん、自分たちの存在が脅かされていると考える側に、自衛への傾向をもたらすことにもなる。だからこそ、あらゆる形の血なまぐさい攻撃や組織的な絶滅を臨機応変に行うことが、必要な防衛行動として認識されるのである。

それがとくに顕著に表れるのが、「報復」というモチーフである。これは戦争の語りにおいて、文化的、歴史的、空間的文脈とはまったく無関係にきわめて大きな役割を果たしており、語りの常套句と言わなければならないほどである。こうしたストーリーは、小説でも映画でも戦争の語りでもそうなのだが、自分の親友がとりわけいかに残酷かつ卑劣なやり方で戦闘中に殺されたのかを兵士が語るという形を、つねに取る。そしてこの瞬間から、敵に報復することを語り手は決心した、というところでストーリーはいつも終わる。ときには、死にゆく友人に語り手が約束をするという形で、語りを裏づけようとすることもある（一一二ページ参照）。しかしいずれにせよ、個人的な喪失というトラウマが、敵にたいして仮借ない行動を取ることを正当化するのである。たとえばヴェトナムのあるアメリカ兵は、父親にこう書き送っている。「機上銃手の一人が今ちょう

＊（訳註）独仏戦争（普仏戦争）において、フランスに侵攻したドイツ軍に向かって立ち上がった非正規兵。

ど話してくれたのですが、〔戦闘中に地上にいたヴェトコンによって破壊されたヘリコプター〕三七番機のところまでたどりついたそうです。操縦士も副操縦士も、大口径の武器によって頭部銃創を受けていました。二人とも素晴らしい奴らでした。パパ、僕は今、これまで以上に心を決めています。このくだらないげす野郎たちを地上から消滅させるために、ありとあらゆることをやると。僕にはもうしばらくここで過ごす時間がありますし、道で僕と偶然行き会った男、女、子供は天にでもお祈りするしかないでしょう。このケダモノたちとつきあう唯一の方法は、全面的かつ完全な破壊です。これほど人を憎むことができるとは思ってもいませんでした(10)」。

ヴェトナム戦争の退役軍人と仕事をしてきた心理学者ジョナサン・シェイによれば、特別な友人の死にたいする報復は、多くのGIたちがヴェトナムでの勤務期間を延長する動機となったという(11)。まさにこの点について、フィリップ・カプートは自分の従軍に触れながら記している。「私が敵を憎んでいたのはその政策ゆえではなく、〔戦友の〕シンプソンが殺害され、この若者が処刑されて遺体が河の中で発見されたからであり、ウォルト・レヴィの命が奪われたからだ。私がある前線の中隊 line company に志願した理由のひとつは、報復だった。誰かを殺す機会を私は求めていた(12)」。

自ら喪失を経験したが故に、残虐かつ残忍なやり方が必要になったのだというそうした報復感情は、一般的な話としても理解することができる。〔旧約〕聖書の教え「目には目を、歯には歯を」を援用すれば、敵の振る舞いはそれと同等の、少なくともそれ相応の回答を挑発してきているのだと理解されることになる。たとえば第二次世界大戦でのあるアメリカ兵は、ドイツ人の住居を接収したことについて、手紙に次のように記している。「これはほんとうにひどい扱いで、このドイツ野郎どもは、同じ手口でやり返されたんだ(13)」。別のアメリカ兵は破壊された長崎を訪問して、今やアメリカ人は日本人から野蛮人だと思われているのではと考えながらも、日本人にたいして次のようなことを願っていた。「彼らが捕虜としていた男たちに与えた残酷さの一〇分の一分でも、彼らが苦しめられますように。この人々は単純であって事実を知らないか、もしくは何かにとりつかれているのだと言う人は多いですが、ある国民がその多数に支持されることもなくあのようなやり方で戦争を遂行できるはずがありません(14)」。敵の国民への報復欲求もまた、「アメリカ兵」と戦争におけるその態度についての包括的研究を行った、サミュエル・A・ストウファーを中心とする研究グループの研究対象であった(15)。

自分の敵として理解した人々への自らの報復感情を、すべての兵士たちが実行に移せるわけではない。彼らの場合たとえば他の兵士が止めに入ったり、同情という感情が自発的にわき起こることで、これに抑制がかけられる。報復感情が発揮されるのを妨げたのは、アフガニスタンにおけるドイツ軍の軍医少佐の手紙が示すように、任務遂行の効率性をめぐる別の基準であることもあった。「トーチカで遅くとも二度目の警報が鳴ったあとには、どんなに偉大な博愛主義者であったとしても血なまぐさい報復欲求をめぐらせるようになる。ここで兵士たちに好まれている軍事的にもっとも単純な解決方法は、大規模な砲撃によって反撃を加えることだ。技術的にはさほど難しいことではない。砲撃する地点を定め、大砲の方向を決め、撃ち返す。一分もかからない。敵による最初のロケット攻撃は当たらないかもしれないが、タリバーンもバカじゃない。次に撃ってくるときには長いケーブルを引いて、幼稚園の脇からロケットを発射してくるだろう」(16)。そうした熟考や自己観察によって報復感情がわき上がることもあった。報復感情というのは他のあらゆる戦争においてつねに見られるものであり(17)、むしろこのエピソードは、戦争という状況において報復というテーマが兵士たちにとってどれほど大きな意味を占めているのかを、改めて確認するものでもある。

捕虜を取らない

捕虜の処置は第二次世界大戦中さまざまな形を取った。厳密にジュネーヴ条約を遵守するものから、大量殺害に至るまで。英米軍捕虜のうちわずか一ないし三%しかドイツ軍の収容所で亡くなっていないのにたいし、捕虜となった赤軍兵士の約五〇%が死んでおり(18)、これは日本軍の収容所における連合国軍兵士の高い死亡率をもはるかに上回っている。盗聴記録においてもそれなりに登場する、飢餓による組織的な絶滅は、戦争の通常の参照枠組みからは逸脱したものであり、ナチによる絶滅戦争という枠組みにおいてのみ理解することができる。もっともそのことは、盗聴されていた兵士が捕虜となった赤軍兵士にたいするこのやり方を完全に非難すべきことと考え、虐待される人々に同情を抱くことも可能だったという点にも表れている(19)。ほとんどの兵士は捕虜が収容所で過ごす日常とほとんど接点がなかったが、前線から後方へと送られる無限に続く捕虜の隊列を目の当たりにしていたし、敵の兵士たちがどのように処遇されているかについてきわめて正確なイメージを持っていた。もっとも彼らのほとんどはそのさい、傍観者にすぎなかった。状況を少しでも変える可能性は、非常に限られていた。

戦闘地域での状況はまったく異なっていた。ここでは事実上、すべてのふつうの兵士たちが一人のアクターであり、敵を殺すかもしくは捕虜にするかという決断は、ほぼ彼らに委ねられていた。激戦のさなかで、今まで殺そうとしていた敵兵が捕虜となり、その命を守らなければならなくなると、そのつど交渉によってものごとを決めなければならなかった。このグレーゾーンは、捕虜がその監視人ともども新たに戦闘行動に巻き込まれると、ときとして数時間、さらには数日続くこともあった。

状況によっては、降伏したばかりの敵兵が直ちに射殺されることもしばしばであった。これは決して、ドイツ国防軍やナチによる戦争に特有のものではない。捕虜の殺害は、すでに古代において幅広く見られたものであり、その規模は二〇世紀に著しく拡大した。他の多くの戦争においても、公式もしくは半公式に「捕虜は取らない」ことという命令が出されており、戦闘中の兵士たちにとっても、彼らを武装解除し、世話をし、移送して監視するよりも、殺害してしまった方が容易であるように思われることがしばしばであった。「脱走のため射殺した」とか「捕虜は取らなかった」という報告がされるのである。すでに第一次世界大戦において捕虜は、報復もしくは妬みから殺害されている。自分自身は戦い続け、自分の命を危険にさらし続けなければいけないのに、戦争捕虜は安全ではないかと考えられたためだ。すでに述べたような、捕虜を連れて行くことによって余計にかかる負担や危険も、ここではその動機として明らかである。[20] これらすべては朝鮮戦争やヴェトナム戦争で見られるものであり、イラクやアフガニスタンでも状況は同様であったと考えてよい。

戦争における状況要因はしばしば、ジュネーヴ条約の規定とは異なる決まりを生み出す。捕虜となった敵兵のための負担は賢明でないとか、完全に余計なものだと考え、彼らを単純に片づけてしまう兵士がたびたび存在した。第二次世界大戦では、すべての戦場でこの現象は生じている。もっともその質は、戦場によって異なるけれども。とりわけ戦闘が激しい地域では、つねに捕虜殺害の数が急上昇した。エリート部隊はその不屈さ崇拝ゆえに、とりわけひんぱんに降伏した敵兵を殺害する傾向が強かった。この点において、アメリカ軍第八二空挺師団のノルマンディーでの振る舞いは、SS師団「ゲッツ・フォン・ベルリヒンゲン」と大差がなかった。[21]

もっとも大規模な暴力の噴出が見られたのは、第二次世界大戦においてはソ連と太平洋だった。だが極端な暴力は、フランスやイタリアなど、ヨーロッパにおけるいわゆる「通常戦争」[22] でも一般的であり、しかも交戦国双方によってなされている。アメリカ軍の「戦死者調査記録隊」graves registration unit の指揮官であるジョセフ・ショーモンは、次のように語っている。「絶望的な状況でも、ドイツ兵たちは通常最後まで戦い、降伏することを拒否した。〔さらに〕弾薬を使い果たすと、彼らは降伏する姿勢を見せ、慈悲を乞うたが、この引き延ばしによって多くのアメリカ兵が命を失っていた〔ので〕、我々の部隊はドイツ兵たちを殺すことがしばしばあった」(23)。〔歴史家ジェラルド・〕リンダマンによると、アメリカ兵によるドイツ軍戦争捕虜の射殺の原因は、とくに自分の戦友たちを失ったことへの報復にあった。こうした状況要因に加えてさらに彼が指摘するのが、捕虜殺害の原因となりうるとくに意図的な要因である。たとえば、捕虜を取るなという命令が出されたり(24)、あるいは捕虜となった兵士が「ハイル・ヒトラー」と言ったりするなど、「いかにもナチ」的な特徴を帯びていたり、あるいはSS部隊に所属している場合などである(25)。アーネスト・ヘミングウェイは戦争が終わって四年経ったあとでも、武装SSの生意気な捕虜を射殺してやったと自慢していた(26)。

簡単に要約すれば、あとから観察すれば残酷で無秩序、野蛮に見えることも、戦争の参照枠組みの一部をなしているということだ。したがってそうしたことについて言及しても、我々の盗聴記録で明らかなように、ヴェトナムから帰還したアメリカ軍のGIがそれについて語るさい以上の注目を集めることはない。この種類の戦争犯罪は、それが裁きを受けるということでもない限り、それに参加した兵士の大多数にとってセンセーショナルでも何でもない。それは、ここで問題となっているのが手段としての暴力だからだ。それが戦争において行使されることは、驚くことでも何でもない。

仕事／労働としての戦争

労働はあらゆる近代社会において、社会的行為として決定的に重要なカテゴリーである。人間の行動すべてが、目的という宇宙の中に位置づけられる。その目的はたいていの場合自ら設定するものではなく、他者によって与えられる。たとえば組織や企業、司令部などの上司や規則がそれである。労働や責任を分担するという行動の連関において、個人が担う責任は事実上きわめて限定的なものとなる。つまり、自分が関わっているプロセス全体のごく一部にしか責任を持たない、ということである。だがまさにそれこそが、労働分担的な配置によってきわめて多様な種類の行為や、その行為をしようという準備が生み出される理由なのだ。たとえばルフトハンザのパイロットや予備役警察官が、民間人を殺害する人間となったのも、航空会社や炉の製造会社、あるいは病理学の講座が大量殺害を促進する機関となったのも、同じ理由である。社会的な機能連関や組織は潜在性の貯蔵庫であり、これはとくに、それらが戦時下の場合に妥当する。動員において、あるいはとくに総力戦の過程において、平時にはまったく人畜無害にきわめて多様な任務のもと働いていた組織や企業、機関が、その潜在性を容易に別の目的へと転換できるために、「戦争に役立つ」存在となるのである。[27]

歴史的に見れば、剣から鋤の刃がつくられた事例は、フォルクスワーゲンから軍用車がつくられた事例と比べれば圧倒的に少ない。しかしそれはただ、労働分担、限定的な責任、そして道具的理性にもとづく近代的な行動連関は、ありとあらゆる目的に対応することができるということを示しているにすぎない。たとえばウーテ・ダニエルとユルゲン・ロイレッケは、第二次世界大戦の東部戦線でドイツ兵が記した戦時郵便史料集のあとがきで、イェンス・エーベルトの次のようなテーゼを想起している。「戦争はあたかも、平時の労働世界からの価値観〔勤勉、頑張り、耐え抜く、義務、服従、従属など〕によって表現することが可能な限りにおいて、完全に受容されている」ように思われる、と。「前線においてもゾンダーコマンド〔特別行動隊〕の行動においても異なるのは「労働」の中身だけであって、「労働」や労働組織にたいする態度に変化はない。この点において兵士たちは「戦争労働者」となったのだ」。[28]

戦争における任務を労働という形で理解するというそうした考え方は、ヴェトナムからの〔兵士たちの〕手紙にも現れている。ある海軍大佐は母親に向けて、自分が勤務期間を延長した理由を述べ、殺害という労働を率いることがきわめて刺激や責任に溢れたものであることを、詳しく説明している。「ここには、やらなければいけない仕事があります。ほとんど毎日のように重大な、誠実に下さなければならない決断があります。私の経験はかけがえのないものです。この仕事は誠実な人間を必要とします。この仕事をする男たちの集団は、誠実な指揮官を必要とします。この三週間、私たちはたったひとつの作戦で一五〇〇人以上を殺害しました。それこそが責任を示しているのです。僕はここで必要とされています、お母さん」。[29]

まさにだからこそ戦争においては、人を殺すためには重大な心理的改造も、自己克服も、社会化も必要ないのである。そこでは連関の軸が移動するだけなのであって、人間はその連関の中でいつもやっていることをやるだけなのだ。事実上この新たな連関において、訓練を受けた通りにやるべきことをやるしかない兵士たちにとって、何ひとつ変わったことはない。あるとすれば、状況がさらに深刻になったということくらいだ。訓練や演習から実践へと移行するさいには、すでに数多くの事例で見てきたように、驚きや不安、と同時に熱狂や魅了をもってこれを体験することが少なくない。だが、自分は何をすべきなのか、何のためにその場にいるのかという定義が変わることは決してない。

戦争とはまさに労働であり、そのようなものとして解釈されるということは、すでに述べたような労働への誇りや、自分たちが成し遂げたことの描写において表現されるだけではない。敵の側の「よい」戦争労働にたいする認知にもまた、現れるのである。我々の盗聴記録においてはたとえば、赤軍兵士たちは「ボリシェヴィキの下等人間」というプロパガンダ・イメージとはまったく無関係に、よき兵士として職人的な意味で評価されている[30]。もっとも相互認識は、文化的なステレオタイプによっても規定されている。たとえば赤軍兵士たちはドイツ兵たちにとって確かにきわめて勇敢な兵士、即興の名人であった。だが彼らの残虐さや死をも恐れぬ態度にたいしては、まさに啞然とするしかないことがしばしばだったし、こうした振る舞いを説明するために「ロシア人」についての文化的ステレオタイプ[31]を引き合いに出すこともあった。日本兵たちは戦争捕虜にたいしてきわめて残酷に振る舞ったため、アメリカ兵たちの間では、「ジャップ」を人間ではない敵として見なす認識が形成されていった。彼らのそれ以外の振る舞いも、アメリカ軍のGIにはまったく理解できないものに見えた。たとえば彼らが自軍の負傷兵や解放された戦争捕虜を殺害したこと、あるいは日本の艦船が沈んでいるにもかかわらずアメリカによる救助を拒否したことは、急進的な認識を生むことになった。彼らは文化的なステレオタイプを引き合いに出し、それをさらに体系的に押し広げ、最終的に敵は「ジャップ」、「日本の猿」にすぎないと考えるようになった。注目すべきことに、ドイツ兵にたいしては「ドイツ野郎（キャベツ野郎）」という呼び方が一般的であり、彼らを動物の次元にまで引き下げようとする視点は、アメリカ兵たちの間には存在しなかった[32]。

集団

このように兵士たちによる戦争認識の普遍性は、文化という要因によってもろくも揺らぐ。彼らの目から見て、すべての兵士が同じというわけではなかった。平時に存在していた差違が、戦争になればなくなるわけではない。平時と戦時を分ける要因、しかしあらゆる戦争についてまわる要因、それは戦友である。ここでは、集団というものがきわめて重要な役割を果たす。それなしには、戦争における個々の兵士の振る舞いはまったく理解できない。兵士が単独で行動することはない。たとえ狙撃兵や戦闘機パイロットとして現実には自分しか頼れる者がいない場合でも、彼らは集団の一部なのであって、戦闘の前後には彼らとともにいる。たとえばすでに言及したサミュエル・ストウファーの研究は一九四八年に発表されているが(33)、個々の兵士の振る舞いにとって、イデオロギー的な確信や政治的態度、個人的な復讐という動機よりも集団の役割の方がはるかに重要であるという結論を導いている(34)。

この見解が当てはまるのはアメリカ兵だけではない。まさに国防軍についてシルズとジャノヴィッツが強調したのは(35)、彼らの戦闘力は本質的にはナチ的な確信ではなく、集団関係の枠組みにおいて個人的な欲求を充足するという点に帰せられるということであった。さらにこの側面が国防軍の組織構造によって、その現代的な管理技術、人的指導の技術にも支えられて促進されたことも指摘した(36)。兵士の行動半径の中の世界は、彼らが戦争について何を認識し、それをどのように解釈し、どの基準に従って自分の行動を方向づけ、評価するのかという点において決定的に重要であった。集団のすべての成員は、集団によって自分がどう見られていると思っているかを、自分自身を評価判断する上での基準にする。そしてそれこそが、アーヴィング・ゴッフマンが「スティグマ」についての研究で浮き彫りにしたように、集団に同調して行動するもっとも強い動機なのだ(37)。兵士は戦争において、いつまでともわからぬ長い間、きわめて極端な条件のもと、集団の一部となる。兵士はこの集団を当座は離れることもできないし、自分の好みに合わせて組み替えることができない。市民生活と違い、誰と一緒に過ごすのかを自分で決められないのだ。だがまさに、自分が属しており、その一部となる集団に選択肢がないということによって集団は、とくに戦闘における生存に関わる条件においては、決定的に重要な規範的、実践的な存在となるのである。たとえばアメリカ軍のヴェトナムでの戦闘ブ、リ、ー、フ、ィ、ン、グ、では、次のようなことがしばしば言われた。「俺がなぜここにいるのかわからない。お前も、なぜここにいるのかわからない。だが我々二人は今とにかくここにいるんだから、生き延びられるよう、よい仕事をして最善を尽くすしかないだろう(38)」。これが強調しているのは、起こること、考えること、決断することすべてにおいて戦友集団の方が、戦争を外側から根拠づける世界観や確信、ましてや歴史的使命などよりもはるかに重要だということである。戦争の内的側面とは、それを経験した兵士たちには明らかなように、集団という側面であった。ヴェトナムの戦士マイケル・バーンハートも同じ意見である。彼はミライ〔ソンミ村〕での虐殺へ参加することを拒否し、アウトサイダーとなった。「大事なのはただひとつだけ、人々がここで今自分について考えていることだけだ。重要なのはただひとつだけ、自分のすぐそばにいる人々が自分について考えていることだけなんだ。〔…〕人々のこの集団〔…〕が世界のすべてだった。彼らが正しいと考えることが正しかった。彼らが間違っていると考えることは、間違いだった(39)」。

ドイツ兵ヴィリー・ペーター・レーゼもこう記している。「冬服を着てしまうと眼以外は自由が利かなくなってしまうように、兵士になってしまうと個人というものには自由な空間がほとんど与えられなくなる。我々は画一化された。体も洗っておらず、ひげも剃っておらず、シラミだらけで病気で、おまけに精神的に退廃していて、血とはらわたと骨の寄せ集め以外の何物でもなくなっている。我々の戦友意識が成り立っているのは、お互いにやむをえず依存しなければならず、非常に狭い空間で同居しなければならないからだ。我々のユーモアの出所といえば、他人の不幸を喜ぶ気持ち、ブラックユーモア、皮肉、猥談、辛辣さ、けたたましい笑い、死体や飛び散った脳みそ、シラミ、膿、排泄物との悪ふざけ、つまり精神的な無だ。〔…〕我々には、自分たちを支えてくれる信念などなかったし、哲学が役立つとしてもそれは、自分の命運をいくらか我慢できるものに見せかけるくらいのことだった。我々が兵士であるという事実は、犯罪や退廃を正当化する理由として十分だったし、地獄で生きていく理由としても十分だった。〔…〕我々など重要ではないし、飢えも、凍てつく寒さも、発疹チフスも、赤痢も、そして凍傷も、身体に障害を抱えた人も、そして死者も、破壊された村々も、略奪された諸都市も、自由も平和も重要ではない。個々の人間など、いちばん重要ではない。我々は誰に世話を見てもらうこともなく、死んでいくことができた(40)」。

ヴィリー・ペーター・レーゼはこの数日後に死んでいるが、彼の記述から聞こえてくるのは、理由にたいする関心の喪失という、戦争におけるもうひとつの普遍的真理なのである(41)。

イデオロギー

エーリヒ・マリア・レマルクからエルンスト・ユンガーを経て、フランシス・フォード・コッポラの『地獄の黙示録』に至るまで、文学や映画における戦争表現の一大テーマは、イデオロギー的なものや戦争の「大きな」目標といったものの重要性の低さである。そして事実、本当の「世界観による戦士」はきわめて少数しか存在しないのが通常であって、兵士たちの中心的な特徴は、自分の置かれている状況の原因にたいして距離を置き、無関心だという点にある。これが当てはまるのは、ヴィリー・ペーター・レーゼが描写したような退廃状況だけではない。戦闘が成功裏に進み、勝利が間近に迫っているとしても、彼らの認識の中心にあるのは今あったばかりの「発射」や占領した村落であって、「東部空間の征服」や「ボリシェヴィキからの防衛」、あるいは状況によっては「黄禍」といった抽象的なものではない。すでに述べたように、これらは戦争の背景やそれと結びついた戦闘行動に幾分は影響を及ぼすけれども、個々の兵士が置かれている状況においてそのつどこれを解釈し行動する上で具体的な動機となることは、滅多にない。(42)

この点は二〇世紀全体を通じて言えることである。第一次世界大戦における経験の社会心理的な特徴は、陣地戦の塹壕での「鋼鉄の嵐」のもとでは英雄的なもの、イデオロギー的なものは何ひとつ残らなかったという幻滅であった。戦争の無意味さというこの根本的経験を、朝鮮戦争やヴェトナム戦争、イラク戦争でのアメリカ兵、アフガニスタンのドイツ兵はそのつど新たに味わってきている。しかも根拠の抽象性がいよいよ増してきているために、その度合いはさらに強まっている。なぜ遠く離れた土地で、自分を嫌っている人々の自由のために戦わなくてはいけないのか。個人的には何ひとつ関係ない人間や土地をなぜ守らなければいけないのか。

アメリカ軍のある軍曹は、ヴェトナム戦争でのこの経験について友人に次のように語っている。「確かにアメリカ兵は死んでいるし、「誇りを持って献身的に」そして信念を持って戦った人々をけなしたくはない。それもかつては、完全に誤った考え方というわけではなかったのかもしれない。だが、外部から強制された攻撃、腐敗、そして人々や集団の間で強まっていった軽蔑、これらすべてが、この戦争を正当化するために用いられてきた「高貴な」言葉とは矛盾している。これらの言葉によって、ときにもたらされた誤った熱狂の嘘が、暴露されているのだ。今や生き延びるための戦争なのだ……」。(43)

そしてこんにち、第三七三降下猟兵大隊のある大尉もクンドゥーズ〔アフガニスタン北部の都市〕でこう語っている。「はじめはもう少し多くのことを達成したいと思っていたし、敵からおそらく空間の一部でも奪うことができると考えていた。だが自分の部下が死んだあとは、それに何の意味があるのか自問自答することが多くなった。我々がいなくなったとたんにタリバーンがふたたびやってくるのに、なぜ我々は自分の命を危険にさらすのだろうか、と。我々は命がけで自分たちの任務のために戦っている。もし、そのような任務が、そもそもまだ存在するのであればの話だが。結局のところ我々はここクンドゥーズで、自分たちが生き残るために戦っているんだ[44]」。

そうした戦争経験の証言がきわめて強い類似性や一致点を示すことも、稀ではない。たとえば、膨大な数の戦時郵便を収集するレガシー・プロジェクトの創設者アンドリュー・キャロル[45]によれば、第二次世界大戦のロシア兵、イタリア兵、ドイツ兵の戦時郵便を比較すると、アメリカ兵との違いよりも類似点が多いことに驚かされるという。

無意味さという経験を、国防軍兵士たちは戦争の初期段階では、後期ほどには味わっていない。緒戦に短期間で勝利すると、その後は落ち着いた時期が長く続き、彼らが遂行していた征服戦争によって個人的に何か得られるものがあるのではないかと期待していた人々も、少なくはなかった[46]（五三ページ参照）。一九四一年秋以降、成功がおぼつかなくなり、終わりの見えない戦いによって負担が重くなってくるともちろん、「世界観的」な理由や動機は後景に退くようになる。そして、自分とは個人的にはほとんど関係がないような、しかし自分の命もそれによって帰趨が決まるようなさまざまな出来事によって、自分の運命が翻弄されているという感情が、徐々に強くなっていった。とにかく第二次世界大戦に関するすべての社会学的な研究は、戦争の実践においてイデオロギーや抽象的な確信はほとんど重要ではなかったという結論で一致している。彼らが自分を方向づける基準としてより重要だったのは、集団、技術、空間そして時間であった。このような行動半径の中の世界が圧倒的に重要な中で、彼らが自分たちに与えられた任務を実行しようとする場合、兵士たちがすることと、人間が近代社会においてつねにすることには、生きるか死ぬかという次元が付け加わっているだけで、それ以外には本質的な違いはない。エネルギー・コンツェルンや保険会社、もしくは化学企業で働いている場合でも、自分の課題を解決する上で「資本主義」はまったく重要ではないし、警察官として交通違反者を記録する場合でも、あるいは執行官として薄型テレビを押収する場合でも、そのさい彼らの頭の中にあるのは「自由民主主義的基本秩序」の維持ではない。任務が自分に与えられ、そのために自分がその場にいるのであって、彼らはその任務を果たすだけである。兵士たちは戦争において自らの任務を暴力によって果たす。彼らの行為が、それ以外の労働者や職員、公務員から本質的に異なるのは、その点だけである。そして彼らは民間人の勤労者とは異なる結果、すなわち死と破壊を生み出すのだ。

軍事的諸価値

行動半径の中の世界、近代的な労働エートス、そして技術への魅了が実際に「普遍的な兵士」というタイプを生み出す一方で、もちろん彼らにはきわめて特有な戦争や暴力にたいする見解がある。軍事的な参照枠組みが形成される上で、時代特有の、そして国民に特有の特徴というのもまた重要である。時代特有という意味では、名誉や不屈さ、犠牲といった概念はたとえば二一世紀のドイツ連邦軍において、国防軍とはまったく違う意味合いを持っているという点に、それがよく表れている(47)。また第一次世界大戦の時期のドイツ軍では、義務の履行といった価値観は、少なくとも市民層以外では、第二次世界大戦の時期のようなすべてを超越するような重要なものではなかった(48)。過渡期は流動的ではあるものの、第二帝政、ヴァイマル共和国、第三帝国そして連邦共和国には、それぞれ独自の価値観の特徴があった。

さらに大きいのが、ナチ・ドイツとファシズムのイタリア、天皇制の日本を比較してもわかるように、国際的な比較を通じて浮き彫りになる違いである。すでに示したように、ドイツ兵たちの参照枠組みにおいて中心的な役割を果たしたのが、勇敢さ、服従、義務の履行、そして不屈さであった。これらは兵士としての行動を認識し解釈する上で、決定的に重要であった(49)。こうした平時からすでに慣れ親しんできた参照枠組みは、戦時期全般を通じて驚くほど安定的であった。

こうした中核的な価値観とは違い、戦闘の意味についてはもちろんさまざまな解釈が存在した。確信的なナチと元共産主義者、五二歳の将軍と二二歳の少尉では、おそらくこの点において考え方は異なっていた。だが軍隊に関する基本的理解において彼らは同じであり、兵士たちがそうした中核を解釈や行為を導く上で妥当なものと見なしている限りにおいて、価値観が具体的にどのように形成されたのかは戦闘ではほとんど重要ではなかった。勇敢さは勇敢さのままであって、それがナチのヨーロッパ新秩序に貢献するものであろうと、国防軍の名誉の維持に貢献するものであろうと、関係なかった。アクセル・フォン・デム・ブッシェ*と、オットー＝エルンスト・レーマー**は、二人とも高位の勲章を与えられた大隊長であり、その軍人としてのエートスにほとんど違いはなかったが、一人は抵抗運動において重要人物となり、もう一人はベルリン警護大隊の指揮官としてその鎮圧に参加している。

肯定的な意味合いを与えられていた軍事的諸価値がもたらした結果は、重大なものであった。国防軍とそれによって率いられた戦争自体は疑問に付されることがなかった。

たとえ、もう戦争は負けだと判断したときであっても、犯罪に憤慨したときであっても。どんな状況であっても兵士としての義務を履行しなければならないというイメージは、あまりにも参照枠組みにしっかりと根づいていたために、自分の身に直接死の危険が迫ったり、軍事的に完全に敗北してようやく、これらが疑問視されるようになる。規範に沿った行動がその限界に突き当たるのは、国防軍というシステムが崩壊するか、自らの死に何らかの意味をもはや見出せなくなったときだけであった。犠牲それ自体に意味があるという価値観は、決して古典的な軍事的価値システムの一部であったことはない。そしてナチ指導部は、これを戦時期にさらに急進化させようとしたものの、ほとんど成功しなかった。

　彼らの社会的背景や個人的経歴は、戦争解釈にそれなりの影響を及ぼした。だがそれらは量的にはほとんど重要ではないし、社会的ミリューと同様、実践において徐々に平準化されていた。もっとも軍事的な価値規範は、かつての社会主義者やカトリックの社会的ミリューの中核部分にはあまり共鳴を得られるものではなかった[50]。より影響力があったのは、軍事的編成であった。たとえばエリート部隊は独自の軍事的参照枠組みを構築したが、それは戦争の認識よりも行為の結果に影響を及ぼした。エリート部隊の兵士にとって重要だったのは行為であった。戦闘において勇敢さと不屈さを証明しなければならず、それについて口にするだけではだめなのだ。陸海空それぞれの軍も、それぞれの兵科も独自のアイデンティティを構築し、それらは具体的な出来事や体験によって強い影響を受けた。したがってたとえば最後まで戦うという常套句は、歩兵、戦闘機パイロット、Uボート乗りによってまったく異なる解釈をされたのだ。

暴力

暴力は、文化的・社会的状況からして有効であると考えられる場合には、文字通りすべての人間集団によって行使される。男性も女性も、高い教育を受けた者もそうでない者も、カトリックもプロテスタントもムスリムも。暴力行使とは、社会を構築する行為である。加害者はそれによって目的を達成し、実態をつくり出すのだ。つまり他者にたいして自分の意志を強要し、排除される人間を選び出し、

＊（訳註）最終階級は少佐。抵抗運動に参加し、七月二〇日事件に関与した。

＊＊（訳註）最終階級は少将。上官の命令に従いいったん七月二〇日事件にさいして官庁街を占拠したが、ヒトラーの生存を知ると彼の直接の命令を受けて、鎮圧の側に回った。

権力をつくり出し、敗者の財産を我が物とするのだ。暴力は犠牲者にとっては間違いなく破壊的だが、しかしあくまでそれは敗者にとってだけのことである。

ありうる誤解を避けるために言えば、しばしば根拠もなく主張されるように、人類にはずっと昔から変わらず暴力が備わっており、文明という薄皮の下でつねにその爆発を待っているのだということが言いたいのではない。ただ、人類が生き延びていくためにつくる共同体は、暴力を行使することに何らかの意味を見出した場合には、それを選択肢のひとつとして今まで選んできたというだけのことだ。事実文明という装飾は、それほど薄っぺらいものではない。近代国民国家が暴力独占の原則を導入して以降は、国内での暴力行使は劇的に低下し、あらゆる私的な暴力行使は処罰対象となっている。この文明的な進歩は、民主的社会に住む人々が享受しているかなりの程度の自由を可能にしたが、しかしそのことは同時に、暴力が廃止されたということを意味しない。それは暴力が別の形を取るようになったというだけのことであって、暴力独占が個人的あるいは集団的にときとして破られることがないわけではないし、民主的国家が本質的に暴力を忌避しているというわけでもない。それはただ、暴力という参照枠組みが近代においては前近代の文化とは異なる形を取るというだけにすぎない。

つまりここで問われているのは暴力か非暴力かということではなく、その程度と、それをどう規制するかという方法の問題なのだ。

人間が他の人間を殺すという決断を下すためには、自分の生存が脅かされていると感じ、さらに（もしくは）暴力が正当なものとして要求されているように感じ、さらに（もしくは）それに政治的、文化的もしくは宗教的な意味があると考えていれば、それで十分である。これは戦争における暴力行使だけでなく、他の社会状況においても言える。したがって国防軍兵士たちが行使した暴力は、イギリス兵やアメリカ兵たちが行使したそれよりも「ナチ的」だったわけではない。どんな悪意をもってしても、軍事的な脅威であるとは定義しえないような人々を意図的に絶滅するために暴力が行使される場合にのみ、それは特殊ナチ的なものであると言うことができる。そしてそれが当てはまるのが、ソ連軍捕虜の殺害と、とりわけユダヤ人絶滅である。戦争はそのための枠組みを（あらゆるジェノサイドと同様に）提供する。この枠組みにおいては、文明による拘束は撤廃される。戦争は、職務を補助する死刑執行人としての国防軍兵士を大量に提供したが、ホロコーストだけが第二次世界大戦の本質をなすわけではない。それでもホロコーストは、人間暴力のもっとも極端な形としてこの戦争にたいする見方を導き、形づくってきた。そしてこの歴史的に比類のない犯罪は、五〇〇〇万人以上の死者という形で、それまでの歴史上の戦争においてもっとも破滅的であることをあらわにした〔第二次世界大戦という〕法外な暴力にたいする認識を、こんにちにおいても支配している。だがほとんどの犠牲者が亡くなったのは、ホロコーストによってではなく戦時暴力によってである。そしてそれ以降のあらゆる戦争が示してきたように、戦争になれば、人間が死に、殺され、身体に障害を抱えることについて憤ったり驚いたりするのは、適切ではない。戦争とはそういうものだからだ。

その代わりに問わなければならないのは、人間はそもそも殺害を止めることができるのか、やめることができるとすればそれはどのような社会的条件においてなのか、ということだろう。そうすれば、国家が戦争を行うことを決断するたびごとに、そのさい無関係な人々にたいする犯罪や暴力が存在するということへのこれ見よがしなショックに陥るということも、なくなるかもしれない。そうした死者が存在するのは、「戦争」という参照枠組みが行為を要求し機会の構造をつくり出すからであって、そこでは暴力を完全に囲い込んだり限定したりすることは不可能である。あらゆる社会的行為がそうであるように、暴力にも特有のダイナミクスがあり、それがどのようなものであるのかを本書は示してきた。

量子物理学者が電子にたいしてそうであるように、暴力の歴史学的・社会学的な分析によって対象を分析するさいに、その対象にたいして道徳的に無関心であるということは可能だろうか。社会的可能性としての殺害という行為を、選挙や議会がどのように機能するのかというのと同じくらい距離を置いて描写することは、いつか可能になるのだろうか。近代の所産としての歴史学と社会科学は、近代の根本的前提それ自体に強く拘束を受けており、そうした根本的前提を疑問に付すのではないかと思われるすべての現象と向き合うのが、非常に難しい。

暴力を逸脱として定義することをやめたとき、人々は我々の社会や、それがどのように機能しているのかについて多くのことを学ぶことになるし、その方が、自分たち自身についてさらに幻想を共有し続けるよりも有益である。すなわち暴力を、そのきわめて多様な形において、人類という生存共同体の社会的行為の目録の中にふたたび位置づけることによって、この共同体がまたつねに絶滅共同体であるということをも知ることになる。近代は暴力とは無縁だという信頼は幻想だ。人間は非常に多くの理由によって人を殺す。兵士たちが人を殺すのは、それが彼らの任務だからだ。

補遺

盗聴記録

「敵を知り己を知れば百戦危うからず」

孫子

古来戦争というものが存在してからというもの、戦闘において決定的に優位な立場に立つため、敵の情報を探り出す行為はつねに行われてきた。一九世紀末に世界が徐々に緊密になり、交通とメディアにおける技術革命が起こる中で、利用できる知識の量が増加し、偵察活動も著しくプロフェッショナル化していった。初めての現代的な諜報機関が登場したのはイギリスだが、その後、他の大国もこれに追随した。第一次世界大戦中には、きわめて多様な情報源から得られた情報を集積し評価するための複雑な構造が発展した。ここでまず挙げなければいけないのが、無線通信の解読、空中偵察、そして捕虜の尋問である。それにたいして古典的なスパイ活動は、その重要性を急速に失った。

この経験にもとづいて一九三九年三月、イギリス陸軍省は新たな戦争が勃発した場合に利用する、戦争捕虜のためだけの尋問センターを準備した。[1] そのさいまずは捕虜たちの監房に小型盗聴器を備え付け、彼らの会話を体系的に盗聴することとされた。ただし、こうした案自体は新しいものではなかった。一九一八年秋に休戦が成立したために実際に稼働することはなかったが、隠しマイクが備え付けられたドイツ軍捕虜のための尋問センターは設置されたことがあった。一九三九年九月二六日に三軍統合詳細尋問センター Combined Services Detailed Interrogation Centre（ＣＳＤＩＣ）を創設することで、この案はふたたび現実のものとなった。短期間ロンドン塔に移転したあと、一九三九年一二月一二日にロンドン北方の豪華な屋敷トレント・パークへと引っ越した。一九四二年にラティマー・ハウスとウィルトン・パークが加わった。一九四二年七月、ＣＳＤＩＣ（ＵＫ）のすべてがラティマーへと引っ越した。ウィルトン・パークは、イタリア人捕虜のために利用された。[2] トレント・パークは、ドイツ軍参謀将校の長期滞在用収容所となった。[3]

イギリス軍が発展させた戦争捕虜にたいする尋問、盗聴のシステムはアメリカ軍に受け継がれ、連合国はただちに全世界を網羅する秘密尋問センターのネットワークを構築した。[4] 地中海地域の収容所に加え、とくに重要だったのがアメリカにおける収容所だった。すでに一九四一年九月の段階でワシントンの陸軍省は、独自の尋問センターを創設することを決定している。一九四二年には、アメリカ陸海軍によって共同で運営される共同尋問センターが稼働し始

トレント・パーク将校収容所．クラウス・フーブブーフ少尉による描写．1943年．（Archiv Neitzel）

めた。カリフォルニア州のフォート・トレイシーは日本軍捕虜のために、ヴァージニア州のフォート・ハントはドイツ軍捕虜のために利用された。

一九四五年初頭までにイギリス軍とアメリカ軍の手に落ちた約一〇〇万人のドイツ軍捕虜のうち、特別収容所に滞在した経験がある者はもちろんごく一部であった。前線や後方での何段階もの尋問のプロセスを終えると、連合国の情報将校たちはとくに興味深いと思われる捕虜を、さらなる「観察」のために選び出した。だがしかし、その数は印象的なものである。一九三九年九月から一九四五年一〇月までの間に、一万一九一一人のドイツ軍戦争捕虜と五六三人のイタリア軍捕虜が、イギリスにある三つの特別収容所での滞在を経験している。彼らの滞在期間は人によって著しく異なり、数日間から三年までさまざまである。CSDIC（UK）はドイツ軍捕虜一万六九六〇人、イタリア軍捕虜一九四三人の会話から盗聴記録を作成し(5)、これはあわせて約四万八〇〇〇ページに及ぶ。カイロ、アルジェリア、ナポリといった地中海のさまざまな地域から、一二二五人のドイツ兵についての五三八通の記録も残されている(6)。アメリカのフォート・ハントについては、三二九八人の国防軍および武装SS捕虜についてのきわめて包括的な記録が残されている。

イギリス側による盗聴記録はドイツ語で残されており、その長さは半ページから二二ページまでさまざまだが、さらにその英語訳も添えられていることが多い。秘密保持の観点から、盗聴された人間の氏名は一九四四年まで記されることはなく、たいていの場合は軍隊階級と地位しか書かれていなかった。しかしながら多くの場合、我々はその実名を探り出すことができた。男たちの伝記的な背景については、残念ながらイギリス側の史料はまったく情報を与えてくれない。この点については、アメリカ側の史料の方がはるかに有用である。というのもフォート・ハントにおける作業は、捕虜たちの会話を盗聴し、場合によってはこれを録音するというものにとどまらなかったからだ。諜報将校たちはドイツ兵たちにたいして徹底的に尋問を行い、統一された形式の質問票を提示して、当時まだ目新しかった世論調査の手法を用いた、国防軍の士気分析を行っていた。とくに個人記録票には、歴史家がこんにち彼らの伝記情報を分析する上で必要不可欠な、重要な個人情報が記されている。これに加えて、たとえば捕虜自身によって記された伝記や特別に観察したことについての報告など、さまざまな追加資料が存在する。フォート・ハントの職員がそれぞれの収容者について残したすべての文書は、収容者ごとに捕虜文書としてルーズリーフ式にひとつにまとめられ、尋問将校はつねにこれを参考資料として利用していた。(7) 捕虜の名前のアルファベット順に並べられた、これらのいわゆる二〇一ファイルは最終的に、合計一〇万ページを超えるまでにふくれあがった。(8) この史料の中核をなす盗聴記録は、そのうちおよそ四万ページを占める。

これらすべての、アメリカ、イギリスによる盗聴報告の量は、圧倒的と言うしかない。ただふたつの点で、これらの資料の史料としての価値には疑念が生じる。

一　ここでその発言が収められているドイツ兵たちの集団は、どの程度全体の傾向を代表しているのか。

二　ひょっとすると兵士たちは、自分たちが盗聴されていることを知っていたのではないだろうか。そうすると、記録されている会話は、どの程度嘘偽りないものと言えるのだろうか。

イギリスとアメリカの収容所にいた戦争捕虜の社会的構成は、興味深いことに互いに異なっており、このことから連合国は仕事を分担していたことがわかる。イギリス軍が盗聴していたのは、とりわけ高級将校および、空軍・海軍の兵員であった。それにたいしフォート・ハントでは、収容者のおよそ半分がまったくふつうの、階級の低い、とく

C. S. D. I. C. (U.K.)

S. R. REPORT

IF FURTHER CIRCULATION OF THIS REPORT IS NECESSARY **IT MUST BE PARAPHRASED**, SO THAT NEITHER THE SOURCE OF THE INFORMATION NOR THE MEANS BY WHICH IT HAS BEEN OBTAINED IS APPARENT.

S.R.G.G. 739

M 170 - Generalmajor (Chief Artillery Officer: German Army Group AFRICA)
Captured TUNISIA 9 May 43
M 179 - Generalmajor (GOC 10th Pz. Division) Captured TUNISIA 12 May 43
M 181 - Generalmajor (GOC 164th Division) Captured TUNISIA 13 May 43
A 1201 - Generalmajor (GOC Air Defences TUNIS and BIZERTA) Captd TUNISIA 9 May 43

Information received: 1 Jan 44

GERMAN TEXT

? M 179: Ich habe einmal in diesem Kriege Menschen erschiessen lassen müssen und zwar zwei, die sind ...... gefasst worden als Spione und auch nach Aussagen von den Einwohnern aktiv, ... diese Leute waren nun so brave offene Leute, teils ältere Gefreite, die waren wachsbleich, denen war das so ekelhaft. Da kam der Adjutant heran und sagte, der ist für heute völlig fertig, der läuft bloss 'rum und ist also beinahe irre, weil ihm das so auf die Nerven gegangen sei.

? M 170: ...... haben sie öfters die Kuriere zwischen SALONIKI und SOFIA auf diesen langen Strassen angefallen und wenn das passierte, wurden diese Nachbars(?)dörfer dem Erdboden gleich gemacht, da wurde alles - Weiber, Kinder und Männer, zusammengetrieben und niedergemetzelt. Hat mir auch der Regimentskommandeur erzählt - BRÜCKENMANN, ja. Der hat einmal erzählt, wie viehisch das war. Da wurden sie in einen Pferch getrieben, dann hiess es: "Nun schiesst darauf." Natürlich brachen sie zusammen nach vielem Gebrüll - auch die Kinder - und waren natürlich noch nicht tot. Da musste nachher ein Offizier hingehen und musste denen einen Genickschuss geben. Dann haben sie sie alle in die Kirche geschleppt und haben sie einzeln herausgeholt und haben sie immer zu dritt erschossen. Das haben sie nun drin gehört, haben sich noch verbarrikadiert und haben Widerstand geleistet; da haben sie ...... die Kirche abbrennen müssen, weil sie nicht hereinkamen. Der sagte, es wäre viehisch, diese Abschlachterei, obwohl -

? : Es waren auch andere da ......

? : Nein, nein, ... griechische(?) Dörfer.

? : Das war aber vom Heer aus befohlen ......

? : Das war vom Heer aus.

/2

トレント・パークの盗聴記録（The National Archives, London）

に陸軍の兵卒であった。三分の一弱が下士官で、将校は六分の一にすぎなかった。[9] こうしてイギリス軍は国防軍のエリートに専念する一方、アメリカ軍は戦闘部隊の「ふつうの男たち」に専念した。

この史料はもちろん、国防軍や武装SSの典型例となるような平均値を示しているわけではない。そうであったということを示すのであれば、一七〇〇万人の国防軍兵員たちが尋問収容所のいずれかへとやってくる統計上の確率はみな同じであったということを証明しなければならない。しかしもちろんそれは不可能である。なぜなら、たとえば東部戦線だけに投入されていた兵士たちは、この史料に登場することがないからである。また戦闘部隊の兵員、とくにUボート乗りや空軍の搭乗員は、頻繁に登場するからである。

それにもかかわらず、盗聴されていた兵士たちの幅はじつに広い。海軍のフロッグマンから行政に責を負う将官まで、考えられる限りほぼありとあらゆる軍事的な経歴がここには見られる。男たちは戦争の間あらゆる前線で戦い、きわめて多様な政治的態度を示し、きわめて多様な部隊に属していた。野戦郵便研究では、傾向として高い教育を受けた兵士の手紙しか利用できないことが往々にしてあるのにたいし（なぜなら彼らだけが多くの手紙の束を残したからである）、それ以外では証言を残していないような前線兵士たちの会話も、ここでは記録されている。

もちろん、尋問収容所の収容者たちは自分たちが盗聴されていることを知っていたのではないかという疑念も生ずる。少なくとも彼らは、イギリス軍やアメリカ軍が、彼らが知っていることについて根掘り葉掘り尋ねようとしていたことが分かっていたに違いないと考え、この史料の信憑性を疑うこともできるかもしれない。また同様に、彼らは会話において意図的に偽情報を紛れ込ませていたと考えることもできよう。事実、連合国が情報を手に入れる方法について、ドイツでまったく知られていないわけでなかった。フランツ・フォン・ヴェラ*は一九四〇年一〇月にカナダへと移送される前、短期間トレント・パークに滞在しており、イギリスの収容所から脱走したあとにイギリスの尋問方法について詳細に報告している。[10] したがって一九四一年六月一一日に〔OKW〕外国・諜報局は、国防軍兵員がイギリスの戦争捕虜となった場合の行動指針を発布しており、そこではドイツの軍服を着たスパイや隠しマイクにたいする警告がなされている。敵がこうした方法によって有益な情報を入手することに何度も成功していることが、強調されている。[11] さらに一九四三年一一月、第一次捕虜交換によってドイツへと帰還したコルベット艦長シリングが、ドイツ兵たちの尋問経験を伝えた。イギリス軍のために働いている数多くスパイは、その名前も含めて国防軍最高司令部にも知られていた。同様に、トレント・パークのドイツ軍将官たちが、「お互いの会話においてあまりにも開けっぴろげかつ軽率であり、必要とされる慎重さに［…］配慮していない」ことも知られていた。その後も何人かの兵士たちは、捕虜になった場合のスパイや盗聴の可能性について、自軍の兵士たちにたいして強く警告している。[12]

もっともこれらの盗聴記録が示すように、ほとんどのドイツ兵捕虜は、一度は耳にしたこうした警告をあまりにもあっさりと忘れ去り、何のためらいもなく軍事的な秘密について戦友たちとしゃべり合っていた。確かに下士官や兵卒たちの会話には、ナチのプロパガンダ映画『鉄条網の背後の戦士』[13]への言及が何度も見られ、敵に情報を決して与えないよう、互いに注意を喚起していた。しかしその次の瞬間には、尋問将校に語らなかったことを戦友に喋っている。[14]つまり秘密を、マイクを通じて敵に口述していたのだ。ドイツ兵たちが盗聴をほとんど想定していなかったことは、戦争犯罪についてそれへの荷担を自ら語っているところからも見て取れる。[15]確かに黙して語らない兵士もいたし、何人かは自分たちの監房にマイクが隠されている可能性について考慮していた。[16]しかし彼らはすぐに慎重さを忘れていった。戦友と情報を交換したいという衝動は、あらゆる慎重さよりも明らかに大きかった。[17]

さらに考慮しなければならないのは、連合国の秘密情報機関はさまざまな洗練された技術を駆使して、捕虜たちが知っていることを根掘り葉掘り聞き出していたという点である。会話の内容をコントロールするため、亡命者や協力の用意がある捕虜がスパイとして利用されていた。[18]さらにたとえば、同じ階級ではあるものの出身部隊が異なる捕虜たちがひとつにまとめられたりもした。この方法は有効であることが判明した。なぜなら、さまざまな潜水艦出身のUボート乗りたちが自分たちの経験をきわめて詳細に語り、パイロットの将校たちは自分たちの出撃経験や自機の技術的な細部について比較し合ったからだ。さらに、兵士たちは捕虜になってからわずか数日で収容所へとやってくることがしばしばであった。つまり彼らは、自分が捕虜になったという、劇的でもあった状況がまだ生々しい印象として残っているときに、収容所へと足を踏み入れたのだ。こうした体験は、話したいというとりわけ強い願望を生じさせることとなった。結局のところ男たちはすんでの所で、何

＊（訳註）最終階級は大尉。カナダの捕虜収容所で脱走に成功し、アメリカ、メキシコを経由してドイツに帰国した。

とか死から逃れてきたのだ。この点における将校たちの振る舞いは、それ以外の捕虜と異なるところはなかった。

多くの捕虜たちがきわめて協力的であったことは、フォート・ハント収容所の尋問記録にも今一度明瞭に表れている。何人かの男たちは、知っていることを洗いざらいぶちまけることで、捕虜となっても有利な立場を得ようとしていたし、少ない事例ではあるが、秘密を漏らすことによってナチ体制にたいするある種の抵抗を行おうとする者もいた。(19) かなりの兵士たちは尋問将校たちに向かって、機器の正確な大きさまでペラペラと喋り、故郷における軍事目標の位置についてスケッチを描き、あるいは武器の製造計画を描写した。ほとんどの捕虜たちはもちろんそのような広範囲な協力は慎んではいたものの、彼らが自己検閲をかけたのは、軍事戦術上、そして技術面でのデータという、ごく狭い範囲のテーマだけであった。一方、政治やドイツにおける生活状況、国防軍の士気に関する質問については、率直に答えた。男たちはまたお互いの会話においても率直であり、連合国の秘密情報機関にとって大いに喜ばしいことに、彼らにとってのタブーテーマは、彼ら自身の感情だけであった。

もちろんイギリス軍やアメリカ軍が多大な労力を注いだ

のは、のちの世代の歴史家たちを喜ばせるためではなかった。では、彼らの盗聴工作は彼らに何をもたらしたのだろうか。第二次世界大戦中の秘密情報機関の仕事はきわめて複雑であり、ひとつの情報源だけに依拠するということは決してなかった。捕虜から情報をすくい上げることは、ヒューマン・インテリジェンスと呼ばれる領域の一部であり、情報取得とその評価のネットワークの中では、間違いなく決定的に重要である。連合国はこうしたやり方を通じて、戦争の後半になればなるほど、国防軍のあらゆる領域において包括的な情報を手に入れることに成功するようになる。そうした情報には、ドイツ軍の現況、戦術、士気そして彼らの武器の技術的仕様が含まれていた。ヒューマン・インテリジェンスの可能性が初めて明らかになったのが、イギリスでの航空戦であり、それ以降情報取得のプロセスにおいて欠くことのできない一部となった。ヒューマン・インテリジェンスがもっとも華々しく成功したのは、おそらくはV兵器への防衛であり、これに決定的に重要なヒントを与えたのが、ヴィルヘルム・リッター・フォン・トーマ大将とルートヴィヒ・クリューヴェル大将の間の、盗聴された会話であった。(20)

労力は間違いなく報われ、彼らがきわめて効果的なヒューマン・インテリジェンスのシステムを構築したということを、連合国は十分理解していた。だからこそ、これらの書類が戦犯裁判で利用されることはなかった。情報取得の独自の手法は、絶対に知られてはならなかったのだ。(21)

謝辞

本書のもととなった研究は、多くの人びとの協力によって支えられている。数多くの同僚の支援がなければ、この研究を世に問うことは不可能であっただろう。

もっとも感謝したいのは、我々の研究グループを財政的に支援してくれた、ゲルダ・ヘンケル財団およびフリッツ・ティッセン財団である。ミヒャエル・ハンスラー、アンゲラ・キューネン、フランク・ズーダーとそのチームたちは、我々をきわめて熱心に支援してくれた。はっきりとした目標を持ち、効率的で、複雑ではなく、しかも人間的にも気持ちのよい学術支援とはどのようなものなのか、その感銘を与えるような模範的な存在が彼らやその財団である。

ローマ・ドイツ歴史研究所所長のミヒャエル・マテウスには、申請のさいの協力、ローマにおけるプロジェクト作業への全面的な支援、および我々の研究成果をイタリアの同僚へと紹介することができた二〇〇八年四月の会議のコーディネートについて感謝したい。ローマ・ドイツ歴史研究所のルッツ・クリンクハンマーにも、イタリアにおけるプロジェクトの支援について心から感謝する。エッセン文化学研究所は我々の研究にとって中心的な拠点であっただけでなく、ワークショップや会議、講演会の主催者となってくれ、これらの企画によって我々は自分たちのプロジェクトを、きわめて刺激的で学際的な雰囲気のもと前進させることができた。

我々のプロジェクトの協力者、クリスティアン・グーデフス、アメデオ・オスティ・グエラッツィ、フェリックス・レーマー、ミヒャエラ・クリスト、セバスティアン・グロス、そしてトビアス・ザイトルにたいし、三年にわたる集中的かつ建設的な共同作業に感謝する。彼らは傑出した研究者チームを作り上げてくれ、彼らとの共同作業は我々にとって大きな喜びであった！　二〇〇八年六月に加わったのが、ヴィーンのルートヴィヒ・ボルツマン歴史社会科学研究所の、リヒャルト・ゲルマンである。我々は彼から、盗聴された兵士たちの伝記的なデータ、とりわけ国防軍内のオーストリア兵について多くの知識を提供された。ディートマール・ロストは、アメリカ兵の認識と解釈について数多くの指摘をしてくれた。

このプロジェクトの作業が大学での教育にも利用するこ

とができ、その結果いくつかの修士論文が書かれたことは、我々にとって非常に嬉しいことであった。ファルコ・ベル、ニコレ・ベグリ、ステファニー・フックス、アレクサンダー・ヘルケンス、フレデリク・ミュラース、アネッテ・ネーダー、カタリーナ・シュトラウプ、マルティン・トロイトライン、ダニエラ・ヴェルニッツ、そしてマティアス・ヴォイスマンは、彼らの研究によって、研究計画全体の成功に重要な貢献をしてくれた。彼ら全員の関与に心から感謝する。

アレクサンダー・ブラーケル、クリスティアン・ハルトマン、ヨハネス・ヒュルター、ゲルハルト・ヒルシュフェルト、ミヒャエル・キースナー、マクレガー・ノックス、ペーター・リープ、ティモシー・マリガン、アクセル・ニエスレ、アンドレアス・レッダー、トーマス・シュレマー、クラウス・シュミダー、そしてアドリアン・ヴェットシュタインからは重要な指摘、示唆、支援を受けた。イエンス・クロー、マヌエル・ディットリヒ、ザビーネ・マイスター、ヴァネッサ・シュタール、そしてフロリアン・ヘッセルは、草稿の校正を助けてくれた。彼ら全員にたいして感謝したい。そして最後にフィッシャー出版社が示してくれた信頼に、そしてとくにヴァルター・ペーレの、いつも通り専門知識を踏まえた丁寧な原稿チェックに感謝する。

二〇一〇年一二月

ゼンケ・ナイツェル
ハラルト・ヴェルツァー

訳者あとがき

本書は、Neitzel, Sönke/ Welzer, Harald, *Soldaten. Protokolle vom Kämpfen, Töten und Sterben*, Frankfurt a.M., 2011 の全訳である。翻訳にさいしては二〇一四年の第二版も参照し、そこでの修正も訳文に反映させた他、英語版も参考にした（なお本書はその他、フランス語、イタリア語、スペイン語、ポルトガル語、オランダ語、ノルウェー語、スウェーデン語、フィンランド語、デンマーク語、ポーランド語、チェコ語、リトアニア語、ロシア語、ヘブライ語、クロアチア語、中国語、韓国語に翻訳されており、日本語版で一九カ国語目となる）。

著者の一人ゼンケ・ナイツェルは一九六八年生まれの歴史研究者であり、二〇一五年以降ポツダム大学教授として、軍事史および「暴力の文化史」の講座を担当している。一貫して一九世紀末から二〇世紀のドイツ、とくに第一次・第二次世界大戦を研究してきているが、彼が国際的な注目を集めるきっかけになったのが、本書の前書とも言える *Abgehört. Deutsche Generäle in britischer Kriegsgefangenschaft 1942–1945*, Berlin, 2005（『盗聴——イギリスの捕虜となったドイツ軍将官たち一九四二年—一九四五年』）であった。ここで彼は、トレント・パークに収容されていた将官たちの盗聴記録の一部を史料集という形で、解説文とともに刊行した。さらにその記録をハラルト・ヴェルツァーとともに本格的に分析したのが本書になる。ナイツェルは近年、グイド・クノップが監修するテレビの歴史ドキュメンタリー番組に積極的に出演している他、テレビ映画『ジェネレーション・ウォー（ドイツ語タイトルは Unsere Väter, unsere Mütter）』(1)などへの専門的見地からの助言も行っており、メディアへの露出が少なくない。

一方ヴェルツァーは一九五八年生まれの社会心理学者・社会学者で、二〇一二年以降フレンスブルク・ヨーロッパ大学の客員教授を務めている。膨大な著作・編著があり、研究テーマも多岐にわたるが、その中心を占めるのが暴力と記憶であることは間違いない。本書と密接に関係している代表的著作を挙げるとすれば、*Opa war kein Nazi. Nationalsozialismus und Holocaust im Familiengedächtnis*, Frankfurt a.M., 2002（『おじいちゃんはナチじゃなかった——家族の記憶におけるナチズムとホロコースト』ザビーネ・モラー、カロリーネ・チュッグナルとの共著）、*Täter. Wie aus ganz normalen Menschen Massenmörder werden*, Frankfurt a.M., 2005（『加害者——ごくふつうの人々はいかにして大量殺戮者となるのか』）の二冊となろう。前者は、ごくふつうのドイツ人がナチの過去をどのように記憶し、それについてどのように語り、何を子や孫の世代に伝えていったのかを問いかけることで、「過去の克服」という問題を家族の記憶というルートから分析した、画期的な研究であった。とくにこの本で注目されるのは、「歴史知識」と「歴史意識」の区別である。学校や大学、マスメディアなどで伝達される前者にたいし、後者は「過去にたいする感情的イメージ」であり、それこそが「学んだ歴史知識をどのように解釈し、利用するか」を決定するという。[2] ナチ体制下における「ふつうの人々」や感情が果たす社会的役割の大きさへの彼の関心は本書へと結実することになるが、これについては「心理学と歴史学の出会い」の節で詳述する。

本書が主な史料として依拠しているのは、イギリス軍の三軍統合詳細尋問センター（ＣＳＤＩＣ）によって作成された、ドイツ軍捕虜の盗聴記録（一九九六年に機密解除）である。ＣＳＤＩＣは一九三九年に創設された組織で、その主たる目的は枢軸側の現況、戦術、士気、武器の技術的仕様に関する情報を手に入れることにあった。捕虜たちの監房には小型盗聴器が仕掛けられ、とくに興味深いと思われる会話の箇所は蠟管蓄音機で録音された。そこから作成された記録が、本書の史料となった。ほとんどの兵士は盗聴されていること自体に気づいておらず、たとえ盗聴の危険性を事前に知らされていた場合であっても、兵士たちの開けっぴろげな会話が示すように、多くの兵士たちは「何のためらいもなく軍事的な秘密について戦友たちとしゃべりあっていた」（本書三九一ページ）。機密保持という要請よりも、戦友と情報を交換したいという願望が強かったのである。

以下では、①エゴ・ドキュメントとしての盗聴記録の性格、②この史料を分析するさいに著者が用いた「参照枠組み」という概念、③心理学と歴史学の出会い、④類書との比較という四点について検討を行いたい。

エゴ・ドキュメントとしての盗聴記録

近年歴史学では、「エゴ・ドキュメント」という史料群が注目を集めている。歴史主体によって「一人称」で書かれた史料を指し、具体的には日記、手紙、自叙伝、インタビュー、証書などが含まれる（さらに広義のエゴ・ドキュメントとして、写真や裁判記録などを含めることもある）。[3] これらの中ではとくに、日記、手紙など同時代に書かれた史料の価値が高いと評価されることが多い。なぜなら、自叙伝やインタビューなど出来事からしばらく経ったのちにつくられる史料になると、歴史主体が直面していた躊躇いや右往左往が後付けで「丸められ」てしまい、自分の人生が最初から一本の線によって繋がっていたかのように整理されてしまうことが少なくないからである（これをブルデューは「伝記的幻想」と呼ぶ）。それにたいして、出来事からさほど時間を置かずに書かれた史料では、こうした難点を回避することが可能である。

しかし日記や手紙にも、史料としての欠陥がある。それは、いずれも「傾向として高い教育を受けた」人々によって書かれるという点である（三九〇ページ）。もちろん労働者や農民も、日記や手紙を記す。しかし彼らの記述は、簡潔に事実関係を淡々と述べたものであることが多い。そのため、研究者は人々の内面や戦争経験への詳細な手がかりを求めて、教養市民層など十分な教育を受け、自分の意思や感情を丁寧に表現できる人々の日記・手紙に行き着くことが多いのである。結果として、研究書によって紹介される「ふつうの人々」の声には、どうしても階層の偏りが出てきてしまう。

さらに、兵士から家族に宛てて送られる野戦郵便にはもうひとつの重要な問題点がある。手紙は日記とは違い、他者とのコミュニケーションであり、必ず読み手がいる。したがって、書き手は自分が書きたいことだけでなく、相手を常に想定して、何を書くべきか、何を書いてはいけないかを考えなければならない。そして彼らが手紙を宛てたのは、家族や恋人といった「銃後」にいる人々であった。しかし、戦場と「銃後」はその戦争経験において決定的に異なっている。とくに、人を殺すという行為が称揚されまた要求される点において、両者には質的な差異がある。そのため、市民社会においてタブーとされるテーマは、野戦郵便においてほとんど触れられることがない。

しかし本書が示しているように、この二点において盗聴記録は、これまでのエゴ・ドキュメントの限界を打ち破る可能性を秘めている。著者たちが記しているように、「盗聴されていた兵士たちの幅はじつに広い。海軍のフロッグマンから行政に責を負う将官まで、考えられる限りほぼありとあらゆる軍事的な経歴がここには見られる。男たちは戦争の間あらゆる前線で戦い、きわめて多様な政治的態度を示し、きわめて多様な部隊に属していた」（三九〇ページ）。「エゴ・ドキュメント」一般において、「書く」という行為がどうしてもその作者を限定してしまう傾向があるのにたいし、ここでは「話す」という行為によって、ほぼ階層の偏りなく多様な人々の声を聴くことが可能になっているのである。いわば、「リテラシー」という枠を突き破りうる史料が、盗聴記録だと言える。そこでは、社会階級や受けた教育の程度はほぼ関係ない。
また本書では、野戦郵便ではめったに見ることのできないような、生々しい戦時暴力や性暴力が頻繁に言及される。「爆弾を落とすのがやみつき」「機関銃でもって地上の敵兵を追い回し、何発か浴びせて地面の上に這いつくばらせるのが、朝飯前のお楽しみ」（七一、七三ページ）といった、暴力に魅入られた兵士たち。「ちょっとしたゲーム」（八七ページ）として爆弾を投下したり、冒険譚として戦時暴力を語る兵士たち。自分の爆撃が敵国の新聞にまで載ったことを誇る兵士たち。「楽しかった」と異口同音に戦闘行為を振り返る様子は、衝撃的であった。数多くの野戦郵便を読み込んできた訳者には、衝撃的であった。そのような記述にめったに出会うことはないからだ。性暴力についても、自らがそれを関与したことを認めた上で、それを楽し気に語る次の様子は、やはり衝撃的である。

ミュラー　彼女たちは道路を建設していたんだが、とんでもなくきれいな娘さんたちでね。俺たちがそこを車で通り過ぎたときに、彼女たちをトラックにちょいと引きずり込んで、ヤってから、もう一度ぽいっと外に放りだしたもんさ。彼女たちの罵りようといったら！（五—六ページ）

さらに興味深いのが、「エゴ・ドキュメント」という視点からもう一点指摘しているように、会話特有の話の飛躍である。著者たちも指摘しているように、会話においてはさまざまな要素が次々と脈絡なく繋がっていく。それは、何らかの形で一貫性や論理性、ストーリーの整序が求められる「書く」という行為とは質的に異なる。会話は、話し相手の興奮を呼び覚まし、興味を持たせ、コメントをしたり自分の話を付け加えたりしてもらうための空間やきっかけを提供するためのものであることが多いからである。つまり、語り手のある程度一貫性のあるエイジェンシー（行為主体性）を紡ぎ出すというよりも、その場を支配する論理や空気に従って、会話は柔軟にその形を変えていくのである。したがって会話の内容は、その会話が交わされている集団に大きく左右されることになる。「何より会話は、コンセンサスと一致を目的としているのだ。人間が会話をするのは情報交換のためだけではない。関係を構築し、共通点をつくり出し、自分たちは同じ世界を共有しているのだということを確かめるためでもあるのだ。兵士たちの世界は戦争の世界であり、そのことが彼らの会話を非日常的なものとしているが、それが非日常的なのはあくまでこんにちの読者にとってのみのことである。兵士たち自身にとっては、まったくふつうの会話である」（五ページ）。その意味で、著者たちがこの史料を分析するさいに「参照枠組み」という集合的な枠組みをきわめて重視し、エイジェンシーよりも状況要因を重く見たことは、当然の判断と言えよう。

「参照枠組み」という分析概念

この「参照枠組み」という概念は社会学者アーヴィング・ゴッフマンによるものであり、彼によればあらゆる主要な枠組みは「それを用いる者に、数限りなく存在するように見える具体的な出来事を、その枠組みの中で定義することによって局所化し、認識し、同定し、名付けることを可能にする」(4)。したがって枠組みは、あらゆる認識、解釈、行動の参照点となる。(5) 参照枠組みとは、「自分は今何をしようとしているのか、どのような決断はどのような帰結をもたらすのかについての見通しや知識」であり、「秩序だった、組織的な解釈基準のマトリックス」である(一二ページ)。「この枠組みは自ら選んだものでもなければ、探し求めたものでもないが、人々の認識や解釈を規定し、誘導し、かなりの程度操作する」(一二ページ)。こうした認識枠組みは文化的に植え付けられ、しばしば無意識の次元にまで埋め込まれている。そのため、それにもとづいた行動はルーチンや習慣、規則のようなものとして認識されることになる。人々は、行動に当たってすべてをゼロから考えるのではなく、このマトリックスの中にさまざまな出来事を位置づけることで、自らの行動を決定する。それによって認識枠組みは、「人々の負担を大いに和らげる」(一三ページ)のである。そこには、「道徳的な自省のプロセスをオートメーション化し、罪の意識を覚えることから兵士たちを守る」(三〇ページ)意味合いも含まれる。

著者はそうした参照枠組みのうち、とくに歴史的・文化的・地理的な枠組みと、「特定の個人が行動する上での具体的な社会的、歴史的な出来事の連関」(一四ページ)を重視する。具体的には、ナチ体制や軍隊における規範・価値観や、戦争・暴力といったその時代・出来事に特有の文脈である。著者たちによれば、参照枠組みの拘束力は非常に大きく「反省という次元に届くことがまったくない」(一九ページ)。さらに戦争における兵士の参照枠組みは「民間人としての生活における役割に比べると、ほとんど選択の余地のないものである」(二五ページ)。したがって、個人がその枠組みに逆らい逸脱することは不可能とまでは言えないにせよ、基本的には困難である。「兵士として何を、誰とともに、いつやるかということは、自らの認識や解釈、決断の及ぶところではない。命令を自らの評価や能力にもとづいて解釈できる空間は、たいていきわめて小さなものである」(二五ページ)。著者たちは、「人間が認識し行うことのすべてが、外的枠組みへと帰せられるわけではない」(三七ページ)ことは認めているものの、重点が置かれるのはあくまで人々を外的に規定していた枠組みであり、個人のエイジェンシーや行動可能性は重視されない。個人的な性格によって生じる違いは「過大に評価すべきでない」し、枠組みに順応する人間は「ごく少数」にすぎず、個人の性格が持つ意味は「かなり小さ」く、「それどころかほぼ無視できるほどの重要性しかない」(三八ページ)というのが、著者たちの議論である。「彼らが戦争で戦うのは何か確信があるからではなく、自分が兵士だからであり、戦うことが彼らにとっての仕事だからである」(八ページ)という一文は、本書の主張を端的に示すものであろう。著者たちによれば、「これらの兵士たちは「世界観による戦士」ではなく、ほとんどは完全に非政治的であ」ったのだ(三五八ページ)。

心理学と歴史学の出会い

こうした本書の議論にたいしては、「ナイツェルとヴェルツァーは理念の持つ力を無視している」(6)という批判も根強い。戦場がフランスだったかロシアだったかといった地理的条件も軽視されていると、ある評者は批判している(7)。

第4章において著者たちは、「国防軍の戦争はどの程度ナチ的だったのか」という問いを掲げ、イラク、ルワンダ、アフガニスタン、ヴェトナムでの戦争などと比較を行った上で、次のような結論を導き出す。

「人間が他の人間を殺すという決断を下すためには、自分の生存が脅かされていると感じ、さらに(もしくは)暴力が正当なものとして要求されているように感じ、さらに(もしくは)それに政治的、文化的もしくは宗教的な意味があると考えていれば、それで十分である。これは戦争における暴力行使だけでなく、他の社会状況においても言える。したがって国防軍兵士たちが行使した暴力は、イギリス兵やアメリカ兵たちが行使したそれよりも「ナチ的」だったわけではない。どんな悪意をもってしても、軍事的な脅威であるとは定義しえないような人々を意図的に絶滅するために暴力が行使される場合にのみ、それは特殊ナチ的なものであると言うことができる」(三八四ページ)。

このように、本書の議論にはどこかしら普遍主義的な色彩がある。ドイツだから、ナチだからというよりも、兵士であれば基本的にはどの戦場でも起きうる問題だ、という論調に見えるからだ。

人間を動かすのは理念か環境か。イデオロギーか与えられた役割か。特殊性か普遍性か。

この議論には既視感がある。いわゆる「ゴールドハーゲン論争」である。[8] ダニエル・ゴールドハーゲンはその著書『普通のドイツ人とホロコースト』において、ホロコーストの主たる原因は特殊ドイツ的な反ユダヤ主義（＝排除主義的反ユダヤ主義）にあったと主張して、[9] 国際的な議論を引き起こした。

それにたいして、歴史家クリストファー・ブラウニングは『普通の人びと』の中で、それとは対照的な議論を提示する。[10] ゴールドハーゲンの単一原因論的な説明とは違って、彼はさまざまな要因を挙げているが、とくに強調するのが「強い男」という組織の規範への同調圧力である。ブラウニングは言う。ユダヤ人を殺害せよという命令を受けた隊員は、個人としてはこれを断ることができる。しかし命令が下っている以上、殺害自体は組織としてやり通さなくてはいけない。そこで殺害を拒否するということは、殺害という「汚れ仕事」を他の戦友に押しつけること、仲間にたいして自己中心的な行動をとることを意味した。このことは彼らの精神的孤立を招きかねなかったし、さらにそこで自分だけ列を離れることは、戦友にたいする道徳的非難だと見られかねなかった。だからこそ彼らは、このような汚れ仕事を実行できる人間こそが「強い男」であるという組織の規範を受け入れ、自分はそれができない「弱すぎ」る人間だと主張したのだと。[11]

そのさいブラウニングが引き合いに出すのが、ふたつの有名な心理学実験である。ひとつが、スタンフォードでのフィリップ・ジンバルドーによる監獄実験であり、与えられた役割によって人間の行動が大きく変化してしまうことを示唆する。もうひとつがスタンリー・ミルグラムによる、「アイヒマン実験」という別名を持つ電気ショック実験であり、人間の権威への服従を証明したものとして名高い。

一般に心理学と歴史学は「相性」が悪いとされる。普遍志向の心理学にたいし、（とくに個性記述を重視するタイプの）歴史学は文脈を何よりも重視するからだ。「人間とはつまり（どこでもいつでも）そのようなものなのだ」という議論を、（全員ではないが）少なくない歴史研究者が嫌う。「長い時代にわたって多くの人を感動させ納得させる内容」すなわち「真実」を語るのも歴史家の仕事であり、「ゆきつくところ、人間とはこういうものなのだ、と教えられるところ」に生まれる感動こそが重要なのだという大戸千之の見解は、歴史研究者の中では（残念ながら）少数派に属するように、訳者には思われる。[12]

心理学の立ち位置について、ヴェルツァーは先に述べた著書『加害者』で、次のように説明する。[13]「まったくふつうの人々」がなぜ大量殺戮を犯すのかという問題を、三つの次元から考える必要がある。ひとつ目は「他者の急進的な排除が徐々に肯定的なものと見なされ、最終的には「殺すなかれ」が「殺せ」へと変化していく、社会的なプロセス」である。これによって、個人が方向性を得る上での解釈の枠組みがつくられる。個人がこの枠組みを踏み外したり無視したりすることは可能であるが、しかしこの枠組みに照らし合わせて行動することを余儀なくされるという点で、きわめて重要である。ふたつ目は、「社会的状況および行為者によるその解釈」である。ある状況に遭遇したさい、個人はすでにそれについてどのような経験をしてきたのか、どういうことが起こると予期していたのか、課題をどのように克服し、修正を加えるのか、といった問題である。経験や予期は、社会の中で生きる個人によってつくられるものであるから、これは個人と社会とが接合する中間的な次元と言える。そして三つ目が、「行為者による自らの行動可能性の評価」である。行動可能性とか行動の余地は、誰にでもわかる形で客観的に存在するものではない。行為者がそれをどのように認識するか、そもそもそのようなものがあると認識するか、ある選択肢を選ぶという決断を下すさいにどのような結果が予期されるかといった、行為主体による判断がきわめて重要になる。そしてヴェルツァーによれば、「この次元においてはじめて、心理学の出番となる」。「なぜなら、行動可能性の解釈やそれにもとづいた推論もまた、個人の素質、それまでの個人的な経験、個人的な考え方や信念、行動能力などに左右されるからだ」。

似たことを、ウルリケ・ユライトも指摘している。まず人々の行動の条件となるのは、軍事的機能、組織のヒエラルキー、社会的集団圧力、文化的行動規範や伝統、個人的・集団的な認識フィルターである。第二の次元が、ある集団に特有の行動様式、世界観、イメージ、感情、すなわち集団的な思考パターンや意識形態であり、「メンタリティ」という概念でくくることができる。そして第三の次元が、個性の構造、経験の地平、創造性、決断能力といった個人の次元である。そして第三の次元を分析するには、やはり心理学が欠かせない。(14)

歴史学が従来得意としてきたのは、両者が挙げる第一の次元であろう。そして第二の次元についても、社会史、心性史、日常史、文化史、経験史といった形で、徐々にこれを研究対象へと「編入」してきた。しかし、なぜホロコーストや絶滅戦争のようなことが可能になったのかということを考えるさいには、動機や行動可能性といった問題に触れざるをえず、したがって第三の次元を外すことはできない。訳者はかつて別稿で、「歴史研究の足場を指導者や機能エリートだけでなく、政策が実際に行われる「現場に」も置き、その多様で複雑な経験を歴史叙述全体に取り込んでいくことで、「普通の人々」の動機や行動可能性をも含み込んだ、よりダイナミックで決定論的でない歴史像を構築」する必要性を訴えたことがある。[15] そのためにはエゴ・ドキュメントを駆使することが欠かせないが、第一、第二の次元だけでは、個人の内面を窺い知ることのできるこうした史料の可能性を汲み尽くすことは不可能である。やはり、心理学の知見はどうしても必要になるのである。

そして本書は、そうした心理学の歴史研究への応用可能性を随所で感じさせるものとなっている。とくに強調したいのが、「認知的不協和」、あるいは「感情的投資」という議論である。自分が期待・予期していたことと現実がずれてきた場合、人間にはその「不協和という感情を我慢するのは難しく、他方で現実を変えることもできないため、現実の認識と解釈を変えて、それによって認知的不協和を修正する」（二五一ページ）。たとえばある人がタバコを吸っている場合、タバコが体に悪いという知識は不愉快である。それまでタバコを吸い続けてきた自分が否定されたようにも見えるからだ。そこで認知の方を変えて、「タバコはそれほど体に悪くない」と思い込んでしまうのである。これが「認知的不協和」である。同じことをナチ体制に当てはめると、ヒトラーにたいする崇拝を続けてきた人間は、戦況が悪化してもその崇拝を止めることができない。なぜなら現実を認めて「総統の能力や力を疑うことは、投資された感情をあとから無効にするものだったからだ」（二五二ページ）。そこで、戦局の悪化が「影武者との入れ替わり」というような荒唐無稽な理論で説明されたりするのである。兵士たちはナチというプロジェクトにあまりにも感情を「投資」してしまっていたので、「そうした希望を諦めることは、今までの戦闘やあらゆる感情的投資を一挙に無効にしてしまいかねない。だから人々は希望や願望にしがみついた」（二四一ページ）。なぜ人々はヒトラーやナチ体制と自らを一体化させていったのかという問題を「普通の人々」から考える上で、重要な示唆を与える議論であることは間違いないだろう。

レーマー『戦友たち』

ナイツェルとヴェルツァーが本書を上梓した翌年、フェリックス・レーマーの手による、ドイツ軍捕虜の盗聴記録という同じ史料をもとにしたモノグラフが刊行された。[16] しかし、両者の依拠した史料は完全に同一のものではない。本書が主に利用したのがイギリス軍のCSDICによる史料であるのにたいし、レーマーはアメリカ陸海軍が一九四二年に創設し、共同で運営していた共同尋問センターによる記録を利用した（本書の註を見るとわかるように、ナイツェルとヴェルツァーも部分的にはこれを利用しているが、数としては圧倒的にイギリスのものが多い）。ヴァージニア州のフォート・ハントが、ドイツ軍捕虜のための収容所として利用された。

英米軍によるそれぞれの組織の目的は同じであるが、その結果作成された史料の特徴は異なる。イギリス軍の記録は、本書も示すように兵士たちの会話を生き生きとはとらえているものの、著者たちも認めているように、「男たちの伝記的な背景については、残念ながらイギリス側の史料はまったく情報を与えてくれない」（三八八ページ）。その発言者がどのような経歴の持ち主であるかという情報が、有名な軍人を除けばわからない。そのため、本書で採られたような集合的分析以外のスタンスがとりづらい。それにたいして、アメリカ軍による記録はより体系的で、内容も詳細である。ドイツ軍捕虜一万六九六〇人、イタリア軍捕虜一九四三人というCSDICに比べると、フォート・ハントは三四五一人と少ないが、ほぼすべての事例について詳細な記録があり、個人情報も詳しく記されている他、尋問記録、盗聴記録、質問票への回答などが個人ファイルに残されている。「捕虜自身によって記された伝記や特別に観察したことについての報告など、さまざまな追加資料が存在する」（三八八ページ）。また、イギリス軍が盗聴していたのは、とりわけ高級将校および、空軍・海軍の兵員であった。それにたいしフォート・ハントでは、収容者のおよそ半分がまったくふつうの、階級の低い陸軍の兵卒であった。そのため、フォート・ハントの記録のほうが、より「代表性」の高い記録と言える。

その結果、レーマーは本書とはまったく異なるスタンスを取り、そしてまったく異なる結論に達することになる[17]。レーマーも、状況要因や集団的圧力が果たす役割は否定しない。しかし彼は豊富な個人の伝記情報をもとに、多様な個のありようを叙述する。その結果彼は、個人の意志や信念が果たす役割を重視するに至る。「軍隊という制度が個人に影響を及ぼすだけでなく、個人もまた制度に影響を与えるのである。集団は個々の兵士の生活を支配しているが、集団は基本的には個々人の成員の総和に他ならない。たとえ個人にとって集団の持つ意味が常に特別なものであり、制度が集団文化を規定する部分が大きいのだとしても[18]」。次の文は、本書とは対照的なレーマーの姿勢を端的に表している。「人がどのように戦うかは、たんに状況のダイナミクスによってのみ決まるのではなく、個人的な態度や意図によっても決まるのだ[19]」。そしてレーマーは、ヒトラーやナチ体制、ネイションへの兵士たちの献身や関与がきわめて強かったこと、大多数は国防軍と強く一体化し、自分たちの「戦闘力」の絶対的な優位に誇りを持っていたこと、一九四四年末まで半分近くがいまだにドイツ軍の勝利を信じていたことなどを指摘する。ナイツェルやヴェルツァーも指摘するように、たしかに兵士たちがイデオロギー的信念を口にすることは少ないが、それは政治的な理念やナチズムが兵士たちに影響を及ぼしていなかったということを意味しない。「あまりにも自明のこと」と思われたゆえに、あえて語られなかっただけである。「ナショナリズム、軍国主義、そしてヒトラーへの忠誠は兵士たちの多くたちの精神的基盤となっており、彼らが自らの行動のよりどころとしていた美徳や解釈規範は、部分的にはナチズムに浸透されていた[20]」。

加えてレーマーが指摘するのが、プロイセン・ドイツ軍以来の伝統である「委任戦術」の影響である。上級司令部は目標と与えられる手段のみを指示し、現場の下級指揮官が「自分の頭で考え行動する」ことを求めるこの戦術もあって[21]、戦闘が過酷なものになればなるほど、集団圧力や上官の命令よりも、個人の下からのイニシアティブが重要になっていった[22]。「国防軍の兵士たちは、戦争によってもたらされた状況のたんなる歯車であっただけではなく、考え、行動する行為者だったのであり、彼らは自ら経験したことから結論を導き出せる状況にあった[23]」。

「パフォーマンス」としての会話

このように、依拠する史料が異なれば、採られる方法論やそこから導き出される結論は違ってくる。これに関連してもう一点指摘しておきたいのが、会話の「パフォーマンス性」である。すでに述べたように、捕虜の盗聴記録では、野戦郵便では決して見ることができないような残虐な行為が数多く言及される。しかしそれは軍隊という空間が、市民的道徳観を敢えて破ることによって「男らしさ」や武勇を誇示する場であるということとも、密接に関係している。つまり、タブーを敢えて破り、自らの「男らしさ」や武勇を誇示することが何よりも重要である場において、会話内容はしばしば誇張され、あるいはやってもいない残虐行為が述べられる危険が大いにあるのである。さらに、会話の「ノリ」という問題もある。前述したように会話は必ずしも正確さを期すためのものではないし、たとえ疑念を感じたとしても、途中で相手の会話を邪魔したくないという配慮が働き、正面から反論するということはあまりない。実際、本書でもときおり、そうした「ホラ」に兵士たちも気づいていたことが言及される。たとえば、性暴力についての赤裸々な発言にたいする、次の反応である。

シュルトカ　こんにち行われていることは、とんでもないことだ。たとえばあるイタリアの家屋に侵入した降下猟兵は、二人の男性を仕留めた。この二人の男性はともに父親だった。一人には、二人の娘がいた。それから彼らは二人の娘とセックスした。やることはきちんとやってから、二人の娘を一気に撃ち殺した。そこにはイタリア式の幅の広いベッドがあって、その上に彼女たちを放り投げ、父親たちのペニスを挿入したんだ。しかもそのことについて、あとになって自慢すらしているんだ。

ツォスノフスキ　それはまったく非人道的な。しかし、自分がまったくやったことがないようなことを、あたかもやったように話す奴が多いじゃないか。それで大いに自慢ができるからということで［…］（二〇五ページ）。

こうした戦友たちの「ホラ」への疑念は、野戦郵便や日記にも見られる。

「彼らはよく、女性経験を話します。もしその半分が真実なら、私は生まれたての子供のように無実ということになります。ここではどう振る舞うのが一番いいのでしょうか？　今までのところ私はなじみの戦術を利用し、物静かな人を演じています」。「彼らが話すことが正しいのかどうか、私は本当に知りたいのです。彼らはそうすると、ものすごいプレイボーイで、アルコールを何樽も空けたということになります。人間がありのままの真実を口にすることができないのは、とても残念なことです。私もしばしば、脱落しないため、彼らの生活習慣を知らない人間として見られないためにそうする、ということを認めなくてはいけません。それが正しいのかどうか、私はわかりません(24)」。

「記憶を語る者は、誰もがカサノヴァやドン・ファンになるのです(25)」。

当然のことだが、どの史料にも長所と短所がある。捕虜盗聴記録の長所は、軍隊内の（軍隊内でしか聞くことのできない）言説を目にすることができるということであり、生々しい戦時暴力や性暴力に加えて、勇敢さや勲章などの「軍事的諸価値」や、武装SSとの距離感をめぐる言説は、「兵士の行動半径内の世界」を開示するこの史料だからこそ接することができるものである。他方その短所は、軍隊という構造の「歪み」がそのまま言説に現れる以上、そこで言われたことをそのまま鵜呑みにすることはできず、誇張や自己演出、会話の流れでついついてしまった嘘などについて、読む側が慎重になる必要があるという点である。また、著者たち自身が認めているように、「ドイツ兵たちにとってそのようにあたり前で、あらゆるところで知られ受け入れられている価値観」について「明示的に会話が交わされることはごく稀であった」（二七三ページ）という点も考慮する必要がある。イデオロギー的な要因が史料において全面に出てこないことは、彼らがそれを重視していなかったということとイコールではない。(26) さらに、手紙や日記と比べると、「同時性」という点でも一段劣ることは否めない。なぜなら、一定程度時間が経って捕虜となってからの回顧が、この史料の本質をなすからである。(27) 裏を返せば、野戦郵便には市民社会においてタブーとされるテーマが現れない一方で、ナチ体制下や軍隊内においても色濃く残っていた市民社会的な要素を、ほぼ出来事と同時のタイミングで読み取るには恰好の史料でもある。

そして、史料は異なっても共通して見えてくるものがある。たとえば、本書で指摘される、大戦末期まで根強かった総統崇拝や、イタリア兵への蔑視などは、野戦郵便でも同様に色濃く見られる要素である。一方で「民族共同体」という言説が捕虜たちの間にほとんど見られないという本書の指摘は興味深く、今後のナチズム研究にとって貴重な示唆となろう。

史料に王道はなく、方法論にも王道はない。複雑かつ多面的な現象にたいしては、さまざまな史料や方法論を折衷的に使いこなしていく他ない。兵士たちはなぜ戦争に加担していったのかという問いに、最終的な回答が与えられることはありえない。しかしそれでも、その問いの周りをぐるぐると廻っているうちに、我々の認識は深まっていく。本書がそうした認識の深化に大きな役割を果たしたことだけは、間違いない。

レーマーによる数量的分析

先に述べたように、レーマーが分析したフォート・ハントの記録には、質問票による七〇〇人程度の捕虜への調査が含まれている。レーマーは、この調査票について数量的分析を行っており、本書には記されていない知見がそこからは得られているので、簡単に紹介したい。(28)

一九四四年の一月から九月までにフォート・ハントに残された六七二通の質問票によると、本国ドイツ人のうち五五％以上がヒトラーを無条件に支持しており、逆に約二一％がヒトラーを完全に否定的に見ていた。約九％はやや支持、七％がやや不支持、七％が無関心であった。六割程度というヒトラーへの支持率は、同時期に行われたアメリカの心理戦師団（Psychological Warfare Division）による捕虜への調査とほぼ同程度の数字だという。またナチズムについては、四二％が無条件の支持、三分の一強が完全に不支持、八%がやや支持、五%がやや不支持、残りの一〇%が無回答であった。

これを宗派別に見ると、プロテスタント(全体の約半分)の四五%弱がナチズムを支持、七%がやや支持であるのに対し、完全な不支持は三〇%、やや不支持が六%強であった。他方カトリック(全体の四割弱)のうち三九%が支持、七%がやや支持、三八%が不支持、四%がやや不支持であった。ヒトラーにたいする支持は、プロテスタントでは三分の二以上であるのにたいし、カトリックでは六〇%程度であった。こうして見ると、プロテスタントの方がカトリックよりもややナチ体制を支持している傾向は見られるものの、カトリックがミリュー(政治路線、経済的利害、世界観、生活文化などを共有する社会集団)としてナチズムにたいする抵抗を示したとはとても言えないと、レーマーは指摘している。

また社会階層別に見ると、労働者層ではほぼ五〇%がナチズムを支持し、四〇%弱がこれを拒否している。ヒトラーへの支持率は六〇%を優に超えていた。いずれの数字も、全体の平均値とほぼ同じであり、労働者層が他の階層よりもナチ体制に敵対的だったと見ることはできない。

なお年齢層で見ると、すでに述べたようにヒトラーへの支持は、無条件のものと「やや支持」を足すと六四%弱が全体平均となるが、一九一六年以前に生まれた人々で五六・三%、それ以降で六八・二%と、明らかに若年層で支持が強い。とくに一九二〇年生まれ以降は七一%、一九二三年生まれ以降に限定すると七四%という高い数字を示しており、いわゆる「ヒトラー・ユーゲント」世代での支持の高さという従来の研究でも指摘されていることが、ここでも確認できる。[29]

さらに国防軍の士気については、三分の二強が肯定的に、三分の一弱が否定的に見ていた。食料や武器、弾薬の供給、上官による扱いについては、ほぼ四分の三が多かれ少なかれ満足していたのにたいし、これを批判的に見ていたのは五分の一にすぎなかった。前線部隊将校については約三分の二が、伍長や軍曹については七五%が肯定的に評価していた。ドイツ軍の戦闘力の高さについては九〇%以上が肯定的に評価しており、その点において体制支持者と批判者の間に意見の相違はなかった。このように、多くの兵士たちは自らが所属する組織を賞賛し、それと自らを一体化させていた。ナショナリズムや愛国心も、階層に関係なくほぼ一致して見られる要素である。

数百人という母数は、当時の社会の全体的傾向を知る上で十分なサンプル数とは言えず、「代表性」という点で疑念が残るのは事実だが、当時の人々にたいするこれほどまとまった「世論調査」がこれ以外に存在しないのもまた事実である。カトリックや労働者といったミリューは、ナチ時代にあっても一定のまとまりを維持していたのか、それともナチ体制下ですでに溶解しつつあったのかという問題を考える上で、後者を示唆する重要な手掛かりとなるデータであることは間違いないだろう。

日本軍兵士にたいする盗聴記録はあったか?

本書で触れられてはいないが、米英軍は日本軍兵士にたいしてもドイツ・イタリア兵捕虜と同様の試みを行っている(30)。ヨーロッパと比べるとはるかに規模は小さいものの、数千人の日本兵捕虜がオーストラリアのブリスベーン、アメリカのバイロン・ホット・スプリングス(カリフォルニア州)、インドのオールドデリーの収容所に収容された(たとえばアメリカには、日独伊あわせて四二万五〇〇〇人の兵士が収容されたが、そのうち日本兵はわずか五四二四人であった)。直接の尋問や盗聴記録に加え、没収した書類や日記の調査なども行われた。このテーマについて論文を著しているタクマ・メルバーによれば、捕虜となることを恥ととらえる傾向の強かった日本兵は、尋問のさいに強い不安感や緊張、感情の乱れを見せることが多く、日本兵は規律正しくストイックだと考えていた尋問者を驚かせたという。その一方で、雑談などを通じて個人的な信頼感が得られると、軍事的に価値の高い情報も進んで話すようになった(31)。

このうち、バイロン・ホット・スプリングスにあったフォート・トレーシーは、おもに日本兵捕虜を対象としており、一九四二年から一九四五年の間にあわせて三二三四人の日本兵と二〇〇人以上のドイツ兵を収容している(32)。しかしこの収容所の作業環境が良好でなかったこと、戦地の指揮官が捕虜を留め置いて本国へと送還するのを好まなかったことなどから、フォート・トレーシーは期待された成果を上げることができなかった。先に記した尋問記録も数が限られている上、盗聴記録はいっさい残されていない。

本書の訳出にあたり、軍事用語をはじめとする専門用語や人名・地名の日本語訳などについて、軍事史研究者の大木毅氏に多くの非常に有益な助言をいただいた。大木氏にはそれ以外にも、読みやすい文章表現や訳者の思い違いなど、あらゆる面についてご指摘いただいた。伏して御礼申し上げる。それでも残っている可能性のある誤訳や誤りは、ひとえに訳者の責任であることは言うまでもない。

本書を翻訳するという話が持ち上がったのは今を遡ること五年以上前、まだ常勤のポストを得ていない頃であった。芝健介先生(東京女子大学名誉教授)からみすず書房をご紹介いただいてプロジェクトは始まったものの、その後の個人的環境の変化に加えて生来の怠け癖がたたり、作業は遅れに遅れた。しかし担当の中川美佐子さんには絶妙なタイミングで催促の連絡をいただき、また本書のフランス語版とも訳文を対照していただくなど、原稿を丁寧にチェックしていただいた。曲がりなりにも本書が刊行の運びとなったのは、ひとえに中川さんのお蔭である。心から感謝申し上げたい。

二〇一八年一月

小野寺　拓也

註

（1）本映画については、以下を参照。川喜田敦子「ドイツにおける第二次世界大戦の表象——加害国の被害意識をめぐって」歴史学研究会編『歴史を社会に活かす——楽しむ・学ぶ・伝える・観る』東京大学出版会、二〇一七年、二三三—二四二頁。

（2）Welzer, Harald/ Moller, Sabine/ Tschuggnall, Karoline, *Opa war kein Nazi. Nationalsozialismus und Holocaust im Familiengedächtnis*, Frankfurt a.M., 2002, S.13.

（3）長谷川貴彦「エゴ・ドキュメントという方法」歴史学研究会編『第四次現代歴史学の成果と課題——第三巻　歴史実践の現在』績文堂出版、二〇一七年、一八四—一九三頁。

（4）Goffman, Erving, *Rahmen-Analyse. Ein Versuch über die Organisation von Alltagserfahrungen*, Frankfurt a.M., 1977, S.31.

（5）参照、Gudehus, Christian, Rahmungen individuellen Handelns-Ein Analysemodell, in: Welzer/ Neitzel/ Gudehus (Hg.), *"Der Führer war wieder viel zu human, viel zu gefühlvoll". Der Zweite Weltkrieg aus der Sicht deutscher und italienischer Soldaten*, Frankfurt a.M., 2011, S.26–54.

（6）Knox, MacGregor: Rezension von: Sönke Neitzel/ Harald Welzer: Soldaten. Protokolle vom Kämpfen, Töten und Sterben, Frankfurt a.M.: Fischer, 2011, in *sehepunkte* 12 (2012), Nr. 3 [15.03.2012].

（7）Bischl, Kerstin: Rezension von: Sönke Neitzel/ Harald Welzer, Soldaten. Protokolle vom Kämpfen, Töten und Sterben, Frankfurt am Main: Fischer, 2011, in: *Jahrbücher für Geschichte Osteuropas/ jgo.e-reviews, jgo.e-reviews* 4 (2012), S.12–13.

（8）論争については、以下を参照。大石紀一郎「ゴールドハーゲン論争と現代ドイツの政治文化」『ドイツ研究』二四（一九九七年）七七—一一八頁。佐藤健生「ホロコーストと『普通の』ドイツ人」『思想』八七七（一九九七年）五四—七〇頁。小野寺拓也「歴史研究の『ミクロ過程論的転回』——『ゴールドハーゲン後』のナチズム・ホロコースト研究」『歴史学研究』八四〇（二〇〇八年）一九—二七頁。

（9）ダニエル・ゴールドハーゲン、望田幸男監訳『普通のドイツ人とホロコースト——ヒトラーの自発的死刑執行人たち』ミネルヴァ書房、二〇〇七年。

（10）クリストファー・ブラウニング、谷喬夫訳『普通の人びと——ホロコーストと第一〇一警察予備大隊』筑摩書房、一九九七年。

（11）同右書、二六四頁。

（12）大戸千之『歴史と事実——ポストモダンの歴史学批判をこえて』京都大学学術出版会、二〇一二年、一〇三、一〇七頁。

（13）この段落の説明は、以下に依拠している。Welzer, *a.a.O.*, S.16f.

(14) Jureit, Ulrike, Motive-Mentalitäten – Handlungsspielräume. Theoretische Anmerkungen zu Handlungsoptionen von Soldaten, in: Hartmann, Christian/ Hürter, Johannes/ Jureit, *Verbrechen der Wehrmacht. Bilanz einer Debatte*, München, 2005, S.163–170.

(15) 小野寺前掲論文、二四頁。

(16) Römer, Felix, *Kameraden. Die Wehrmacht von innen*, München/ Zürich, 2012.

(17) 参照、MacGregor Knox: Rezension von: Felix Römer: Kameraden. Die Wehrmacht von innen, München/ Zürich: Piper Verlag 2012, in: *sehepunkte* 14 (2014), Nr. 1 [15.01.2014]

(18) Römer, *a.a.O.*, S.381.

(19) *Ebd.*, S.210.

(20) *Ebd.*, S.65, 64.

(21) 参照、大木毅「モルトケと委任戦術の誕生」『ドイツ軍事史――その虚像と実像』作品社、二〇一六年、一〇二―一〇九頁。

(22) Römer, *a.a.O.*, S.357–371.

(23) Ebd., S.264.

(24) 小野寺拓也『野戦郵便から読み解く「ふつうのドイツ兵」――第二次世界大戦末期におけるイデオロギーと「主体性」』山川出版社、二〇一二年、六二―六三頁。

(25) Reese, Willy Peter, *Mir selber seltsam fremd. Rußland 1941–44*, Berlin, S.49.

(26) 参照、Knox, *a.a.O.*.

(27) 参照、Bischl, *a.a.O.*.

(28) この節の記述はほぼ次の文献に依拠している。Römer, Felix, Volksgemeinschaft in der Wehrmacht? Milieus, Mentalitäten und militärische Moral in den Streitkräften des NS-Staates, in: Welzer/ Neitzel/ Gudehus (Hg.), *a.a.O.*, S.55–94.

(29) Römer, *a.a.O.*, S.80.

(30) この段落の記述は次の文献に依拠している。Melber, Takuma, Alliierte Studien zu Moral und Psyche japanischer Soldaten im Zweiten Weltkrieg, in: Welzer/ Neitzel/ Gudehus, *Ebd.*, S.414–437.

(31) *Ebd.*, S.415ff.

(32) この段落の記述は次の文献に依拠している。Römer, Felix, "A New Weapon in Modern Warfare". Militärische Nachrichtendienste und strategische "Prisoner of War Intelligence" in Vernehmungslagern der USA, 1942–1945, in: Welzer/ Neitzel/ Gudehus (Hg.), *a.a.O.*, S.116–139.

ゼンケ・ナイツェル／ハラルト・ヴェルツァー
兵士というもの
ドイツ兵捕虜盗聴記録に見る戦争の心理
小野寺拓也訳

2018年 4月16日　第1刷発行

発行所 株式会社 みすず書房
〒113-0033 東京都文京区本郷2丁目20-7
電話 03-3814-0131(営業) 03-3815-9181(編集)
www.msz.co.jp

本文組版 キャップス
本文印刷所 萩原印刷
扉・表紙・カバー印刷所 リヒトプランニング
製本所 松岳社

ISBN 978-4-622-08679-6
[へいしというもの]

著者略歴

(Sönke Neitzel)

1968年生まれ．グラスゴー大学，ロンドン・スクール・オブ・エコノミクスを経て，現在ポツダム大学教授．専門は軍事史．本書の前書とも言える *Abgehört. Deutsche Generäle in britischer Kriegsgefangenschaft 1942-1945*, Berlin, 2005(『盗聴——イギリスの捕虜となったドイツ軍将官たち　1942—1945年』)で注目を集めた．グイド・クノップ監修の歴史ドキュメンタリー番組に積極的に出演している他，テレビ映画『ジェネレーション・ウォー（ドイツ語タイトルは Unsere Väter, unsere Mütter)』などへの専門的見地からの助言も行っており，メディアへの露出が少なくない．

(Harald Welzer)

1958年生まれ．フレンスブルク・ヨーロッパ大学客員教授．社会心理学者・社会学者．膨大な著作・編著があり研究テーマも多岐にわたるが，中心テーマは暴力と記憶．代表作に *Opa war kein Nazi. Nationalsozialismus und Holocaust im Familiengedächtnis*, Frankfurt a. M., 2002(『おじいちゃんはナチじゃなかった——家族の記憶におけるナチズムとホロコースト』ザビーネ・モラー，カロリーネ・チュッグナルとの共著)，*Täter. Wie aus ganz normalen Menschen Massenmörder werden*, Frankfurt a. M., 2005(『加害者——ごくふつうの人々はいかにして大量殺戮者となるのか』)がある．

訳者略歴

小野寺拓也〈おのでら・たくや〉 1975年生まれ．東京大学大学院人文社会系研究科博士課程修了．昭和女子大学人間文化学部を経て，現在，東京外国語大学世界言語社会教育センター特任講師．専門はドイツ現代史．著書に『野戦郵便から読み解く「ふつうのドイツ兵」——第二次世界大戦末期におけるイデオロギーと「主体性」』(山川出版社, 2012)，共著に『20世紀の戦争——その歴史的位相』(メトロポリタン史学会編，有志舎，2012)，共訳書にR・ミュールホイザー『戦場の性——独ソ戦下のドイツ兵と女性たち』(姫岡とし子監訳，岩波書店，2015) などがある．

索 引

地 名

ア行

アイフェル山地 Eifel 341
アウグスタ Augusta 324
アウシュヴィッツ Auschwitz 19, 20, 25, 148, 185
アヴランシュ Avranches 356
アシュフォード Ashford 93
アフガニスタン 192, 270, 369, 370, 373, 374, 380
アフリカ 14, 66, 100, 148, 214, 225, 248, 270, 273, 280-82, 293, 295, 318, 319, 325, 326, 344
アーヘン Aachen 221, 239, 294, 308, 319
アメリカ 3, 15, 39, 154, 160, 163, 212-14, 226, 241, 263, 269, 322, 346, 354, 377, 387, 388, 391
アラス Arras 84
アリエッリ Arielli 276
アルジェリア 214, 387
アルタ・フィヨルド Alta-Fjord 317
アルデンヌ Ardennen 111
アレクサンドリア Alexandria 326
イギリス 1, 2, 3, 32, 58, 65, 69, 85, 88, 91, 95-100, 103, 108, 154, 160, 174, 189-91, 196, 209, 217-19, 222, 225-32, 236, 240, 250, 252, 259, 263, 269, 278, 285, 287, 292-96, 314, 323, 354, 386-88, 390, 392
イーストボーン Eastbourne 93
イタリア 45, 114, 115, 175, 176, 205, 223, 226, 233, 240, 305, 309, 322, 323, 325, 327, 353, 374, 382
イラク 368, 370, 374
インド洋 193
ヴァイクセル川 Weichsel 318
ヴァルテラント Wartheland 185
ウイストルアム Ouistreham 234, 284, 289
ヴィテプスク Witebsk 293
ヴィーナー＝ノイシュタット Wiener Neustadt 177
ヴィニツァ Winniza, Vinnitsa 119, 167
ヴィラクブレー Villacoublay 203
ウィルトン・パーク Wilton Park 324, 386
ヴィルナ Wilna 143
ヴィーン 153, 231
ヴェトナム 28, 104, 116, 117, 197, 366, 368, 369, 371, 372, 374-76, 378, 380
ヴェルコール Vercors 87
ヴェルダン Verdun 114, 238
ヴォルガ川 Wolga 244
ヴォルチャンカ Volchanka 336
ウクフ Lukow 165
ウクライナ 68, 119, 124, 142, 167, 226, 293, 306
ウマン Uman 306
ヴャジマ Vyasma, Wjasma, Vjaz'ma 124, 125
エル・アラメイン El Alamein 280, 288, 325
エンフィーダヴィル Enfidaville 304
オーストリア 59, 61
オスロ 200
オデッサ Odessa 153
オーデル川 Oder 302
オラドゥール Oradour 346
オルソーニャ Orsogna 276
オルダーショット Aldershot 88
オレル Orel 348

カ行

カイロ 288, 326, 387
ガダルカナル Guadalcanal 328
カチン Katyn 153
カッシーノ Cassino 276
カナダ 97, 98, 213, 218, 221, 390, 391
カニシー Canisy 347
ガリツィア Galizien 149, 150
カルヴァドス Calvados 314
カレー Calais 217
カーン Caen 354, 355
キエフ Kiew 162, 198, 205, 306
キーム湖 Chiemsee 304
ギリシャ 305
クサンテン Xanthen 242
グーゼン Gusen 11
クトノ Kutno 157
クラクフ Krakau 135
クリミア半島 306, 307
グリーンランド 18
クール Chur 179
クレタ島 327
クンドゥーズ Kunduz 380, 381
ゲッティンゲン Göttingen 22, 147
ケルン Köln 49, 203
ケンブリッジ Cambridge 189
コーカサス Kaukasus 108
黒海 5, 68
コロステン Korosten 124
コンゴ 270
コタンタン半島 Cotentin 220, 234

索　引

サ行

サイパン島　18
サブルスチ　Sabroschi　342
サントメール　Saint-Omer　84
サン＝マロ　Saint-Malo　291, 294
サン＝ロー　Saint-Lô　285
シェルブール　Cherbourg　220, 237, 274, 283, 285-87, 292, 294, 307, 308, 325
シチリア　324, 326
シュリュッセルブルク　Schlüsselburg　107
シンフェロポリ　Simferopol　307
スイス　179
スコットランド　191, 227
スターリングラード　51, 189, 216, 228, 229, 231, 232, 238, 239, 241, 246, 250, 251, 254, 259, 281, 288, 293, 312, 333, 342
ズデーテン地方　Sudetenland　59
スモレンスク　Smolensk　124, 125, 212
セヴァストーポリ　Sewastopol　307
セーヌ湾　300
セルビア　346
ソ連　22, 119, 161, 195, 197, 225, 250, 293, 302, 310, 318, 355, 374

タ行

大西洋　1, 26, 199, 212, 231, 282, 296, 322
太平洋　374
タガンローク　Taganrog　5
ダンケルク　Dünkirchen　305, 331
チェコスロヴァキア　155
チェンストハウ　Tschenstochau　184
地中海　87, 214, 231, 386, 387
チャネル諸島　312
チュニジア　188, 232, 281, 293, 304, 305, 307, 318, 319, 325, 335
チューリヒ　Zürich　179
チュール　Tulle　350
ディール　Deal　90
ティレ　Thilay　111
テティエフ　Tetiev　119
テムズ川　Themse　90
テームズ・ヘイブン　Thames Haven　89
デュナブルク　Dünaburg　129, 130, 132, 135
テルノポリ　Tarnopol　293
デンブリン　Dêblin　125, 186
デンマーク　182
東京　173, 174, 213, 214
トゥール　Tours　349
トゥーロン　Toulon　296
ドネツ川　Donetz　5
トブルク　Tobruk　280
トリポリ　Tripolis　212
トレント・パーク　Trent Park　32, 178, 221, 222, 273, 281, 288-90, 304, 319, 320, 335, 337, 386, 387, 389-91
トロンハイム　Trondheim　200
ドン川　Don　5, 244

ナ行

長崎　372
ナバラ　Navarra　20, 21
ナポリ　387
ニコライェフ　142
日本　213, 214, 310, 377, 382
ニューギニア　328
ニューヨーク　15, 213
ノヴォロシスク　Noworossik　68
ノヴゴロド　Nowgorod　108
ノリッジ　Norwich　85, 86
ノルウェー　18, 101, 108, 200, 225, 283, 311, 317, 319
ノルマンディー　Normandie　97, 113, 116, 175, 219, 228, 231, 233, 234, 236-38, 240, 260, 273, 282, 284, 289, 291, 308, 334, 338, 340, 342, 347, 349, 356, 374

ハ行

ハイズ　Hythe　90
バイユー　Bayeux　113
バグダード　362
バーゼル　Basel　179
バート・フェスラウ　Bad Vöslau　153
バナック　Banak　200
バビ・ヤール　Babi Jar　128, 145
バーリ　Bari　223
パリ　19, 202-204, 277, 285, 287
ハリコフ　Charkow　5, 257, 339, 340
バルカン半島　22, 225
バルト海　98, 168, 214, 320
バルレッタ　Barletta　175
ハンブルク　Hamburg　214
ビスケー湾　Biskaya　95, 199
ビゼルト　Bizerta　188
ピラウ　Pillau　214
ファレーズ　Falaise　237, 287, 355
フィンランド　133
フェルトン　Felton　88
フォークストン　Folkestone　90
フォークランド諸島　Falklandinseln　295
フォート・トレイシー　Fort Tracy　387
フォート・ハント　Fort Hunt　163, 237, 260, 274, 291, 346, 386-88, 392
フォブール＝ポワソニエール　Faubourg-Poissonnière　19
ブダペスト　293

ブーヘンヴァルト　Buchenwald　138
フュルデン　Fürden　312, 313
プラハ　21
フランクフルト　205, 219, 274
フランス　19, 20, 22, 31, 58, 84, 87, 105, 108, 111-16, 120, 127, 186, 187, 194, 200, 204, 211, 225, 226, 231, 238, 240, 249, 283, 287, 291, 296, 331, 339, 343-45, 349, 350, 353, 371, 374
ブリストル　Bristol　84, 95, 222
プリューム　Prüm　341
ブレスト　Brest　204
ブレーメン　Bremen　289
ヘイスティングス　Hastings　90
ベイルート　326
ヘウム　Chełm　149
ヘウムノ　Chełmno　185
ベオグラード　Belgrad　333
ペスカーラ　Pescara　276
ベルギー　111, 112, 331
ベルゲン＝ベルゼン　Bergen-Belsen　138
ベルリン　7, 109, 110, 113, 136, 165, 179, 246, 249, 257, 293, 302, 323, 382
ベレジナ川　Beresina　306
ボージャンシー　Beaugency　286
ポーゼン　Posen　73, 139, 293
北海　92, 100, 283
ポート・ヴィクトリア　Port Victoria　89
ポート・サイド　Port Said　326
ボブルイスク　Bobruisk　306
ポロポディッツ　Poropoditz　141
ポーランド　22, 26, 56, 73-76, 81, 89, 108, 109, 120, 125, 128, 139, 150, 153, 156, 157, 169-171, 177, 178, 184, 185, 207, 225, 261, 262, 318, 330-33, 343
ボルドー　Bordeaux　202, 203

マ行

マイエ　Maillé　353
マインツ　Mainz　153
マグデブルク　Magdeburg　302
マルサーラ　Marsala　324
南アメリカ　99
ミュンヘン　161, 275, 351
ミライ　379
ミンスク　Minsk　198
メシェムス　Meschems　131
メッツ　Metz　130, 294, 303
モギリョフ　Mogilev　31
モスクワ　225, 279, 280, 310

ヤ行

ユーゴスラヴィア　120
ヨーロッパ　9, 47, 48, 63, 138, 207, 224, 238, 240, 243, 271, 281, 298, 304, 328, 359, 374, 382

ラ行

ラ・アーグ岬　Cap de la Hague　286
ライン川　Rhein　290
ラインベルク　Rheinberg　242
ラインラント　Rheinland　59, 291
ラティマー・ハウス　Latimer House　196, 229, 317, 386
ラトヴィア　129, 168
ラドム　Radom　170, 199
リガ　Riga　122, 140, 185, 198, 263
リジュー　Lisieux　113
リスボン　95
リトアニア　143, 179
リバウ　Libau　168
リビア　214, 280
リンツ　Linz　222
ルーガ　Luga　177
ル・パラディ　Le Paradis　344
ルブリン　Lublin　125, 156
ルーマニア　133
ルワンダ　371
レヒリン　Rechlin　212
レンベルク　Lemberg　124, 156, 158, 162
ロシア　4, 6, 21, 35, 102, 107, 109, 119, 121, 124, 127, 128, 142, 163, 172, 176, 177, 179, 186, 189, 193, 194, 198, 205, 214, 226-30, 240, 244, 246, 251, 254, 258, 261, 290, 293, 294, 305, 310, 311, 342, 344, 346, 348
ロジン　Rosin　155
ローストフト　Lowestoft　92
ロッテルダム　321
ロートリンゲン　Lothringen　115
ロベール＝エスパーニュ　Robert Espagne　115
ローマ　309
ロング＝シュル＝メール　Longues-sur-Mer　313
ロンドン　1, 2, 88, 89, 174, 189, 217-22, 227, 230, 231, 259, 386

ワ行

ワルシャワ　25, 26, 160, 186, 199

事　項

ア行

カ行

サ行

タ行

ナ行

ハ行

マ行

ヤ行

ラ行

文 献

Aders, Gebhard: *Geschichte der deutschen Nachtjagd, 1917–1945*, Stuttgart 1978.

Adler, Bill (Hg.): *Letters from Vietnam*, New York 1967.

Afflerbach, Holger: »Mit wehender Fahne untergehen«. Kapitulationsverweigerung in der deutschen Marine, in: *VfZG* 49 (2001), S. 593–612.

Allport, Gordon: *Die Natur des Vorurteils*, Köln 1971.

Aly, Götz: *Hitlers Volksstaat. Raub, Rassenkrieg und nationaler Sozialismus*, Frankfurt am Main 2005.〔ゲッツ・アリー，芝健介訳『ヒトラーの国民国家――強奪・人種戦争・国民的社会主義』(岩波書店，2012年)〕

Aly, Götz (Hg.): *Volkes Stimme. Skepsis und Führervertrauen im Nationalsozialismus*, Frankfurt am Main 2006.

Anderson, David L.: What Really Happened? in: ders. (Hg.), *Facing My Lai. Moving Beyond the Massacre*, Kansas 1998, S. 1–17.

Angrick, Andrej u. a.: »Da hätte man schon ein Tagebuch führen müssen.« Das Polizeibataillon 322 und die Judenmorde im Bereich der Heeresgruppe Mitte während des Sommers und Herbstes 1941, in: Grabitz, Helge u. a. (Hg.), *Die Normalität des Verbrechens. Bilanz und Perspektiven der Forschung zu den nationalsozialistischen Gewaltverbrechen*, Berlin 1994, S. 325–385.

Angrick, Andrej: *Besatzungspolitik und Massenmord. Die Einsatzgruppe D in der südlichen Sowjetunion 1941–1943*, Hamburg 2003.

Anonyma: *Eine Frau in Berlin. Tagebuchaufzeichnungen vom 20. April bis 22. Juni 1945*, Frankfurt am Main 2003.〔山本浩司訳『ベルリン終戦日記――ある女性の記録』(白水社，2008年)〕

Arendt, Hannah: *Eichmann in Jerusalem. Ein Bericht von der Banalität des Bösen*, Leipzig 1986.〔ハンナ・アーレント，大久保和郎訳『エルサレムのアイヒマン――悪の陳腐さについての報告』(みすず書房，2017年)〕

Bajohr, Frank/Pohl, Dieter: *Der Holocaust als offenes Geheimnis. Die Deutschen, die NS-Führung und die Alliierten*, München 2006.〔フランク・バヨール，ディーター・ポール，中村浩平・中村仁訳『ホロコーストを知らなかったという嘘――ドイツ市民はどこまで知っていたのか』(現代書館，2011年)〕

Balke, Ulf: *Der Luftkrieg in Europa. Die operativen Einsätze des Kampfgeschwaders 2 im Zweiten Weltkrieg*, Bd. 2, Bonn 1990.

Bartlett, Frederic: *Remembering. A study in experimental and social psychology*, Cambridge 1997.〔フレデリック・C・バートレット，宇津木保・辻正三訳『想起の心理学――実験的社会的心理学における一研究』(誠信書房，1983年)〕

Bartusevicius, Vincas/Tauber, Joachim/Wette, Wolfram (Hg.): *Holocaust in Litauen. Krieg, Judenmorde und Kollaboration*, Köln 2003.

Bateson, Gregory: *Ökologie des Geistes*, Frankfurt am Main 1999.〔グレゴリー・ベイトソン，佐藤良明訳『精神の生態学』(思索社，1990年)〕

Beck, Birgit: *Wehrmacht und sexuelle Gewalt. Sexualverbrechen vor deutschen Militärgerichten*, Paderborn 2004.

Beevor, Antony: *D-Day – Die Schlacht in der Normandie*, München 2010.〔アントニー・ビーヴァー，平賀秀明訳『ノルマンディー上陸作戦1944』(白水社，2011年)〕

Behrenbeck, Sabine: Zwischen Trauer und Heroisierung. Vom Umgang mit Kriegstod und Niederlage nach 1918, in: Duppler, Jörg/Groß, Gerhard P. (Hg.), *Kriegsende 1918. Ereignis, Wirkung, Nachwirkung*, München 1999, S. 315–342f.

Bell, Falko: *Großbritannien und die deutschen Vergeltungswaffen. Die Bedeutung der Human Intelligence im Zweiten Weltkrieg*, Magisterarbeit Uni Mainz 2009.

Bell, Falko: Informationsquelle Gefangene: Die Human Intelligence in Großbritannien, in: Welzer, Harald/Neitzel, Sönke/Gudehus, Christian (Hg.): *»Der Führer war wieder viel zu human, zu gefühlvoll!«*, Frankfurt am Main 2011.

Benz, Wolfgang/Graml, Hermann/Weiß, Hermann: *Enzyklopädie des Nationalsozialismus*, München 1998.

Beradt, Charlotte: *Das Dritte Reich des Traumes*. Mit einem Nachwort von Reinhart Koselleck, Frankfurt am Main 1981.

Bergien, Rüdiger: *Die bellizistische Republik. Wehrkonsens und »Wehrhaftmachung« in Deutschland 1918–1933*, München 2010.

Biehl, Heiko/Keller, Jörg: Hohe Identifikation und nüchterner Blick, in: Jaberg, Sabine/Biehl, Heiko/Mohrmann, Günter/Tomforde, Maren (Hg.): *Auslandseinsätze der Bundeswehr. Sozialwissenschaftliche Analysen, Diagnosen und Perspektiven*, Berlin 2009, Sozialwissenschaftliche Schriften, 47, S. 121–141.

Birn, Ruth Bettina: *Die Höheren SS-und Polizeiführer. Himmlers Vertreter im Reich und in den besetzten Gebieten*, Düsseldorf 1986.

Blair, Clay: *Der U-Boot-Krieg*, Bd. 2, München 2001.

Boberach, Heinz (Hg.): *Meldungen aus dem Reich*, München 1968.

Bögli, Nicole: *Als kriegsgefangener Soldat in Fort Hunt*, Masterarbeit, Universität Bern 2010.

Böhler, Jochen: *Auftakt zum Vernichtungskrieg. Die Wehrmacht in Polen 1939*, Frankfurt am Main 2006.

Böhme, Kurt: *Die deutschen Kriegsgefangenen in sowjetischer Hand. Eine Bilanz*, München 1966.

Böhme, Manfred: *Jagdgeschwader 7: die Chronik eines Me262-Geschwaders*, Stuttgart 1983, (ND 2009).

Boog, Horst/Krebs, Gerhard/Vogel, Detlef (Hg.): *Das Deutsche Reich und der Zweite Weltkrieg*, Bd. 7, Stuttgart 2001.
Borgert, Heinz-Ludger: Kriegsverbrechen der Kriegsmarine, in: Wette, Wolfram/Ueberschär, Gerd R. (Hg.), *Kriegsverbrechen im 20. Jahrhundert*, Darmstadt 2001, S. 310–312.
Bourke, Joanna: *An Intimate History of Killing*, London 1999.
Broszat, Martin (Hg.): *Rudolf Höß. Kommandant in Auschwitz. Autobiographische Aufzeichnungen des Rudolf Höß*, München 1989.〔ルドルフ・ヘス，片岡啓治訳『アウシュヴィッツ収容所』（講談社学術文庫，1999年）〕
Browning, Christopher R.: *Ganz normale Männer. Das Reserve-Polizeibataillon 101 und die »Endlösung« in Polen*, Reinbek 1996.〔クリストファー・ブラウニング，谷喬夫訳『普通の人びと――ホロコーストと第101警察予備大隊』（筑摩書房，1997年）〕
Bruns-Wüstefeld, Alex: *Lohnende Geschäfte. Die »Entjudung« am Beispiel Göttingens*, Hannover 1997.
Budraß, Lutz: *Flugzeugindustrie und Luftrüstung in Deutschland 1918–1945*, Düsseldorf 1998.
Caputo, Philip: *A Rumor of War*, New York 1977.
Carroll, Andrew (Hg.): *War letters. An extraordinary Correspondence from American Wars*, New York 2002.
Carroll, Peter N. u. a. (Hg.): *The Good Fight Continues. World War II letters from the Abraham Lincoln Brigade*, New York 2006.
Chickering, Roger/Förster, Stig: Are We There Yet? World War II and the Theory of Total War, in: Chickering, Roger/Förster, Stig/Greiner, Bernd (Hg.): *A World at Total War. Global Conflict and the Politics of Destruction 1937–1945*, Cambridge 2005, S. 1–18.
Christ, Michaela: *Die Dynamik des Tötens*, Frankfurt am Main 2011.
Christ, Michaela: Kriegsverbrechen, in: Welzer, Harald/Neitzel, Sönke/Gudehus, Christian (Hg.): *»Der Führer war wieder viel zu human, zu gefühlvoll!«*, Frankfurt am Main 2011.
Creveld, Martin van: *Fighting Power. German and U. S. Army Performance, 1939–1945*, Westport/Connecticut 1982.
Cüppers, Martin: *Wegbereiter der Shoah: die Waffen-SS, der Kommandostab Reichsführer-SS und die Judenvernichtung 1939–1945*, Darmstadt 2005.
Daniel, Ute/Reulecke, Jürgen: Nachwort der deutschen Herausgeber, in: Golovčanskij, Anatolij u. a. (Hg.), *»Ich will raus aus diesem Wahnsinn«. Deutsche Briefe von der Ostfront 1941–1945. Aus sowjetischen Archiven*, Wuppertal u. a. 1991.
Demeter, Karl: *Das Deutsche Offizierskorps 1650–1945*, Frankfurt am Main 1965.
Der SPIEGEL: »Warum sterben Kameraden?«, 16/2010, S. 20f.
Diamond, Jared: *Kollaps*, Frankfurt am Main 2005.〔ジャレド・ダイアモンド，楡井浩一訳『文明崩壊』上・下（草思社，2005年）〕
Dörr, Manfred: *Die Träger der Nahkampfspange in Gold. Heer. Luftwaffe. Waffen-SS*, Osnabrück 1996.
Ebert, Jens: *Zwischen Mythos und Wirklichkeit. Die Schlacht um Stalingrad in deutschsprachigen authentischen und literarischen Texten*, Diss. Berlin 1989.
Echternkamp, Jörg: Im Kampf an der inneren und äußeren Front. Grundzüge der deutschen Gesellschaft im Zweiten Weltkrieg, in: Militärgeschichtliches Forschungsamt (Hg.), *Das Deutsche Reich und der Zweite Weltkrieg*, Bd. 9/1, München 2004, S. 1–76.
Edelman, Bernard: *Dear America. Letters Home from Vietnam*, New York 1985.〔バーナード・エデルマン編，中野理惠監訳『ディアアメリカ――戦場からの手紙』（現代書館，1988年）〕
Elias, Norbert: *Studien über die Deutschen*, Frankfurt am Main 1989.〔ノルベルト・エリアス，青木隆嘉訳『ドイツ人論――文明化と暴力』（法政大学出版局，1996年）〕
Elias, Norbert/Scotson, John L.: *Etablierte und Außenseiter*, Frankfurt am Main 1990.〔ノルベルト・エリアス，ジョン・L・スコットソン，大平章訳『定着者と部外者――コミュニティの社会学』（法政大学出版局，2009年）〕
Elias, Norbert: *Was ist Soziologie?*, München 2004.〔ノルベルト・エリアス，徳安彰訳『社会学とは何か――関係構造・ネットワーク形成・権力』（法政大学出版局，1994年）〕
Elster, Welf Botho: *Die Grenzen des Gehorsams. Das Leben des Generalmajors Botho Henning Elster in Briefen und Zeitzeugnissen*, Hildesheim 2005.
Enzyklopädie des Holocaust. Die Verfolgung und Ermordung der europäischen Juden, Gutman, Israel (Hauptherausgeber), Jäckel, Eberhard/Longerich, Peter/Schoeps, Julius H. (Hg.), Berlin 1993, Bd. 2.
Ethell, Jeffrey L./Price Alfred: *Deutsche Düsenflugzeuge im Kampfeinsatz 1944/45*, Stuttgart 1981.
Evans, Richard J.: *Das Dritte Reich*, 3 Bde., München 2004, 2007, 2009.
Feltman, Brian K.: *»Death Before Dishonor: The Heldentod Ideal and the Dishonor of Surrender on the Western Front, 1914–1918«*, Vortragsmanuskript, 10. 9. 2010, Universität Bern.
Festinger, Leon/Riecken, Henry W./Schachter, Stanley: *When Prophecy Fails*, Minneapolis 1956.〔L・フェスティンガー，H・W・リーケン，S・シャクター，水野博介訳『予言がはずれるとき――この世の破滅を予知した現代のある集団を解明する』（勁草書房，1995年）〕
Forges, Alison des: *Kein Zeuge darf überleben. Der Genozid in Ruanda*, Hamburg 2002.
Förster, Jürgen (Hg.): *Ausbildungsziel Judenmord? »Weltanschauliche Erziehung« von SS, Polizei und Waffen-SS im Rahmen der »Endlösung«*, Frankfurt am Main 2003.
Förster, Jürgen: Geistige Kriegführung in Deutschland 1919 bis 1945, in: Militärgeschichtliches Forschungsamt (Hg.), *Das Deutsche Reich und der Zweite Weltkrieg*, Bd. 9/1, München 2004, S. 469–640.
Förster, Stig (Hg.): *An der Schwelle zum Totalen Krieg. Die militärische Debatte um den Krieg der Zukunft, 1919–1939*, Pa-

derborn 2002.
Förster, Stig: Ein militarisiertes Land? Zur gesellschaftlichen Stellung des Militärs im Deutschen Kaiserreich, in: Heidenreich, Bernd/Neitzel, Sönke (Hg.), *Das Deutsche Kaiserreich 1890–1914*, Paderborn 2011.
Foucault, Michel: *Überwachen und Strafen*, Frankfurt am Main 1994.〔ミシェル・フーコー，田村俶訳『監獄の誕生』（新潮社，1977年）〕
Frank, Hermann: *Blutiges Edelweiss. Die 1. Gebirgsdivision im Zweiten Weltkrieg*, Berlin 2008.
Frei, Norbert: *1945 und wir. Das Dritte Reich im Bewußtsein der Deutschen*, München 2005.
Fricke, Gert: *»Fester Platz« Tarnopol 1944*, Freiburg 1969.
Friedländer, Saul: *Das Dritte Reich und die Juden. Die Jahre der Verfolgung 1933–1945*, München 1998.
Frieser, Karl-Heinz u. a.: *Das Deutsche Reich und der Zweite Weltkrieg*, Bd. 8, Stuttgart 2007.
Fröhlich, Elke (Hg.): *Tagebücher von Joseph Goebbels, Sämtliche Fragmente*, Bd. 1–15, London/München/New York/Paris 1987–1998.
Fuchs, Stéphanie: *»Ich bin kein Nazi, aber Deutscher«*, unv. Masterarbeit, Universität Bern 2010.
Gamm, Hans-Jochen: *Der Flüsterwitz im Dritten Reich. Mündliche Dokumente zur Lage der Deutschen während des Nationalsozialismus*, München 1990.
Ganglmair, Siegwald/Forstner-Karner, Regina (Hg.): *Der Novemberpogrom 1938. Die »Reichskristallnacht« in Wien*, Wien 1988.
Gellermann, Günther W.: *Moskau ruft Heeresgruppe Mitte ... Was nicht im Wehrmachtbericht stand – Die Einsätze des geheimen Kampfgeschwaders 200 im Zweiten Weltkrieg*, Koblenz 1988.
Gentile, Carlo: »Politische Soldaten«. Die 16. SS-Panzer-Grenadier-Division »Reichsführer-SS« in Italien 1944, in: *Quellen und Forschungen aus italienischen Archiven und Bibliotheken 81 (2001)*, S. 529–561.
Gentile, Carlo: *Wehrmacht, Waffen-SS und Polizei im Kampf gegen Partisanen und Zivilbevölkerung in Italien 1943–1945*, Paderborn 2011.
Gerlach, Christian: *Kalkulierte Morde. Die deutsche Wirtschafts-und Vernichtungspolitik in Weißrußland*, Hamburg 1999.
Germann, Richard: *»Österreichische« Soldaten in Ost-und Südosteuropa 1941 – 1945. Deutsche Krieger – Nationalsozialistische Verbrecher – Österreichische Opfer?*, unv. Dissertation Universität Wien 2006.
Germann, Richard: »Österreichische« Soldaten im deutschen Gleichschritt?, in: Welzer, Harald/Neitzel, Sönke/Gudehus, Christian (Hg.): *»Der Führer war wieder viel zu human, zu gefühlvoll!«*, Frankfurt am Main 2011.
Goffman, Erving: *Asyle. Über die Situation psychiatrischer Patienten und anderer Insassen*, Frankfurt am Main 1973.〔アーヴィング・ゴッフマン，石黒毅訳『アサイラム——施設被収容者の日常世界』（誠信書房，1984年）〕
Goffman, Erving: Rollendistanz, in: Steinert, Heinz (Hg.), *Symbolische Interaktion*, Stuttgart 1973, S. 260–279.
Goffman, Erving: *Stigma. Über Techniken der Bewältigung beschädigter Identität*, Frankfurt am Main 1974.〔アーヴィング・ゴッフマン，石黒毅訳『スティグマの社会学——烙印を押されたアイデンティティ』（せりか書房，2001年）〕
Goffman, Erving: *Rahmenanalyse*, Frankfurt am Main 1980.
Goldhagen, Daniel Jonah: *Hitlers willige Vollstrecker. Ganz gewöhnliche Deutsche und der Holocaust*, München 1996.〔ダニエル・J・ゴールドハーゲン，望田幸男ほか訳『普通のドイツ人とホロコースト——ヒトラーの自発的死刑執行人たち』（ミネルヴァ書房，2007年）〕
Goldschmidt, Georges-Arthur: *Die Befreiung*, Zürich 2007.
Goltermann, Svenja: *Die Gesellschaft der Überlebenden: deutsche Kriegsheimkehrer und ihre Gewalterfahrungen im Zweiten Weltkrieg*, Stuttgart 2009.
Greiner, Bernd: *Krieg ohne Fronten. Die USA in Vietnam*, Hamburg 2007.
Groß, Raphael: *Anständig geblieben. Nationalsozialistische Moral*, Frankfurt am Main 2010.
Gurfein, M.I./Janowitz, Morris: Trends in Wehrmacht Morale, in: *The Public Opinion Quarterly* 10 (1946), S. 78–84.
Haffner, Sebastian: *Geschichte eines Deutschen. Erinnerungen 1914–1933*, München 2002.〔セバスチァン・ハフナー，中村牧子訳『あるドイツ人の回想——1914–1933』（東洋書林，2002年）〕
Hartmann, Christian: Massensterben oder Massenvernichtung? Sowjetische Kriegsgefangene im »Unternehmen Barbarossa«. Aus dem Tagebuch eines deutschen Lagerkommandanten, in: *VfZG* 49 (2001), S. 97–158.
Hartmann, Christian: *Wehrmacht im Ostkrieg. Front und militärisches Hinterland 1941/42*, München 2009.
Hartmann, Christian: *Halder. Generalstabschef Hitlers 1938–1942*, Paderborn 2010.
Hartwig, Dieter: *Großadmiral Karl Dönitz. Legende und Wirklichkeit*, Paderborn 2010.
Haupt, Heribert van: »Der Heldenkampf der deutschen Infanterie vor Moskau«, *Deutsche Allgemeine Zeitung*, Berliner Ausgabe Nr. 28 (Abendausgabe) v. 16. 1. 1942, S. 2.
Haus der Wannsee-Konferenz (Hg.): *Die Wannsee-Konferenz und der Völkermord an den europäischen Juden*, Berlin 2006.〔ヴァンゼー会議記念館編著，山根徹也・清水雅大訳『資料を見て考えるホロコーストの歴史——ヴァンゼー会議とナチス・ドイツのユダヤ人絶滅政策』（横浜市立大学学術研究会，2015年）〕
Hayashi, Hirofumi: Japanese Deserters and Prisoners of War in the Battle of Okinawa, in: Hately-Broad, Barbara/Moore, Bob (Hg.), *Prisoners of War, Prisoners of Peace: Captivity, Homecoming and Memory in World War II*, Oxford 2005, S. 49–58.
Heidenreich, Bernd/Neitzel, Sönke (Hg.): *Das Deutsche Kaiserreich 1890–1914*, Paderborn 2011.
Heinemann, Isabel: *»Rasse, Siedlung, deutsches Blut.« Das Rasse-und Siedlungshauptamt der SS und die rassenpolitische Neuordnung Europas*, Göttingen 2003.

Heinzelmann, Martin: *Göttingen im Luftkrieg*, Göttingen 2003.
Herbert, Ulrich: *Best: biographische Studien über Radikalismus, Weltanschauung und Vernunft 1903–1989*, Bonn 1996.
Herde, Peter: *Der Japanflug. Planungen und Verwirklichung einer Flugverbindung zwischen den Achsenmächten und Japan 1942–1945*, Stuttgart 2000.
Hilberg, Raul: *Die Vernichtung der europäischen Juden*, 3 Bde., Frankfurt am Main 1990.〔ラウル・ヒルバーグ，望田幸男・原田一美・井上茂子訳『ヨーロッパ・ユダヤ人の絶滅』上・下（柏書房，1997年）〕
Hilberg, Raul: *Täter, Opfer, Zuschauer. Die Vernichtung der Juden 1933–1945*, Frankfurt am Main 1992.
Hinsley, Francis H.: *Britisch Intelligence in the Second World War*, Vol. 1, London 1979.
Hoerkens, Alexander: *Kämpfer des Dritten Reiches? Die nationalsozialistische Durchdringung der Wehrmacht*, Magisterarbeit Universität Mainz 2009.
Hohlweck, Hubert: »Soldat und Politik«, in: *Deutsche Allgemeine Zeitung*, Berliner Ausgabe Nr. 543 v. 13. 11. 1943, S. 1f.
Hölsken, Heinz Dieter: *Die V-Waffen. Entstehung, Propaganda, Kriegseinsatz*, Stuttgart 1984.
Hubatsch, Walter（Hg.）, *Hitlers Weisungen für die Kriegsführung 1939–1945. Dokumente des Oberkommandos der Wehrmacht*, Uttingen 2000.〔ヒュー・トレヴァー＝ローパー編，滝川義人訳『ヒトラーの作戦指令書——電撃戦の恐怖』（東洋書林，2000年）〕
Hull, Isabel V.: *Absolute Destruction: Military Culture and the Practices of War in Imperial Germany*, Ithaca 2005.
Humbug, Martin: *Das Gesicht des Krieges. Feldpostbriefe von Wehrmachtssoldaten aus der Sowjetunion 1941–1944*, Opladen 1998.
Hunt, Morton: *Das Rätsel der Nächstenliebe*, Frankfurt am Main/New York 1988.
Hürter, Johannes: *Wilhelm Groener. Reichswehrminister am Ende der Weimarer Republik*, München 1993.
Hürter, Johannes: *Ein deutscher General an der Ostfront. Die Briefe und Tagebücher des Gotthard Heinrici 1941/42*, Erfurt 2001.
Hürter, Johannes: *Hitlers Heerführer. Die deutschen Oberbefehlshaber im Krieg gegen die Sowjetunion 1941/42*, München 2006.
Internationaler Militärgerichtshof（Hg.）: *Der Prozess gegen die Hauptkriegsverbrecher*, Bd. 29, Nürnberg 1948.
Jäger, Herbert: *Verbrechen unter totalitärer Herrschaft. Studien zur nationalsozialistischen Gewaltkriminalität*, Frankfurt am Main 1982.
Jarausch, Konrad H./Arnold, Klaus-Jochen: *»Das stille Sterben …« Feldpostbriefe von Konrad Jarausch aus Polen und Russland*, Paderborn 2008.
Johnson, Eric/Reuband, Karl-Heinz: *What We Knew. Terror, Mass Murder and Everyday Life in Nazi Germany*, London 2005.
Jung, Michael: *Sabotage unter Wasser. Die deutschen Kampfschwimmer im Zweiten Weltkrieg*, Hamburg u. a. 2004.
Jünger, Ernst: *Kriegstagebuch 1914 – 1918*, Kiesel, Helmuth（Hg.）, Stuttgart 2010.
Kaldor, Mary: *New and Old Wars: Organised Violence in a Global Era*, Cambridge 2006.〔メアリー・カルドー，山本武彦・渡部正樹訳『新戦争論——グローバル時代の組織的暴力』（岩波書店，2003年）〕
Kämmerer, Jörn Axel: Kriegsrepressalie oder Kriegsverbrechen? Zur rechtlichen Beurteilung der Massenexekutionen von Zivilisten durch die deutsche Besatzungsmacht im Zweiten Weltkrieg, in: *Archiv des Völkerrechts* 37（1999）, S. 283–317.
Kehrt, Christian: *Moderne Krieger. Die Technikerfahrungen deutscher Militärpiloten 1910–1945*, Paderborn 2010.
Keppler, Angela: *Tischgespräche*, Frankfurt am Main 1994.
Kershaw, Ian: *Hitler, 1936–1945*, München 2002.〔イアン・カーショー，川喜田敦子・福永美和子訳『ヒトラー—— 1889-1936 傲慢』『ヒトラー——1936–1945 天罰』（白水社，2016年）〕
Klee, Ernst: *»Euthanasie« im NS-Staat. Die Vernichtung lebensunwerten Lebens*, Frankfurt am Main 1985.〔エルンスト・クレー，松下正明監訳『第三帝国と安楽死——生きるに値しない生命の抹殺』（批評社，1999年）〕
Klein, Peter（Hg.）: *Die Einsatzgruppen in der besetzten Sowjetunion 1941/42. Tätigkeits-und Lageberichte des Chefs der Sicherheitspolizei und des SD*, Berlin 1997.
Kleist, Heinrich von: *Über die allmähliche Verfertigung der Gedanken beim Sprechen*, Frankfurt am Main 2010.
Koch, Magnus: *Fahnenfluchten. Deserteure der Wehrmacht im Zweiten Weltkrieg– Lebenswege und Entscheidungen*, Paderborn 2008.
Kosin, Rüdiger: *Die Entwicklung der deutschen Jagdflugzeuge*, Bonn 1990.
Kössler, Karl/Ott, Günther: *Die großen Dessauer. Die Geschichte einer Flugzeugfamilie*, Planegg 1993.
Kramer, Alan: *Dynamic of Destruction: Culture and Mass Killing in the First World War*, Oxford 2007.
Krausnick, Helmut/Wilhelm, Hans-Heinrich: *Die Truppe des Weltanschauungskrieges. Die Einsatzgruppen der Sicherheitspolizei und des SD 1938–1942*, Stuttgart 1981.
Kroener, Bernhard R.: »Nun Volk steht auf …!« Stalingrad und der totale Krieg 1942–1943, in: Förster, Jürgen（Hg.）, *Stalingrad. Ereignis, Wirkung, Symbol*, München 1992, S. 151–170.
Kühne, Thomas: *Kameradschaft: Die Soldaten des nationalsozialistischen Krieges und das 20. Jahrhundert*, Göttingen 2006.
Kwiet, Konrad: Auftakt zum Holocaust. Ein Polizeibataillon im Osteinsatz, in: Benz, Wolfgang u. a.（Hg.）, *Der Nationalsozialismus. Studien zur Ideologie und Herrschaft*, Frankfurt am Main 1995, S. 191–208.
Lehnhardt, Jochen: *Die Waffen-SS in der NS-Propaganda*, Diss. Uni Mainz 2011.
Leipold, Andreas: *Die Deutsche Seekriegsführung im Pazifik in den Jahren 1914 und 1915*, Diss. phil. Uni Bayreuth 2010.
Leleu, Jean-Luc: La Division SS-Totenkopf face à la population civile du Nord de la France en mai 1940, in: *Revue du*

Nord 83 (2001), S. 821–840.
Leleu, Jean-Luc: *La Waffen-SS. Soldats politiques en guerre*, Paris 2007.
Leonhard, Jörn: *Bellizismus und Nation: Kriegsdeutung und Nationsbestimmung in Europa und den Vereinigten Staaten 1750–1914*, München 2008.
Libero, Loretana de: *Tradition im Zeichen der Transformation. Zum Traditionsverständnis der Bundeswehr im frühen 21. Jahrhundert*, Paderborn 2006.
Lieb, Peter: *Konventioneller Krieg oder NS-Weltanschauungskrieg? Krieg-führung und Partisanenbekämpfung in Frankreich 1943/44*, München 2007.
Lieb, Peter: Die Judenmorde der 707. Infanteriedivision 1941/42, in: *VfZG* 50 (2002), S. 523–558.
Lieb, Peter: »Rücksichtslos ohne Pause angreifen, dabei ritterlich bleiben«. Eskalation und Ermordung von Kriegsgefangenen an der Westfront 1944, in: Neitzel, Sönke/Hohrath, Daniel (Hg.), *Kriegsgreuel. Die Entgrenzung der Gewalt in kriegerischen Konflikten vom Mittelalter bis ins 20. Jahrhundert*, Paderborn 2008, S. 337–352.
Lieb, Peter: Generalleutnant Harald von Hirschfeld. Eine nationalsozialistische Karriere in der Wehrmacht, in: Christian Hartmann (Hg.), *Von Feldherrn und Gefreiten. Zur biographischen Dimension des Zweiten Weltkrieges*, München 2008, S. 45–56.
Lieb, Peter: »Die Ausführung der Maßnahme hielt sich anscheinend nicht im Rahmen der gegebenen Weisung«. Die Suche nach Hergang, Tätern und Motiven des Massakers von Maillé am 25. August 1944, in: *Militärgeschichtliche Zeitschrift* 68 (2009), S. 345–378.
Lifton, Robert J.: *Ärzte im Dritten Reich*, Stuttgart 1999.
Linderman, Gerald F.: *The World within War. America's Combat Experience in World War II*, New York 1997.
Longerich, Peter: *Politik der Vernichtung. Eine Gesamtdarstellung der nationalsozialistischen Judenverfolgung*, München 1998.
Longerich, Peter: *Davon haben wir nichts gewusst! Die Deutschen und die Judenverfolgung 1933–1945*, München 2006.
Lüdtke, Alf: Gewalt und Alltag im 20. Jahrhundert, in: Bergsdorf, Wolfgang u. a. (Hg.), *Gewalt und Terror*, Weimar 2003, S. 35–52.
Lüdtke, Alf: The Appeal of Exterminating »Others«. German Workers and the Limits of Resistance, in: *Journal of Modern History* 1992, Special Issue, S. 46–67.
Maier, Klaus A. u. a.: *Das Deutsche Reich und der Zweite Weltkrieg*, Bd. 2, Stuttgart 1979.
Mallmann, Klaus-Michael/Rieß, Volker/Pyta, Wolfram (Hg.): *Deutscher Osten 1939–1945. Der Weltanschauungskrieg in Photos und Texten*, Darmstadt 2003.
Manoschek, Walter: »Wo der Partisan ist, ist der Jude, wo der Jude ist, ist der Partisan. Die Wehrmacht und die Shoah, in: Gerhard Paul (Hg.), *Täter der Shoah, Fanatische Nationalsozialisten oder ganz normale Deutsche?*, Göttingen 2002, S. 167–186.
Margolian, Howard: *Conduct Unbecoming. The Story of the Murder of Canadian Prisoners of War in Normandy*, Toronto 1998.
Margolis, Rachel/Tobias, Jim (Hg.): *Die geheimen Notizen des K. Sakowicz. Dokumente zur Judenvernichtung in Ponary 1941–1943*, Frankfurt am Main 2005.
Matthäus, Jürgen: Operation Barbarossa and the Onset of the Holocaust, in: Ders./Browning, Christopher, *The Origins of the Final Solution: The Evolution of Nazi Jewish Policy, September 1939 – March 1942*, Lincoln/Jerusalem 2004, S. 242–309.
Meier, Niklaus: *Warum Krieg? – Die Sinndeutung des Krieges in der deutschen Militärelite 1871–1945*, Diss. phil. Universität Zürich 2009.
Meier-Welcker, Hans (Hg.): *Offiziere im Bild von Dokumenten aus drei Jahrhunderten*, Stuttgart 1964.
Meier-Welcker, Hans: *Aufzeichnungen eines Generalstabsoffiziers 1919 bis 1942*, Freiburg 1982.
Melber, Takuma: Verhört: Alliierte Studien zu Moral und Psyche japanischer Soldaten im Zweiten Weltkrieg, in: Welzer, Harald/Neitzel, Sönke/Gudehus, Christian (Hg.): *»Der Führer war wieder viel zu human, zu gefühlvoll!«*, Frankfurt am Main 2011.
Messerschmitt, Manfred: *Die Wehrmachtjustiz 1933–1945*, Paderborn 2005.
Mitscherlich, Margarete/Mitscherlich, Alexander: *Die Unfähigkeit zu trauern*, München 1991.〔A・ミチャーリッヒ，M・ミチャーリッヒ，林峻一郎・馬場謙一訳『喪われた悲哀——ファシズムの精神構造』(河出書房新社，1984年)〕
Mühlhäuser, Regina: *Eroberungen, Sexuelle Gewalttaten und intime Beziehungen deutscher Soldaten in der Sowjetunion 1941–1945*, Hamburg 2010.〔レギーナ・ミュールホイザー，姫岡とし子監訳『戦場の性——独ソ戦下のドイツ兵と女性たち』(岩波書店，2015年)〕
Müller, Rolf-Dieter/Ueberschär, Gerd R.: *Kriegsende 1945. Die Zerstörung des Deutschen Reiches*, Frankfurt am Main 1994.
Müller, Rolf-Dieter/Volkmann, Hans-Erich (Hg.): *Die Wehrmacht. Mythos und Realität*, München 1999.
Müllers, Frederik: *Des Teufels Soldaten? Denk-und Deutungsmuster von Soldaten der Waffen-SS*, Staatsexamensarbeit, Universität Mainz 2011.
Münkler, Herfried: *Über den Krieg. Stationen der Kriegsgeschichte im Spiegel ihrer theoretischen Reflexion*, Weilerswist 2003.
Murawski, Erich: *Der deutsche Wehrmachtbericht*, Boppard 1962.
Murray, Williamson/Millet, Allan R.: *A War to be Won. Fighting the Second World War*, Cambridge/London 2001.

文 献

Musil, Robert: *Die Verwirrungen des Zöglings Törleß*, Reinbek 2006.〔ロベルト・ムージル，鎌田道生・久山秀貞訳「テルレスの惑乱」『ムージル著作集 第七巻 小説集』（松籟社，1995年）／丘沢静也訳『寄宿生テルレスの混乱』（光文社古典新訳文庫，2008年）〕
Neder, Anette: *Kriegsschauplatz Mittelmeerraum – Wahrnehmungen und Deutungen deutscher Soldaten in britischer Kriegsgefangenschaft*, Magisterarbeit, Universität Mainz 2010.
Neitzel, Sönke: *Der Einsatz der deutschen Luftwaffe über dem Atlantik und der Nordsee, 1939–1945*, Bonn 1995.
Neitzel, Sönke: Der Kampf um die deutschen Atlantik-und Kanalfestungen und sein Einfluß auf den alliierten Nachschub während der Befreiung Frankreichs 1944/45, in: *MGM* 55 (1996), S. 381–430.
Neitzel, Sönke: Der Bedeutungswandel der Kriegsmarine im Zweiten Weltkrieg, in: Müller, Rolf-Dieter/Volkmann, Hans-Erich, *Die Wehrmacht, Mythos und Realität*, München 1999, S. 245–266.
Neitzel, Sönke: *Abgehört. Deutsche Generäle in britischer Kriegsgefangenschaft 1942–1945*, Berlin 42009.
Niethammer, Lutz/Plato, Alexander von: *»Wir kriegen jetzt andere Zeiten«*, Bonn 1985.
Nurick, Lester/Barrett, RogerW.: Legality of Guerrilla Forces under the laws of war, *American Journal of International Law*, 40 (1946), S. 563–583.
O'Brien, Philipps: East versus West in the Defeat of Nazi Germany, in: *Journal of Strategic Studies* 23 (2000), S. 89–113.
Ogorreck, Ralf: *Die Einsatzgruppen und die »Genesis der Endlösung«*, Berlin 1994.
Oltmer, Jochen (Hg.): *Kriegsgefangene im Europa des Ersten Weltkrieges*, Paderborn 2006.
Orlowski Hubert/Schneider Thomas F. (Hg.): *»Erschießen will ich nicht«. Als Offizier und Christ im Totalen Krieg. Das Kriegstagebuch des Dr. August Töpperwien*, Düsseldorf 2006.
Osti Guerrazzi, Amedeo: *»Noi non sappiano odiare«. L'esercito italiano tra fascism e democrazia*, Rom 2010.
Osti Guerrazzi, Amedeo: »Wir können nicht hassen!«, Zum Selbstbild der italienischen Armee während und nach dem Krieg, in: Welzer, Harald/Neitzel, Sönke/Gudehus, Christian (Hg.): *»Der Führer war wieder viel zu human, zu gefühlvoll!«*, Frankfurt am Main 2011.
Overmans, Rüdiger: *Deutsche militärische Verluste im Zweiten Weltkrieg*, München 1999.
Overmans, Rüdiger: Kriegsgefangenenpolitik des Deutschen Reiches 1939 bis 1945, in: Militärgeschichtliches Forschungsamt (Hg.), *Das Deutsche Reich und der Zweite Weltkrieg*, Band 9/2, München 2005, S. 729–875.
Padover, Saul K.: *Lügendetektor. Vernehmungen im besiegten Deutschland 1944/45*, Frankfurt am Main 1999.
Paul, Gerhard: *Bilder des Krieges, Krieg der Bilder. Die Visualisierung des modernen Krieges*. Paderborn u. a. 2004.
Philipp, Marc: *Hitler ist tot, aber ich lebe noch. Zeitzeugenerinnerungen an den Nationalsozialismus*, Berlin 2010.
Pohl, Dieter: *Die Herrschaft der Wehrmacht. Deutsche Militärbesatzung und einheimische Bevölkerung in der Sowjetunion 1941–1944*, München 2008.
Polkinghorne, Donald E.: Narrative Psychologie und Geschichtsbewußtsein. Beziehungen und Perspektiven, in: Straub, Jürgen (Hg.), *Erzählung, Identität und historisches Bewußtsein. Die psychologische Konstruktion von Zeit und Geschichte. Erinnerung, Geschichte, Identität I*, Frankfurt am Main 1998, S. 12–45.
Potempa, Harald: *Die Perzeption des Kleinen Krieges im Spiegel der deutschen Militärpublizistik (1871 bis 1945) am Beispiel des Militärwochenblattes*, Potsdam 2009.
Pressac, Jean-Claude: *Die Krematorien von Auschwitz. Die Technik des Massenmordes*, München 1994.
Priller, Josef: *J. G. 26. Geschichte des Jagdgeschwaders*, Stuttgart 1980.
Proctor, Robert N.: *Racial Hygiene: Medicine under the Nazis*, Cambridge 1990.
Rahn, Werner/Schreiber, Gerhard (Hg.): *Kriegstagebuch der Seekriegsleitung 1939–1945*, Teil A, Bd. 1, Bonn/Herford 1988.
Rahn, Werner u. a.: *Das Deutsche Reich und der Zweite Weltkrieg*, Bd. 6, Stuttgart 1990.
Rass, Christoph: *»Menschenmaterial«: Deutsche Soldaten an der Ostfront. Innenansichten einer Infanteriedivision 1939–1945*, Paderborn 2003.
Reemtsma, Jan Philipp: *Vertrauen und Gewalt. Versuch über eine besondere Konstellation der Moderne*, Hamburg 2008.
Reese, Willy Peter: *Mir selber seltsam fremd. Die Unmenschlichkeit des Krieges. Russland 1941–44*, München 2003.
Reinhardt, Klaus: *Die Wende vor Moskau: das Scheitern der Strategie Hitlers im Winter 1941/42*, Stuttgart 1972.
Reuband, Karl-Heinz: Das NS-Regime zwischen Akzeptanz und Ablehnung. Eine retrospektive Analyse von Bevölkerungseinstellungen im Dritten Reich auf der Basis von Umfragedaten, in: *Geschichte und Gesellschaft*, 32 (2006) S. 315–343.
Roberts, Adam: Land Warfare: From Hague to Nuremberg, in: Howard, Michael/Andresopoulos, George J./Shulman, Mark R. (Hg.), *The Laws of War. Constraints on Warfare in the Western World*, New Haven/London 1994, S. 116–139.
Rohrkamp, René: *»Weltanschaulich gefestigte Kämpfer«*: Die Soldaten der Waffen-SS 1933– 1945, Paderborn 2010.
Römer, Felix: *Kommissarbefehl. Wehrmacht und NS-Verbrechen an der Ostfront 1941/42*, Paderborn 2008.
Römer, Felix: »Seid hart und unerbittlich ...« Gefangenenerschießung und Gewalteskalation im deutsch-sowjetischen Krieg 1941/42, in: Neitzel, Sönke/Hohrath, Daniel (Hg.), *Kriegsgreuel. Die Entgrenzung der Gewalt in kriegerischen Konflikten vom Mittelalter bis ins 20. Jahrhundert*, Paderborn 2008, S. 317–335.
Römer, Felix: Alfred Andersch abgehört. Kriegsgefangene »Anti-Nazis« im amerikanischen Vernehmungslager Fort Hunt, in: *VfZG* 58 (2010), S. 563–598.
Römer, Felix: Volksgemeinschaft in der Wehrmacht? Milieus, Mentalitäten und militärische Moral in den Streitkräften des NS-Staates, in: Welzer, Harald/Neitzel, Sönke/Gudehus, Christian (Hg.): *»Der Führer war wieder viel zu human, zu gefühlvoll!«*, Frankfurt am Main 2011.
Rose, Arno: *Radikaler Luftkampf. Die Geschichte der deutschen Rammjäger*, Stuttgart 1979.

Rosenkranz, Herbert: *Reichskristallnacht. 9. November 1938 in Österreich,* Wien 1968.
Roskill, Stephen W.: *Royal Navy. Britische Seekriegsgeschichte 1939–1945,* Hamburg 1961.
Ryan, Cornelius: *Der längste Tag. Normandie: 6. Juni 1944,* Frankfurt am Main 1976.〔コーネリアス・ライアン，広瀬順弘訳『史上最大の作戦』(早川書房，2009年)〕
Ryan, William: *Blaming the Victim,* London 1972.
Salewski, Michael: *Die deutsche Seekriegsleitung,* 3 Bde., München u. a. 1970–75.
Salewski, Michael: Die Abwehr der Invasion als Schlüssel zum »Endsieg«?, in: Müller, Rolf-Dieter/Volkmann, Hans Erich, *Die Wehrmacht. Mythos und Realität,* München 1999, S. 210–223.
Sandkühler, Thomas: *»Endlösung« in Galizien,* Bonn 1996.
Santoni, Alberto: The Italian Submarine Campaign, in: Howarth, Stephen/Law, Derel (Hg.), *The Battle of the Atlantic 1939–1945,* London 1994, S. 329–332.
Schabel, Ralf: *Die Illusion der Wunderwaffen. Düsenflugzeuge und Flugabwehrraketen in der Rüstungspolitik des Dritten Reiches,* München 1994.
Schäfer, Hans Dieter: *Das gespaltene Bewußtsein. Vom Dritten Reich bis zu den langen Fünfziger Jahren,* Göttingen 2009.
Scheck, Raffael: *Hitler's African Victims: the German Army Massacres of French Black Soldiers 1940,* Cambridge 2006.
Scherstjanoi, Elke: *Wege in die Kriegsgefangenschaft. Erinnerungen und Erfahrungen Deutscher Soldaten,* Berlin 2010.
Schilling, René: Die »Helden der Wehrmacht« – Konstruktion und Rezeption, in: Müller, Rolf-Dieter/Volkmann, Hans-Erich, *Die Wehrmacht, Mythos und Realität,* München 1999, S. 552–556.
Schilling, René: *»Kriegshelden«. Deutungsmuster heroischer Männlichkeit in Deutschland 1813–1945,* Paderborn u. a. 2002.
Schmider, Klaus: *Partisanenkrieg in Jugoslawien 1941–1944,* Hamburg 2002.
Schörken, Rolf: *Luftwaffenhelfer und Drittes Reich. Die Entstehung eines politischen Bewußtseins,* Stuttgart 1985.
Schröder, Hans Joachim: »Ich hänge hier, weil ich getürmt bin.«, in: Wette, Wolfram (Hg.), *Der Krieg des kleinen Mannes. Eine Militärgeschichte von unten,* München 1985, S. 279–294.
Schüler-Springorum, Stefanie: *Krieg und Fliegen. Die Legion Condor im Spanischen Bürgerkrieg,* Paderborn 2010.
Schütz, Alfred: *Der sinnhafte Aufbau der sozialen Welt. Eine Einleitung in die verstehende Soziologie,* Frankfurt am Main 1993.〔アルフレッド・シュッツ，佐藤嘉一訳『社会的世界の意味構成——理解社会学入門』(木鐸社，2006年)〕
Sebald, W. G: *Luftkrieg und Literatur,* Frankfurt am Main 2001.〔W・G・ゼーバルト，鈴木仁子訳『空襲と文学』(白水社，2008年)〕
Seidl, Tobias: *Führerpersönlichkeiten. Deutungen und Interpretationen deutscher Wehrmachtgeneräle in britischer Kriegsgefangenschaft,* Diss. phil. Universität Mainz 2011.
Seemen, Gerhard von: *Die Ritterkreuzträger 1939–1945,* Friedberg o. J.
Shay, Jonathan: *Achill in Vietnam. Kampftrauma und Persönlichkeitsverlust,* Hamburg 1998.
Shils, Edward A./Janowitz, Morris: Cohesion and Disintegration in the Wehrmacht in World War II, in: *Public Opinion Quarterly* 12, (1948), S. 280–315.
Simms, Brendan: Walther von Reichenau – Der politische General, in: Smesler, Ronald/Syring, Enrico (Hg.), *Die Militärelite des Dritten Reiches,* Berlin 1995, S. 423–445.
Sprenger, Matthias: *Landsknechte auf dem Weg ins Dritte Reich? Zu Genese und Wandel des Freikorpsmythos,* Paderborn 2008.
Stacey, Charles P.: *The Victory Campaign. The operations in North-West Europe, 1944–1945,* Ottawa 1960.
Stephan, Rudolf: »Das politische Gesicht des Soldaten«, in: *Deutsche Allgemeine Zeitung,* Berliner Ausgabe Nr. 566 (Abendausgabe) v. 26. 11. 1942, S. 2.
Stevens, Michael E.: *Letters from the Front 1898–1945,* Madison 1992.
Stilla, Ernst: *Die Luftwaffe im Kampf um die Luftherrschaft,* Diss. phil. Uni Bonn 2005.
Stimpel, Hans-Martin: *Die deutsche Fallschirmtruppe 1936–1945. Innenansichten von Führung und Truppe,* Hamburg 2009.
Stouffer, Samuel A. u. a.: *Studies in Social Psychology in World War II: The American Soldier. Vol. 1, Adjustment During Army Life,* Princeton 1949, S. 108–110, 149–172.
Straus, Ulrich: *The Anguish of Surrender: Japanese POW's of World War II,* London/Seattle 2003.〔ウルリック・ストラウス，吹浦忠正監訳『戦陣訓の呪縛——捕虜たちの太平洋戦争』(中央公論新社，2005年)〕
Streim, Alfred: *Sowjetische Gefangene in Hitlers Vernichtungskrieg. Berichte und Dokumente,* Heidelberg 1982.
Streit, Christian: *Keine Kameraden. Die Wehrmacht und die sowjetischen Kriegsgefangenen 1941–1945,* Stuttgart 1980.
Süddeutsche Zeitung Magazin: *Brief aus Kundus, Briefe von der Front.* Online verfügbar unter http://sz-magazin.sueddeutsche.de/texte/anzeigen/31953, Zugriff am 27. 8. 2010.
Sydnor, Charles W.: *Soldaten des Todes. Die 3. SS-Division »Totenkopf«, 1933–1945,* Paderborn 2002.
Tajfel, Henri: *Gruppenkonflikt und Vorurteil: Entstehung und Funktion sozialer Stereotypen,* Bern/Stuttgart/Wien 1982.
Tomforder, Maren: »Meine rosa Uniform zeigt, dass ich dazu gehöre«. Soziokulturelle Dimensionen des Bundeswehr-Einsatzes in Afghanistan, in: Schuh, Horst/Schwan, Siegfried (Hg.), *Afghanistan – Land ohne Hoffnung? Kriegsfolgen und Perspektiven in einem verwundeten Land,* Beiträge zur inneren Sicherheit, 30, Brühl 2007, S. 134–159.
Töppel, Roman: Kursk – Mythen und Wirklichkeit einer Schlacht, *VfZG* 57 (2009), S. 349–384.
Treutlein, Martin: Paris im August 1944, in: Welzer, Harald/Neitzel, Sönke/Gudehus, Christian (Hg.): *»Der Führer war wieder viel zu human, zu gefühlvoll!«,* Frankfurt am Main 2011.
Tyas, Stephen: Allied Intelligence Agencies and the Holocaust: Information Acquired from German Prisoners of War, in:

Holocaust and Genocide Studies, 22 (2008), S. 1–24.
Überegger, Oswald: »Verbrannte Erde« und »baumelnde Gehenkte«. Zur europäischen Dimension militärischer Normübertretungen im Ersten Weltkrieg, in: Neitzel, Sönke/Hohrath, Daniel (Hg.), *Kriegsgreuel. Die Entgrenzung der Gewalt in kriegerischen Konflikten vom Mittelalter bis ins 20. Jahrhundert*, Paderborn 2008, S. 241–278.
Ulshöfer, Helmut Karl (Hg.): *Liebesbriefe an Adolf Hitler: Briefe in den Tod*; unveröffentlichte Dokumente aus der Reichskanzlei, Frankfurt am Main 1994.
Ungváry, Krisztián: *Die Schlacht um Budapest 1944/45: Stalingrad an der Donau*, München 1999.
Vardi, Gil-il: Joachim von Stülpnagel's Military Thought and Planning, in: *War in History* 17 (2010), S. 193–216.
Waller, James: *Becoming Evil. How Ordinary People Commit Genocide and Mass Killing*, Oxford 2002.
Watson, Alexander: *Enduring the Great War: Combat, Morale and Collapse in the German and the British Armies, 1914–1918*, New York 2008.
Wegmann, Günter: *Das Kriegsende zwischen Weser und Ems*, Osnabrück 2000.
Wegner, Bernd: *Hitlers Politische Soldaten. Die Waffen-SS 1933–1945*, Paderborn 2009.
Wehler, Hans-Ulrich: *Deutsche Gesellschaftsgeschichte*, Bd. 4, München 2003.
Weick, Karl E./Sutcliffe, Kathleen M.: *Das Unerwartete managen. Wie Unternehmen aus Extremsituationen lernen*, Stuttgart 2003.〔カール・E・ワイク，キャスリーン・M・サトクリフ，杉原大輔ほか，高信頼性組織研究会訳『想定外のマネジメント――高信頼性組織とは何か』(文眞堂，2017年)〕
Wehler, Hans-Ulrich: *Deutsche Gesellschaftsgeschichte. Vom Beginn des Ersten Weltkrieges bis zur Gründung der beiden deutschen Staaten 1914–1949*, Bd. 4, München 2003.
Welzer, Harald/Montau, Robert/Plaß, Christine: *»Was wir für böse Menschen sind!« Der Nationalsozialismus im Gespräch zwischen den Generationen*, Tübingen 1997.
Welzer, Harald: *Verweilen beim Grauen*, Tübingen 1998.
Welzer, Harald: *Das kommunikative Gedächtnis. Eine Theorie der Erinnerung*, München 2002.
Welzer, Harald/Moller, Sabine/Tschuggnall, Karoline: *»Opa war kein Nazi«. Nationalsozialismus und Holocaust im Familiengedächtnis*, Frankfurt am Main 2002.
Welzer, Harald: *Täter. Wie aus ganz normalen Menschen Massenmörder werden*, Frankfurt am Main 2005.
Welzer, Harald: Die Deutschen und ihr Drittes Reich, in: *Aus Politik und Zeitgeschichte* 14–15/2007, S. 21–28.
Welzer, Harald: *Klimakriege. Wofür im 21. Jahrhundert getötet wird*, Frankfurt am Main 2008.
Welzer, Harald: Jeder die Gestapo des anderen. Über totale Gruppen, in: Museum Folkwang (Hg.), *Stadt der Sklaven/Slave City*, Essen 2008, S. 177–190.
Welzer, Harald/Neitzel, Sönke/Gudehus, Christian (Hg.): *»Der Führer war wieder viel zu human, zu gefühlvoll!«*, Frankfurt am Main 2011.
Werle, Gerhard: *Justiz-Strafrecht und deutsche Verbrechensbekämpfung im Dritten Reich*, Berlin/New York 1989.
Wette, Wolfram u. a. (Hg.): *Das Deutsche Reich und der Zweite Weltkrieg*, Bd. 1, Stuttgart 1991.
Wette, Wolfram: *Deserteure der Wehrmacht. Feiglinge – Opfer – Hoffnungsträger? Dokumentation eines Meinungswandels*, Essen 1995.
Wette, Wolfram: *Retter in Uniform. Handlungsspielräume im Vernichtungskrieg der Wehrmacht*, Frankfurt am Main 2003.〔ヴォルフラム・ヴェッテ，関口宏道訳『軍服を着た救済者たち――ドイツ国防軍とユダヤ人救出工作』(白水社，2014年)〕
Wette, Wolfram (Hg.): *Stille Helden – Judenretter im Dreiländereck während des Zweiten Weltkriegs*, Freiburg/Basel/Wien 2005.
Wette, Wolfram: *Das letzte Tabu. NS-Militärjustiz und »Kriegsverrat«*, Berlin 2007.
Wettstein, Adrian: *»Dieser unheimliche, grausame Krieg«. Die Wehrmacht im Stadtkampf, 1939–1942*, Diss. phil. Bern 2010.
Weusmann, Matthias: *Die Schlacht in der Normandie 1944. Wahrnehmungen und Deutungen deutscher Soldaten*, Magisterarbeit Uni Mainz 2009.
Wildt, Michael: *Generation des Unbedingten. Das Führungskorps des Reichssicherheitshauptamtes*, Hamburg 2002.
Wildt, Michael: *Volksgemeinschaft als Selbstermächtigung. Gewalt gegen Juden in der deutschen Provinz 1919–1939*, Hamburg 2007.
Winkle, Ralph: *Der Dank des Vaterlandes. Eine Symbolgeschichte des Eisernen Kreuzes 1914 bis 1936*, Essen 2007.
Wurzer, Georg: Die Erfahrung der Extreme. Kriegsgefangene in Rußland 1914–1918, in: Oltmer, Jochen (Hg.), *Kriegsgefangene im Europa des Ersten Weltkrieges*, Paderborn 2006.
Zagovec, Rafael A.: Gespräche mit der ›Volksgemeinschaft‹, in: Chiari, Bernhard u. a.: *Die deutsche Kriegsgesellschaft 1939 bis 1945 – Ausbeutung, Deutungen, Ausgrenzung*, Bd. 9/2, Stuttgart 2005, S. 289–381.
Zelle, Karl-Günter: *Hitlers zweifelnde Elite: Goebbels – Göring – Himmler –Speer*, Paderborn 2010.
Ziemann, Benjamin: *Front und Heimat. Ländliche Kriegserfahrungen im südlichen Bayern, 1914–1923*, Essen 1997.
Ziemann, Benjamin: Fluchten aus dem Konsens zum Durchhalten. Ergebnisse, Probleme und Perspektiven der Erforschung soldatischer Verweigerungsformen in der Wehrmacht 1939–1945, in: Müller, Rolf-Dieter/Volkmann, Hans-Erich (Hg.), *Die Wehrmacht. Mythos und Realität*, München 1999, S. 589–613.
Zimmermann, John: *Pflicht zum Untergang, Kriegsende im Westen*, Paderborn 2009.

原　註

略号一覧

AFHQ Allied Forces Headquarters
BA/MA Bundesarchiv/Militärarchiv, Freiburg i.Br.
CSDIC (UK) Combined Services Detailed Interrogation Centre (UK)
GRGG General Report German Generals
HDv Heeresdienstvorschrift
ISRM Italy Special Report Army
I/SRN Italy/Special Report Navy
KTB Kriegstagebuch
NARA National Archives and Records Administration, Washington D.C.
OKW Oberkommando der Wehrmacht
PAAA Politisches Archiv des Auswärtigen Amts
SKl Seekriegsleitung
SRCMF Special Report Central Mediterranean Forces
SRIG Special Report Italian Generals
SRGG Special Report German Generals
SRM Special Report Army
SRX Special Report Mixed
SRN Special Report Navy
SRA Special Report Air Force
TNA The National Archives, Kew, London
USHMM United States Holocaust Memorial Museum
WFSt Wehrmachtführungsstab

プロローグ

（1）この研究グループのリーダーはクリスティアン・グーデフスであり，その他のメンバーはアメデオ・オスティ・グエラッツィ，フェリックス・レーマー，ミヒャエラ・クリスト，セバスティアン・グロース，トビアス・ザイドルである．彼らによる掘り下げた分析については，以下を参照．Harald Welzer, Sönke Neitzel und Christian Gudehus (Hg.): *»Der Führer war wieder viel zu human, viel zu gefühlvoll!«*, Frankfurt am Main 2011.
（2）SRA 2670, 20. 6. 1942, TNA, WO 208/4126.
（3）SRA 3686, 20. 2. 1943, TNA, WO 208/4129.

第１章

（1）「参照枠組み」概念にさらに刺激をもたらしたのは，ブーヘンヴァルト強制収容所で殺害されたフ

ランス人社会学者，モーリス・アルヴァクスである．彼は，社会的枠組みが記憶にたいして強い影響力を持つことを指摘した．

（2）このパニックに実際どの程度の人間が見舞われたのか，さだかではない．『ニューヨーク・タイムズ』紙は1938年10月31日付で「ラジオ聴取者，パニックに．戦争ドラマを事実と受け取り」と題して，ある街区の住民すべてが避難したといったような，いくつかの個別事例を報じてはいるが，それが大規模なパニックだったとは述べていない．と同時に，フィクションと現実との間のもともと薄い壁が，かなりの人びとにとってはときおり壊れてしまうものだということを示す事例ではある．

（3）Gregory Bateson: *Ökologie des Geistes,* Frankfurt am Main 1999.

（4）Alfred Schütz: *Der sinnhafte Aufbau der sozialen Welt. Eine Einleitung in die verstehende Soziologie,* Frankfurt am Main 1993.

（5）Erving Goffman: *Rahmenanalyse,* Frankfurt am Main 1980, S. 99.

（6）カジミェシュ・サコヴィチはポーランド人ジャーナリストであり，1941年に，リトアニア・ユダヤ人の大量殺戮について詳細な手記を記している．Rachel Margolis und Jim Tobias (Hg.): *Die geheimen Notizen des K. Sakowicz. Dokumente zur Judenvernichtung in Ponary 1941–1943,* Frankfurt am Main 2005, S. 53.

（7）Erving Goffman: Rollendistanz, in: Heinz Steinert (Hg.): *Symbolische Interaktion,* Stuttgart 1973, S. 260–279.

（8）Williamson Murray und Allan R. Millet: *A War to Be Won. Fighting the Second World War,* Cambridge/London 2001, S. 360.

（9）したがって牛は一年の大部分を家畜小屋のなかで過ごさなければならず，牧草地で草をはむことができないそれ以外の時期に必要になる干し草を，短い夏の間に必死になって刈り集めなければならなかった．こうした思惑は，もちろん数多くの未知の事柄と遭遇することになる．伝えられるところによれば，牛はあまりにも長い冬を過ごした後にはあまりもやせ衰え，歩くことすらままならなくなったため，牧草地まで運んでいかなければならなかったという．Jared Diamond: *Kollaps,* Frankfurt am Main 2005.

（10）Ebd.; Harald Welzer: *Klimakriege. Wofür im 21. Jahrhundert getötet wird,* Frankfurt am Main 2008.

（11）Paul Steinberg zit. nach Michaela Christ: *Die Dynamik des Tötens. Die Ermordung der Juden von Berditschew. Ukraine 1941–1944,* Frankfurt am Main 2011 (im Erscheinen).

（12）Norbert Elias: *Was ist Soziologie?,* München 2004.

（13）以下に引用されている．Rolf Schörken: *Luftwaffenhelfer und Drittes Reich. Die Entstehung eines politischen Bewusstseins,* Stuttgart 1985, S. 144.

（14）Raul Hilberg: *Täter, Opfer, Zuschauer. Die Vernichtung der Juden 1933–1945,* Frankfurt am Main 1992, S. 138.

（15）Martin Heinzelmann: *Göttingen im Luftkrieg,* Göttingen 2003.

（16）Anonyma: *Eine Frau in Berlin. Tagebuchaufzeichnungen vom 20. April bis 22. Juni 1945,* Frankfurt am Main 2003.

（17）Norbert Elias: *Studien über die Deutschen,* Frankfurt am Main 1989.

（18）Michel Foucault: *Überwachen und Strafen,* Frankfurt am Main 1994.

（19）Erving Goffman: *Asyle. Über die Situation psychiatrischer Patienten und anderer Insassen,* Frankfurt am Main 1973.

（20）ロルフ・シェルケンは，16歳の時の高射砲補助員としての経験を次のように語っている．「この年齢の学級ではふつう，秩序正しい学校生活にあって，知性と運動神経，戦友精神をきちんと兼ね備えた生徒に発言権がありました．（…）ですが今や支配権を握っていたのは，それとは正反対のタイプの奴でした．つまり身体的に早熟で，他の生徒よりもただ強いだけの奴です．学校で要求されるようなタイプの知性，つまり「教養」のようなものは，今ではまったくの無価値となり，容赦なく物笑

いの種になりました．難しい本を真剣に読んだり，難しい音楽を一生懸命聴いているようなことがあれば，文字通り負け犬ということになったことでしょう．(…) この新たな世論操作のやり方によって同調圧力，いや同調の強制が生まれました．これは，いかなる組織によっても歯止めがかけられませんでした．我々が国防軍に所属しているという事実も，さほど役立ちませんでした．事実，国防軍との結びつきによって人びとは戦闘で存分に暴れ回ることができたのです」．Schörken, *Luftwaffenhelfer und Drittes Reich.*

(21) Robert Musil: *Die Verwirrungen des Zöglings Törleß,* Reinbek 2006; Georges-Arthur Goldschmidt: *Die Befreiung,* Zürich 2007.

(22) Harald Welzer: Jeder die Gestapo des anderen. Über totale Gruppen, in: Museum Folkwang (Hg.): *Stadt der Sklaven/Slave City,* Essen 2008, S. 177–190.

(23) Room Conversation Schlottig-Wertenbruch, 10. 8. 1944; NARA, RG 165, Entry 179, Box 540.

(24) Jean-Claude Pressac: *Die Krematorien von Auschwitz. Die Technik des Massenmordes,* München 1994.

(25) Klaus-Michael Mallmann, Volker Rieß und Wolfram Pyta (Hg.): *Deutscher Osten 1939–1945. Der Weltanschauungskrieg in Photos und Texten,* Darmstadt 2003, S. 120.

(26) Hilberg, *Die Vernichtung der europäischen Juden,* Frankfurt am Main 1990, S. 1080.（訳書下巻253頁を一部改訳）

(27) Hans Joachim Schröder: »Ich hänge hier, weil ich getürmt bin«, in: Wolfram Wette (Hg.): *Der Krieg des kleinen Mannes. Eine Militärgeschichte von unten,* München 1985, S. 279–294, hier S. 279.

(28) Christopher R. Browning: *Ganz normale Männer. Das Reserve-Polizeibataillon 101 und die »Endlösung« in Polen,* Reinbek 1996, S. 221.

(29) Karl E. Weick und Kathleen M. Sutcliffe: *Das Unerwartete managen. Wie Unternehmen aus Extremsituationen lernen,* Stuttgart 2003.

(30) Joanna Bourke: *An Intimate History of Killing,* London 1999, S. 26.

(31) Haus der Wannsee-Konferenz (Hg.): *Die Wannsee-Konferenz und der Völkermord an den europäischen Juden,* Berlin 2006, S. 65.

(32) Gerhard Paul: *Bilder des Krieges, Krieg der Bilder. Die Visualisierung des modernen Krieges,* Paderborn u. a. 2004, S. 236.

(33) Alf Lüdtke: Gewalt und Alltag im 20. Jahrhundert, in: Wolfgang Bergsdorf, u. a. (Hg.): *Gewalt und Terror,* Weimar 2003, S. 35–52, ここでは S. 47.

(34) SRM 564, 17. 6. 1944, TNA, WO 208/4138.

(35) Wolfram Wette (Hg.): *Stille Helden-Judenretter im Dreiländereck während des Zweiten Weltkriegs,* Freiburg/Basel/Wien 2005, S. 215–232.

(36) Harald Welzer: *Täter. Wie aus ganz normalen Menschen Massenmörder werden,* Frankfurt am Main 2005, S. 183.

(37) Mallmann, *Deutscher Osten,* S. 28.

(38) Browning, *Ganz normale Männer*; Daniel Jonah Goldhagen: *Hitlers willige Vollstrecker. Ganz gewöhnliche Deutsche und der Holocaust,* München 1996.

(39) Ebd., S. 288.

(40) GRGG 217, 29.-30. 10. 1944, TNA, WO 208/4364.

(41) ふつうの人びとからなる被験者たちの60％以上が，他の（架空の）被験者たちにたいして死に至る電流を与えたという結果は，しきりに引用される．この実験は10カ国以上で再試されたが，その結果はいずれも似たようなものとなっている．もっとも，実験条件を変えることによって服従する人びとの割合もかなり変わってくるという点は，今日まであまり強調されることがない．そのさい，社会的な近しさによって服従への用意が大きく影響を受けることが明らかになっている．「生徒」にたいする近しさを変えた場合，たとえば被験者が「先生」と同じ部屋にいるとか，「生徒」が誤答をし

て電流のスイッチを押すさいにその「生徒」の手を握らなければいけないというような懲罰の与え方の場合，服従への用意は明らかに低下する（40% ないし30% にまで）．「社会的な近しさ」という変数の重要性は，「先生」と「生徒」が，一緒に実験に参加することになった友人や知り合い，親戚同士だった場合に，よりはっきりしたものとなる（「友達連れ条件」）．その場合，服従への用意は15% まで下がる．その上「不服従者」たちは，他の実験条件における拒否者たちよりもはるかに早い段階で，実験を中断させた．

(42) Sebastian Haffner: *Geschichte eines Deutschen. Erinnerungen 1914 bis 1933,* München 2002, S. 279.（訳書301–302頁を一部改訳）

(43) Thomas Kühne: *Kameradschaft: Die Soldaten des nationalsozialistischen Krieges und das 20. Jahrhundert,* Göttingen 2006, S. 109.

(44) Edward A. Shils und Morris Janowitz: Cohesion and Disintegration in the Wehrmacht in World War II, in: *Public Opinion Quarterly* Jg. 12, H. 2, Summer 1948.

(45) Willy Peter Reese: *Mir selber seltsam fremd. Die Unmenschlichkeit des Krieges. Russland 1941–44,* München 2003, S. 150.

(46) Morton Hunt: *Das Rätsel der Nächstenliebe,* Frankfurt/New York 1988, S. 77.

(47) Ebd., S. 158.

(48) 以下に引用されている．Ebd., S.77.

第２章

(1) SRN 929, 28. 3. 1942, TNA, WO 208/4143.

(2) Richard J. Evans: *Das Dritte Reich,* 3 Bde., München 2004, 2007, 2009; Norbert Frei: *1945 und wir. Das Dritte Reich im Bewußtsein der Deutschen,* München 2005; Wolfgang Benz, Hermann Graml und Hermann Weiß: *Enzyklopädie des Nationalsozialismus,* München 1998; Hans Dieter Schäfer: *Das gespaltene Bewusstsein. Vom Dritten Reich bis zu den langen Fünfziger Jahren,* Göttingen 2009.

(3) Robert N. Proctor: *Racial Hygiene: Medicine under the Nazis,* Cambridge 1990.

(4) Haffner, *Geschichte,* S. 105.（訳書106頁）

(5) Ebd., S. 109.（訳書110頁を一部改訳）

(6) Harald Welzer, Sabine Moller und Karoline Tschuggnall: *»Opa war kein Nazi«. Nationalsozialismus und Holocaust im Familiengedächtnis,* Frankfurt am Main 2002, S. 75.

(7) Schäfer, *Das gespaltene Bewußtsein.*

(8) Haffner, *Geschichte,* S. 134ff.（訳書138–139頁を一部改訳）

(9) ふたたびセバスティアン・ハフナーの言葉を引こう．「――この最初の恐怖の向こう側では――ドイツ中に広がる新たな殺意のこの最初の大々的な表明は，反ユダヤ主義者問題についてでは決してなくて，「ユダヤ人問題」についての歓談や議論をどっと溢れさせた．これは，もちろん奇妙なことであり，落胆させられることでもあった．それはひとつのトリックであり，多くの他の「問題」においても，以後ナチスに好運をもたらした．ナチスは何かあるもの――国や民族や人間集団――を公然と死によって脅かすことによって，自分たちの生存圏ではなくて，脅かされた人々の生存圏を，突然，おざなりに議論する――すなわち疑問に付すことを可能にしたのである．突然誰もが，ユダヤ人に関する意見を形成し話題にするのが義務であり，正しいことだと感じるようになった」〔セバスティアン・ハフナー，中村牧子訳『ナチスとのわが闘争――あるドイツ人の回想 1914–1933』東林書房，2002年，144頁を一部改訳〕．

(10) Welzer, *Täter,* S. 161ff.

(11) Peter Longerich: *Davon haben wir nichts gewusst! Die Deutschen und die Judenverfolgung 1933–1945,* München 2006, S. 25f.

(12) Saul Friedländer: *Das Dritte Reich und die Juden. Die Jahre der Verfolgung 1933–1945,* München

1998, S. 24.

(13) Michael Wildt: *Volksgemeinschaft als Selbstermächtigung. Gewalt gegen Juden in der deutschen Provinz 1919–1939,* Hamburg 2007.

(14) Peter Longerich: *Politik der Vernichtung. Eine Gesamtdarstellung der nationalsozialistischen Judenverfolgung,* München 1998, S. 578.

(15) Raphael Groß: *Anständig geblieben. Nationalsozialistische Moral,* Frankfurt am Main 2010; Welzer, *Täter,* S. 48ff.

(16) Gerhard Werle: *Justiz-Strafrecht und deutsche Verbrechensbekämpfung im Dritten Reich,* Berlin/New York 1989.

(17) Proctor, *Racial Hygiene.*

(18) Robert J. Lifton: *Ärzte im Dritten Reich,* Stuttgart 1999, S. 36.

(19) Friedländer, *Das Dritte Reich,* S. 49ff.

(20) Alex Bruns-Wüstefeld: *Lohnende Geschäfte. Die »Entjudung« am Beispiel Göttingens,* Hannover 1997, S. 69.

(21) Friedländer, *Das Dritte Reich,* S. 73.

(22) 同時代の統計によれば，党の指導者たちの平均年齢は34歳，国家の指導者たちは44歳であった．次を参照．Götz Aly: *Hitlers Volksstaat. Raub, Rassenkrieg und nationaler Sozialismus,* Frankfurt am Main 2005, S. 12ff.

(23) Ebd., S. 11.（訳書 4 頁）

(24) たとえば次を参照．Lutz Niethammer und Alexander von Plato: *»Wir kriegen jetzt andere Zeiten«,* Bonn 1985; Harald Welzer, Robert Montau und Christine Plaß: *»Was wir für böse Menschen sind!« Der Nationalsozialismus im Gespräch zwischen den Generationen,* Tübingen 1997; Welzer/Moller/Tschuggnall, *Opa*; Eric Johnson und Karl-Heinz Reuband: *What We knew. Terror, Mass Murder and Everyday Life in Nazi Germany,* London 2005, S. 341; Marc Philipp: *Hitler ist tot, aber ich lebe noch. Zeitzeugenerinnerungen an den Nationalsozialismus,* Berlin 2010.

(25) たとえば，すでに何度も引用されているセバスティアン・ハフナーの手記，ヴィクトール・クレンペラーやヴィリー・コーンの日記，リリー・カーンの手紙を参照．

(26) Johnson und Reuband, *What We Knew,* S. 349.

(27) Ebd., S. 357.

(28) Ebd., S. 330ff.

(29) 以下に引用されている．Karl-Heinz Reuband: Das NS-Regime zwischen Akzeptanz und Ablehnung, in: *Geschichte und Gesellschaft* 32 (2006), S. 315–343.

(30) 同上論文を参照．これにたいしては，よい教育を受けた人であればあるほど自らの過去にたいして正直であるだけではないのかという異論がありうるが，アメリカ戦略爆撃調査団がすでに1945年の段階で行った，爆撃がドイツ人に与えた心理的効果についての評価でも同じ結論に至っているということからも，この異論に反駁することが可能である．

(31) Johnson und Reuband, *What We Knew,* S. 341.

(32) Götz Aly (Hg.): *Volkes Stimme. Skepsis und Führervertrauen im Nationalsozialismus,* Frankfurt am Main 2006.

(33) Schäfer, *Das gespaltene Bewußtsein,* S. 18.

(34) Aly, *Volksstaat,* S. 353ff.

(35) Schäfer, *Das gespaltene Bewußtsein,* S. 18.

(36) Ebd., S. 12.

(37) Wolfram Wette u. a.: *Das Deutsche Reich und der Zweite Weltkrieg,* Bd. 1, Stuttgart 1991, S. 123ff.

(38) 18世紀半ばから第一次大戦勃発までの時期における好戦主義的言説の国際比較については，vgl. Jörn Leonhard: *Bellizismus und Nation: Kriegsdeutung und Nationsbestimmung in Europa und den*

Vereinigten Staaten 1750–1914, München 2008.

(39) Elias, *Studien über die Deutschen,* S. 153.（訳書136頁）

(40) Ebd., S. 130.（訳書114頁）

(41) これについての近年の研究として，Stig Förster: Ein militarisiertes Land? Zur gesellschaftlichen Stellung des Militärs im Deutschen Kaiserreich, in: Bernd Heidenreich und Sönke Neitzel (Hg.): *Das Deutsche Kaiserreich 1890–1914,* Paderborn 2011; Niklaus Meier: *Warum Krieg? –Die Sinndeutung des Krieges in der deutschen Militärelite 1871–1945,* Diss. phil. Universität Zürich 2009.

(42) ルーデンドルフは第一次大戦後も自らの見解を喧伝し，ついに1935年になって，ベストセラーとなった著作『総力戦』においてこれを文字に起こした．ルーデンドルフについては，Manfred Nebelin, *Ludendorff: Diktator im Ersten Weltkrieg,* Berlin 2011.

(43) これについての簡潔な描写として，Brian K. Feltman: *»Death Before Dishonor: The Heldentod Ideal and the Dishonor of Surrender on the Western Front, 1914–1918«,* Vortragsmanuskript, 10. 9. 2010, Universität Bern. Vgl. Isabel V. Hull: *Absolute Destruction: Military Culture and the Practices of War in Imperial Germany,* Ithaca 2005; Alan Kramer: *Dynamic of Destruction: Culture and Mass Killing in the First World War,* Oxford 2007; Alexander Watson: *Enduring the Great War: Combat, Morale and Collapse in the German and the British Armies, 1914–1918,* New York 2008.

(44) Ebd, S. 3. 最後の一弾までという決まり文句は，19世紀を通じて強い影響力があった．一例を挙げれば，1873年にアルフォンス・ド・ヌヴィルが描いた「最後の弾薬」は，セダン近郊の村落バゼイユでの，宿屋「ブージェリ」防衛を英雄的に描写したもので，フランスではきわめて高く評価された．

(45) Rüdiger Bergien: *Die bellizistische Republik. Wehrkonsens und »Wehrhaftmachung« in Deutschland 1918–1933,* München 2010. 国際的な文脈については，次を参照．Stig Förster (Hg.): *An der Schwelle zum Totalen Krieg. Die militärische Debatte um den Krieg der Zukunft, 1919–1939,* Paderborn 2002.

(46) Hans-Ulrich Wehler: *Deutsche Gesellschaftsgeschichte,* Band 4, München 2003, S. 423f.

(47) Jürgen Förster: Geistige Kriegführung in Deutschland 1919 bis 1945, in: Militärgeschichtliches Forschungsamt (Hg.): *Das Deutsche Reich und der Zweite Weltkrieg,* Bd. 9/1, München 2004, S. 472.

(48) Wette u. a., *Das Deutsche Reich,* Bd. 1, S. 40. 次も参照．Matthias Sprenger: *Landsknechte auf dem Weg ins Dritte Reich? Zu Genese und Wandel des Freikorpsmythos,* Paderborn 2008.

(49) Wette u. a., *Das Deutsche Reich,* Bd. 1, S. 79.

(50) Ebd., S. 93.

(51) 前掲書参照．S. 95.

(52) Sabine Behrenbeck: Zwischen Trauer und Heroisierung. Vom Umgang mit Kriegstod und Niederlage nach 1918, in: Jörg Duppler und Gerhard P. Groß (Hg.): *Kriegsende 1918. Ereignis, Wirkung, Nachwirkung,* München 1999, S. 336f.

(53) Förster, *Das Deutsche Reich,* Bd. 9/1, S. 474. もっとも，彼がそこから導き出した国民戦争という理念は異端的な存在であった．Gil-il Vardi: Joachim von Stülpnagel's Military Thought and Planning, in: *War in History,* 17 (2010), S. 193–216.

(54) Johannes Hürter: *Wilhelm Groener. Reichswehrminister am Ende der Weimarer Republik,* München 1993, S. 139–149, 282–306, 309–328.

(55) Karl Demeter: *Das Deutsche Offizierskorps 1650–1945,* Frankfurt am Main 1965, S. 328.

(56) 次も参照．Christian Kehrt: *Moderne Kriege. Die Technikerfahrungen deutscher Militärpiloten 1910–1945,* Paderborn 2010, S. 228.

(57) Hans Meier-Welcker (Hg.), *Offiziere im Bild von Dokumenten aus drei Jahrhunderten,* Stuttgart 1964, Dokument 58, S. 275.

(58) Förster, *Das Deutsche Reich,* Bd. 9/1, S. 555.

(59) 以下に引用されている．Ebd., S. 551.

(60) Sönke Neitzel: *Abgehört. Deutsche Generäle in britischer Kriegsgefangenschaft 1942–1945,* Berlin 2005,（2009年の第４版から引用）S. 452.
(61) Ebd., S. 456.
(62) Ebd., S. 435.
(63) Ebd., S. 449.
(64) Ebd., S. 472.
(65) Ebd., S. 478.
(66) Ebd., S. 449.
(67) Ebd., S. 440.
(68) Ebd., S. 433.
(69) Ebd., S. 453.
(70) たとえば，Oberst Walter Steuber, BA/MA, Pers 6/6670.
(71) Oberst Ulrich von Heydebrand und der Lasa, BA/MA, Pers 6/9017.
(72) Neitzel, *Abgehört,* S. 457.
(73) BA/MA, Pers 6/770. フライヘル・フォン・アドリアン＝ヴェルブルクについての似たような評価として，2. 9. 1943, BA/MA, Pers 6/10239.
(74) Neitzel, *Abgehört,* S. 442.
(75) Ebd., S. 466.
(76) Ebd., S. 468.
(77) BA/MA, Pers 6/6410.
(78) Neitzel, *Abgehört,* S. 462.
(79) 以下に引用されている．Förster, *Das Deutsche Reich,* Bd. 9/1, S. 554. デーニッツについては，現在では次を参照すべきである．Dieter Hartwig: *Großadmiral Karl Dönitz. Legende und Wirklichkeit,* Paderborn 2010.
(80) Tätigkeitsbericht Schmundt, 24./25. 6. 43, S. 75.
(81) たとえば，フリードリヒ・フォン・ブロイヒ，ヴァルター・ブルンスといった将官がそれにあたる．Neitzel, *Abgehört,* S. 432, 434.
(82) Ebd., S. 449, 445.
(83) Förster, *Das Deutsche Reich,* Bd. 9/1, S. 580.
(84) Heribert van Haupt: »Der Heldenkampf der deutschen Infanterie vor Moskau«, in: *Deutsche Allgemeine Zeitung,* Berliner Ausgabe Nr. 28（Abendausgabe）v. 16. 1. 1942, S. 2.
(85) Rudolf Stephan: »Das politische Gesicht des Soldaten«, in: *Deutsche Allgemeine Zeitung,* Berliner Ausgabe Nr. 566（Abendausgabe）v. 26. 11. 1942, S. 2.
(86) Hubert Hohlweck: »Soldat und Politik«, in: *Deutsche Allgemeine Zeitung,* Berliner Ausgabe Nr. 543 v. 13. 11. 1943, S. 1f.
(87) Erich Murawski: *Der deutsche Wehrmachtbericht,* Boppard 1962, z.B. 21. 7. 44, S. 202; 3. 8. 44, S. 219; 4. 8. 44, S. 222; 19. 8. 44, S. 241, 2. 11. 44, S. 349; 3. 11. 44, S. 351.「犠牲的な抵抗」については以下を参照．3. 11. 44, S: 350, 武装SSの「狂信的な戦闘意志」については以下を参照．27. 2. 45, S. 495; 30. 3. 45, S. 544.
(88) たとえば，Weisung Nr. 52, vom 28. 1. 44, in: Walter Hubatsch（Hg.）: *Hitlers Weisungen für die Kriegsführung 1939–1945. Dokumente des Oberkommandos der Wehrmacht,* Uttingen 2000, S. 242.
(89) Johannes Hürter: *Hitlers Heerführer. Die deutschen Oberbefehlshaber im Krieg gegen die Sowjetunion 1941/42,* München 2006, S. 71.
(90) 大鉄十字章は第二次大戦においては（第一次大戦とは違って）戦功勲章としての役割を与えられなかった．勲章規程では，戦闘行動の経過に決定的に重要な影響を与えた行為にたいしてヒトラーがこれを授与するとされていたものの，実際に授与されたのは国家元帥ヘルマン・ゲーリングのみであ

る．これによって，総統後継者としての特別な地位が強調されたのである．ハインリヒ・ヒムラーが1945年にヴァイクセル軍集団司令官となったとき，彼に大鉄十字章を授与しようとする計画も，明らかに存在した．しかし彼はこの任務に失敗したので，授与には至らなかった．その意味で第二次大戦における大鉄十字章は，軍事的機能を担ったナチ指導者にたいする勲章であった．

(91) Richtlinien für die Verleihung des Ritterkreuzes des Eisernen Kreuzes, abgedruckt in Gerhard von Seemen: *Die Ritterkreuzträger 1939–1945,* Friedberg o. J., S. 390f.

(92) 第二次大戦中に授与された182のヴィクトリア十字章のうち，死後に授与されたものが83（45%）である．

(93) さまざまな史料にもとづいて，著者が独自に集計した．

(94) Manfred Dörr: *Die Träger der Nahkampfspange in Gold. Heer. Luftwaffe. Waffen-SS,* Osnabrück 1996, S. XVIII.

(95) Christoph Rass: *»Menschenmaterial«: Deutsche Soldaten an der Ostfront. Innenansichten einer Infanteriedivision 1939–1945,* Paderborn 2003, S. 259f. Vgl. auch Christian Hartmann: *Wehrmacht im Ostkrieg. Front und militärisches Hinterland 1941/42,* München 2009, S. 189–201.

(96) 有罪判決にまで至った，これらの事例のいくつかについては，次を参照．*»Menschenmaterial«,* S. 256–258.

(97) Adrian Wettstein: *›Dieser unheimliche, grausame Krieg‹. Die Wehrmacht im Stadtkampf, 1939–1942,* Diss. phil. Bern 2010, S. 221f.

(98) René Schilling: *»Kriegshelden«. Deutungsmuster heroischer Männlichkeit in Deutschland 1813–1945,* Paderborn u. a. 2002, S. 316–372.

(99) Hartmann, *Wehrmacht im Ostkrieg,* S. 198.

(100) 次を参照．Ralph Winkle: *Der Dank des Vaterlandes. Eine Symbolgeschichte des Eisernen Kreuzes 1914 bis 1936,* Essen 2007, S. 345f.

第3章

(1) SRA 177, 17. 7. 1940, TNA, WO 208/4118.

(2) この点はとくに，戦時裁判権命令をめぐる議論でも明白になっている．Felix Römer, »Im alten Deutschland wäre ein solcher Befehl nicht möglich gewesen.« Rezeption, Adaption und Umsetzung des Kriegsgerichtsbarkeitserlasses im Ostheer 1941/42, in: *VfZG* 56 (2008), S. 53–99.

(3) James Waller: *Becoming evil. How Ordinary People Commit Genocide and Mass Killing,* Oxford 2002.

(4) SRA 75, 30. 4. 1940, TNA, WO 208/4117.

(5) Ebd.

(6) Ebd.

(7) Ebd.

(8) Ebd.

(9) これに加えて，Jochen Böhler: *Auftakt zum Vernichtungskrieg. Die Wehrmacht in Polen 1939,* Frankfurt am Main 2006.

(10) Jan Philipp Reemtsma: *Vertrauen und Gewalt. Versuch über eine besondere Konstellation der Moderne,* Hamburg 2008.

(11) Harald Welzer: *Verweilen beim Grauen,* Tübingen 1998.

(12) Mary Kaldor: New and Old Wars: *Organised Violence in a Global Era,* Cambridge 2006; Herfried Münkler: *Über den Krieg. Stationen der Kriegsgeschichte im Spiegel ihrer theoretischen Reflexion,* Weilerswist 2003.

(13) この関連でとりわけ有名で数多くの版を重ねた作品が，ヨハンナ・ハーラー『ドイツの母とその

初子』である．1934年には『ドイツの母とその初子』というタイトルで初めて出版され，戦後になっても1949年以降，（タイトルから「ドイツ」という言葉を抜いて）改訂された上で手引き書として販売され，読まれ続けた．

（14） SRA 3616, 31. 1. 1943, TNA, WO 208/4129.

（15） Böhler, *Auftakt,* S. 181ff.

（16） Ebd., S. 185.

（17） Vgl. Kehrt, *Moderne Krieger,* S. 403–407.

（18） Donald E. Polkinghorne: Narrative Psychologie und Geschichtsbewußtsein. Beziehungen und Perspektiven, in: Straub, Jürgen（Hg.）, *Erzählung, Identität und historisches Bewußtsein. Die psychologische Konstruktion von Zeit und Geschichte. Erinnerung, Geschichte, Identität* I, Frankfurt am Main 1998, S. 12–45. さらに次のすぐれた研究も参照．Stefanie Schüler-Springorum: *Krieg und Fliegen. Die Legion Condor im Spanischen Bürgerkrieg,* Paderborn 2010, S. 159–170, 176–180.

（19） Svenja Goltermann: *Die Gesellschaft der Überlebenden: Deutsche Kriegsheimkehrer und ihre Gewalterfahrungen im Zweiten Weltkrieg,* Stuttgart 2009.

（20） SRA 2642, 15. 6. 1942, TNA, WO 208/4126.

（21） SRA 3536, 9. 1. 1943, TNA,WO 208/4129.

（22） SRA 5538, 30. 7. 1944, TNA, WO 208/4134. この描写が引き合いに出しているのは，1944年７月21日から８月初頭まで行われた「ヴェルコール」作戦である．Vgl. Peter Lieb: *Konventioneller Krieg oder NS-Weltanschauungskrieg? Kriegführung und Partisanenbekämpfung in Frankreich 1943/44,* München 2007, S. 339–350.

（23） これは対空防衛のために揚げられている気球である．

（24） SRA 1473, 1. 4. 1941, TNA, WO 208/4123.

（25） SRA 180, 18. 7. 1940, TNA, WO 208/4118. この語りは，250キロ爆弾一発で戦艦一隻を沈めたと主張する，ある急降下爆撃機パイロットの（誤った）報告にもとづいている．戦争のこの時期には，自らの成功を誇張することはしばしばあった．Sönke Neitzel: *Der Einsatz der deutschen Luftwaffe über dem Atlantik und der Nordsee, 1939–1945,* Bonn 1995, S. 40.

（26） SRA 620, 26. 9. 1940, TNA, WO 208/4119.

（27） SRA 3849, 18. 3. 1943, TNA, WO 208/4129.

（28） SRA 623, 26. 9. 1940, TNA, WO 208/4119.

（29） SRA 2600, 8. 6. 1942, TNA, WO 208/4126.

（30） Klaus A. Maier u. a.: *Das Deutsche Reich und der Zweite Weltkrieg,* Bd. 2, Stuttgart 1979, S. 408.

（31） SRA 2600, 8. 6. 1942, TNA, WO 208/4126.

（32） Paul: *Bilder des Krieges, Krieg der Bilder,* S. 238.

（33） SRA 2636, 15. 6. 1942, TNA, WO 208/4126.

（34） Ebd.

（35） SRA 2678, 19. 6. 1942, TNA, WO 208/4126.

（36） SRA 3774, 6. 3. 1943, TNA, WO 208/4129.

（37） SRA 3983, 6. 5. 1944, TNA, WO 208/4130.

（38） SRA 828, 26. 10. 1940, TNA, WO 208/4120.

（39） SRA 3691, 22. 2. 1943, TNA, WO 208/4129.

（40） と同時に，脱出したパイロットがパラシュートにぶら下がったまま「片付けられる」事例も，すべての前線で生じていた．とくにドイツ上空で航空戦が行われる戦争後期になると，こうした出来事がしばしば起こった．そのさいアメリカの戦闘機は，少なくとも100人のドイツ軍パイロットをこうしたやり方で殺害した．Klaus Schmider, »The Last of the First«: Veterans of the Jagdwaffe tell their story, in: *Journal of Military History* 73（2009）, S. 246–250. 以下も参照．SRA 450, 4. 9. 1940, TNA, WO 208/4119; SRA 5460, 16. 7. 1944, TNA, WO 208/4134.

(41) SRX 1657, 17. 3. 1943, TNA, WO 208/4162.
(42) Ernst Jünger: *Kriegstagebuch 1914–1918,* Helmuth Kiesel (Hg.), Stuttgart 2010, S. 222.
(43) SRA 4212, 17. 7. 1943, TNA, WO 208/4130.
(44) 1943年６月11日，レスリー・ハワードの乗った航空機が撃墜された背景にあったビスケー湾上空のドイツ軍駆逐機の活動については，Neitzel, *Einsatz der deutschen Luftwaffe,* S. 193–203.
(45) SRX 2080, 7. 1. 1945, TNA, WO 208/4164.
(46)「潜水艦隊司令長官」を指す.
(47) SRX 179, 13. 3. 1941, TNA, WO 208/4158.
(48) Room Conversation Kneipp-Kerle, 22. 10. 1944; NARA, RG 165, Entry 179, Box 498.
(49) SRN 2023, 28. 7. 1943, TNA, WO 208/4146. ここでこの海軍の上等兵が述べている撃沈が具体的に何を指すのかは，今となってはもはや確かめることができない.
(50) SRN 1758, 6. 5. 1943, TNA, WO 208/4145.
(51) SRN 322, 15. 5. 1941, TNA, WO 208/4142.
(52) SRX 120, 23. 7. 1940, TNA, WO 208/4158. シェリンガーがここで述べているのは，1940年７月１日の護送船団 OA175への攻撃である．彼はこの最後の敵地航海で，あわせて４隻，16,000総登録トン（BRT）を沈めている.
(53) Michael Salewski: *Die deutsche Seekriegsleitung,* Bd. 2, München 1975; Werner Rahn u. a.: *Das Deutsche Reich und der Zweite Weltkrieg,* Bd. 6, Stuttgart 1990.
(54) SRN 626, 9. 8. 1941, TNA, WO 208/4143.
(55) U55の第二当直士官であった，海軍中尉フリッツ・フッテル.
(56) SRX 34, 10. 2. 1940, TNA, WO 208/4158.
(57) KTB SKL, Teil A, 6. 1. 1940, S. 37, BA-MA, RM 7/8.
(58) SRX 34, 10. 2. 1940, TNA, WO 208/4158.
(59) Stephen W. Roskill: *Royal Navy. Britische Seekriegsgeschichte 1939–1945,* Hamburg 1961, S. 402f.
(60) たとえば次を参照．Roger Chickering und Stig Förster: Are We There Yet? World War II and the Theory of Total War, in: Roger Chickering, Stig Förster und Bernd Greiner (Hg.): *A World at Total War. Global Conflict and the Politics of Destruction 1937–1945,* Cambridge 2005, S. 1–18.
(61) これに関して詳細で，国際的な比較を行っているものとして，Stig Förster (Hg.): *An der Schwelle zum Totalen Krieg. Die militärische Debatte über den Krieg der Zukunft, 1919–1939,* Paderborn 2002.
(62) これに関しては次も参照．Adam Roberts, Land Warfare: From Hague to Nuremberg, in: Michael Howard, George J. Andresopoulos und Mark R. Shulman (Hg.), *The Laws of War. Constraints on Warfare in the Western World,* New Haven/London 1994, S. 116–139.
(63) 以下に引用されている．Bourke, *Intimate History,* S. 182.
(64) SRGG 560, 14. 11. 1943, TNA, WO 208/4167.
(65) この点は戦後直後に，二人のアメリカ人戦時国際法学者も認めている.「法的考慮というよりも，政治的，軍事的考慮」のみが，ドイツ占領軍が抑制的な行動様式をとることを可能にしただろう，というのである．Vgl. Lester Nurick und RogerW. Barrett: Legality of Guerrilla Forces under the laws of war, in: *American Journal of International Law,* 40 (1946), S. 563–583. この文献が重要なのは，ことが終わった直後だというのに問題の所在を二人の法律家が把握していたという点にある．くわえて彼らは「アメリカ軍」将校であって，わずか一年前に破滅した「第三帝国」への共感を示す必要性など，何ひとつなかった．この点を指摘してくれたクラウス・シュミーダー（サンドハースト王立陸軍士官学校）に感謝する.
(66) この議論については次を参照．Lieb, *Konventioneller Krieg,* S. 253–257. 次も参照．Jörn Axel Kämmerer: Kriegsrepressalie oder Kriegsverbrechen? Zur rechtlichen Beurteilung der Massenexekutionen von Zivilisten durch die deutsche Besatzungsmacht im Zweiten Weltkrieg, in: *Archiv des Völk-*

errechts 37 (1999), S. 283–317.
(67) SRA 3444, 28. 12. 1942, TNA, WO 208/4128.
(68) 第126師団所属第424歩兵連隊長ハリー・ホッペ（1894年2月11日～1969年8月23日）は，シュリュッセルブルク攻略の功績により，1941年9月12日に騎士十字章を授与されている．
(69) Room Conversation Kneipp-Kerle, 23. 10. 1944; NARA, RG 165, Entry 179, Box 498. フランツ・クナイプは明らかにSS警察師団に配属されていた．エバーハルト・ケールレは無線兵であったが，彼の経歴について確かな記録は残っていない．
(70) Ebd.
(71) SRA 818, 25. 10. 1940, TNA, WO 208/4120.
(72) SRA 4758, 24. 12. 1943, TNA, WO 208/4132.
(73) SRA 5643, 13. 10. 1944, TNA, WO 208/4135.
(74) SRA 5643, 13. 10. 1944, TNA, WO 208/4135.
(75) Welzer, *Täter,* S. 161.
(76) Herbert Jäger: *Verbrechen unter totalitärer Herrschaft. Studien zur nationalsozialistischen Gewaltkriminalität,* Frankfurt am Main 1982.
(77) SRX 2056, 14. 11. 1944, TNA, WO 208/4164.
(78) SRA 5628, 28. 9. 1944, TNA, WO 208/4135.
(79) SRA 5454, 8. 7. 1944, TNA, WO 208/4134.
(80) SRX 2072, 19. 12. 1944, TNA, WO 208/4164.
(81) Carlo Gentile: *Wehrmacht, Waffen-SS und Polizei im Kampf gegen Partisanen und Zivilbevölkerung in Italien 1943–1945,* Paderborn 2011.
(82) Lieb, *Konventioneller Krieg,* S. 574.
(83) SRA 5522, 25. 7. 1944, TNA, WO 208/4134.
(84) SRA 5664, 30. 11. 1944, TNA, WO 208/4135.
(85) ウィリアム・カリー少尉は，ミライでの大量殺戮への関与によって終身刑を言い渡された（すぐ後に減刑された）が，小さな子どもや乳児であっても完全に敵として見なさなければならないということに，疑念はまったく抱いていなかった．「老人，女性，子ども（赤ん坊も含めて）はみなヴェトコンであるか，3年以内にヴェトコンになるだろう．そしてヴェトコンの女性のおなかには，すでに数千人の小さなヴェトコンがいたんだ」．Vgl. Bourke, *Intimate History,* S. 175.
(86) SRA 2957, 9. 8. 1942, TNA, WO 208/4127.
(87) Jochen Oltmer (Hg.): *Kriegsgefangene im Europa des Ersten Weltkrieges,* Paderborn 2006, S. 11.
(88) Georg Wurzer: Die Erfahrung der Extreme. Kriegsgefangene in Rußland 1914–1918, in: Oltmer, *Kriegsgefangene im Europa des Ersten Weltkrieges,* S. 108.
(89) Christian Streit: *Keine Kameraden. Die Wehrmacht und die sowjetischen Kriegsgefangenen 1941–1945,* Stuttgart 1980; Alfred Streim: *Sowjetische Gefangene in Hitlers Vernichtungskrieg. Berichte und Dokumente,* Heidelberg 1982; Rüdiger Overmans: Die Kriegsgefangenenpolitik des Deutschen Reiches 1939 bis 1945, in: Militärgeschichtliches Forschungsamt (Hg.), *Das Deutsche Reich und der Zweite Weltkrieg,* Band 9/2, München 2005, S. 729–875, hier S. 804–824.
(90) 以下に引用されている．Felix Römer: »Seid hart und unerbittlich ...« Gefangenenerschießung und Gewalteskalation im deutsch-sowjetischen Krieg 1941/42, in: Sönke Neitzel und Daniel Hohrath (Hg.), *Kriegsgreuel. Die Entgrenzung der Gewalt in kriegerischen Konflikten vom Mittelalter bis ins 20. Jahrhundert,* Paderborn 2008, S. 327.
(91) Ebd., S. 319.
(92) SRM 599, 25. 6. 1944, TNA, WO 208/4138. Vgl. auchSRA 2671, 19. 6. 1942, TNA, WO 208/4126; SRA 2957, 29. 8. 1942, TNA, WO 208/4127; SRX 1122, 22. 9. 1942, TNA, WO 208/4161.
(93) Hartmann, *Wehrmacht im Ostkrieg,* S. 542–549.

(94) Johannes Hürter: *Ein deutscher General an der Ostfront. Die Briefe und Tagebücher des Gotthard Heinrici 1941/42*, Erfurt 2001.
(95) SRM 1023, 15. 11. 1944, TNA, WO 208/4139.
(96) Dieter Pohl: *Die Herrschaft der Wehrmacht. Deutsche Militärbesatzung und einheimische Bevölkerung in der Sowjetunion 1941–1944*, München 2008, S. 205; Hartmann, *Wehrmacht im Ostkrieg*, S. 523–526.
(97) SRM 49, 24. 2. 1942, TNA, WO 208/4136.
(98) 輸送手段がないという理由で180人のソ連人捕虜が射殺されたことを，次の史料は報告している．SRA 2605, 10. 6. 1942, TNA, WO 208/4126.
(99) SRX 2139, 28. 4. 1945, TNA, WO 208/4164.
(100) SRA 4273, 14. 8. 1943, TNA, WO 208/4130; 次を参照．Room Conversation Müller-Reimbold, 22. 3. 1945; NARA, RG 165, Entry 179, Box 530.
(101) SRA 2957, 9. 8. 1942, TNA, WO 208/4127. Vgl. SRA 5681, 21. 12. 1944, TNA, WO 208/4135.
(102) SRA 5681, 21. 12. 1944, TNA, WO 208/4135; SRA 4742, 20. 12. 1943, TNA, WO 208/4132; SRA 2618, 11. 6. 1942, TNA, WO 208/4126.
(103) Vyasma, Wjasma, Vjaz'ma といった表記が見られる．
(104) GRGG 169, 2. 8.-4. 8. 1944, TNA, WO 208/4363.
(105) Christian Hartmann, Massensterben oder Massenvernichtung? Sowjetische Kriegsgefangene im »Unternehmen Barbarossa«. Aus dem Tagebuch eines deutschen Lagerkommandanten, in: *VfZG* 49 (2001), S. 97–158; *»Erschießen will ich nicht«. Als Offizier und Christ im Totalen Krieg. Das Kriegstagebuch des Dr. August Töpperwien*, Düsseldorf 2006; Richard Germann, *»Österreichische« Soldaten in Ost-und Südeuropa 1941–1945. Deutsche Krieger-Nationalsozialistische Verbrecher-Österreichische Opfer?* (unveröffentlichte Dissertation, Universität Wien 2006), S. 186–199.
(106) SRA 2672, 19. 6. 1942, TNA, WO 208/4126.
(107) Ebd.
(108) SRM 735, 1. 8. 1944, TNA, WO 208/4138. Vgl. auch SRA 5681, 21. 12. 1944, TNA, WO 208/4135.
(109) SRA 4791, 6. 1. 1944, TNA, WO 208/4132.
(110) Room Conversation Krug-Altvatter, 27. 8. 1944; NARA, RG 165, Entry 179, Box 442.
(111) Interrogation Report, Gefreiter Hans Breuer, 18. 2. 1944; NARA, RG 165, Entry 179, Box 454.
(112) たとえば次を参照．SRA 2672, 19. 6. 1942, TNA, WO 208/4126; SRA 5502, 21. 7. 1944, TNA, WO 208/4134; SRGG 274, 22. 7. 1943, TNA, WO 208/4165; SRGG 577, 21. 11. 1943, TNA, WO 208/4167; Room Conversation Lehnertz-Langfeld, 14. 8. 1944; NARA, RG 165, Entry 179, Box 507; Room Conversation Gartz-Sitzle, 27. 7. 1944; NARA, RG 165, Entry 179, Box 548.
(113) SRGG 1203 (c), 6. 5. 1945, TNA, WO 208/4170.
(114) SRA 3966, 26. 4. 1943, TNA, WO 208/4130.
(115) Ebd.
(116) 1942年7月26日の夜，プシェムィシルのユダヤ人住民は家から連れ出され，ともに追い立てられた．朝5時頃，地区司令官のマックス・リートケがアドルフ・ベンティンSS少尉に電話をかけ，少なくとも国防軍のために働いているユダヤ人男性は移送から除外すべきだと主張した．そのさい彼は，参謀本部に苦情を申し立てるぞと脅しをかけ，実際彼はすでに無線を通じてこの出来事について参謀本部に知らせていた．この報告にたいする参謀本部の反応を待つことなく，彼の副官アルベルト・バッテルはユダヤ人ゲットーへの唯一の入り口を封鎖した．ゲットーに立ち入ろうとするSSは，機関銃の脅しによって阻止された．バッテルがそのさい固執したのは，プシェムィシルには戒厳令を敷いているではないかという点であった．これは法的にはその通りだったが，実際にはSSにとってはひどい屈辱であり，挑発を意味していた．このような危険な状況では，SSが最終的に自らの意思

を押し通すであろうことは容易に想像されたため，バッテルはまだ封鎖が続いているあいだに，90人の労働者を家族とともに地区本部にかくまえるよう手配した．彼はさらに240人をゲットーから連れ出し，本部の地下室にかくまった．バッテルとリートケの状況判断は正しかった．封鎖は解除され，7月27日，いわゆる「立ち退き行動」がふたたび開始された．

(117) Wolfram Wette: *Retter in Uniform. Handlungsspielräume im Vernichtungskrieg der Wehrmacht*, Frankfurt am Main 2003.

(118) 1941年7月，8月，11月と三段階で，デュナブルクのユダヤ人およそ1400人が殺害された．*Enzyklopädie des Holocaust*, Israel Gutman (Hauptherausgeber), Eberhard Jäckel, Peter Longerich und Julius H. Schoeps (Hg.), Bd. 1, S. 375.

(119) SRGG 1086, 28. 12. 1944, TNA, WO 208/4169.

(120) Frank Bajohr und Dieter Pohl: *Der Holocaust als offenes Geheimnis. Die Deutschen, die NS-Führung und die Alliierten*, München 2006; Peter Longerich: *»Davon haben wir nichts gewusst!« Die Deutschen und die Judenverfolgung 1933–1945*, München 2006; Harald Welzer: Die Deutschen und ihr Drittes Reich, in: *Aus Politik und Zeitgeschichte (APuZ)* 14–15/2007.

(121) メシェムスは，今日ではダウガフピルス（デュナブルク）の市区である．

(122) SRGG 1086, 28. 12. 1944, TNA, WO 208/4169.

(123) Ebd.

(124) 次を参照．Welzer/Moller/Tschuggnall, *Opa*, S. 35ff.; Angela Keppler: *Tischgespräche*, Frankfurt am Main 1994, S. 173.

(125) SRGG 1086, 28. 12. 1944, TNA, WO 208/4169.

(126) Ebd.

(127) Ebd.

(128) Ebd.

(129) Ebd.

(130) Ebd.

(131) とりわけハンス・フェルベルトの「第三帝国」における経歴は，史料状況もよく，盗聴記録に数多くの発言が残っているため，かなり詳しく知ることができる．彼はすでに1940年6月3日に，自分の部隊を敵にたいして十分「ハード」に率いなかったという理由で，連隊長を解任されている．1942年6月以降，彼はブザンソンの地域司令官となり，そこで彼はしばしばSDと衝突を繰り返した．もっとも，死刑判決を受けた42人のパルチザンの処刑は，防ぐことができなかった．フェルベルトは自らの行軍部隊を率いて撤退する途上で，フランス軍部隊に降伏し，そのためヒトラーによって欠席裁判において死刑判決を宣告されている．彼の家族は共同責任を問われ，拘束された（ジッペンハフト）．イギリスの情報機関は，彼をナチズムへの断固たる敵対者であると評価している．Neitzel, *Abgehört*, S.443.

(132) SRGG 1086, 28. 12. 1944, TNA, WO 208/4169.

(133) SRGG 1086, 28. 12. 1944, TNA, WO 208/4169.

(134) クラクフ・プワシェフは1942年に強制労働収容所として建設され，1944年に強制収容所に転換された．キッテルが街に滞在していた1944年夏，ここには22,000ないし24,000人が収容されていた．およそ8,000人が収容所で殺害された．*Enzyklopädie des Holocaust: die Verfolgung und Ermordung der europäischen Juden*, Israel Gutman (Hg.), Berlin 1993, Bd. 2, S. 118f.

(135) SRGG 1086, 28. 12. 1944, TNA, WO 208/4169.

(136) GRGG 265, 27. 2.-1. 3. 1945, TNA, WO 208/4177.

(137) Frederic Bartlett: *Remembering. A study in experimental and social psychology*, Cambridge 1997; Harald Welzer: *Das kommunikative Gedächtnis. Eine Theorie der Erinnerung*, München 2002.

(138) SRGG 1158 (C), 25. 4. 1945, TNA, WO 208/4169.

(139) この機械的な性格については，検察による捜査の過程での加害者の供述にもはっきりと現れて

いる．次を参照．Welzer, *Täter,* S. 140.

(140) Jürgen Matthäus: Operation Barbarossa and the Onset of the Holocaust, in: Ders./Browning, Christopher, *The Origines of the Final Solution: The Evolution of Nazi Jewish Policy, September 1939–March 1942,* Lincoln/Jerusalem 2004, S. 244–309.

(141) 次を参照．Welzer/Moller/Tschuggnall, *Opa,* S. 57.

(142) この点を指摘してくれたペーター・クラインに感謝する．

(143) たとえば次を参照．Andrej Angrick: *Besatzungspolitik und Massenmord. Die Einsatzgruppe D in der südlichen Sowjetunion 1941–1943,* Hamburg 2003. Andrej Angrick, Martina Voigt, Silke Ammerschubert und Peter Klein, »Da hätte man schon ein Tagebuch führen müssen.« Das Polizeibataillon 322 und die Judenmorde im Bereich der Heeresgruppe Mitte während des Sommers und Herbstes 1941, in: Helge Grabitz, u. a. (Hg.), *Die Normalität des Verbrechens. Bilanz und Perspektiven der Forschung zu den nationalsozialistischen Gewaltverbrechen,* Berlin 1994, S. 325–385. Vincas Bartusevicius, Joachim Tauber und Wolfram Wette (Hg.), *Holocaust in Litauen. Krieg, Judenmorde und Kollaboration,* Köln 2003. Ruth Bettina Birn, *Die Höheren SS- und Polizeiführer. Himmlers Vertreter im Reich und in den besetzten Gebieten,* Düsseldorf 1986. Peter Klein (Hg), *Die Einsatzgruppen in der besetzten Sowjetunion 1941/42. Tätigkeits- und Lageberichte des Chefs der Sicherheitspolizei und des SD,* Berlin 1997. Helmut Krausnick und Hans-Heinrich Wilhelm, *Die Truppe des Weltanschauungskrieges. Die Einsatzgruppen der Sicherheitspolizei und des SD 1938–1942,* Stuttgart 1981. Konrad Kwiet, Auftakt zum Holocaust. Ein Polizeibataillon im Osteinsatz, in: Wolfgang Benz, u. a. (Hg.), *Der Nationalsozialismus. Studien zur Ideologie und Herrschaft,* Frankfurt am Main 1995, S. 191–208; Ralf Ogorreck, *Die Einsatzgruppen und die »Genesis der Endlösung«,* Berlin 1994.

(144) SRA 2961, 12. 8. 1942, TNA, WO 208/4127.

(145) SRA 4583, 21. 10. 1943, TNA, WO 208/4131.

(146) SRN 2528, 19. 12. 1943, TNA, WO 208/4148.

(147) SRM 30, 27. 1. 1942, TNA, WO 208/4136.

(148) SRA 3379, 8. 12. 1942, TNA, WO 208/4128.

(149) ヘスは彼の自伝的手記の終わりあたりで，次のように述べている．「また現在，私は，ユダヤ人虐殺は誤り，全くの誤りだったと考える．まさにこの大量虐殺によって，ドイツは，全世界の憎しみを招くことになった．それは，反ユダヤ主義に何の利益にもならぬどころか，逆に，ユダヤ人はそれで彼らの終極目標により近づくことになってしまった」．Martin Broszat (Hg.): *Rudolf Höß. Kommandant in Auschwitz. Autobiographische Aufzeichnungen des Rudolf Höß,* München 1989, S. 153.（訳書368–369頁）

(150) Hannah Arendt: *Eichmann in Jerusalem. Ein Bericht von der Banalität des Bösen,* Leipzig 1986.

(151) Browning, *Ganz normale Männer,* S. 243.

(152) Lifton, *Ärzte.*

(153) SRA 4604, 27. 10. 1943, TNA, WO 208/4131.

(154) Arendt, *Eichmann,* S. 104.

(155) SRA 4604, 27. 10. 1943, TNA, WO 208/4130.

(156) 次も参照．Welzer, *Täter,* S. 266, und Internationaler Militärgerichtshof: *Der Prozess gegen die Hauptkriegsverbrecher,* Nürnberg 1948, Bd. 29, S. 145.

(157) オデッサではおよそ99,000人のユダヤ人が，そのほとんどはルーマニア軍によって殺害された．*Enzyklopädie des Holocaust,* Bd. 2, S. 1058f.

(158) ウィーンでの「帝国水晶の夜」については，次を参照．Siegwald Ganglmair (Hg.), Der *Novemberpogrom 1938. Die Reichskristallnacht in Wien,* Wien 1988; Herbert Rosenkranz, *Reichskristallnacht. 9. November 1938 in Österreich,* Wien 1968.

(159) GRGG 281, 8. 4.-9. 4. 1945, TNA, WO 208/4177.

(160) SRA 5444, 8. 7. 1944, TNA, WO 208/4134.
(161) Room Conversation Swoboda-Kahrad, v. 2. 12. 1944, NARA, RG 165, Entry 179, Box 552.
(162) SRA 4820, 13. 1. 1944, TNA, WO 208/4132.
(163) レンベルクにはヤノフスカ収容所があったが，ガス室はなかった．ここで殺害された人数については，数万人から20万人まで諸説ある．*Enzyklopädie des Holocaust*, Bd. 2, S. 657ff. ここからもっとも近いところにあるガス室は，レンベルクの北西約70キロにあるベウジェッツ絶滅収容所であった．1942年３月半ばから12月まで，ここでは60万人前後のユダヤ人，「ジプシー」，ポーランド人が殺害された．ガリツィアにおけるユダヤ人殺害については，次を参照．Thomas Sandkühler: *»Endlösung« in Galizien*, Bonn 1996.
(164) ラムケがどの程度ホロコーストを知っていたのかについて，今日では明確に跡づけることはできない．彼がウクライナの東部戦線で戦っていたのはわずか４週間そこそこであったということからは，彼の知識が限られたものであったことが推察される．
(165) GRGG 272, 13. 3.-16. 3. 1945, TNA, WO 208/4177.
(166) Welzer, *Täter*, S. 158ff.
(167) 1939年９月15日にドイツ軍が征服したクトノでは，1940年６月にユダヤ系住民がゲットーに封鎖され，ぞっとするような条件のもと生活していた．1942年３月と４月にゲットーが解体されると，人びとはクルムホフ〔ヘウムノ〕絶滅収容所で殺害された．クトノでユダヤ人が大量射殺されたという事実は，現在までのところ知られていない．
(168) GRGG 272, 13. 3.-16. 3. 1945, TNA, WO 208/4177.
(169) Ebd.
(170) ハンナ・アーレントは論文「エルサレムのアイヒマン」の中で，アイヒマンは自分のなしたことがどのようなものであるのか，まったく想像することすらできなかったと述べている．彼女がこのような誤った評価を下した理由はひょっとすると，アイヒマンが公判中示していた怠惰さや無関心さと関係しているのかもしれない．よりありうるのは，アイヒマンが国家保安本部のため倦むことなく続けていた仕事において従っていた規範が，他の地域や時代のそれとは異なっていたという説明であろう．つまり彼は，ナチ的道徳の規範に従っていたのである．たとえば元海軍法務官のハンス・カール・フィルビンガーは，彼の死刑判決への関与が発覚したさいに，この価値規範の差異という問題をそれとなく引き合いに出している．「当時正しかったことが，今では不正になるということはありえない」．
(171) SRM 33, 31. 1. 1942, TNA, WO 208/4136.
(172) SRA 3313, 30. 10. 1942, TNA, WO 208/4128.
(173) おそらくここでタウムベルガーが述べているのは，オーバーエスターライヒのグーゼン収容所であろう．ここでは地下の生産施設で，ジェット戦闘機メッサーシュミット262が生産されることになっていた．
(174) SRA 5618, 24. 9. 1944, TNA, WO 208/4134.
(175) Welzer/Moller/Tschuggnall, *Opa*, S. 158.
(176) Room Conversation Müller-Reimbold, 22. 3. 1945; NARA, RG 165, Entry 179, Box 530.
(177) William Ryan: *Blaming the Victim*, London 1972.
(178) Broszat (Hg.), *Rudolf Höß*, S. 130.
(179) Goldhagen, *Vollstrecker*, S. 462ff. Browning, *Ganz normale Männer*, S. 154.
(180) 次も参照．Welzer/Moller/Tschuggnall, *Opa*, S. 57.
(181) 以下に引用されている．Browning, *Ganz normale Männer*, S. 34.
(182) Welzer, *Täter*, S. 132ff.
(183) Hilberg, *Die Vernichtung*, S. 338ff.
(184) Ebd., S. 339.
(185) SRN 852, 11. 3. 1942, TNA, WO 208/4143; Heinz-Ludger Borgert, Kriegsverbrechen der Krieg-

smarine, in: Wolfram Wette, Gerd R. Ueberschär (Hg.), *Kriegsverbrechen im 20. Jahrhundert,* Darmstadt 2001, S. 310–312; *Enzyklopädie des Holocaust,* Bd. 2, S. 859f.

(186) SRA 4759, 25. 12. 1943, TNA, WO 208/4132.

(187) SRM 1163, 5. 1. 1945, TNA, WO 208/4140.

(188) SRA 3948, 16. 4. 1943, TNA, WO 208/4130.

(189) SRN 720, 25. 12. 1941, TNA, WO 208/4143.

(190) SRCMF X 16, 29.05–02. 06. 1944, TNA, WO 208/5513, Gespräch zwischen M 44/368 und M 44/374. 以下に引用されている．Anette Neder: Kriegsschauplatz Mittelmeerraum. Wahrnehmungen und Deutungen deutscher Soldaten im Mittelmeerraum. Magisterarbeit Uni Mainz 2010, S. 70.

(191) SRA 554, 18. 9. 1940, TNA, WO 208/4119.

(192) SRA 5264, 14. 5. 1944, TNA, WO 208/4133.

(193) SRA 2947, 10. 8. 1942, TNA, WO 208/4127.

(194) Room Conversation Quick-Korte, 23. 7. 1944; NARA, RG 165, Entry 179, Box 529.

(195) GRGG 169, 2.-4. 8. 1944, TNA, WO 208/4363.

(196) Room Conversation Schulz-Voigt, 16. 6. 1944; NARA, RG 165, Entry 179, Box 557.

(197) SRA 554, 18. 9. 1940, TNA, WO 208/4119. これはおそらく，対仏戦におけるドイツ軍歩兵師団のフランス・パルチザンにたいするパニックを引き合いに出しているのだろう．Lieb, *Konventioneller Krieg,* S. 15–19.

(198) SRA 3966, 26. 4. 1943, TNA, WO 208/4130.

(199) 第一降下猟兵師団.

(200) SRM 410, 16. 12. 1943, TNA, WO 208/4137.

(201) Ebd.

(202) SRM 892, 15. 9. 1944, TNA, WO 208/4139.

(203) たとえば以下を参照．SRM 975, 20. 10. 1944, TNA, WO 208/4139.

(204) たとえば，ヴィルヘルム・トーマ将軍による発言.

(205) SRA 5852, 3. 5. 1945, TNA, WO 208/4135.

(206) Room Conversation Goessele-Langer, 27. 12. 1944; NARA, RG 165, Entry 179, Box 474.

(207) Room Conversation Drosdowski-Richter, 11. 1. 1945; NARA, RG 165, Entry 179, Box 462.

(208) SRM 659, 18. 7. 1944, TNA, WO 208/4138.

(209) Room Conversation Müller-Reimbold, 22. 3. 1945; NARA, RG 165, Entry 179, Box 530.

(210) Room Conversation Hanelt-Breitlich, 3. 4. 1945; NARA, RG 165, Entry 179, Box 447.

(211) GRGG 232, 8.-11. 12. 1944, TNA, WO 208/4364.「安楽死」や，第二帝政とヴァイマル共和国の優生学におけるその前史については，次を参照．Ernst Klee: *»Euthanasie« im NS-Staat. Die Vernichtung lebensunwerten Lebens,* Frankfurt am Main 1985.

(212) SRGG 782, 21. 1. 1944, TNA, WO 208/4167.

(213) SRGG 495, 21. 10. 1943, TNA, WO 208/4166.

(214) これについて詳しくは，Felix Römer: *Kommissarbefehl. Wehrmacht und NSVerbrechen an der Ostfront 1941/42,* Paderborn 2008.

(215) GRGG 271, 10. 3.-12. 3. 1945, TNA, WO 208/4177.

(216) SRGG 679, 20. 12. 1943, TNA, WO 208/4167.

(217) SRM 877, 7. 9. 1944, TNA, WO 208/4139.

(218) SRM 633, 11. 7. 1944, TNA, WO 208/4138.

(219) Welzer, *Täter,* S. 218f., Groß, *Anständig geblieben.*

(220) Broszat (Hg.), *Rudolf Höß,* S. 156.

(221) SRA 3249, 9. 10. 1942, TNA, WO 208/4128.

(222) SRA 4880, 27. 1. 1944, TNA, WO 208/4132.

(223) SRA 5702, 6. 1. 1945, TNA, WO 208/4135.

(224) Charlotte Beradt: *Das Dritte Reich des Traumes.* Mit einem Nachwort von Reinhart Koselleck, Frankfurt am Main 1981.

(225) Helmut Karl Ulshöfer (Hg.): *Liebesbriefe an Adolf Hitler: Briefe in den Tod: Unveröffentlichte Dokumente aus der Reichskanzlei,* Frankfurt am Main 1994.

(226) ロートキルヒはこの出来事について，以下でも述べている．SRGG 1133 (C), 9. 3. 1945, TNA, WO 208/4169.

(227) GRGG 272, 13. 3.-16. 3. 1945, TNA, WO 208/4177.

(228) Room Conversation Meyer-Killmann, 17. 8. 1944; NARA, RG 165, Entry 179, Box 516.

(229) SRA 3468, 30. 12. 1942, TNA, WO 208/4128.

(230) Ebd.

(231) SRA 4174, 14. 7. 1943, TNA, WO 208/4130.

(232) SRA 4232, 20. 7. 1943, TNA, WO 208/4130. 第二駆逐航空団第三戦隊長ヴィルヘルム・ハッハフェルト大尉は，1942年12月2日，離陸時に事故で死亡した．

(233) SRA 591, 23. 9. 1940, TNA, WO 208/4119.

(234) SRA 179, 17. 7. 1940, TNA, WO 208/4118.

(235) SRA 4652, 4. 11. 1943, TNA, WO 208/4132.

(236) SRA 3259, 13. 10. 1942, TNA, WO 208/4128.

(237) SRA 687, 4. 10. 1940, TNA, WO 208/4120.

(238) SRA 3035, 24. 8. 1942, TNA, WO 208/4127.

(239) SRA 3891, 28. 3. 1943, TNA, WO 208/4129.

(240) SRA 3915, 29. 3. 1943, TNA, WO 208/4130.

(241) Ulf Balke: *Der Luftkrieg in Europa. Die operativen Einsätze des Kampfgeschwaders 2 im Zweiten Weltkrieg,* Bd. 2, Bonn 1990, S. 524.

(242) SRA 5108, 27. 3. 1944, TNA, WO 208/4133. 次も参照．Ernst Stilla: *Die Luftwaffe im Kampf um die Luftherrschaft,* Diss. phil. Uni Bonn 2005, S. 236–243.

(243) SRA 4663, 5. 11. 1943, TNA, WO 208/4132.

(244) Stilla, *Die Luftwaffe,* S. 232–236.

(245) SRA 2570, 3. 6. 1942, TNA, WO 208/4126.

(246) SRA 1503, 13. 4. 1941, TNA, WO 208/4123.

(247) SRN 625, 9. 8. 1941, TNA, WO 208/4143.

(248) SRA 4156, 10. 7. 1943, TNA, WO 208/4130.

(249) SRA 1503, 13. 4. 1941, TNA, WO 208/4123.

(250) Mallmann, *Deutscher Osten,* S. 155.

(251) Regina Mühlhäuser: *Eroberungen, sexuelle Gewalttaten und intime Beziehungen deutscher Soldaten in der Sowjetunion 1941–1945,* Hamburg 2010. 性暴力については次も参照．Birgit Beck: *Wehrmacht und sexuelle Gewalt. Sexualverbrechen vor deutschen Militärgerichten,* Paderborn 2004.

(252) SRN 2528, 19. 12. 1943, TNA, WO 208/4148.

(253) Angrick, *Besatzungspolitik und Massenmord,* S. 450.

(254) Bernd Greiner: *Krieg ohne Fronten. Die USA in Vietnam,* Hamburg 2007.

(255) Angrick, *Besatzungspolitik und Massenmord,* S. 150.

(256) Ebd., S. 448.

(257) Willy Peter Reese/Stefan Schmitz: *Mir selber seltsam fremd: Die Unmenschlichkeit des Krieges. Russland 1941–44,* München 2003.

(258) Angrick, *Besatzungspolitik und Massenmord,* S. 449.

(259) SRA 1345, 21. 2. 1941, TNA, WO 208/4123.

(260) Mühlhäuser: *Eroberungen,* S. 186.
(261) Ebd., S. 187.
(262) Chef der Sicherheitspolizei und des SD, Kommandostab, Meldungen aus den besetzten Gebieten der UdSSR, 25. 2. 1942 USHMM, RG-31 002M, Rolle 11, 3676/4/105, Bl. 16f., 以下に引用されている. Mühlhäuser, *Eroberungen,* S. 214.
(263) SRA 753, 14. 10. 1940, TNA, WO 208/4120.
(264) SRA 4819, 12. 1. 1944, TNA, WO 208/4132.
(265) SRA 2871, 4. 8. 1942, TNA, WO 208/4127.
(266) Room Conversation Sauermann-Thomas, 5. 8. 1944; NARA, RG 165, Entry 179, Box 554.
(267) 次を参照. Michaela Christ: Kriegsverbrechen, in: Welzer/Neitzel/Gudehus (Hg.), *Der Führer.*
(268) Room Conversation Kruk-Böhm, 12. 6. 1944; NARA, RG 165, Entry 179, Box 504.
(269) SRA 2386, 12. 12. 1941, TNA, WO 208/4126.
(270) SRA 4903, 30. 1. 1944, TNA, WO 208/4132.
(271) SRX 1937, 2. 2. 1944, TNA, WO 208/4163.
(272) SRN 809, 23. 2. 1942, TNA, WO 208/4143.
(273) SRA 1227, 1. 2. 1941, TNA, WO 208/4122.
(274) SRA 712, 8. 10. 1940, TNA, WO 208/4120.
(275) Diziplinarbericht der 8. Zerstörerflottille »Narvik« für die Zeit vom 1. Juli 1942 bis 1. September 1943, BA/MA, RM 58/39.
(276) Room Conversation Müller-Reimbold, v. 22. 3. 1945; NARA, RG 165, Entry 179, Box 530.
(277) Room Conversation Czosnowski-Schultka, 2. 4. 1945, NARA, Box 458, S. 438f.
(278) Mallmann, *Deutscher Osten*; Mühlhäuser, *Eroberungen.*
(279) おそらく, ベラルーシのバブルイスクのことを言っていると思われる.
(280) Room Conversation Held-Langfeld, v. 13. 8. 1944, NARA, RG 165, Entry 179, Box 506.
(281) Room Conversation Kokoschka-Saemmer, 15. 6. 1944; NARA, RG 165, Entry 179, Box 500.
(282) イギリス空軍の爆撃機部隊のこと.
(283) Philipps O'Brien: East versus West in the Defeat of Nazi Germany, in: *Journal of Strategic Studies* 23 (2000), S. 89–113, S. 93.
(284) 基礎的な次の研究を参照. Kehrt, *Moderne Krieger.*
(285) SRA 172, 15. 07. 1940, TNA, WO 208/4118.
(286) SRA 4130, 1. 7. 1943, TNA, WO 208/4130.
(287) SRA 3748, 26. 2. 1943, TNA, WO 208/4129.
(288) SRA 4135, 3. 7. 1943, TNA, WO 208/4130.
(289) これについては, Lutz Budraß: *Flugzeugindustrie und Luftrüstung in Deutschland 1918–1945,* Düsseldorf 1998.
(290) SRA 510, 11. 9. 1940, TNA, WO 208/4119.
(291) SRA 496, 10. 9. 1940, TNA, WO 208/4119.
(292) SRA 4063, 5. 6. 1943, TNA, WO 208/4130.
(293) SRA 5467 15. 7. 1944, TNA, WO 208/4134.
(294) SRA 5710, 11. 1. 1945, TNA, WO 208/4135; Josef Priller: *Geschichte eines Jagdgeschwaders. Das J.G. 26 (Schlageter) 1937–1945,* Stuttgart 1956, 4. Auflage 1980, S. 265, 335.
(295) メックレ伍長はある出撃のさいに, Ju 88の夜間戦闘機に乗って北海上空を飛んでいたが, コンパスの故障によって誤ってイギリスのウールブリッジに着陸してしまった. こうして彼は, ドイツ軍の夜間戦闘機という最新技術を, イギリス軍にただで引き渡したことになる. Gebhard Aders: *Geschichte der deutschen Nachtjagd, 1917–1945,* Stuttgart 1978, S. 250.
(296) ここで触れられているのはMe 210である. 1940年に導入されることになっていたが, 技術的問

題によってずるずると遅れ，最終的に計画は放棄された．Rüdiger Kosin: *Die Entwicklung der deutschen Jagdflugzeuge*, Bonn 1990, S. 135–138.

(297) SRA 117, 12. 6. 1940, TNA, WO 208/4118.

(298) SRA 3273, 16. 10. 1942, TNA, WO 208/4128.

(299) SRA 3069, 30. 8. 1942, TNA, WO 208/4127.

(300) SRA 4516, 11. 10. 1943, TNA, WO 208/4131. ここで説明されているのは，He 219の夜間戦闘機である．

(301) SRA 3069, 30. 8. 1942, TNA, WO 208/4127.

(302) SRA 3307, 26. 10. 1942, TNA, WO 208/4128.

(303) SRA 3943,13. 4. 1943. TNA, WO 208/4130. 1941年12月にある上等兵が語っているところによれば，彼はHe 177を目撃しており，この機体はすでに一度アメリカへと飛んだこともあるものだったという．SRA 2371, 6.12.1941, TNA/WO 208/4126. 次も参照．SRA 5545 29. 7. 1944., TNA, WO 208/4134. 次も参照．Room Conversation, Krumkühler-Wolff, 26. 8. 1944, NARA, Entry 179, Box 566. この資料には，ビラを撒くためにベルリン・ニューヨーク間を飛行したという話がでてくる．たとえばU 432のヨーゼフ・ブレール少尉もこの飛行について語っているが，そこではビラ撒布のためニューヨークに飛んだのはジェット機だということになっている．SRN 1629, 11. 4. 1943, TNA, WO 208/4145.

(304) 次を参照．Karl Kössler und Günther Ott: *Die großen Dessauer. Die Geschichte einer Flugzeugfamilie*, Planegg 1993, S. 103–105.

(305) Peter Herde: *Der Japanflug. Planungen und Verwirklichung einer Flugverbindung zwischen den Achsenmächten und Japan 1942–1945,* Stuttgart 2000.

(306) SRA 3950, 17. 4. 1943, TNA, WO 208/4130.

(307) SRA 2992, 12. 8. 1942, TNA, WO 208/4127.

(308) SRA 3465, 30. 12. 1942, TNA, WO 208/4128 の報告では，ロケット戦闘機Me 163の原理について言及されている．

(309) SRA 4235, 20. 7. 1943, TNA, WO 208/4130. ロット伍長は，第10高速爆撃航空団第11中隊に所属していた．ここで言及されている航空団の司令官は，第53戦闘航空団司令のギュンター・フォン・マルトツァーン中佐である．

(310) SRA 4709, 15. 12. 1943, TNA, WO 208/4132.

(311) SRA 4880, 27. 1. 1944, TNA, WO 208/4132.

(312) SRA 5114, 29. 3. 1944, TNA, WO 208/4133.

(313) SRA 5111, 29. 3. 1944, TNA, WO 208/4133.

(314) SRA 5531 26. 7. 1944, TNA, WO 208/4134.

(315) SRA 5456 15. 7. 1944, TNA, WO 208/4134.

(316) SRA 5732, 15. 1. 1945, TNA, WO 208/4135.

(317) J. Ethelli, Alfred Price: *Deutsche Düsenflugzeuge im Kampfeinsatz 1944/45,* Stuttgart 1981, S. 70f.

(318) Förster, Bd. 9/1, S. 433–436. 基礎的な研究として，Grundlegend Heinz Dieter Hölsken, *Die V-Waffen. Entstehung, Propaganda, Kriegseinsatz,* Stuttgart 1984; Ralf Schabel, *Die Illusion der Wunderwaffen. Die Rolle der Düsenflugzeuge und Flugabwehrraketen in der Rüstungspolitik des Dritten Reiches,* München 1994.

(319) SRN 1559, 25. 3. 1943, TNA, WO 208/4145.

(320) クルト・ディットマール中将は，1942年4月以降OKHで陸軍報道担当のラジオ放送解説官を務めていた．

(321) SRN 1622, 11. 4. 1943, TNA, WO 208/4145.

(322) SRN 1986, 25. 7. 1943, TNA, WO 208/4146.

(323) SRX 1532, 24. 1. 1943, TNA, WO 208/4162.

(324) SRM 263, 27. 10. 1943, TNA, WO 208/4137.
(325) SRX 1617, 11. 3. 1943, TNA, WO 208/4162.
(326) SRN 2989, 3. 3. 1944, TNA; WO 208/4149; SRN 3379, 20. 4. 1944, TNA, WO 208/4151.
(327) SRM 601, 25. 6. 44, TNA, WO 208/4138; SRM 655, 18. 7. 1944, TNA, WO 208/4138.
(328) SRM 263, 27. 10. 1943; SRM 291, 9. 11. 1943, TNA, WO 208/4137; SRN 2636, 4. 1. 1944, TNA, WO 208/4148; SRM 499, 21. 3. 1944, TNA, WO 208/4138; SRM 680, 26. 7. 1944, TNA, WO 208/4138; SRA 5199, 27. 4. 1944, TNA, WO 208/4133.
(329) SRM 639, 8. 7. 1944, TNA, WO 208/4138.
(330) SRM 491, 14. 3. 1944, TNA, WO 208/4138.
(331) SRN 2851, 25. 1. 1944, TNA, WO 208/4149.
(332) SRA 5196, 25. 4. 1944, TNA, WO 208/4133.
(333) Hölsken, *Die V-Waffen*, S. 131f.
(334) Ebd., S. 103.
(335) Ebd., S. 104f.
(336) Ebd., S. 109.
(337) SRN 3922, 8. 7. 1944, TNA, WO 208/4153.
(338) たとえば，Otto Elfeldt（SRGG 988, 24. 8. 44, TNA, WO 208/4168）und Erwin Menny: *Tagebuchblätter aus der Gefangenschaft*, BA/MA, N 267/4.
(339) SRM 655, 18. 7. 1944, TNA, WO 208/4138.
(340) SRM 847, 30. 8. 1944, TNA, WO 208/4139, 類似の発言として，SRM 960, 10. 10. 1944, TNA, WO 208/4139; SRM 1077, 29. 11. 1944, TNA WO 208/4139; SRX 2075, 29. 12. 1944, TNA, WO 208/4164.
(341) SRN 4130, 16. 8. 1944, TNA, WO 208/4155.
(342) SRX 2048, 4. 11. 1944, TNA, WO 208/4164. 類似の発言として，SRN 4031, 4. 8. 1944, TNA, WO 208/4154（V 2 ロケット一発で，爆弾2,000ないし3,000個分の威力がある）.
(343) そのようなヒトラー演説を，バート・テルツにあるSS士官学校のボルボヌス少尉も引き合いに出している．SRM 914, 20. 9. 1944, TNA, WO 208/4139.
(344) SRGG 543, 9. 11. 1943, TNA, WO 208/4167.
(345) SRGG 596 26. 11. 1943, TNA, WO 208/4167. V兵器への批判については，次を参照．SRM 722, 30. 7. 1944, TNA, WO 208/4138; SRM 1094, 21. 11. 1944, TNA, WO 208/4139.
(346) 次を参照．Kehrt, *Moderne Krieger*, S. 291–297.
(347) SRA 5512 23. 7. 1944, TNA, WO 208/4134.
(348) SRA 5532 25. 7. 1944, TNA, WO 208/4134.
(349) SRA 2058, 2. 8. 1941, TNA, WO 208/4125.
(350) SRA 2660, 18. 6. 1942, TNA, WO 208/4126. ツァストラウは第2爆撃航空団第5中隊に所属し，1942年4月23日，エクスターへの攻撃のさいに撃墜された．Balke, *Luftkrieg in Europa*, S. 430.
(351) この叙述が引き合いに出しているのは，ドイツ軍によるバーリ空襲である．命中した爆弾と，弾薬船「ジョン・E・モトレイ」「ジョセフ・ウィーラー」の爆発，それに引き続く石油タンカー「アルーストック」の爆発によって，18隻あわせて 71,566総登録トン（BRT）が沈没した．死傷者は1,000人以上にのぼった．消火作業や救出活動は，マスタード・ガスや弾薬を搭載したアメリカの貨物船「ジョン・ハーヴェイ」〔の被害〕によりとどこおった．
(352) SRA 4862, 23. 1. 1944, TNA, WO 208/4132.
(353) SRA 1557, 23. 4. 1941, TNA, WO 208/4123.
(354) SRM 606, 27. 6. 1944, TNA, WO 208/4138.
(355) Förster, Bd. 9/1, S. 469.
(356) SRA 281, 4. 8. 1940, TNA, WO 208/4137.

(357) SRA 453, 4. 9. 1940, TNA, WO 208/4137.
(358) SRA 450, 4. 9. 1940, TNA, WO 208/4137.
(359) SRA 549, 17. 9. 1940, TNA, WO 208/4138.
(360) たとえば，ヴィルヘルム・リッター・フォン・トーマの，1942年1月21日の日記の記載を参照. BA/MA, N 2/2.
(361) SRA 2655, 18. 6. 1942, TNA, WO 208/4126; 次も参照. SRA 2635, 15. 6. 1942, TNA, WO 208/4127.
(362) Förster, Bd. 9/1, S. 540.
(363) Hans Meier-Welcker: *Aufzeichnungen eines Generalstabsoffiziers 1919 bis 1942,* Freiburg 1982, S. 158 (23. 8. 1942).
(364) SRN 129, 15. 11. 1940, TNA, WO 208/4141.
(365) SRN 395, 8. 6. 1941, TNA, WO 208/4142.
(366) SRN 183, 21. 3. 1941, TNA, WO 208/4141.
(367) SRN 370, 28. 5. 1941, TNA, WO 208/4142.
(368) SRN 127, 16. 11. 1940, TNA, WO 208/4141.
(369) SRN 720, 25. 12. 1941, TNA, WO 208/4143.
(370) 1941年11月から1943年3月までの間の，選ばれたドイツ兵捕虜にたいする尋問票への回答結果については，TNA, WO 208/4180.
(371) SRN 690, 7. 11. 1941, TNA, WO 208/4143.
(372) SRN 933, 31. 3. 1942, TNA, WO 208/4143. ヨーゼフ・プルツクレンク（1914年1月10日生まれ）はU93の四等機関兵曹 Maschinenmaat であり，1942年1月15日に捕虜になっている.
(373) SRN 731, 31. 12. 1941, TNA, WO 208/4143. イギリス軍は彼のことを（乗組員名簿とは異なり）「カール・ヴェーデキン」と記載している.
(374) SRN 969, 22. 8. 1942, TNA, WO 208/4143; SRN 968, 22. 8. 1942, TNA, WO 208/4143. U210は自ら戦果を得ることなく，最初の敵地での航海で撃沈された.
(375) Bernhard R. Kroener: »Nun Volk steht auf ...!« Stalingrad und der totale Krieg 1942–1943, in: *Stalingrad. Ereignis, Wirkung, Symbol,* München 1992, S. 151–170; Martin Humbug: *Das Gesicht des Krieges. Feldpostbriefe von Wehrmachtssoldaten aus der Sowjetunion 1941–1944,* Opladen 1998, S. 118f.
(376) SRA 3717, 2. 3. 1943, TNA, WO 208/4129.
(377) SRA 3442, 28. 12. 1942, TNA, WO 208/4128.
(378) SRA 3868, 22. 3. 1943, TNA, WO 208/4129.
(379) SRA 4012, 18. 5. 1943, TNA, WO 208/4130; SRA 4222, 28. 7. 1943, TNA, WO 208/4130. そのような声は海軍にもあったが，それに対して陸軍にはなかった. 以下を参照. SRN 1643, 14. 4. 1943, TNA, WO 208/4145.
(380) SRA 4791, 6. 1. 1944, TNA, WO 208/4132.
(381) ここで言及されているのは，第2爆撃航空団第2戦隊の隊長，ハインツ・エンゲル少佐である. 戦隊に1941年10月以来所属しており，1943年2月以降これを率いていた. Balke, *Luftkrieg in Europa,* S. 409.
(382) SRA 5272, 16. 5. 1944, TNA, WO 208/4133.
(383) SRA 4747, 22. 12. 1943, TNA, WO 208/4132.
(384) SRN 2509, 27. 11. 1943, TNA, WO 208/4148.
(385) 次を参照. SRN 2521, 11. 12. 1943, TNA, WO 208/4148.
(386) SRN 2518, 7. 12. 1943, TNA, WO 208/4148.
(387) SRN 2768, 17. 1. 1944, TNA, WO 208/4149. このような状況下では，報復兵器には大きな期待を持つことは明らかに不可能だった. SRN 3613, 8. 5. 1944, TNA, WO 208/4152.
(388) Erlass gegen Kritiksucht und Meckerei, 9. 9. 1943. 以下に引用されている. Salewski, *Seekriegs-*

leitung, S. 638f.

(389) イギリス軍は，尋問収容所に収容した捕虜の一部にたいして，統一された形式の質問票を提示した．1943年３月と1944年１月の間に，35人ないし71人からなる５つのグループ，あわせて240人の捕虜に質問を行ったが，彼らの多くは海軍出身で，ごく一部が空軍出身だった．CSDIC (UK), Survey of German P/W Opinion, GRS 10, 24. 2. 1944, TNA, WO 208/5522.

(390) Rafael A. Zagovec: Gespräche mit der ›Volksgemeinschaft‹ in: Bernhard Chiari u. a.: *Die deutsche Kriegsgesellschaft 1939 bis 1945– Ausbeutung, Deutungen, Ausgrenzung,* Bd. 9/2, Stuttgart 2005, S. 327.

(391) Jörg Echternkamp: Im Kampf an der inneren und äußeren Front. Grundzüge der deutschen Gesellschaft im Zweiten Weltkrieg, in: *Das Deutsche Reich, Bd. 9/1,* S. 47.

(392) Heinz Boberach (Hg.): *Meldungen aus dem Reich,* München 1968, S. 511.

(393) Michael Salewski: Die Abwehr der Invasion als Schlüssel zum »Endsieg«?, in: Rolf-Dieter Müller und Hans-Erich Volkmann, *Die Wehrmacht, Mythos und Realität,* München 1999, S. 210–223.

(394) SRM 519, 7. 6. 1944, TNA, WO 208/4138.

(395) SRM 526, 9. 6. 1944, TNA, WO 208/4138.

(396) ヒルスト兵長はそれどころか，次のようなことまで述べている．「この戦争が終わって，ドイツが戦争に完全に敗北するために，俺にできることはやるつもりさ」．SRM 547, 13. 6. 1944, TNA, WO 208/4138.

(397) このジーモンが誰を指しているのかは不明である．

(398) ここで言われているのは，第77歩兵師団野戦補充大隊長の，ボルントハルト大尉である．彼は1944年６月18日に捕虜となり，クーレと同様にウィルトン・パークで尋問を受けていた．

(399) ここで言われているのはおそらく，1944年２月１日から４月25日まで，クーレの所属していた第77歩兵師団の師団長であったヴァルター・ポッペであろう．彼は７月５日に，別の部隊の指揮官となっている．国家反逆罪の噂が何にもとづくものなのかは，知られていない．

(400) SRM 606, 27. 6. 1944, TNA, WO 208/4138. クーレは，第77歩兵師団所属の第1050歩兵連隊，第３大隊の大隊長であった．フォン・ザルデルンは最終的に，きわめて弱体化した第91空挺師団所属の第1057擲弾兵連隊を率いていた．

(401) SRM 610, 29. 6. 1944, TNA, WO 208/4138.

(402) SRM 830, 24. 8. 1944, TNA, WO 208/4139.

(403) SRM 849, 27. 8. 1944, TNA, WO 208/4139.

(404) 研究状況が整理されたものとして，Neitzel, *Abgehört,* S. 61f.

(405) SRM 639, 8. 7. 1944, TNA, WO 208/4138.

(406) SRM 637, 7. 7. 1944, TNA, WO 208/4138.

(407) この分析について，フェリックス・レーマー（マインツ大学）に感謝する．

(408) たとえばトレットナー少尉は，降下猟兵８個師団がまもなく降下作戦を行い，それによって「多くのことが成し遂げられる」と考えていた．SRM 813, 24. 8. 1944, TNA, WO 208/4139.

(409) SRM 796, 19. 8. 1944, TNA, WO 208/4138.

(410) たとえば1944年６月にシェルブールで捕虜となり，にもかかわらずドイツ軍の勝利を信じている者は，ほとんど例外なく少尉か中尉の階級にあった．フェリックス・レーマーの，士気に関する調査票の評価による．海軍兵士については，たとえば次を参照．SRN 3815, 9. 7. 1944, TNA, WO 208/4153; SRN 3830, 12. 6. 1944, TNA, WO 208/4153; SRN 3931, 11. 7. 1944, TNA, WO 208/4154; SRN 4032, 3. 8. 1944, TNA, WO 208/4154.

(411) ドイツ軍捕虜にたいして捕虜になった直後に行われた調査にもとづくアメリカ軍の調査でも，同じ結論にたどり着いている．M. I. Gurfein und Morris Janowitz: Trends in Wehrmacht Morale, in: *Public Opinion Quarterly* 10 (1946), S. 81.

(412) たとえば第３夜間戦闘航空団第11中隊のブラント伍長は，アルデンヌ攻勢をきっかけとしたス

ピーチについて，次のように語っている．「彼はこうも言いました．今すぐに制空権を得ることができなければ，戦争は負けだ，と．そして戦隊長は言いました．「今行われる西部での攻勢に，今はすべてがかかっている．それが膠着してしまえば，我々が成し遂げうる最後の攻撃的な戦いだったということになってしまう」．それを戦隊長は集まった隊員全員の前で言ったんです．彼が全員を呼び集めましたので」．SRX 2091, 11. 1. 1945, TNA, WO 208/4164. 次も参照．SRM 1133, 18. 12. 1944, TNA, WO 208/4140; SRM 1168, 8. 1. 1945, TNA, WO 208/4140.

(413) SRX 2030, 25. 10. 1944, TNA, WO 208/4164.

(414) Zagovec, *Gespräche mit der »Volksgemeinschaft«,* S. 358.

(415) Meldung des OB West v. 7. 2. 1945, KTB OKW, Bd. 4/2, S. 1364.

(416) SRA 5829, 18. 3. 1945, TNA, WO 208/4135.

(417) 我々の史料の中からは，たとえばヴィルヘルム・リッター・フォン・トーマ大将を挙げることができる．次を参照．Neitzel, *Abgehört,* S. 33.

(418) SRM 79, 20. 11. 1942, TNA, WO 208/4136.

(419) SRA 5835, 22. 3. 1945, TNA, WO 208/4135.

(420) 以下に引用されている．Ian Kershaw: *Hitler, 1936–1945.* München 2002, S. 15.

(421) Ebd., S. 64ff.

(422) SRGG 1125, 27. 1. 1945, TNA, WO 208/4169.

(423) W. G. Sebald: *Luftkrieg und Literatur,* Frankfurt am Main 2001, S. 110.

(424) Hans Mommsen: *Zur Geschichte Deutschlands im 20. Jahrhundert. Demokratie, Diktatur, Widerstand,* München 2010, S. 159 f.

(425) Saul K. Padover: *Lügendetektor. Vernehmungen im besiegten Deutschland 1944/45,* Frankfurt am Main 1999.

(426) SRA 123, 17. 6. 1940, TNA, WO 208/4118.

(427) SRA 200, 22. 7. 1940, TNA, WO 208/4118.

(428) SRA 495, 10. 9. 1940, TNA, WO 208/4119; もしくは SRA 554, 18. 9. 1940, TNA, WO 208/4119; もしくは SRA 1383, 5. 3. 1941, TNA, WO 208/4123.

(429) SRX 154, 17. 11. 1940, TNA, WO 208/4158.

(430) SRX 228, 29. 3. 1941, TNA, WO 208/4158.

(431) SRA 1619, 29. 4. 1941, TNA, WO 208/4123.

(432) SRA 3807, 10. 3. 1943, TNA, WO 208/4129.

(433) SRA. 4656, 23. 11. 1943, TNA, WO 208/4132.

(434) ヒトラーは興奮すると絨毯の端を噛む癖があるという根拠のない噂は，1938年9月22日のヒトラーとチェンバレンの会談について，ジャーナリスト，ウィリアム・シャイラーが書いた記事がきっかけで世界中に広まった．シャイラーが書いたのはただ，ヒトラーは神経が参る寸前にあるということだけだった．もっとも「絨毯噛み」というイメージは，その後もしつこく残り続けた．Kershaw, *Hitler,* S. 169.

(435) 総統の「平凡なところが何ひとつない手」といったメルクマールはもっとも，公的なイメージの一部でもあって，メディアでもテーマ化されていた．次を参照．Kershaw, *Hitler,* S. 410. ヒトラーに癇癪癖があるという話も一般には広まっているが，これらが示しているのは，総統はポップカルチャーという意味で「公的人物」であっただけでなく，ヒトラーと個人的に会った人も，公的な総統イメージにおいて触れられているような特徴をまさに強調して語っていたということである．

(436) SRX 1167, 15. 10. 1942, TNA, WO 208/4161.

(437) Kershaw, *Hitler,* S. 407.

(438) SRX 1167, 15. 10. 1942, TNA, WO 208/4161.

(439) SRX 1802, 24. 6. 1943, TNA, WO 208/4163.

(440) SRA 3430, 23. 12. 1942, TNA, WO 208/4128.

(441) SRA 3452, 29. 12. 1942, TNA, WO 208/4128.
(442) 認知的不協和は，レオン・フェスティンガーが彼の同僚と共に，アメリカのセクトを例に発展させた理論である．このセクトのメンバーは世界が滅亡するとの予期をもとに，すべての財産を売却し，ある山に集まって，選民として世界の終焉を生き延びようとしていた．もちろんこれが起こることはなく，そのことはセクトのメンバーたちに著しい認知的不協和を引き起こした．フェスティンガーとその同僚は信者たちにインタビューを行ったが，信者たちはもちろん，彼らの予期が現実に沿うものであるかどうかについて何ら疑念を抱かなかった．なぜならそれは，彼らの信仰が確固たるものであるかどうかがさらに試されているだけであって，それは彼らの選民としての地位を確たるものとすると考えられていたからだ．したがって認知的不協和の理論によれば，予期と現実が一致しなかった場合人間は不協和を感じ，それによって生じた不協和を減らそうとする．これはふたつの方法によって可能となる．ひとつは予期を現実に合わせること，つまり後付けで修正することであり，もうひとつは現実を予期に合わせて解釈することである．次を参照．Leon Festinger, Henry W. Riecken und Stanley Schachter: *When Prophecy Fails,* Minneapolis 1956.
(443) SRA 4166, 7. 7. 1943, TNA, WO 208/4130.
(444) SRA 3795, 12. 3. 1943, TNA, WO 208/4129.
(445) SRGG 216, 12. 7. 1943, TNA, WO 208/4165.
(446) SRA 3660, 9. 2. 1943, TNA, WO 208/4129.
(447) SRA 3781, 7. 3. 1941, TNA, WO 208/4129.
(448) SRM 1090, 29. 11. 1944, TNA, WO 208/4139.
(449) SRGG 250, 20. 7. 1943, TNA, WO 208/4165.
(450) SRA 4246, 3. 8. 1943, TNA, WO 208/4130.
(451) SRA 3620, 1. 2. 1943, TNA, WO 208/4129.
(452) SRA 2702, 28. 6. 1942, TNA, WO 208/4126.
(453) SRM 477, 14. 2. 1944, TNA, WO 208/4138.
(454) SRA 5610, 7. 9. 1944, TNA, WO 208/4134.
(455) SRA 5610, 7. 9. 1944, TNA, WO 208/4134.
(456) ヴォルフ＝ハインリヒ・グラーフ・フォン・ヘルドルフ（1896年10月14日－1944年8月15日）は、ベルリン警視総監を務めた．
(457) SRM 672, 21. 7. 1944, TNA, WO 208/4138.
(458) SRGG 1234 (C), 20. 5. 1945, TNA, WO 208/4170.
(459) SRGG 1176 (C), 2. 5. 1945, TNA, WO 208/4169.
(460) SRGG 408, 9. 9. 1943, TNA, WO 208/4166.
(461) SRM 202, 20. 6. 1943, TNA, WO 208/4136.
(462) SRGG 220, 12. 7. 1943, TNA, WO 208/4165.
(463) SRA 5084, 20. 3. 1944, TNA, WO 208/4133.
(464) SRM 612, 28. 6. 1944, TNA, WO 208/4138.
(465) SRA 5127, 3. 4. 1944, TNA, WO 208/4133.
(466) SRM 1262, 6. 5. 1945, TNA, WO 208/4140.
(467) Nicole Bögli: *Als kriegsgefangener Soldat in Fort Hunt,* Unv. Masterarbeit, Universität Bern 2010; Stéphanie Fuchs: *»Ich bin kein Nazi, aber Deutscher«,* Unv. Masterarbeit, Universität Bern 2010.
(468) こうして，アレクサンダー・ミッチャーリヒとマルガレーテ・ミッチャーリヒが『喪われた悲哀』において提示し，しばしば批判を受けてきた分析，ドイツ人は彼，すなわち総統を愛していたのだという分析も歴史的に正当なものであることがわかる．当時の議論では，「第三帝国」の歴史やその犯罪との対峙は，まずは失われた愛の対象にたいする追悼を必要としているのだとされていた．しかしその失われた愛の対象とは，この本の一般的な解釈が拙速に理解したように犠牲者であったのではなく，まさに総統だったのだ．もっとも，それと同時に現れる，ある民族によるその独裁者にたい

する喪の作業というイメージは，今となっては幾分不安をもたらすものであろう．
(469) SRM 468, 2. 2. 1944, TNA, WO 208/4137.
(470) SRA 3963, 23. 4. 1943, TNA, WO 208/4130.
(471) SRA 3540, 12. 1. 1943, TNA, WO 208/4129.
(472) SRA 1008, 11. 12. 1940, TNA, WO 208/4122:「それは俺がまったく理解できないことのひとつだ．俺もヒトラー・ユーゲントにいたし，戦いもした．それは考えとしてはいい考えだし，それについては誰も何も言わないだろう．だが，やる必要がなかった事柄っていうものもある．全ユダヤ人を切除したっていうのも，それさ」．
(473) SRA 1259, 8. 2. 1941, TNA, WO 208/4123:「ユダヤ人たちはきわめて組織的に，ドイツにたいして扇動を行ってきた．ポーランドでもだ．そもそもポーランド人とは何者なんだ？　奴らは依然として低い文化的水準にある．奴らをドイツ人と比べるなんてどだい無理なことだ」．
(474) SRM 614, 1. 7. 1944, TNA, WO 208/4138.
(475) SRN 2912, 10. 2. 1944, TNA, WO 208/4149.
(476) SRM 1061, 27. 11. 1944, TNA, WO 208/4139.
(477) SRA 289, 6. 8. 1940, TNA, WO 208/4118.
(478) Alexander Hoerkens: *Kämpfer des Dritten Reiches? Die nationalsozialistische Durchdringung der Wehrmacht*, Magisterarbeit Universität Mainz2009.
(479) SRA 5118, 28. 3. 1944, TNA, WO 208/4133.
(480) SRM 45, 10. 2. 1942, TNA, WO 208/4136.
(481) Heinrich von Kleist: *Über die allmähliche Verfertigung der Gedanken beim Sprechen*, Frankfurt am Main 2010.
(482) SRN 151, 7. 12. 1940, TNA, WO 208/4141.
(483) Room Conversation Kotschi-Graupe-Schwartze-Boscheinen, 25. 2. 1945, NARA, RG 164, Entry 179, Box 475.
(484) カール・フェルカー（1923年９月22日生まれ）は，見習士官の技士としてＵ175に乗艦しており，1943年４月17日に潜水艦が沈没したさい，捕虜となった．
(485) SRN 1767, 8. 5. 1943, TNA, WO 208/4145.
(486) Hoerkens, *Kämpfer des Dritten Reiches?*
(487) SRN 1715, 1. 5. 1943, TNA, WO 208/4145.
(488) SRM 832, 26. 8. 1944, TNA, WO 208/4139.
(489) SRM 560, 15. 6. 1944, TNA, WO 208/4138.
(490) SRM 584, 22. 6. 1944, TNA, WO 208/4138.
(491) たとえば次と比較せよ．Welzer, *Täter*.
(492) SRA 1742, 19. 5. 1941, TNA, WO 208/4145.
(493) SRM 914, 20. 9. 1944, TNA, WO 208/4139.
(494) SRN 1505, 5. 3. 1943, TNA, WO 208/4145. スクルツィペーク（1911年７月15日生まれ）は，1943年２月４日に捕虜となった．
(495) SRN 1617, 12. 4. 1943, TNA, WO 208/4145.
(496) SRCMF X 61, 1. 10. 1944, TNA, WO 208/5513.
(497) SRCMF X 15, 27. 5. 1944, TNA, WO 208/5513.
(498) SRN 2471, 23. 11. 1943, TNA, WO 208/4148.
(499) SRM 523, 8. 6. 1944, TNA, WO 208/4138.
(500) Gordon Allport: *Die Natur des Vorurteils*, Köln 1971; Norbert Elias und John L. Scotson: *Etablierte und Außenseiter*, Frankfurt am Main 1990; Henri Taijfel: *Gruppenkonflikt und Vorurteil: Entstehung und Funktion sozialer Stereotypen*, Bern/Stuttgart/Wien 1982.
(501) たとえば，Aly, *Volksstaat*; Wildt, *Volksgemeinschaft*.

(502) SRGG 411, 10. 9. 1943, TNA, WO 208/4166.
(503) SRGG 452, 2. 10. 1943, TNA, WO 208/4166.
(504) SRM 745, 4. 8. 1944, TNA, WO 208/4238.
(505) Interrogation Report Wilimzig-Malner, 2. 8. 1944, NARA, RG 165, Entry 179, Box 563.
(506) 次を参照．Wilimzigs Gefangenenakte; NARA, RG 165, Entry 179, Box 563.
(507) Felix Römer: Alfred Andersch abgehört. Kriegsgefangene »Anti-Nazis« im amerikanischen Vernehmungslager Fort Hunt, in: *VfZG* 58 (2010), S. 578.
(508) 委任戦術という，下級指揮官の自己責任を強化し，国防軍のトレードマークとされるものについては，Marco Sigg, *Der Unterfuehrer als Feldherr im Taschenformat: Theorie und Praxis der Auftragstaktik im deutschen Heer 1869 bis 1945,* Paderborn, 2014.
(509) Room Conversation, Mayer-Ahnelt 5. 7. 1944, NARA, RG 165, Entry 179, Box 441.
(510) Room Conversation, Lange-Laemmel, 27. 8. 1944, NARA, RG 165, Entry 179, Box 506.
(511) SRM 711, 28. 7. 1944, TNA, WO 208/4138.
(512) SRM 1215, 14. 2. 1945, TNA, WO 208/4140.
(513) Siehe Martin Treutlein: Paris im August 1944, in: Welzer/Neitzel/Gudehus (Hg.), *Der Führer.*
(514) Kühne, *Kameradschaft,* S. 197.
(515) SRN 97, 2. 11. 1940, TNA, WO 208/4141.
(516) SRN 624, 9. 8. 1941, TNA, WO 208/4143.
(517) Kriegstagebuch der Seekriegsleitung 1939–1945, Teil A, Bd. 1, Werner Rahn und Gerhard Schreiber (Hg.), Bonn/Herford 1988, *Gedanken des Oberbefehlshabers der Kriegsmarine zum Kriegsausbruch 3. 9. 1939,* S. 16.
(518) そのとりわけ印象的な例を提供するのが，1944年の「駆逐艦艦長」による戦時日誌である．BA/MA, RM 54/8.
(519) Zu Hitler: Admiral/Führerhauptquartier GKdos 2877/44, 6. 8. 44, BA-MA, RM 7/137; zu Goebbels: Elke Fröhlich (Hg.): *Tagebücher von Joseph Goebbels, Sämtliche Fragmente,* Bd. 1–15, London/München/New York/Paris 1987–1998, S. 383 (28. 2. 1945).
(520) Room Conversation Neumann-Tschernett-Petzelmayer, 13. 6. 1944, NARA, RG 165, Entry 179, Box 521.
(521) HDv 2, Abschnitt 9, S. 53, zit. nach BA/MA, RS 4/1446. この指摘について，ペーター・リーブ（サンドハースト王立陸軍士官学校）に感謝する．
(522)「私はこの神聖なる宣誓をもって，神にかけて次のことを誓います．ドイツ国と民族の総統アドルフ・ヒトラー，すなわち国防軍の最高司令官に対して無条件に服従するとともに，勇敢な兵士として，いかなる時もこの宣誓のために身命を賭する用意のあることを」．
(523) 以下に引用されている．Klaus Reinhardt: *Die Wende vor Moskau: das Scheitern der Strategie Hitlers im Winter 1941/42,* Stuttgart 1972, S. 220.
(524) OKW /WFSt, Abt. L, Nr. 442277/41 gKdos Chefs., 26. 12. 41. 以下に引用されている．Hürter, *Hitlers Heerführer,* S. 327, FN 243.
(525) Ebd., S. 332.
(526) 次を参照．ebd., S. 344.
(527) OKW/WFSt/Op Nr. 004059/42 g.K. v. 3. 11. 1942, BA/MA, RH 19 VIII /34, S. 171f.
(528) Karl-Günter Zelle, *Hitlers zweifelnde Elite,* Paderborn 2010, S. 28–32.
(529) KTB OKW, Bd. 3, S. 465.
(530) アメリカ軍の捕虜となったヴェルナー・ホイアー少佐とアドルフ・ヘンペル大尉は，新聞を読んで会話が弾み，「最後の一人まで戦う」という要求は文字通りに受け取るべきではないという点で意見が一致した．Room Conversation Heuer-Hempel 26. 10. 1944; NARA, RG 165, Entry 179, Box 484.

(531) SRGG 844, 24. 2. 1944, TNA, WO 208/4168.

(532) SRX 1798, 1799, 23. 6. 1943; SRX 1806, 24. 6. 1943, TNA, WO 208/4163. 次も参照. SRGG 252, 18. 7. 1943, TNA, WO 208/4165.

(533) Fröhlich (Hg.), *Tagebücher von Joseph Goebbels*, 29. 6. 1944, S. 567.

(534) もととなったルントシュテットの命令については, 次を参照. Horst Boog, Gerhard Krebs und Detlef Vogel (Hg.): *Das Deutsche Reich und der Zweite Weltkrieg*, Bd. 7, Stuttgart 2001, S. 463, FN 42. 次も参照. Nikolaus Meier: *Warum Krieg? Die Sinndeutung des Krieges in der deutschen Militärelite 1871–1945*, Diss. phil. Universität Zürich 2010, S. 297–304.

(535) Boog/Krebs/Vogel, *Das Deutsche Reich*, Bd. 7, S. 469.

(536) Hans-Günther Kluge an Hitler, 21. 7. 44, BA-MA, RH 19 IX/8.

(537) John Zimmermann: *Pflicht zum Untergang. Die deutsche Kriegführung im Westen des Reiches 1944/45*, Paderborn 2009.

(538) Ebd., insb. S. 282–323.

(539) SRX 1965, 9. 7. 1944, TNA, WO 208/4164.

(540) この点は, 東部戦線にも西部戦線にも同様にあてはまる. たとえば1941年6月30日, 南方軍集団の兵士約200人がロシア軍の捕虜となり, そこで殺害された. Korpstagesbefehl KG III. AK v. 3. 7. 41; BA/MA, RH 27–14/2.

(541) SRM 521, 8. 6. 1944, TNA, WO 208/4138. グントラッハは第716歩兵師団の師団戦闘訓練所 Divisionskampfschule を統率していた. これは, 野戦予備大隊の枠組みで, 下士官のための教練を行うものであったが, それ以上詳しいことについては知られていない. ともかく彼が, 戦闘経験のある歩兵将校であったことは間違いない. 上等兵ヨーゼフ・ヘーガーの視点からの戦闘の描写については, Cornelius Ryan: *Der längste Tag. Normandie: 6. Juni 1944*, Frankfurt am Main 1976, S. 190–193.

(542) SRM 716, 31. 7. 1944, TNA, WO 208/4138.

(543) SRM 622, 6. 7. 1944, TNA, WO 208/4138.

(544) Funkspruch 27. 6. 1944, B. Nr. 1/Skl 19633/44 GKdos, BA/MA, RM 7/148.

(545) SRN 3925, 10. 7. 1944, TNA, WO 208/4153.

(546) SRM 639, 8. 7. 1944, TNA, WO 208/4138.

(547) SRGG 1061, 24. 9. 1944, TNA, WO 208/4169; Welf Botho Elster: *Die Grenzen des Gehorsams. Das Leben des Generalmajors Botho Henning Elster in Briefen und Zeitzeugnissen*, Hildesheim 2005.

(548) たとえばスターリングラードのフリードリヒ・パウルス, サン・マロのハンス・アウロック, ブレストのベルンハルト・ラムケがそれである. 次を参照. Sönke Neitzel: Der Kampf um die deutschen Atlantikund Kanalfestungen und sein Einfluß auf den alliierten Nachschub während der Befreiung Frankreichs 1944/45, in: *MGM* 55 (1996), S. 381–430.

(549) SRN 3924, 8. 7. 1944, TNA, WO 208/4153.

(550) SRN 3932, 11. 7. 1944, TNA, WO 208/4154.

(551) SRGG 934,1. 7. 1944, TNA, WO 208/4168.

(552) Room Conversation Bernzen-Almenröder 11. 2. 1945, NARA, RG 165, Entry 179, Box 448.

(553) SRN 3935, 11. 7. 1944, TNA, WO 208/4154.

(554) Neitzel, *Abgehört*, S. 83.

(555) BA/MA, N 267/4, 11. 11. 1944.

(556) SRM 160, 4. 2. 1943, TNA, WO 208/4136.

(557) SRX 1548, 4. 2. 1943, TNA, WO 208/4162.

(558) SRM 71, 20. 11. 1942, TNA, WO 208/4136.

(559) Murawski, *Wehrmachtbericht*, S. 180.

(560) Zagovec, *Gespräche mit der ›Volksgemeinschaft‹*, insb. S. 358.

(561) GRGG 270, 9. 3. 1945, TNA, WO 208/4177.

(562) Günter Wegmann: *Das Kriegsende zwischen Weser und Ems*, Osnabrück 2000, S. 102ff.; Sönke Neitzel: Der Bedeutungswandel der Kriegsmarine im Zweiten Weltkrieg, in: Rolf-Dieter Müller und Hans-Erich Volkmann, *Die Wehrmacht. Mythos und Realität*, München 1999, S. 263f.
(563) SRGG 1125, 27. 1. 1945, TNA, WO 208/4169.
(564) GRGG 276, 25.-27. 3. 1945, TNA, WO 208/4177.
(565) SRM 1158, 2. 1. 1945, TNA, WO 208/4140.
(566) Room Conversation Neher-Glar, 19. 9. 1944, NARA, RG 165, Entry 179, Box 474.
(567) SRGG 934, 1. 7. 1944, TNA, WO 208/4168.
(568) SRGG 935, 2. 7. 1944, TNA, WO 208/4168.
(569) SRM 539, 12. 6. 1944, TNA, WO 208/4138.
(570) SRM 522, 9. 6. 1944, TNA, WO 208/4138.
(571) SRGG 844, 24. 2. 1944, TNA, WO 208/4168.
(572) 次を参照. Room Conversation Guetter-Tschitschko, 27. 6. 1944, NARA, RG 165, Entry 179, Box 477.
(573) これがとりわけ苛烈だったのが，ブダペストの包囲戦である．ここでは，4万人を超える兵士が街を守っていたが，その半分が包囲を突破しようとして亡くなり，自らの戦線にたどり着いたのはわずか700人であった．Krisztián Ungváry: *Die Schlacht um Budapest 1944/45: Stalingrad an der Donau*, München 1999, S. 255–315.
(574) Kurt Böhme: *Die deutschen Kriegsgefangenen in sowjetischer Hand. Eine Bilanz*, München 1966, S. 49. Elke Scherstjanoi: *Wege in die Kriegsgefangenschaft. Erinnerungen und Erfahrungen Deutscher Soldaten*, Berlin 2010は，ソ連の捕虜となった兵士たちの肯定的な経験を示している．
(575) Kriegstagebuch der Seekriegsleitung 1939–1945, Teil A, Bd. 1, Werner Rahn und Gerhard Schreiber (Hg.), Bonn/Herford 1988, *Gedanken des Oberbefehlshabers der Kriegsmarine zum Kriegsausbruch 3. 9. 1939*, S. 16.
(576) Erlaß ObdM, 22. 12. 1939, siehe Michael Salewski: *Die deutsche Seekriegsleitung*, Bd. 1, Frankfurt am Main 1970, S. 164.
(577) 1. Skl Nr. 18142/43 g., 17. 6. 1943, BA/MA, RM 7/98. 次も参照. KTB Skl, Teil A, 17. 8. 1944, S. 417.
(578) 次も参照. Holger Afflerbach: »Mit wehender Fahne untergehen«. Kapitulationsverweigerung in der deutschen Marine, in: *VfZG* 49 (2001), S. 593–612.
(579) これに加えて，次も参照. Andreas Leipold: *Die Deutsche Seekriegsführung im Pazifik in den Jahren 1914 und 1915*, Diss. phil. Uni Bayreuth 2010.
(580) Wagner (Hg.), *Lagevorträge des ObdM*, 26. 3. 45, S. 686.
(581) 以下に引用されている. Rolf-Dieter Müller und Gerd R. Ueberschär: *Kriegsende 1945. Die Zerstörung des Deutschen Reiches*, Frankfurt am Main 1994, S. 175.
(582) »Die Invasion«. Erlebnisbericht und Betrachtungen eines T-Boot-Fahrers auf »Möwe«, BA/MA, RM 8/1875; Clay Blair: *Der U-Boot-Krieg*, Bd. 2, München 2001, S. 679.
(583) 駐独日本大使大島中将の，1944年11月25日，ヨアヒムスタール・ギムナジウムにおける祝典での挨拶. PAAA, R 61405.
(584) Room Conversation Grote-Wiljotti-Brinkmann, 12. 8. 1944, NARA, RG 165, Entry 179, Box 476. 彼の話し相手は，17隻の高速魚雷艇が「兵士やねずみもろとも」セーヌ湾で「沈没した」という状況について，それ以上突っ込んだ話をする必要を感じていなかった．しかしながら興味深いのは，戦争を通じて全乗組員ごと沈んだ高速魚雷艇は一隻もなかったという事実である．つねに生存者はいた．従ってこの語りは，話をスリリングなものにするための典型的な誇張例である．
(585) たとえば，海軍総司令官の1944年10月19日の通商破壊戦 Tonnagekrieg についての講演を参照. in: Neitzel, *Bedeutungswandel der Kriegsmarine*, S. 256.

(586) SRA 2589, 5. 6. 1942, TNA, WO 208/4126.

(587) Ernst Stilla: *Die Luftwaffe im Kampf um die Luftherrschaft,* Diss. phil. Universität Bonn 2005, S. 234f.; Karl-Heinz Frieser u. a.: *Das Deutsche Reich und der Zweite Weltkrieg,* Bd. 8, Stuttgart 2007, S. 859. たとえば第27戦闘航空団第６中隊のトレッタウ少尉は，1945年３月に，無傷で捕虜となったものはその家族への支援を打ち切られるという命令が出されたと語っている．SRA 5840, 11. 4. 1945, TNA, WO 208/4135.

(588) NARA, T-321, Reel 54, S. 290–403; Günther W. Gellermann: *Moskau ruft Heeresgruppe Mitte ... Was nicht im Wehrmachtbericht stand — Die Einsätze des geheimen Kampfgeschwaders 200 im Zweiten Weltkrieg,* Koblenz 1988, S. 42–60; Arno Rose: *Radikaler Luftkampf. Die Geschichte der deutschen Rammjäger,* Stuttgart 1979.

(589) Z.B. SRA 5544, 29. 7. 1944, TNA, WO 208/4134.

(590) Z.B. SRA 4776, 4. 1. 1944; SRA 4813, 13. 1. 1944, TNA, WO 208/4132. ある少尉はそれにたいして1942年６月に，衝突せよという要求は「ばかげたことだ」と述べている．SRA 2589, 5. 6. 1942, TNA, WO 208/4126.

(591) SRGG 1248, 18. 5. 1945, TNA, WO 208/4135.

(592) KTB OB West, 21. 9. 1944, BA/MA, RH 19 IV/56, S. 319.

(593) Room Conversation, Ross-Herrmann, 13. 6. 1944, NARA, RG 165, Entry 179, Box 533.

(594) SRX 349, 13. 6. 1941, TNA, WO 208/4159.

(595) SRA 1575, 26. 4. 1941, TNA, WO 208/4123.

(596) SRX 690, 13. 1. 1941, TNA, WO 208/4160.

(597) SRX 1240, 6. 11. 1942, TNA, WO 208/4161.

(598) SRX 1478, 7. 1. 1943, TNA, WO 208/4162.

(599) SRGG 779, 20. 1. 1944, TNA, WO 208/4167.

(600) SRX 1163, 15. 10. 1942, TNA, WO 208/4161.

(601) SRX 703, 15. 1. 1942, TNA, WO 208/4160.

(602) SRM 75, 20. 11. 1942, TNA, WO 208/4136.

(603) SRA 2615, 9. 6. 1942, TNA, WO 208/4126.

(604) SRN 675, 29. 10. 1941, TNA, WO 208/4143.

(605) SRX 1171, 16. 10. 1942, TNA, WO 208/4161.

(606) SRA 2615, 9. 6. 1942, TNA, WO 208/4126.

(607) SRX 1513, 20. 1. 1943, TNA, WO 208/4162.

(608) SRA 3731, 3. 3. 1943, TNA, WO 208/4129.

(609) SRGG 483, 14. 10. 1943, TNA, WO 208/4166.

(610) SRM 104, 22. 11. 1942, TNA, WO 208/4136.

(611) SRX 1819, 8. 7. 1943, TNA, WO 208/4163.

(612) SRM 129, 26. 11. 1942, TNA, WO 208/4136.

(613) SRGG 59, 24. 5. 1943, TNA, WO 208/4165.

(614) SRM 129, 26. 11. 1942, TNA, WO 208/4136.

(615) SRGG 650, 12. 12. 1943, TNA, WO 208/4167.

(616) SRGG 59, 24. 5. 1943, TNA, WO 208/4165.

(617) SRN 2021, 28. 7. 1943, TNA, WO 208/4146.

(618) SRGG 223, 13. 7. 1943, TNA, WO 208/4165.

(619) SRX 334, 16. 6. 1941, TNA, WO 208/4159.

(620) SRX 1125, 24. 9. 1942, TNA WO 208/4161.

(621) SRM 136, 29. 11. 1942, TNA, WO 208/4136.

(622) Ebd.

(623) SRX 1181, 24. 10. 1942, TNA, WO 208/4161.
(624) 1. FschJgDiv/Kdr, Denkschrift über Gliederung, Bewaffnung und Ausrüstung einer Fallschirmjägerdivision sowie über die Grundsätze der Gefechtsführung im Rahmen einer Fallschirmjägerdivision, 11. 9. 1944, BA/MA RH 11 I/24. この点を指摘してくれたアドリアン・ヴェットシュタイン（ベルリン大学）に感謝する.
(625) SRGG 16, 16. 5. 1943, TNA, WO 208/4165.
(626) SRGG 217, 11. 7. 1943, TNA, WO 208/4165.
(627) SRX 1839, 16. 7. 1943, TNA, WO 208/4163.
(628) Room Conversation Grote-Wiljotti-Brinkmann, 15. 8. 1944, NARA, RG 165, Entry 179, Box 563.
(629) SRGG 790, 22. 1. 1944, TNA, WO 208/4167.
(630) SRGG 914, 4. 6. 1944, TNA, WO 208/4168. こうした評価は，公式の経験報告にも見られる．たとえば，以下を参照．29. Pz.Gren.Div., Erfahrungsbericht über die Kämpfe in Sizilien und Süditalien, 4. 11. 1943, BA/MA RH 11 I/27. この点を指摘してくれたアドリアン・ヴェットシュタイン（ベルン大学）に感謝する.
(631) SRX 1149, 9. 10. 1942, TNA, WO 208/4161.
(632) SRM 22, 17. 1. 1942, TNA, WO 208/4136.
(633) SRM 49, 24. 2. 1942, TNA, WO 208/4136.
(634) SRM 49, 24. 2. 1942, TNA, WO 208/4136.
(635) SRGG 243, 17. 7. 1943, TNA, WO 208/4165.
(636) SRX 1402, 19. 12. 1942, TNA, WO 208/4162.
(637) SRM 797, 19. 8. 1944, TNA, WO 208/4138.
(638) SRM 469, 2. 2. 1944, TNA, WO 208/4137.
(639) SRM 863, 27. 8. 1944, TNA, WO 208/4139.
(640) SRM 965, 16. 10. 1944, TNA, WO 208/4139.
(641) SRM 613, 29. 6. 1944, TNA, WO 208/4138.
(642) SRM 700, 27. 7. 1944, TNA WO 208/4138.
(643) SRM 982, 26. 10. 1944, TNA, WO 208/4139.
(644) SRCMF, X 113, 29. 12. 1944, TNA, WO 208/5516.
(645) SRM 640, 10. 7. 1944, TNA, WO 208/4138.
(646) 次も参照．SRMCF, X 110, 23. 12. 1944, TNA, WO 208/5516. 脱走というテーマはこの間，十分な研究がなされてきていると評価できる．とりわけ以下を参照．Magnus Koch: *Fahnenfluchten. Deserteure der Wehrmacht im Zweiten Weltkrieg-Lebenswege und Entscheidungen,* Paderborn 2008; Wolfram Wette: *Das letzte Tabu. NS-Militärjustiz und »Kriegsverrat«,* Berlin 2007; Benjamin Ziemann: Fluchten aus dem Konsens zum Durchhalten. Ergebnisse, Probleme und Perspektiven der Erforschung soldatischer Verweigerungsformen in der Wehrmacht 1939–1945, in: Rolf-Dieter Müller und Hans-Erich Volkmann (Hg.), *Die Wehrmacht. Mythos und Realität,* München 1999, S. 589–613; Wolfram Wette: *Deserteure der Wehrmacht. Feiglinge-Opfer-Hoffnungsträger? Dokumentation eines Meinungswandels,* Essen 1995; Norbert Haase/Gerhard Paul (Hg.): *Die anderen Soldaten. Wehrkraftzersetzung, Gehorsamsverweigerung, Fahnenflucht.* Frankfurt/M. 1995.
(647) Felix Römer: *Alfred Andersch abgehört,* S. 571f.
(648) Room Conversation Templin-Erlwein-Friedl, 16. 2. 1945, NARA, RG 165, Entry 178, Box 553.
(649) Manfred Messerschmitt: *Die Wehrmachtjustiz 1933–1945,* Paderborn 2005, S. 172.
(650) SRM 419, 19. 12. 1943, TNA, WO 208/4137.
(651) GRGG 182, 27./28. 8. 1944, TNA, WO 208/4363.
(652) SRGG 1021, 2. 9. 1944, TNA, WO 208/4168.
(653) SRM 1148, 31. 12. 1944, TNA, WO 208/4140.

(654) ロング＝シュル＝メール海軍防衛砲台は，今日ではフランスにおけるドイツ軍のトーチカとしてもっともよく知られたものである．15センチ砲が現存するため，この砲台は『ブリキの太鼓』『史上最大の作戦』といった劇映画でも，舞台として使われている．観光地として開発されており，今日ではあらゆるガイドブックに載っている．

(655) SRM 536, 11. 6. 1944, TNA, WO 208/4138.

(656) SRM 729, 29. 7. 1944, TNA, WO 208/4138. 次を参照．SRM 225, 8. 7. 1943, TNA, WO 208/4136.

(657) SRM 593, 25. 6. 1944, TNA, WO 208/4138.

(658) SRX 1138, 3. 10. 1942, TNA, WO 208/4161.

(659) SRN 823, 1. 3. 1942, TNA, WO 208/4143.

(660) SRN 181, 21. 3. 1941; SRN 184, 21. 3. 1941; SRN 193, 22. 3. 1941, TNA, WO 208/4141. 最後の無線通信は次の通りである．「駆逐艦二隻．爆雷．53,000総登録トン（BRT)．捕虜になった．署名，クレッチュマー」．

(661) René Schilling: Die »Helden der Wehrmacht«-Konstruktion und Rezeption, in: Rolf-Dieter Müller und Hans-Erich Volkmann, *Die Wehrmacht. Mythos und Realität,* München 1999, S. 552–556.

(662) SRN 3732, 18. 5. 1944, TNA, WO 208/4152.

(663) SRN 2606, 4. 1. 1944, TNA, WO 208/4148.

(664) Ebd.

(665) Ebd.

(666) ある海軍上等兵の発言．SRN 2636, 4. 1. 1944, TNA, WO 208/4148.

(667) Christian Hartmann: *Halder. Generalstabschef Hitlers 1938–1942,* Paderborn 2010, S. 331.

(668) ライヒェナウについて詳しくは，次を参照．Johannes Hürter, *Hitlers Heerführer. Die deutschen Oberbefehlshaber im Krieg gegen die Sowjetunion 1941/42,* München 2006. 次も参照．Brendan Simms: Walther von Reichenau — Der politische General, in: Ronald Smesler/Enrico Syring (Hg.), *Die Militärelite des Dritten Reiches,* Berlin 1995, S. 423–445. ティム・リヒターはライヒェナウについての博士論文を準備中である．

(669) ルドルフ・シュムントはヒトラーの国防軍副官であり，陸軍人事局長であった．GRGG 161, WO 208/4363.

(670) SRGG 83, 29. 5. 1943, TNA, WO 208/4165.

(671) SRGG 578, 21. 11. 1943, TNA, WO 208/4167.

(672) Neitzel, *Abgehört,* S. 446.

(673) SRX 2029, 25. 10. 1944, TNA, WO 208/4164.

(674) SRX 36, 14. 2. 1940, TNA, WO 208/4158.

(675) SRA 224, 26. 7. 1940, TNA, WO 208/4118.

(676) SRA 258, 1. 8. 1940, TNA, WO 208/4118.

(677) SRM 149, 7. 12. 1942, TNA, WO 208/4136.

(678) SRX 1955, 23. 2. 1944, TNA, WO 208/4164 次も参照．SRA 8. 10. 1940, TNA, WO 208/4120.

(679) SRX 1881, 15. 10. 1943, TNA, WO 208/4163.

(680) Neitzel, *Einsatz der deutschen Luftwaffe,* S. 40.

(681) Murawski, *Wehrmachtbericht,* S. 42.

(682) Clay Blair: *Der U-Boot-Krieg,* Bd. 2, München 1999, S. 738, 778.

(683) たとえば，1942年10月21日のニュース映画．

(684) Alberto Santoni: The Italian Submarine Campaign, in: Stephen Howarth, Derel Law (Hg.), *The Battle of the Atlantic 1939–1945,* London 1994, S. 329–332.

(685) SRN 4797, 31. 3. 1945, TNA, WO 208/4157.

(686) SRA 2996, 14. 8. 1942, TNA, WO 208/4127.

(687) SRN 129, 15. 11. 1940, TNA, WO 208/4141. 次も参照. SRA 2178, 1. 10. 1941, TNA, WO 208/4125.

(688) SRA 5777, 1. 2. 1945, TNA, WO 208/4135. ゲーリングについてのこのジョークは，さまざまなバリエーションで存在する.「月桂樹・自走砲架付大十字章」というのもある. Hans-Jochen Gamm: *Der Flüsterwitz im Dritten Reich. Mündliche Dokumente zur Lage der Deutschen während des Nationalsozialismus,* München 1990, S. 165.

(689) Amedeo Osti Guerrazzi: »Noi non sappiamo odiare«. *L'esercito italiano tra fascismo e democrazia,* Rom 2010, S. 166.

(690) SRIG 329, 17. 10. 1943, TNA, WO 208/4187. フィカッラは第202海岸防衛師団 Küstendivision の師団長であり，1943年7月21日にシチリアで捕虜となった. サルツァはイタリア第1軍の従軍司祭であり，1943年5月13日にチュニジアで捕虜となった.

(691) たとえば以下を参照. CSDIC Middle East n. 662 (I), 5. 1. 1943, TNA, WO 208/5574.

(692) SRIG 221, 11. 8. 1943, TNA, WO 208/4186.

(693) CSDIC Middle East n. 626 (I), 15. 11. 1942, TNA, WO 208/5574.

(694) 兵士たちの認識において勲章以上に行動の呼び水となったのは，物質的な刺激であった. たとえばある雷撃機のパイロットは，魚雷が一発命中するごとに5,000リラの報奨金を受け取っていたと語っている. CSDIC Middle East No. 488 (I), 13. 4. 1942, TNA, WO 208/5518.

(695) エットーレ・バスティコは1941年7月から1943年2月まで，北アフリカのイタリア軍総司令官の任にあった.

(696) CSDIC Middle East No. 713 (I), 23. 3. 1943, TNA, WO 208/5574.

(697) 次を参照. ISRM 49, 17. 7. 1943, TNA, WO 208/4188.

(698) エリート部隊の兵士たちですら，彼らのなかでの会話では，ドイツ兵において一般的であった程度以上に感情を示すことが可能であった. たとえば，Uボート「グラウコ」のある将校による，爆雷に追いまわされた一件の描写を参照. I/SRN 76, 29. 7. 1941, TNA, WO 208/4189.

(699) I/SRN 68, 24. 7. 1941, TNA, WO 208/4189.

(700) イギリス軍の長距離戦闘機.

(701) CSDIC Middle East No. 489 (I)., 14. 4. 1942. 次も参照. CSDIC Middle East No. 471 (I)., 25. 3. 1942, TNA, WO 208/5518.

(702) CSDIC AFHQ No. 58 (I), 31. 8. 1943, TNA, WO 208/5508.

(703) Ebd.

(704) I/SRN 70, 24. 7. 1941; I/SRN 90, 18. 8. 1941, TNA, WO 208/4189.

(705) I/SRN 65, 20. 7. 1941. 次を参照. I/SRN 88, TNA, WO 208/4189.

(706) Etwa I/SRN 54, 15. 1. 1941; I/SRN 72, 25. 7. 1941; I/SRN 97, 25. 8. 1941, TNA, WO 208/4189.

(707) これはたとえば，クルト・フライヘル・フォン・リーベンシュタイン中将の意見であった.

(708) SRIG 138, 17. 7. 1943. TNA, WO 208/4186.

(709) 以下に引用されている手紙. Stevens, *Letters,* S. 135.

(710) Ulrich Straus: *The Anguish of Surrender: Japanese POW's of World War II,* London/Seattle 2003, S. 48f.

(711) Hirofumi Hayashi: Japanese Deserters and Prisoners of War in the Battle of Okinawa, in: Barbara Hately-Broad und Bob Moore (Hg.), *Prisoners of War, Prisoners of Peace: Captivity, Homecoming and Memory in World War II,* Oxford 2005, S. 49–58, hier S. 54. 似たような結果は，ビルマ戦線にもやや見られる. 次を参照. Takuma Melber: *Verhört*: Alliierte Studien zu Moral und Psyche japanischer Soldaten im Zweiten Weltkrieg, in: Welzer/Neitzel/Gudehus, *Der Führer.*

(712) Melber, *Verhört.*

(713) Ebd.

(714) Rüdiger Overmans: *Deutsche militärische Verluste im Zweiten Weltkrieg,* München 1999, S. 215.

(715) SRM 1022, 15. 11. 1944, TNA, WO 208/4139.
(716) これが，SS将官パウル・ハウサーが1966年に刊行した本のタイトルである．
(717) 武装SSについての新しい研究としては，以下を参照．Martin Cüppers, *Wegbereiter der Shoah: die Waffen-SS, der Kommandostab Reichsführer-SS und die Judenvernichtung 1939–1945,* Darmstadt 2005; Carlo Gentile: *Wehrmacht, Waffen-SS und Polizei im Kampf gegen Partisanen und Zivilbevölkerung in Italien 1943–1945,* Paderborn 2011; Lieb, *Konventioneller Krieg*; René Rohrkamp, *Weltanschaulich gefestigte Kämpfer. Die Kämpfer der Waffen-SS 1933–1945. Organisation-Personal-Sozialstruktur,* Paderborn 2010. そして特に，次を参照．Jean-Luc Leleu, *La Waffen-SS. Soldats Politiques en Guerre,* Paris 2007; Jochen Lehnhardt: *Die Waffen-SS in der NS-Propaganda,* Diss. phil. Uni Mainz 2011.
(718) SRM 8, 23. 7. 1940, TNA, WO 208/4136.
(719) Hartmann, *Wehrmacht im Ostkrieg,* S. 106, 237.
(720) KTB SS Infanterie Regiment 4 (mot.), 9. 12. 1941–29. 4. 42 (コピーは著者が所有).
(721) Rohrkamp, *Weltanschaulich gefestigte Kämpfer.*
(722) SRGG 429, 22. 9. 1943, TNA, WO 208/4166. 同様のものとして，SRM 786, 12. 8. 1944, TNA, WO 208/4138.
(723) SRM 747, 3. 8. 1944, TNA, WO 208/4138; リーグナーによる同じような批判として，SRM 1216, 2.45, TNA, WO 208/4140.
(724) SRM 1019, 14. 11. 1944, TNA, WO 208/4139; SRX 2055, 9. 11. 1944, TNA, WO 208/4164; S.R.G.G. 1024 (C) 2. 9. 1944, TNA WO 208/4168.
(725) SRM 786, 12. 8. 1944, TNA, WO 208/4138.
(726) SRGG 1034 (C) 8. 9. 1944, TNA, WO 208/4168.
(727) KTB Division Großdeutschland, Aktennotiz Ia, 6./7. 1. 1943, S. 2, BA/MA, RH 26–1005/10.
(728) SRM 786, 12. 8. 1944, TNA, WO 208/4138.
(729) SRGG 971, 9. 8. 1944, TNA, WO 208/4168. 武装SSと「ヘルマン・ゲーリング」師団とを傑出した「股肱の親衛隊Prätorianergarden」として同等に置くものとして，次を参照．SRGG 39, 16. 5. 1943, TNA, WO 208/4165.
(730) SRA 2877, 5. 8. 1942, TNA, WO 208/4168; SRX 87, 9. 6. 1940, TNA, WO 208/4158; SRA 2621, 11. 6. 1942, TNA, WO 208/4126.
(731) SRA 3236, 5. 10. 1942, TNA, WO 208/4128.
(732) SRGG 39, 22. 5. 1943, TNA, WO 208/4165.
(733) SRGG 39, 22. 5. 1943, TNA, WO 208/4165.
(734) SRGG 971, 9. 8. 1944, TNA, WO 208/4165.
(735) Henry Dicks: *The Psychological foundations of the Wehrmacht,* TNA, WO 241/1.
(736) 以下に引用されている．Karl-Günter Zelle: *Hitlers zweifelnde Elite,* S. 209.
(737) 以下に引用されている．Lieb, *Konventioneller Krieg,* S. 441.
(738) Etwa SRM 956, 10. 10. 1944, TNA, WO 208/4139.
(739) GRGG 263, 18.-20. 2. 1945, S. 3, TNA, WO 208/4177.
(740) SRGG, 19. 2. 1944, TNA, WO 208/4168. 1944年11月15日のクルト・マイヤーに対する尋問からは，いかにマイヤーが「ステップ」から来た「ボルシェヴィスト」たちを憎悪していたかが明瞭に伝わってくる．SRM 1022, 15. 11. 1944, S. 8, TNA, WO 208/4139.
(741) SRM 1207, 12. 2. 1945, TNA, WO 208/4140.
(742) Room Conversation Becker-Steiner, 14. 2. 1945, NARA, RG 165, Entry 179, Box 447.
(743) Overmans, *Deutsche militärische Verluste,* S. 257, 293–296.
(744) Peter Lieb: »Rücksichtslos ohne Pause angreifen, dabei ritterlich bleiben«. Eskalation und Ermordung von Kriegsgefangenen an der Westfront 1944, in: Neitzel/Hohrath (Hg.), *Kriegsgreuel,* S.

346–350. 同様の指摘として，Antony Beevor: *»D-Day-Die Schlacht in der Normandie«,* München 2010.

(745) Lieb, *Konventioneller Krieg,* S. 435–448. SS の兵士たちは「降伏するよりも死を選んだ」という，連合国による同様の報告は数多く残されている．Charles P. Stacey: *The victory campaign. The operations in North-West Europe, 1944–1945,* Ottawa 1960, S. 249.

(746) まさに東部戦線において，たとえば1943年夏の「ツィターデレ」作戦において，SS 部隊は自らは大きな損失を被ることなく，ソ連兵部隊にたいして重大な打撃を与えていた．次を参照．Roman Töppel: Kursk-Mythen und Wirklichkeit einer Schlacht, in: *VfZG* 57 (2009), S. 349–384, とくに S. 373ff.; Karl-Heinz Frieser u. a., *Das Deutsche Reich und der Zweite Weltkrieg,* Bd. 8, Stuttgart 2007, S. 104–138.

(747) SRGG 513, 29. 10. 1943, TNA, WO 208/4166.

(748) 1943年８月10日，第８軍にたいするエアハルト・ラウス装甲大将の無線通信．BA/MA, RH 20–8/95.

(749) 文書「アランソン近郊におけるファレーズ包囲を突破するさいのエバーバッハ装甲集団」は，1946年２月７日，捕虜となっていたハインリヒ・エバーバッハによって作成された．BA-MA, RH 20/7/149. エバーバッハはこの文書を推敲するにあたり，1944年10月のトレント・パークでの記録を利用している．

(750) Lieb, *Konventioneller Krieg,* S. 426. ハイマン大佐は，「アドルフ・ヒトラー親衛旗」のある大隊が，1944年10月にアーヘン近郊でどのように戦ったのかを，次のように語っている．「親衛旗の SS 中尉（それはアーヘンにいた親衛旗の残存部隊だった），リンク（？）SS 中尉 は俺と一緒に，ある大隊長のもとに配属されていた．そして大隊長が突如俺の所にやってきた．それは俺たちが降伏しなければならなくなる，その三日ないし四日前だったが，俺にこう言った．「今晩奴らはずらかる」．実際，SS の奴らはずらかることを計画していたんだ．その後俺たちは彼らに，本気でこう警告した．都市を最後まで防衛せよという総統命令は，SS にも他の全員にも出されているものなんだぞ，と」．SRM 982, 26. 10. 1944, TNA, WO 208/4139.

(751) SRM 640, 10. 7. 1944, TNA, WO 208/4138.

(752) SRM 968, 18. 10. 1944, TNA, WO 208/4139.

(753) 第48戦車軍団の司令官，ヘルマン・バルク装甲兵大将は，1944年４月に第９SS 装甲師団についてひどく嘆いている．中間レベルの指揮官たちは要求に応えることができないのだ，と．師団長であるヴィルヘルム・ビットリヒ SS 大将にたいする怒りはさらに大きなもので，彼の解任まで提案している．もっともビットリヒの個人的な勇敢さについては，賞賛してもいる．次を参照．Gert Fricke, *»Fester Platz« Tarnopol 1944,* Freiburg 1969, S. 107–111, 116–119. さらに，フォン・クルーゲ元帥による，1944年７月14日の，西方装甲集団と第１SS 装甲軍団への前線視察の報告については，次を参照．BA/MA, RH 19 IV/50.

(754) おそらくはサポリージャ〔現ウクライナ領〕をさす．

(755) SRA 4273, 14. 8. 1943, TNA, WO 208/4130. ヒトラーは1943年２月19日，サポリージャの南方軍集団司令部でエーリヒ・フォン・マンシュタイン元帥と面会し，彼に反攻の全権を与えた．そのさい SS 師団「アドルフ・ヒトラー親衛旗」も投入された．

(756) SRM 662, 19. 7. 1944, TNA, WO 208/4138.

(757) イギリス第８軍団の，1944年７月25日の評価．次に引用されている．Lieb, *Konventioneller Krieg,* S. 428.

(758) エバーバッハが1944年７月８日および７月11日に宛てた手紙．BA/MA, MSG 1/1010.

(759) SRA 3677, 18. 2. 1943, TNA, WO 208/4129.

(760) SRX 201, 22. 3. 1941, TNA, WO 208/4158.

(761) SRX 201, 22. 3. 1941, TNA, WO 208/4158. U 335のヘルムスマン海軍上等兵の発言も参照．SRN 1013, 1. 9. 1942, TNA, WO 208/4143.

(762) SRA 2378, 9. 12. 1941, TNA, WO 208/4126.

(763) フランス戦線での戦争犯罪については，概観として Lieb, *Konventioneller Krieg*, S. 15–20. 髑髏師団については，Charles W. Sydnor: *Soldaten des Todes. Die 3. SS-Division »Totenkopf«, 1933–1945*, Paderborn 2002, S. 76–102; Jean-Luc Leleu: La Division SS-Totenkopf face à la population civile du Nord de la France en mai 1940, in: *Revue du Nord* 83 (2001), S. 821–840. フランス軍の植民地出身兵士に対する殺害については，実証面で問題がないわけではないが，以下を参照．Raffael Scheck: *Hitler's African Victims: the German Army Massacres of French Black Soldiers 1940*, Cambridge 2006.

(764) Vgl. z.B. SRM 892, 15. 9. 1944, TNA, WO 208/4139.

(765) SRM 705, 28. 7. 1944, TNA, WO 208/4138.

(766) SRM 746, 3. 8. 1944, TNA, WO 208/4138. 実際，このふたつの部隊は1943年10月から1944年1月まで，同じ戦区で戦っていた．

(767) SRM 746, 3. 8. 1944, TNA, WO 208/4138.

(768) SRX 1978, 13. 8. 1944, TNA, WO 208/4164.

(769) SRM 726, 30. 7. 1944, TNA, WO 208/4138.

(770) SRM 1150, 30. 12. 1944, TNA, WO 208/4140. 反ユダヤ主義的なコメントは，師団長であるハインツ・ランマーディンク SS 少将によるものといわれる．

(771) SRM 899, 15. 9. 1944, TNA, WO 208/4139. 略奪については次を参照．SRM 772, 1. 8. 1944, TNA, WO 208/4138.

(772) ある下士官は，自らの装甲猟兵部隊がイギリス兵10名を射殺したさいの様子を描写している．SRM 741, 4. 8. 1944, TNA, WO 208/4138. カウン伍長は，あるカナダ兵捕虜が一人の戦車兵によって先の尖ったつるはしで撲殺された様子を報告している．この描写によると，加害者は SS「ヒトラーユーゲント」師団もしくは陸軍部隊出身の可能性がある．SRM 737, 3. 8. 1944, TNA, WO 208/4138.

(773) これについて詳しくは，Lieb, *Konventioneller Krieg*.

(774) SRM 892, 15. 9. 1944, TNA, WO 208/4139.

(775) SRM 855, 29. 8. 1944, TNA, WO 208/4139.

(776) Room Conversation Hanelt-Breitlich, 3. 4. 1945, NARA, RG 165, Entry 179, Box 479. 村落の殲滅にあたって戦車を投入したということが言及されていることから，おそらくこの行動は「パルチザン」に対する作戦の一環として行われたのであろう．これは武装 SS 部隊によって行われたもので，保安部（SD）の行動部隊による射殺行動とは関係がなかった．

(777) GRGG 225, 18.-19. 11. 1944, TNA, WO 208/4364.

(778) 次を参照．Neitzel, *Abgehört*, S. 300–303, 572 f.

(779) SRX 1799, 23. 6. 1943, TNA, WO 208/4162.

(780) 残念ながら，東部戦線における武装 SS の戦争犯罪というテーマについての研究は存在しない．

(781) SRN 3929, 10. 7. 1944, TNA, WO 208/4153.

(782) SRM 1079, 24. 11. 1944, TNA, WO 208/4139. ベラルーシにおける民間人殺戮については，オットー・グレゴール SS 兵長が語っている．PWIS(H)LDC/762, TNA, WO 208/4295. ミュラー゠リーンツブルク中佐は捕虜になってから，クルト・マイヤーSS 大佐が連隊長教程で，ハリコフ近郊でわずか二人を失っただけである村落を占領し，それに続いて村落すべてを焼き払ったことを自慢していたと述べている．「女性，子ども，老人，とにかくすべてを」．SRGG 832, 13. 2. 1944, TNA, WO 208/4168.

(783) SRM 648, 15. 7. 1944, TNA, WO 208/4138.

(784) SRM 643, 13. 7. 1944, TNA, WO 208/4138. SS 師団「ダス・ライヒ」における捕虜の射殺については，ジムケ SS 中尉による次の報告を参照．SRM 764, 8. 8. 1944, TNA, WO 208/4138. 第12SS 師団「ヒトラー・ユーゲント」のカール゠ヴァルター・ベッカーSS 少尉は，戦友たちが侵攻の様子について語ったことについて述べている．「ロシアの頃から，ほとんどの場合には重要に見える捕虜だけを移送して，それ以外に残っている捕虜はほとんど殺害するというのが，ほとんどの場合のやり

方だった」．カール＝ヴァルター・ベッカーSS少尉による自発的な言明．TNA, WO 208/4295.

(785) SRM 1205, 12. 2. 1945, TNA,WO 208/4140. ノルマンディーにおける第12SS装甲師団の犯罪については，次を参照．Howard Margolian: *Conduct Unbecoming. The Story of the Murder of Canadian Prisoners of War in Normandy,* Toronto 1998; Lieb, *Konventioneller Krieg,* S. 158–166.

(786) SRM 753, 3. 8. 1944, TNA, WO 208/4138.

(787) さらなる犯罪については，以下で言及されている．SRM 706, 28. 7. 1944, TNA, WO 208/4138; SRM 367, 9. 11. 1943, TNA, WO 208/4137（1941年4月，セルビアのパンチェヴォにおける人質殺害）.

(788) Leleu: *La Waffen-SS,* S. 233–235; 420–441; Jürgen Matthäus, Konrad Kwiet, Jürgen Förster, Richard Breitman (Hg.): *Ausbildungsziel Judenmord? »Weltanschauliche Erziehung« von SS, Polizei und Waffen-SS im Rahmen der »Endlösung«,* Frankfurt am Main 2003.

(789) GRGG 262, 18.-20. 2. 1945, TNA, WO 208/4177.

(790) SRM 1214, 12. 2. 1945, TNA, WO 208/4140.

(791) SRM 1216, 16. 2. 1945, TNA, WO 208/4140. 1943年2月20日のヒムラー命令も，ほとんど似たような言葉遣いになっている．in: Matthäus, *Ausbildungsziel Judenmord,* S. 106.

(792) Bernd Wegner: *Hitlers Politische Soldaten. Die Waffen-SS 1933–1945,* Paderborn 92009, S. 189.

(793) Matthäus, *Ausbildungsziel Judenmord.*

(794) SRM 649, 16. 7. 1944, TNA, WO 208/4138.

(795) Leleu, *La Waffen-SS,* S. 468–470.

(796) Wegner, *Hitlers Politische Soldaten,* S. 48f.; Leleu, *La Waffen-SS,* S. 456f., 483f.

(797) SRM 649, 16. 7. 1944, TNA, WO 208/4138.

(798) SRM 705, 28. 7. 1944, TNA, WO 208/4138.

(799) SRM 649, 16. 7. 1944, TNA, WO 208/4138.

(800) Carlo Gentile: »Politische Soldaten«. Die 16. SS-Panzer-Grenadier-Division »Reichsführer-SS« in Italien 1944, in: *Quellen und Forschungen aus italienischen Archiven und Bibliotheken* 81 (2001), S. 529–561.

(801) Peter Lieb: »Die Ausführung der Maßnahme hielt sich anscheinend nicht im Rahmen der gegebenen Weisung«. Die Suche nach Hergang, Tätern und Motiven des Massakers von Maillé am 25. August 1944, in: *Militärgeschichtliche Zeitschrift* 68 (2009), S. 345–378.

(802) SRM 766, 8. 8. 1944, TNA, WO 208/4138.

(803) Leleu, *La Waffen-SS,* S. 794f.

(804) SRM 668, 21. 7. 1944, TNA, WO 208/4138.

(805) たとえば，次の研究を参照．Matthias Weusmann: *Die Schlacht in der Normandie 1944. Wahrnehmungen und Deutungen deutscher Soldaten,* Magisterarbeit Uni Mainz 2009.

(806) Christian Gerlach: *Kalkulierte Morde. Die deutsche Wirtschafts- und Vernichtungspolitik in Weißrußland,* Hamburg 1999, S. 609–622; Peter Lieb: Die Judenmorde der 707. Infanteriedivision 1941/42, in: *VfZG* 50 (2002), S. 523–558, insb. 535–544.

(807) Hartmann: *Wehrmacht im Ostkrieg,* S. 469–788; Hermann Frank: *Blutiges Edelweiss. Die 1. Gebirgsdivision im Zweiten Weltkrieg,* Berlin 2008; Peter Lieb: Generalleutnant Harald von Hirschfeld. Eine nationalsozialis tische Karriere in der Wehrmacht, in: Christian Hartmann (Hg.), *Von Feldherrn und Gefreiten. Zur biographischen Dimension des Zweiten Weltkrieges,* München 2008, S. 45–56.

(808) 降下猟兵師団の精神史を描く初めての試みとして，次の本がある．Hans-Martin Stimpel: *Die deutsche Fallschirmtruppe 1936–1945. Innenansichten von Führung und Truppe,* Hamburg 2009.

(809) たとえばイギリス軍も，捕虜となった第3降下猟兵師団の将校はほとんどが確信的なナチであると考えていた．Corps Intelligence Summary, No. 56, 8. 9. 1944, TNA, WO 171/287. この点を指摘してくれたペーター・リープ（サンドハースト王立陸軍士官学校）に感謝する．

(810) SRGG 971, 9. 8. 1944, TNA, WO 208/4168.

(811) 武装SSと降下猟兵の将校と下士官の盗聴記録を体系的に相互比較した研究でも，同じ結論にたどり着いている．Frederik Müllers, *Des Teufels Soldaten? Denk- und Deutungsmuster von Soldaten der Waffen-SS,* Staatsexamensarbeit, Universität Mainz 2011.

(812) 同じ結論に，マインツ大学に提出されたトビアス・ザイトルの次の博士論文（2011年）もたどり着いている．*»Führerpersönlichkeiten«. Deutungen und Interpretationen deutscher Wehrmachtgeneräle in britischer Kriegsgefangenschaft.*

(813) これについては，次も参照．Richard Germann: »Österreichische« Soldaten im deutschen Gleichschritt?, in: Welzer/Neitzel/Gudehus, *Der Führer.*

(814) Ulrich Herbert: *Best: biographische Studien über Radikalismus, Weltanschauung und Vernunft 1903–1989,* Bonn 1996; Michael Wildt: *Generation des Unbedingten. Das Führungskorps des Reichssicherheitshauptamtes,* Hamburg 2002; Isabel Heinemann: *»Rasse, Siedlung, deutsches Blut.« Das Rasse- und Siedlungshauptamt der SS und die rassenpolitische Neuordnung Europas,* Göttingen 2003.

第4章

(1) https://collateralmurder.wikileaks.org/.

(2) David L. Anderson: What Really Happened?, in: David L. Anderson (Hg.), *Facing My Lai. Beyond the Massacre,* Kansas 1998, S. 1–17 (S. 2).

(3) Greiner, *Krieg ohne Fronten,* S. 113.

(4) Ebd., S. 407.

(5) Der SPIEGEL 16/2010, S. 21.

(6) Harald Potempa: *Die Perzeption des Kleinen Krieges im Spiegel der deutschen Militärpublizistik (1871 bis 1945) am Beispiel des Militärwochenblattes,* Potsdam 2009.

(7) Der SPIEGEL 16/2010, S. 20.

(8) Walter Manoschek: »Wo der Partisan ist, ist der Jude, wo der Jude ist, ist der Partisan.« Die Wehrmacht und die Shoah, in: Gerhard Paul (Hg.), *Täter der Shoah, Fanatische Nationalsozialisten oder ganz normale Deutsche?,* Göttingen 2002, S. 167–186; Helmut Krausnick und Hans-Heinrich Wilhelm: *Die Truppe des Weltanschauungskrieges. Die Einsatzgruppen der Sicherheitspolizei und des SD 1938–1942,* Stuttgart 1981, S. 248.

(9) Alison des Forges: *Kein Zeuge darf überleben. Der Genozid in Ruanda,* Hamburg 2002, S. 94.

(10) Bill Adler (Hg.): *Letters from Vietnam,* New York 1967, S. 22.

(11) Jonathan Shay: *Achill in Vietnam. Kampftrauma und Persönlichkeitsverlust,* Hamburg 1998, S. 271.

(12) Philip Caputo: *A Rumor of War,* New York 1977, S. 231.

(13) Michael E. Stevens: *Letter from the Front 1898–1945,* Madison 1992, S. 110.

(14) Andrew Carroll: *War Letters. An Extraordinary Correspondence from American Wars,* New York 2002.

(15) Samuel A. Stouffer u. a.: *Studies in Social Psychology in World War II: The American Soldier. Vol. 1, Adjustment During Army Life,* Princeton 1949, S. 108–110, 149–172.

(16) Brief aus Kundus, *Süddeutsche Zeitung Magazin* (2009): Briefe von der Front. ネット上で閲覧可能である．http://sz-magazin.sueddeutsche.de/texte/anzeigen/31953 (2016年8月27日閲覧).

(17) 戦時郵便では（ここではヴェトナム戦争からさらにもう一例を挙げるが），報復感情やその欲望を口にしてしまったことについて，後悔したり許しを乞うたりする記述が，時折見られる．「俺はあの日，何人かの同輩を失った．そして俺が今最初に望むことは，彼らのもと〔北ヴェトナム〕に戻り，その償いをさせるための機会を得ることだ．こんなことを書いて申し訳ない．俺が参加した作戦については家族に向けて書かないようにとは思ったんだけれども，つらい気持ち，彼らに報復してやろう

という気持ちはどうすることもできないんだ」. Bernard Edelman: *Dear America. Letters Home from Vietnam,* New York 1985, S. 79.

(18) この概要として，Overmans, *Das Deutsche Reich, Bd. 9/2,* S. 799, S. 820.

(19) 以下の手紙でも，似たような共感が増していったことが読み取れる．Konrad Jarausch und Klaus-Jochen Arnold: *»Das stille Sterben …« Feldpostbriefe von Konrad Jarausch aus Polen und Russland,* Paderborn 2008.

(20) これについては，次の論文集に収録されている各論文を参照．Neitzel/Hohrath, *Kriegsgreuel.* とくに，Oswald Überegger: *»Verbrannte Erde« und »baumelnde Gehenkte«. Zur europäischen Dimension militärischer Normübertretungen im Ersten Weltkrieg,* S. 241–278; Bourke, *An Intimate History,* S. 182.

(21) Peter Lieb: »Rücksichtslos ohne Pause angreifen, dabei ritterlich bleiben «. Eskalation und Ermordungen von Kriegsgefangenen an der Westfront 1944, in: Neitzel/Hohrath, *Kriegsgreuel,* S. 337–352.

(22) Wehler, *Gesellschaftsgeschichte,* Bd. 4, S. 842.

(23) Gerald F. Linderman: *The World within War. America's Combat Experience in World War II,* New York 1997, S. 111.

(24) 1943年7月14日，アメリカ第45歩兵師団が，シチリアの村落ビスカリの近くで，約70人のイタリア兵，ドイツ兵捕虜を射殺した．その根本的な原因には，捕虜の殺害を暗示的に呼びかけたパットン将軍の命令があったとされる．Bourke, *An Intimate History,* S. 184. 似たような事例が，ノルマンディーの戦いでの最初の数日間に起こったことが知られている．Lieb, *Rücksichtslos.*

(25) Linderman, *The World within War,* S. 112–126.

(26) Lieb, *Rücksichtslos,* S. 349f.

(27) Welzer, *Täter,* S. 256.

(28) Jens Ebert: *Zwischen Mythos und Wirklichkeit. Die Schlacht um Stalingrad in deutschsprachigen authentischen und literarischen Texten,* Diss. Berlin 1989, S. 38. ここでは以下から引用．Ute Daniel und Jürgen Reulecke: Nachwort der deutschen Herausgeber, in: Anatolij Golovcˇanskij u. a. (Hg.), *»Ich will raus aus diesem Wahnsinn«. Deutsche Briefe von der Ostfront 1941–1945. Aus sowjetischen Archiven,* Wuppertal u. a. 1991, S. 314. Siehe auch Linderman, *The World within War,* S. 48–55, und Alf Lüdtke: The Appeal of Exterminating »Others«. German Workers and the Limits of Resistance, in: *Journal of Modern History* 64 (1992), Special Issue, S. 46–67, hier S. 66–67.

(29) Edelman, *Dear America,* S. 136.

(30) Rolf-Dieter Müller und Hans-Erich Volkmann (Hg.): *Die Wehrmacht. Mythos und Realität,* München 1999, S. 87–174.

(31) Felix Römer: »Seid hart und unerbittlich …«. Gefangenenerschießungen und Gewalteskalation im deutsch-sowjetischen Krieg 1941/42, in: Neitzel/Hohrath, *Kriegsgreuel,* S. 317–336.

(32) Linderman, *The World within War,* S. 90ff., 169.

(33) Stouffer u. a., *Studies in Social Psychology.*

(34) Ebd., S. 149.

(35) Shils/Janowitz, *Cohesion and Disintegration.*

(36) これについては，以下を参照．Martin van Creveld: *Fighting Power. German and U. S. Army Performance, 1939–1945,* Westport/Connecticut 1982; Welzer, *Täter.*

(37) Erving Goffman: *Stigma. Über Techniken der Bewältigung beschädigter Identität,* Frankfurt am Main 1974.

(38) 以下に引用されている．Lifton, *Ärzte,* S. 58.

(39) 以下に引用されている．Greiner, *Krieg ohne Fronten,* S. 249.

(40) Reese, *Mir selber,* S. 136ff.

(41) 集団形成は，より一般的なレベル，すなわち戦う兵士とそれ以外の世界という線引きによっても起こる．ビールとケラーはこの点について，国外派兵の対象となったドイツ連邦軍の兵士たちを例に

描写している．「兵士たちの潜在的なイデオロギーと，反イデオロギー的な反応との弁証法によって，彼らは自分たちの出撃やその目標と強く一体化するようになる．それにたいして彼らは，メディアによる報道や社会的な反響，「ハイポリティクス」に対して，距離をおくか，ないしは拒絶的な態度を示すようになる．これは一種の反エリート的態度であり，これによって兵士たちは，自分たちを決定的に重要な行為者として様式化することが可能になる．すなわち現場で業績を成し遂げるのは自分たちであり，実際にそれがミッションを成功に導く上では重要なのだと．このメカニズムによって，彼らは自分たちの状況を，負担や危険も含めてよりよく克服することが可能になる．これによって兵士たちは「ここで前線地域にいる我ら」と「故郷にいる彼ら」という境界線を引き，それによって帰属と承認が決定されるのだ」．Heiko Biehl und Jörg Keller: Hohe Identifikation und nüchterner Blick, in: Sabine Jaberg, Heiko Biehl, Günter Mohrmann, Maren Tomforde (Hg.), *Auslandseinsätze der Bundeswehr. Sozialwissenschaftliche Analysen, Diagnosen und Perspektiven,* Berlin 2009, S. 121–141, hier S. 134–135.

マレン・トムフォルデはこの関連で，連邦軍の国連治安支援部隊（ISAF）の兵士たちに特有の，集団的な前線アイデンティティを描写している．彼らは「バラ色」の制服，すなわち色落ちして薄くピンクがかった迷彩服を着ていることで，兵士たちはたとえば，自分たちはその部隊に属しているのであって，他の部隊とは違うのだということを示す．これによって外国派兵の間，故郷の連邦軍アイデンティティとは異なる新たな帰属意識が生まれる．Maren Tomforder: »Meine rosa Uniform zeigt, dass ich dazu gehöre«. Soziokulturelle Dimensionen des Bundeswehr-Einsatzes in Afghanistan. In: Horst Schuh, Siegfried Schwan (Hg.), *Afghanistan-Land ohne Hoffnung? Kriegsfolgen und Perspektiven in einem verwundeten Land,* Brühl 2007, S. 134–159.

(42) もっとも，政治的な目標設定や世界観を強く確信して戦闘に赴く少数派も存在する．その一例が，エイブラハム・リンカーン旅団に属して，スペイン内戦を経験したアメリカ合衆国のベテラン将兵であった．彼らは第二次大戦において，アメリカ軍でナチスに対して強い反ファシズムという動機を胸に戦った．次を参照．Peter N. Carroll u. a.: *The Good Fight Continues. World War II Letters from the Abraham Lincoln Brigade,* New York 2006.

(43) Edelman, *Dear America,* S. 216.

(44) Der SPIEGEL, 16/2010, S. 23.

(45) Andrew Carroll (Ed.): *War Letters. Extraordinary Correspondence from American Wars,* New York 2002, S. 474.

(46) Aly, *Volksstaat.*

(47) Loretana de Libero: *Tradition im Zeichen der Transformation. Zum Traditionsverständnis der Bundeswehr im frühen 21. Jahrhundert,* Paderborn 2006.

(48) 次を参照．Benjamin Ziemann: *Front und Heimat. Ländliche Kriegserfahrungen im südlichen Bayern, 1914–1923,* Essen 1997.

(49) Kühne, *Kameradschaft,* S. 197.

(50) 次を参照．Felix Römer: Volksgemeinschaft in der Wehrmacht? Milieus, Mentalitäten und militärische Moral in den Streitkräften des NS-Staates, in: Welzer/Neitzel/Gudehus, *Der Führer.*

補遺

(1) TNA WO 208/4970, »The Story of M.I.19«, undatiert, S. 1; 次を参照．Francis H. Hinsley: *British Intelligence in the Second World War,* Vol. 1, London 1979, S. 283.

(2) »The Story of M.I.19«, undatiert, S. 6, TNA, WO 208/4970.

(3) TNA WO 208/4970, »The History of C.S.D.I.C. (U.K)«, undatiert, S. 4.

(4) Bericht »Interrogation of Ps/W« v. 17. 5. 1943; NARA, RG 38, OP-16-Z, Records of the Navy Unit, Tracy, Box 16: »Centres are, at present, established as follows: In England, 3 Centres for German &

Italians, In North Africa, 2 Centres for German & Italians, In East Africa, 1 Centre (dismantled) for Japs, In India, 1 Centre for Japanese, In Australia, 1 Centre (A.T.I.S.) for Japanese, In U.S.A., 2 Centres for Germans, Italians and Japanese.«

（5）3,838人のドイツ軍海軍将兵に対して4,826通の盗聴記録が，3,609人の空軍将兵に対して5,795通の盗聴記録，そして2,748人の陸軍将兵（武装SSを含む）に対して1,254通の盗聴記録が作成された．さらにこれに，ふたつないし三つの兵科の将兵が同じくらい発言している，2,076通の記録が付け加わる．

（6）Neder: *Kriegsschauplatz Mittelmeerraum*. S. 12f.

（7）次を参照．der Abschlussbericht des MIS zu Ft. Hunt und Ft. Tracy, Abschnitt II.A.; Report of the Activities of two Agencies of the CPM Branch, MIS, G-2, WDGS, o.D. (1945); NARA, RG 165, Entry 179, Box 575.

（8）史料の残存度合いについては，以下の報告書を参照．»Study on Peacetime Disposition of ›X‹ and ›Y‹ Files«, o.D., in der Anlage zum Memorandum des WDGS, Intelligence Division, Exploitation Branch, v. 14. 3. 1947; NARA, RG 319, Entry 81, Box 3.

（9）次を参照．Felix Römer: Volksgemeinschaft in der Wehrmacht? Milieus, Mentalitäten und militärische Moral in den Streitkräften des NS-Staates, in: Welzer/Neitzel/Gudehus, *Der Führer*.

（10）次を参照．PAAA, R 41141.

（11）OKW A Ausl./Abw.-Abt. Abw. III Nr. 4091/41 G vom 11. 6. 1941, BA/MA, RM 7/3137.

（12）Generalstabsoffizier Nr. 1595/43 gKdos, v. 4. 11. 1943, BA/MA, RL 3/51. この文書の存在を指摘してくれたクラウス・シュミーダー（サンドハースト王立陸軍士官学校）に感謝する．

（13）次を参照．z.B. S.R.N. 4677, März 1945, TNA, WO 208/4157. 決して情報は漏らさないようにと，捕虜の仲間内で互いに注意喚起していたことについては，たとえば以下を参照．Extract from S. R. Draft No. 2142, TNA, WO 208/4200.

（14）次を参照．z. B. S.R.N. 185, 22.3. 1941, TNA, WO 208/4141; S.R.N. 418, 19. 6. 1941; S.R.N.462, 28. 6. 1941, beides TNA, WO 208/4142; S.R.N. 741 10. 1. 1942, TNA, WO 208/4143.

（15）次を参照．z.B. S.R.M. 741, 4. 8. 1944, TNA, WO 208/4138.

（16）隠されたマイクを捕虜が見つけたということが明白な事例は，わずか一例のみである．Extract from Draft No. 2148, 5. 3. 1944, TNA, WO 208/4200.

（17）盗聴戦略については，次も参照．Neitzel, *Abgehört*, S. 16–18.

（18）イギリス軍の捕虜収容所では，あわせて49名の偽装したスパイが動員され，彼らは1506人の捕虜から話を聞き出した．Hinsley, *British Intelligence*, Bd. 1, S. 282f. 次を参照．C.S.D.I.C (UK), S. 6, TNA, WO 208/4970.

（19）次を参照．die Vernehmungsberichte über Lt. Max Coreth v. 18. 3./22. 5. 1944; NARA, RG 165, Entry 179, Box 458.

（20）これについては，以下を参照．Falko Bell: *Großbritannien und die deutschen Vergeltungswaffen. Die Bedeutung der Human Intelligence im Zweiten Weltkrieg*, Magisterarbeit Uni Mainz 2009; ders.: Informationsquelle Gefangene: Die Human Intelligence in Großbritannien, in: Welzer/Neitzel/Gudehus, *Der Führer*.

（21）Stephen Tyas: Allied Intelligence Agencies and the Holocaust: Information Acquired from German Prisoners of War, in: *Holocaust and Genocide Studies*, 22 (2008), S. 16.